第10版

프리스트레스트 콘크리트

申 鉉 默 著

PRESTRESSED CONCRETE

東明社

저자소개

신현묵(申鉉默)
서울공대 전문부 토목과 졸업
공학박사(영남대학교)
전 서울시립농업대학(현 서울시립대학교) 교수
전 성균관대학교 교수
한국콘크리트학회 2대 회장
토목구조기술사, 토목시공기술사

프리스트레스트 콘크리트

초판 발행 1982년 3월 30일
개정판 발행 1990년 9월 15일
10판10쇄 발행 2021년 4월 23일

편저자 신현묵
펴낸이 최국주
펴낸곳 동명사
출판등록 1950년 11월 1일(제1-76호)
주소 (우 10881) 경기도 파주시 회동길 50(문발동)
전화 031-955-7200(대표)~2, 7203(편집부), 7204(물류)
팩스 031-955-7205
전자우편 webmaster@dmsbook.com
홈페이지 www.dmsbook.com

ISBN 978-89-411-1730-8 93530
값 33,000원

머 리 말

- 제10판에 즈음하여 -

1982년 초판을 발행한 이래 어언 20여년이 흘렀습니다. 그동안 졸저(拙著)를 이용해 주신 여러분께 깊은 감사를 드리는 동시에, 새삼 막중한 책임을 통감하고 있습니다.

콘크리트 구조물의 설계와 시공의 기본이 되는 '콘크리트 구조설계기준' 및 '콘크리트 표준시방서'가 토목분야와 건축분야를 통합한 새로운 모습으로 1999년 개정출간 된 바 있음은 주지하시는 바와 같으며, 이어 2003년 개정에 있어서는 전면적으로 SI단위계를 채택하는 큰 변화가 있었고, 그 후 4년이 지난 2007년 10월에는 중요한 의미를 가지는 개정이 이루어진 새로운 '콘크리트 구조설계기준'이 출간되기에 이르렀습니다. 금번 개정내용 중 크게 달라졌고 또 중요하다고 생각되는 것으로는

(1) 하중계수와 하중조합 및 강도감소계수

(2) 인장강재의 순 인장변형률에 따른 인장지배 단면과 압축지배 단면의 구분

(3) 인장연단응력의 크기에 따른 비균열 단면, 부분균열 단면 및 완전균열 단면의 구분

(4) 균열의 제어

(5) 부록 Ⅲ의 스트럿-타이 모델

등을 들 수 있습니다.

이에 금번 개정된 설계기준에 따라 본서를 수정 보완하면서 개정내용을 알기 쉽게 반영하도록 노력하였습니다.

끝으로 번거로운 수정작업에 노고를 아끼지 않으신 동명사 편집부 여러분께 깊이 감사드립니다.

2007년 11월 15일

신현묵

차 례

제1장 서 론

제2장 재 료

제3장 프리스트레싱 방법과 정착장치

제4장 프리스트레스의 도입과 손실

제5장 휨부재의 해석

제6장 휨부재의 설계

제7장 전단과 비틀림

제8장 합 성 보

제9장 연 속 보

제10장 처 짐

제13장 교 량

제14장 응 용

제 1 장

서 론

1.1 프리스트레스트 콘크리트

콘크리트의 인장강도는 압축강도의 1/10~1/13 정도로 매우 작다. 또한, 콘크리트의 휨 인장강도(파괴계수)는 압축강도의 1/5~1/8 정도로 작다. 그래서 콘크리트 보를 만들 때는 인장 측에 철근을 넣어서 보강하는데, 이것이 철근 콘크리트이다. 즉, 압축은 콘크리트가 받고 인장을 철근이 받게 하는 것이다. 그러나 인장 측에 발생하는 균열은 막을 수 없다.

실제로 철근 콘크리트 보에서는 사용하중하에서 그림 1-1 (a)에 보인 바와 같이 인장 측 콘크리트에 육안으로는 보이지 않는 미세한 균열이 발생한다. 콘크리트에 균열이 발생하면 콘크리트는 힘을 받지 못한다. 그래서 철근 콘크리트 보에서는 콘크리트의 인장응력은 무시하고 철근이 인장력을 모두 받는 것으로 보고 설계한다.

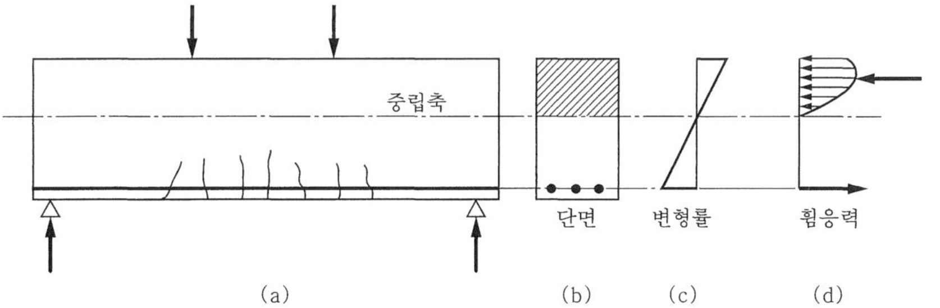

그림 1-1 철근 콘크리트 보

철근 콘크리트 보에 생긴 균열은 아물지 않으며, 이것이 더 발달하면 철근을 부식시켜서 부재의 내구성(耐久性)을 저하시킨다. 이러한 철근 콘크리트의 결점을 없애거나 완화하려면 철근 콘크리트 보에 일어나는 인장응력을 상쇄(相殺)할 수 있도록 미리 콘크리트에 압축응력을 주어 두면 될 것이다.

지금 그림 1-2 (a)에 보인 바와 같이, 콘크리트만으로 된 보를 단단하고 평활한 지상(地上)에 놓고 보의 양끝에서 보 단면의 대칭축에 따라 편심 거리 e를 가지고 압축력 P를 작용시킨다면, 보의 단면에는 그림 1-2 (b)의 세 그림 가운데 어느 하나의 응력분포를 나타낼 것이고, 이 때 보의 하면(下面)에는 매우 큰 압축응력이 작용할 것이다. 이 보를 그림 1-2 (c)와 같이 단순지점 위에 올려놓고 압축력 P의 영향을 생각하지 않는다면, 자중과 활하중에 의하여 보의 중앙단면에는 그림 1-2 (d)와 같은 휨응력이 일어날 것이다. 여기서 압축은 정(+), 인장은 부(−)로 약속한다.

다음에 이 보를 그림 1-2 (e)와 같이 단순지지하고 압축력 P의 영향까지를 생각하면, 보의 중앙단면에는 그림 1-2 (f) 가운데 어느 하나의 응력분포를 나타낼 것이다. 즉, 그림 1-2 (b)의 어느 하나와 그림 1-2 (d)와 합성(合成)하면, 그림 1-2 (f) 가운데 하나의 응력분포가 얻어진다. 이 때 보의 하면에는 인장응력이 일어나지 않거나 매우 작은 인장응력이 일어날 뿐이다. 이와 같이 인장응력이 일어나지 않는다면 보에는 균열이 발생하지 않을 것이다. 보의 하면에 인장응력이 작용하더라도, 그 인장응력이 콘크리트의 휨 인장강도(파괴계수)를 넘지 않으면 균열은 발생하지 않을 것이다.

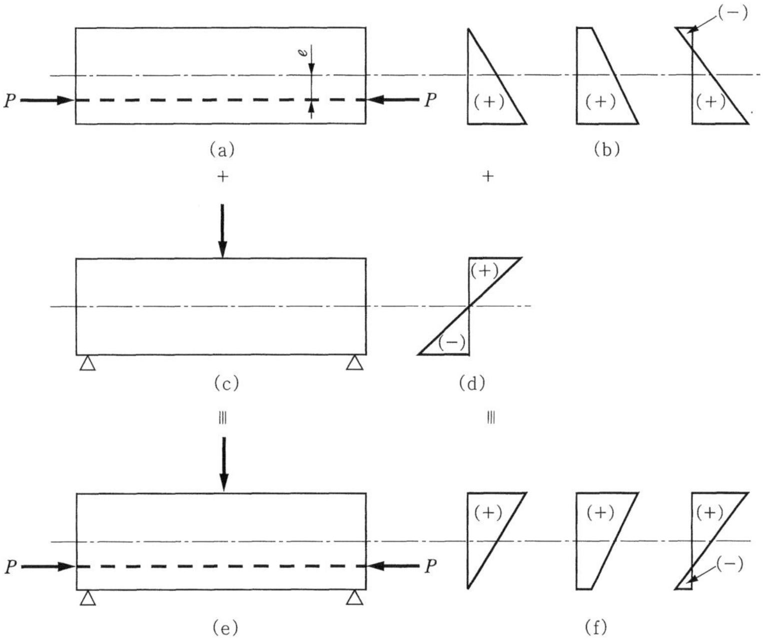

그림 1-2 프리스트레스트 콘크리트 보

이와 같이 하중에 의하여 콘크리트에 일어나는 인장응력을 상쇄하기 위하여 미리 압축응력을 준 콘크리트를 **프리스트레스트 콘크리트**(prestressed concrete)라고 하며, 보통 **PS 콘크리트** 또는 PSC로 약칭하는 경우가 많다(이에 대하여 철근 콘크리트는 RC로 약칭하고 있다). 예컨대 프리스트레스트 콘크리트 부재, 프리스트레스트 콘크리트 보 등을 PSC 부재, PSC 보 등으로 약칭하는 경우가 많다.

결국, 프리스트레스트 콘크리트란 "외력(外力)에 의하여 일어나는 응력을 소정의 한도까지 상쇄할 수 있도록 미리 인공적으로 그 응력의 분포와 크기를 정하여 내력(內力)을 준 콘크리트"라고 정의할 수 있다. 이와 같이 외력에 의한 인장응력을 상쇄하기 위하여 미리 인위적으로 콘크리트에 준 응력을 **프리스트레스**(prestress)라고 한다. 그림 1-2 (b)는 그림 1-2 (a)의 보에 준 프리스트레스의 분포를 보인 것이다.

콘크리트에 프리스트레스를 주는 일을 **프리스트레싱**(prestressing), 또는 **프리스트레스의 도입**(transfer of prestress)이라고 하며, 프리스트레싱에 의하여 부재단면에 작용하고 있는 힘(그림 1-2의 P)을 **프리스트레스 힘**(prestressing force)이라고 한다.

1.2 프리스트레싱 방법

앞에서 설명한 바와 같이 콘크리트에 프리스트레스를 도입하기 위해서는 그림 1-2와 같이 보의 양끝에서 콘크리트에 압축력 P를 인위적으로 작용시켜야 한다. 압축력 P를 작용시키는 방법, 즉 프리스트레싱 방법에는 여러 가지가 있으나, 보통은 고강도 강재(鋼材)를 이용하는 방법이 주로 쓰인다. 즉, 고강도 강재에 인장력을 작용시켜 긴장시킨 채로 그 끝을 콘크리트 부재 끝에 정착시키는 것이다.

그림 1-3 (a)와 같이 콘크리트 부재 속에서 자유롭게 활동할 수 있도록 배치한 고강도 강재를 콘크리트 부재의 양단을 받침으로 하여 힘 P로 인장한 채 그림 1-3 (b)와 같이 부재 양단에 그대로 정착시킨다. 이 때 이 부재는 평활하고 견고한 바닥 위에 놓여 있어서 자중이나 다른 하중은 작용하지 않는다고 생각한다.

그러면 고강도 강재는 그림 1-3 (a)와 같이 인장력 P를 받은 상태로 있게 되고, 콘크리트는 그 반력(反力) P로 인하여 그림 1-3 (b)와 같이 압축력 P를 받게 된다. 따라서 부재단면에는 그림 1-3 (c)와 같은 프리스트레스가 작용하게 된다.

이러한 목적으로 사용하는 고강도 강재를 **PS 강재**(prestressing steel)라고 하며, PS 강재를 1개 또는 여러 개를 다발로 하여 프리스트레싱할 수 있는 상태로 해놓은 것을 **긴장재**(prestressing tendon)라고 한다.

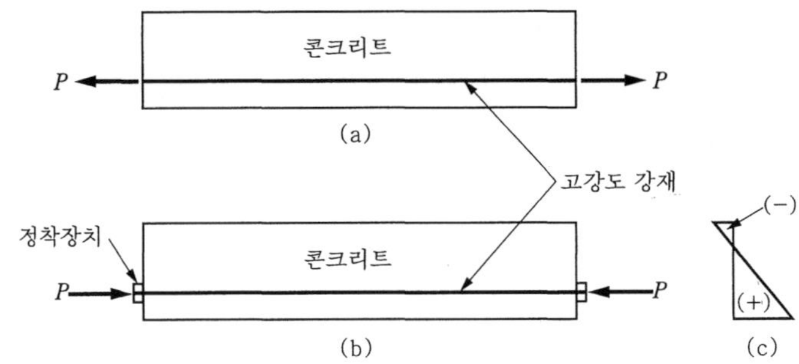

그림 1-3 프리스트레스트 콘크리트의 원리

프리스트레싱 방법은 PS 강재를 긴장하는 시기에 따라 프리텐션 방식(pre-tensioning system)과 포스트텐션 방식(post-tensioning system)으로 구분된다.

1.2.1 프리텐션 방식

이 방식은 PS 강재에 인장력을 주어 긴장해 놓은 채 콘크리트를 치고, 콘크리트가 경화한 후에 PS 강재의 인장력을 서서히 풀어서 콘크리트에 프리스트레스를 주는 방법으로서, 콘크리트와 PS 강재의 부착에 의해 프리스트레스를 도입하는 방식이다. 이 방식을 알기 쉽게 나타낸 것이 그림 1-4이다.

즉, 그림 1-4 (a)와 같이 인장대 위에 배치한 긴장재의 한 끝을 고정단 정착판에

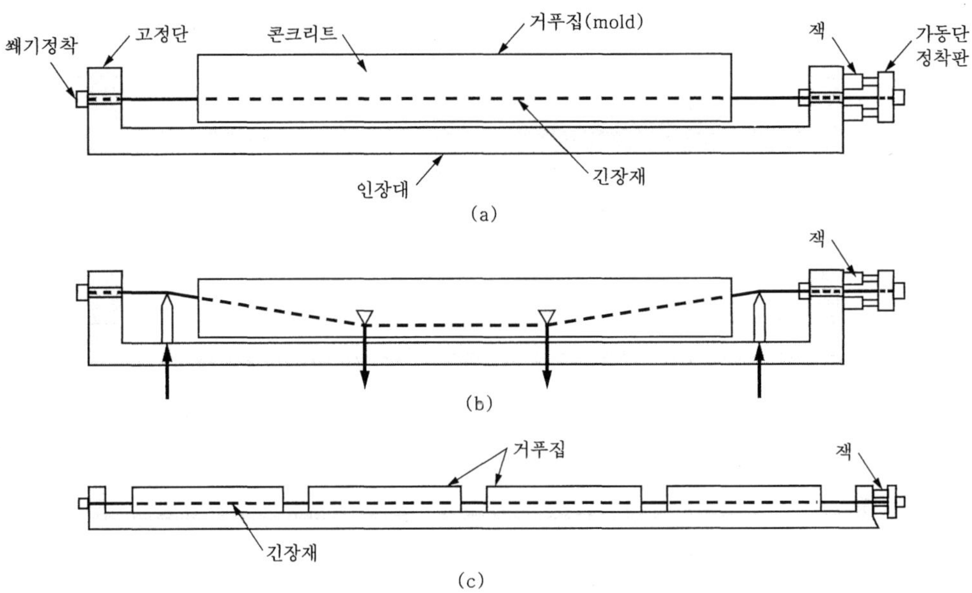

그림 1-4 프리텐션 방식

쐐기정착하고, 다른 끝은 가동단 정착판에 정착하여 잭(jack)을 작동시켜서 긴장재를 긴장한다. 여기서 인장대(tensioning bed, stressing bed, casting bed 또는 abutment)란 그림과 같이 프리텐션 방식으로 PSC 부재를 제조하기 위하여 미리 견고하게 만들어 놓은 설비를 말한다.

다음에 강재 거푸집(steel mold)을 조립한 후 콘크리트를 치고 잘 양생한다. 콘크리트가 굳어서 충분한 강도에 달하게 되면, 정착단의 정착을 서서히 풀어서 콘크리트 부재에 프리스트레스를 도입한다. 이것이 프리텐션 방식에 의한 PSC 부재의 제조방법이다.

그림 1-4 (a)는 긴장재를 직선배치한 경우이고, 그림 1-4 (b)는 긴장재를 절선상(折線狀, deflected tendon)으로 배치한 경우이다. 그림 1-4 (c)는 여러 개의 거푸집(mold)을 인장대에 직렬로 배치하고, 동시에 프리스트레스를 도입하는 방식으로서, 1회의 프리스트레싱으로 여러 개의 부재를 제조할 수 있다. 이러한 방법을 **롱 라인 방식**(long-line method)이라고 하며, **연속식**이라고도 한다. 거푸집 자체를 인장대로 하고 긴장재의 반력(反力)은 거푸집이 받게 하여 PSC 부재를 제조하는 방법도 있다. 이 방법을 **단일몰드 방식**(individual mold method) 또는 **단독식**이라고 하며, 1회의 프리스트레싱으로 1개의 부재밖에 만들지 못한다.

프리텐션 방식의 장점은 다음과 같다.

① 일반적으로 설비가 좋은 공장에서 제조되므로 제품의 품질에 대한 신뢰도가 높다.

② 동일한 형상과 치수의 프리캐스트 부재(precast member)를 대량으로 제조할 수 있다.

③ 쉬스(sheath), 정착장치 등이 필요하지 않다.

프리텐션 방식의 결점은 다음과 같다.

① 긴장재를 곡선으로 배치하기가 어려워서 대형부재의 제조에는 적합하지 않다.

② 부재의 단부(정착구역)에는 소정의 프리스트레스가 도입되지 않기 때문에 설계에 주의를 요한다.

1.2.2 포스트텐션 방식

이 방식은 콘크리트가 경화한 후에 PS 강재를 긴장하여 그 끝을 콘크리트에 정착함으로써 프리스트레스를 도입하는 방법이다. 이 방식에서는 PS 강재를 인장할 때 PS 강재와 콘크리트가 부착해 있으면 안 되므로, 그림 1-5 (a)와 같이 콘크리트 부재 속에 긴장재를 배치할 구멍을 미리 뚫어 놓아야 한다. 이 구멍을 덕트(duct)라고 하며, 이 속에 배치된 PS 강재는 자유로워야 한다.

콘크리트 부재 속에 덕트를 만들기 위하여 보통은 **쉬스**(sheath)를 사용한다. 쉬스는 보통 얇은 강판(鋼板)으로 만든 파상(波狀)의 관이 사용된다.

그림 1-5는 포스트텐션 방식을 알기 쉽게 나타낸 것이다. 즉, 그림 1-5 (a)와 같이 단단하고 평활한 바닥 위에 거푸집을 조립하고, 그 안의 소정 위치에 쉬스를 배치한 후 콘크리트를 친다. 콘크리트가 소정의 강도에 달하면 쉬스 안에 배치된 긴장재 끝에 잭(jack)을 부착하고, 소정의 인장력으로 긴장재를 인장한다. 인장작업(jacking)이 끝나면 긴장재를 정착장치에 의하여 콘크리트 부재에 정착시킨다.

다음에 PS 강재가 녹스는 것을 방지하고, 또 PS 강재와 콘크리트를 부착시키기 위하여 시멘트 풀(cement paste) 등으로 그라우팅(grouting)을 실시한다. 이렇게 만든 부재를 **부착시킨 포스트텐션 부재**(post-tensioned bonded member)라고 한다.

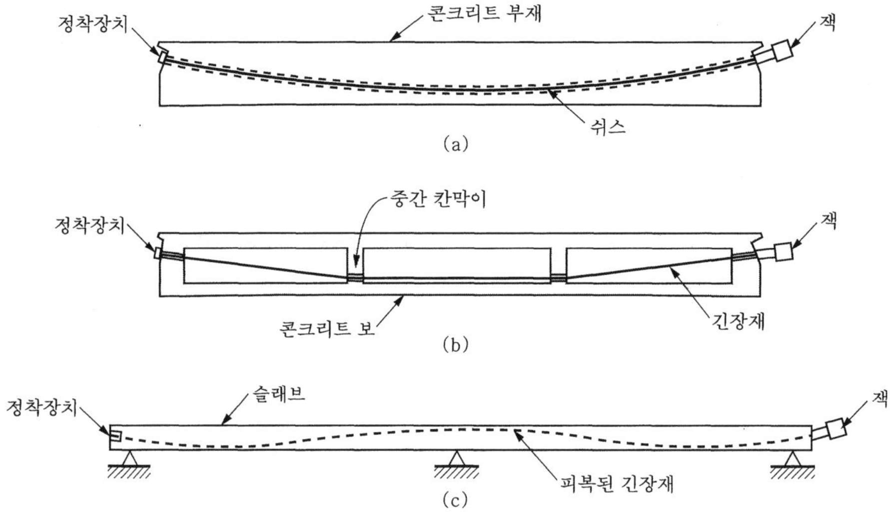

그림 1-5 포스트텐션 방식

그림 1-5 (b)는 중간 칸막이(intermediate diaphragm)를 가지는 속이 빈 콘크리트 보(hollow cellular concrete beam)의 경우를 나타낸 것이고, 그림 1-5 (c)는 두께가 얇은 연속 슬래브의 경우를 나타낸 것이다. 이와 같이 두께가 비교적 얇은 슬래브에는 피복된 PS 강재 또는 플라스틱 쉬스(plastic sheath) 속에 넣은 PS 강재가 사용된다. 이러한 긴장재를 사용하면 그라우팅이 필요하지 않다. 이렇게 제조된 부재를 **부착시키지 않은 포스트텐션 부재**(post-tensioned unbonded member)라고 한다.

포스트텐션 방식의 특징은 다음과 같다.

① PS 강재를 곡선상으로 배치할 수 있어서 대형 구조물에 적합하다.
② 콘크리트 부재를 받침으로 하여 PS 강재를 인장하기 때문에 현장에서 쉽게 프리스트레스를 도입할 수 있다. 즉, 인장대를 필요로 하지 않는다.
③ 프리캐스트 PSC 부재의 결합과 조립에 편리하게 이용된다.
④ 부착시키지 않은 PSC 부재는 그라우팅이 필요하지 않으며, PS 강재의 재긴장도 가능하다.
⑤ 부착시키지 않은 PSC 부재는 부착시킨 PSC 부재에 비하여 파괴강도가 낮고 균열 폭이 커지는 등 역학적 성능이 떨어진다.

1.3 기본개념

프리스트레스트 콘크리트의 원리는 다음과 같은 세 가지 서로 다른 개념에 의하여 설명할 수 있다. 이 세 가지 개념을 이해한다는 것은 매우 중요하다. 이들 개념을 이해하고 있으면 PSC 구조물을 효율적으로 설계할 수 있고, 또 잘 조화시킬 수 있다.

1.3.1 균등질 보의 개념

콘크리트에 프리스트레스를 도입하면 콘크리트가 탄성체로 전환된다는 생각으로서, **응력개념**(stress concept) 또는 **균등질 보의 개념**(homogeneous beam concept)으로 알려져 있으며, 가장 널리 통용되고 있는 PSC의 기본적인 개념이다. 이 생각은 프랑스의 Freyssinet가 제안한 것으로서, 콘크리트에 미리 압축응력을 주어 취성재료(脆性材料)인 콘크리트를 탄성재료로 변환시킨 콘크리트가 곧 프리스트레스트 콘크리트라고 주장한 것이다.

인장에 약하고 압축에 강한 콘크리트가 프리스트레싱에 의하여 압축됨으로써 취성재료인 콘크리트가 인장응력에 견딜 수 있게 되는 것이다. 이렇게 되면 결국 콘크리트에는 인장응력이 작용하지 않으므로 균열이 발생하지 않으며, 콘크리트는 탄성재료로 되는 것이다. 따라서 PSC의 응력해석이나 설계는 탄성이론에 따를 수 있게 된다.

이 개념에 따르면 콘크리트는 두 종류의 힘을 받게 된다. 하나는 프리스트레싱에 의한 힘이고, 다른 하나는 하중에 의한 힘이다. 따라서 하중에 의한 인장응력이 프리스트레싱에 의한 압축응력에 의하여 상쇄될 수 있으므로, 하중에 의한 콘크리트의 균열을 막을 수 있다. 콘크리트에 균열이 발생하지 않는 한 하중과 프리스트레싱에 의하여 일어나는 응력, 변형률, 처짐 등을 각각 따로 계산할 수 있으며, 필요한 경우에는 이들을 합산할 수 있다.

다음에 간단한 예를 들어 이 개념을 설명해 보자.

[1] 긴장재를 부재의 도심 축과 일치시킨 경우

긴장재를 부재의 도심 축과 일치시켜 배치하고 힘 P로 인장하여 부재단에 정착하면, 콘크리트는 그림 1-6 (a)와 같이 압축력 P를 받는다. 이 때 콘크리트 단면에는 다음과 같은 압축응력이 그림 1-6 (c)와 같이 단면에 균일하게 작용한다.

$$f=\frac{P}{A} \qquad ⓐ$$

여기서 A는 부재의 단면적이다.

다음에 이 부재를 그림 1-6 (b)와 같이 단순지점 위에 올려놓으면, 자중과 활하중에 의해서 휨모멘트 M이 작용하여 다음과 같은 휨 응력이 일어난다〔그림 1-6 (d)〕.

$$f=\pm\frac{M}{I}y \qquad ⓑ$$

여기서 I는 부재단면의 2차 모멘트이다.

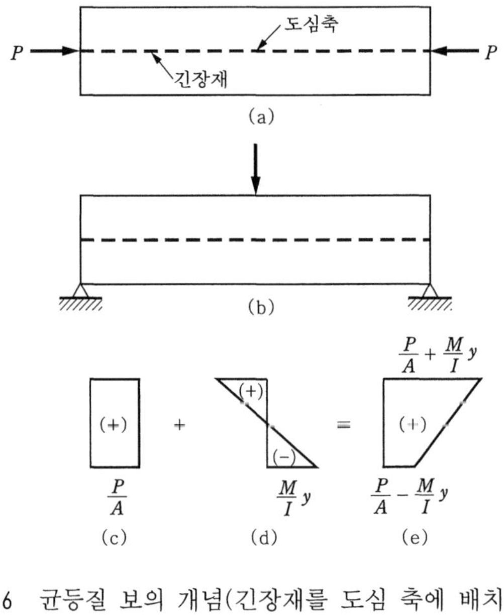

그림 1-6 균등질 보의 개념(긴장재를 도심 축에 배치한 경우)

따라서 이 부재단면에는 식 ⓐ와 ⓑ를 합한 다음과 같은 응력이 작용하게 되고, 그 분포는 그림 1-6 (e)와 같이 된다.

$$f_c = \frac{P}{A} \pm \frac{M}{I} y \qquad (1 \cdot 1)$$

여기서 $\frac{P}{A}$는 프리스트레스이고, $\frac{M}{I} y$는 하중에 의한 휨 응력이다.

프리스트레스트 콘크리트에서는 압축응력을 정(+), 인장응력을 부(−)로 약속하고 계산하는 것이 보통이다.

[2] 긴장재를 직선으로 편심 배치한 경우

긴장재를 그림 1-7 (a)와 같이 편심 거리 e를 가지고 직선 배치한 경우를 생각해 보자. 이 부재의 임의단면에는 그림 1-7 (b)와 같이 프리스트레싱에 의하여 편심압력 P가 작용하게 되며, 이것은 그림 1-7 (c)와 같이 단면도심에 대하여 압축력 P와 모멘트 Pe의 두 작용으로 바꾸어 놓을 수 있다. 결국, 이 단면에는 프리스트레싱에 의하여 다음과 같은 단면력이 작용한다.

$$\left.\begin{array}{ll} \text{축방향력} & P \\ \text{휨모멘트} & -Pe \\ \text{전단력} & 0 \end{array}\right\} \qquad (1 \cdot 2)$$

단면력의 부호 약속은 구조역학에서의 약속과 같으나 축방향력만은 압축을 정(+)으로 약속한다.

그림 1-7 (d)는 프리스트레싱에 의하여 이 부재에 일어난 휨모멘트도이다. 따라서 프리스트레싱에 의하여 부재단면에는 다음과 같은 응력이 일어난다.

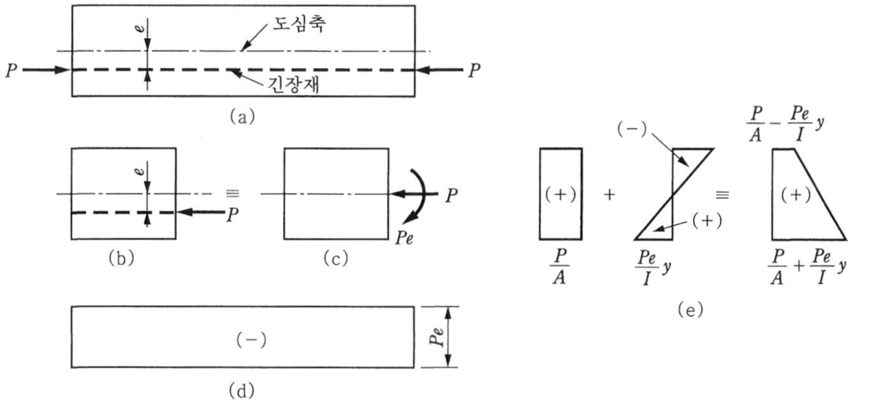

그림 1-7 균등질 보의 개념(직선 긴장재를 편심 배치한 경우)

$$\frac{P}{A} \pm \frac{Pe}{I} y \qquad (1 \cdot 3)$$

여기서 A : 보의 단면적

I : 보의 단면 2차 모멘트

y : 단면도심으로부터의 거리

이 부재를 그림 1-8 (a)와 같이 단순지점 위에 들어올려 놓으면 사하중(고정하중)과 활하중으로 인한 휨모멘트 M에 의하여 부재단면에는 다음과 같은 휨 응력이 일어난다.

$$\pm \frac{M}{I} y$$

따라서 그림 1-8 (a)의 보의 단면에는 식 (1 · 3)과 위의 식을 합한 다음과 같은 응력이 작용하게 된다.

$$f_c = \frac{P}{A} \mp \frac{Pe}{I} y \pm \frac{M}{I} y \qquad (1 \cdot 4)$$

식 (1 · 4)에서 $\left(\frac{P}{A} \mp \frac{Pe}{I} y\right)$는 프리스트레스이고, $\pm \frac{M}{I} y$는 하중에 의한 응력이다. 이 관계를 나타낸 것이 그림 1-8이다.

응력 f_c의 부호는 압축일 때를 정(+), 인장일 때를 부(−)로 약속하는 것이 보통이지만, y 및 e가 보의 도심축의 위쪽에 있을 때 그 부호를 정(+), 아래쪽에 있을 때를 부(−)로 약속하고 계산해도 좋다. 그렇게 약속하면 식 (1 · 1), (1 · 3) 및

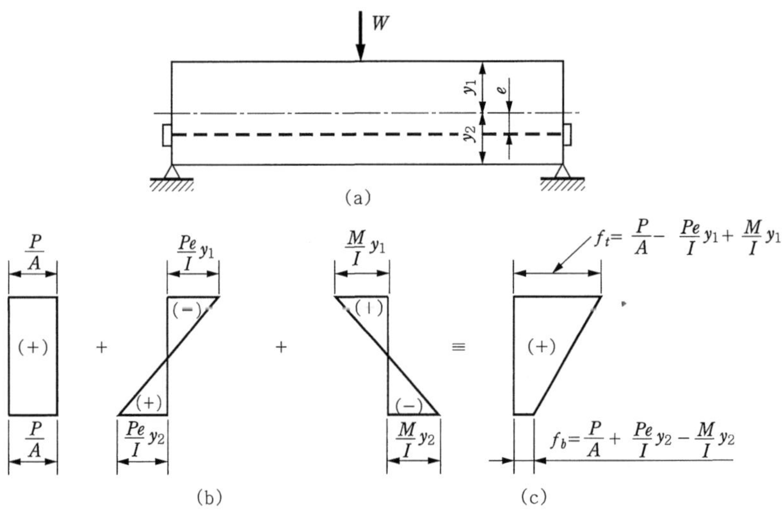

그림 1-8 균등질 보의 개념(그림 1-7의 보를 단순지지한 경우)

식 (1 · 4)의 복부호(±)는 필요하지 않다.

[3] 긴장재를 절곡 또는 곡선 배치한 경우

그림 1-9(a)와 같이 긴장재를 중앙에서 구부려 배치하고, 힘 P로 프리스트레싱하면 이 부재의 임의 단면에는 프리스트레스 힘 P가 그림 1-9(b)와 같이 θ의 경사를 가지고 작용하게 된다. 그림 1-9(b)는 그림 1-9(c)와 같이 바꾸어 놓을 수 있다.

즉, 이 단면에는 프리스트레스 힘 P에 의하여 다음과 같은 단면력이 작용하게 된다.

$$\left.\begin{array}{ll} \text{축방향력} & P\cos\theta \\ \text{휨모멘트} & -(P\cos\theta)\,e_x \\ \text{전단력} & -P\sin\theta \end{array}\right\} \qquad (1\cdot5)$$

θ는 매우 작아서 $\cos\theta \fallingdotseq 1$로 볼 수 있으므로 식 (1 · 5)는 다음과 같이 된다.

$$\left.\begin{array}{ll} \text{축방향력} & P \\ \text{휨모멘트} & -P\,e_x \\ \text{전단력} & -P\sin\theta \end{array}\right\} \qquad (1\cdot6)$$

그러므로 이 단면에는 프리스트레싱에 의하여 다음과 같은 응력이 일어난다.

$$\frac{P}{A} \mp \frac{Pe_x}{I}\,y \qquad (1\cdot7)$$

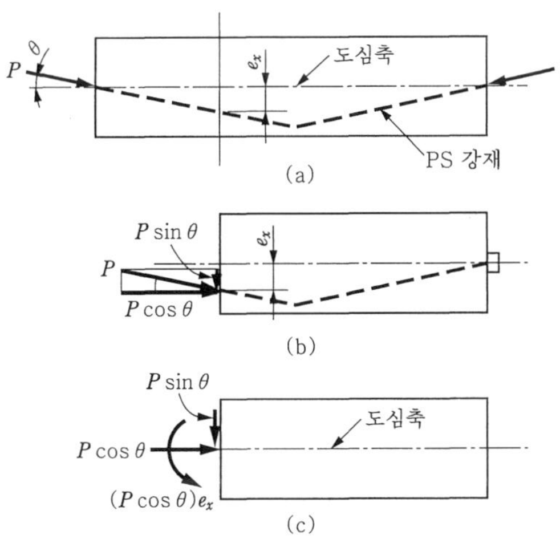

그림 1-9 균등질 보의 개념(긴장재를 절곡하여 배치한 경우)

이 부재를 단순지점 위에 들어올려 놓으면 외력(外力)에 의하여 $\frac{M}{I}y$의 휨응력이 작용하게 되므로, 결국 이 보에는 다음과 같은 응력이 작용하게 된다.

$$f_c = \frac{P}{A} \mp \frac{Pe_x}{I}y \pm \frac{M}{I}y \qquad (1 \cdot 8)$$

PS 강재를 그림 1-10 (a)와 같이 포물선으로 배치한 경우에도 이 개념은 같다.

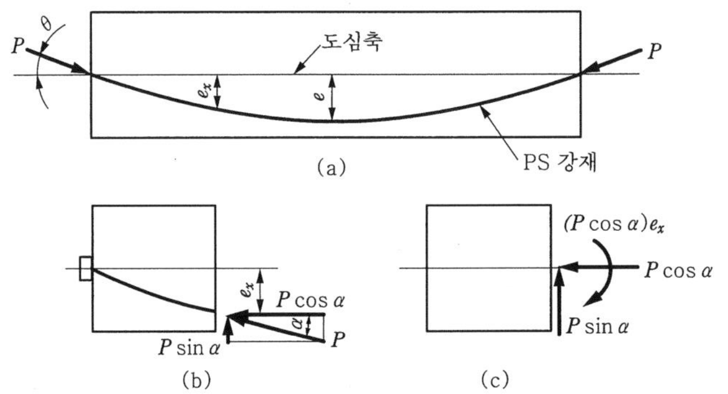

그림 1-10 균등질 보의 개념(긴장재를 포물선으로 배치한 경우)

이상 세 가지 경우를 비교해 보면, 프리스트레스 힘에 의하여 부재단면에 일어나는 단면력에 대하여 다음과 같은 사실을 알 수 있다. 즉, [1]의 경우에는 프리스트레싱에 의하여 부재단면에 축방향 압축력만 일어나는데, [2]의 경우에는 축방향 압축력과 부(−)의 휨모멘트가 일어나고, [3]의 경우에는 축방향 압축력 외에 부(−)의 휨모멘트와 부(−)의 전단력이 일어난다. 이 부(−)의 휨모멘트가 하중에 의한 정(+)의 휨모멘트와 상쇄되어 인장 측에 인장력이 일어나지 않게 되는 것이다. 또한, 부(−)의 전단력은 하중에 의한 정(+)의 전단력을 감소시켜 준다. 따라서 휨 부재에서는 긴장재를 [3]의 경우처럼 절곡하거나 포물선으로 배치하는 것이 유리함을 알 수 있다.

참고> 예제에 들어가기 전에 힘의 단위 및 단위의 환산에 대하여 간단히 언급해둔다.

(1) 힘의 단위에 대하여

종래 우리는 힘의 단위로 kg(kilogram) 또는 t(ton)을 사용해 왔다. 그러나 힘을 질량과 구별해야 한다는 뜻에서 일찍부터 한국산업규격(KS)에서는 kgf(킬로그램 힘) 또는 tf(톤 힘)으로 힘을 나타내왔고, 1999년 개정된 "콘크리트 구조 설계기준"에서는 kgf 또는 tonf로 힘을 나타내왔었다.

그러나 단위의 국제적 통일을 위한 세계적 추세에 따라 1990년을 전후해서 한국산업

규격(KS)이 전면적으로 국제단위계(SI 단위계)를 채택하기에 이르렀고, 이에 2003년 개정된 "콘크리트 구조 설계기준"도 SI 단위로 전환하기에 이르렀다. 즉 힘의 단위로 N(Newton)을, 응력의 단위로 MPa(N/mm^2)를 채택하고 있다[부록 A 참조].

표 1-1은 이상과 같은 힘의 단위의 변천을 보인 것이다.

표 1-1 힘, 모멘트 및 응력의 단위의 변천

구 분	힘	모멘트	응 력
종래 사용해온 단위	kg, t	kg·m, t·m	kg/cm^2
종래 KS에서 주고 있었던 단위	kgf, tf	kgf·m, tf·m	kgf/cm^2
1999년 개정된 설계기준에서 주고 있었던 단위	kgf, tonf	kgf·m, tonf·m	kgf/cm^2
현행 KS(KS A 0102) 및 현행 각 설계기준에서 주고 있는 단위	N, kN	N·m, kN·m	N/mm^2 (MPa)

[주] 1 kN(kilo Newton)$=10^3$ N, 1N/mm^2=1 MPa(Mega Pascal)$=10^6$ Pa$=10^6$ N/m^2

(2) 단위의 환산에 대하여

설계기준에서는 CGS 단위로 된 종래의 계산식이나 값들을 SI 단위로 환산함에 있어서, 1 kgf = 9.8 N을 1 kgf ≒ 10 N으로, 또 1 kgf/cm^2 =0.098 MPa을 1 kgf/cm^2 ≒ 0.1 MPa로 보고 환산하고 있다[부록 A 참조].

응력이 kgf/cm^2의 단위로 된 종래의 식들을 계산할 때는 힘은 kgf, 길이는 cm 단위이라야 했으나, 응력이 MPa(N/mm^2)의 단위로 된 식들을 계산할 때는 힘은 N, 길이는 mm 단위이라야 한다는 점에 유의해야 한다.

(3) 용어에 대하여

토목분야와 건축분야에서 종래 서로 다르게 사용해온 용어들이 1999년 통합된 "콘크리트 구조 설계기준"에서는 하나의 용어로 통일하고 있다. 그러한 용어 가운데 중요한 것들을 부록 D에 수록하였다. 이 책에서는 통합된 용어를 사용하도록 하였으며, 토목분야에서 종래 사용해온 용어를 병용한 곳도 있다.

예제 1-1. 그림 1-11과 같은 PSC 보의 중앙단면의 콘크리트 응력을 계산해 보자. 프리스트레스 힘은 $P=3375$ kN, 긴장재의 편심량은 $e=25$ cm, 활하중은 $w_l=18$ kN/m이다.

풀이> 프리스트레스트 콘크리트의 단위중량은 2500 kg/m^3이고, 이것을 하중으로 보아야 하므로 2500 kgf/m^3이다[부록 A의 [주 1] 및 [주 2] 참조]. 1 kgf =9.8 N이지만[부록 A참조] 1 kgf ≒ 10 N으로 보고 환산하면[앞의 참고 (2) 참조] 프리스트레스트 콘크리트의 단위중량은 다음과 같이 된다.

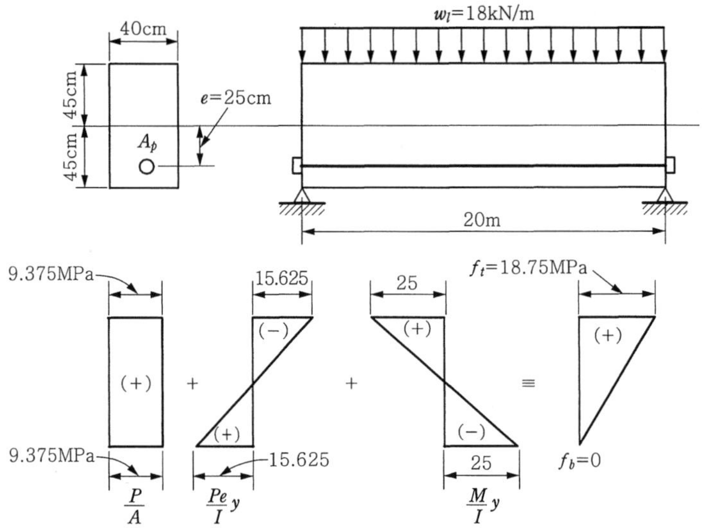

그림 1-11

$$2500\,\mathrm{kgf/m^3} = 2500 \times 10\,\mathrm{N/m^3} = 25,000\,\mathrm{N/m^3} = 25\,\mathrm{kN/m^3}$$

따라서 보의 자중은 다음과 같이 된다.

보의 자중 $w_d = 25,000\,\mathrm{N/m^3} \times (0.4\,\mathrm{m} \times 0.9\,\mathrm{m}) = 9000\,\mathrm{N/m} = 9\,\mathrm{kN/m}$

또는

$w_d = 25\,\mathrm{kN/m^3} \times (0.4\,\mathrm{m} \times 0.9\,\mathrm{m}) = 9\,\mathrm{kN/m}$

활하중 $w_l = 18\,\mathrm{kN/m}$

하중의 합계 $w = w_d + w_l = 9 + 18 = 27\,\mathrm{kN/m}$

따라서 보의 중앙단면의 휨모멘트는

$$M = \frac{wl^2}{8} = \frac{1}{8} \times 27 \times 20^2 = 1350\,\mathrm{kN \cdot m}$$

부재 단면적 $A = 0.4 \times 0.9 = 0.36\,\mathrm{m^2}$

단면 2차 모멘트 $I = \frac{1}{12} \times 0.4 \times 0.9^3 \fallingdotseq 0.0243\,\mathrm{m^4}$

프리스트레스 힘 $P = 3375\,\mathrm{kN}$

따라서 보의 중앙단면의 콘크리트 응력은 식 (1·4)로부터

$$\begin{aligned} f_c &= \frac{P}{A} \mp \frac{Pe}{I} y \pm \frac{M}{I} y \\ &= \frac{3375}{0.36} \mp \frac{3375 \times 0.25}{0.0243} \times 0.45 \pm \frac{1350}{0.0243} \times 0.45 \\ &= 9375(\mathrm{kN/m^2}) \mp 15625(\mathrm{kN/m^2}) \pm 25000(\mathrm{kN/m^2}) \end{aligned}$$

따라서 단면의 상연응력 f_t 및 하연응력 f_b는 각각 다음과 같이 된다.

$$f_t = 9375 - 15625 + 25000 = 18750\ \mathrm{kN/m^2} = 18.75\ \mathrm{N/mm^2} = 18.75\ \mathrm{MPa}$$

$$f_b = 9375 + 15625 - 25000 = 0$$

이상의 응력분포가 그림 1-11에 나타내어져 있다.

참고 하중을 N, 부재치수를 mm로 하여 계산해 보자.

프리스트레스트 콘크리트의 단위중량은

$$25\ \mathrm{kN/m^3} = 25\times\frac{10^3\ \mathrm{N}}{(1000\ \mathrm{mm})^3} = 25\times\frac{10^3\ \mathrm{N}}{10^9\ \mathrm{mm}^3} = 25\times10^{-6}\ \mathrm{N/mm^3}$$

따라서 보의 자중은 $w_d = 25\times10^{-6}\times(400\times900) = 9\ \mathrm{N/mm}$

활하중은 $w_l = 18\ \mathrm{kN/m} = 18\times\frac{10^3\ \mathrm{N}}{10^3\ \mathrm{mm}} = 18\ \mathrm{N/mm}$

하중의 합계는 $w = w_d + w_l = 9 + 18 = 27\ \mathrm{N/mm}$

따라서 보의 중앙단면의 휨모멘트는

$$M = \frac{wl^2}{8} = \frac{1}{8}\times 27\times 20,000^2 = 135\times10^7\ \mathrm{N\cdot mm}$$

부재의 단면적 $A = 400\times900 = 36\times10^4\ \mathrm{mm}^2$

단면 2차 모멘트 $I = \frac{1}{12}\times400\times900^3 = 243\times10^8\ \mathrm{mm}^4$

프리스트레스 힘 $P = 3375\ \mathrm{kN} = 3375\times10^3\ \mathrm{N}$

따라서 보의 중앙단면의 콘크리트 응력은 식 (1·4)로부터

$$\begin{aligned} f_c &= \frac{P}{A} \mp \frac{Pe}{I}y \pm \frac{M}{I}y \\ &= \frac{3375\times10^3}{36\times10^4} \mp \frac{3375\times10^3\times250}{243\times10^8}\times450 \pm \frac{135\times10^7}{243\times10^8}\times450 \\ &= 9.375(\mathrm{N/mm^2}) \mp 15.625(\mathrm{N/mm^2}) \pm 25(\mathrm{N/mm^2}) \end{aligned}$$

따라서 단면의 상하연단의 응력은 다음과 같이 된다.

$$f_t = 9.375 - 15.625 + 25 = 18.75\ \mathrm{N/mm^2} = 18.75\ \mathrm{MPa}$$

$$f_b = 9.375 + 15.625 - 25 = 0$$

예제 1-2. 그림 1-12와 같이 긴장재를 포물선으로 배치한 보의 중앙단면의 콘크리트 응력을 계산해 보자. 프리스트레스 힘은 $P = 3375\ \mathrm{kN}$이고, 경간 중앙단면에서 긴장재의 편심량은 $e = 25\ \mathrm{cm}$이다. 자중 이외에 활하중 $w_l = 18\ \mathrm{kN/m}$가 작용하며 경간은 20 m이다.

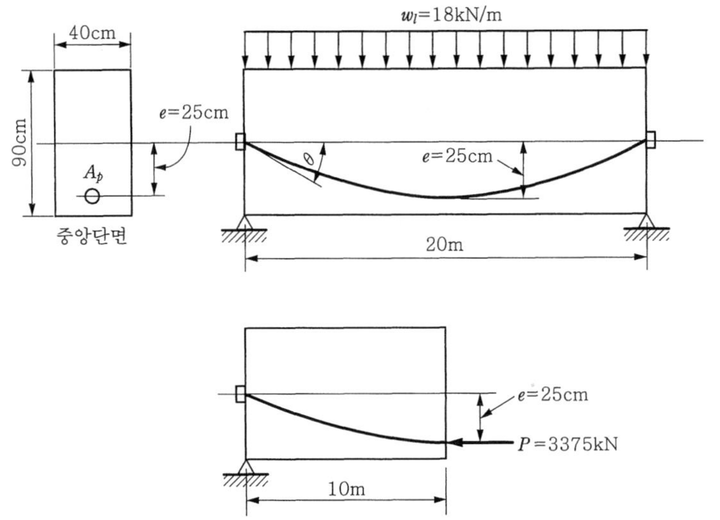

그림 1-12

풀이 보의 자중 $w_d = 25\times(0.4\times0.9) = 9\ \text{kN/m}$

전체 하중 $w = w_d + w_l = 9 + 18 = 27\ \text{kN/m}$

따라서 하중에 의한 보의 중앙단면의 휨모멘트는

$$M = \frac{wl^2}{8} = \frac{1}{8}\times27\times20^2 = 1350\ \text{kN}\cdot\text{m}$$

단면 2차 모멘트 $I = \dfrac{bh^3}{12} = \dfrac{1}{12}\times0.4\times0.9^3 = 0.0243\ \text{m}^4$

단면적 $A = 0.4\times0.9 = 0.36\ \text{m}^2$

프리스트레스 힘 $P = 3375\ \text{kN}$

따라서 중앙단면의 콘크리트 응력은 식 (1 · 8)로부터

$$\begin{aligned} f_c &= \frac{P}{A} \mp \frac{Pe_x}{I}y \pm \frac{M}{I}y \\ &= \frac{3375}{0.36} \mp \frac{3375\times0.25}{0.0243}\times0.45 \pm \frac{1350}{0.0243}\times0.45 \\ &= 9375(\text{kN/m}^2) \mp 15625(\text{kN/m}^2) \pm 2500(\text{kN/m}^2) \end{aligned}$$

그러므로

상연응력 $f_t = 9375 - 15625 + 25000 = 18750\ \text{kN/m}^2 = 18.75\ \text{N/mm}^2\ (18.75\ \text{MPa})$

하연응력 $f_b = 9375 + 15625 - 25000 = 0$

이 보의 중앙단면의 콘크리트 응력분포는 그림 1-11과 같다.

1.3.2 내력 모멘트의 개념

이 개념은 그림 1-13 (a)와 같이 PSC 보를 그림 (b)의 RC 보처럼 생각하여, 콘크리트는 압축력을 받고 긴장재는 인장력을 받게 하여 두 힘의 우력 모멘트로 외력(外力)에 의한 휨모멘트에 저항시킨다는 생각이며, **강도개념**(strength concept) 또는 **내력개념**(internal force concept)으로 알려져 있다.

PSC에서는 고강도 강재를 사용하는데, 고강도 강재는 그 강도가 다 발휘되기 전에 상당히 늘어날 수 있어야 한다. 고강도 강재를 RC와 같이 단순히 콘크리트 속에 묻어 넣는다면, 그 강재가 전강(全强, full strength)을 발휘하기 전에 그 둘레의 콘크리트에는 균열이 발생할 것이다.

그래서 콘크리트를 위하여 강재를 미리 긴장해 둘 필요가 있다. 콘크리트에 대하여 강재를 미리 긴장하여 정착하면 원하는 응력과 변형률을 두 재료에 일어나게 할 수 있다. 즉, 콘크리트에는 압축응력을, 강재에는 인장력을 줄 수 있다. 이러한 조합작용(combined action)은 RC에서 이룰 수 없었던 두 재료의 안전하고 경제적인 이용을 가능하게 한다.

즉, PSC는 고강도 강재를 사용하여 균열의 발생을 방지할 수 있게 한 RC의 일종이라고 할 수 있다. 또한, 이 개념은 PSC 보의 극한강도를 결정하는 데도 이용된다.

지금 하중에 의한 휨모멘트를 M, PS 강재에 작용하고 있는 인장력을 P라고 하면, 그림 1-13 (a)로부터

$$\left.\begin{aligned} C = T = P \\ M = Cz = Tz = Pz \end{aligned}\right\} \qquad (1 \cdot 9)$$

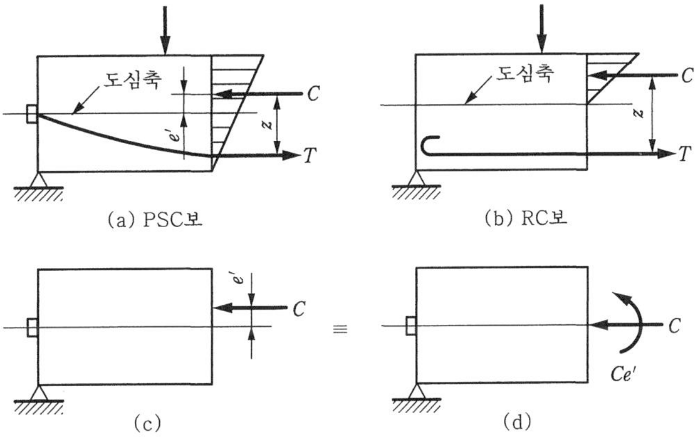

그림 1-13 내력 모멘트의 개념

위의 식으로부터 C의 작용점은 쉽게 구해진다. C의 작용점이 구해지면 그 편심거리 e'를 알 수 있다. 위의 식에서 프리스트레스 힘 P는 일정하므로, 하중에 의한 휨모멘트 M이 커짐에 따라 z가 커지고, 따라서 e'도 커짐을 알 수 있다.

그림 1-13 (a)의 PSC보 단면의 콘크리트 응력은 콘크리트 단면에 그림 1-13 (c)와 같은 영향을 주게 되고, 이것은 다시 그림 1-13 (d)로 바꾸어 놓을 수 있다. 그러므로 단면에 일어나는 콘크리트 응력은 다음과 같이 된다.

$$\left.\begin{aligned} f_c &= \frac{C}{A} \pm \frac{Ce'}{I} y \\ &= \frac{P}{A} \pm \frac{Pe'}{I} y \end{aligned}\right\} \qquad (1 \cdot 10)$$

예제 1-3. 예제 1-2를 내력(內力) 모멘트의 개념으로 계산해 보자.

풀이 예제 1-2로부터

보의 중앙단면에 일어나는 휨모멘트는

$$M = 1350 \text{ kN·m}$$

$T = P = 3375$ kN에 대한 내력 모멘트의 팔 길이 z는 식 (1・9)로부터

$$z = \frac{M}{P} = \frac{1350}{3375} = 0.4 \text{ m}$$

중앙단면에서 P의 작용점은 보의 바닥으로부터 0.2 m의 위치에 있으므로[그림 1-12 참조] C의 작용점은 보의 바닥으로부터

$$0.2 + z = 0.2 + 0.4 = 0.6 \text{ m}$$

이 관계를 보인 것이 그림 1-14 (a)이다.

콘크리트의 응력은 단면에 작용하는 압축력 C를 사용하여 계산한다. 즉 $C = 3375$ kN이고, C의 편심 거리는 $e' = 0.6 - 0.45 = 0.15$ m이므로 편심 모멘트는

$$Ce' = 3375 \times 0.15 = 506.25 \text{ kN·m}$$

따라서 중앙단면의 콘크리트 응력은 식 (1・10)으로부터

$$\begin{aligned} f_c &= \frac{C}{A} \pm \frac{Ce'}{I} y \\ &= \frac{3375}{0.36} \pm \frac{506.25}{0.0243} \times 0.45 = 9375 \text{ (kN/m}^2) \pm 9375 \text{ (kN/m}^2) \end{aligned}$$

그러므로

상연응력 $f_t = 9375 + 9375 = 18750 \text{ kN/m}^2 = 18.75 \text{ N/mm}^2 = 18.75$ MPa

하연응력 $f_b = 9375 - 9375 = 0$

그림 1-14 (b)는 응력분포를 보인 것이다.

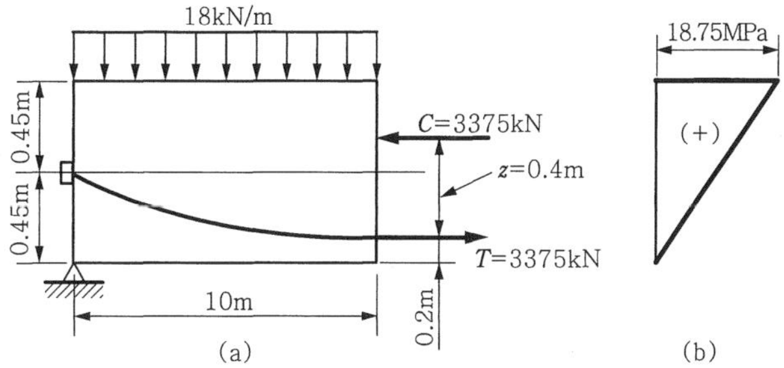

그림 1-14

1.3.3 하중평형의 개념

이 개념은 프리스트레싱의 작용과 부재에 작용하는 하중을 비기도록 하자는 데 목적을 둔 생각으로서, **하중평형의 개념**(load balancing concept) 또는 **등가하중**(equivalent transverse loading)의 개념이라고 한다.

프리스트레싱의 작용이 연직하중과 비긴다면, 슬래브나 보와 같은 휨 부재는 주어진 하중작용하에서 휨 응력을 일으키지 않게 된다. 결국, 휨 부재를 축방향의 직응력(direct stress)만을 받는 부재로 전환시키게 되어 복잡한 구조물의 설계와 해석을 매우 단순화시킨다. 이 경우 긴장재는 마치 현수교의 케이블과 같은 구실을 한다.

이 개념에서는 콘크리트를 자유 물체도로 보아야 하고, 또 긴장재는 콘크리트에 작용하는 힘으로 바꾸어 놓아야 한다.

다음에 몇 가지 간단한 경우를 예로 들어 이 개념을 설명해 보자.

[1] 긴장재를 포물선으로 배치한 경우

그림 1-15 (a)와 같이 긴장재를 포물선으로 배치한 단순보를 생각해 보자.

긴장재의 양끝을 P로 긴장할 때 긴장재가 콘크리트 속에서 포물선을 유지하려면, 그림 1-15 (b)와 같이 등분포의 하향력(下向力) u가 작용해야 한다. 긴장재의 양끝을 콘크리트에 정착하면, 콘크리트에는 그림 1-15 (c)와 같이 압축력 P 외에 등분포의 상향력(上向力) u가 작용하게 된다. 이 때 콘크리트 보의 중앙단면에는

$$\frac{ul^2}{8}$$

만큼의 부($-$)의 휨모멘트가 일어난다. 이 휨모멘트는 그림 1-15 (d)의 자유 물체도에 일어나는 부의 휨모멘트 Ph와 같은 성질의 것이다. 여기서 h는 포물선의 새그(sag)이다. 따라서

$$\frac{ul^2}{8} = Ph$$
$$\therefore u = \frac{8\,Ph}{l^2} \qquad (1 \cdot 11)$$

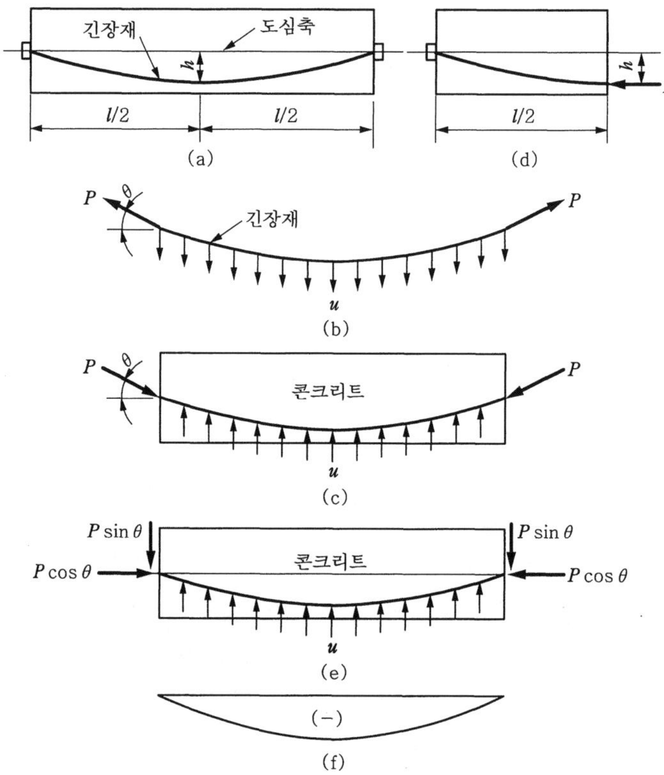

그림 1-15 하중평형의 개념(긴장재를 포물선으로 배치한 경우)

그림 1-15는 이러한 관계를 알기 쉽게 나타낸 것이다. 즉, 긴장재를 포물선으로 배치하여 프리스트레싱하면 콘크리트 부재는 그림 1-15 (c)와 같은 작용을 받게 되고, 이 자유 물체도는 그림 1-15 (e)와 같은 힘을 받는 상태로 되며, 따라서 보에는 프리스트레싱에 의해 그림 1-15 (f)와 같은 부(−)의 휨모멘트가 일어난다. 이 관계는 그림 1-17 (b)에도 나타나 있다.

이 부(−)의 휨모멘트가 하중에 의한 정(+)의 휨모멘트와 비기면, 즉 식 (1 · 11)의 u가 외력으로 작용하는 등분포 하중 w와 크기가 같으면, 이 보는 휨은 받지 않고 축방향 압축 $P\cos\theta$만을 받게 된다.

등분포 상향력 u와 하중이 비기지 않을 경우에는 그 차에 의한 휨모멘트 M을 받게 된다. 따라서 이 경우의 콘크리트 응력은 다음 식으로 계산할 수 있다.

$$\begin{aligned} f_c &= \frac{P\cos\theta}{A} \pm \frac{M}{I}y \\ &\fallingdotseq \frac{P}{A} \pm \frac{M}{I}y \end{aligned} \qquad (1 \cdot 12)$$

일반적인 경우 근사적으로 $P\cos\theta \fallingdotseq P$ 이다.

[2] 긴장재를 절곡하여 배치한 경우

그림 1-16 (a)와 같이 긴장재를 지간중앙에서 구부려 배치한 단순보를 생각해 보자. 긴장재를 인장력 P로 긴장하여 보의 양단에 정착하려면, 그림 1-16 (b)와 같이 절곡점(折曲點)에 하향(下向)의 힘 U를 작용시켜야 한다. 긴장재와 콘트리트를 분리해서 따로따로 생각하면, 긴장재는 그림 1-16 (b)와 같이 인장력 P와 하향력(下向力) U를 받고 있는 상태이고, 콘크리트는 그림 1-16 (d)와 같이 압축력 P와 상향력(上向力) U를 받는 상태로 된다.

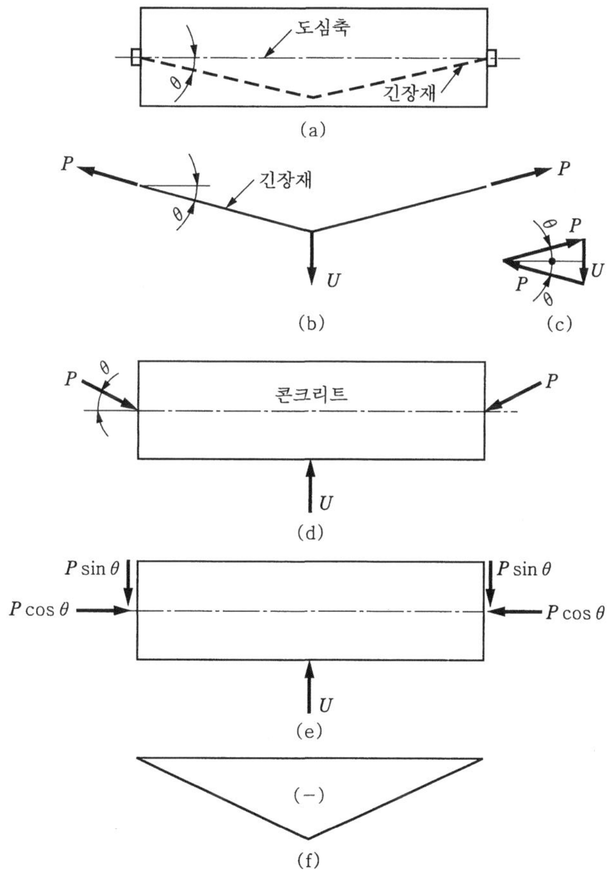

그림 1-16 하중평형의 개념(긴장재를 절곡하여 배치한 경우)

결국, 그림 1-16(a)와 같이 절곡하여 배치한 긴장재는 콘크리트에 압축력 P를 줄 뿐 아니라 경간중앙에 상향의 힘 U를 주게 된다. 힘 U는 정역학적으로 쉽게 구할 수 있다. 즉, 그림 1-16(b)와 같이 긴장재에 작용하는 세 힘은 비겨야 하므로, 이 자유 물체도에 $\sum V=0$을 적용하면 U는 다음과 같이 된다[그림 1-16(c) 참조].

$$U=2P\sin\theta \qquad (1 \cdot 13)$$

즉, 이 콘크리트 부재는 프리스트레스 힘 P로 인하여 그림 1-16(d) 또는 그림 1-16(e)와 같은 힘을 받는 상태로 되어, 보에는 그림 1-16(f)와 같은 부(−)의 휨모멘트가 일어난다. 이 관계는 그림 1-17(a)에도 나타나 있다. 따라서 지간중앙에 U와 같은 크기의 연직하중을 작용시키면 이 부재는 휨을 받지 않게 된다. U와

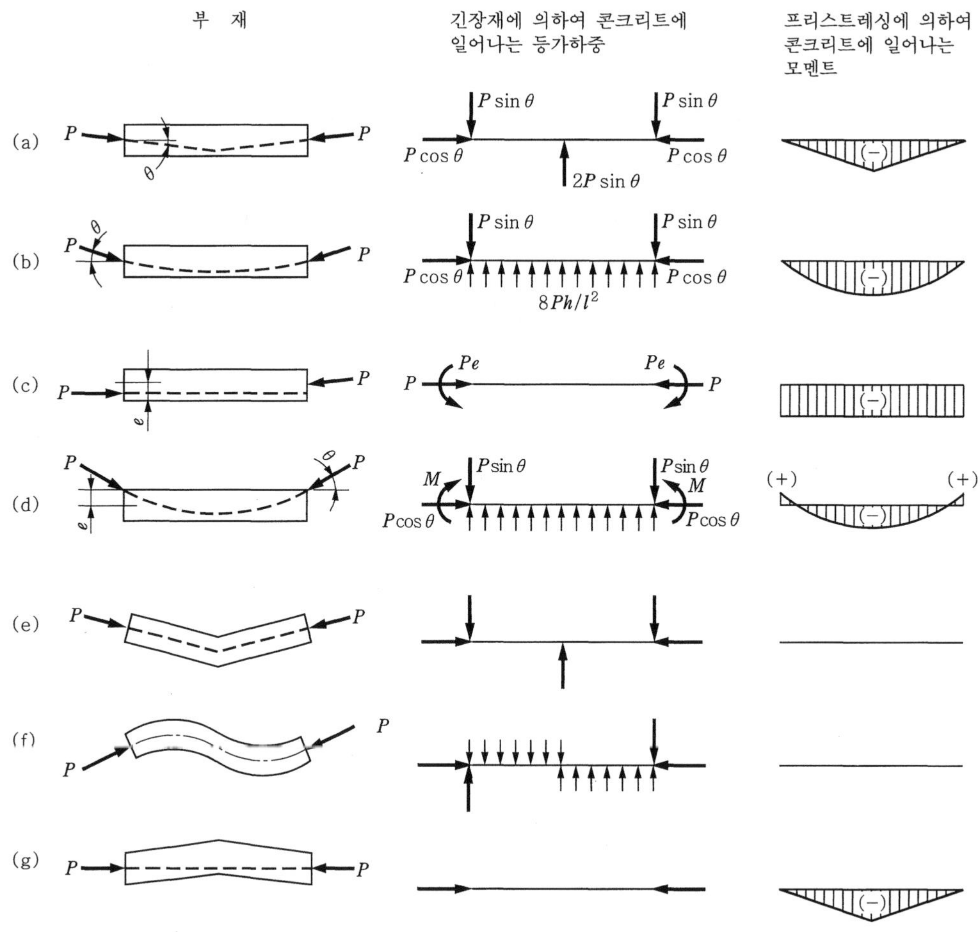

그림 1-17 긴장재에 의한 등가하중과 모멘트

하중이 비기지 않을 경우에는 [1]의 경우와 같이 식 (1·12)로 응력을 계산한다.

이상에서 살펴본 바와 같이 하중평형의 개념은 유용한 개념이지만, 적용에 있어서는 주의를 요한다. 위에서 논의한 두 가지 경우나 또는 그림 1-17 (c), (d)의 경우는 콘크리트의 도심선이 직선인 경우이다. 그러나 콘크리트의 도심선과 긴장재의 중심선이 일치할 경우에는 그림 1-17 (e), (f)와 같이 되어 모멘트가 일어나지 않는다. 한편, 그림 1-17 (g)와 같은 경우에는 모멘트가 일어난다.

결국, 긴장재를 적절한 형상으로 배치함으로써 콘크리트에 원하는 힘을 줄 수 있다. 이 개념은 복잡한 구조물, 예컨대 연속보, 라멘 등에 더 유용하다.

예제 1-4. 예제 1-2를 하중평형의 개념으로 계산해 보자.

풀이> 프리스트레스 힘 $P=3375$ kN에 의하여 콘크리트에 일어나는 등분포 상향력은 식 (1·11)로부터

$$u=\frac{8Ph}{l^2}=\frac{8Pe}{l^2}=\frac{8\times3375\times0.25}{20^2}=16.875\ \mathrm{kN/m}$$

이 보에 작용하는 하중은 예제 1-2로부터

$$w=w_d+w_l=9+18=27\ \mathrm{kN/m}>u$$

$w=u$이면 보에는 휨모멘트는 작용하지 않고 축방향력만 작용하겠지만, 지금의 경우는 $w>u$이므로

$$w-u=27-16.875=10.125\ \mathrm{kN/m}$$

만큼 하향의 등분포 하중이 작용하게 된다. 따라서 이로 인한 휨모멘트는

$$M=\frac{1}{8}(w-u)l^2=\frac{1}{8}\times10.125\times20^2=506.25\ \mathrm{kN\cdot m}$$

이 M에 의한 휨응력은

$$\pm\frac{M}{I}y=\pm\frac{506.25}{0.0243}\times0.45=\pm9375\ \mathrm{kN/m^2}=\pm9375\times\frac{10^3}{(10^3)^2}\ \mathrm{N/mm^2}$$
$$=\pm9.375\ \mathrm{N/mm^2}$$

다음에 보에 작용하는 축방향력은 그림 1-15 (e)에 보인 바와 같이 $P\cos\theta$이지만, 근사적으로 $P\cos\theta \fallingdotseq P$로 볼 수 있으므로 축방향 응력은

$$\frac{P\cos\theta}{A}\fallingdotseq\frac{P}{A}=\frac{3375}{0.4\times0.9}=9375\ \mathrm{kN/m^2}=9.375\ \mathrm{N/mm^2}$$

따라서 중앙단면의 콘크리트 응력은

$$f_c=\frac{P}{A}\pm\frac{M}{I}y=9.375\pm9.375$$

상연응력 $f_t=9.375+9.375=18.75\ \mathrm{N/mm^2}=18.75\ \mathrm{MPa}$

하연응력 $f_b = 9.375 - 9.375 = 0$

예제 1-5. 그림 1-18 (a)와 같은 PSC 보의 중앙단면의 응력을 등가하중의 개념으로 계산해 보자.

단면은 40 cm × 90 cm의 직사각형이고, 프리스트레스 힘은 $P = 3375$ kN이다.

풀이 이 PSC 보는 그림 1-16과 같은 경우이다.

프리스트레싱에 의하여 콘크리트에 작용하는 상향력(上向力) U는 식 (1·13)으로부터(근사적으로 $\sin\theta \fallingdotseq \dfrac{0.25}{10}$로 볼 수 있으므로)

$$U = 2P\sin\theta = 2 \times 3375 \times \frac{0.25}{10}$$
$$= 168.75 \text{ kN} < 180 \text{ kN}$$

그러므로 이 콘크리트 보는 그림 1-18 (b)와 같은 힘을 받고 있는 상태로 된다.

$$\cos\theta = \sqrt{1 - \sin^2\theta} = \sqrt{1 - \left(\frac{0.25}{10}\right)^2} = \sqrt{1 - 0.000625} \fallingdotseq 1$$

따라서 P의 수평분력(축방향 압축력)은 $P\cos\theta \fallingdotseq P$로 볼 수 있다.

보의 중앙단면에는 축방향력 $P\cos\theta$에 의한 직응력과 하향(下向)의 집중하중, 상향(上向)의 힘 U 및 보의 자중(自重)에 의한 휨 응력의 합성응력이 일어나게 된다.

$P\cos\theta$에 의한 직응력은

$$\frac{P\cos\theta}{A} \fallingdotseq \frac{P}{A} = \frac{3375}{0.36} = 9375 \text{ kN/m}^2 = 9.375 \text{N/mm}^2$$

180 kN의 집중하중과 상향력 $U = 168.75$ kN의 차 11.25 kN이 하향으로 작용하므로,

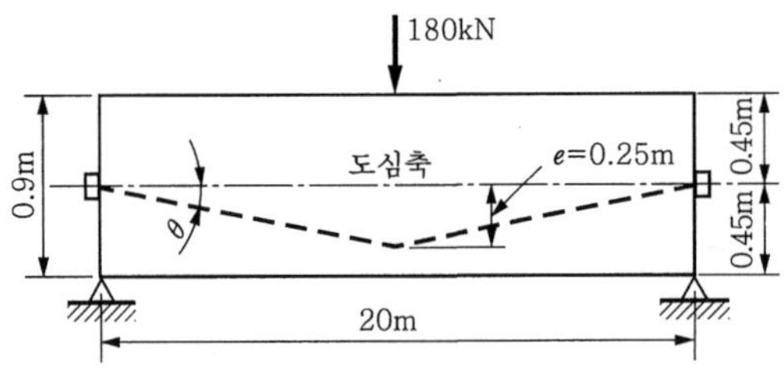

(a)

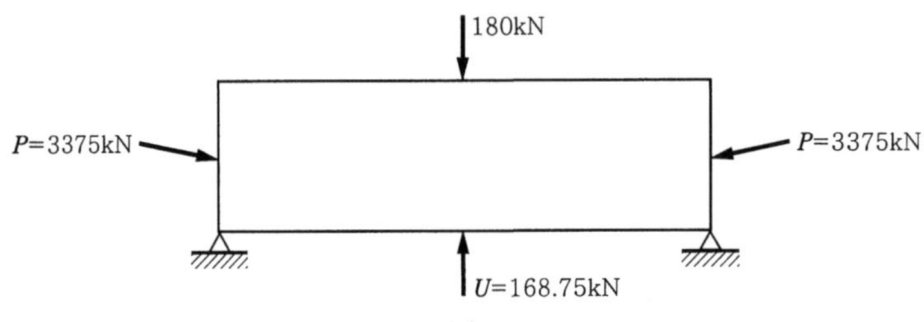

(b)

그림 1-18

그 휨모멘트는

$$\frac{11.25 \times 20}{4} = 56.25\ \text{kN·m}$$

콘크리트의 단위중량은 $25\ \text{kN/m}^3$이므로 보의 자중은

$$25 \times 0.4 \times 0.9 = 9\ \text{kN/m}$$

따라서 보의 자중에 의한 중앙단면의 휨모멘트는

$$\frac{1}{8} \times 9 \times 20^2 = 450\ \text{kN·m}$$

따라서 휨모멘트의 합계는

$$M = 56.25 + 450 = 506.25\ \text{kN·m}$$

이 휨모멘트에 의한 응력은

$$\pm\frac{M}{I}y = \pm\frac{506.25}{0.0243} \times 0.45 = \pm 9375\ \text{kN/m}^2 = \pm 9.375\ \text{N/mm}^2$$

따라서 중앙단면의 응력은

$$f_c = \frac{P}{A} \pm \frac{M}{I}y = 9.375 \pm 9.375$$

상연응력 $f_t = 9.375 + 9.375 = 18.75\ \text{N/mm}^2 = 18.75\ \text{MPa}$

하연응력 $f_b = 9.375 - 9.375 = 0$

예제 1-6. 긴장재를 그림 1-19 (a)와 같이 구부려서 배치한 PSC 부재가 있다. 이 부재를 단순보로 하여 경간중앙에 하나의 집중하중을 실으려고 한다. 경간중앙의 콘크리트의 하연응력을 0으로 되게 하려면 어떠한 크기의 집중하중을 실어야 하겠는가? 단면은 40 cm × 90 cm, 경간은 $l = 20$ m, 프리스트레스 힘은 $P = 3375$ kN, 경간중앙에서의 긴장재의 편심 거리는 $e = 25$ cm, 단부에서의 편심 거리는 위쪽으로 $e_1 = 5$ cm이다.

풀이 이 부재에서 프리스트레스 힘 P에 의하여 콘크리트에 작용할 상향력(上向力) U는 그림 1-16의 경우와 같은 방법으로(근사적으로 $\sin\theta \fallingdotseq (e + e_1)/10 = (0.25 + 0.05)/10 = 0.03$으로 볼 수 있으므로)

$$U = 2P\sin\theta = 2 \times 3375 \times 0.03 = 202.5\ \text{kN}$$

그러므로 프리스트레스 힘 P에 의하여 콘크리트는 그림 1-19 (c)와 같은 힘을 받게 되고, 이것은 그림 1-19 (d)와 같은 결과를 준다. 따라서 이 부재는 프리스트레싱에 의하여 축방향 압축력 $P\cos\theta$, 부($-$)의 전단력 $P\sin\theta$, 단부 모멘트 $e_1 P\cos\theta$에 의한 정($+$)의 휨모멘트 및 U에 의한 부($-$)의 휨모멘트 $Ul/4$을 함께 받는다. 따라서 프리스트레싱에 의하여 경간중앙에 일어나는 휨모멘트는($P\cos\theta \fallingdotseq P$로 볼 수 있으므로)

$$M_1 = e_1 P\cos\theta - \frac{Ul}{4} = 0.05\times3375 - \frac{1}{4}\times202.5\times20$$
$$= 168.75 - 1012.5 = -843.75\ \text{kN}\cdot\text{m}$$

그림 1-19 (e)는 이 휨모멘트도이다.

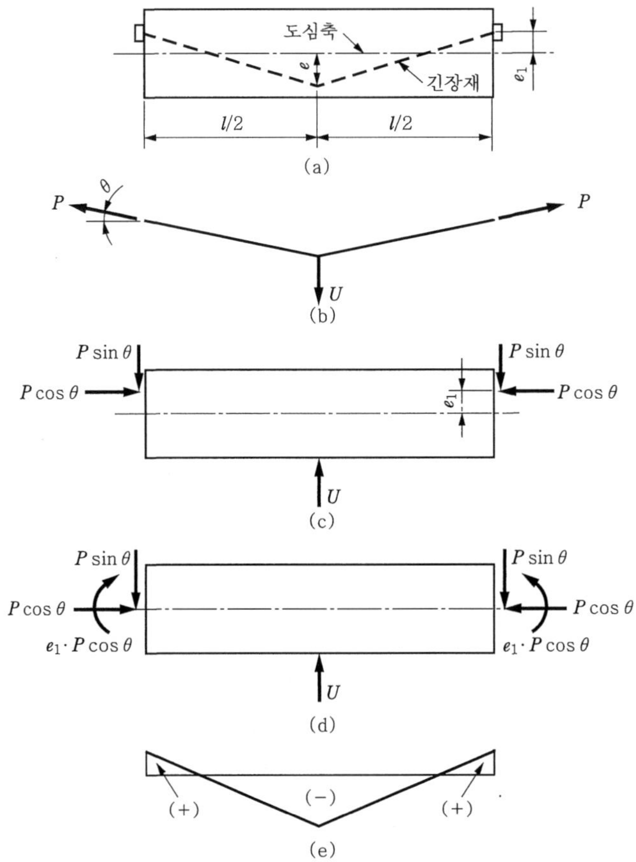

그림 1-19

이 부재를 단순지점 위에 올려놓고 경간중앙에 집중하중 F를 작용시키면, 보의 자중 9 kN/m와 집중하중 F에 의하여 다음과 같은 휨모멘트가 경간중앙에 일어난다.

$$M_2 = \frac{1}{8}\times9\times20^2 + \frac{F\times20}{4} = 450 + 5F$$

따라서 이 보에 일어나는 총 모멘트는

$$M = M_1 + M_2 = -843.75 + 450 + 5F = 5F - 393.75$$

그러므로 경간 중앙단면의 하면(下面)에 일어나는 응력은

$$f_b = \frac{P}{A} + \frac{M}{I}y = \frac{3375}{0.4\times0.9} + \frac{(5F-393.75)}{0.4\times0.9^3/12}\times(-0.45) = 0$$

$$\therefore F = 180\ \text{kN}$$

즉, 중앙단면의 하면 응력이 0이 되려면 이 보의 경간중앙에 180 kN의 집중하중을 작용시키면 된다.

180 kN이 경간중앙에 작용할 때 중앙단면의 상면에 일어나는 응력은

$$\begin{aligned} f_t &= \frac{P}{A} + \frac{M}{I} y \\ &= \frac{3375}{0.36} + \frac{5\times180 - 393.75}{0.0243}\times0.45 = 9375 + 9375 \\ &= 18750\ \text{kN/m}^2 = 18.75\ \text{N/mm}^2 = 18.75\ \text{MPa} \end{aligned}$$

1.4 프리스트레스트 콘크리트의 분류

1.4.1 설계 및 시공방법에 의한 분류

PSC 구조물은 설계 및 시공방법에 따라 다음과 같이 여러 가지로 분류할 수 있다.

[1] 내적 프리스트레싱과 외적 프리스트레싱

콘크리트에 프리스트레스를 도입하는 방법으로는 1.2 절에서 설명한 바와 같이 긴장재를 콘크리트 부재 속에 배치하여 긴장 정착하는 방법이 많이 사용되고 있다. 이것을 내적 프리스트레싱(internal prestressing)이라고 한다.

그림 1-20 및 그림 1-21과 같이 긴장재를 콘크리트 부재(部材) 밖에 배치하여 프리스트레스를 도입하는 방법도 있다. 이와 같이 부재 외부에서 프리스트레스를 도입하는 방법을 외적 프리스트레싱(external prestressing)이라고 한다.

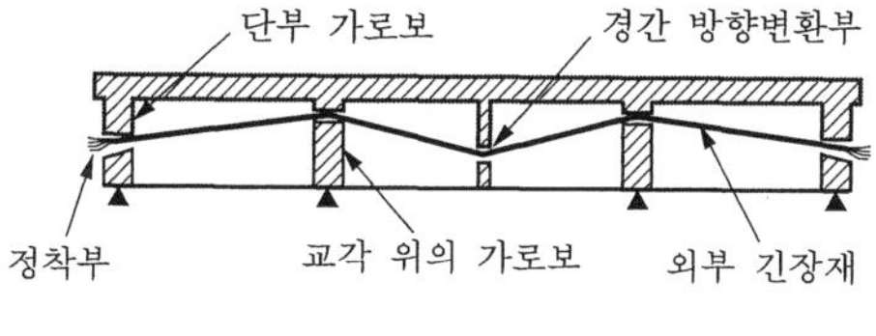

그림 1-20 외부 긴장재의 예

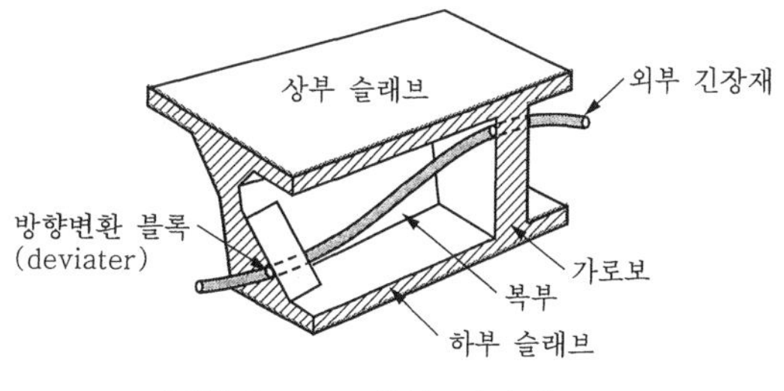

그림 1-21 외부 긴장재

내적 프리스트레싱의 경우의 긴장재를 내부 긴장재(internal tendon) 또는 내부 케이블(internal cable)이라고 하고, 외적 프리스트레싱에 사용된 긴장재를 외부 긴장재(external tendon) 또는 외부 케이블(external cable)이라고 한다.

외적 프리스트레싱은 처음에는 기존 구조물의 보강에 주로 사용되어 왔지만, 최근에는 내부 긴장재 없이 외부 긴장재만으로 프리스트레스를 도입하여 구조물을 만드는 경우도 있고, 내부 긴장재와 외부 긴장재를 병용하는 경우도 있다.

[2] 선형 프리스트레싱과 원형 프리스트레싱

PSC 원형탱크, PSC 사일로(silo), PSC 관과 같은 원형 PSC 구조물에서는 긴장재를 원형으로 감아서 프리스트레싱하는데, 이런 것을 **원형 프리스트레싱**(circular prestressing)이라고 한다. 이에 대하여 보나 슬래브에서와 같은 프리스트레싱 방법을 **선형 프리스트레싱**(linear prestressing)이라고 한다. PSC 보나 PSC 슬래브에서 긴장재는 반드시 직선일 필요는 없으며, 구부리거나 곡선으로 배치하는 경우가 많지만 원형으로 감지는 않는다.

[3] 프리텐셔닝과 포스트텐셔닝

1.2 절에서 설명한 바와 같이 프리텐셔닝(pre-tensioning)이란 콘크리트를 치기 전에 미리 긴장재를 긴장해 두는 방법이다. 따라서 긴장재를 일시적으로 긴장해 두기 위한 인장대(stressing bed) 또는 어버트먼트(abutment)가 필요하다. 이러한 설비를 사용하여 긴장재를 긴장해 놓고 콘크리트를 친 다음, 콘크리트가 충분한 강도에 달했을 때 인장대의 긴장재 끝의 정착을 풀어서 콘크리트에 프리스트레스를 도입한다.

포스트텐셔닝(post-tensioning)은 1.2 절에서 설명한 바와 같이 콘크리트가 굳은 뒤에 긴장재를 긴장하는 방법이다. 따라서 프리스트레싱은 굳은 콘크리트에 대하여 실시되며, 긴장재는 프리스트레싱 직후 콘크리트 부재에 정착된다.

[4] 단부 정착장치가 있는 긴장재와 없는 긴장재

포스트텐셔닝에서는 콘크리트에 프리스트레스를 도입하기 위하여 긴장재의 양끝을 기계적 장치(정착장치)에 의하여 콘크리트에 정착시키는데, 이러한 긴장재를 **단부 정착장치 있는 긴장재**(end-anchored tendon)라고 한다.

프리텐셔닝에서는 긴장재의 끝부분에서 PS 강재와 콘크리트의 부착작용에 의해 콘크리트에 프리스트레스가 도입된다. 그러므로 프리텐셔닝에서의 긴장재는 **단부 정착장치 없는 긴장재**(nonend-anchored tendon)이고 부착에 의하여 프리스트레스를 도입하기 때문에 작은 지름의 가는 PS 강선 또는 PS 강연선(strand)이 사용된다.

[5] 부착시킨 긴장재와 부착시키지 않은 긴장재

부착시킨 긴장재(bonded tendon)란 전 길이에 걸쳐서 주위의 콘크리트에 부착된 긴장재를 말한다. 프리텐셔닝의 경우와 같이 단부 정착장치가 없는 긴장재는 필연적으로 부착시킨 긴장재로 된다. 포스트텐셔닝의 경우와 같이 단부 정착장치가 있는 긴장재는 콘크리트에 부착시키기도 하고 또는 부착시키지 않기도 한다. 부착시킬 때는 그라우팅을 실시하고, 부착시키지 않을 경우에는 긴장재의 부식을 방지하기 위하여 아연도금을 하거나 그리스를 바르거나 또는 기타의 방청처리를 한 PS 강재를 사용한다. 이러한 긴장재를 **부착시키지 않은 긴장재**(unbondcd tcndon)라고 한다. 아스팔트를 침투시킨 종이로 피복된 PS 강재 또는 플라스틱 쉬스 속에 넣은 PS 강재가 쓰이고 있으며, 이러한 PS 강재를 사용하면 그라우팅을 하지 않아도 되는 이점이 있다.

[6] 프리캐스트, 현장치기 및 합성구조

프리캐스팅(precasting)이란 부재(部材)의 최종 사용위치가 아닌 곳에서 콘크리트를 쳐서 부재를 만드는 것을 말한다. 즉, 제조공장이나 현장근처에서 부재를 제조해서 최종위치에 운반하여 설치하는 것이다. 이렇게 만들어진 부재를 **프리캐스트 부재**(precast member)라고 한다. 프리캐스팅은 대량생산이 가능하며 품질관리가 잘 되고 또 일반적으로 경제적이다.

현장치기 콘크리트(cast-in-place concrete)는 거푸집과 동바리를 필요로 하지만, 운반 및 가설비(架設費)를 절약할 수 있어서 크고 무거운 부재에 적당하다.

구조물의 일부는 프리캐스트로 제작하여 가설하고, 나머지 부분은 현장치기 콘크리트로 하여 구조물을 완성하는 경우가 많다. 이러한 구조를 **합성구조**(composite construction)라고 하고, 합성구조로 된 부재나 구조물을 **합성부재**(composite member) 또는 **합성구조물**(composite structure)이라고 한다.

합성구조는 전체 구조물을 현장치기 콘크리트로 할 경우보다 거푸집과 동바리가 훨씬 절약된다.

[7] 풀 프리스트레싱과 파샬 프리스트레싱

콘크리트에 도입하는 프리스트레싱의 정도에 따라 **풀 프리스트레싱**(full prestressing)과 **파샬 프리스트레싱**(부분 프리스트레싱, partial prestressing)으로 구분한다.

사용하중(service load, working load) 작용하에서 인장응력이 일어나지 않도록 부재가 설계될 때 콘크리트는 **풀 프리스트레싱**을 받고 있다고 말하고, 이렇게 설계된 보를 **풀 프리스트레스 보**(fully prestressed beam)라고 한다. 이와 반대로 사용하중하에서 부재에 얼마간의 인장응력이 일어나도록 설계될 때 콘크리트는 **파샬 프리스트레싱**을 받고 있다고 말하고, 이렇게 설계된 보를 **파샬 프리스트레스 보**(partially prestressed beam)라고 한다. 파샬 프리스트레싱에 대하여는 인장을 받는 부분에 추가적인 철근이 사용된다. 그러나 구조물이 풀 프리스트레싱이다 또는 파샬 프리스트레싱이다 라고 분명하게 구분하기는 실제로 어렵다. 왜냐하면 이것은 설계에 사용한

하중에 의하여 구분한 것이기 때문이다. 예컨대, 도로교는 보통 풀 프리스트레싱으로 설계되지만, 설계하중보다 큰 중차량이 통과하는 동안에는 인장응력을 받는다.

1.4.2 프리스트레스의 도입 정도에 따른 분류

PSC 구조물은 놓이는 환경조건, 사용조건, 사용하중의 종류 등에 따라 프리스트레스를 주는 정도를 달리한다. 즉, 보통의 사용상태에서 하중작용의 가장 불리한 조합하에서 휨 균열의 발생 가능성의 조건에 따라 설계상 PSC를 3등급 또는 4등급으로 분류하기도 한다.

예컨대, 영국의 BS 8110(Part 1)에서는 다음과 같이 3등급으로 나누고 있다.

class 1(1급 PSC) : 인장응력을 허용하지 않는다.

class 2(2급 PSC) : 인장응력은 허용하지만, 육안으로 보이는 균열은 허용하지 않는다.

class 3(3급 PSC) : 인장응력은 허용하지만, 표면의 균열 폭은 심한 기상작용을 받는 부재에서는 0.1 mm 이하, 기타의 부재에서는 0.2 mm 이하로 한다.

1급 PSC는 풀 프리스트레싱에 해당하는 것으로서 균열이 발생해서는 안 되는 구조물, 예컨대 액체 저장용 탱크(tank), 또는 피로가 문제되는 반복재하가 심한 철도교 등의 설계에 채택된다. 2급 PSC는 파샬 프리스트레싱에 해당하는 것으로, 균열 발생의 확률을 작게 하기 위하여 인장응력을 제한하는 PSC이며, 많은 구조물의 설계에 쓰이고 있다. 3급 PSC는 보통의 사용상태에서 균열방지에 대하여 특별한 요구가 없는 경우에 채택되는 것으로서 RC에 가까운 구조이다. 1급 PSC는 2급 PSC 또는 3급 PSC에 비하여 많은 양의 PS 강재가 소요되며, 3급 PSC는 균열 폭을 제한하기 위하여 많은 양의 이형철근을 배치해야 한다.

1.5 하중단계에 따른 응력상태

PSC 부재는 일반적으로 3단계에 걸쳐 응력을 받는다. 즉, 제조과정인 초기단계에서는 프리스트레싱의 힘을 받고, 중간단계인 운반과정에서 받는 힘이 있으며, 완성 후인 최종단계에서는 설계하중을 받는다. 따라서 설계, 제조, 운반 등을 위하여 각 하중단계 때마다 PSC 부재의 응력상태를 알아둘 필요가 있다.

1.5.1 초기단계

이 단계는 PSC 부재를 제조하는 과정, 특히 프리스트레싱을 실시한 직후의 응력상태로서 다음과 같이 구분하여 생각한다.

[1] 프리스트레싱하기 전

콘크리트가 프리스트레싱 되기 전에는 무근(無筋) 콘크리트와 같아서 아주 약하다. 그러므로 받침부의 국부적 침하가 일어나지 않도록 주의해야 하고, 콘크리트의 건조수축에 의한 균열을 방지하기 위하여 특히 양생(養生)에 주의해야 하며, 또한 온도의 갑작스러운 변화를 피해야 한다. 수축균열은 인장에 대한 콘크리트의 저항능력을 아주 상실시키기 때문이다.

[2] 프리스트레싱 작업중

PS 강재의 긴장작업은 마치 PS 강재의 인장시험과 같은 것이다. 이 때 긴장재는 그 수명 동안 받을 어떤 응력보다 더 큰 응력을 받는다. 왜냐하면 최초에 긴장한 PS 강재의 인장응력은 시일이 지남에 따라 콘크리트의 건조수축, 크리프, PS 강재의 릴랙세이션(relaxation) 등으로 인하여 감소하는 동시에, 부재에 설계하중이 작용해도 PS 강재의 인장응력은 최초에 준 인장응력을 초과하는 일이 거의 없기 때문이다.

긴장작업 중에 품질이 좋지 않은 PS 강선이 끊어지는 수가 있지만, 이는 그리 중요하지 않다. 왜냐하면 부재 속에는 많은 PS 강선이 배치되어 있기 때문이다. 그러나 몇 개의 강봉(鋼棒)을 배치한 부재에서 1개가 파단 된 경우에는 바꾸어 넣어야 한다.

프리스트레싱 작업은 콘크리트에 대하여는 정착부에서 지압강도에 대한 가혹한 시험이다. 이 때 콘크리트의 재령(材齡)은 어린데, 받는 프리스트레스는 최대이기 때문에, 콘크리트의 품질이 좋지 않으면 정착부에서 콘크리트의 파괴가 일어날 염려가 있다.

비대칭으로 프리스트레싱을 실시하면, 예정된 프리스트레스를 넘는 큰 응력이 콘크리트에 일어나는 수가 있다. 그러므로 프리스트레싱 작업에 들어가기 전에 긴장재의 긴장 순서를 미리 검토해서 정해 두어야 한다.

[3] 프리스트레싱 직후

프리텐션 부재에서는 인장대의 PS 강재 정착부를 풀어 주는 작업만으로 프리스트레스가 도입된다. 즉, 1회의 작업만으로 프리스트레스가 도입된다.

포스트텐션 부재에서는 긴장재가 여러 개 배치되는 것이 보통이므로 긴장작업은 몇 회에 걸쳐 실시된다. 즉, 하나의 긴장재를 긴장하여 정착할 때마다 콘크리트에 프리스트레스가 도입된다. 다시 말해서 점진적으로 프리스트레스가 도입된다.

도입 직후의 프리스트레스를 **초기 프리스트레스**(initial prestress)라고 한다. 이 때 부재는 자중만을 받는다. 재령이 어린 때이므로 초기 프리스트레스는 콘크리트에 위험상태를 가져오며, 경우에 따라서는 초기 프리스트레스가 부재의 설계를 지배하기도 한다.

PSC 휨 부재의 설계에 있어서는 프리스트레싱으로 인한 부재의 솟음(camber)을 고려하여, 프리스트레싱의 진행에 따라 보의 자중이 부재에 걸려오는 것으로 보고 계산한다. 이 가정은 부재가 견고한 받침대 위에 놓여 있는 것을 전제로 한다. 즉, 매우 견고한 받침대 위에서 제조된 콘크리트 보에 프리스트레스를 주면, 프리스트레싱에 의한 부(－)의 휨모멘트로 인하여 보의 중앙부는 받침대에서 떠오르게 되고, 보의 자중은 보의 양끝에서 지지되어 위의 가정과 일치하는 응력상태로 된다. 그러나 견고한 받침대가 없이 보통의 땅바닥에 놓여 있을 때는, 프리스트레싱의 진행과 더불어 보의 자중은 점차로 보의 양끝으로 이동하여 보의 양끝이 침하하게 된다. 그 결과 보의 중앙부의 상면(上面)에는 매우 큰 인장응력이 일어나서 균열이 발생하는 수가 있다.

[4] 재긴장

PSC 부재는 때에 따라서는 재긴장(retensioning)하는 수가 있다. 이 때 두 번 또는 그 이상의 단계로 프리스트레싱이 실시된다. 재긴장은 콘크리트의 건조수축과 크리프에 의한 프리스트레스의 감소량을 적게 하기 위하여 이미 긴장한 긴장재를 다시 더 긴장하는 경우가 있고, 또 설계에 따라서는 자중만 작용할 때 긴장재의 일부만을 긴장하고, 나중에 다른 사하중이 더 추가될 때 나머지 긴장재를 프리스트레싱하는 경우도 있다. 어느 경우이든지 프리스트레싱의 단계마다 그 응력상태를 검토해야 한다.

1.5.2 중간단계

이 단계는 프리캐스트의 PSC 부재를 운반하고 가설하는 과정에서 일어나는 응력상태이다. 소정의 프리스트레싱 작업이 완료된 직후의 PSC 부재는 프리스트레스와 자중에 의한 휨응력의 합성응력이 작용하는 상태에 있다. 그러므로 운반하고 취급하는 과정에서 부재에 위험한 응력이 일어나지 않도록 주의해야 한다.

예컨대, 단순지지의 보로 설계된 부재를 그림 1-22와 같이 부재의 중앙에서 들어올리거나 내민 부분을 가지도록 받치거나 혹은 뒤집거나, 또는 경사지게 하거나 하면 균열이 일어나는 수가 있다.

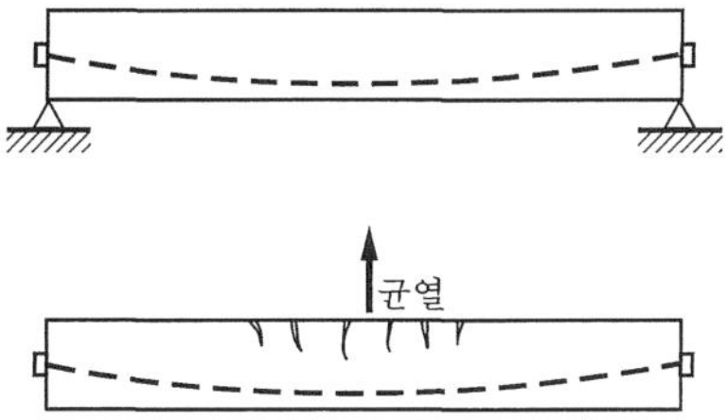

그림 1-22

부재는 또 가설 후에 실리는 사하중의 위치에 따라서도 위험한 응력이 일어나는 수가 있다. 예컨대 내민 부분을 가지는 보에서 그림 1-23과 같이 사하중이 부분재하되면 균열이 일어나는 수가 있다.

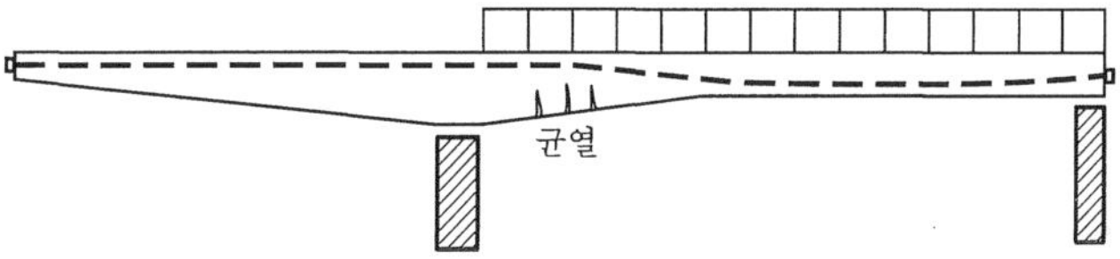

그림 1-23

1.5.3 최종단계

이 단계는 구조물에 설계하중, 즉 사용하중(使用荷重, service load)이 작용할 때의 응력상태이다. 이 단계에서는 사하중과 활하중의 가장 불리한 조합을 생각해야 한다. 때로는 풍하중(風荷重), 지진하중과 같은 횡방향 하중과 지점의 침하(沈下), 온도변화의 영향 등을 고려해야 한다.

구조물에 사용하중이 작용하는 시기는 프리스트레스를 도입한 후 몇 개월 뒤가 되는 것이 보통이다. 프리스트레스를 도입한 후 상당한 시일이 지나면 콘크리트의 건조수축, 크리프, PS 강재의 릴랙세이션 등으로 말미암아 최초에 PS 강재에 도입된 인장력은 어느 정도 감소한다. 이러한 감소 후 긴장재에 남아 있는 인장력을 **유효 인장력**이라고 한다. 이 때 콘크리트에 작용하는 프리스트레스는 도입 직후의 프리스트레스(즉, 초기 프리스트레스)보다 작게 된다. 이러한 현상을 **프리스트레스의 감소** 또는 **손실**이라고 하며, 감소된 후 콘크리트에 실제로 남아 있는 프리스트레스를 **유효 프리스트레스**(effective prestress)라고 한다. 따라서 최종단계에 있어서 콘크리트의 응력은 유효 프리스트레스에 의하여 검토해야 한다.

한편, PS 강재는 프리스트레싱 직후에 가장 큰 응력을 받다가 앞에서 말한 바와 같은 원인에 의하여 차차 감소하며, 사용하중이 작용하더라도 그 인장력의 증가는 초기의 인장응력을 넘는 일이 거의 없다.

최종단계에서는 사용하중에 대한 응력은 물론이고, 균열과 파괴에 대한 안전도도 검토해 보아야 한다.

[1] 사용하중

사용하중이 작용할 때 구조물에 일어나는 응력이 재료의 허용응력을 넘지 않는가를 검토해야 한다. 또한, 구조물의 사용목적에 맞지 않는 큰 변형이 일어나지 않는가를 검토해야 한다.

[2] 균열하중

PSC 부재에 균열이 발생하면 부착응력과 전단응력에 갑작스러운 변화가 일어난다. 또, 균열하중(cracking load)의 크기는 피로강도의 척도가 되기도 한다. 탱크나 파이프와 같은 구조물에 균열이 발생하면 액체가 새게 되어 중대한 문제로 된다.

부착시키지 않은 PSC 구조물에 균열이 발생하면 PS 강재가 부식할 위험성이 있고, 또 균열로 인하여 구조물의 변형도 커지므로 균열하중의 검토는 매우 중요하다.

[3] 극한하중

PSC 부재에 일어나는 응력은 하중에 의한 휨모멘트에 비례하지 않는다. 그 이유는 프리스트레스가 도입되어 있기 때문이다. 그러므로 사용하중을 받을 때의 응력으로부터 바로 극한하중(ultimate load)을 추정할 수 없다. 균열하중보다 큰 하중을 작용시키면 균열의 발생과 동시에 PS 강재의 응력과 압축 측의 콘크리트 응력은 갑자기 커진다. 이와 같이 콘크리트와 PS 강재가 큰 응력을 받으면 Hooke의 법칙이 성립하지 않게 된다.

응력-변형률 곡선이 직선인 재료로 된 부재에서는 사용하중에 의한 응력을 허용응력 이하로 되게 하면 구조물의 안전도는 확보된다. 그러나 PSC 부재에서는 이러한 관계가 그대로 성립하지 않는다. 즉, 허용응력(working stress)에 기초를 두고 설계된 PSC 구조물은 초과하중(over load)에 대하여 항상 충분한 여유를 갖고 있지 않다. 그래서 PSC 구조물은 초과하중에 대하여 확실한 최소한도의 여유를 갖도록 하는 것이 필요하다. 즉, 극한강도(ultimate strength)를 검토할 필요가 있다.

일반적으로 구조물의 극한강도란 붕괴(collapse) 전까지 받을 수 있는 최대하중으로 정의된다. 이 하중에 도달하기 전에 구조물의 어떤 부분은 이미 영구항복에 이를 수도 있다. 이러한 상태에 도달해도 붕괴에 대한 여유는 어느 정도 있는 것이지만, 극한하중의 계산이 쉽고 확실하기 때문에 보통의 설계에서는 극한하중으로 구조물의 안전도를 검토하고 있다.

그 밖의 심한 빈복하중을 받는 구조물에서는 피로에 의한 파괴를 생각해야 한다. 또, 매우 큰 지속하중(持續荷重, sustained load)이 작용함으로써 크리프에 의한 처짐이 너무 커지는 경우도 있고, 반대로 지속하중이 작아서 프리스트레싱에 의한 솟음이 너무 커지는 경우도 있다. 이러한 처짐이나 솟음은 제한해야 한다.

1.6 프리스트레스트 콘크리트의 특징

1.6.1 프리스트레스트 콘크리트(PSC)와 철근 콘크리트(RC)의 비교

사용하는 재료와 역학적 성질에 대하여 PSC와 RC를 비교하면 다음과 같다.

① PSC는 RC에 비하여 고강도의 콘크리트와 강재를 사용한다. 강재는 매우 큰 인장력에 견디어야 하고, 콘크리트는 높은 프리스트레스에 견디어야 하기 때문이다. 그러나 RC에서는 균열 폭 때문에 고강도 강재를 유효하게 사용할 수 없는 결점이 있다. 결국, PSC는 고강도의 강재와 콘크리트로 만들어지기 때문에 본질적으로 RC보다 좋으며, 또 이들 재료를 높은 응력수준에서 유효하게 이용할 수 있다.

② RC는 단면의 중립축을 경계로 인장 측의 콘크리트를 무시하고 계산하는 데 대하여, PSC는 전 단면이 유효하게 이용된다.

③ PSC는 사용하중하에서는 균열이 발생하지 않으며, 초과하중이 작용하여 균열이 발생하더라도 그 하중이 제거되면 균열은 아문다. 즉, PSC는 RC에 비하여 훨씬 탄성적이고 복원성(復元性)이 크다.

④ 긴장재를 구부려 배치하거나 곡선으로 배치한 PSC 보에서는 긴장재의 인장력의 연직분력만큼 전단력이 감소된다[그림 1-9 및 1-10 참조]. 그러므로 주인장응력이 작아져서, 같은 전단력을 받는 RC 보에 비하여 복부의 폭을 얇게 할 수 있어서 부재의 자중이 경감된다.

⑤ 하중에 의한 휨모멘트를 내력(內力)에 의한 우력(偶力) 모멘트로 저항한다는 생각은 PSC나 RC나 같지만, 저항 모멘트의 발생기구는 근본적으로 다르다. 즉, RC 보에서는 하중이 커짐에 따라 철근 및 콘크리트의 응력이 커져서 T와 C가 커지고 우력의 팔 길이 z는 변하지 않지만, PSC 보에서는 z가 커지고

PS 강재의 응력은 매우 조금밖에 늘지 않는다[그림 1-13 참조].

⑥ PSC나 RC나 일단 균열이 발생한 후에는 그 거동에 본질적으로 차이가 없으며 PS 강재의 응력도 갑자기 커진다. 보통 PSC의 강재비가 RC의 철근비보다 작기 때문에 PSC가 중립축의 상승이 빠르고 균열 폭이 커진다.

1.6.2 프리스트레스트 콘크리트의 특징

앞에서는 사용재료와 역학적 특성을 가지고 PSC와 RC를 비교하였지만, 여기서는 PSC 구조의 사용성, 안전성, 경제성 등에 대하여 RC와 비교해 본다.

① PSC는 균열이 발생하지 않도록 설계되기 때문에 내구성 및 수밀성이 좋다. 충격하중이나 반복하중에 대한 저항력도 RC에 비하여 크다.

② PSC 구조에서는 전 단면을 유효하게 이용할 수 있을 뿐 아니라 곡선 배치한 긴장재의 인장력으로 인한 전단력의 감소에 의하여 복부 폭을 얇게 할 수 있기 때문에 가벼운 구조로 된다. 그러므로 장대교량이나 큰 하중을 받는 구조물에 적당하다. 또한, PSC 구조물은 슬렌더(slender)하므로 RC 구조물보다 외관이 좋다.

③ PSC 부재의 처짐은 작고, 또 프리스트레싱에 의한 솟음 때문에 사하중을 받을 때의 처짐도 작다. 균열이 발생하지 않기 때문에 콘크리트의 전 단면을 이용할 수 있어서 단면 2차 모멘트는 균열이 발생한 단면에 비하여 2~3배로 되어 활하중에 의한 처짐도 작다.

④ PSC 구조는 안전성이 높다. PSC에서는 프리스트레싱 작업 때 강재와 콘크리트가 최대응력을 받는다. 그러므로 프리스트레싱 작업은 재료시험을 실시하고 있는 것과 같으며, 이 때 안전하였다면 보통의 사용상태에서는 충분히 안전하다. 또한, PSC 부재는 파괴의 전조(前兆)가 뚜렷하다.

⑤ 포스트텐션 방식을 이용하면 프리캐스트 부재의 연결시공이 가능하고, 현장치기 PSC의 경우, 이어대기 시공이나 분할시공이 가능하여 캔틸레버식 시공이 교량 등에 많이 이용된다[13장 13.9절 참조].

⑥ PSC는 RC에 비하여 강성(剛性)이 작아서 변형이 크고 진동하기 쉽다.

⑦ 고강도 강재는 고온(高溫)에 접하면 갑자기 강도가 감소하므로 PSC는 RC보다 내화성(耐火性)에 있어서는 불리하다.

⑧ PSC는 RC에 비하여 응력이나 안전성을 검토할 단계가 많을 뿐 아니라 하중의 크기나 방향에 민감하므로 설계, 제조, 운반, 가설에 있어서 세심한 주의가

필요하다.

⑨ PSC는 고강도의 재료를 사용하므로 같은 설계하중에 대하여 RC보다 재료는 절약되지만, 단가가 비싸지고 정착장치, 쉬스(sheath) 등의 부속재료 및 그라우팅의 비용 등이 추가된다.

연습문제

1.1. 그림 1-24와 같은 보의 중앙단면에 일어나는 콘크리트 응력을 균등질 보의 개념으로 계산하라. 단면은 20 cm×30 cm의 직사각형이고, 긴장재는 단면도심에서 $e=10$ cm의 편심을 가지고 직선으로 배치되었으며, PS 강재의 긴장력은 $P=900$ kN이다. 자중(自重) 외에 20 kN/m의 활하중이 작용하고 있다.

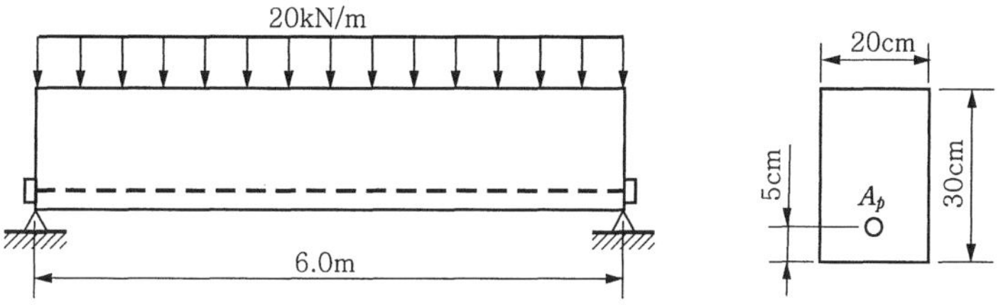

그림 1-24

1.2. 그림 1-25와 같은 보의 중앙단면에 일어나는 콘크리트 응력을 균등질 보의 개념으로 계산하라. 긴장재를 포물선으로 배치한 것 외에는 모든 조건이 문제 **1.1**과 같다.

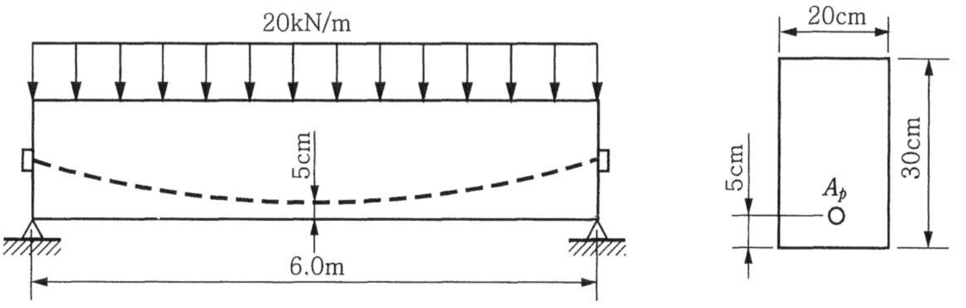

그림 1-25

제 2 장

재 료

2.1 콘크리트

2.1.1 콘크리트의 품질

프리스트레스트 콘크리트에 쓰이는 콘크리트는 다음과 같은 품질이 요구된다.

① 압축강도가 높아야 한다.

② 건조수축과 크리프가 작아야 한다.

프리스트레스트 콘크리트의 목적을 달성하고 그 장점을 충분히 발휘시키기 위해서는 높은 압축강도의 콘크리트가 필요하다. 압축강도가 큰 콘크리트는 다른 강도도 크다. 특히, 설계계산에 사용한 압축강도, 즉 설계기준 강도가 확실하게 현장시공에서 얻어져야 한다. PSC는 RC와 달라서 설계계산상의 큰 응력이 프리스트레싱에 의하여 실제로 콘크리트에 일어나기 때문이다.

따라서 PSC에 있어서는 콘크리트의 설계기준 강도 f_{ck}를 적어도 다음 값 이상이 되게 해야 한다.

포스트텐션 방식의 경우 30 MPa 이상
프리텐션 방식의 경우 35 MPa 이상

콘크리트의 건조수축과 크리프는 프리스트레스 손실의 원인 중 큰 몫을 차지하므로, 이러한 프리스트레스의 감소를 줄이기 위해서는 건조수축과 크리프가 적게 일어나는 콘크리트이라야 한다.

이러한 품질의 콘크리트를 만들기 위해서는 특히 다음과 같은 점에 유의하여 배합을 설계하고 시공을 하여야 한다.

1) 배합설계에 있어서 유의해야 할 사항
  ① 물-시멘트비는 될 수 있는 대로 작게 한다.
  ② 단위 시멘트량은 필요한 범위 내에서 최소로 한다.
  ③ 시공이 가능한 범위에서 사용수량(使用水量)을 될 수 있는 대로 적게 한다.
  ④ 알맞은 입도(粒度)를 갖는 양질의 골재를 사용한다.

2) 시공에 있어서 유의해야 할 사항
  ① 적당한 진동다지기를 하여 밀도 높은 콘크리트를 만들어야 한다.
  ② 품질관리와 시공관리를 엄격하게 하여, 균일한 품질의 콘크리트를 만들어야 한다.
  ③ 부재 전체를 균등한 습윤상태로 양생하여 국부적인 건조가 일어나지 않도록 해야 한다.

2.1.2 콘크리트의 재료

[1] 시 멘 트

시멘트는 **보통 포틀랜드 시멘트**를 주로 사용하며, 프리스트레싱을 일찍 실시할 필요가 있는 경우에는 **조강 포틀랜드 시멘트**를 사용한다. 조강 포틀랜드 시멘트는 과도한 경화열로 인하여 수축균열이 발생하는 수가 있으므로 과다한 부배합(富配合, rich mix)이 되지 않도록 해야 한다.

최근 외국에서는 초조강 포틀랜드 시멘트가 개발되어 시판되고 있다. 초조강 포틀랜드 시멘트는 분말도나 SO_3의 함량 등이 보통 포틀랜드 시멘트나 조강 포틀랜드 시멘트와 다르기 때문에, 사용에 앞서 건조수축이나 크리프에 대하여 조사할 필요가 있다.

또한, 외국에서는 팽창 시멘트(expansive cement, self-stressing cement)가 개발되어 일부 사용되고 있다. 팽창 시멘트를 사용한 콘크리트는 초기재령에서 화학적으로 팽창한다. 이 성질을 이용하여 콘크리트에 프리스트레스를 도입할 수 있다. 이것을 **화학적 프리스트레싱**(chemical prestressing)이라고 하는데, 콘크리트관이나 지붕 슬래브 등에 이용된 예가 있으며, 콘크리트 포장에 이용하려고 시도되고 있다.

PSC용 콘크리트는 높은 강도가 요구되기 때문에 보통 RC보다 부배합으로 되므로 상당한 양의 시멘트를 사용하게 된다. 일반적으로 최소 단위시멘트량을 포스트텐션 방식에서는 300 kg/m^3, 프리텐션 방식에서는 350 kg/m^{3}로 하고 있지만, 실제로는 그 이상의 시멘트를 사용하고 있다.

이와 같이 단위 시멘트량이 많아지면 강도상으로는 좋지만 건조수축에 대해서는 좋지 않다. 따라서 단위 시멘트량은 소요의 압축강도를 얻을 수 있는 범위에서 최소로 할 필요가 있다. 소요의 압축강도를 얻기 위한 단위 시멘트량은 시멘트의 성질, 골재의 입도, 혼화재료의 유무와 종류, 슬럼프 등에 따라 달라지는 것이지만, 설계기준 강도가 40 MPa인 콘크리트의 단위 시멘트량은 보통 370∼430 kg/m^{3}의 범위이다.

[2] 골 재

고강도 콘크리트를 만들기 위해서는 골재는 강하고 단단해야 하며, 시멘트 풀(cement paste)과의 부착이 좋아야 한다. 보통 골재의 원석(原石)은 100 MPa 이상의 압축강도를 나타내기 때문에 별문제가 없지만, 인공 경량골재는 그렇지 못한 경우가 많으므로 주의해야 한다.

골재의 입도는 시방서에 따라야 하지만, 부배합이 되는 것을 피하는 한 가지 방법은 골재의 입도를 조절하는 것이며, 특히 잔골재의 입도의 선택이 중요하다. 즉, No.50체(0.297 mm) 및 No.100체(0.149 mm)를 통과하는 중량 백분율의 최소값을 각각 5% 및 0%로 해도 좋다. 모르타르(mortar)의 양을 적게 하고 잘 다지면 콘크리트의 건조수축과 크리프를 적게 할 수 있다.

굵은 골재의 최대치수가 클수록 필요한 워커빌리티를 얻기 위한 단위수량은 적어지고 시멘트량도 절약되어 경제적으로 된다. 그러나 그림 2-1과 같이 콘크리트의

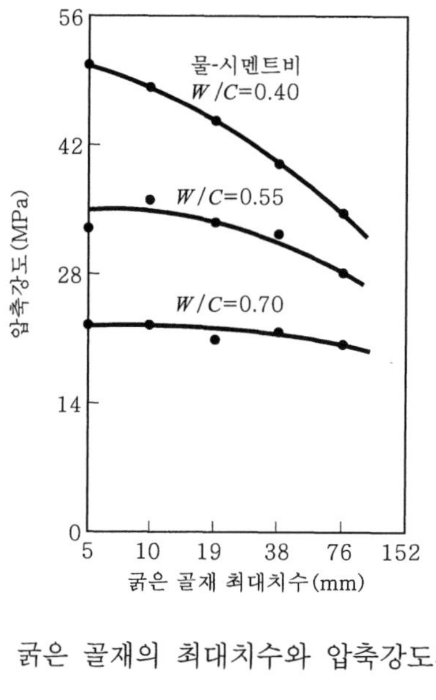

그림 2-1 굵은 골재의 최대치수와 압축강도와의 관계

강도는 골재의 최대치수가 클수록 저하되며, 물-시멘트비가 작을수록 강도의 저하율은 커진다.

한편, 굵은 골재의 최대치수는 부재의 최소치수의 1/3~1/4 정도로 할 수 있으나 긴장재, 쉬스, 철근 등의 둘레에 콘크리트가 충분히 돌 수 있도록 해야 하므로, PSC에 있어서는 굵은 골재의 최대치수를 일반적인 경우 25 mm를 표준으로 하고 있다.

[3] 혼화재료

혼화재료는 사용에 앞서 그 성능을 확인해야 하며, PS 강재를 부식시킬 염려가 없는가를 조사 검토해야 한다. 특히, PS 강재와 직접 부착되는 콘크리트나 그라우트에는 염화칼슘 또는 염화칼슘을 다량 함유하는 혼화재를 사용해서는 안 된다.

공기 연행성이 없이 20~30% 정도의 감수효과를 내는 고성능 감수제가 개발되어, 이것을 사용함으로써 500~700 kg/m^{3}의 단위 시멘트량으로 80~100 MPa의 고강도를 얻고 있다.

강도증진을 위하여 사용되는 혼화재료에는 다음과 같은 것들이 있다.

감수제(water-reducing admixture) 시멘트 입자에 대한 습윤·분산작용에 의해 콘크리트의 워커빌리티를 향상시켜서 소요의 슬럼프와 강도를 얻는 데 필요한 단위수량을 감소시키기 위하여 사용되는 혼화제이다.

유동화제(super plasticizer) 고성능 감수제(high-range water-reducing admixture)라고도 하며, 단위수량의 감소나 워커빌리티의 개선을 목적으로 사용된다. 보통의 감수제에 비하여 감수성능이 우수하여 매우 작은 물-시멘트비로 높은 슬럼프를 유지시켜 준다. 또한, 미리 비빈 콘크리트에 첨가하여 교반함으로써 유동성을 증대시키는 데도 매우 효과적이다.

플라이 애쉬(fly ash) 화력발전소에서 미분탄을 연소시킬 때 발생되는 재의 미립자를 집진기로 포집한 것을 말한다. 양질의 플라이 애시는 장기에 걸쳐 강도가 증진되고, 수밀성, 내구성이 향상되어 화학 저항성이 좋고, 단위수량의 저감, 워커빌리티 개선 등의 효과가 있다.

실리카 퓸(silica fume) 금속 실리콘(silicon metal), 페로실리콘 합금(ferro-silicon alloy) 등을 제조할 때 발생하는 폐가스 중에 포함되어 있는 SiO_2를 집진기로 모아서 얻어지는 초미립자의 산업 부산물을 말한다. 매우 미세하고 높은 결합성이 있어서, 조기 재령에서의 강도증진에 크게 효과가 있다. 고강도 콘크리트의 제조에 사용된다.

2.1.3 콘크리트의 압축강도

RC에 쓰이는 콘크리트의 압축강도는 보통 21~27 MPa 정도이지만, PSC에서는 30~40 MPa 정도 또는 그 이상의 것이 쓰이고 있다.

콘크리트의 압축강도는 물-시멘트비(w/c)에 의해 지배된다. 따라서 소요의 워커빌리티를 얻을 수 있는 범위에서 될 수 있는 대로 물-시멘트비를 작게 해야 한다. PSC에서는 w/c를 45% 이하가 되도록 하는 것이 좋다. 결국, 작업이 가능한 범위 내에서 될 수 있는 대로 단위수량을 적게 해야 한다. 이것은 고강도 콘크리트를 만드는 데 필요할 뿐 아니라, 건조수축이나 크리프를 적게 하는 데도 필요하다.

단위 시멘트량은 소요의 강도를 얻을 수 있는 범위에서 최소가 되도록 해야 한다. 이것은 건조수축과 크리프를 적게 하는 데 필요하다. 적당한 물-시멘트비와 적절한 입도의 골재를 선택함으로써 400~450 kg/m^3 정도의 단위 시멘트량으로 필요한 압축강도를 얻도록 해야 한다.

콘크리트의 압축강도는 KS F 2405에 따라 시험한다. 공시체는 ϕ15×30 cm의 원주형 공시체를 주로 사용하지만, 최대치수 25 mm 이하인 굵은 골재를 사용한 콘크리트는 ϕ10×20 cm의 원주형 공시체를 사용하여 시험해도 좋다. 공시체의 형상이 닮은꼴이면, 공시체의 치수가 작을수록 압축강도는 크게 나타나는 경향이 있다. 그래서 설계기준에서는, ϕ10×20 cm 공시체로 시험한 압축강도의 97%를 ϕ15×30 cm의 공시체 강도로 보도록 규정하고 있다.

한국, 미국, 일본 등에서는 원주형 공시체를 사용하고 있지만, 영국에서는 한 변이 15 cm인 정육면체 공시체를, 독일에서는 한 변이 20 cm인 정육면체 공시체를 사용하고 있다. 국제표준화기구인 ISO(International Organization for Standardization)의 규격 ISO 1923-3 : 2004(E)에서는 상기 두 가지 원주형 공시체와 함께 150×150×150 mm 및 100×100×100 mm, 즉 한 변이 각각 15 cm 및 10 cm인 두 가지 정육면체 공시체를 주고 있다.

그림 2-2는 원주형 공시체를 사용하여 시험한 보통 콘크리트의 응력-변형률 곡선(응력－변형도 곡선)들을 보인 것이다.

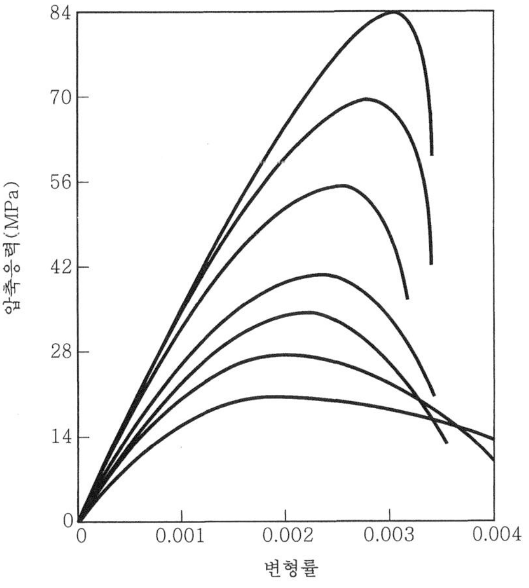

그림 2-2 콘크리트의 응력-변형률 곡선

2.1.4 콘크리트의 인장강도, 휨강도 및 전단강도

콘크리트의 인장강도, 휨강도, 전단강도 등은 압축강도에 비하여 매우 작다. 그러나 압축강도가 큰 콘크리트일수록 이들 강도도 커진다. 이들 강도와 압축강도의 비는 대략 표 2-1과 같으며, 고강도의 콘크리트일수록 그 강도비는 작아진다.

표 2-1 콘크리트의 압축강도와 기타 강도의 비

콘크리트	$\frac{인장강도}{압축강도}$	$\frac{휨\ 강도}{압축강도}$	$\frac{전단강도}{압축강도}$
보통 콘크리트	$\frac{1}{9} \sim \frac{1}{13}$	$\frac{1}{5} \sim \frac{1}{7}$	$\frac{1}{4} \sim \frac{1}{7}$
경량골재 콘크리트	$\frac{1}{5} \sim \frac{1}{15}$	$\frac{1}{6} \sim \frac{1}{10}$	$\frac{1}{6} \sim \frac{1}{10}$

콘크리트의 인장강도는 KS F 2423에 규정된 쪼갬 인장강도시험 방법으로 알 수 있고, 휨강도는 KS F 2408에 규정된 3등분점 재하시험 방법으로 알 수 있으며, 전단강도의 시험방법은 아직 표준화된 것이 없다.

콘크리트의 휨강도 시험은 그림 2-3(a)와 같이 직사각형 단면의 무근 콘크리트 보를 경간이 단면 높이의 3배로 되게 하고 3등분점에 재하한다. 공시체의 크기는 보통 15×15×53 cm의 것을 사용한다. 이 보는 휨 인장으로 파괴될 것이므로 파괴하중을 P라고 하면 콘크리트의 휨 인장강도 f_r는 $\frac{M}{I}y$에 의하여 다음과 같이 된다.

$$f_r = \frac{PL}{bh^2} \tag{2·1}$$

이 f_r의 값을 콘크리트의 파괴계수(modulus of rupture)라고도 한다. 설계기준에서는 보통 콘크리트의 파괴계수로 $f_r = 0.63\sqrt{f_{ck}}$ (MPa)를 주고 있다.

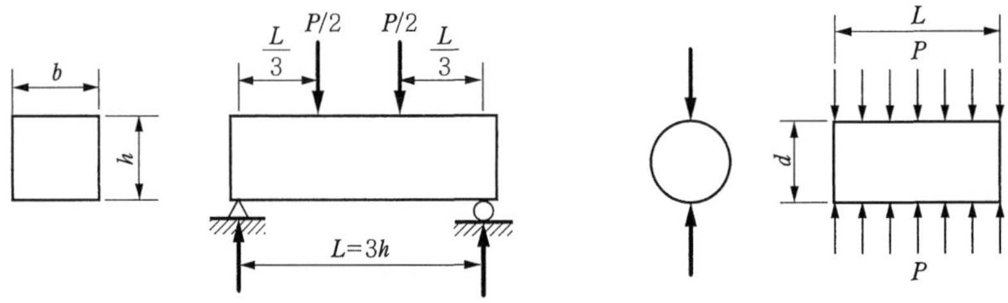

그림 2-3　콘크리트의 휨강도 시험과 인장강도 시험

콘크리트의 인장강도는 그림 2-3 (b)와 같이 ϕ15×30 cm의 원주형 공시체를 옆으로 뉘어서 가압하는 쪼갬 인장강도시험에 의하여 다음 식으로 구한다.

$$f_{sp} = \frac{2P}{\pi dL} \tag{2·2}$$

이렇게 해서 얻어지는 위의 식 f_{sp}의 값을 콘크리트의 쪼갬 인장강도(splitting tensile strength)라고 한다. 보통 콘크리트의 쪼갬 인장강도는 $0.50\sqrt{f_{ck}}$ (MPa)~$0.66\sqrt{f_{ck}}$ (MPa)의 범위에 있다. 콘크리트의 참된 인장강도는 쪼갬 인장강도의 0.5~0.7배 정도이고, 휨 인장강도는 쪼갬 인장강도의 1.25~1.75배 정도이다.

콘크리트의 전단강도는 압축강도의 35~80% 범위의 값을 갖는다고 한다. 전단력은 다른 응력과 분리하여 시험하기가 어려워서 이렇게 넓은 범위로 변화한다.

재료가 반복하중을 받으면 정적강도보다 작은 응력으로 파괴된다. 이러한 파괴를 피로파괴(fatigue failure)라고 한다. 콘크리트는 금속과 달라서 피로한도를 가지지 않기 때문에 미리 반복횟수를 정하고 이에 견딜 수 있는 최대응력을 피로한도로 하고 있다. 보통 100만 회로 하고 있다. 피로강도는 최대응력과 최소응력의 비에 따라 변하며, 특히 부호가 다른 교번응력(交番應力)이 작용할 때는 매우 저하된다. 콘크리트의 피로강도의 대략의 값은 표 2-2와 같다.

PSC의 피로파괴의 원인은 PS 강재의 피로에 기인하는 경우가 많으며, 이 경우 피로강도는 정적강도의 50% 정도이다.

표 2-2 콘크리트의 피로강도

응 력	$\frac{\text{피로강도}}{\text{정적강도}}$ (%)
압 축 응 력	50~55
휨 응 력	30~60(평균 55)
인 장 응 력	55
부 착 응 력	55

2.1.5 고강도 콘크리트

일반적으로 40 MPa 이상의 압축강도를 가지는 콘크리트를 고강도 콘크리트(high-strength concrete)라고 한다. 40~80 MPa의 범위의 고강도 콘크리트가 사용되고 있으며, 미국에서는 120 MPa의 고강도 콘크리트가 구조물에 사용된 예도 있다.

고강도 콘크리트는 품질이 엄선된 시멘트와 골재에 고성능 감수제, 실리카 퓸, 플라이 애쉬 등의 혼화재료를 사용하여 제조된다. 고강도 콘크리트의 기본요건은 매우 적은 물-시멘트비이며, 그 값은 25% 이하이다. 그래서 고성능 감수제(유동화제)가 사용되고 플라이 애시가 첨가되며, 가장 중요한 것은 실리카 퓸의 첨가이다. 이렇게 함으로써 매우 적은 물-시멘트로 워커빌리티가 좋은 콘크리트가 얻어지고, 경화한 후에는 매우 높은 강도를 나타낸다. 고강도 콘크리트는 압축강도뿐만 아니라 그 밖의 다른 성질들도 많이 개선되기 때문에 고성능 콘크리트(high-performance concrete)라고 불리워지기도 한다.

고강도 콘크리트는 높은 압축강도를 가지므로 부재의 단면을 축소시킬 수가 있어서, 구조물의 자중을 경감시킬 수 있기 때문에 긴 경간의 구조물이나 고층 건축물에 사용된다. 고강도 콘크리트는 탄성계수의 값은 커지고 건조수축과 크리프는 적어지므로, 고강도 콘크리트를 사용함으로써 초기처짐이나 장기처짐을 감소시킬 수 있고, 또 PSC교에 있어서는 프리스트레스(prestress)의 손실이 적어진다.

또한, 고강도 콘크리트는 마모(磨耗)에 대한 저항성의 향상, 철근부식에 대한 방호, 내약품성(耐藥品性)의 향상 등 내구성 개선에도 유리하다. 그래서 교량상판의 덧씌우기(overlay), 댐의 여수로, 화학공장의 바닥 슬래브, 해양 구조물 등에도 사용된다.

2.1.6 2축 응력을 받는 콘크리트

실제의 구조물에서 콘크리트는 복합된 응력을 받는다. 예컨대 보의 복부는 휨 인장 또는 휨 압축과 합성된 전단을 받는다. 비틀림 전단을 받는 부재는 일반적으로 횡방향 전단(transverse shear)과 종방향 수직응력(longitudinal normal stress)을 함께 받는다. 이렇게 조합된 응력(combined stress)을 받는 예는 이 밖에도 많다.

이러한 복합응력 상태는 서로 직교하는 3방향의 주응력으로 바꾸어 놓을 수 있다. 주응력 중의 어느 것은 압축 또는 인장일 것이다. 그들 중 하나가 0이면 2축 응력(biaxial stress) 상태이고, 둘이 0이면 1축 응력(uniaxial stress) 상태로 된다. 서로 직교하는 2방향으로 응력을 받는 콘크리트, 즉 2축 응력상태의 콘크리트의 강도는 1방향으로만 응력을 받는 경우, 즉 1축 응력을 받는 경우의 강도와 다르다.

최근의 많은 연구에도 불구하고 조합응력하에 있는 콘크리트의 강도에 관한 이론이 아직도 확립되지 못하고 있다. 그러나 2축 응력의 영향을 경험적으로 다루는 데는 많은 진보를 보였다.

그림 2-4는 횡방향 주응력(lateral principal stress) f_y가 파괴응력(failure stress) f_x에 미치는 영향을 보인 것이다. 모든 응력은 1축 압축응력 f_c를 사용하여 무차원

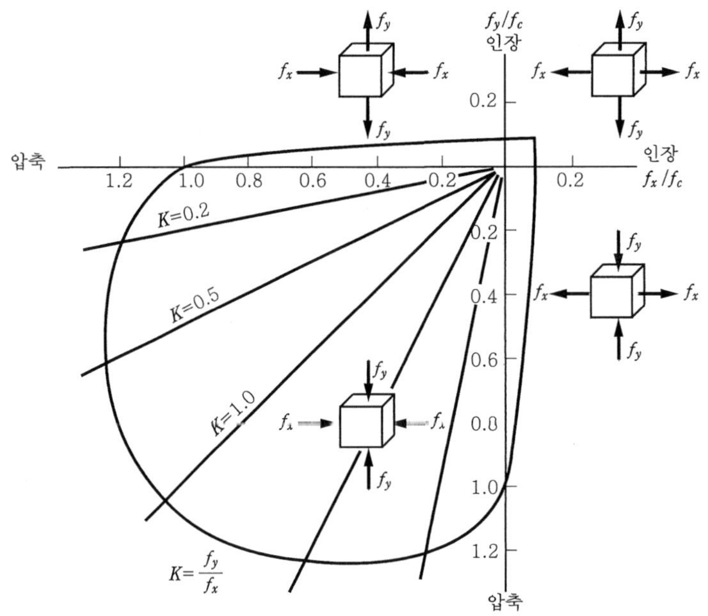

그림 2-4 2축 응력을 받는 콘크리트의 강도 포락선(strength envelope)

으로 나타내었다.

2축 압축의 경우에는 콘크리트의 강도는 1축 압축강도보다 약 20% 정도 증가함을 알 수 있다. 2축 인장인 경우에 종방향 강도는 횡방향 응력과 거의 무관하며 인장-압축응력 상태에서는 거의 직선관계를 보이고 있다. 상대적으로 작은 횡방향 인장응력은 종방향 압축강도를 크게 감소시킨다.

한편, 3축 응력(triaxial stress)을 받는 콘크리트의 거동과 강도에 관한 연구는 어느 정도의 발전을 보이고 있지만, 아직 설계에 이용할 수 있을 만큼 발전되지 못하고 있다.

2.1.7 콘크리트의 탄성계수

그림 2-2는 1축 압축을 받는 콘크리트 공시체의 응력-변형률 곡선의 대략의 모양들을 나타낸 것이고, 그림 2-5는 그 곡선의 처음 부분을 알기 쉽게 나타낸 것이다.

본래 탄성계수(Young's modulus)란 엄밀하게는 응력-변형률 곡선의 직선부분에만 적용되는 것이므로, 이들 그림처럼 직선부분이 없는 경우에는 원점에 있어서의 접선에만 적용되어야 한다.

따라서 응력-변형률 곡선의 원점에서의 접선이 ε축과 이루는 각을 θ_1이라고 하면 탄성계수는 다음과 같이 된다.

$$E_{ci} = \tan\theta_1$$

이렇게 정의되는 탄성계수 E_{ci}를 **초기접선 탄성계수**(initial tangent modulus of elasticity)라고 한다.

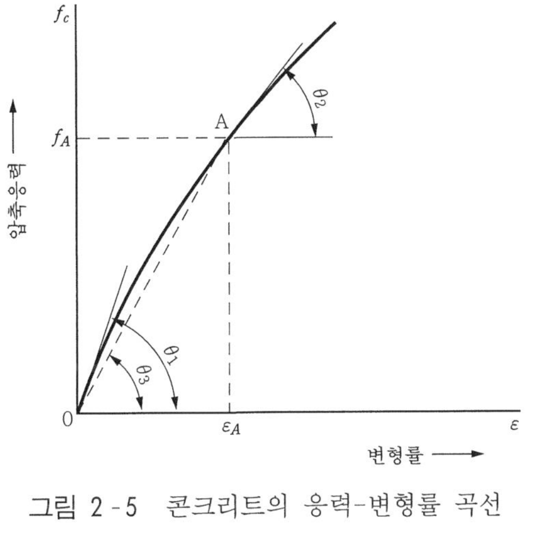

그림 2-5 콘크리트의 응력-변형률 곡선

다음에 응력-변형률 곡선 위의 임의점 A에서의 접선이 ε축과 이루는 각을 θ_2라고 하면, 이 경우의 탄성계수는 다음과 같이 된다.

$$E_{ct} = \tan\theta_2$$

이렇게 정의되는 탄성계수 E_{ct}를 **접선 탄성계수**(tangent modulus of elasticity)라고 한다.

한편, 그림 2-2 또는 그림 2-5에서 알 수 있는 바와 같이 콘크리트의 응력과 변형률의 관계는 엄밀하게는 비선형이지만, 응력이 낮은 범위에서는 직선으로 볼 수 있다. 그러한 응력의 범위는 파괴강도의 40~50% 정도까지이며, 허용응력의 범위이다. 즉, 허용응력의 범위 내에서는 콘크리트를 탄성재료로 볼 수 있다.

그림 2-5에서 응력 f_A가 파괴강도의 40~50%의 범위 내에 있다면, 곡선 OA는 거의 직선으로 볼 수 있다. 따라서 이 응력의 범위에서는 탄성계수를 다음과 같이 정의할 수 있다.

$$E_c = \tan\theta_3 = \frac{f_A}{\varepsilon_A}$$

이렇게 정의되는 탄성계수 E_c를 **할선 탄성계수**(secant modulus of elasticity)라고 한다. 여기서 θ_3는 직선 OA가 ε축과 이루는 각이다. RC 및 PSC의 설계에 사용되는 콘크리트의 탄성계수는 이 할선 탄성계수이다. 일반적으로 콘크리트의 탄성계수라고 하면 할선 탄성계수를 가리킨다. 재하(載荷)하자마자 일어나는 탄성 변형률과 그 후에 증가되는 크리프 변형률을 구별하기는 곤란하지만, 실용상으로는 양자를 편의상 구별하여 생각하는 것이 보통이다. 이러한 생각에 대응하는 탄성계수가 할선 탄성계수이다.

<설계기준에서 주고 있는 콘크리트의 탄성계수>

2007년 개정된 콘크리트 구조설계기준(이하 설계기준이라 약칭한다)에서는 콘크리트의 탄성계수를 다음과 같이 주고 있다.

(1) 콘크리트의 단위중량이 m_c=1450~2500 kg/m^{3}인 모든 콘크리트의 탄성계수

$$E_c = 0.077\, m_c^{1.5}\, \sqrt[3]{f_{cu}} \text{ (MPa)} \tag{2·3}$$

(2) 보통의 골재를 사용한 콘크리트 (m_c = 2300 kg/m^3)의 탄성계수

$$E_c = 8500\, \sqrt[3]{f_{cu}} \text{ (MPa)} \tag{2·4}$$

여기서 m_c : 콘크리트의 단위중량(kg/m^3)

f_{cu} : 재령 28일에서 콘크리트의 평균압축강도(MPa)

f_{ck} : 콘크리트의 설계기준강도(MPa)

설계기준에서는 f_{cu}를 다음과 같이 주고 있다.

$$f_{cu} = f_{ck} + 8 \text{ (MPa)} \tag{2·5}$$

식 (2·4)의 E_c는 보통의 골재를 사용한 콘크리트의 단위중량 $m_c = 2300$ kg/m^3를 식 (2·3)에 대입함으로써 얻어진 값이다.

(3) 크리프 계산에 사용되는 탄성계수

크리프변형 계산에 사용되는 탄성계수는 다음과 같다.

$$E_c = 0.85 E_{ci} \tag{2·6}$$

여기서 E_{ci} : 콘크리트의 초기 접선 탄성계수(MPa)

이 경우의 E_{ci}를 설계기준에서는 식 (2·38)로 주고 있다.

2.1.8 콘크리트의 건조수축

콘크리트는 습기를 흡수하면 팽창하고 건조하면 수축한다. 이것은 경화한 시멘트 풀(cement paste)이 팽창하고 수축하기 때문이다. 즉, 경화한 시멘트 풀은 주위의 습도가 높을 때는 수분을 흡수하여 팽창하고, 주위의 습도가 낮을 때는 수분을 방출하여 수축한다. 그러므로 콘크리트 속에서 자유로이 이동할 수 있는 물이 적을수록, 또 경화한 시멘트 풀 속의 공극(空隙)이 적을수록 팽창과 수축은 적게 일어난다.

경화한 시멘트 풀 속의 공극이 같다면, 시멘트 풀의 양이 적을수록 팽창과 수축은 적게 일어난다. 결국, 콘크리트의 팽창과 수축을 적게 하려면 단위수량을 줄여야 하고 부배합(富配合, rich mix)을 피해야 한다. 단위 시멘트 량이 적을수록 시멘트 풀 경화체의 건조수축은 적어진다. 보통 모르타르(mortar)는 콘크리트의 약 2배 정도의 수축을 나타낸다.

콘크리트의 건조수축(drying shrinkage)은 단위 시멘트 량과 단위수량의 영향을 크게 받지만, 그 밖에 골재의 종류와 최대치수, 시멘트의 종류와 품질, 다지기 방법과 양생상태, 부재의 단면치수 등의 영향도 받는다.

Branson 등은 표준습도($H = 40\%$) 상태에 대한 건조수축 변형률을 시간의 함수로 나타내어 다음과 같은 식들을 주고 있다.

① 습윤양생한 콘크리트의 재령 7일 후 임의시간 t(일)에서의 건조수축 변형률

$$\varepsilon_{sh.t} = \frac{t}{35 + t}\, \varepsilon_{sh.u} \tag{2·7 a}$$

여기서 $\varepsilon_{sh.t}$: 시간 t(일)에서의 건조수축 변형률

$\varepsilon_{sh.u}$: 최종 건조수축 변형률(ultimate shrinkage strain) $= 800 \times 10^{-6}$

② 증기양생한 콘크리트의 재령 1~3일 후 임의시간 t(일)에서의 건조수축 변형률

$$\varepsilon_{sh.t} = \frac{t}{55+t}\varepsilon_{sh.u} \tag{2·7b}$$

증기양생한 콘크리트에 대하여는 $\varepsilon_{sh.u} = 730 \times 10^{-6}$으로 본다.

표준습도와 다른 습도에 대하여는 위의 식들의 값을 다음의 보정계수로 수정한다.

$40\% < H \leqq 80\%$인 경우

$$k_{sh} = 1.40 - 0.010H \tag{2·8a}$$

$80\% < H \leqq 100\%$인 경우

$$k_{sh} = 3.00 \times 0.30H \tag{2·8b}$$

여기서 H는 상대습도(%)이다.

<설계기준에서 주고 있는 건조수축 변형률>

2007년 개정된 콘크리트 구조설계기준에서는 콘크리트의 건조수축 변형률을 다음과 같이 주고 있다.

(1) 콘크리트의 건조수축 변형률

대기의 평균 상대습도, 부재의 크기 등을 고려하여, 다음 식 (2·9)로 구할 수 있다.

$$\varepsilon_{sh}(t, t_s) = \varepsilon_{sho}\beta_s(t - t_s) \tag{2·9}$$

여기서 $\varepsilon_{sh}(t, t_s)$: 재령 t_s일에서 외기에 노출된 콘크리트의 재령 t일에서의 전체 건조수축 변형률

ε_{sho} : 개념적 건조수축 계수(notional shrinkage coefficient)

$$= \varepsilon_s(f_{cu})\beta_{RH} \tag{2·10}$$

$$\varepsilon_s(f_{cu}) = [160 + 10\beta_{sc}(9 - f_{cu}/10)] \times 10^{-6} \tag{2·11}$$

β_{RH} : 외기습도에 따른 크리프와 건조수축에 미치는 영향계수

$$= \begin{cases} -1.55[1-(RH/100)^3] & (40\% \leqq RH < 99\%) \\ 0.25 & (RH \geqq 99\%) \end{cases} \tag{2·12}$$

$\beta_s(t - t_s)$: 건조기간에 따른 건조수축 변형률 함수

$$=\sqrt{\frac{(t-t_s)}{0.035h^2+(t-t_s)}} \qquad (2 \cdot 13)$$

β_{sc} : 시멘트 종류에 따른 건조수축에 미치는 영향계수

$$=\begin{cases} 4 : 2\text{종 시멘트} \\ 5 : 1\text{종, } 5\text{종 시멘트} \\ 8 : 3\text{종 시멘트} \end{cases}$$

RH : 외기의 상대습도(%)

h : 개념적 부재치수(notional size of member)(mm) $= \frac{2A_c}{u}$

u : 단면적 A_c(mm^2)의 둘레 중에서 수분이 외기로 확산하는 둘레 길이(mm)

f_{cu} : 식 (2 · 3) 참조

t : 콘크리트의 재령(일)

t_s : 콘크리트가 외기에 노출되었을 때의 재령(일)

(2) β_{RH} 및 $\beta_s(t-t_s)$의 보정

외기의 온도가 20℃가 아닌 경우, β_{RH} 및 $\beta_s(t-t_s)$는 다음의 식 (2 · 14)와 식 (2 · 15)에 의하여 보정해야 한다.

$$\beta_{RH,T}=\left[1+\left(\frac{8}{103-RH}\right)\left(\frac{T-20}{40}\right)\right]\beta_{RH} \qquad (2 \cdot 14)$$

$$\beta_s(t-t_s)=\sqrt{\frac{(t-t_s)}{0.035h^2\exp[-0.06(T-20)]+(t-t_s)}} \qquad (2 \cdot 15)$$

여기서 T : 외기 또는 양생온도(℃)

보나 슬래브 등, 보통의 PSC 부재에서 건조수축으로 인한 프리스트레스의 손실을 계산하는 데 사용하는 콘크리트의 건조수축 변형률은 표 2-3과 같다.

콘크리트의 실제의 건조수축 변형률은 표 2-3의 값보다 큰 값을 나타내지만, 이 표의 값은 콘크리트 속에 배치된 강재량에 의한 영향을 고려하여 약간 낮게 잡은 것이다.

표 2-3 콘크리트의 건조수축 변형률(도로교 설계기준)

프리스트레스를 도입할 때의 콘크리트의 재령(일)	4~7	28	90	365
건조수축 변형률	27×10^{-5}	20×10^{-5}	14×10^{-5}	7×10^{-5}

2.1.9 콘크리트의 크리프

[1] 크리프 변형률

그림 2-6은 재령 28일의 콘크리트에 일정한 하중을 장기간 재하하였을 때 재하기간과 변형률과의 관계를 나타낸 것이다. 이 그림은 콘크리트에 4.2 MPa의 응력(應力)이 일어나도록 재하한 경우이다. 그림의 ε_e는 하중이 실리자마자 일어나는 변형률이며, 이것을 **탄성 변형률**(elastic strain) 또는 **즉시 변형률**(instantaneous strain)이라고 한다. 이 하중을 제거하지 않고 그대로 두면, 그림에서 알 수 있는 바와 같이 재하기간이 늘어남에 따라 변형률도 증가한다. 그림의 실선은 이 관계를 보인 것이다.

이와 같이 응력은 늘지 않는데 변형이 계속 진행되는 현상을 **크리프**(creep)라고 하며, 크리프에 의해 일어난 변형률을 **크리프 변형률**이라고 한다. 그림의 ε_c는 A 시점에서의 크리프 변형률이다. 만약, A 시점에서 하중을 제거하면, 파선(dashed line)으로 나타낸 것처럼 ε_e'만큼의 탄성회복(elastic recovery)이 일어나고, ε_c'만큼의 크리프 회복(creep recovery)이 일어난다. 얼마 후 다시 재하하면 탄성변형과 크리프 변형이 그림의 파선과 같이 또 일어난다.

실제의 구조물에서 크리프는 건조수축과 함께 일어난다. 이 관계를 보인 것이 그림 2-7이다. 따라서 건조수축, 탄성변형, 크리프를 각각 분리해서 생각할 수는 없는 것이다. 그러나 설계계산에서는 편의상 이들을 분리하여 생각한다. 그림에서 참된

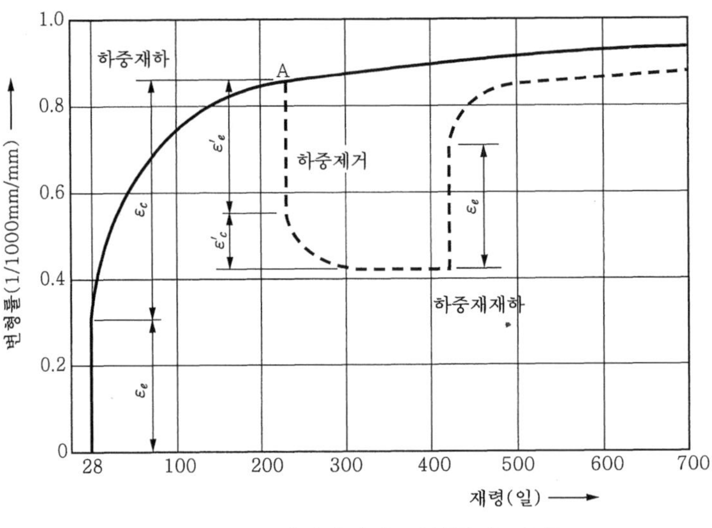

그림 2-6 재하기간과 변형률의 관계

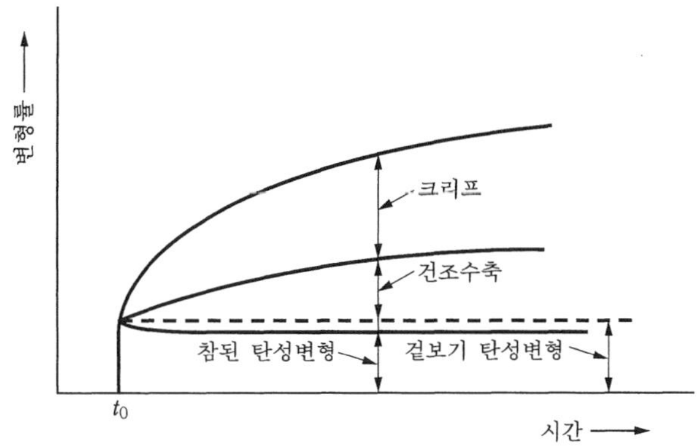

그림 2-7 시간의 경과에 따른 콘크리트의 변형

탄성변형(true elastic strain)이란 시간과 더불어 증진되는 콘크리트의 강도에 의한 탄성계수의 증대로 말미암아 감소되는 탄성변형을 나타낸 것이다. 보통은 겉보기 탄성변형을 탄성변형으로 본다.

크리프 변형률은 작용시킨 응력에 비례하며, 같은 응력하에서는 고강도 콘크리트가 저강도 콘크리트보다 작은 크리프 변형률을 나타낸다. 크리프 변형률은 탄성 변형률의 1.5~3배 정도에 이르며, 재하 후 처음 28일 동안에 총 크리프 변형률의 $\frac{1}{2}$이 진행된다고 한다. 처음 3~4개월 동안에 최종값의 $\frac{3}{4}$ 이상이 진행되며, 2~5년 후에는 최종값으로 정지한다.

콘크리트의 크리프는 다음과 같은 요인에 의해 변화한다.

① 물-시멘트비의 증가는 크리프의 증대를 가져온다.

② 응력을 받을 때 콘크리트 재령이 큰 것일수록 크리프는 감소한다.

③ 콘크리트가 놓이는 주위의 온도가 높을수록, 또 습도는 낮을수록 크리프 변형은 커진다.

이 밖에 시멘트의 종류, 골재의 품질, 공시체의 치수 등의 영향도 받는다.

크리프 현상은 대부분의 재료가 가지고 있는 성질이지만, 특히 콘크리트는 다른 재료에 비하여 그 값이 커서 프리스트레스의 시간적 감소 원인의 하나로 되기 때문에 설계에서 무시할 수 없게 된다.

보통의 콘크리트 구조물에서는 주로 자중(自重)에 의하여 크리프 현상이 일어나지만, PSC 구조물에서는 프리스트레스에 의하여 크리프 현상이 일어난다.

[2] 크리프 계수

크리프 변형률은 작용응력(또는 그로 인해 일어난 탄성 변형률)에 비례하며, 그

비례 상수는 압축응력의 경우나 인장응력의 경우나 모두 같다. 이것을 크리프에 관한 Davis-Glanville의 법칙이라고 한다. 이것을 식으로 나타내면 다음과 같다.

크리프 변형률을 ε_c, 탄성 변형률을 ε_e, 비례상수를 C_u로 놓으면

$$\varepsilon_c = C_u \varepsilon_e$$

$$\therefore C_u = \frac{\varepsilon_c}{\varepsilon_e} \tag{2・16}$$

이 C_u를 크리프 계수(creep coefficient)라고 한다.

콘크리트에 작용하는 응력을 f_c, 탄성계수를 E_c라고 하면, 탄성 변형률 ε_e는

$$\varepsilon_e = \frac{f_c}{E_c}$$

이것을 식 (2・16)에 대입하면

$$\varepsilon_c = C_u \varepsilon_e = C_u \frac{f_c}{E_c} \tag{2・17}$$

또, $\dfrac{\varepsilon_c}{f_c} = \delta_u$로 놓으면, 크리프 계수 C_u는 다음과 같이 된다.

$$C_u = \frac{\varepsilon_c}{\varepsilon_e} = \frac{\delta_u f_c}{\varepsilon_e} = \delta_u E_c \tag{2・18}$$

이 δ_u를 단위 크리프 계수(unit creep coefficient)라고 하며, 단위응력에 대한 크리프 변형률을 나타낸다.

Branson 등은 임의시간 t(일)에서의 크리프 계수 C_t를 다음과 같이 주고 있다.

$$C_t = \frac{t^{0.60}}{10 + t^{0.60}} C_u \tag{2・19 a}$$

여기서 C_u : 최종 크리프 계수(ultimate creep coefficient)

t : 재하 후의 시간(일)

단위 크리프 계수(unit creep coefficient) δ_u로 나타내면, 위의 식은 다음과 같이 된다.

$$\delta_t = \frac{t^{0.60}}{10 + t^{0.60}} \delta_u \tag{2・19 b}$$

위의 식들은 Branson 등이 정의한 표준상태, 즉 슬럼프 10 cm 이하, 상대습도 40%, 부재의 최소치수 15 cm 이하, 재하재령 7일(습윤양생 콘크리트) 및 1~3일(증기양생 콘크리트)의 콘크리트에 대한 것이다.

표준상태 이외의 콘크리트에 대하여는 다음과 같은 보정계수 k_a 및 k_{ah}를 식 (2・19 a) 또는 식 (2・19 b)에 곱하여 C_t 또는 δ_t의 값을 수정해야 한다.

① 7일보다 큰 재령에서 재하된 습윤양생 콘크리트

$$k_a = 1.25t^{-0.118} \tag{2・20 a}$$

② 1~3일보다 큰 재령에서 재하된 증기양생 콘크리트

$$k_a = 1.13t^{-0.095} \tag{2・20 b}$$

여기서 t는 재하시의 재령(일)이다.

③ 상대습도 H가 40%보다 큰 경우

$$k_{ah} = 1.27 - 0.0067H \tag{2・21}$$

여기서 H는 상대습도이다.

[3] 설계기준에서 주고 있는 크리프 변형률 및 크리프 계수

2007년 개정된 콘크리트 구조설계기준에서는 콘크리트의 크리프 변형률 및 크리프 계수를 다음과 같이 주고 있다.

(1) 크리프 변형률

t'일(日)에서 작용응력 $f_c(t')$에 의한 콘크리트의 순간변형 및 크리프변형을 함께 고려한 전체 변형률 $\varepsilon_{c\sigma}(t, t')$는 콘크리트의 압축강도, 부재의 크기, 평균 상대습도, 재하시의 재령, 재하기간, 시멘트의 종류, 양생온도, 온도변화, 작용응력의 크기 등에 따라 다음 식 (2・22)로 구할 수 있다.

$$\varepsilon_{c\sigma}(t, t') = f_c(t')\left[\frac{1}{E_{ci}(t')} + \frac{\phi(t, t')}{E_{ci}}\right] \tag{2・22}$$

여기서 $\varepsilon_{c\sigma}(t, t')$: 재령 t'일에서 $f_c(t')$의 응력이 가해졌을 때, 시간 t일에서의 탄성변형률과 크리프를 포함한 전체변형률

t : 콘크리트의 재령(일)

t' : 하중이 가해질 때의 재령(일)

$f_c(t')$: 재령 t'일에서 콘크리트의 압축응력(MPa)

$\phi(t, t')$: 콘크리트의 크리프 계수

t_s : 콘크리트가 외기에 노출되었을 때의 재령(일)

E_{ci} : 재령 28일에서의 콘크리트의 초기 접선탄성계수(MPa)이며, 식 (2・38)로 구한다.

$E_{ci}(t')$: 재령 t'일에서의 콘크리트의 초기 접선탄성계수(MPa)이며, 식 (2 · 39)에 의해 구한다.

(2) 크리프 계수

식 (2 · 22)에서 크리프 계수 $\phi(t, t')$는 양생온도가 20℃이고, 하중이 작용하는 동안의 기온도 20℃인 경우를 기준으로 한 것으로서, 다음 식으로 구할 수 있다.

$$\phi(t, t') = \phi_o \beta_c(t-t') \qquad (2 \cdot 23)$$

여기서 ϕ_o : 콘크리트의 개념적 크리프 계수(notional creep coefficient)

$$= \phi_{RH}\beta(f_{cu})\beta(t') \qquad (2 \cdot 24)$$

ϕ_{RH} : 외기의 상대습도와 부재두께가 크리프에 미치는 영향계수

$$= 1 + \frac{1-0.01RH}{0.10\sqrt[3]{h}} \qquad (2 \cdot 25)$$

$\beta(f_{cu})$: 콘크리트 강도가 크리프에 미치는 영향함수

$$= \frac{16.8}{\sqrt{f_{cu}}} \qquad (2 \cdot 26)$$

$\beta(t')$: 지속하중이 가해지는 시간 t'가 크리프에 미치는 영향함수

$$= \frac{1}{0.1+(t')^{0.2}} \qquad (2 \cdot 27)$$

$\beta_c(t-t')$: 재하기간에 따라 크리프에 미치는 영향함수

$$= \left[\frac{(t-t')}{\beta_H+(t-t')}\right]^{0.3} \qquad (2 \cdot 28)$$

β_H : 외기의 상대습도와 부재의 두께에 따른 계수

$$= 1.5[1+(0.12RH)^{18}]h + 250 \leq 1,500(\text{일}) \qquad (2 \cdot 29)$$

RH : 외기의 상대습도(%)

h : 개념적 부재치수(notional size of member)(mm) $= \dfrac{2A_c}{u}$

A_C : 부재의 단면적(mm^2)

u : 단면적 A_C의 둘레 중에서 수분이 외기로 확산되는 둘레길이 (mm)

f_{cu} : (4)의 ② 및 식 (2 · 5) 참조

(3) 크리프 계수의 보정

작용응력의 크기, 온도 및 시멘트의 종류에 따라 식 (2 · 23)의 크리프 계수를 다음과 같이 보정해야 한다.

① 양생온도 및 시멘트 종류에 따른 보정계수

양생동안 온도의 변화가 있거나, 20℃가 아닌 대기에 노출되어 있는 경우, 또는 시멘트 종류에 따른 재하재령 t'는 다음과 같이 보정해야 한다.

$$t' = t'_T\left[\frac{9}{2+(t_T')^{1.2}}+1\right]^{\alpha} \geq 0.5(\text{일}) \qquad (2\cdot30)$$

$$t'_T = \sum_{i=1}^{n} \Delta t_i \exp\left(-\frac{4000}{273+T(\Delta t_i)}+13.65\right) \qquad (2\cdot31)$$

$$\alpha = \begin{cases} -1 : 2\text{종 시멘트} \\ 0 : 1\text{종, } 5\text{종 시멘트} \\ 1 : 3\text{종 시멘트} \end{cases}$$

여기서 t'_T : 온도가 20℃가 아닌 T℃에서 양생한 경우의 등가재령(일)

Δt_i : 일정한 온도가 지속된 기간(일)

$T(\Delta t_i)$: Δt_i일 동안 지속된 온도(℃)

n : 일정한 온도를 유지한 단계의 수

② 작용응력의 크기에 따른 보정계수

작용응력 $f_c(t')$가 $0.4f_{cu}(t')<|f_c(t')|<0.6f_{cu}(t')$인 경우에는 식 (2 · 24)의 ϕ_o를 다음과 같이 보정해야 한다.

$$\phi_{o,k} = \phi_0 \exp\left[1.5\left(\frac{|f_c(t')|}{f_{cu}(t')}-0.4\right)\right] \qquad (2\cdot32)$$

여기서 $\phi_{o,k}$: 작용응력의 크기에 따라 보정된 ϕ_o

$f_{cu}(t')$: 재령 t'일에서 콘크리트의 압축강도(MPa)이며, 식 (2 · 36) 및 식 (2 · 37)에 의해 구할 수 있다.

③ 온도변화에 따른 보정계수

지속하중이 작용하는 동안 온도가 5℃에서 80℃까지 변화할 때의 크리프 계수는, 식 (2 · 25)의 ϕ_{RH}를 식 (2 · 34)로, 식 (2 · 29)의 β_H를 식 (2 · 35)로 보정하여 식 (2 · 33)으로 구해야 한다.

$$\phi(t, t') = \beta_c(t-t')\phi_o + 0.0004(T-20)^2 \qquad (2\cdot33)$$

$$\phi_{RH,T} = \phi_T + (\phi_{RH}-1.0)\phi_T^{1.2} \qquad (2\cdot34)$$

여기서 $\phi_T = \exp[0.015(T-20)]$

$$\beta_{H,T} = \exp\left[\frac{1,500}{273+T} - 5.12\right]\beta_H \tag{2·35}$$

여기서 $\phi_{RH,T}$: 온도변화에 따라 보정된 ϕ_{RH}

$\beta_{H,T}$: 온도변화에 따라 보정된 β_H

T : 외기 또는 양생온도(℃)

(4) 재령에 따른 콘크리트의 압축강도

ϕ150mm×300mm의 원주형 공시체 시험으로 얻어지는 평균 압축강도를 재령에 따라 다음과 같이 구분할 수 있다.

① 재령 28일의 압축강도 f_{28}(MPa)

이것이 곧 설계기준강도 f_{ck}(MPa)이다.

② 재령 t일에서의 압축강도 $f_{cu}(t)$

설계기준강도 f_{ck}와 연관되는 평균압축강도 f_{cu}는 식 (2·5)에 주어진 바와 같으며, 이것을 여기에 옮겨 쓰면 다음과 같다.

$$f_{cu} = f_{ck} + 8 \text{ (MPa)} \tag{2·5}$$

재령에 따른 강도발현 즉, 재령 t일에서의 평균 압축강도 $f_{cu}(t)$는 다음 식으로 구해야 한다.

$$f_{cu}(t) = \beta_{cc}(t) f_{cu} \tag{2·36}$$

$$\beta_{cc}(t) = \exp\left(\beta_{sc}\left(1 - \sqrt{\frac{28}{t}}\right)\right) \tag{2·37}$$

$$\beta_{sc} = \begin{cases} 0.35 : 1\text{종 시멘트 습윤양생} \\ 0.15 : 1\text{종 시멘트 증기양생} \\ 0.25 : 3\text{종 시멘트 습윤양생} \\ 0.12 : 3\text{종 시멘트 증기양생} \\ 0.40 : 2\text{종 시멘트} \end{cases}$$

여기서 $\beta_{cc}(t)$: 콘크리트 강도 발현에 대한 재령에 따른 보정계수

β_{sc} : 시멘트 종류에 따른 건조수축에 미치는 영향계수

(5) 초기 접선 탄성계수

식 (2·22)의 크리프 변형을 계산하기 위한 초기 접선 탄성계수 E_{ci}는 다음의 식으로 구해야 한다.

$$E_{ci} = 10,000 \sqrt[3]{f_{cu}} \tag{2·38}$$

초기 접선 탄성계수 $E_{ci}(t)$의 시간에 따른 변화는 다음 식으로 구한다.

$$E_{ci}(t)=\sqrt{\beta_{cc}(t)}E_{ci} \tag{2 · 39}$$

여기서 $\beta_{cc}(t)$는 식 (2 · 37)과 같다.

참고> 크리프시험은 KS F 2453(콘크리트의 압축 크리프 시험방법)에 따라야 한다.

보나 슬래브 등, 보통의 부재에 있어서 크리프에 의한 프리스트레스의 감소량을 계산할 때는 표 2-4의 값을 표준으로 한다.

표 2-4 보통 콘크리트의 크리프 계수 C_u의 값(도로교 설계기준)

콘크리트의 재령(일)		4~7	14	28	90	365
크리프 계수	조강 시멘트 사용	3.8	3.2	2.8	2.0	1.1
	보통 시멘트 사용	4.0	3.4	3.0	2.2	1.3

2.2 PS 강재

2.2.1 PS 강재의 품질

PS 강재(프리스트레싱 긴장재)는 일반적으로 다음과 같은 성질이 요구된다.

① 인장강도가 높아야 한다.

② 항복비(항복점 응력의 인장강도에 대한 백분율)가 커야 한다.

③ 릴랙세이션(relaxation)이 작아야 한다.

④ 적당한 연성(延性, ductility)과 인성(靭性, toughness)이 있어야 한다.

⑤ 응력부식에 대한 저항성이 커야 한다.

⑥ 부착시켜 사용하는 PS 강재는 콘크리트와의 부착강도가 커야 한다.

⑦ 어느 정도의 피로강도를 가져야 한다.

⑧ 직선성(直線性)이 좋아야 한다.

PSC에서는 PS 강재의 릴랙세이션, 콘크리트의 건조수축, 크리프 등으로 말미암아 처음에 도입한 프리스트레스가 시간이 지남에 따라 감소한다. 이와 같이 초기 프리스트레스가 감소한 후에도 PSC가 성립되기 위해서는 소요의 유효 프리스트레스가 남아 있어야 한다. 그러기 위해서는 PS 강재를 높은 인장응력으로 긴장해 두어야 한다. 그래서 PSC에서는 고강도 강재가 필요하다.

PS 강재를 어떤 인장력으로 긴장한 채 그 길이를 일정하게 유지해 두면, 시간이 지남에 따라 PS 강재의 인장응력이 감소한다. 이러한 현상을 릴랙세이션(relaxation)

이라고 한다. PS 강재의 릴랙세이션이 크면 콘크리트에 준 프리스트레스가 많이 감소하기 때문에, PS 강재는 장기간에 걸쳐서 릴랙세이션이 작아야 한다.

파괴에 이르기까지 높은 응력에 견디며 큰 변형을 나타내는 재료의 성질을 인성(韌性)이라고 한다. 그러므로 인성이 큰 재료는 연신율(elongation)도 크다. 고강도강은 연강에 비하여 일반적으로 연신율과 인성이 낮다. 그러나 PSC 구조물의 파괴를 예측하는 수단으로서 파괴 전에 어떤 크기의 변형이 일어나도록 하기 위해서는 PS 강재에 어느 정도의 연신율이 요구된다. 또, PS 강재의 조립과 배치를 위한 구부림 가공(加工), 정착장치나 접속장치에 접착시키기 위한 구부림 가공, 접착시킬 때 일어나는 휨이나 물림 등에 의하여 PS 강재의 강도를 저하시키지 않기 위해서는 연신율(늘음률)은 될 수 있는 대로 큰 것이 좋다.

높은 응력을 받는 강재는 급속하게 녹스는 일이 있고, 또 표면에 녹이 보이지 않더라도 조직이 취약해지는 경우가 있다. 이러한 현상을 응력부식(stress corrosion)이라고 한다. PS 강재는 항상 높은 응력을 받고 있으므로 응력부식에 대한 저항성이 커야 한다. 점식(pitting)과 같은 과도한 녹이나 작은 흠은 응력집중에 의하여 응력부식을 촉진시킬 염려가 있으므로 주의해야 한다.

부착시켜 사용하는 PS 강재는 콘크리트와의 부착강도가 커야 하며, 프리텐션 방식에서는 특히 중요하다. 콘크리트와의 부착강도를 높이기 위해서는 몇 개의 강선을 꼰 PS 강연선이나 이형(異形) PS 강재를 사용하는 것이 좋다.

도로교나 철도교와 같이 하중변동(荷重變動)이 큰 구조물에 사용할 PS 강재는 피로강도를 조사해 두어야 한다.

2.2.2 고강도 강재의 중요성

PS 강재로서 갖추어야 할 성질 가운데 가장 중요한 것은 높은 인장강도이다. RC에 쓰이는 철근(연강)을 긴장재로 사용하여 프리스트레싱하면, 콘크리트의 건조수축과 크리프에 의하여 프리스트레스 힘이 소멸되어 PSC가 성립되지 않는다. 그러므로 PSC가 성립되기 위해서는 콘크리트의 건조수축과 크리프에 의하여 소멸되고도 상당히 큰 프리스트레스 힘이 남을 수 있도록 긴장할 수 있는 고장력(高張力) 강재가 필요하다.

[1] 고강도 강재의 필요성

하나의 예로 그림 2-8 (a)와 같은 축방향 압축부재를 생각해 보자. 긴장 전의 강재의 길이는 l_s, 프리스트레싱하기 전의 콘크리트 부재(部材)의 길이는 l_c이다. 이것을 그림 2-8 (a)와 같이 배치하고 긴장한 후, 콘크리트의 건조수축과 크리프가 끝난 후의 강재 및 콘크리트 부재의 길이를 각각 l_s' 및 l_c'라고 하면, $l_s' = l_c'$이다. 콘크리트의 건조수축 변형률을 ε_{sh}, 크리프 변형률을 ε_{cu}라고 하면, 이들로 인한 콘크리트 부재의 단축량(줄어드는 길이) Δl_c는 다음과 같다.

$$\Delta l_c = (\varepsilon_{sh} + \varepsilon_{cu}) l_c \qquad \text{ⓐ}$$

강재도 이만큼 길이가 줄어들 것이므로 강재응력도 그만큼 감소할 것이다.

그 감소량 Δf_s는 Hooke의 법칙에 의하여

$$\Delta f_s = (\varepsilon_{sh} + \varepsilon_{cu}) E_s \qquad \text{ⓑ}$$

여기서 E_s는 강재의 탄성계수이다.

보통의 철근을 긴장재로 사용하고 $f_{si} = 210$ MPa의 초기 인장응력으로 긴장하였다면, 그 초기 변형률 ε_{si}는(철근의 탄성계수는 $E_s = 2.0 \times 10^5$ MPa이므로)

$$\varepsilon_{si} = \frac{f_{si}}{E_s} = \frac{210}{2.0 \times 10^5} = 1.05 \times 10^{-3}$$

따라서 철근의 늘음 길이는

$$\varepsilon_{si} l_s = 1.05 \times 10^{-3} l_s \qquad \text{ⓒ}$$

콘크리트의 건조수축과 크리프에 의한 변형률의 합계를 0.90×10^{-3} 정도로 보면, 콘크리트 부재의 줄어드는 길이는

$$(\varepsilon_{sh} + \varepsilon_{cu}) l_c = 0.90 \times 10^{-3} l_c \qquad \text{ⓓ}$$

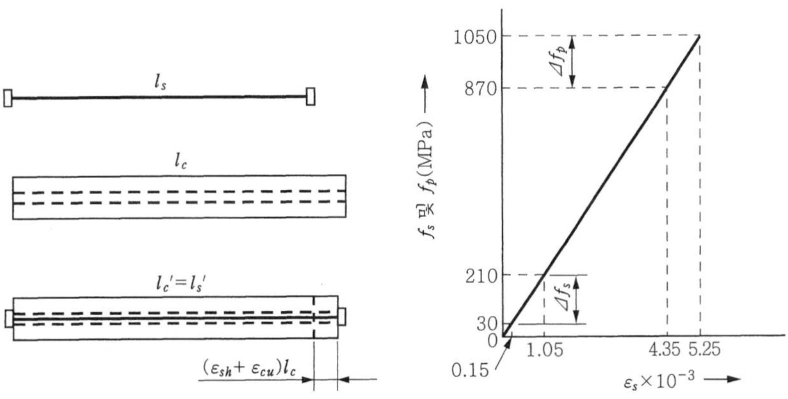

(a) PSC 압축부재 (b) 강재의 응력

그림 2-8 콘크리트의 건조수축과 크리프의 영향

$l_s \fallingdotseq l_c$이므로, 식 ⓒ와 식 ⓓ를 비교하면 프리스트레싱에 의한 철근의 늘음 길이가 콘크리트의 건조수축과 크리프에 의한 단축량과 거의 비슷함을 알 수 있다. 즉, 보통의 철근을 긴장재로 사용하면 그 늘음 길이가 콘크리트의 건조수축과 크리프에 의하여 거의 소멸되어 버린다. 이 경우 콘크리트의 건조수축과 크리프에 의한 강재응력의 감소량은 식 ⓑ로부터

$$\Delta f_s = (\varepsilon_{sh} + \varepsilon_{cu}) E_s = 0.90 \times 10^{-3} \times 2.0 \times 10^5 = 180 \text{ MPa}$$

따라서 철근에 남는 유효 인장응력 f_{se}는 초기 인장응력에서 감소량을 빼면 된다.

$$f_{se} = f_{si} - \Delta f_s = 210 - 180 = 30 \text{ MPa}$$

이것은 다음과 같이 계산할 수도 있다.

$$f_{se} = \varepsilon_s Es = (1.05 - 0.90) \times 10^{-3} \times 2.0 \times 10^5 = 30 \text{ MPa}$$

이 정도의 유효 인장응력으로는 PSC의 목적을 달성할 수 없다. 이 때 강재응력의 손실률은 다음과 같다.

$$\frac{180}{210} \times 100 = 86\%$$

철근 대신 고강도 강재를 사용하여 초기 인장응력 $f_{pi} = 1050$ MPa로 긴장하면, 그 인장 변형률 ε_{pi}는(고강도 강재의 탄성계수는 $E_p = 2.0 \times 10^5$ MPa이므로)

$$\varepsilon_{pi} = \frac{f_{pi}}{E_p} = \frac{1050}{2.0 \times 10^5} = 5.25 \times 10^{-3}$$

콘크리트의 건조수축과 크리프가 끝난 후 강재에 남는 변형률은

$$5.25 \times 10^{-3} - 0.90 \times 10^{-3} = 4.35 \times 10^{-3}$$

따라서 강재에 남는 유효 인장응력 f_{pe}는

$$f_{pe} = \varepsilon_s E_p = 4.35 \times 10^{-3} \times 2.0 \times 10^5 = 870 \text{ MPa}$$

콘크리트의 건조수축과 크리프에 의한 강재응력의 감소량을 식 ⓑ로 계산해 보면

$$\Delta f_p = (\varepsilon_{sh} + \varepsilon_{cu}) E_p = 0.90 \times 10^{-3} \times 2.0 \times 10^5 = 180 \text{ MPa}$$

따라서 유효 인장응력은

$$f_{pe} = f_{pi} - \Delta f_p = 1050 - 180 = 870 \text{ MPa}$$

이 경우 강재응력의 손실률은

$$\frac{180}{1050} \times 100 = 17\%$$

철근을 사용했을 때의 손실 86%보다 훨씬 작다.

이러한 관계를 보인 것이 그림 2-8 (b)이며, 프리스트레싱에는 고강도 강재가 필요하다는 것을 잘 나타내 주고 있다.

[2] 고강도 강재의 중요성

앞에서 설명한 바와 같이 최초에 긴장재에 준 인장응력을 f_{pi}라고 하고, 크리프와 건조수축이 끝났을 때 긴장재에 작용하고 있는 인장응력을 f_{pe}라고 하면

$$f_{pe} = f_{pi} - \Delta f_p$$

이다. 여기서 f_{pe}는 긴장재의 유효 인장응력이고, Δf_p는 크리프와 건조수축에 의한 긴장재 응력의 감소량이다. f_{pi}의 여러 가지 값에 대한 f_{pe}/f_{pi}의 값을 표 2-5에 나타내었다.

이 표는 최초에 긴장재에 준 인장응력이 클수록 유효 인장응력과 최초에 준 인장응력의 비가 커져서 프리스트레싱 효율이 좋아진다는 것을 보여 주고 있다. 즉, 최초에 긴장재에 줄 수 있는 인장 변형률이 클수록 콘크리트의 크리프와 건조수축에 의한 변형률을 빼고 남는 변형률이 최초에 준 변형률에 비하여 큰 값이 된다. 즉, 프리스트레싱의 효율을 좋게 하려면 최초에 긴장재에 주는 인장응력이 커야 하며, 이것이 PSC에서 고강도 강재를 긴장재로 사용해야 하는 이유이다.

표 2-5 f_{pe}/f_{pi}와 f_{pi}의 관계

f_{pi} (MPa)	f_{pe}/f_{pi} (%)
1500	83
1000	75
800	69
600	59
400	38

2.2.3 PS 강재의 제조공정

요구되는 PS 강재의 성질 가운데 가장 중요한 것은 인장강도와 항복강도이다. 높은 인장강도를 얻기 위해서는 냉간가공(冷間引拔 또는 冷間壓延)을 하거나 열처리(담금질)를 하거나, 또는 이들을 조합한 방법으로 처리하며, 항복강도를 높이기 위해

서 블루잉(blueing)을 실시한다.

냉간인발 가공이란 다이스(dies)라고 하는 원추형의 긴 구멍을 통과시킴으로써 지름을 가늘게 하는 동시에 강도를 향상시키는 공정이며, 이것을 몇 번 반복함으로써 소정의 지름과 강도를 가지는 강선이 얻어진다. 이렇게 냉간가공만 한 강선은 잔류변형으로 인하여 항복강도가 비교적 낮기 때문에 최종공정으로서 저온 열처리를 하는데, 이것을 **블루잉**(blueing)이라고 한다. 이 때 강선에 인장력을 가하면서 가열하면, 항복점이 높아질 뿐 아니라 릴랙세이션이 매우 작아진다. 이것을 **스트레칭**(stretching)이라고 하고, 이러한 공정으로 제조된 PS 강선을 **냉간인발 강선**(cold drawn wire)이라고 한다.

냉간인발 대신 냉간압연 가공으로 제조된 것을 **냉간압연강선**(cold rolled wire)이라고 한다. ϕ5 mm 이상의 강선은 이 방법으로 제조된다. 냉간인발 강선의 제조공정에서 직선가공 후 강선을 유조(油槽) 속에 통과시켜 담금질을 하는 수가 있는데, 이것을 **오일 템퍼드 강선**(oil tempered wire)이라고 하고, 이에 대하여 블루잉만을 실시한 강선을 **응력제거 강선**(stress relieved wire)이라고 한다. PSC에서는 이 강선이 주로 쓰인다.

킬드강(killed steel)을 열간압연한 것을 소재로 하여 제조된 것을 **압연강봉**이라 하며, 스트레칭 대신 냉간인발하고 블루잉 대신 담금질을 해서 제조된 것을 **열처리 강봉**이라고 한다.

2.2.4 PS 강재의 종류

PS 강재는 지름이나 형상에 따라 다음과 같은 종류로 분류된다.

① PS 강선
② 이형 PS 강선
③ PS 강연선(PS 스트랜드)
④ PS 강봉
⑤ 이형 PS 강봉
⑥ 그 밖의 PS 강재

[1] PS 강선 및 이형 PS 강선

PS 강선은 지름 2.9~9 mm 정도의 원형강선을 말한다. KS D 7002에 규정된 PS 강선의 종류와 기계적 성질이 부록 표 B-1~표 B-3에 수록되어 있다. KS D 7002에서는 PS 강선을 원형 PS 강선과 이형 PS 강선으로 구분하고 있으나, 보통 PS 강선이라고 하면 원형 PS 강선을 말한다. PS 강선은 하나 또는 여러 개를 나란히 놓아 한 다발로 해서 긴장재를 구성하며, 프리텐션 방식에도 쓰이고 포스트텐션 방식에도 쓰인다.

이형 PS 강선은 콘크리트와의 부착강도를 높이기 위하여 표면에 돌기(凸부) 또는 곰보(凹부)를 연속 또는 일정간격으로 붙인 것을 말한다. KS D 7002에 규정된 이형 PS 강선의 지름, 단면적 및 기계적 성질이 부록 표 B-2 및 표 B-3에 수록되어 있다.

일반적으로 많이 쓰이는 이형 PS 강선은 표면에 돌기를 붙인 리브드 와이어(ribed wire), 또는 표면에 곰보(凹부)를 붙인 인덴티드 와이어(indented wire)이다. 이 밖에 일정한 파장의 파형(波形)으로 가공한 크린프트 와이어(crinped wire), 직사각형 단면을 가진 띠강선(strap steel wire), 달걀 모양의 단면을 가진 오발 강선(oval stahl) 등이 있다. 이형 PS 강선은 주로 프리텐션 방식에 쓰인다.

[2] PS 강연선

PS 강연선(steel strand)은 2개의 소선(素線)을 꽈배기 모양(S연)으로 꼰 2연선(2 strand)과 1개의 소선 둘레에 6개의 소선을 S연으로 꼬아 만든 7연선(7 strand)이 많이 사용되고 있다. 7연선의 중심에 두는 소선을 심선(心線), 둘레에 두는 6개의 소선을 측선(側線)이라고 하며, 심선은 측선보다 지름이 약간 큰 것을 사용한다. 그 밖에 3연선, 19연선 등도 있다.

작은 지름의 PS 강연선은 프리텐션 방식과 포스트텐션 방식에 다 쓰이며, 큰 지름의 PS 강연선은 포스트텐션 방식에 많이 쓰인다. PS 강연선은 PS 연선 또는 PS 스트랜드라고도 하며, KS D 7002에 규정된 PS 강연선의 종류, 지름, 단면적 및 기계적 성질이 부록 표 B-1~표 B-3에 수록되어 있다.

PS 강연선은 가요성(可撓性)이 있기 때문에 곡선 배치가 쉽고 시공성이 좋아서 최근 많이 쓰이고 있다.

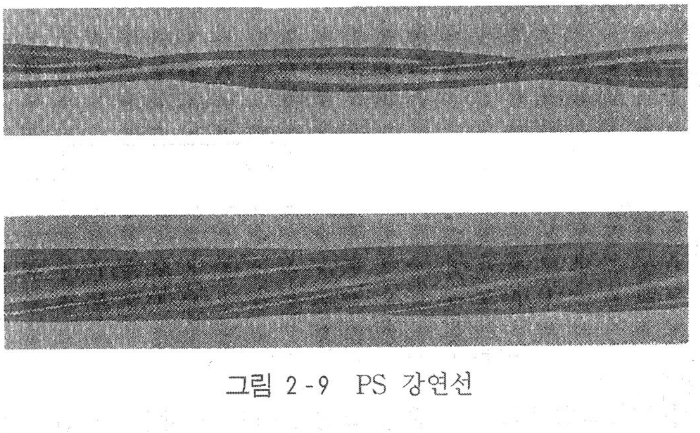

그림 2-9 PS 강연선

[3] PS 강봉 및 이형 PS 강봉

PS 강봉은 지름이 9.2~32 mm 정도이고, 주로 포스트텐션 방식에 쓰인다. 이형 PS 강봉은 지름이 7.4~13 mm 정도이고, 표면에 돌기(凸부) 또는 곰보(凹부)를 연속 또는 일정간격으로 붙인 것이다.

KS D 3505에 규정된 원형 PS 강봉 및 이형 PS 강봉의 종류와 기계적 성질이 부록 표 B-4에 수록되어 있다. PS 강봉은 PS 강선이나 PS 강연선보다 강도는 떨어지지만, 끝부분을 제두가공(製頭加工)하거나 나사전조(螺絲轉造)를 함으로써 쉽게 정착시킬 수 있는 장점이 있고, 또 PS 강선이나 PS 강연선보다 릴랙세이션이 작은 이점이 있다. 그 반면에 지름이 크기 때문에 구부림 가공을 하면 그 부분의 품질이 저하되는 비율이 크다. 특히, 제두가공이나 나사전조한 부분의 품질이 충분히 보장될 수 있는가를 확인해 두어야 한다. 또, 정착부에서 PS 강봉과 정착면이 직각을 이루지 않거나 접속장치로 이은 PS 강봉이 일직선으로 되지 않거나 할 경우에는 PS 강봉(특히 나사부)에 국부적인 휨이 작용하여 PS 강봉이 응력부식이나 지연파괴(delayed fracture)를 일으켜 나중에는 파단 될 염려가 있다. 따라서 PS 강봉은 될 수 있는 대로 늘음률(延伸率)이 크고 인성(靭性)이 큰 것을 사용하는 것이 바람직하다.

정착이나 접속을 위하여 PS 강봉의 끝부분에 나사를 가공할 경우, 깎아서 나사를 만들면 나사부의 유효 지름이 크게 감소하여 인장하중의 저하율이 커지므로 반드시 전조나사로 해야 한다. 전조나사란 2개의 굵은 수나사와 같은 모양으로 된 롤러(roller) 사이에 강봉을 넣고 압력을 가하면서 롤러로 눌러 만드는 나사를 말한다. 이때 강봉의 일부는 솟아오르고 일부는 오목하게 들어가서 나사가 된다.

최근에는 특수한 나사가 개발되어 사용되고 있다. Dywidag 공법의 원효대교에 사용한 나사강봉(thread bar)은 그림 2-10 (a)와 같이 나사의 골이 둥글고 피치(pitch)가 큰 것을 사용하였으며, 영국의 Lee-McCall 방식의 강봉은 그림 2-10 (b)와 같은 테이퍼 나사(taper thread)로 되어 있다.

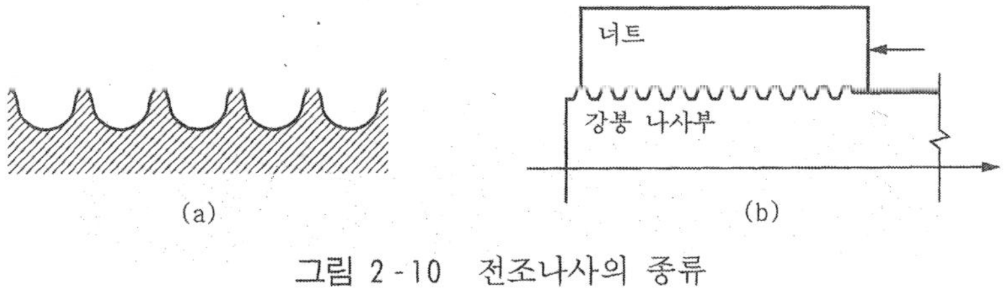

그림 2-10 전조나사의 종류

원효대교에 사용한 독일제의 나사강봉(그림 2-11)은 강봉 전 길이에 미리 나사가 성형되어 있어서, 현장에서 나사를 가공할 필요가 없을 뿐 아니라 임의의 위치에 너트를 끼워 정착할 수 있는 장점을 가지고 있고, 또 이형 PS 강봉으로서 콘크리트와의 부착성이 우수한 장점도 아울러 가지고 있다.

그림 2-11 나사강봉

[4] 그 밖의 PS 강재

이상에서 설명한 것들이 일반적으로 쓰이는 PS 강재이지만, 특수한 목적과 용도에 쓰이는 다음과 같은 PS 강재도 있다.

1) **피복된 PS 강재** PSC 그라우트를 주입하지 않고 부착시키지 않은 상태로 사용해도 PS 강재가 부식되지 않게 하기 위하여 도금(coated)한 것, 또는 플라스틱으로 피복한 것 등이 개발되고 있다.

2) **저 릴랙세이션(low relaxation) PS 강재** 릴랙세이션을 보통의 PS 강선 또는 PS 강연선보다 작게 한 것이다. KS D 7002에 규정되어 있는 L이 이에 속한다[부록 표 B-3 참조].

3) **특수한 PS 강재** 큰 용량의 프리스트레스 힘을 필요로 하는 경우, 예컨대 사장교(cable stayed bridge)의 사장 케이블(stay cable)에는 그림 2-12에 보인 바와 같은 많은 수의 PS 강연선 또는 PS강선을 다발로 한 것이 사용된다. 개개의 강연선, 강선은 아연도금 되고, 고밀도의 폴리에틸렌(polyethylene) 등으로 피복된다.

그림 2-12는 서해대교, 진도대교 등 우리나라 PSC 사장교에 사용된 케이블의 단면을 보인 것이다.

4) **PS 경강선(hard drawn steel)** KS D 7009에 규정되어 있는 것으로서 PSC 폴(pole), PSC 관(pipe)과 같은 공장제품에 쓰인다. 또, 강선에 냉간인발 가공을 하면서 감아가는 PSC 탱크(tank)에도 쓰인다.

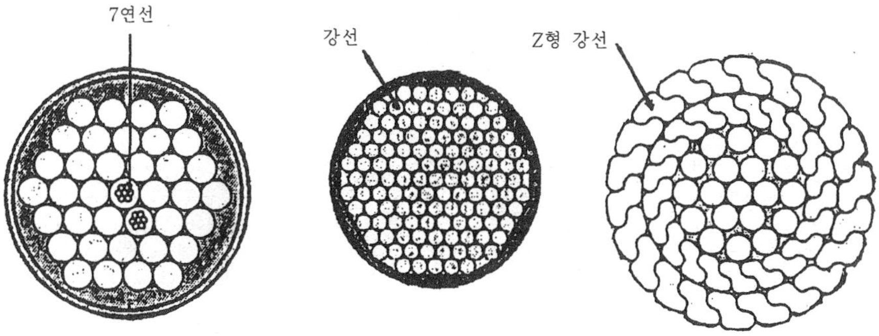

(a) parallel strands (b) parallel wires (c) locked-coil

그림 2-12 사장 케이블의 단면 예

참고 FRP bar

최근에는 아라미드 섬유(aramid fiber), 탄소섬유(carbon fiber), 유리섬유(glass fiber) 등의 긴 섬유(연속섬유)를 다발로 하여 에폭시 수지 등으로 결합시킨 봉상 복합재(棒狀複合材)인 FRP bar(fiber reinforced plastic bar)가 긴장재로 사용이 시도되고 있고, 또 실제로 사용된 예도 있다.

FRP는 PS 강재에 비하여 탄성계수는 작지만, 매우 가볍고 강도가 매우 높으며, 내식성(耐蝕性)이 우수하여 녹슬지 않으며 자성(磁性)이 없는 등의 특징이 있기 때문에 PSC 부재의 긴장재로서의 이용이 활발하게 연구되고 있다.

2.2.5 PS 강재의 응력-변형률 곡선

그림 2-13은 PS 강재와 철근의 응력-변형률 곡선(응력-변형도 곡선)의 비교를 보인 것이다. PS 강선의 인장강도는 고강도 철근의 인장강도의 약 4배, PS 강봉은 약 2배를 나타낸다는 것을 알 수 있다.

그림 2-14는 PS 강재의 인장시험을 했을 때의 응력-변형률 곡선을 보인 것이다. 일반적으로 PS 강재는 지름이 작은 것일수록 인장강도나 항복점 응력은 커지고 파단시의 연신율은 작아진다. 또한, 응력-변형률 곡선의 모양은 서로 비슷하지만 뚜렷한 항복점이 없음을 그림 2-14에서 알 수 있다. 그래서 PS 강재의 항복점을 정하는 방법이 여러 가지로 제안되고 있다. KS에서는 0.2%의 영구신율(잔류 변형률)을 나타내는 응력을 항복점으로 하고 있다. 이렇게 정의된 항복강도를 0.2% 내력(stress for 0.2% strain set, 0.2% proof stress)이라고도 한다. 항복점 응력 f_{py}를 구하려면, 그림 2-14에 보인 바와 같이 직선부에 대하여 연신율 0.2%의 간격으로 평행선을 그어 응력-변형률 곡선과 만나는 점을 찾으면 된다. PS 강재의 항복강도

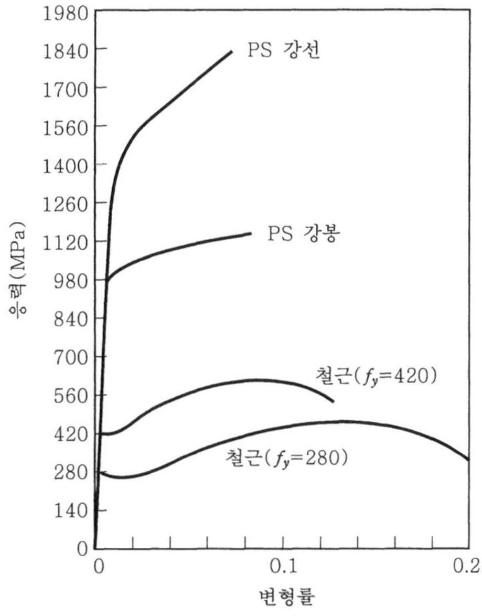

그림 2-13 강재의 응력-변형률 곡선

는 대략 $(0.85\sim0.90)f_{pu}$ 정도이다. 여기서 f_{pu}는 PS 강재의 인장강도이다.

탄성한도는 일반적으로 0.02%의 영구 변형률을 남기는 응력으로 하고 있다. 비례한도는 영구 변형률을 생기게 하는 최소응력으로서 대략 $(0.55\sim0.70)f_{pu}$ 정도이다.

PS 강재의 탄성계수는 $1.9\times10^5\sim2.1\times10^5$ MPa 정도이다. 설계기준에서는 PS 강재의 탄성계수 E_p는 시험에 의하여 정하거나 또는 제조자에 의하여 주어지는 값으로

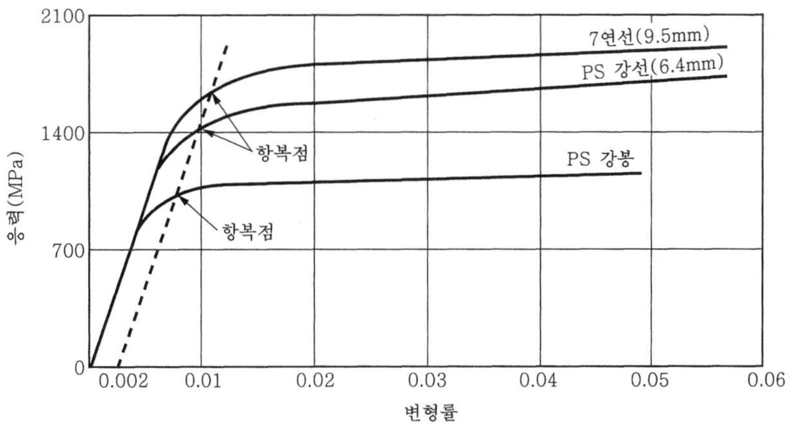

그림 2-14 PS 강재의 응력-변형률 곡선

하되, 그렇지 못한 경우에는 다음 값을 표준으로 하도록 규정하고 있다.

$$E_p = 2.0 \times 10^5 \text{ MPa} \tag{2·40}$$

2.2.6 PS 강재의 릴랙세이션

PS 강재를 긴장한 채 일정한 길이로 유지해 두면, 시간의 경과와 더불어 인장응력이 감소한다. 이러한 현상을 **릴랙세이션**(relaxation)이라고 한다. 한편, PS 강재를 일정한 인장응력으로 긴장한 채로 두면, 재하(載荷)와 동시에 일어나는 탄성 변형률 외에 시간의 경과와 더불어 크리프 변형률이 일어난다. PS 강재의 릴랙세이션과 크리프는 서로 표리(表裏)의 관계에 있으며, 그 발생기구는 동일하여 한쪽을 알면 다른 쪽은 계산에 의하여 그 양을 추정할 수 있다. PSC 부재에서는 도입된 프리스트레스 힘이 시간과 더불어 감소하기 때문에 크리프로 취급하는 것보다는 릴랙세이션으로 취급하는 것이 타당하다. 그래서 설계기준 등에서는 릴랙세이션을 설계에 고려하도록 규정하고 있다. 그러나 콘크리트 사장교의 PSC 케이블(stayed cable)의 크리프처럼, 크리프가 문제로 되는 경우도 있다. PS 강재의 크리프는 그 인장강도의 $\frac{1}{2}$ 정도 이하의 응력에서는 일어나지 않지만, 그 이상의 응력이 되면 응력이 클수록 또 고온일수록 크게 일어난다. 저 릴랙세이션 PS 강재는 보통의 PS 강재에 비하여 크리프도 적게 일어난다[부록 표 B-3 참조].

일정한 변형률하에서 일어나는 인장응력의 감소량을 최초에 준 PS 강재의 인장응력에 대한 백분율로 나타낸 것을 **순 릴랙세이션** 또는 **순 릴랙세이션 값**이라고 한다. 그런데 PSC 부재에 쓰인 PS 강재는 콘크리트의 건조수축이나 크리프 등의 변형으로 말미암아 최초에 준 PS 강재의 인장 변형률이 시간의 경과와 더불어 감소하기 때문에, 그 릴랙세이션은 보통의 릴랙세이션 시험방법으로 측정한 값보다 작은 값이 된다. 이것을 **겉보기 릴랙세이션**(apparent relaxation)이라고 한다. 그러므로 겉보기 릴랙세이션 값은 순 릴랙세이션 값으로부터 콘크리트의 크리프, 건조수축 등의 영향을 고려하여 정해야 한다. 실제 PSC 구조물에서 프리스트레스의 감소량을 계산하는 데는 겉보기 릴랙세이션 값이 필요하다.

[1] 순 릴랙세이션 값

PS 강재의 순 릴랙세이션 값은 초기 인장응력의 함수로서 많은 실험식이 발표되어 있으나, 각각의 인장응력에 따른 릴랙세이션 최종 값은 시험에 의해 구하는 것이 좋다. 이 때 릴랙세이션 최종 값은 상온에서의 1000시간 시험 값의 2배로 가정해도 좋다. 순 릴랙세이션의 시험방법은 KS D 0814 및 KS D 7002에 규정되어 있다.

[2] 겉보기 릴랙세이션 값

설계에서는 콘크리트의 건조수축과 크리프의 영향을 고려한 겉보기 릴랙세이션 값이 필요하다.

Magura 등은 포스트텐션 부재의 경우, 겉보기 릴랙세이션 값으로 다음 식을 주고 있다.

$$\frac{f_p}{f_{pi}}=1-\frac{\log_{10}t}{10}\left(\frac{f_{pi}}{f_{py}}-0.55\right),\quad \left(\frac{f_{pi}}{f_{py}}\geqq 0.55\right) \qquad (2\cdot 41)$$

여기서 f_p : 긴장 후 t시간 경과 후의 PS 강재의 인장응력

f_{pi} : 프리스트레스 도입 직후의 PS 강재의 인장응력

f_{py} : PS 강재의 항복점 응력

프리텐션 방식의 경우는 총 릴랙세이션에서 프리스트레스 도입 전에 이미 일어난 릴랙세이션을 빼야 한다. 따라서 PS 강선을 시간 $t=0$에서 긴장하고 시간 t_r에서 긴장력을 풀었을 때, 시간 t_n에서 PS 강선의 인장응력의 감소는 다음과 같이 된다.

$$\frac{f_p}{f_{pi}}=1-\left(\frac{\log_{10}t_n-\log_{10}t_r}{10}\right)\left(\frac{f_{pi}}{f_{py}}-0.55\right) \qquad (2\cdot 42)$$

한편, 릴랙세이션으로 인한 프리스트레스의 감소량의 대략의 값을 알아보고자 할 때에는 표 2-6의 겉보기 릴랙세이션 값을 사용해도 좋다. 표의 값은 상온에서 PS 강재가 허용응력 이하의 인장응력을 받고 있고, 표 2-3 및 표 2-4의 건조수축과 크리프 계수를 사용하여 설계할 경우, 콘크리트의 건조수축과 크리프의 영향을 고려해서 정한 겉보기 릴랙세이션 값이다.

PS 강재의 릴랙세이션은 온도에 따라 다르며, 높은 온도에서는 매우 커진다. 그러므로 프리텐션 방식의 부재를 증기양생 또는 기타의 고온양생을 할 경우라든가, 고온에 노출되는 부분에 배치될 경우에는 PS 강재의 릴랙세이션을 표 2-6의 값보다 크게 취해야 한다.

표 2-6 PS 강재의 겉보기 릴랙세이션 값 γ

PS 강재의 종류	겉보기 릴랙세이션 γ
PS 강선 및 PS 강연선	5%
PS 강봉	3%
저 릴랙세이션 PS 강재	1.5%

2.2.7 PS 강재의 피로강도

PSC 부재 속의 PS 강재는 활하중이 작용하면 인장응력이 증가하고, 활하중이 제거되면 감소하여 원래의 인장응력으로 되돌아간다. 그러나 인장응력의 증감은 보통의 경우 50~70 MPa 정도에 지나지 않는다. 한편, PS 강재는 활하중이 작용하기 전에 매우 큰 인장응력을 받고 있기 때문에, 피로를 일으키는 일 없이 증가될 수 있는 응력의 범위는 그리 크지 않다. 그러나 다행히도 활하중에 의한 인장응력의 증가는 활하중 작용 전에 작용하고 있는 인장응력에 비하여 매우 작기 때문에, 실제의 PSC 구조물에서 피로의 위험이 있을 정도로 큰 응력변화는 일어나지 않는다. 따라서 사용하중의 범위에서는 PS 강재의 피로로 인하여 PSC 부재가 파괴되는 일은 없다.

설계기준에서는 충격을 포함한 사용하중에 의한 PS 긴장재의 인장응력의 변동범위가 표 2-7의 값 이내에 들면 피로에 대한 검토를 하지 않아도 좋다고 규정하고 있다.

표 2-7 피로를 고려하지 않아도 되는 긴장재의 응력범위

긴장재의 위치 또는 부위	인장응력의 변동범위
연결부 또는 정착부	140 MPa
그 밖의 부위	160 MPa

2.2.8 PS 강재의 응력부식과 지연파괴

일반적으로 PSC 부재는 균열이 발생하지 않으므로 PS 강재의 부식에 대한 염려는 RC보다 덜하다. 그라우팅을 조심스럽게 잘 하고 충분한 피복두께를 두어서 콘크리트와 빈틈없이 잘 부착시키면, PS 강재의 부식은 충분히 방지될 수 있다. 여기서는 콘크리트와의 부착에서 오는 PS 강재의 부식을 논의하는 것이 아니고, PS 강재 자체의 특성에서 오는 부식에 대하여 논의한다.

허용응력 이하로 긴장해 놓은 PS 강재가 긴장 후 몇 시간, 또는 수십 시간 후에 별안간 끊어지는 수가 있다. 이러한 현상을 지연파괴(delayed fracture)라고 하며, 그 원인은 분명하지 않다. 이를 방지하기 위해서는 공장제조에서부터 현장에서 사용할 때까지의 PS 강재의 보호가 중요하다. 즉, 비를 맞게 하거나 불결한 곳에 두거나 해서는 안 된다.

강재는 높은 응력하에서는 무응력(無應力)일 때보다 일반적으로 녹이 잘 슨다. PS

강재는 긴장 후에 늘 이러한 고응력 상태에 있으므로, 될 수 있는 대로 빨리 그라우팅을 하여 녹스는 것을 방지해야 한다. 높은 응력하에서 강재에 녹이 빨리 슬거나 표면에 녹이 보이지 않더라도 조직이 취약해지는 현상을 **응력부식**(stress corrosion)이라고 하며, 이것도 원인이 분명하지 않다. **점식**(pitting)과 같은 과도한 녹이나 작은 흠이 응력집중을 일으키고, 이로 인하여 분자간의 결합이 파괴되어 부식작용이 촉진되기 때문인 것으로 생각되고 있다. 따라서 점식이 있거나 작은 흠이 있는 강재는 가려내어 사용하지 않는 것이 좋다.

응력부식에 의한 피해의 실례는 적잖게 보고되고 있다. 미국에서는 PSC 탱크의 시공시 콘크리트의 건조수축과 크리프에 의한 프리스트레스의 감소를 기다려 재긴장할 목적으로 그라우팅을 늦추고 있던 중, 불과 반년 후에 쉬스 안의 프레시네 케이블이 거의 녹슬어서 소선이 끊어진 것과 케이블이 끊어진 것 등이 있어서 결국 전체 케이블을 교체해야만 했던 예가 있다. 캐나다에서는 PSC 파이프를 매설한 후 PS 강선이 끊어져서 사용할 수 없게 된 예가 있다. 일본에서는 포스트텐션 부재에서 그라우팅이 충분치 못함으로써 PS 강봉이 파단 된 예가 보고되고 있다.

이러한 사고의 원인이 PS 강재의 지연파괴에 의한 것인지, 응력부식에 의한 것인지를 구별하기는 어려운 일이며, 따라서 강재표면을 방청처리(防請處理)하는 것이 바람직하다.

2.2.9 PS 강재에 미치는 온도의 영향

PS 강재는 온도의 영향을 민감하게 받는다. 저온에서는 PS 강재는 취성을 나타내며, 충격에 대한 저항이 감소된다. 또, 고온일수록 PS 강재의 인장강도와 탄성계수는 감소하며, 화재시에는 PS 강재가 별안간 파단 되는 수가 있다.

2.3 그 밖의 재료

2.3.1 철 근

PSC 부재에서는 전단철근과 배력철근을 비롯하여 긴장재의 조립용 철근, 정착부 및 지압부의 보강철근 등 상당한 양의 철근을 필요로 한다. 특히, 파샬 프리스트레스 보에는 균열의 제어를 위해 인장 측 하면에 인장철근이 배치된다. 이러한 보강철근들은 철근 콘크리트용 봉강이 사용된다.

2.3.2 쉬 스

포스트텐션 방식의 PSC 부재에서 긴장재를 수용하기 위하여 미리 콘크리트 속에 뚫어 두는 구멍을 **덕트**(duct)라고 하며, 이 덕트를 형성하기 위하여 쓰이는 관을 **쉬스**(sheath)라고 한다. 그라우팅에 의해 부착시킬 경우에는 보통 두께 0.2~0.4 mm 정도 또는 그 이상의 강제(鋼製) 쉬스가 쓰인다. 마디를 붙인 쉬스 또는 파형 쉬스는 취급 중의 변형에 대한 저항성이 크고 콘크리트 및 그라우트와의 부착이 좋다. 부착시키지 않을 경우는 강제 쉬스 또는 플라스틱제의 쉬스를 사용한다.

쉬스는 취급 중에 변형되거나 또는 콘크리트 타설시에 쉬스 속에 시멘트풀이 들어가거나 하면 PS 강재를 긴장할 때 마찰이 몹시 커진다. 그러므로 쉬스는 취급 중 또는 콘크리트 타설시의 충격이나 진동기와의 접촉 등에 의해 쉽게 변형되거나 짜부라지거나 해서는 안 된다. 또한, 쉬스의 이음부에서 시멘트풀이 새어 들어가지 않는 구조로 되어야 한다.

그림 2-15 쉬 스

2.3.3 정착장치와 접속장치

포스트텐션 방식에서는 긴장재를 긴장한 후 그 끝부분을 콘크리트 부재에 정착시켜야 한다. 이렇게 긴장재 끝을 콘크리트에 정착하는 데 쓰이는 기구를 **정착장치** 또는 **정착구**(anchorage)라 한다. 정착장치는 쐐기작용을 이용하는 방법, 너트를 사용하는 방법, 리벳머리(製頭加工)에 의한 방법 등 그 형식과 종류가 다양하다. **접속장치**(coupler)에는 PS 강재와 PS 강재를 접속하는 형식과 정착장치와 정착장치를 접속하는 형식이 있다. 즉, PS 강재를 일단 긴장한 후 이것을 다음의 PS 강재와 연결시킬 경우, 또는 PS 강재가 짧아서 2개의 PS 강재를 이어대서 소정의 길이로 할 경우 등에 접속장치가 쓰이며, 접속장치는 나사를 사용하는 것이 많다.

정착장치 및 접속장치는 정착 또는 접속된 PS 강재가 인장강도의 규격 값에 달하기 전에 파괴되거나 심한 변형을 일으키는 일이 없는 구조와 강도의 것이라야 한다.

2.3.4 PSC 그라우트

긴장재는 콘크리트와 함께 PSC의 중요한 재료인데, 만약 긴장재가 해를 받으면 PSC 구조물은 무근 콘크리트와 비슷한 상태로 되어 매우 위험하게 된다. 또한, PS 강재는 녹에 대하여 주의를 요하는 고강도 강재이고, 응력부식을 받기 쉬운 고응력하에 항상 놓여 있으므로 녹슬지 않도록 잘 보호할 필요가 있다.

이와 같이 PS 강재를 녹슬지 않도록 보호하는 피복재료로는 다음 두 가지가 있다. 즉, 부착시키는 경우에는 시멘트를 주된 재료로 하는 PSC 그라우트가 쓰이고, 부착시키지 않는 경우에는 아스팔트, 그리스, 기타의 도포제가 쓰이나, 실제로는 PSC 그라우트가 주로 쓰이고 있다.

포스트텐션 방식에서는 PS 강재의 녹스는 것을 방지하고, 또 콘크리트에 부착시키기 위하여 쉬스 안에 시멘트 풀 또는 모르타르를 주입하는 것이 보통이다. 이러한 목적으로 만든 시멘트 풀 또는 모르타르를 **그라우트**(grout)라 하고, 그라우트를 주입하는 일을 **그라우팅**(grouting)이라고 한다. PSC 그라우트는 구석구석까지 잘 돌아서 쉬스 안을 완전히 채워 PS 강재의 표면을 둘러싸야 하고, 부재 콘크리트와 긴장재가 부착에 의해 일체로 되게 해야 한다. 그러기 위해서는 PSC 그라우트는 적당한 유동성과 팽창성이 있어야 한다.[콘크리트 표준시방서 22장 2.3 PSC 그라우트 참조].

2.3.5 접합재료

프리캐스트 부재(部材)를 이어대고 프리스트레스를 도입하여 일체로 작용하는 PSC 구조물을 만들 때, 접합이음에 쓰이는 재료를 **접합재료**라고 한다. 접합재료로는 콘크리트나 모르타르 또는 접착제가 쓰인다. 접합재료의 종류와 품질은 주로 구조물의 종류, 접합부의 구조, 설계조건 등에 따라 정해지는 것이지만 시공조건에 따라 정해지는 수도 있다.

[1] 콘크리트 및 모르타르

접합눈금의 두께가 1~6 cm인 경우에는 모르타르를, 20~50 cm인 경우에는 콘크리트를 사용하는 것이 보통이다. 접합부의 강도나 수밀성을 프리캐스트 부재의 본체와 동등하게 하기 위해서는 접합에 사용할 콘크리트 또는 모르타르의 품질을 프리캐스트 부재와 동등 또는 그 이상 되게 해야 한다. 또, 경화 후의 건조수축을 생각하여 양질의 감수제와 팽창제를 사용하는 것이 좋다.

[2] 접 착 제

프리캐스트 부재를 접착제를 사용하여 접합시킬 경우에는 접착제의 두께는 0.2~0.4 mm 정도의 매우 얇은 막으로 되지만, 접착제의 강도나 수밀성은 프리캐스트 부재와 동등 또는 그 이상이 되어야 한다. 이러한 목적에 적합한 접착제로서 가장 많이 쓰이고 있는 것이 에폭시(epoxy) 수지계의 접착제이다.

제 3 장

프리스트레싱 방법과 정착장치

3.1 서 론

프리스트레싱 방법에는 프리텐션 방식과 포스트텐션 방식의 두 가지 기본방식이 있다는 것은 이미 1장에서 언급하였다.

프리텐션 방식은 먼저 PS 강재를 긴장해 놓은 후 콘크리트를 치고, 콘크리트가 경화한 후에 PS 강재의 긴장을 풀어서 PS 강재와 콘크리트의 부착에 의해 콘크리트에 프리스트레스를 도입하는 방식이고, 포스트텐션 방식은 먼저 콘크리트를 치고 콘크리트가 경화한 후에 그 콘크리트를 받침으로 하여 PS 강재를 긴장해서 콘크리트에 프리스트레스를 도입하는 방식이다.

프리텐션 방식은 그 공법이 비교적 단순하지만, 포스트텐션 방식은 그 공법이 다양하게 개발되어 사용되고 있다. 여기서는 이들 공법 가운데 우리나라에 도입되어 사용된 공법들을 간단히 소개한다.

3.2 PS 강재의 긴장방법

프리스트레싱 공법은 PS 강재에 인장응력을 주기 위하여 PS 강재를 긴장하는 일과 이 긴장력을 콘크리트에 전달하기 위하여 PS 강재를 정착하는 일로 나누어 생각할 수 있다. 여기서는 PS 강재에 인장응력을 주는 방법을 설명하고, 다음 절에서 PS 강재를 정착하는 방법에 대하여 설명한다.

PS 강재에 인장응력을 주는 방법은 다음과 같이 여러 가지 방법이 있으나, 실제로 가장 많이 쓰이는 방법은 기계적 방법이다. PS 강재의 긴장방법의 가장 중요한

요건은 긴장력을 확실하게 조절할 수 있어야 하는 것인데, 화학적 방법과 전기적 방법은 이러한 점에 어려움이 있다.

3.2.1 기계적 방법

잭(jack)을 사용해서 PS 강재를 긴장하여 정착하는 방법이다. 이 기계적 방법(mechanical prestressing)은 프리텐션 방식에서나 포스트텐션 방식에서 가장 보편적으로 쓰이는 방법이다. 프리텐션 방식에서는 인장대의 격벽(隔壁)이나 거푸집 자체를 받침으로 하여 재킹(jacking)하지만, 포스트텐션 방식에서는 경화된 콘크리트를 받침으로 하여 재킹한다.

3.2.2 화학적 방법

팽창 시멘트를 사용한 콘크리트는 초기재령에서 팽창한다. 이 팽창을 강재(鋼材)로 구속하면, 강재는 긴장되고 콘크리트는 압축된다. 이것을 화학적 방법(chemical prestressing)이라 하며, 미국 등에서는 콘크리트 판이나 지붕 슬래브 등의 제조에 이용된 예가 있으며, 최근에는 콘크리트 포장에 시도되고 있다.

팽창 시멘트를 사용한 콘크리트는 3방향으로 팽창하므로 그 이용이 제한된다. 즉, 콘크리트 판이나 콘크리트 포장과 같이 2방향으로만 프리스트레싱을 필요로 하는 구조물에만 이용이 가능하다.

그러나 콘크리트 팽창에 의한 강재의 인장력은 경화 초기부터 일어나므로 경화 후의 콘크리트의 건조수축과 크리프로 인하여 많은 양이 소멸되고 또 도입응력의 정확한 관리도 쉽지 않기 때문에 실용상으로는 문제점이 많다.

3.2.3 전기적 방법

PS 강재에 전류를 흘려서 그 저항으로 가열되어 늘어난 PS 강재를 콘크리트에 정착하는 방법이다. 이것을 전기적 방법(electrical prestressing, electrothermal prestressing)이라고 한다. 포스트텐션 방식에서는 다음과 같은 방법으로 이용될 수 있다. 즉, 황이나 융점이 낮은 금속으로 피복한 PS 강재를 소정의 위치에 배치한 후 콘크리트를 친다. 콘크리트가 경화한 후에 PS 강재에 저전압, 고암페어의 전류를 통하면 가열되어 피복물(被覆物)이 녹고 부착이 파괴되면서 PS 강재는 늘어난다. 늘어난 PS 강재를 너트 등으로 고정시킨 후 전류를 끊는다. 그러면 PS 강재는 냉각되어 수축하므로 인장력이 작용하게 되고 콘크리트는 압축된다. 이 때 PS 강재

피복물도 다시 경화하여 부착도 회복된다.

3.2.4 그 밖의 방법

이상의 방법들 외에 특수한 방법으로서 벨기에에서 개발된 프리플렉스 공법(pre-flex method)이 있다. 이 방법은 다음과 같다. 즉, 고강도 강재의 보에 실제로 작용할 하중보다 작은 하중을 가해서 휨을 받게 한다. 휨을 받은 상태에서 인장 측에 고강도의 콘크리트를 친다. 콘크리트가 경화하여 충분한 강도에 달했을 때 하중을 제거한다. 그러면 보는 원래의 상태로 돌아가려고 하기 때문에 콘크리트에는 압축응력이 작용하게 된다.

이외에도 몇 가지 특수한 방법들이 제안되고 있다.

3.3 PS 강재의 정착방법

프리텐션 방식에서는 PS 강재와 콘크리트의 직접 부착에 의하여 프리스트레스를 도입하는 방식이므로, 콘크리트가 소요의 강도가 될 때까지 PS 강재를 인장대의 정착 판에 긴장한 채 고정해 둘 필요가 있다. 이 때 PS 강재의 정착은 그림 3-1과 같은 쐐기를 이용하는 것이 보통이다.

포스트텐션 방식은 경화한 콘크리트에 PS 강재를 긴장정착하는 방식이므로, 여러 가지 정착방법이 고안되어 사용되고 있다. 가장 보편적으로 쓰이는 정착방식을 그 정착장치의 형식에 따라 대별하면 다음과 같다.

3.3.1 쐐 기 식

PS 강재와 정착장치(grip) 사이의 마찰력을 이용하여 쐐기작용(wedge action)으로 PS 강재를 정착하는 방식이다. PS 강선, PS 강연선의 정착에 주로 쓰이며, Freyssinet 공법, VSL 공법, CCL 공법 등이 이 방식으로 정착된다.

3.3.2 지 압 식

PS 강선 끝을 못머리와 같이 제두가공(製頭加工)하여, 이것을 지압 판(支壓板)으로 지지하게 하는 리벳머리식과 PS 강봉 끝에 나사를 전조(轉造)하고 여기에 너트를 끼워서 지압 판으로 지지하게 하는 너트식이 있다.

[1] 리벳머리식

PS 강선 끝에 리벳 모양의 머리(rivet head)를 냉간가공으로 만들고, 이 머리를 지압 판으로 직접 지압(direct bearing)하도록 해서 PS 강선을 정착하는 방식이다. BBRV 공법이 이 방식의 대표적인 공법이다.

[2] 너트식

PS 강봉 끝의 전조된 나사에 너트(nut)를 끼워서 정착 판에 정착하는 방식으로 PS 강봉의 정착에 주로 쓰인다. Dywidag 공법에서의 PS 강봉의 정착이 이 방식이며, 영국의 Lee-McCall 공법, 미국의 stress steel 공법도 이에 속한다.

3.3.3 루 프 식

루프(loop) 모양으로 가공한 PS 강선 또는 강연선을 콘크리트 속에 묻어 넣어 콘크리트와의 부착 또는 지압에 의하여 정착하는 방식이다. Leoba 공법이 이 방식으로 정착된다. Baur-Leonhardt 공법도 이 방식에 속하나 정착용 가동(可動) 블록을 이용한다.

그 밖에 슬리브(sleeve)를 이용하는 방법, 저온에서 용융되는 합금을 이용하는 방법 등 특수한 정착방식이 쓰인 예도 있다.

3.4 프리스트레싱 방법과 정착장치

콘크리트 부재에 프리스트레스를 도입하는 일을 프리스트레싱이라고 하며, 프리스트레싱은 앞에서 말한 PS 강재의 긴장방법과 정착방법에 의하여 이루어진다. 프리스트레싱 방법은 프리텐션 방식과 포스트텐션 방식의 두 가지 기본방식으로 구분된다. 여기서는 이들 방식에 대하여 설명한다.

3.4.1 프리텐션 방식

일반적으로 프리텐션 방식은 그림 1-4와 같은 인장대(stressing bed)를 이용하여 다음과 같은 순서로 작업이 진행된다.

① PS 강재를 긴장하여 인장대 양쪽의 지주(支柱)에 고정하는 작업

② 콘크리트를 치는 작업

③ PS 강재의 인장응력을 콘크리트에 전달하는 작업

프리텐션 방식은 그림 1-4와 같은 인장대를 이용하는 롱 라인 공법(long line method)과 거푸집 자체를 인장대로 하는 단일 몰드 공법(individual mold method)으로 나뉜다.

[1] 롱 라인 공법

이 공법은 가장 보편적으로 쓰이는 프리텐션 방식이다. 이 공법에 쓰이는 인장대는 그림 1-4에 나타낸 바와 같이 한쪽은 고정 정착 판으로 되고 다른 한쪽은 가동(可動) 정착 판으로 되어 있다. 고정 정착 판은 고정지주로 지지되고, 가동 정착 판은

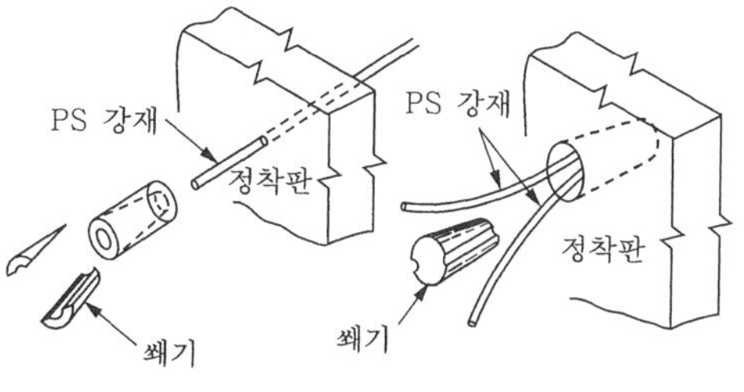

(a) PS 강재 정착용 쐐기의 예

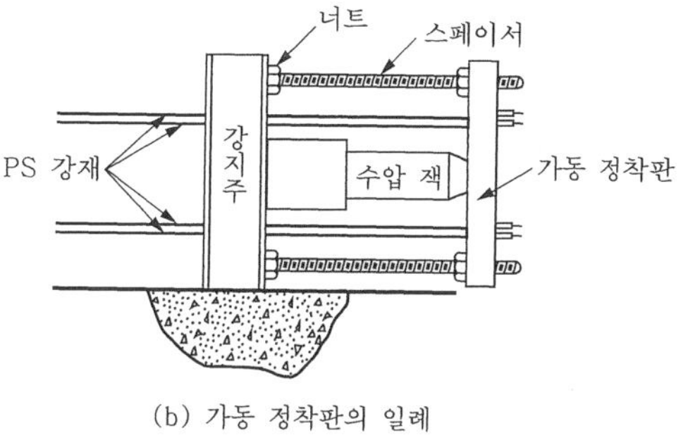

(b) 가동 정착판의 일례

그림 3-1 프리텐션 방식

그림 3-2 롱 라인 방식의 인장대

그림 3-1 (b)와 같은 구조로 지지되어 이동이 가능하다.

PS 강재의 고정은 일반적으로 그림 3-1 (a)와 같은 쐐기가 이용된다.

[2] 단일몰드 공법

이 공법의 장점은 PSC 부재를 제조하는 데 필요한 상판(床版) 면적이 작아도 된다는 점이다. 따라서 제조공장을 작게 하여 분산시키면 운반비용을 절감할 수 있다. 또, 촉진양생을 함으로써 제조일수를 단축시키는 데 편리할 뿐 아니라 거푸집의 회전율을 좋게 할 수 있다. 이 공법은 거푸집 자체를 인장대로 하기 때문에 거푸집이 고가로 되어 거푸집의 회전율이 중요한 경제적 요소로 된다. 같은 치수의 부재를 대량으로 제조할 경우에만 경제적으로 된다. 이 방법에서는 PS 강재를 거푸집의 끝판에 정착하고 이 끝판과 측판 사이에 스크루(screw)를 끼워서 끝판을 내밀어 PS 강선에 인장력을 주는 방법이 주로 쓰인다.

3.4.2 포스트텐션 방식

포스트텐션 방식은 일반적으로 다음과 같은 순서로 작업이 진행된다.

① 쉬스를 배치하고 콘크리트를 치는 작업

② PS 강재를 긴장하여 정착하는 작업

③ 부착시키는 부재에서는 그라우트를 주입하는 작업

포스트텐션 방식은 프리스트레싱 방법과 정착방법에 따라 여러 가지 공법으로 분류된다. 이들 공법에 쓰이고 있는 긴장재의 형식은 다음의 네 가지로 구분할 수 있다.

① 하나의 강연선으로 된 긴장재(mono-strand tendon)

② 하나의 강봉으로 된 긴장재(single-bar tendon)

③ 많은 강선으로 된 긴장재(multi-wire tendon)

④ 많은 강연선으로된 긴장재(multi-strand tendon)

여기서는 우리나라에서 사용된 공법 몇 가지를 간단히 소개한다.

[1] Freyssinet 공법

우리나라에 제일 먼저 도입된 공법으로서, 도입 당시의 공법은 단순지지의 PSC 보의 제작에 쓰이는 다음과 같은 것이었다. 즉 12개의 PS 강선을 같은 간격의 다발로 만들어 하나의 긴장재를 구성하고, 이 긴장재를 한 번에 긴장하여 1개의 쐐기로 정착하는 것이다. 지름 5 mm, 7 mm 또는 8 mm의 PS 강선 12개로 된 긴장재를 콘크리트로 만든 콘(cone)을 사용하여 정착한다.

1962년에 가설된 경춘국도의 구운교가 이 방식에 의한 우리나라 최초의 PSC 교이다. 같은 해 서울 용산의 원효교도 이 방식으로 가설되었으며, 이후 1970년대에 가설된 PSC 교는 거의 이 방식으로 가설되었다.

이상은 12개의 PS 강선을 다발로 한 multi-wire system으로서, 현재는 거의 사용되지 않고 있지만, 12개의 PS 강연선을 강제(鋼製) 콘으로 정착하는 multi-strand system은 사용되고 있다.

최근에는 그림 3-3과 같은 정착장치를 사용하는 mono-group system이 사용되고 있다. 이 시스템에서는 지름 12.7 mm, 15.2 mm 또는 17.8 mm의 PS 스트랜드를 7~27개를 다발로 사용하고 있다. 긴장재는 잭에 의하여 한 번에 긴장되며, 개개의 PS 스트랜드는 정착 판의 구멍에 쐐기로 정착된다.

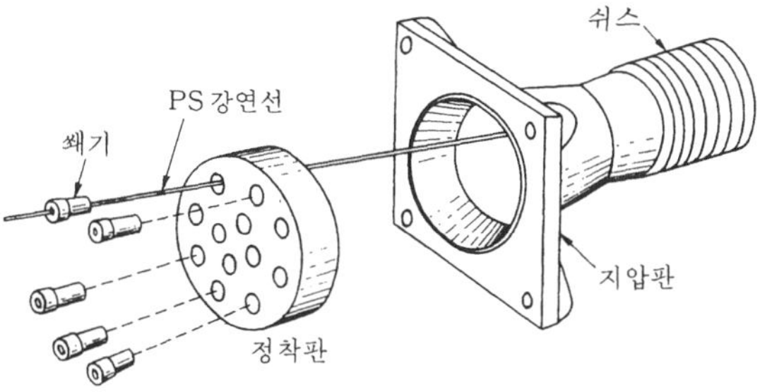

그림 3-3 mono-group system

그림 3-4 조립된 긴장재

coupler 또는 tension ring을 사용하여 긴장재를 이어나갈 수 있다. 프리캐스트 세그먼트 공법으로 가설된 서울의 강변 도시고속도로 교량구간에 이 시스템이 사용되었다.

그림 3-5는 Freyssinet K-Range system으로 알려진 또 하나의 multi-strand system이다. 이 방식에서는 개개의 강연선이 앵커 블록 안에 있는 원추형 구멍을 통해 그립(grip)으로 정착되며, 잭에 의해 동시에 긴장된다〔그림 3-6〕.

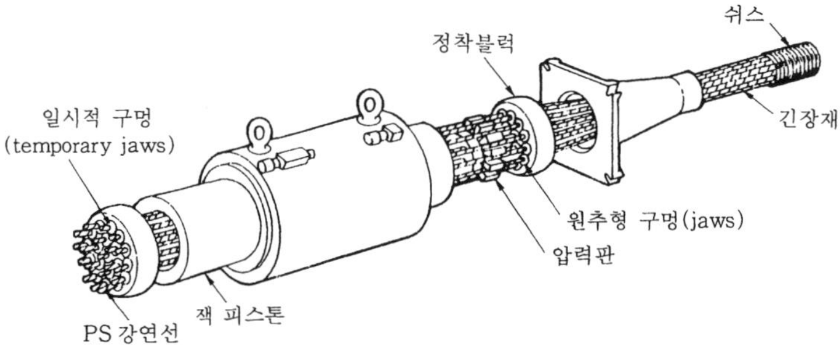

그림 3-5 Freyssinet K-Range System

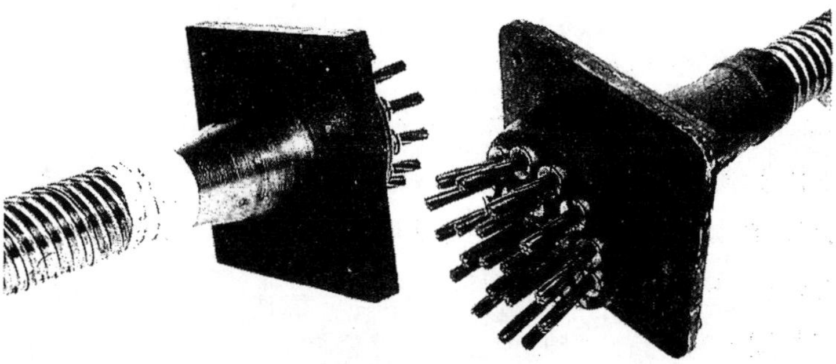

그림 3-6 Freyssinet K-Range System

[2] BBRV 공법

리벳머리 정착의 대표적인 공법으로서 보통 지름 7 mm의 PS 강선 끝을 제두기(製頭機)라는 특수한 기계로 냉간 가공하여 리벳머리(rivet head)를 만들고, 이것을 앵커 헤드(anchor head)에 지지시키는 것이다.

그림 3-7에 보인 바와 같이 앵커 헤드에 필요한 수의 구멍을 뚫고, 각각의 구멍에 PS 강선을 뽑아내어 리벳머리를 만든다. 다음에 앵커 헤드 중앙에 뚫린 구멍의 안나사에 인장봉(tension rod)을 끼워서 잭으로 인장한다. 재킹이 끝나면 앵커 헤드 둘레의 바깥나사에 끼운 앵커 너트를 죄어서 지압 판에 지지시킨다.

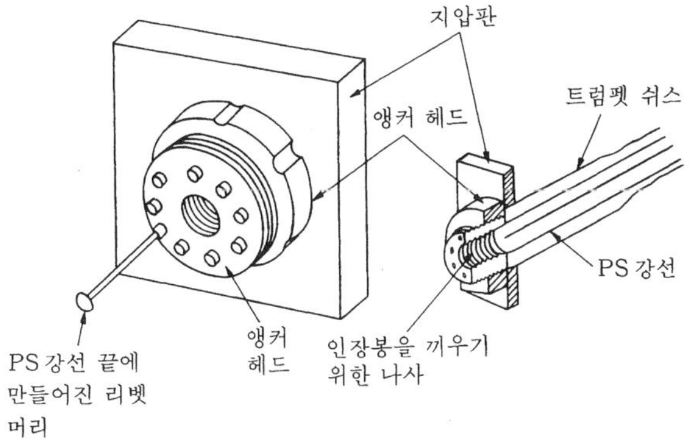

그림 3-7 BBRV 방식의 정착장치

[3] Dywidag 공법

이 공법은 PS 강봉 단부의 전조나사에 특수 강제너트를 끼워서 정착판에 정착하는 것이며, 너트식 정착의 대표적인 공법이다. PS 강봉 끝의 전조나사 부분은 냉간가공으로 전조되기 때문에 강도가 증대되어, 너트를 끼워도 나사부가 약점으로 되지 않는다. 이 공법의 장점은 커플러(coupler)를 사용하여 PS 강봉을 쉽게 이어나갈 수 있는 점이다.

이 장점을 이용한 Dywidag 공법은 장대교의 가설에 많이 이용되고 있다. 즉, Vorbau Wagen이라 불리는 이동 거푸집을 이용하여 스테이징(staging) 없이 연속하여 부재를 이어나가는 이른바 캔틸레버 가설법(cantilever erection)이 가능하다.

서울 한강의 원효대교가 우리나라에서 최초로 이 공법으로 가설된 PSC 박스 거더교이다[13장의 13.9.1항 참조]. 이 때 사용한 PS 강봉은 그림 2-11에 보인 바와 같이 강봉 전 길이에 걸쳐 나사가 미리 성형된 것으로서, 현장에서 나사를 전조할 필요 없이 임의의 위치에서 너트로 정착할 수 있는 나사강봉(thread bar, Gewinde-Stab)이 사용되었다.

이상은 PS 강봉을 사용할 경우이지만, PS 강연선을 사용하는 경우도 있다. PS 강봉은 그림 3-8과 같은 bell anchorage(Anker Glocke)나 anchor plate를 사용하여 너트로 정착하지만, PS 강연선은 쐐기, anchor disk, Anker Glocke 등으로 정착한다. PS 강봉은 커플러로 이어나가지만, PS 강연선은 조정 ring과 coupling disk로 구성된 접속장치로 이어나간다.

일반적으로 정착장치는 긴장 정착구(jacking anchorage, stressing anchorage)와 고정 정착구(fixed anchorage, blind end anchorage)로 구분된다. 긴장 정착구는 긴장재를 잭으로 긴장하는 쪽의 정착장치를 말하며, 고정 정착구는 긴장재를 고정시키

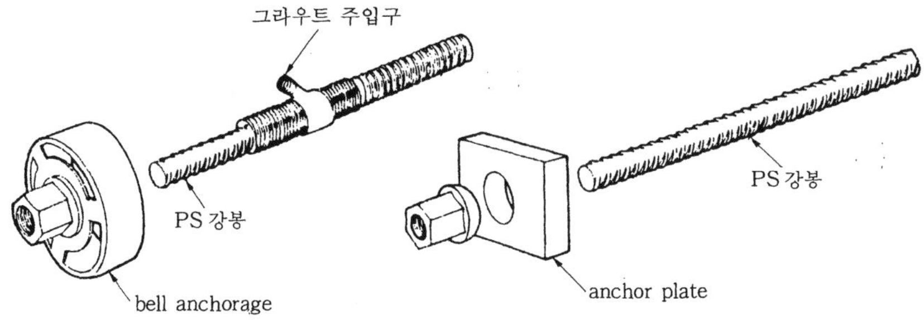

그림 3-8 원효대교에 사용한 Dywidag 방식의 정착장치

는 쪽의 정착장치를 말한다.

[4] VSL 공법

Vorspann System Losinger 공법의 약칭으로서, 지름 12.4 mm 또는 12.7 mm의 7연선 PS 스트랜드를 앵커 헤드(anchor head)의 구멍에서 하나씩 쐐기로 정착하는 포스트텐션 공법의 하나이다. 한 케이블에 사용할 수 있는 PS 강연선의 수는 소요의 인장력과 정착장치에 따라 1개에서부터 3개, 7개, 12개, 19개, 22개, 31개 등 7종류가 있으며, 최근에는 55개까지 사용된 예도 있다. 한 케이블의 긴장재를 VSL 잭으로 동시에 긴장하며, 긴장완료 후 잭을 풀면 자동적으로 모든 쐐기가 PS 강연선을 정착하게 되어 있다. 접속장치에 의하여 PS 케이블을 이어나갈 수 있고, 또 재긴

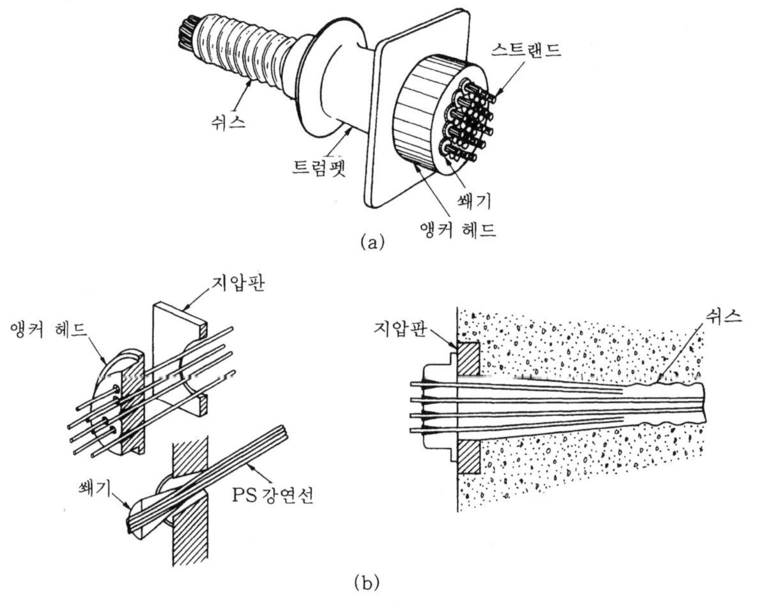

그림 3-9 VSL 방식의 정착장치

장도 가능하다. PSC 연속 박스거더교인 서울의 노량대교, 캔틸레버 공법으로 가설된 PSC 사장교인 올림픽 대교 등에 이 방식이 사용되었다.

[5] preflex 공법

이 방법은 특수공법의 하나로서 이 공법의 원리를 알기 쉽게 나타낸 것이 그림 3-10이다. 즉, 그림 3-10 (a)와 같이 소정의 솟음(camber)을 갖도록 미리 제작된 강재(鋼材) 보의 1/4 점에 그림 3-10 (b)와 같이 재하한다. 이 하중을 프리플렉션 하중(preflexion load)이라고 하며, 그 크기는 설계하중 정도이고 잭에 의하여 주어진다. 이러한 재하상태에서 그림 3-10 (c)와 같이 하부 플랜지에 콘크리트를 타설한다. 콘크리트가 소정 강도에 달했을 때 프리플렉션 하중을 제거하면 콘크리트에 프리스트레스가 도입된다[그림 3-10 (d)]. 이렇게 제조된 보를 프리플렉스 보(preflex beam)라고 하며, 이 보를 소정 위치에 가설하고, 그림 3-10 (e)와 같이 슬래브 콘크리트를 쳐서 합성시킨다.

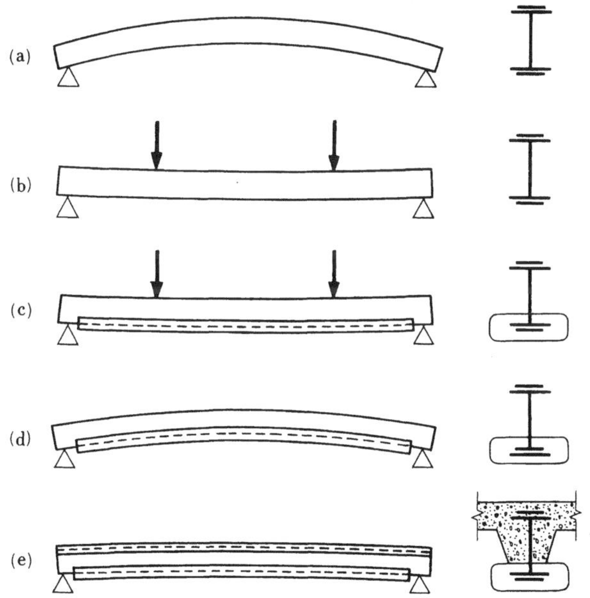

그림 3-10 preflex 공법의 원리

프리플렉스 보는 보통의 PSC 보에 비하여 l/h(경간/보 높이)을 크게 할 수 있는 장점이 있다. 그러므로 보의 높이가 제한될 경우 또는 clearance의 확보가 필요한 over-bridge 등에 유용하게 이용될 수 있다. 우리나라에서는 경부고속도로 언양 인터체인지의 over-bridge 개수공사에 이 공법이 처음 채택되었다(1986). 그림 3-11

은 강재(鋼材)보에 preflex를 주고 있는 광경을 보인 것이다.

그림 3-11 preflex beam의 제작광경

제 4 장

프리스트레스의 도입과 손실

4.1 프리스트레스의 도입

콘크리트에 프리스트레스를 주는 일을 프리스트레싱(prestressing) 또는 프리스트레스의 도입(transfer of prestress)이라고 한다. 프리텐션 방식에서는 PS 강재의 가동 정착 판을 서서히 안쪽으로 이동시켜 PS 강재의 인장력을 풀어줌으로써 콘크리트에 프리스트레스가 도입되고, 포스트텐션 방식에서는 잭(jack)으로 PS 강재를 긴장함으로써 콘크리트에 프리스트레스가 도입되기 시작하여 재킹(jacking)이 끝남으로써 도입이 끝난다. 즉, 프리텐션 방식에서는 PS 강재의 고정을 풀어줌으로써 PS 강재와 콘크리트의 직접 부착에 의하여 프리스트레스가 도입되고, 포스트텐션 방식에서는 PS 강재를 긴장하여 콘크리트에 정착함으로써 프리스트레스가 도입된다.

프리스트레스의 도입, 즉 프리스트레싱은 콘크리트의 압축강도가 프리스트레스 도입 직후 콘크리트에 일어나는 최대 압축응력의 1.7배 이상 될 때 실시해야 한다. 즉, 프리스트레싱은 콘크리트의 강도가 다음 조건을 만족할 때 실시한다.

$$f_{ci} \geqq 1.7 f_{ct}$$

여기서 f_{ci} : 프리스트레스를 도입하고자 할 때 부재 본체의 콘크리트의 압축강도 (실제로는 부재와 동일한 조건으로 양생한 공시체의 압축강도로 판단)

f_{ct} : 프리스트레스 도입 직후 콘크리트에 일어나는 최대 압축응력

프리텐션 방식에 있어서는 위의 조건 외에 다음 조건도 만족되어야 한다.

$$f_{ci} \geqq 30\,\mathrm{MPa}$$

이것은 프리스트레스 도입시의 안전을 위해서이고, 또 긴장재와 콘크리트 사이에

충분한 부착강도가 요구되기 때문이다. 짧은 부재 또는 부재단부 근처에서 큰 휨모멘트 또는 전단력을 받는 프리텐션 부재에 있어서는 f_{ci}가 35 MPa 이상 되었을 때, 프리스트레스를 도입하는 것이 좋다.

4.2 프리스트레스의 손실

PS 강재에 준 인장응력은 여러 가지 원인에 의하여 감소한다. PS 강재의 인장응력이 감소하면 콘크리트에 도입된 프리스트레스도 감소한다. 이러한 현상을 **프리스트레스의 손실**(loss of prestress) 또는 **프리스트레스의 감소**(reduction of prestress)라고 한다.

프리스트레스의 손실 원인은 다음과 같다.

1) 프리스트레스를 도입할 때 일어나는 손실의 원인
   ① 정착장치의 활동(anchorage slip, anchorage set)
   ② PS 강재와 쉬스 사이의 마찰
   ③ 콘크리트의 탄성변형(탄성단축, elastic shortening)
2) 프리스트레스 도입 후에 일어나는 손실의 원인
   ① 콘크리트의 크리프
   ② 콘크리트의 건조수축
   ③ PS 강재의 릴랙세이션(relaxation)

포스트텐션 방식에서는 이상의 여섯 가지가 원인이 되어 프리스트레스가 감소하지만, 프리텐션 방식에 있어서는 PS 강재와 쉬스 사이의 마찰은 해당되지 않는다.

프리스트레스를 도입할 때 일어나는 손실은 도입하자마자 일어나는 손실이며, 이것을 **즉시손실**(instantaneous loss) 또는 **즉시감소**라고 한다. 프리스트레스 도입 후에 일어나는 손실은 시간의 경과와 더불어 일어나는 손실이며, 이것을 **시간적 손실**(time dependent loss) 또는 **시간적 감소**라고 한다.

즉시손실에 의하여 재킹 힘(jacking force) P_j는 P_i로 감소한다. P_j는 긴장재 끝에서 최초에 긴장재에 준 인장력이고, P_i는 즉시손실 후의 인장력이다. P_i를 **도입 직후의 프리스트레스 힘**(prestress force after transfer) 또는 **초기 프리스트레스 힘**(initial prestress force)이라고 한다.

콘크리트의 크리프, 건조수축 및 PS 강재의 릴랙세이션에 의한 시간적 감소가 끝나서 최종적으로 긴장재에 작용하는 인장력을 **유효 프리스트레스 힘**(effective prestress force)이라고 하며, P_e로 나타낸다. 즉시손실과 시간적 손실을 합한 긴장재의 총 손실은 재킹 힘(original jacking force) P_j의 20~35%의 범위이다.

PSC 부재의 콘크리트 응력계산에서 가장 중요한 것은 P_i와 P_e이다. P_i와 P_e의 관계를 다음과 같이 나타내면 편리하다.

$$P_e = RP_i \tag{4·1}$$

여기서 R를 프리스트레스 힘의 유효율(effectiveness ratio)이라고 한다. 위의 식은 다음과 같이 나타낼 수도 있다.

$$\frac{P_i - P_e}{P_i} = 1 - R \tag{4·2}$$

위의 식의 $(P_i - P_e)$는 콘크리트의 크리프, 건조수축 및 PS 강재의 릴랙세이션에 의한 시간적 손실이다. 유효율 R의 대략의 값은 다음과 같다.

프리텐션 방식 ………………………………………………………… $R=0.800$

포스트텐션 방식 ……………………………………………………… $R=0.855$

대개의 경우, 실제의 설계에서는 프리스트레스 손실의 상세한 계산은 필요하지 않다. 이는 프리스트레스의 총 손실량의 근사값을 많은 참고자료에 의하여 비교적 정확하게 추정할 수 있기 때문이다. 그러나 높은 정밀도가 요구되는 경우에는 부재의 형상, 재료의 성질 및 시공방법의 특수상태를 고려하여 각 손실을 분리하여 계산할 필요가 있다.

4.3 프리스트레스 손실의 대략의 값

전술한 바와 같이 보통의 구조물 설계에 있어서는 프리스트레스 손실량을 계산하지 않고, 참고자료 등에 의하여 추정하는 것이 보통이다.

2005년 2월 개정 출간된 도로교 설계기준에서는 일반적으로 설계되고 있는 단순한 부재나 구조물에 대한 프리스트레스 손실량의 대략의 값으로 표 4-1을 주고 있다. 포스트텐션 방식에 대한 표의 값에는 마찰에 의한 손실은 포함되어 있지 않으며, 이것은 별도로 계산해야 한다.

2004년 12월 개정 출간된 철도설계기준(철도교 편)에서는 프리스트레스 손실의 대략의 값으로 표 4-2를 주고 있다. 포스트텐션에 대한 이 표의 손실량에도 마찰에 의한 손실은 포함되어 있지 않다. 표 4-2는 콘크리트의 설계기준 강도 28 MPa 및

35 MPa에 대한 손실량을 주고 있지만, 이 강도보다 3.5 MPa 정도 크거나 작은 설계기준 강도를 갖는 교량에 대해 사용해도 좋다.

표 4-1 프리스트레스 손실의 대략의 값(도로교 설계기준)

긴장재의 형태	콘크리트의 압축강도에 따른 손실량(MPa)	
	$f_{ck}=28$ MPa	$f_{ck}=35$ MPa
프리텐션 긴장재	–	315
포스트텐션 강선과 강연선	225	230
포스트텐션 강봉	155	160

이들 표의 값들은 표준적인 조건에 대해서만 추천되어지는 값이라는 점에 유의해야 한다. 통상적이 아닌 부재, 예컨대 매우 긴 경간의 부재 등에 대하여는 다음에 설명하는 방법들을 사용하여 개개의 원인에 의한 프리스트레스의 손실을 따로따로 계산해서 추정해야 한다.

표 4-2 프리스트레스 손실의 대략의 값(철도 설계기준-철도교 편)

긴장재의 형태		손실량(MPa)	
		콘크리트압축강도 $f_{ck}=28$ MPa	콘크리트압축강도 $f_{ck}=35$ MPa
프리텐션	강연선	–	–
	응력제거 강연선	–	315
	저 릴랙세이션 강연선	–	245
포스트텐션	강선 또는 강연선	–	–
	응력제거 강연선	225	231
	저 릴랙세이션 강연선	168	175
	강봉	155	160

4.4 프리스트레스의 즉시손실

프리스트레스의 즉시손실은 다음 세 가지 원인에 의하여 동시에 일어난다. 그러나 편의상 이들을 분리하여 생각하는 것이 보통이다.

4.4.1 정착장치의 활동으로 인한 손실

긴장한 PS 강재를 정착할 때, 정착장치에서 PS 강재가 활동하거나 또는 정착장치가 변형되거나 하면 긴장재의 인장력이 감소한다. 이러한 손실을 정착장치의 활동(slip 또는 set)으로 인한 손실이라고 한다.

포스트텐션 방식의 경우, 쐐기식 정착장치에서는 긴장재가 미끄러져 들어가고, 지압식 정착장치에서는 정착 판이 변형을 일으킨다. 쐐기식 정착장치에서의 활동량은 3~6 mm 정도이고, 지압식 정착장치에서의 정착 판의 변형량은 1 mm 정도이다. 이와 같이 쐐기식 정착장치에서의 활동량은 비교적 크기 때문에, 정착할 때 그 활동량을 미리 조사하여 그 값을 가정해 놓고, 인장력의 감소량과 그 영향범위를 검토해야 한다. 정착장치에서의 활동량은 정착장치의 종류에 따라 다르므로, 각각의 정착장치에 대하여 그 활동량을 정해둘 필요가 있다.

이러한 현상은 프리텐션 방식의 경우에 있어서도 비슷하다. 즉, 프리텐션 방식의 경우, 인장력이 잭(jack)으로부터 고정지주에 전달될 때 긴장재의 정착장치(chuck)에서 활동이 일어난다. 그러나 어느 경우이든 정착장치의 활동량은 긴장작업시 초과긴장(overstressing)함으로써 보정할 수 있다.

정착장치의 활동이나 변형으로 인한 인장력의 손실은, 긴장재와 쉬스 사이에 마찰이 있는 경우와 없는 경우에 따라 다르다.

[1] PS 강재와 쉬스 사이에 마찰이 없는 경우

프리텐션 방식의 경우처럼 PS 강재와 쉬스 사이에 마찰이 없는 경우, 또는 포스트텐션 방식의 경우라도 그리스(grease) 등을 발라서 긴장재가 매끄럽거나 마찰이 적은 플라스틱 쉬스(plastic sheath)에 긴장재가 수용되어 있거나, 또는 쉬스의 곡률(曲率)과 파상(波狀)의 영향이 적어서 마찰을 무시할 수 있는 경우 등에는 정착장치의 활동으로 인한 인장력의 손실은 다음 식에 의하여 계산해도 좋다.

$$\left.\begin{aligned} \Delta P &= A_p E_p \frac{\Delta l}{l} \\ \text{또는} \quad \Delta f_{an} &= E_p \frac{\Delta l}{l} \end{aligned}\right\} \qquad (4 \cdot 3)$$

여기서 ΔP : 긴장재의 인장력의 손실량

A_p : 긴장재의 단면적

E_p : 긴장재의 탄성계수

Δl : 정착장치에서 긴장재의 활동량

l : 긴장재의 길이

Δf_{an} : 긴장재 응력의 감소량 $\left(=\dfrac{\Delta P}{A_p}\right)$

위의 식은 활동이 긴장재의 전 길이에 균일하게 분포한다는 가정에 근거한 것이다. 따라서 인장력의 감소량은 긴장재의 전 길이에 걸쳐서 일정하며, 긴장재의 길이에 역비례한다. 그러므로 긴장재의 길이가 매우 짧은 경우에는 매우 큰 활동손실을 나타내지만, 긴장재의 길이가 긴 경우는 활동으로 인한 손실은 그다지 크지 않다.

예제 4-1. 길이 5 m와 10 m의 PS 강선을 인장대(프리텐션 방식)에서 각각 긴장정착할 때 인장력의 감소를 비교하라. 정착장치에서의 활동량은 $\Delta l=3$ mm이고 $A_p=6.605$ mm^2, $E_p=2.0\times10^5$ MPa(N/mm^2)이다.

풀이 $l=5$ m의 경우

$$\Delta P=A_pE_p\frac{\Delta l}{l}=6.605\times2.0\times10^5\times\frac{3}{5000}=793\text{ N}$$

$$\Delta f_{an}=E_p\frac{\Delta l}{l}=2.0\times10^5\times\frac{3}{5000}=120\text{ MPa}$$

$l=10$ m의 경우

$$\Delta P=6.605\times2.0\times10^5\times\frac{3}{10,000}=396\text{ N}$$

$$\Delta f_{an}=2.0\times10^5\times\frac{3}{10,000}=60\text{ MPa}$$

[2] PS 강재와 쉬스 사이에 마찰이 있는 경우

일반적으로 포스트텐션 방식의 경우에는 PS 강재와 쉬스 사이에 마찰이 있기 때문에, 정착장치의 활동으로 인한 인장력의 손실은 잭을 접속한 정착장치 근처, 즉 인장단에 가까운 부위에 한정되며, 인장단에서 멀어지면 그 영향은 미치지 않는다. 이것은 긴장시의 마찰과 정착시의 마찰의 방향이 반대이기 때문이다. 이와 같이 긴장재와 쉬스 사이에 마찰이 있는 경우, 정착장치의 활동으로 인한 인장력의 손실은 다음과 같은 방법으로 추정할 수 있다.

그림 4-1은 긴장재의 끝부분에서 정착장치의 활동(anchorage set)으로 인한 긴장재의 인장력 변화를 보인 것이다. 정착부에서 정착장치의 활동에 의하여 영향을 받는 긴장재의 길이(l_{set})는 마찰손실의 함수이다. 또한, 정착장치의 활동은 긴장재의 단축(shortening)과 같다. 이 단축량은 그림 4-1의 음영부분(삼각형 부분)의 면적에

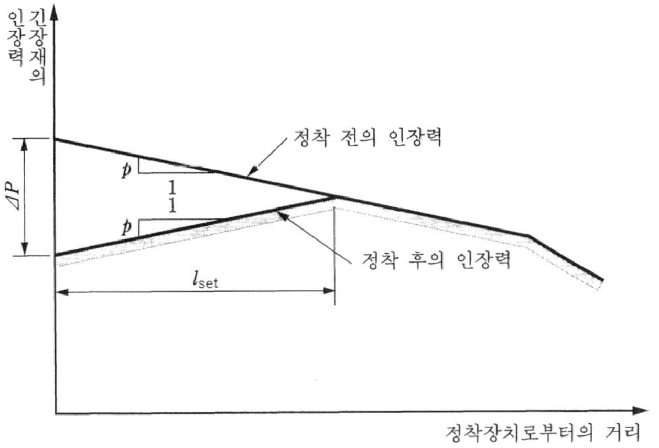

그림 4-1 정착장치의 활동이 긴장력에 미치는 영향

비례한다. 따라서 정착장치의 활동량 Δl은 다음 식으로 계산할 수 있다.

$$\Delta l = \frac{0.5\,\Delta P l_{set}}{A_p E_p} \tag{4·4}$$

여기서 l_{set}는 그림에 나타나 있으며, 그 밖의 기호는 식 (4·3)의 경우와 같다.

긴장재의 단위 길이에 대한 마찰손실을 p라고 하면, 인장력의 손실 ΔP는 그림 4-1로부터 다음과 같이 된다.

$$\Delta P = 2 p l_{set} \tag{4·5}$$

따라서 정착부에서 정착장치의 활동의 영향을 받는 긴장재 길이(l_{set})는 식 (4·4) 및 식 (4·5)로부터 다음과 같이 된다.

$$l_{set} = \sqrt{\frac{\Delta l A_p E_p}{p}} \tag{4·6}$$

4.4.2 PS 강재와 쉬스의 마찰로 인한 손실

포스트텐션 방식에서는 PS 강재와 쉬스 사이의 마찰로 인해 PS 강재의 인장력은 긴장재 끝으로부터 멀어질수록 감소한다. 이러한 감소를 마찰에 의한 손실이라고 한다. 마찰은 잭 내부에서도 일어나고 정착장치 내부에서도 일어나지만, 이러한 마찰로 인한 손실량은 무시할 수 있을 정도로 적다. 그러나 쉬스와 PS 강재 사이의 마찰로 인한 손실량은 매우 크다.

PS 강재와 쉬스 사이의 마찰로 인한 인장력의 손실은 다음 두 가지 원인에 의하여 일어난다. 하나는 긴장재의 각도(角度) 변화(curvature effect)에 의한 손실이고,

다른 하나는 PS 강재의 길이의 영향(length effect)에 의한 손실이다. 전자를 **곡률마찰**(curvature friction)로 인한 손실이라고 하고, 후자를 **파상마찰**(wobble friction)로 인한 손실이라고 한다.

[1] 긴장재의 곡률마찰로 인한 손실

PS 강재가 그림 4-2 (a)와 같이 곡률 반지름 R를 가지고 곡선으로 배치된 경우를 생각해 보자. 그림 4-2 (b)는 미소한 각변화의 부분을 보인 것이고, 그림 4-2 (c)는 미소한 각변화 $d\alpha$에 의하여 일어나는 긴장력 P의 수직분력 N을 힘의 평행사변형으로 나타낸 것이다.

그림 4-2 (c)로부터

$$N = Pd\alpha \qquad ⓐ$$

그림 4-2 (b)로부터

$$d\alpha = \frac{dx}{R} \qquad ⓑ$$

식 ⓑ를 식 ⓐ에 대입하면

$$N = \frac{P}{R}dx \qquad ⓒ$$

PS 강재와 쉬스 사이의 마찰계수를 μ라고 하면, P의 수직분력 N에 의한 마찰력은 μN이고, 이것이 dx 구간에서 PS 강재의 인장력 P를 dP만큼 감소시킨다. 즉

$$dP = -\mu N \qquad ⓓ$$

식 ⓒ를 식 ⓓ에 대입하면

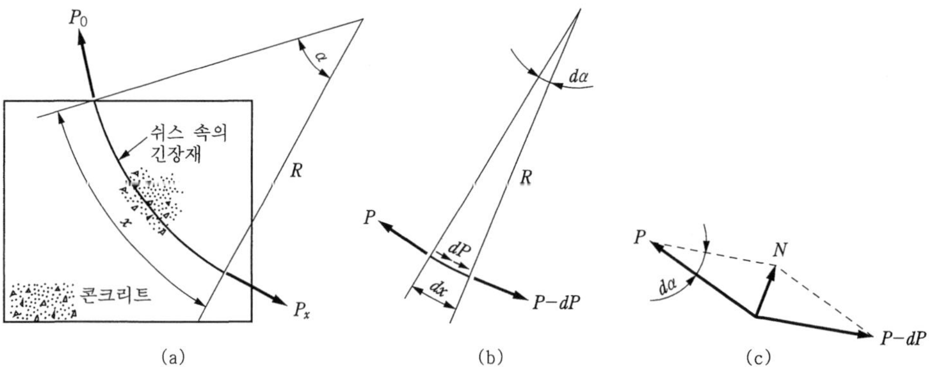

그림 4-2 곡률마찰에 의한 손실

$$dP = -\mu \frac{P}{R} dx = -\mu P d\alpha$$

$$\therefore \frac{dP}{P} = -\mu d\alpha$$

양변을 적분하면

$$\log_e P = -\mu\alpha + C \ (C\text{는 적분상수})$$

$$\therefore P = e^{-\mu\alpha + c} = e^{-\mu\alpha} \times e^c \quad ⓔ$$

잭을 접속한 인장단에서 긴장재의 인장력을 P_0라고 하면[그림 4-2 (a)], 이 점에서는 $\alpha=0$이므로 이것을 식 ⓔ에 대입하면

$$P_0 = e^c \quad ⓕ$$

즉, 적분상수 C가 구해진다. 이것을 식 ⓔ에 대입하면 각변화 α인 곳에서 감소된 인장력 P_x는 다음과 같이 된다.

$$P_x = P_0 e^{-\mu\alpha} \quad (4 \cdot 7)$$

[2] 긴장재의 파상마찰로 인한 손실

PS 강재와 쉬스가 완전히 직선일 경우에는 이 감소는 일어나지 않는다. 그러나 실제시공에서 쉬스와 PS 강재는 완전한 직선으로는 되지 않는다. 그러므로 그림 4-3에 보인 바와 같이 직선 배치의 쉬스라고 하더라도 현장시공에서는 다소의 파상(波狀)을 면치 못한다. 이러한 현상은 곡선배치의 긴장재에서도 마찬가지이다. 따라서 긴장재를 직선으로 배치하든 곡선으로 배치하든 이러한 각변화가 일어나고, 이로 인하여 PS 강재에 마찰손실이 일어난다. 이러한 인장력의 손실을 긴장재의 길이의 영향(length effect) 또는 파상의 영향(wobbling effect)으로 인한 손실이라고 한다.

이 감소도 일종의 각변화에 의한 손실로 볼 수 있기 때문에 식 (4·7)과 같은 방법으로 계산된다. 즉, 그림 4-3에 보인 바와 같이 인장단(引張端)에서 거리 x인 단면까지 파상의 영향으로 인한 각변화를 βl(l은 PS 강재의 길이)이라고 하면, 식

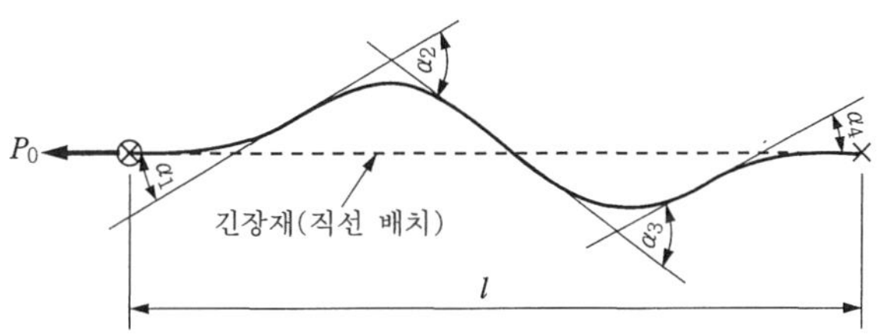

그림 4-3 파상마찰에 의한 손실

(4 · 7)에 α 대신 βl을 대입하면 되므로

$$P_x = P_0 e^{-\mu\beta l}$$

$\mu\beta = k$로 놓으면

$$P_x = P_0 e^{-kl} \qquad (4 \cdot 8)$$

[3] 곡률과 파상의 영향을 동시에 받는 긴장재의 마찰손실

식 (4 · 7)은 곡선 배치된 구간에서만 일어나는 곡률에 의한 마찰손실이고, 식 (4 · 8)은 직선구간에서나 곡선구간에서 모두 일어나는 길이의 영향에 의한 마찰손실이다. 그러므로 곡선 배치된 구간에서의 긴장재는 위의 두 영향을 동시에 받으므로 그 마찰손실은 위의 두 식의 값을 합한 것이 된다. 즉

$$P_x = P_0 e^{-(\mu\alpha + kl)} \qquad (4 \cdot 9)$$

여기서 P_x : 인장단으로부터 거리 x인 곳에서의 긴장재의 인장력

P_0 : 인장단(잭의 위치)에서의 긴장재의 인장력

μ : 각변화 1 radian에 대한 곡률 마찰계수

α : 각변화(radian)

k : 긴장재의 길이 1 m에 대한 파상 마찰계수

l : 인장단으로부터 생각하는 단면까지의 긴장재의 길이

μ를 **곡률계수**(curvature coefficient), k를 **파상계수**(wobble coefficient)라고 한다. 따라서 마찰로 인한 인장력의 손실 ΔP는 다음과 같이 된다.

$$\Delta P = P_0 - P_x = P_0[1 - e^{-(\mu\alpha + kl)}] \qquad (4 \cdot 10)$$

양변을 긴장재 단면적 A_p로 나누면

$$\Delta f_{fr} = f_{f0}[1 - e^{-(\mu\alpha + kl)}] \qquad (4 \cdot 11)$$

이것이 마찰에 의한 긴장재의 인장응력 손실량이다. 여기서 f_{f0}는 긴장재의 인장

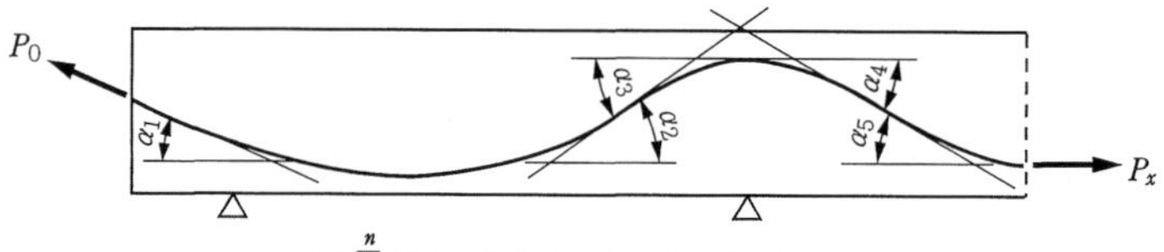

$\alpha = \sum_1^n \alpha_i = \alpha_1 + \alpha_2 + \alpha_3 + \alpha_4 + \alpha_5 + \cdots + \alpha_n$

그림 4 - 4 각변화의 계산

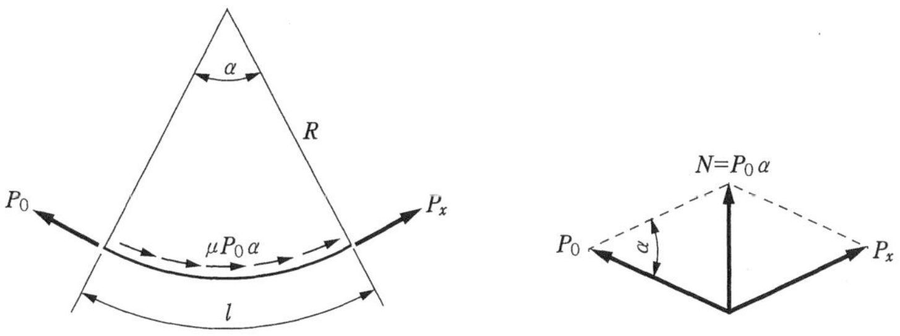

(a) (b)

그림 4-5 마찰손실의 근사계산

단에서의 인장응력이다.

<마찰손실의 근사계산>

그림 4-5에서 인장력 P_0의 수직분력 N이 PS 강재의 길이 l 구간에서 일정하다고 가정하면, 이 곡률마찰로 인한 인장력의 감소는 다음과 같이 된다.

$$P_x - P_0 = -\mu P_0 \alpha$$

여기에 파상의 영향을 가산하면

$$P_x - P_0 = -\mu P_0 \alpha - klP_0$$

그러므로

$$\left.\begin{aligned} \frac{P_x - P_0}{P_0} &= -(\mu\alpha + kl) \\ \text{또는} \quad P_x &= P_0(1 - \mu\alpha - kl) \end{aligned}\right\} \tag{4·12}$$

따라서 긴장력의 손실 $\varDelta P$는

$$\varDelta P = P_0 - P_x = P_0(\mu\alpha + kl) \tag{4·13}$$

양변을 긴장재 단면적 A_p로 나누면

$$\varDelta f_{fr} = f_{f0}(\mu\alpha + kl) \tag{4·14}$$

위의 근사식은 긴장재의 길이 l이 40 m 정도 이하, 긴장재의 각변화가 30° 정도 이하인 경우에 사용해도 좋다. 이것은 설계기준에서 주고 있는 다음과 같은 근사식의 적용범위와 같다.

$$\mu\alpha + kl \leqq 0.3 \tag{4·15}$$

즉, 위의 조건을 만족할 경우에는 식 (4・12) 또는 식 (4・14)의 근사식을 사용해도 좋다.

μ 및 k의 값은 시험에 의하여 구하는 것이 원칙이지만, 시험을 할 수 없는 경우에는 표 4-3 또는 표 4-4를 이용해도 좋다.

표 4-3 k 및 μ의 값(콘크리트 구조 설계기준 해설, 도로교 설계기준)

긴 장 재 의 종 류			k(/m)	μ(/radian)
금속시스 내에 부착된 긴장재		PS 강선	0.0033~0.0050	0.15~0.25
		PS 강봉	0.0003~0.0020	0.08~0.30
		PS 강연선	0.0015~0.0066	0.15~0.25
부착되지 않은 긴장재	수지, 방수, 피복	PS 강선	0.0033~0.0066	0.05~0.15
		PS 강연선	0.0033~0.0066	0.05~0.15
	그리스로 미리 도포된 경우	PS 강선	0.0010~0.0066	0.05~0.15
		PS 강연선	0.0010~0.0066	0.05~0.15

표 4-4 k 및 μ의 값(철도 설계기준-철도교 편)

긴장재의 종류	덕트의 종류	k(/m)	μ(/radian)
PS 강선 또는 도금되지 않은 PS 강연선	금속시스	0.0066	0.30
	아연도금 금속시스	0.0050	0.25
	그리스 또는 아스팔트로 코팅하고 피복된 것	0.0066	0.30
	아연도금된 강성덕트(rigid duct)	0.0007	0.25
PS 강봉	금속시스	0.0010	0.20
	아연도금 금속시스	0.0007	0.15

마찰손실을 줄이기 위한 방법으로는 마찰손실량 만큼 더 긴장하거나, 재킹을 긴장재의 양단에서 하거나, PS 강재에 그리스 등을 바르거나 하는 등의 방법이 있다.

마찰손실을 감안해서 그만큼 더 긴장하고자 할 경우에는 식 (4・9) 또는 식 (4・12) 대신 각각 다음의 식 (4・16) 또는 식 (4・17)을 사용하는 것이 편리하다.

$$P_0 = P_x e^{(\mu\alpha + kl)} \qquad (4 \cdot 16)$$

$$P_0 = P_x(1 + \mu\alpha + kl) \qquad (4 \cdot 17)$$

식 (4・17)은 설계기준에서 주고 있는 근사식으로서, $(\mu\alpha + kl) \leqq 0.3$인 경우에 사용할 수 있다.

곡률(曲率)에 의한 마찰손실을 계산하려면 각도변화 α를 알아야 한다. 일반적으로 긴장재의 곡선부분을 원호로 보고 다음과 같은 근사계산으로 α를 구한다.

$$\tan\frac{\alpha}{2}=\frac{m}{x/2}=\frac{2m}{x}$$

그림 4-6에서 $m \fallingdotseq 2y$로 볼 수 있고, α는 비교적 작아서 $\tan\frac{\alpha}{2}\fallingdotseq\frac{\alpha}{2}$이므로

$$\frac{\alpha}{2}=\frac{4y}{x}$$

$$\therefore\ \alpha=\frac{8y}{x}\ \text{(radian)} \qquad (4\cdot 18)$$

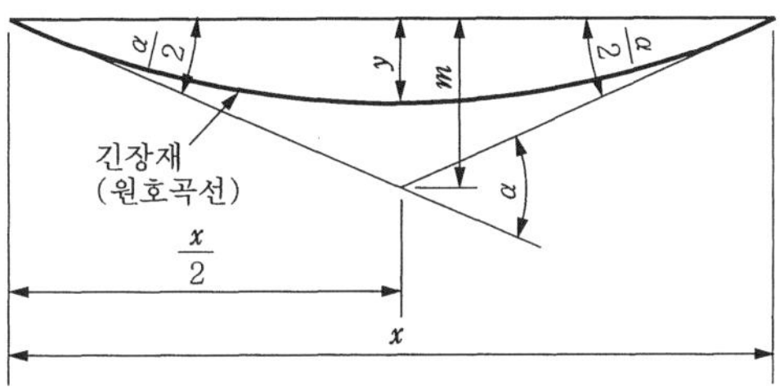

그림 4-6

[예제] 4-2. 그림 4-7과 같은 포스트텐션 보에서 마찰에 의한 단면 B 및 단면 C에서의 PS 강재 인장력의 손실을 구하라. AB 구간의 긴장재는 곡선이고 BC 구간은 직선이다. 프리스트레싱은 긴장재 양단에서 실시되었으며 $\mu=0.3$, $k=0.004$로 가정한다.

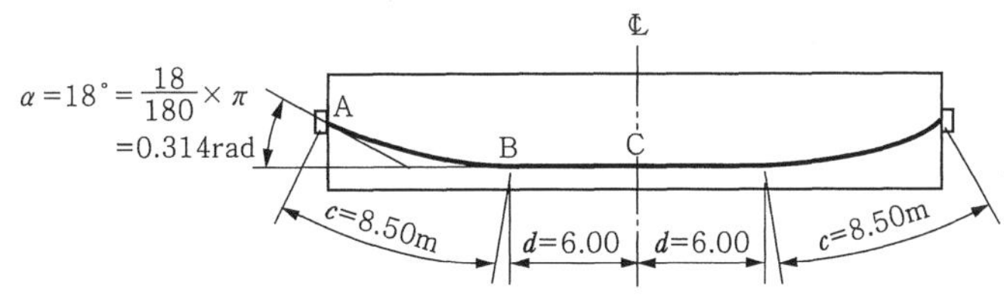

그림 4-7

[풀이] (1) **정밀계산**

단면 B(AB 구간)에서의 손실

$$\mu\alpha+kl=0.3\times0.314+0.004\times8.50=0.0942+0.034=0.128$$

식 (4·9)로부터

$$P_B=P_x=P_0e^{-(\mu\alpha+kl)}=P_0e^{-0.128}=0.880P_0$$

단면 C(ABC 구간)에서의 손실

$$\mu\alpha + kl = 0.3 \times 0.314 + 0.004(8.50 + 6.0) = 0.0942 + 0.058 = 0.152$$

$$P_C = P_x = P_0 e^{-0.152} = 0.859 P_0$$

즉, 단면 B에서는 잭 위치에서의 인장력의 12%가 감소하고, 중앙단면 C에서는 14.1% 감소한다.

(2) 근사계산

앞의 풀이 (1)에서 본바와 같이 AB구간에서나 ABC구간에서나 $(\mu\alpha + kl) < 0.3$이므로 식 (4・17)로 계산한다.

단면 B (AB 구간)에서의 손실은 식 (4・17)로부터

$$P_B = P_x = \frac{P_0}{1 + \mu\alpha + kl} = \frac{P_0}{1 + 0.128} = 0.886 P_0$$

단면 C (ABC 구간)에서의 손실은

$$P_c = P_x = \frac{P_0}{1 + \mu\alpha + kl} = \frac{P_0}{1 + 0.152} = 0.868 P_0$$

즉 단면 B에서는 잭 위치에서의 인장력의 11.4%가 감소하고, 중앙단면 C에서는 13.2% 감소한다.

이 손실을 감안하여 지간중앙단면의 인장력으로 P_0를 확보하기 위해서는 잭 위치 A에서 $1.132 P_0$로 긴장하면 된다.

참고 (1) 그림 4-8은 마찰로 인한 손실이 부재의 길이에 따라 긴장재의 인장력에 영향을 미친다는 것을 보여 주고 있다. 그림 4-8 (b)는 긴장재의 왼쪽 단부 A의 인장력이 긴장재 인장강도의 70%에 이르도록 1단 A에서만 인장했을 때의 인장력 변화를 보인 것이고, 그림 4-8 (c)는 부재의 양단에서 인장했을 때의 변화를 보인 것이다. 그림 4-8 (c)의 ①은 A 및 B의 인장력이 긴장재 인장강도의 80%에 이르도록 인장했을 경우이고, ②는 A 및 B에서 60%에 이르도록 인장력을 해제(release)했을 경우이며, ③은 A 및 B에서 70%에 이르도록 재긴장(restressing)했을 경우를 보인 것이다.

식 (4・10) 또는 식 (4・11)로 계산되는 마찰손실은 각 세그먼트(segment) 단부의 긴장재의 인장력을 아는 데는 충분히 정확하다. 그리고 그림 4-8 (b)에서 알 수 있는 바와 같이 이들 점 사이에서 인장력이 직선적으로 변한다고 볼 수 있다.

그림 4-8 (b)에 보인 바와 같이 적당한 길이의 긴장재를 1단에서만 긴장하면, 부재 길이에 따라 무시할 수 없을 정도의 마찰손실이 일어난다. 그림 4-8 (c)와 같이 부재를 양단에서 긴장하면 마찰손실은 많이 감소된다. 또한, 해제 후의 재긴장에 의한 일시적인 overstressing도 마찰손실을 감소시킨다.

(2) 한편, 포스트텐션 방식에 있어서는 긴장재의 인장작업시 재킹 힘(jacking force)과 긴장재의 늘음 길이(elongation)를 기록해야 한다. 긴장재의 늘음 길이는 계산에서 얻은

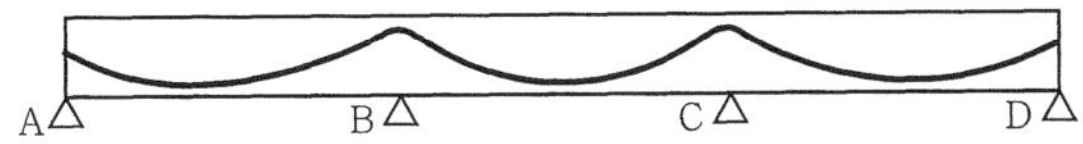

(a) 포물선으로 배치된 긴장재

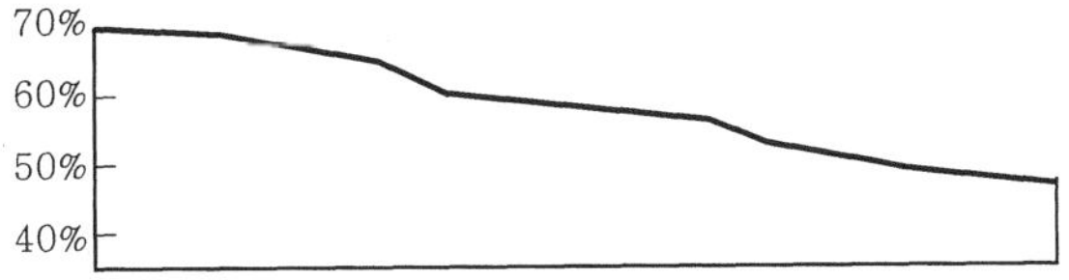

(b) 지점 A에서만 긴장했을 때 인장력의 변화

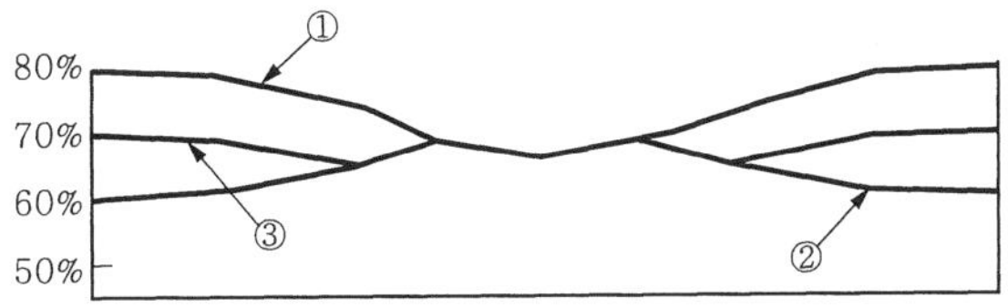

(c) 양단에서 긴장했을 때 인장력의 변화

그림 4-8 마찰손실로 인한 긴장재의 인장력 변화

값과 비교해 보아야 하며, 규정된 허용범위(포스트텐션의 경우 ±7%, 프리텐션의 경우 ±5%) 내에 있는가를 확인해야 한다. 긴장재의 늘음 길이가 예상했던 값보다 작다면, 그것은 긴장재가 덕트(duct) 안에서 막혔거나 걸려서 긴장재의 일부만이 긴장된 경우이거나, 아니면 마찰손실이 보통의 경우보다 크다는 것을 뜻한다.

긴장재의 늘음 길이 Δ는 다음 식으로 계산할 수 있다.

$$\Delta = \frac{P_{av} l}{A_p E_p} \tag{4·19}$$

여기서 P_{av} : 계산으로 얻어진 긴장재의 평균 인장력

l : 긴장재의 길이

A_p : 긴장재의 단면적

E_p : 긴장재의 탄성계수

(3) 긴장작업 중에 PS 강재가 끊어지는 수가 있다. 이 때 끊어진 PS 강재를 교환하지 않을 경우, 이것으로 인한 프리스트레스 힘의 감소가 전체 프리스트레스 힘의 2%를 초과해서는 안 된다.

4.4.3 콘크리트의 탄성변형으로 인한 손실

콘크리트에 프리스트레스를 도입하면 콘크리트는 압축되어 그만큼 부재 길이가 줄어든다. 이것을 콘크리트의 **탄성단축**(elastic shortening) 또는 **탄성변형**(elastic deformation)이라고 한다. 콘크리트의 탄성단축은 프리텐션 방식의 경우와 포스트텐션 방식의 경우가 서로 다르다.

[1] 프리텐션 방식의 경우

프리텐션 방식에서 프리스트레스를 도입하기 위하여 PS 강선의 고정을 풀어 주면, 콘크리트 부재에는 압축응력이 작용하여 부재는 단축한다. PS 강선은 콘크리트와 완전히 부착되어 있기 때문에 이 때 PS 강선도 동시에 단축한다. 따라서 PS 강선의 인장응력은 감소하게 된다. 이러한 관계를 보인 것이 그림 4-9이다. 그림 4-9 (a)는 단면적 A_p인 PS 강선이 편심 거리 e_p로 배치된 부재단면을 보인 것이고, 그림 4-9 (b)는 초기 인장응력 f_{pj}로 PS 강선을 긴장하여 인장대에 고정한 것을 보인 것이다. 그림 4-9 (c)는 긴장력을 풀어서 프리스트레스를 도입한 직후 부재가 탄성변형된 것을 보인 것이다.

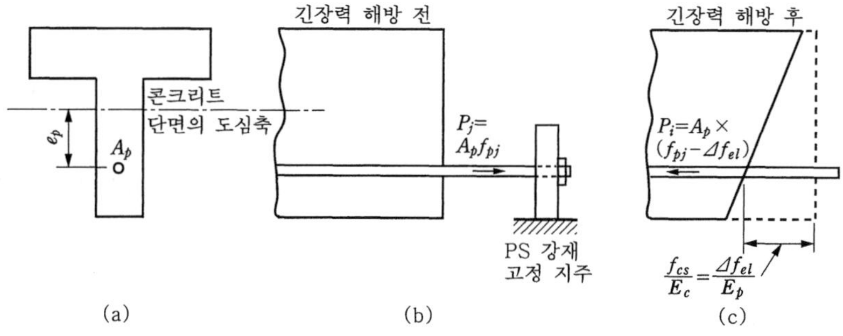

그림 4-9 탄성변형으로 인한 프리스트레스의 손실(프리텐션 부재)

PS 강재 도심위치에서의 콘크리트의 압축 변형률을 ε_e, PS 강재의 변형률을 ε_p라고 하면, 두 변형률은 같아야 하므로

$$\varepsilon_e=\varepsilon_p \quad ⓐ$$

Hooke의 법칙에 의하여

$$\varepsilon_e=\frac{f_{cs}}{E_c}, \qquad \varepsilon_p=\frac{\Delta f_{el}}{E_p} \quad ⓑ$$

여기서 f_{cs} : 프리스트레스 도입 직후 PS 강재 도심위치에서의 콘크리트의 압축응력

Δf_{el} : 콘크리트의 탄성단축에 의한 PS 강재의 인장응력의 감소량

E_c : 프리스트레스를 도입할 때의 콘크리트의 탄성계수

E_p : PS 강재의 탄성계수

따라서 식 ⓐ와 식 ⓑ로부터

$$\Delta f_{el} = E_p \varepsilon_p = E_p \varepsilon_e = E_p \frac{f_{cs}}{E_c} = n f_{cs} \qquad (4 \cdot 20)$$

여기서

$$n = \frac{E_p}{E_c}$$

위의 식의 f_{cs}는 식 (4・21)로 계산한다. 식 (4・21)의 첫째 항은 프리스트레스 힘에 의한 응력이고, 둘째 항은 보의 자중(自重)에 의한 응력이다[1장의 식 (1・4) 참조]. 프리스트레스 도입 직후에는 부재의 자중이 작용하기 때문이다. 식 (4・20)에 있어서 n의 계산에 사용할 E_c는 프리스트레스를 도입할 시점에서의 콘크리트의 탄성계수를 사용해야 한다.

$$f_{cs} = \left(\frac{P_i}{A_c} + \frac{P_i}{I_c} e_p^2\right) - \frac{M_d}{I_c} e_p = \frac{P_i}{A_c}\left(1 + \frac{e_p^2}{r^2}\right) - \frac{M_d}{I_c} e_p \qquad (4 \cdot 21)$$

여기서 P_i : 프리스트레스 도입 직후에 PS 강재에 작용하는 인장력(긴장재의 초기 인장력)

A_c : 콘크리트의 단면적

I_c : 콘크리트 단면의 도심 축에 대한 단면 2차 모멘트

e_p : PS 강재의 편심 거리

r : 콘크리트 단면의 회전 반경 $\left(= \sqrt{\frac{I_c}{A_c}}\right)$

M_d : 부재자중에 의한 휨모멘트

PS 강재군의 도심이 단면의 도심과 일치할 경우, 즉 프리스트레스 힘 P_i가 단면 도심에 작용할 경우에는 콘크리트의 응력은 다음과 같다.

$$f_{cs} = \frac{P_i}{A_c + nA_p} \qquad (4 \cdot 22)$$

여기서 $A_c + nA_p$는 부재단면의 환산 단면적이다. 긴장재의 단면적을 무시하고 부재의 총 단면적 A_g를 사용하면, 콘크리트의 응력은 근사적으로 다음과 같이 된다.

$$f_{cs} = \frac{P_i}{A_g} \qquad (4 \cdot 23)$$

식 (4・21) 내지 식 (4・23)의 P_i는 콘크리트가 탄성단축된 후에 PS 강재에 작용

하는 인장력이므로 그 크기는 다음과 같다.

$$P_i = A_p(f_{pj} - \Delta f_{el}) \tag{4·24}$$

여기서 A_p : PS 강재의 단면적

f_{pj} : PS 강재의 초기 인장응력(재킹 직후의 인장응력)

Δf_{el} : 콘크리트의 탄성단축으로 인한 PS 강재의 인장응력의 손실

위의 식들에서 P_i는 프리스트레스 도입 직후의 프리스트레스 힘이다. 즉, 콘크리트가 탄성변형을 일으킨 직후의 긴장재의 인장력이다. 따라서 그 값을 정확하게 알지 못한다. 왜냐하면 콘크리트의 탄성단축과 긴장재의 인장력 손실이 동시에 일어나기 때문이다.

P_i 값의 정확한 추정은 실용상 그렇게 필요한 것은 아니다. 왜냐하면 콘크리트의 탄성단축으로 인한 인장력의 감소는 총인장력의 몇 %에 불과하기 때문이다. 그래서 식 (4·22)로 계산할 경우에는 P_i 대신 P_j(jacking force)를 사용해도 좋다.

그러나 프리텐션 보에 대하여 식 (4·21)을 사용할 경우에는 P_i를 P_j보다 10% 정도 작게 취하도록 권장하고 있다. 즉

$$P_i = 0.9P_j \tag{4·25}$$

여기서 P_j는 긴장재의 재킹 힘(jacking force)이며, 긴장작업시 측정되기 때문에 그 값을 알 수 있다.

한편, 위의 식들에서 부재의 단면적이나 단면 2차 모멘트는 총 단면적을 사용하여 계산하는 것이 좋다. 왜냐하면 환산단면을 사용하여 계산한 결과와 총 단면을 사용하여 계산한 결과가 거의 같기 때문이다.

예제 4-3. 그림 4-10과 같은 프리텐션 부재에서 프리스트레스를 도입할 때, 콘크리트의 탄성변형으로 인하여 일어나는 프리스트레스의 손실량을 계산하라. PS 강선은 그림과 같이 배치하였으며, 그 단면적은 $A_p = 774\,\text{mm}^2$이고, $f_{pj} = 1050\,\text{MPa}$의 재킹 힘으로 인장대에 정착하였다. $E_p = 2.0 \times 10^5\,\text{MPa}$, $E_c = 3.35 \times 10^4\,\text{MPa}$이다.

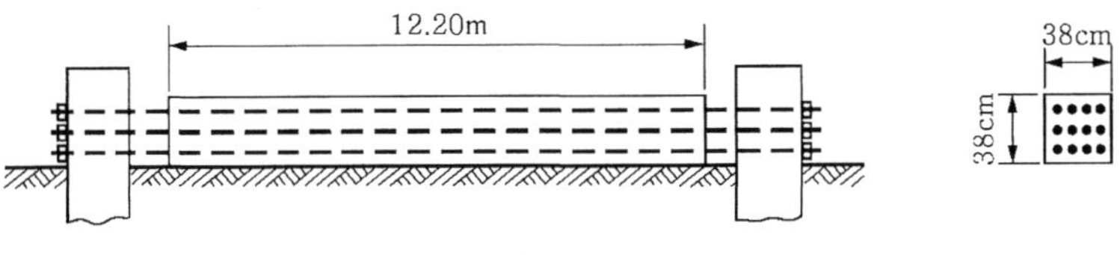

그림 4-10

풀이 그림 4-10에서 알 수 있는 바와 같이 PS 강선군의 도심이 부재단면의 도심과 일치하므로 프리스트레스 힘은 단면도심에 작용한다.

1) 식 (4·22)로 계산해 보자.

$$n=\frac{E_p}{E_c}=\frac{2.0\times10^5}{3.35\times10^4}=6$$

$$A_c+nA_p=(380^2-774)+6\times774=148,300\ \text{mm}^2$$

$$P_j=A_pf_{pj}=774\times1050=812,700\ \text{N}$$

P_i 대신 P_j를 사용하여 계산하면, 식 (4·22)로부터

$$f_{cs}=\frac{P_j}{A_c+nA_p}=\frac{812,700}{148,300}=5.5\ \text{N/mm}^2=5.5\ \text{MPa}$$

따라서 콘크리트의 탄성단축으로 인한 긴장재의 인장력 손실량은 식 (4·20)에 의하여

$$\Delta f_{el}=nf_{cs}=6\times5.5=33\ \text{MPa}$$

즉, 긴장재의 인장응력은 33 MPa만큼 감소한다. 그러므로 프리스트레스 도입 직후의 긴장재의 인장응력은

$$1050-33=1017\ \text{MPa}$$

이고, 손실률은

$$\frac{33}{1050}=0.031=3.1\%$$

2) 식 (4·21)로 계산해 보자.

이 경우는 $P_i=0.9P_j$로 보고 계산한다.

$$P_i=0.9P_j=0.9\times812,700=731,430\ \text{N}$$

이 부재는 그림 4-10에서 알 수 있는 바와 같이 프리스트레스 힘이 단면도심에 작용하므로 프리스트레스로 인한 휨이 일어나지 않는다. 그러므로

$$e_p=0,\qquad M_d=0$$

이다. 부재의 총 단면적을 사용하면 식 (4·21)에 의하여 콘크리트 응력은 다음과 같이 된다.

$$f_{cs}=\left(\frac{P_i}{A_c}+0\right)-0=\frac{P_i}{A_g}=\frac{731,430}{380^2}=5.1\ \text{N/mm}^2=5.1\ \text{MPa}$$

이것은 식 (4·22)로 계산한 것과 거의 같다. 긴장재 응력의 손실량은 식 (4·20)으로부터

$$\Delta f_{el}=nf_{cs}=6\times5.1=30.6\ \text{MPa}$$

3) 식 (4 · 24)의 P_i를 사용하여 계산해 보자.

식 (4 · 24)와 식 (4 · 22)를 식 (4 · 20)에 대입하여 정리하면

$$\Delta f_{el} = \frac{nA_p}{A_c + 2nA_p} f_{pj} = \frac{6 \times 774}{(380^2 - 774) + 2 \times 6 \times 774} \times 1050$$
$$= 31.9 \text{ MPa}$$

예제 4-4. 그림 4-11과 같은 프리텐션 부재에 프리스트레스를 도입할 때 일어나는 프리스트레스의 감소량을 구하라. PS 강재의 단면적은 $A_p = 620 \text{ mm}^2$이고, $f_{pj} = 1100$ MPa의 인장응력으로 인장대에 정착하였다. $n = 6$이다.

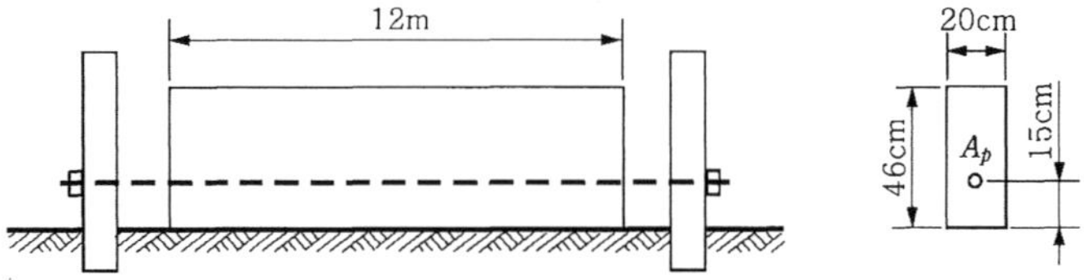

그림 4-11

풀이 1) 근사계산

$P_i = 0.9P_j$로 보고 계산한다.

$$P_i = 0.9P_j = 0.9A_p f_{pj} = 0.9 \times 620 \times 1100 = 613,800 \text{ N}$$
$$A_c \fallingdotseq A_g = 20 \times 46 = 920 \text{ cm}^2 = 92,000 \text{ mm}^2$$
$$e_p = \frac{46}{2} - 15 = 8 \text{ cm} = 80 \text{ mm}$$
$$I_c = \frac{1}{12} \times 20 \times 46^3 = 162,227 \text{ cm}^4 = 162,227 \times 10^4 \text{ mm}^4$$

부재의 자중 및 자중에 의한 휨모멘트는

$$w_d = 25,000 \times 0.2 \times 0.46 = 2300 \text{ N/m}$$
$$M_d = \frac{1}{8} w_d l^2 = \frac{1}{8} \times 2300 \times 12^2 = 41,400 \text{ N·m} = 41,400 \times 10^3 \text{ N·mm}$$

프리스트레스 도입 직후 PC 강재 도심위치에서의 콘크리트 응력은 식 (4 · 21)로부터

$$f_{cs} = \frac{613,800}{92,000} + \frac{613,800}{162,227 \times 10^4} \times 80^2 - \frac{41,400 \times 10^3}{162,227 \times 10^4} \times 80$$
$$= 6.7 + 2.4 - 2.0 = 7.1 \text{ N/mm}^2 = 7.1 \text{ MPa}$$

따라서 PS 강재의 인장응력의 감소량은 식 (4 · 20)으로부터

$$\Delta f_{el} = nf_{cs} = 6 \times 7.1 = 43 \text{ MPa}$$

2) 정밀계산

식 (4・24)의 P_i를 사용한다. 식 (4・21)과 식 (4・24)를 식 (4・20)에 대입하여 정리하면

$$\Delta f_{el}=\frac{n\rho\left(1+\frac{e_p^2}{r^2}\right)f_{pj}-n\frac{M_d}{I_c}e_p}{1+n\rho\left(1+\frac{e_p^2}{r^2}\right)} \tag{4・26}$$

여기서

$$\rho=\frac{A_p}{A_c}=\frac{620}{200\times460}=0.00674$$

$$r^2=\frac{I_c}{A_c}=\frac{200\times460^3}{12\times(200\times460)}=17,630\,\text{mm}^2$$

이들 값을 위의 식에 대입하면

$$\Delta f_{el}=\frac{6\times0.00674\left(1+\frac{80^2}{17,630}\right)\times1100-6\times\frac{41,400\times10^3}{162,227\times10^4}\times80}{1+6\times0.00674\left(1+\frac{80^2}{17,630}\right)}$$

$$=45\ \text{MPa}$$

[2] 포스트텐션 방식의 경우

포스트텐션 방식의 경우는 프리텐션 방식의 경우와 매우 다르다. 하나의 긴장재(케이블)만을 배치하여 1회의 긴장작업으로 프리스트레스의 도입이 끝나는 포스트텐션 부재를 생각해 보자. 포스트텐션 방식에서는 경화한 콘크리트 부재를 받침으로 하며 긴장재를 재킹하므로, 물론 콘크리트 부재는 단축한다. 그러나 이 때 긴장재의 인장력은 콘크리트 부재가 탄성단축된 후에 측정되기 때문에 콘크리트의 탄성변형으로 인한 인장력의 감소는 있을 수 없다.

그러나 대개의 포스트텐션 부재는 많은 수의 긴장재가 배치되어 미리 정해 놓은 긴장 순서에 따라 긴장정착하는 것이 보통이다. 그러므로 이러한 경우에는 프리스트레스가 순차적으로 도입되기 때문에 콘크리트의 탄성단축도 순차적으로 일어난다. 따라서 제일 먼저 긴장정착한 긴장재는 그 시점에서는 인장력의 감소가 없지만, 두 번째 긴장재를 긴장정착하면 이 탄성단축 때문에 첫 번째 긴장재의 인장력이 감소한다. 또, 세 번째의 긴장재를 긴장정착하면 그 탄성변형의 영향을 받아 첫 번째 및 두 번째 긴장재의 인장력이 감소한다. 결국, 제일 먼저 긴장정착한 긴장재가 가장 많이 감소하고, 마지막으로 정착하는 긴장재는 인장력의 감소가 없다.

이와 같이 긴장재의 인장력 감소량을 정확하게 계산한다는 것은 복잡하다. 그러므

로 실용상으로는 제일 먼저 긴장한 긴장재의 감소량을 계산하여 그 값의 $\frac{1}{2}$을 모든 긴장재의 평균 감소량으로 보거나, 또는 다음 식에 의하여 계산해도 좋다.

$$\Delta f_{el}=\frac{1}{2}nf_{cs}\times\frac{N-1}{N} \qquad (4 \cdot 27)$$

여기서 f_{cs} : 프리스트레싱에 의한 긴장재 도심위치의 콘크리트의 압축응력

N : 긴장재의 긴장횟수(긴장재의 케이블 수)

f_{cs}는 긴장재가 편심 배치되었을 때는 식 (4·21)로 계산하며, 단면도심에 배치되었을 때는 식 (4·22) 또는 (4·23)으로 계산한다.

한편, 도로교 및 철도교 설계기준에서는 포스트텐션 부재에 있어서 탄성단축으로 인한 손실량을 다음과 같이 주고 있다.

$$\Delta f_{el}=0.5\frac{E_p}{E_{ci}}f_{cir} \qquad (4 \cdot 28)$$

여기서 E_{ci} : 정착시의 콘크리트의 탄성계수

f_{cir} : 정착 직후 보의 사하중과 프리스트레스 힘에 의해 일어나는 긴장재 도심위치에서의 콘크리트의 응력

예제 4-5. 그림 4-10의 부재를 포스트텐션 방식으로 제조하되, 긴장재(A_p=774 mm^2)를 4회로 나누어 1회에 193.5 mm^{2}씩 차례로 긴장정착하기로 한다. 콘크리트의 탄성변형으로 인한 긴장재의 인장응력의 평균 감소량을 구하라. 다른 조건은 예제 4-3과 같다.

풀이 1) 제일 먼저 긴장정착한 긴장재의 인장력의 감소는 나중에 긴장한 3개의 긴장재의 프리스트레스 힘에 의한 콘크리트의 탄성단축 때문에 일어난다. 나중에 긴장하는 3개의 케이블을 각각 1050 MPa의 인장응력으로 긴장한다면, 이들 재킹 힘의 합계는 다음과 같다(이 3개의 케이블도 순차적으로 긴장하기 때문에 개개의 케이블의 인장력은 서로 다르지만 근사적으로 이렇게 본 것이다).

$$P_j=3\times193.5\times1050=609.530 \text{ N}$$

포스트텐션 보이므로 이들 케이블의 인장응력 1050 MPa는 콘크리트의 탄성단축 후에 각각 측정된 값이다. 그러므로 제일 먼저 긴장한 PS 강재의 인장력 감소량은 위의 P_j값으로 계산해야 한다.

이 P_j에 의한 콘크리트의 압축응력은

$$f_{cs}=\frac{P_j}{A_g}=\frac{609,530}{380\times380}=4.2 \text{ MPa}$$

따라서 최초에 긴장한 PS 강재의 손실은 식 (4·20)에 의하여

$$nf_{cs}=6\times4.2=25.2\text{ MPa}$$

그러므로 평균 감소량은

$$\Delta f_{el}=\frac{1}{2}\times25.2=12.6\text{ MPa}$$

2) 식 (4·27)로 계산해 보자.

$$f_{cs}=\frac{P_i}{A_g}=\frac{A_p f_{pi}}{A_g}=\frac{774\times1050}{380\times380}=5.6\text{ MPa}$$

$$\Delta f_{el}=\frac{1}{2}nf_{cs}\frac{N-1}{N}=\frac{1}{2}\times6\times5.6\times\frac{4-1}{4}=12.6\text{ MPa}$$

3) 프리스트레스를 도입하는 순서에 따라 순차적으로 감소량을 계산해 보자.

두 번째의 케이블을 긴장정착함으로써 먼저 긴장정착한 첫 번째 케이블의 인장응력 감소량은 다음과 같다.

$$nf_{cs}=n\frac{A_p f_{pi}}{A_g}=6\times\frac{193.5\times1050}{380\times380}=8.4\text{ MPa}$$

세 번째의 케이블을 긴장정착하면 이미 정착된 각 케이블에는 각각 8.4 MPa의 감소가 더 일어나므로

첫 번째 케이블의 감소량은 $2\times8.4=16.8\text{ MPa}$
두 번째 케이블의 감소량은 $1\times8.4=8.4\text{ MPa}$

네 번째의 케이블을 긴장정착하면 같은 방법에 의하여

첫 번째 케이블의 감소량은 $3\times8.4=25.2\text{ MPa}$
두 번째 케이블의 감소량은 $2\times8.4=16.8\text{ MPa}$
세 번째 케이블의 감소량은 $1\times8.4=8.4\text{ MPa}$
마지막으로 긴장한 네 번째 케이블의 감소량은 0이다.

따라서 4개의 케이블의 인장응력의 감소량의 평균은

$$\frac{1}{4}(25.2+16.8+8.4+0)=12.6\text{ MPa}$$

즉, 근사계산과 결과는 같다.

참고> 위의 예제에서 3)의 계산방법은 각 케이블이 순차적으로 인장되고, 또 개개의 케이블을 동일한 인장응력(1050 MPa)으로 인장하여 정착하는 경우이다. 이 때 그 인장응력은 manometer, dynamometer로 측정된다. 따라서 정착 직후 개개의 케이블의 인장력은 콘크리트의 탄성단축으로 인한 손실만큼 감소된 값으로 된다. 그래서 탄성단축으로 인한 손실만큼 더 인장하여 정착 직후의 인장력을 모두 동일하게 되도록 할 수도 있다. 이 예제의 경우, 제일 먼저 긴장하여 정착할 케이블을

$$1050 + 25.2 = 1075 \text{ MPa}$$

로 인장하고, 두 번째로 정착할 케이블은

$$1050 + 16.8 = 1069 \text{ MPa}$$

로 인장하며, 세 번째의 케이블은

$$1050 + 8.4 = 1058 \text{ MPa}$$

로 인장하며, 마지막 네 번째의 케이블은

$$1050 \text{ MPa}$$

로 인장하면, 정착 직후의 인장응력은 모든 긴장재가 1050 MPa로 될 것이다. 그러나 이러한 방법은 번거로워서 현장에서는 거의 사용되지 않는다.

일반적으로 포스트텐션 방식에 있어서는 다음 두 가지 방법 중의 하나가 사용된다.

① 모든 긴장재를 지정된 일정한 초기 인장력으로 긴장하고, 설계에 있어서는 평균손실을 고려한다.

② 지정된 일정한 초기 인장력에 손실량을 가산하여 긴장하고, 설계에서는 콘크리트의 탄성단축으로 인한 손실을 고려하지 않는다.

콘크리트의 탄성단축으로 인한 인장력의 손실이 그리 중요하지 않은 경우에는 ①의 방법에 따르는 것이 좋고, 긴장재가 over-tension에 견디고 또 높은 유효 프리스트레스가 요구될 경우에는 ②의 방법에 따르는 것이 좋다.

4.5 프리스트레스의 시간적 손실

프리스트레스 힘은 콘크리트의 크리프와 건조수축 및 PS 강재의 릴랙세이션으로 말미암아 시간의 경과와 더불어 감소한다. 콘크리트의 크리프나 건조수축 및 PS 강재의 릴랙세이션은 상호 의존적으로 진행되기 때문에, 이들에 의한 프리스트레스의 감소도 이들에 조합된 영향을 고려하여 계산하는 것이 바람직하다. 콘크리트의 크리프와 건조수축으로 인한 프리스트레스의 시간적 감소를 계산하는 방법은 이론적 해법, 근사적 해법 등 여러 가지가 제안되고 있다.

그러나 콘크리트의 크리프와 건조수축 자체를 정확하게 파악한다는 것은 거의 불가능하기 때문에 이론적 해법에 의한다 하더라도 불확실성은 여전히 남는다. 따라서 실용상으로는 근사해법으로 충분하다.

실용적인 근사해법의 하나로 다음과 같은 식이 있다.

$$\Delta f_{p(c+s)} = \frac{nC_u(f_{cd}+f_{cpi})+E_p\varepsilon_{cs}}{1+n\frac{f_{cpi}}{f_{pi}}\left(1+\frac{C_u}{2}\right)} \qquad (4 \cdot 29)$$

여기서 $\Delta f_{p(c+s)}$: 콘크리트의 크리프와 건조수축에 의한 긴장재 응력의 감소량

C_u : 콘크리트의 크리프 계수

f_{cd} : 생각하고 있는 긴장재 위치에서 영구하중(永久荷重)에 의한 콘크리트의 압축응력

f_{cpi} : 생각하고 있는 긴장재 위치에서 프리스트레싱 직후의 콘크리트 응력

ε_{cs} : 콘크리트의 건조수축 변형률

f_{pi} : 프리스트레싱 직후의 긴장재의 인장응력

위의 식은 콘크리트의 크리프와 건조수축을 분리하여 생각할 수 없다는 생각에서 유도된 것이지만, 여전히 복잡함을 면치 못한다. 따라서 편의상 다음과 같이 분리하여 생각한다.

4.5.1 콘크리트의 크리프로 인한 손실

콘크리트의 크리프에 의하여 긴장재의 인장응력은 시간의 경과와 더불어 감소한다. 콘크리트의 크리프 변형률은 식 (2 · 16)으로부터 $C_u\varepsilon_e$이다. 여기서 C_u는 크리프 계수이다. 따라서 긴장재에도 $C_u\varepsilon_e$의 압축 변형률이 일어나서 인장응력이

$$\Delta f_{cp} = E_p(C_u\varepsilon_e)$$

만큼 감소한다. 그런데 식 (4 · 20)으로부터 $E_p\varepsilon_e = nf_{cs}$이므로 이 관계를 위의 식에 대입하면

$$\Delta f_{cp} = C_u nf_{cs} \qquad (4 \cdot 30)$$

이것이 콘크리트의 크리프에 의한 PS 강재의 인장응력의 감소량이다. 위의 식에서 f_{cs}는 크리프에 의한 감소를 계산할 시점에서 긴장재 위치의 콘크리트에 작용하고 있는 응력으로서 식 (4 · 21)로 계산한다.

크리프에 의한 콘크리트의 압축응력은 일정하지 않으며, 크리프의 진행과 함께 진행되는 건조수축과 릴랙세이션 때문에 시간의 경과와 더불어 감소한다. 이러한 관계를 고려하여 식 (4 · 21)에서 P_i 대신 근사적으로 $0.9P_i$를 대입하여 f_{cs}를 계산한다.

프리텐션 부재와 그라우트한 포스트텐션 부재에서 크리프에 의한 프리스트레스 감소는 단면에 따라 다르기 때문에 최대 모멘트 단면에서 계산되어야 한다. 그러나

부착되지 않은 포스트텐션 부재에서 크리프에 의한 긴장재 응력의 감소는 전 길이에 걸쳐 균일하기 때문에 이 경우의 감소계산은 정착장치 사이의 f_{cs}의 평균값을 사용한다.

콘크리트의 크리프 계수 C_u의 값은 저강도의 콘크리트일수록 큰 값을 나타내고 고강도일수록 작은 값을 보인다. 일반적으로

$$C_u = 1.6 \sim 3.2$$

의 범위에 있다. 크리프에 관한 특별한 자료가 없는 경우에는 식 (4・30)의 C_u 값으로 C_u=2.35를 사용해도 좋다.

한편, 도로교와 철도교 설계기준에서는 프리텐션 부재나 포스트텐션 부재에 대하여 크리프에 의한 손실량을 다음과 같이 주고 있다.

$$\Delta f_{cp} = 12 f_{cir} - 7 f_{cds} \tag{4・31}$$

여기서 f_{cds} : 프리스트레스를 도입할 때 존재하던 사하중을 제외한 그 후의 모든 사하중에 의해 일어나는 긴장재 도심위치에서의 콘크리트의 응력

f_{cir} : 식 (4・28)의 f_{cir}와 같다.

예제 4-6. 그림 4-11(예제 4-4)의 보에 있어서 콘크리트의 크리프에 의한 프리스트레스 힘의 손실을 계산하라. 크리프에 의한 손실을 계산할 시점에서 n=6, C_u=2.0이고, 보의 자중 외에 추가되는 지속하중은 없다.

풀이 예제 4-4의 근사계산을 참고하면 f_{cs}=7.1 MPa이므로, 콘크리트의 크리프로 인한 긴장재 응력의 손실은 식 (4・30)에 의하여 다음과 같이 된다.

$$\Delta f_{cp} = 2.0 \times 6 \times 7.1 = 85 \text{ MPa}$$

4.5.2 콘크리트의 건조수축으로 인한 손실

콘크리트의 건조수축 변형률을 ε_{sh}라 하면, 긴장재도 ε_{sh}만큼 압축변형을 일으켜서 인장응력이 감소된다. 따라서 콘크리트의 건조수축에 의한 긴장재 인장응력의 감소는 다음과 같이 된다.

$$\Delta f_{sh} = E_p \varepsilon_{sh} \tag{4・32}$$

건조수축에 의한 콘크리트의 최종 변형률은 $500 \times 10^{-6} \sim 1000 \times 10^{-6}$ 정도의 범위이다. 습윤양생한 콘크리트의 최종 건조수축 변형률은 800×10^{-6} 정도이고, 증기양

생한 콘크리트는 730×10^{-6} 정도로 볼 수 있다. 보, 슬래브 등의 설계에서 고려해야 할 건조수축 변형률은 표 2-3에 주어져 있다.

프리텐션 방식에서는 콘크리트를 친 후 불과 24시간 정도에서 프리스트레스를 도입하는 것이 보통이므로, 건조수축은 그 후에 일어난다. 그러나 포스트텐션 방식에서는 콘크리트를 친 후 7일 이전에 프리스트레스를 도입하는 일은 거의 없으며, 그 후가 되는 것이 보통이다. 건조수축은 재령 7일에서 최종 수축변형률의 10~15% 정도가 일어나며, 재령 28일까지 프리스트레스 도입을 하지 않을 경우에는 35~45% 정도가 일어난다고 한다.

도로교 및 철도교 설계기준에서는 건조수축으로 인한 프리스트레스의 손실량을 다음과 같이 주고 있다.

프리텐션 부재에 대하여

$$\Delta f_{sh}=119-1.05H_r \tag{4・33}$$

포스트텐션 부재에 대하여

$$\Delta f_{sh}=0.80(119-1.05H_r) \tag{4・34}$$

여기서 H_r는 연간 평균 상대습도이다.

예제 4-7. 콘크리트의 건조수축 변형률이 18×10^{-5}일 때 긴장재의 인장응력의 감소를 구하라. $E_p=2.0\times10^5$ MPa이다.

풀이 식 (4・32)로부터

$$\Delta f_{sh}=2.0\times10^5\times18\times10^{-5}=36\text{ MPa}$$

4.5.3 PS 강재의 릴랙세이션으로 인한 손실

PS 강재에 인장응력을 작용시켜 그 변형률을 일정하게 유지하면, PS 강재에 준 인장응력은 시간의 경과와 더불어 점차로 감소한다. 이러한 현상을 PS 강재의 릴랙세이션에 의한 인장응력의 손실이라고 한다.

이와 같이 변형률을 일정하게 유지했을 때의 릴랙세이션을 순 릴랙세이션이라고 한다. 그러나 PSC 부재 속에 배치된 PS 강재는 콘크리트의 건조수축과 크리프에 의하여 그 인장 변형률이 일정하게 유지되지 못하고 시간의 경과와 더불어 감소한다. 즉, 실제의 PSC 부재에 일어나는 PS 강재의 릴랙세이션은 변형률 일정시의 순 릴랙세이션이 아니고 주어진 변형률이 시간과 함께 감소하는 릴랙세이션이다. 이것을 겉보기 릴랙세이션이라고 한다. 따라서 겉보기 릴랙세이션에 의한 인장응력의 손실량은 순 릴랙세이션에 의한 손실량보다 적다.

이와 같이 PS 강재의 릴랙세이션에 의한 긴장재의 인장응력 감소량은 순 릴랙세이션에 의한 감소량과 콘크리트의 크리프, 건조수축에 의한 변형률 및 이 양자의 진행속도의 상대적 관계 등 매우 많은 요소에 관계된다. 따라서 PS 강재의 릴랙세이션에 의한 감소와 콘크리트의 건조수축, 크리프에 의한 감소를 각각 따로 계산해서 합산하는 것은 적당하지 않다.

식 (2・41)을 릴랙세이션으로 인한 긴장재 응력의 손실 $\Delta f_{re}(=f_{pi}-f_p)$의 항으로 나타내면 다음과 같이 된다.

$$\Delta f_{re}=f_{pi}\frac{\log_{10}t}{10}\left(\frac{f_{pi}}{f_{py}}-0.55\right) \tag{4・35}$$

여기서 f_{pi} : 프리스트레스 도입 직후의 긴장재의 인장응력

f_{py} : 긴장재의 항복강도

t : 프리스트레싱 후 손실계산시까지의 시간(h)

위의 식은 응력제거 강선(stress-relieved wire)에 대한 값이지만, 모든 PS 강재에 적용할 수 있으며 포스트텐션 부재에 적용된다.

프리텐션 부재에 있어서 릴랙세이션으로 인한 긴장재 응력의 감소 Δf_{re}는 식 (2・42)로부터 다음 식을 얻을 수 있다.

$$\Delta f_{re}=f_{pi}\left(\frac{\log_{10}t_n-\log_{10}t_r}{10}\right)\left(\frac{f_{pi}}{f_{py}}-0.55\right) \tag{4・36}$$

위의 식의 기호는 식 (2・42)의 기호와 같다. 최근에는 저 릴랙세이션 강재(low-relaxation steel)가 일반적으로 사용되고 있다. 이러한 강재는 릴랙세이션으로 인한 인장력 감소가 매우 적으며, 그 감소는 식 (4・35)와 식 (4・36) 대신에 다음 식들로 계산한다.

포스트텐션 부재에 대하여

$$\Delta f_{re}=f_{pi}\frac{\log_{10}t}{45}\left(\frac{f_{pi}}{f_{py}}-0.55\right) \tag{4・37}$$

프리텐션 부재에 대하여

$$\Delta f_{re}=f_{pi}\left(\frac{\log_{10}t_n-\log_{10}t_r}{45}\right)\left(\frac{f_{pi}}{f_{py}}-0.55\right) \tag{4・38}$$

릴랙세이션으로 인한 PS 강재의 인장력 감소는 동시에 진행되는 콘크리트의 크리프와 건조수축의 영향 때문에 얼마간 적어진다. 이러한 상호작용의 영향을 근사적으로 반영하기 위하여 위의 식들에서 f_{pi} 대신 $0.9f_{pi}$를 대입하여 계산한다.

표 2-6의 겉보기 릴랙세이션값을 사용하여 다음 식으로 계산해도 좋다. 즉

$$\Delta f_{re} = \gamma f_{pi} \tag{4·39}$$

여기서 γ : PS 강재의 겉보기 릴랙세이션 값(표 2-6).

한편, 도로교 및 철도교 설계기준에서는 포스트텐션 부재에 있어서 PS 강재의 릴랙세이션에 의한 손실량을 다음과 같이 주고 있다(프리텐션 부재는 생략한다).

(1) 인장강도가 1750~1900 MPa인 강연선

① 응력제거 강연선

$$\Delta f_{pr} = 140 - 0.3\Delta f_{pf} - 0.4\Delta f_{pel} - 0.2(\Delta f_{psh} + \Delta f_{pcr})$$

② 저 릴랙세이션 강연선

$$\Delta f_{pr} = 35 - 0.07\Delta f_{pf} - 0.1\Delta f_{pel} - 0.05(\Delta f_{psh} + \Delta f_{pcr})$$

(2) 인장강도가 1680 MPa인 강선

$$\Delta f_{pr} = 126 - 0.3\Delta f_{pf} - 0.4\Delta f_{pel} - 0.2(\Delta f_{psh} + \Delta f_{pcr})$$

(3) 인장강도가 1015~1120 MPa인 강봉

$$\Delta f_{pr} = 21 \text{ MPa}$$

여기서 Δf_{pr} : PS 강재의 릴랙세이션에 의한 프리스트레스의 손실(MPa)
Δf_{pf} : PS 강재의 마찰에 의한 프리스트레스의 손실(MPa)
Δf_{pel} : 콘크리트의 탄성수축에 의한 프리스트레스의 손실(MPa)
Δf_{psh} : 콘크리트의 건조수축에 의한 프리스트레스의 손실(MPa)
Δf_{pcr} : 콘크리트의 크리프에 의한 프리스트레스의 손실(MPa)

예제 4-8. 제작 후 1년 된 포스트텐션 보가 있다. 릴랙세이션에 의하여 중앙단면의 PS 강선에 일어나는 프리스트레스 손실량을 구하라. PS 강선의 단면적은 A_p = 23.6 cm^2이고, 프리스트레스 도입 직후의 인장응력은 f_{pi} = 1100 MPa, 항복점 응력은 f_{py} = 1450 MPa이다.

풀이 1) 식 (4·35)를 사용한다. 이 시점에서는 콘크리트의 건조수축과 크리프 및 PS 강선의 릴랙세이션의 조합된 영향으로 인하여 도입 직후의 인장응력이 감소되어 있으므로,

이 감소를 10% 정도로 보고 식 (4 · 35)의 f_{pi} 대신 $0.9f_{pi}$를 대입하여 계산한다.

$$0.9f_{pi}=0.9\times1100=990\ \text{MPa}$$

$$t=1\text{년}=12\times30\times24=8640\text{시간}$$

$$\log_{10}t=\log_{10}8640=3.94$$

이들을 식 (4 · 35)에 대입하면 긴장재 응력의 손실은 다음과 같다.

$$\Delta f_{re}=990\times\frac{3.94}{10}\left(\frac{990}{1450}-0.55\right)=50.7\ \text{MPa}$$

2) 식 (4 · 39)로 계산해 보자.

릴랙세이션 값 γ는 표 2-6으로부터

$$\gamma=0.05$$

따라서 식 (4 · 39)로부터

$$\Delta f_{re}=\gamma f_{pi}=0.05\times990=49.5\ \text{MPa}$$

4.6 계산 예

그림 4-12에 보인 보는 7연선 12.4 mm[SWPC 7AN, 부록 표 B-2 및 표 B-3 참조]의 PS 강연선 12개의 단일덕트로 된 포스트텐션 보이다. 콘크리트의 재령이 28일 되는 날, 잭 인장력 1360 kN으로 동시에 긴장하였다. 1단(왼쪽단부)에서만 재킹하였

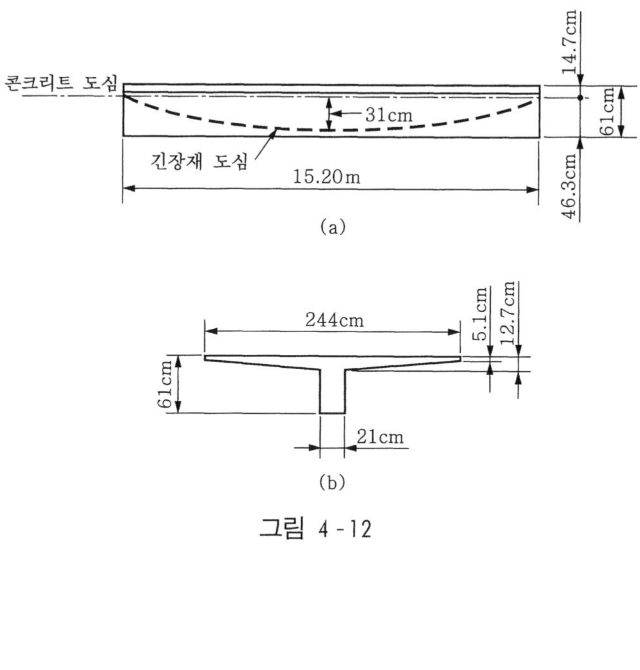

그림 4-12

으며 정착장치에서 긴장재는 2.54 mm 활동(滑動)하였다. 보의 자중은 8140 N/m이고, 그 밖의 설계 조건은 다음과 같다.

$$A_p = 12\times 92.90 = 1114.8\ \text{mm}^2,\quad A_c = 338,000\ \text{mm}^2$$
$$I_c = 917\times 10^7\ \text{mm}^4,\quad r^2 = 27,100\ \text{mm}^2$$
$$f_{ck} = 35\ \text{MPa},\quad E_c = 2.7\times 10^4\ \text{MPa}$$
$$E_p = 2.0\times 10^5\ \text{MPa},\quad C_u(\text{크리프 계수}) = 2.35$$
$$f_{py} = 1500\ \text{MPa},\quad f_{pu} = 1750\ \text{MPa}$$
$$\mu(\text{곡률계수}) = 0.2,\quad k(\text{파상계수}) = 0.003$$

지속하중으로서 자중만을 생각하고 5년 후에 일어날 프리스트레스의 손실을 계산해 본다.

[1] 즉시손실

1) 콘크리트의 탄성변형으로 인한 손실 단일덕트 속에 있는 12개의 스트랜드를 경화된 콘크리트 부재를 받침으로 하여 하나의 잭으로 일시에 긴장하므로, 탄성변형으로 인한 손실은 없다. 즉

$$\Delta f_{el} = 0$$

2) 긴장재와 쉬스의 마찰로 인한 손실 긴장재는 포물선으로 배치되어 있지만, 이것을 원호로 보고 식 (4・18)로 각 변화 α를 계산한다.

$$\alpha = \frac{8\times 31}{1520} = 0.163\ \text{radian}$$
$$\therefore\ \mu\alpha + kl = 0.2\times 0.163 + 0.003\times 15.2 = 0.078 < 0.3$$

인장단(잭의 위치)에서 긴장재의 응력은

$$f_{po} = f_{pj} = \frac{P_i}{A_p} = \frac{1,360,000}{1114.8} = 1220\ \text{N/mm}^2$$

따라서 마찰로 인하여 보의 전 길이에 걸쳐 일어날 긴장재 응력의 손실량은 식 (4・14)에 의하여 다음과 같이 된다.

$$\Delta f_{fr} = 1220\times 0.078 = 95\ \text{N/mm}^2$$

그러므로 지간 중앙단면에서의 마찰손실은 보의 전 길이에 일어나는 마찰손실의 1/2 로 볼 수 있으므로

$$\frac{1}{2}\Delta f_{fr} = \frac{1}{2}\times 95 = 47.5\ \text{N/mm}^2$$

보의 중앙단면에 일어나는 마찰손실은 다음과 같이 계산해도 좋다. 즉, 긴장재 길이는 $l=7.6$ m$(=15.2/2)$이고 각 변화는 $\alpha=0.163\times\frac{1}{2}=0.0815$(radian)이므로

$$\mu\alpha+kl=0.2\times0.0815+0.003\times7.6=0.039<0.3$$

따라서 보의 중앙단면의 마찰손실은 다음과 같다.

$$1220\times0.039=47.5\ \text{N/mm}^2$$

3) **정착장치의 활동으로 인한 손실**　포스트텐션 보에 있어서는 플라스틱 쉬스에 수용된 강연선(strand)의 경우와 긴장재의 곡률이 작은 경우 이외는 정착장치의 활동(slip)의 영향은 정착장치 근처에 국한된다. 이 예제의 보에 있어서는 정착장치의 활동의 영향이 보의 단부에서 안쪽으로 3 m 정도까지 미칠 것으로 예상된다. 그러므로 지간 중앙까지는 활동의 영향이 미치지 않을 것이다. 그래서 지간 중앙단면에서는 인장력의 손실이 없다고 본다. 즉

$$\Delta f_{an}=0$$

<즉시손실의 합계>

이상의 세 손실의 합계가 즉시손실의 총량이다. 이것을 중앙단면과 우측단에 대하여 정리하면

지간 중앙단면에서는

즉시손실 : $\Delta f_{pim}=\Delta f_{el}+\Delta f_{fr}+\Delta f_{an}$
$$=0+47.5+0=47.5\ \text{N/mm}^2$$

긴장재 응력 : $f_{pi}=f_{pj}-\Delta f_{pim}$
$$=1220-47.5=1172.5\ \text{N/mm}^2$$

초기 인장력 : $P_i=A_p f_{pi}$
$$=1114.8\times1172.5=1,307,000\ \text{N}=1307\ \text{kN}$$

우측단에서는

즉시손실 : $f_{pim}=0+95+0=95\ \text{N/mm}^2$

긴장재 응력 : $f_{pi}=1220-95=1125\ \text{N/mm}^2$

초기 인장력 : $P_i=1114.8\times1125=1,254,000\ \text{N}=1254\ \text{kN}$

이상은 정착장치의 활동의 영향이 지간중앙까지는 미치지 않는다고 보았을 때의 결과이다.

이번에는 인장단(보의 왼쪽단부)에서 정착장치의 활동으로 인한 손실을 4.4.1항의

[2]에 따라 계산해 보자.

인장단이 있는 왼쪽 $\frac{1}{2}$ 지간에 대하여 긴장재의 단위 길이에 대한 마찰손실은

$$p = \frac{1,360,000 - 1,307,000}{15200/2} = 7\ \text{N/mm}$$

정착장치의 활동의 영향이 미치는 긴장재 길이 l_{set}는 식 (4 · 6)에 의하여

$$l_{set} = \sqrt{\frac{\Delta l A_p E_p}{p}} = \sqrt{\frac{2.54 \times 1114.8 \times 2.0 \times 10^5}{7}}$$
$$= 8990\ \text{mm} > 7600\ \text{mm}\left(\frac{1}{2} \times 15200\right)$$

이것은 정착장치의 활동의 영향이 지간 중앙단면 너머까지 미친다는 것을 뜻한다. 따라서 인장단에서 인장력의 손실은 식 (4 · 5)로부터

$$\Delta P = 2pl_{set} = 2 \times 7 \times 8990 = 125,860\ \text{N} = 126\ \text{kN}$$

그러므로 인장단에서 긴장재의 인장력은

$$P_i = P_j - \Delta P = 1360 - 126 = 1234\ \text{kN}$$

인장단의 긴장재 응력은

$$f_{pi} = \frac{P_i}{A_p} = \frac{1,234,000}{1114.8} = 1107\ \text{N/mm}^2$$

따라서 인장단에서 활동으로 인한 긴장재의 응력손실은

$$\Delta f_{an} = f_{pj} - f_{pi} = 1220 - 1107 = 113\ \text{N/mm}^2$$

지간중앙에서는

$$P_i = 1,234,000 + 7 \times \frac{15200}{2} = 1,287,200\ \text{N} = 1287\ \text{kN}$$
$$f_{pi} = \frac{1,287,200}{1114.8} = 1155\ \text{N/mm}^2$$

따라서 지간중앙에서 정착장치 활동으로 인한 긴장재의 응력손실은

$$\Delta f_{an} = \frac{1,307,000 - 1,287,200}{1114.8} = 17.8\ \text{N/mm}^2$$

우측단에는 정착장치 활동의 영향이 미치지 않으므로

$$P_i = 1,254,000\ \text{N}, \qquad f_{pi} = \frac{1,254,000}{1114.8} = 1125\ \text{N/mm}^2$$
$$\Delta f_{an} = 0$$

이와 같이 계산된 정착장치의 활동으로 인한 손실을 포함시키면, 즉시손실의 합계는 다음과 같이 된다.

<정착장치의 활동 손실을 포함시킨 즉시손실의 합계>

$$\text{인 장 단}: \Delta f_{pim} = \Delta f_{el} + \Delta f_{fr} + \Delta f_{an} = 0 + 0 + 113 = 113 \text{ N/mm}^2$$

$$\text{지간중앙}: \Delta f_{pim} = 0 + 47.5 + 17.8 = 65.3 \text{ N/mm}^2$$

$$\text{우 측 단}: \Delta f_{pim} = 0 + 95 + 0 = 95 \text{ N/mm}^2$$

그림 4-13은 이 결과를 보인 것이다. 이 결과를 사용하여 시간적 손실을 계산한다.

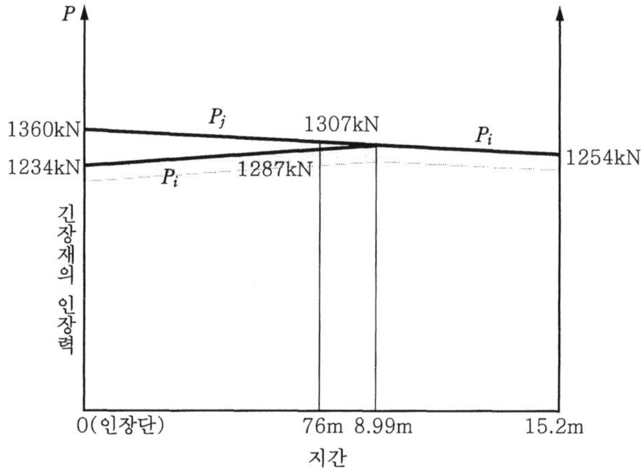

그림 4-13 즉시손실 후의 초기 인장력

[2] **시간적 손실**

1) 콘크리트의 크리프로 인한 손실 크리프에 의한 손실은 프리스트레스 힘과 자중이 작용하는 상태에 대하여 최대 모멘트가 일어나는 중앙단면에서 계산되어야 한다.

크리프의 진행과 함께 진행하는 건조수축 및 릴랙세이션에 의한 프리스트레스 힘의 점진적 손실을 계산하기 위해서는, 근사적으로 프리스트레스 힘은 $0.9P_i$로 작게 보아야 한다. 즉

지간 중앙단면에서

$$0.9P_i = 0.9 \times 1,287,200 = 1,158,500 \text{ N}$$

보의 자중에 의한 지간중앙의 최대 휨모멘트는

$$M_d = \frac{1}{8} \times 8140 \times 15.2^2 = 235,000 \text{ N}\cdot\text{m} = 2.35 \times 10^6 \text{ N}\cdot\text{mm}$$

긴장재 도심위치에서 콘크리트 응력은 식 (4 · 21)로부터

$$f_{cs}=\frac{1,158,500}{338,000}\left(1+\frac{310^2}{27,100^2}\right)-\frac{235\times10^6}{917\times10^7}\times310=7.5\ \mathrm{N/mm^2}$$

$$n=\frac{E_p}{E_c}=\frac{2.0\times10^5}{2.7\times10^4}=7.4$$

따라서 중앙단면에서 크리프로 인한 손실은 식 (4 · 30)으로부터

$$\Delta f_{cp}=C_u n f_{cs}=2.35\times7.4\times7.5=130.4\ \mathrm{N/mm^2}$$

참고로 인장단과 우측단에서의 손실을 계산해 보자. 인장단에서는

$$0.9P_i=0.9\times1,234,000=1,110,600\ \mathrm{N}$$

이고, $M_d=0$, $e_p=0$이므로 식 (4 · 21)로부터

$$f_{cs}=\frac{1,110,600}{338,000}=3.28\ \mathrm{N/mm^2}$$

$$\therefore\ \Delta f_{cp}=2.35\times7.4\times3.28=57\ \mathrm{N/mm^2}$$

우측단에서는

$$f_{cs}=\frac{0.9\times1,254,000}{338,000}=3.34\ \mathrm{N/mm^2}$$

$$\therefore\ \Delta f_{cp}=2.35\times7.4\times3.34=58\ \mathrm{N/mm^2}$$

2) **콘크리트의 건조수축으로 인한 손실** 건조수축 손실은 최종 수축변형률에 근거를 두어야 한다. 습윤양생한 콘크리트의 최종 수축변형률은 800×10^{-6} 정도이다. 콘크리트 재령 28일에서 PS 강재를 긴장정착하였으며, 이 시점에서 건조수축은 최종 수축률의 44%가 일어난 것으로 본다. 따라서 긴장정착 이후에 긴장재 응력에 영향을 줄 건조수축 변형률은

$$800\times10^{-6}\times(1-0.44)=448\times10^{-6}$$

그러므로 5년 후 건조수축으로 인한 긴장재 응력의 손실은 식 (4 · 32)로부터

$$\Delta f_{sh}=2.0\times10^5\times448\times10^{-6}=89.6\ \mathrm{N/mm^2}$$

3) **PS 강재의 릴랙세이션으로 인한 손실** 크리프와 건조수축 및 릴랙세이션의 조합된 영향에 의한 긴장재 응력의 점진적 손실은 $0.9f_{pi}$로 감소된 프리스트레스를 계산에 사용함으로써 릴랙세이션 손실결정에 반영된다. 따라서 중앙단면의 긴장재 응력은

$$0.9 f_{pi} = 0.9 \times 1155 = 1040 \text{ N/mm}^2$$
$$t = 5\text{년} = 5 \times 365 \times 24 = 43,800 \text{ 시간}$$
$$\log_{10} t = \log_{10} 43,800 = 4.64$$

이 값들을 식 (4 · 35)에 대입하면 중앙단면에서의 손실량은

$$\Delta f_{re} = 1040 \times \frac{4.64}{10}\left(\frac{1040}{1500} - 0.55\right) = 67.5 \text{ N/mm}^2$$

참고로 인장단과 우측단의 손실을 계산해 본다.

인장단에서는 $0.9 f_{pi} = 0.9 \times 1107 = 996.3 \text{ N/mm}^2$이므로

$$\Delta f_{re} = 996.3 \times \frac{4.64}{10}\left(\frac{996.3}{1500} - 0.55\right) = 50.8 \text{ N/mm}^2$$

우측단에서는 $0.9 f_{pi} = 0.9 \times 1125 = 1012.5 \text{ N/mm}^2$이므로

$$\Delta f_{re} = 1012.5 \times \frac{4.64}{10}\left(\frac{1012.5}{1500} - 0.55\right) = 58.7 \text{ N/mm}^2$$

<시간적 손실의 합계>

지간중앙 : $\Delta f_{pti} = \Delta f_{cp} + \Delta f_{sh} + \Delta f_{re}$
$= 130.4 + 89.6 + 67.5 = 287.5 \text{ N/mm}^2$

인 장 단 : $\Delta f_{pti} = 57 + 89.6 + 50.8 = 197.4 \text{ N/mm}^2$

우 측 단 : $\Delta f_{pti} = 58 + 89.6 + 58.7 = 206.3 \text{ N/mm}^2$

<유효 인장력>

	유효 인장응력(f_{pe})	유효 인장력(P_e)
지간중앙 :	$f_{pe} = f_{pi} - \Delta f_{pti}$	$P_e = f_{pe} A_p$
	$= 1155 - 287.5$	$= 867.5 \times 1114.8$
	$= 867.5 \text{ N/mm}^2$	$= 967,100 \text{ N} = 967 \text{ kN}$
인 장 단 :	$f_{pe} = 1107 - 197.4$	$P_e = 909.6 \times 1114.8$
	$= 909.6 \text{ N/mm}^2$	$= 1,014,000 \text{ N} = 1014 \text{ kN}$
우 측 단 :	$f_{pe} = 1125 - 206.3$	$P_e = 918.7 \times 1114.8$
	$= 918.7 \text{ N/mm}^2$	$= 1,023,200 \text{ N} = 1023 \text{ kN}$

이상의 계산결과를 보인 것이 그림 4-14 및 표 4-5이다.

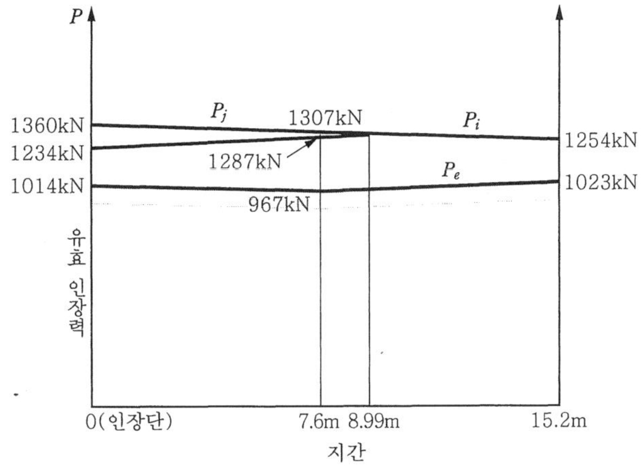

그림 4-14 모든 손실 후의 유효 인장력

표 4-5 계산결과

손실 원인		인장단		지간중앙		우측단	
		손실량 (N/mm^2)	손실률 (%)	손실량 (N/mm^2)	손실률 (%)	손실량 (N/mm^2)	손실률 (%)
즉시손실	탄성변형	0	0	0	0	0	0
	마찰	0	0	47.5	4	95	8
	정착장치활동	113	9	17.8	1	0	0
	소계	113	9	65.3	5	95	8
시간적 손실	크리프	57	5	130.4	11	58	5
	건조수축	89.6	8	89.6	8	89.6	8
	릴랙세이션	50.8	4	67.5	6	58.7	5
	소계	197.4	17	287.5	25	206.3	18
	유효율 R(%)	82		75		82	
초기 인장응력 f_{pi}(N/mm^2)		1107		1155		1125	
유효 인장응력 f_{pe}(N/mm^2)		909.6		867.5		918.7	

[주] 즉시손실의 손실률은 f_{pj}(=1220 N/mm^2)를 기준으로 계산한 값이고, 시간적 손실의 손실률은 f_{pi}를 기준으로 한 값이다.

이 예제와 같은 단순지지의 PSC 보의 설계계산에서는 지간 중앙단면의 손실량이 필요하다. 프리스트레스 도입 직후 지간 중앙단면에서 긴장재 응력의 손실률은 약 5% 정도이다. 지간 중앙단면에서 프리스트레스 도입 후 5년 동안에 일어난 시간적 손실률은 25% 정도로서, 프리스트레스의 유효율은 75% 정도이다.

표 4-5에서 알 수 있는 바와 같이 지간 중앙단면에서 마찰손실과 정착장치의 활동손실을 포함하지 않은 손실량은 287.5 N/mm^{2}로서, 이는 도로교 설계기준에서 주고 있는 손실의 개략 값 230 MPa(표 4-1)보다 크다.

참고 > 긴장재의 늘음 길이 계산

이 예제의 보에서 긴장작업시에 일어나는 긴장재의 늘음 길이를 계산해 보자. 보의 1단에서만 인장하는 경우이므로, 인장단(잭의 위치)에서의 인장력은 1360 kN이다.

지간중앙에서 마찰로 인한 손실은 47.5 N/mm^{2}이므로, 중앙단면에서의 인장력은

$$(1220-47.5)\times 1114.8 = 1,307,000\ \text{N} = 1307\ \text{kN}$$

인장단의 반대쪽 단부에서의 인장력은

$$(1220-95)\times 1114.8 = 1,254,000\ \text{N} = 1254\ \text{kN}$$

따라서 긴장재의 평균 인장력은 근사적으로 다음과 같이 된다.

$$P_{av} = \left[\frac{1}{2}(1360+1307)\times\frac{15.2}{2}+\frac{1}{2}(1307+1254)\times\frac{15.2}{2}\right]\times\frac{1}{15.2} = 1310\ \text{kN}$$

그러므로 긴장재의 늘음 길이는 식 (4·19)로부터 다음과 같이 계산된다.

$$\Delta = \frac{P_{av}l}{A_pE_p} = \frac{1,310,000\times 15,200}{1114.8\times 2.0\times 10^5} = 89\ \text{mm}$$

이 값을 긴장작업시에 측정되는 실제의 늘음 길이와 비교하여 그 차이가 ±7% 이하라야 한다[4.4.2항의 참고(2) 참조].

4.7 시간 단계법에 의한 손실계산

이상에서 다루어 온 프리스트레스 손실의 계산방법과 앞 절의 계산 예는 크리프 및 릴랙세이션 손실의 계산에 $0.9P_i$를 사용함으로써 크리프, 건조수축 및 릴랙세이션의 상호 의존적 관계를 근사적으로 처리한 것이다.

그러나 보다 더 정밀한 계산이 필요한 경우에는 구분된 시간 단계별로 손실을 계산해야 한다. 임의 시간단계 동안의 손실로 인한 프리스트레스 힘은 그 시간까지의 모든 원인에 의한 손실을 고려하여, 그 시간단계 끝 시점에서의 값과 같게 취하여, 이 값으로 다음 시간단계의 손실을 계산해 나가는 것이다. 시간단계의 길이의 축소와 시간단계의 수의 증가에 의해 필요한 정도까지 정밀도는 개선된다. 이러한 손실계산 방법을 단계적 방법(step-by-step method) 또는 시간 단계법(time-step method)이라고 하며, 컴퓨터 프로그램에 의해 해석이 이루어진다.

각 단계별 시간간격은 콘크리트의 재령과 더불어 증가시킨다. 예컨대 4개의 시간 단계를 고려할 경우에는 다음과 같다.

단계 Ⅰ : 프리텐션 부재 ……… PS 강재의 정착시부터 프리스트레스 도입시의 콘크리트 재령까지

포스트텐션 부재 …… 양생 종료시부터 프리스트레스 도입시의 콘크리트 재령까지

단계 Ⅱ : 단계 Ⅰ의 종료시부터 콘크리트 재령 30일까지, 또는 부재가 하중(자중 포함)을 받을 때까지

단계 Ⅲ : 단계 Ⅱ의 종료시부터 콘크리트 재령 1년까지

단계 Ⅳ : 단계 Ⅲ의 종료시부터 공용기간(service life) 끝까지

서로 밀접한 관계에 있는 시간 의존적 영향(time-dependent effect)에 기인하는 손실의 계산을 위한 이 방법은 4.5 절의 방법보다 정확한 결과를 준다. 그리고 시간 단계의 수를 증가시킴으로써 정밀도는 더욱 개선된다. 재하(載荷)에 중요한 변화가 있을 때는 위의 시간단계와 다른 시간간격이 사용될 수 있다. 이러한 정밀한 계산은 많은 노력이 소요된다.

이 방법에 의한 손실계산은 처짐계산에도 연관된다. 왜냐하면, 처짐은 프리스트레스 손실의 합계에 크게 영향을 받기 때문이다. 통상적인 설계에서 단계적 방법에 의한 보다 정밀한 손실의 계산이 요구되는 일은 거의 없다. 그러나 처짐은 보다 정밀한 계산이 요구되는 경우가 있다. 이러한 경우에는 단계적 방법을 사용하여 계산해야 한다. 이 방법에 의한 프리스트레스 손실 및 처짐계산이 10장의 10.4 절에 설명되어 있다.

한편, 프리스트레스 손실의 보다 정밀한 계산에서 고려해야 할 추가적인 요소는, 프리스트레스되지 않는 철근(non-prestressed reinforcement)의 영향이다. 휨강도를 증가시키기 위하여, 또는 균열의 제어를 위하여 파샬 프리스트레스 보(partial prestressed beam)에 사용되는 이러한 철근들은, 프리스트레스 힘의 손실과 처짐에 중요한 영향을 미치기 때문이다.

연습문제

4.1. 다음 각 경우에 프리스트레스의 손실을 계산하라.

(1) 길이 6 m의 PS 강연선을 배치한 프리텐션 부재에서 3 mm의 정착장치 활동이 일어난

경우(A_p=258 mm^{2}이다)

(2) 탄성 계수비 n=7.4, 크리프 계수 C_u=2.2인 시점에서 긴장재 위치에서의 콘크리트 응력이 6 MPa일 때, 크리프로 인한 손실

(3) 콘크리트의 건조수축 변형률이 $\varepsilon_{sh}=25\times10^{-5}$일 때의 건조수축 손실

(4) 프리스트레스 도입 직후 긴장재 응력이 f_{pi}=1200 MPa인 포스트텐션 보에서 1년 후에 일어날 릴랙세이션 손실(f_{py}=1500 MPa이다)

4.2. 40×80 cm의 직사각형 단면에 7연선 12.7 mm(SWPC 7BN)의 PS 강연선 10개(A_p= 98.71×10=987 mm^2)를 단일 금속시스 안에 수용하여 포물선으로 배치한 포스트텐션 보가 있다. 콘크리트 재령이 90일 되는 날 0.75 f_{pu}의 인장력(jacking force)으로 긴장정착하였다. 1단에서만 긴장하였으며, 긴장재가 정착장치에서 3.2 mm 활동하였다. 1년 후에 일어날 프리스트레스 손실을 계산하라. 또, 인장작업시 긴장재의 늘음 길이를 계산하라. 지속하중은 보의 자중뿐이고, 부재는 습윤양생하였다. 긴장재의 편심은 지간중앙에서 28 cm이고, 양단에서는 0이다. 그 밖의 설계조건은 다음과 같다.

f_{ck}=40 MPa, $E_c=2.8\times10^4$ MPa

$E_p=2.0\times10^5$ MPa

f_{pu}=1890 MPa, f_{py}=1610 MPa

k=0.003, μ=0.2

콘크리트 재령 1년에서 크리프 계수는 C_u=2.3이고, 건조수축 변형률은 $\varepsilon_{sh}=20\times10^{-5}$이다. 보의 지간은 12.4 m이다.

4.3. 그림 4-15와 같은 단면의 포스트텐션 보가 있다. 지간(支間)은 21.60 m이고 SWPC 7B(7연선 12.7 mm) 18개로 된 단일 긴장재를 포물선으로 배치하였다. 긴장재의 편심 거리는 지간중앙에서 46 cm이고 양단에서는 0이다. 초기 인장력(재킹 힘)은 2800 kN이다.

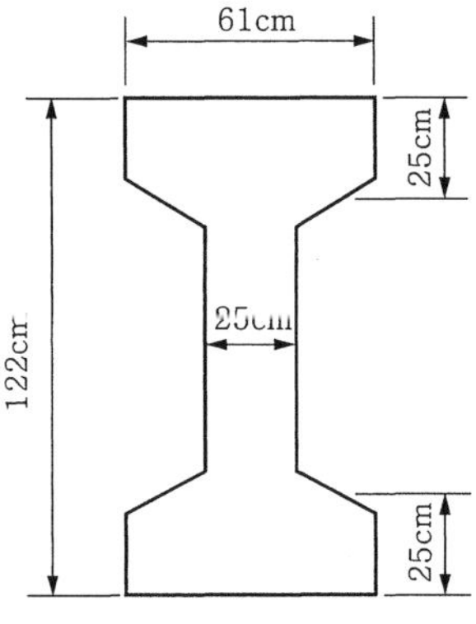

그림 4-15

지간 중앙단면에서의 프리스트레스의 손실량을 계산하라.

크리프는 프리스트레스 힘과 보의 자중(自重)의 조합하에서 일어난다고 가정한다. 보는 습윤양생하였고 콘크리트 재령 7일에서 프리스트레스를 도입하였으며, 이 때 정착장치에서 6.35 mm의 활동이 일어났다. 그 밖의 조건은 다음과 같다.

$$A_c = 4850\ \text{cm}^2,\quad I_c = 8,111,000\ \text{cm}^4,\quad f_{ck} = 35\ \text{MPa}$$

$$f_{pu} = 1590\ \text{MPa},\quad E_c = 2.8\times10^4\ \text{MPa}$$

$$E_p = 2.0\times10^5\ \text{MPa},$$

$$k = 0.003,\quad \mu = 0.2,\quad C_u = 2.35$$

제 5 장

휨부재의 해석

5.1 휨을 받는 보의 일반적 거동

휨을 받는 PSC 보의 응력, 균열 및 파괴강도, 변형 등의 거동은 사용한 콘크리트와 PS 강재의 성질, PS 강재량, 철근의 배치, 프리스트레스의 크기, PS 강재와 콘크리트의 부착유무(附着有無) 등 많은 요인의 영향을 받는다.

그림 5-1은 하중이 증가함에 따라 PSC 보의 콘크리트 응력이 어떻게 변화하는가를 보인 것이고, 그림 5-2는 PS 강재의 응력의 변화를 보인 것이며, 그림 5-3은 보의 처짐의 변화를 보인 것이다. 이 세 그림에서 하중상태 (a), (b), (c) 등은 각각 동일한 하중상태를 나타낸 것이다. 이들 그림에서 알 수 있는 바와 같이 PSC 보는 하중단계에 따라 그 거동이 변화함을 알 수 있다. 따라서 PSC 보의 해석이나 설계에 있어서는 다음과 같은 하중단계에 대하여 검토해야 한다.

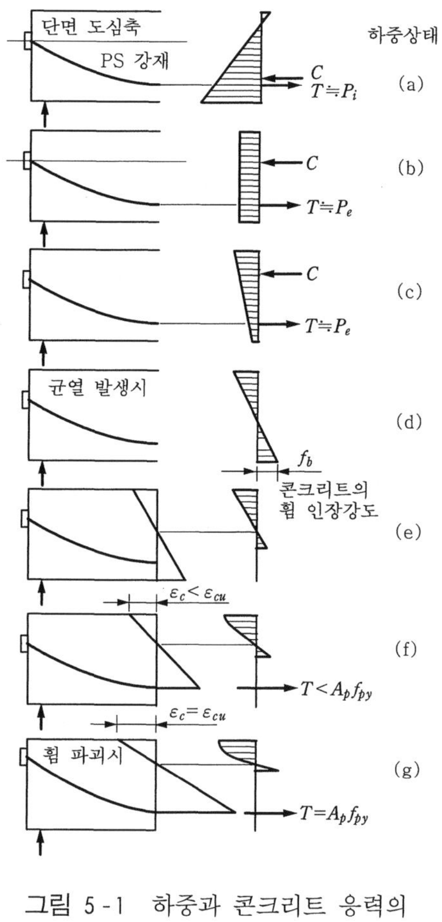

그림 5-1 하중과 콘크리트 응력의 변화

① 프리스트레스 도입 직후, 초기 프리스트레스 힘 P_i만이 작용할 경우

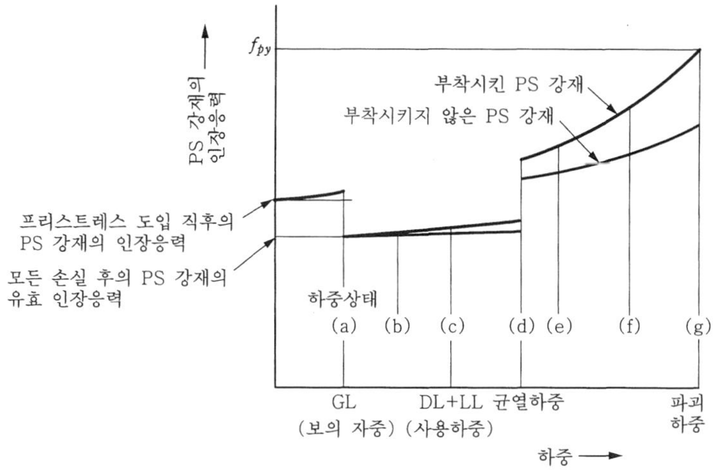

그림 5-2 하중과 PS 강재 응력의 변화

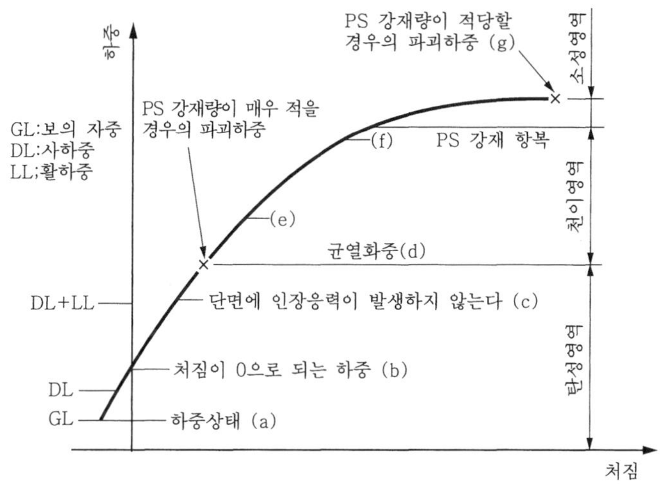

그림 5-3 하중과 처짐의 관계

② 초기 프리스트레스 힘과 부재자중이 작용할 때

③ 초기 프리스트레스 힘과 전체 사하중(고정하중)이 작용할 때

④ 유효 프리스트레스 힘 P_e와 사용하중(DL+LL)이 작용할 때

⑤ 사용하중에 하중계수를 곱한 하중, 즉 계수하중(factored load)이 작용할 때

일반적으로 사용하중 하에서는 콘크리트와 PS 강재는 모두 탄성범위 내에 있다. 그러나 초과하중 하에서는 두 재료 중 하나 또는 둘 다 비탄성 범위에 들게 된다. 또한, PSC 보는 균열발생 전과 균열발생 후의 거동이 매우 다르다.

그러므로 PSC 보는 균열 모멘트를 계산해 보아야 하고, 또 보통의 사용하중하에서 결정된 단면이 파괴에 대하여 소정의 안전율을 가지고 있는가를 확인해야 한다.

5.1.1 균열발생 전의 거동

그림 5-1, 5-2 및 5-3에 보인 바와 같이 균열발생 전의 응력 및 변형은 프리스트레스가 주어져 있기 때문에 하중에 비례하지는 않지만, 응력과 하중, 변형과 하중 사이에 각각 직선관계가 성립하여 완전 탄성체에 가까운 거동을 나타낸다. 그러므로 이러한 상태에서는 단면의 응력은 선형분포를 나타내며, 응력과 처짐은 콘크리트의 총 단면을 유효하다고 보고 탄성이론에 의해 계산할 수 있다.

5.1.2 균열발생 후의 거동

단면의 인장 측의 최대응력이 콘크리트의 휨 인장강도(파괴계수)에 달하게 되면 균열이 발생하고, 균열이 발생하면 그 곳에서의 콘크리트의 인장저항이 없어지기 때문에 철근 콘크리트와 비슷한 거동을 나타낸다. 따라서 균열발생 후에는 단면특성이 하중의 크기와 함께 변화하여 그림 5-1, 5-2 및 5-3에서 하중상태 (d) 이후와 같이 하중-응력, 하중-처짐의 관계는 비선형으로 된다.

균열발생 후라도 (e)와 같은 하중상태에서는 아직 콘크리트와 PS 강재가 모두 탄성 성질을 가져서 콘크리트의 압축응력 분포도 선형이지만, (f)의 하중상태로 되면 콘크리트의 소성성질이 뚜렷해져서 콘크리트의 압축응력 분포는 비선형을 나타낸다. 이상과 같은 경로를 거쳐 그림 5-3에 보인 바와 같이 소성영역에 이르게 되면, 처짐이 매우 커져서 (g)와 같은 상태에 이르게 되어, PS 강재의 응력은 항복강도 f_{py}를 넘어서고 콘크리트의 최대 변형률은 한계값 ε_{cu}에 달하게 되어 파괴에 이르게 된다.

그러나 PS 강재량이 과다한 단면에서는 PS 강재가 항복하기 전에 콘크리트가 압축파괴를 일으키므로, 커다란 소성변형을 수반하는 일 없이 급격한 파괴를 일으킨다. 이와 반대로 PS 강재량이 지나치게 적은 경우에는 균열발생과 동시에 콘크리트의 인장력이 PS 강재에 옮아가므로 강재응력이 인장강도에 달하게 되어 급격한 취성파괴를 나타낸다.

PS 강재를 부착시키지 않은 경우에는 그림 5-2에 보인 바와 같이 PS 강재응력은 부착시킨 것보다 작으며 파괴내력(破壞耐力)이나 인성(靭性, toughness)이 저하되고, 균열 폭이 증대하거나 균열의 분산성(分散性)이 좋지 않게 된다. 따라서 이러한 경우에는 인장연단 가까이에 적당한 양의 철근을 배치하는 것이 좋다.

5.2 균열발생 전의 단면응력의 해석

5.2.1 해석상의 가정

균열발생 전에 단면에 일어나는 응력의 해석은 다음과 같은 가정에 따른다.

① 단면의 변형률은 중립축으로부터의 거리에 비례한다.

② 콘크리트와 PS 강재 및 보강철근은 탄성체로 본다.

③ 콘크리트의 총 단면을 유효하다고 본다.

④ 긴장재를 부착시키기 전의 단면의 계산에 있어서는 덕트의 단면적을 공제한다. 부착시킨 긴장재 및 보강철근의 단면적은 콘크리트 단면으로 환산한다.

가정 ①은 평면보존의 법칙으로 널리 알려져 있는 것이고, 프리스트레스를 도입한 콘크리트는 탄성체로 볼 수 있으므로 일반적으로 가정 ②가 성립되며, 또 PSC 보는 사용하중하에서는 콘크리트에 균열이 발생하지 않으므로 가정 ③도 성립된다. 그라우팅하지 않은 포스트텐션 부재의 응력을 계산할 때에는 덕트의 면적을 공제한 순단면을 사용하여 계산해야 하고, 부착시킨 포스트텐션 부재 또는 프리텐션 부재의 응력을 계산할 때에는 강재 단면적을 n배한 환산단면(transformed section)을 사용하여 계산하는 것이 원칙이므로 가정 ④를 둔 것이다.

그러나 보통의 설계계산에서는 가정 ④를 무시하고 총 단면으로 계산하는 것이 보통이다. 즉, 부착시킨 포스트텐션 부재나 프리텐션 부재에서 환산단면을 사용하지 않고 총 단면으로 응력을 계산하는 것이 일반적이다. 왜냐하면 환산단면은 계산만 복잡하고 총 단면을 사용하여 계산한 경우와의 차이는 무시할 수 있을 정도이기 때문이다. 부착시키기 전의 포스트텐션 부재의 응력계산에 있어서도 덕트의 면적이 비교적 크기는 해도 순 단면을 사용하지 않고 총 단면을 사용하여 계산하는 것이 보통이고, 또 충분히 안전하다.

5.2.2 초기 프리스트레스 힘에 의한 응력

부재가 프리스트레스 힘만을 받는다면 콘크리트는 긴장재 도심(圖心)에서 압축력을 받게 된다. 콘크리트 단면의 도심과 긴장재의 도심이 일치한다면, 콘크리트에는 프리스트레스 힘 P_i에 의하여 $\dfrac{P_i}{A_c}$의 압축응력을 받게 된다. 여기서 A_c는 콘크리트의 단면적이다. 그러나 보에서는 긴장재를 편심 배치하는 것이 보통이다. 이러한 경우 초기 프리스트레스 힘에 의하여 콘크리트에 일어나는 응력을 계산해 보자.

긴장재 A_p가 단면의 도심으로부터 편심거리 e_p를 가지고 그림 5-4 (a)와 같이 배치되었을 경우, 초기 프리스트레스 힘 P_i에 의하여 콘크리트에 일어나는 응력은 식 (5·1)과 같이 된다[1장 1.3.1항의 [2] 및 [3] 참조]. 여기서 압축은 (+), 인장은 (−)로 약속한다.

$$\left.\begin{aligned} f_t &= \frac{P_i}{A_c} - \frac{P_i e_p}{I_c} y_1 = \frac{P_i}{A_c}\left(1 - \frac{e_p y_1}{r_c^2}\right) \\ f_b &= \frac{P_i}{A_c} + \frac{P_i e_p}{I_c} y_2 = \frac{P_i}{A_c}\left(1 + \frac{e_p y_2}{r_c^2}\right) \end{aligned}\right\} \qquad (5 \cdot 1)$$

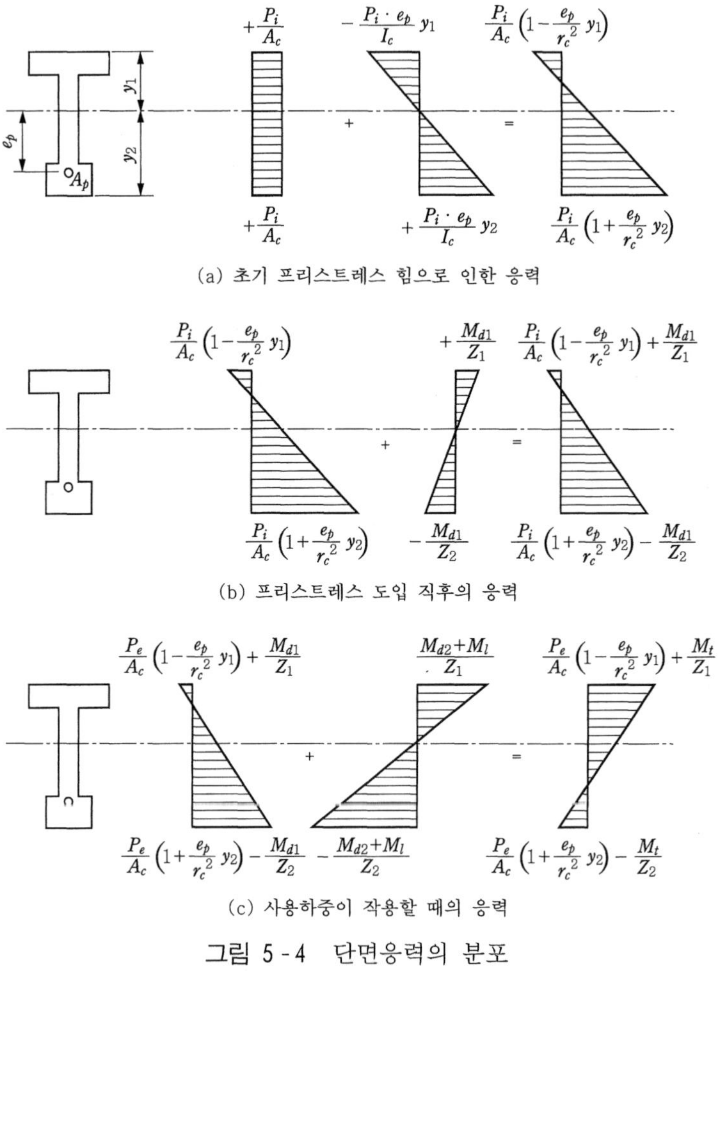

(a) 초기 프리스트레스 힘으로 인한 응력

(b) 프리스트레스 도입 직후의 응력

(c) 사용하중이 작용할 때의 응력

그림 5-4 단면응력의 분포

여기서 f_t : 단면의 상연응력(上緣應力)

f_b : 단면의 하연응력(下緣應力)

P_i : 초기 프리스트레스 힘

A_c : 콘크리트의 단면적

I_c : 콘크리트의 단면 2차 모멘트

e_p : 콘크리트 단면의 도심 축으로부터 측정된 PS 강재의 편심 거리

y_1, y_2 : 각각 단면의 상단 및 하단으로부터 콘크리트 단면의 도심 축까지의 거리

r_c : 콘크리트 단면의 회전 반경$=\sqrt{\dfrac{I_c}{A_c}}$

이 경우의 응력분포를 보인 것이 그림 5-4 (a)이다.

포스트텐션 보에서는 그라우팅하기 전이므로 긴장재와 콘크리트 사이에 부착이 없다. 이와 같이 긴장재와 콘크리트 사이에 부착이 없는 경우는 위의 식의 A_c, I_c, y_1, y_2 등은 덕트면적을 공제한 콘크리트의 순 단면에 대한 것을 사용해야 한다. 그러나 덕트의 면적이 콘크리트 단면에 비하여 비교적 작기 때문에 총 단면으로 계산하는 것이 보통이다.

프리텐션 보와 같이 긴장재와 콘크리트 사이에 부착이 있는 경우는 환산단면을 사용하여 계산하는 것이 원칙이다. 그러나 환산단면으로 계산한 결과와 총 단면으로 계산한 결과 사이에는 큰 차이가 없으므로 총 단면으로 계산하는 것이 보통이다.

이러한 사실을 다음 예제에서 보기로 하자.

예제 5-1. 폭 $b=120$ mm, 높이 $h=300$ mm인 직사각형 단면에 2.9 mm 2연선〔SWPC 2N, 부록 표 B-2 참조〕 21개(단면적 $A_p=277.4\text{ mm}^2$)를 그림 5-5와 같이 배치하고

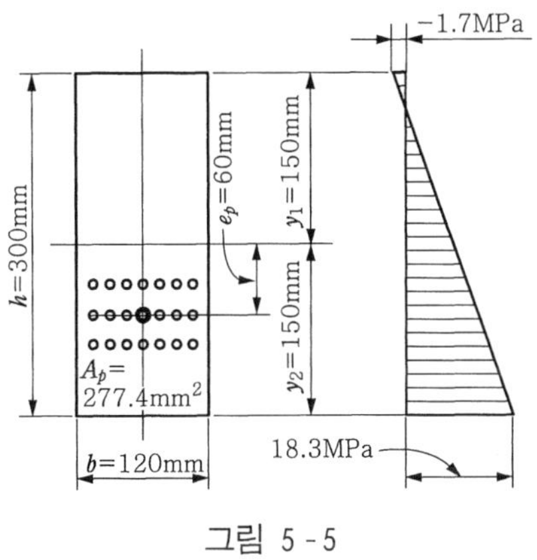

그림 5-5

프리텐션 방식에 의하여 $f_{pj}=1200\,\text{MPa}$로 재킹했을 때, 콘크리트에 일어나는 응력을 계산하라. PS 강선군의 도심의 편심은 $e_p=60\,\text{mm}$, 콘크리트의 탄성계수는 $E_c=2.5\times10^4\,\text{MPa}$, PS 강연선의 탄성계수는 $E_p=2.0\times10^5\,\text{MPa}$이고, 부재의 길이는 6 m이다.

풀이 (i) 먼저 환산단면으로 계산해 보자.

프리텐션 부재이므로 PS 강재와 콘크리트 사이에 부착이 있다. 그러므로 환산단면을 사용하여 계산한다.

$$\text{탄성 계수비 } n=\frac{E_p}{E_c}=\frac{2.0\times10^5}{2.5\times10^4}=8.0$$

$$\text{환산 단면적 } A_e=A_c+nA_p=bh+(n-1)A_p$$

$$=120\times300+(8-1)\times277.4=37,940\ \text{mm}^2$$

보의 하면에서 PS 강재 도심까지의 거리 y_p는

$$y_p=150-60=90\,\text{mm}$$

보의 하면에서 환산단면의 중립축까지의 거리는

$$y_2=\frac{bh\cdot y_c+(n-1)A_py_p}{bh+(n-1)A_p}$$

$$=\frac{120\times300\times150+(8-1)\times277.4\times90}{37,940}=147\,\text{mm}$$

보의 상면에서 환산단면의 중립축까지의 거리는

$$y_1=h-y_2=300-147=153\,\text{mm}$$

환산단면의 중립축에서 PS 강재군의 도심까지의 거리는

$$e_p=y_2-y_p=147-90=57\,\text{mm}$$

환산단면의 중립축에 대한 단면 2차 모멘트는

$$I_e=\frac{bh^3}{12}+bh\left(\frac{h}{2}-y_2\right)^2+(n-1)A_p(y_2-y_p)^2$$

$$=\frac{1}{12}\times120\times300^3+120\times300\times\left(\frac{300}{2}-147\right)^2+(8-1)\times277.4\times(147-90)^2$$

$$-27,663\times10^4\,\text{mm}^4$$

긴장재의 초기 인장력(jacking force)은

$$P_j=A_pf_{pj}=277.4\times1200=332,880\ \text{N}$$

그런데

$$\rho=\frac{A_p}{A_g}=\frac{277.4}{120\times300}=0.0077,\qquad r^2=\frac{I_e}{A_e}=\frac{27,663\times10^4}{37,940}=7290\,\text{mm}^2$$

프리스트레스트 콘크리트의 단위중량(2500 kg/m^3)를 N 단위의 하중으로 환산하면 25,000 N/mm^3 = 25 kN/m^{3}이므로[1장의 예제 1-1의 풀이 참조] 부재의 자중은 $w = 25\times0.12\times0.30 = 0.9$ kN/m이다. 따라서 부재의 자중에 의한 휨모멘트는

$$M_d = \frac{wl^2}{8} = \frac{1}{8}\times0.9\times6^2 = 4.05\ \text{kN}\cdot\text{m} = 4.05\times10^3\times10^3\ \text{N}\cdot\text{mm}$$

따라서 콘크리트의 탄성변형으로 인한 긴장재 응력의 감소는 식 (4·26)으로부터

$$\Delta f_{el} = \frac{n\rho\left(1+\dfrac{e_p^2}{r^2}\right)f_{pj} - n\dfrac{M_d}{I_e}e_p}{1+n\rho\left(1+\dfrac{e_p^2}{r^2}\right)}$$

$$= \frac{8\times0.0077\left(1+\dfrac{57^2}{7290}\right)\times1200 - 8\times\dfrac{4.05\times10^3\times10^3}{27,663\times10^4}\times57}{1+8\times0.0077\left(1+\dfrac{57^2}{7290}\right)}$$

$$= 92\ \text{N/mm}^2$$

따라서 프리스트레스 도입 직후의 긴장재의 인장력은 식 (4·24)에 의하여

$$P_i = A_p(f_{pj} - \Delta f_{el}) = 277.4(1200-92) = 307,360\ \text{N}$$

이 초기 프리스트레스 힘으로 인하여 지간(支間) 중앙단면에 일어나는 콘크리트 응력은 식 (5·1)에 의하여 다음과 같이 된다.

$$\text{상연응력}\quad f_t = \frac{P_i}{A_e} - \frac{P_i e_p}{I_e}y_1 = \frac{307,360}{37,940} - \frac{307,360\times57}{27,663\times10^4}\times153$$

$$= 8.1 - 9.7 = -1.6\ \text{N/mm}^2 = -1.6\ \text{MPa (인장)}$$

$$\text{하연응력}\quad f_b = \frac{P_i}{A_e} + \frac{P_i e_p}{I_e}y_2 = \frac{307,360}{37,940} + \frac{307,360\times57}{27,663\times10^4}\times147$$

$$= 8.1 + 9.3 = 17.4\ \text{N/mm}^2 = 17.4\ \text{MPa (압축)}$$

(ii) 총 단면으로 계산해 보자.

PS 강재의 단면적이 작으므로 이것을 무시하고 총 단면을 사용하여 계산한다.

$$A_c = bh = 120\times300 = 36,000\ \text{mm}^2$$

$$y_1 = y_2 = 15\ \text{cm} = 150\ \text{mm},\quad e_p = 60\ \text{mm}$$

$$I_c = \frac{bh^3}{12} = \frac{1}{12}\times120\times300^3 = 27\times10^7\ \text{mm}^4$$

PS 강선을 지주에 고정했을 때의 인장력이 $f_{pj} = 1200$ MPa이므로, 긴장재의 재킹 힘 P_j는

$$P_j = A_p f_{pj} = 277.4\times1200 = 332,880\ \text{N}$$

프리스트레스 도입 직후의 프리스트레스 힘 P_i를 근사적으로 $0.9P_j$로 보면

$$P_i = 0.9P_j = 0.9 \times 332,880 = 299.590 \text{ N}$$

따라서 콘크리트의 응력은 식 (5 · 1)에 의하여 다음과 같이 된다.

$$f_t = \frac{P_i}{A_c} - \frac{P_i e_p}{I_c} y_1 = \frac{299,590}{36,000} - \frac{299,590 \times 60}{27 \times 10^7} \times 150$$
$$= 8.3 - 10.0 = -1.7 \text{ N/mm}^2 = -1.7 \text{ MPa}(\text{인장})$$
$$f_b = 8.3 + 10.0 = 18.3 \text{ N/mm}^2 = 18.3 \text{ MPa}(\text{압축})$$

이 응력의 분포가 그림 5-5에 나타내어져 있다.

이상에서 본 바와 같이, 콘크리트의 탄성변형으로 인한 프리스트레스의 감소를 10% 정도로 보고, 콘크리트의 총 단면을 사용하여 계산하는 것이 간편하고 실용적임을 알 수 있다.

5.2.3 프리스트레스 도입 직후의 응력

프리스트레스를 도입한 직후의 보에 있어서 프리스트레스 힘만이 단독으로 작용하는 일은 거의 없다. 실제로 대부분의 보는 긴장재를 콘크리트 단면의 도심 축 아래에 배치하게 되고, 따라서 프리스트레스로 인한 부(−)의 휨모멘트 때문에 보는 위쪽으로 솟게 된다. 그래서 보는 그 양끝에서 거푸집 또는 인장대에 의하여 지지되어 결국 보는 자중(自重)에 의한 휨모멘트 M_{d1}을 즉각적으로 받게 된다. 따라서 프리스트레스를 도입하자마자 콘크리트에 일어나는 응력은 다음과 같이 된다[1장 1.3.1항의 [2] 및 [3] 참조].

$$\left.\begin{aligned} f_t &= \left(\frac{P_i}{A_c} - \frac{P_i e_p}{I_c} y_1\right) + \frac{M_{d1}}{I_c} y_1 = \frac{P_i}{A_c}\left(1 - \frac{e_p y_1}{r_c^2}\right) + \frac{M_{d1}}{Z_1} \\ f_b &= \left(\frac{P_i}{A_c} + \frac{P_i e_p}{I_c} y_2\right) - \frac{M_{d1}}{I_c} y_2 = \frac{P_i}{A_c}\left(1 + \frac{e_p y_2}{r_c^2}\right) - \frac{M_{d1}}{Z_2} \end{aligned}\right\} \quad (5 \cdot 2)$$

여기서 f_t : 상연응력

f_b : 하연응력

Z_1, Z_2 : 각각 상연 및 하연에 대한 단면계수

M_{d1} : 보의 자중에 의한 휨모멘트

그 밖의 기호는 식 (5 · 1)과 같다.

위의 식에서 괄호 안의 항은 초기 프리스트레스 힘(P_i)에 의한 응력이고, 끝의 항은 부재자중에 의한 응력이다. 이 응력의 분포가 그림 5-4 (b)에 나타나 있다.

예제 5-2. 그림 5-6은 길이가 4.8 m인 포스트텐션 보의 중앙단면을 보인 것이다. 5 cm×7.6 cm의 덕트 속에는 516 mm²의 긴장재를 수용하고 있다. 긴장재를 인장응력 1000 MPa로 긴장 정착할 때, 정착장치에서의 활동(滑動) 및 콘크리트의 탄성변형에 의하여 5%의 손실이 일어난다. 프리스트레스 힘에 의한 지간 중앙단면의 응력을 계산하라. 또, 프리스트레스 도입 직후의 응력을 계산하라.

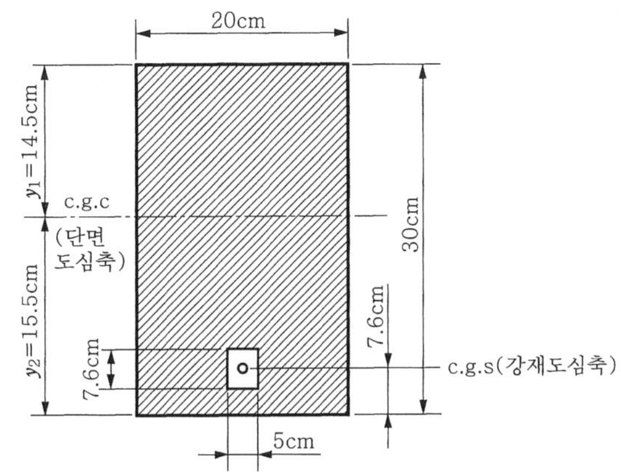

그림 5-6

풀이 (i) 콘크리트의 순단면으로 계산해 보자.

프리스트레스 도입 직후이므로 그라우팅하지 않은 상태이다. 즉, 긴장재와 콘크리트 사이에 부착이 없으므로 덕트의 면적을 공제한 콘크리트의 순 단면을 사용한다.

$$A_c = 20\times30 - 5\times7.6 = 562\ \text{cm}^2 = 56,200\ \text{mm}^2$$

$$y_1 = \frac{20\times30\times15 - 5\times7.6\times(30-7.6)}{562} = 14.5\ \text{cm} = 145\ \text{mm}$$

$$y_2 = 30 - 14.5 = 15.5\ \text{cm} = 155\ \text{mm}$$

$$I_c = \left[\frac{1}{12}\times20\times30^3 + 20\times30\times0.5^2\right] - \left[\frac{1}{12}\times5\times7.6^3 + 5\times7.6\times(15.5-7.6)^2\right]$$

$$= 42,600\ \text{cm}^4 = 42,600\times10^4\ \text{mm}^4$$

도입 직후의 긴장재의 인장력은

$$P_i = 1000\times516\times(1-0.05) = 490,000\ \text{N}$$

긴장재의 편심 거리는

$$e_p = 15.5 - 7.6 = 7.9\ \text{cm} = 79\ \text{mm}$$

따라서 프리스트레스 힘에 의한 콘크리트의 상연응력은

$$f_t = \frac{P_i}{A_c} - \frac{P_i e_p}{I_c} y_1 = \frac{490,000}{56,200} - \frac{490,000 \times 79}{42,600 \times 10^4} \times 145$$
$$= 8.7 - 13.2 = -4.5 \text{ MPa (인장)}$$

하연응력은

$$f_b = \frac{P_i}{A_c} + \frac{P_i e_p}{I_c} y_2 = \frac{490,000}{56,200} + \frac{490,000 \times 79}{42,600 \times 10^4} \times 155$$
$$= 8.7 + 14.1 = 22.8 \text{ MPa (압축)}$$

프리스트레스트 콘크리트의 단위중량은 25,000 N/m^{3}이므로, 보의 자중은

$$w_d = 25,000 \text{ (N/m}^3) \times \left(\frac{56,200}{(10^3)^2} \right) (\text{m}^2) = 1405 \text{ N/m}$$

부재자중에 의한 중앙단면의 휨모멘트는

$$M_{d1} = \frac{1}{8} \times 1405 \times 4.8^2 = 4046 \text{ N} \cdot \text{m} = 4046 \times 10^3 \text{ N} \cdot \text{mm}$$

따라서 부재자중에 의한 콘크리트의 응력은 상연에서

$$+\frac{M_{d1}}{I_c} y_1 = \frac{4046 \times 10^3}{42,600 \times 10^4} \times 145 = 1.4 \text{ MPa}$$

하연에서

$$-\frac{M_{d1}}{I_c} y_2 = -\frac{4046 \times 10^3}{42,600 \times 10^4} \times 155 = -1.5 \text{ MPa}$$

그러므로 프리스트레스 도입 직후 지간 중앙단면에 일어나는 응력은 프리스트레스 힘에 의한 응력과 자중에 의한 응력을 합성함으로써 다음과 같이 된다[식 (5 · 2) 참조].

상연응력 $f_t = -4.5 + 1.4 = -3.1$ MPa (인장)

하연응력 $f_b = +22.8 - 1.5 = +21.3$ MPa (압축)

(ii) **총 단면으로 계산해 보자.**

덕트의 면적을 무시하고, 총 단면으로 계산한다.

$$A_c = 200 \times 300 = 6 \times 10^4 \text{ mm}^2$$

$$y_1 = y_2 = \frac{300}{2} = 150 \text{ mm}$$

$$I_c = \frac{1}{12} \times 200 \times 300^3 = 45 \times 10^7 \text{ mm}^4$$

$$e_p = 150 - 76 = 74 \text{ mm}$$

프리스트레스 도입 직후의 긴장재의 인장력은

$$P_i = 1000 \times 516 (1 - 0.05) = 49 \times 10^4 \text{ N}$$

따라서 초기 프리스트레스 힘 P_i에 의한 상하연의 콘크리트 응력은

$$f_t = \frac{P_i}{A_c} - \frac{P_i e_p}{I_c} y_1 = \frac{49\times10^4}{6\times10^4} - \frac{49\times10^4\times74}{45\times10^7}\times150$$

$$= 8.2 \quad 12.1 = \quad 3.9 \text{ MPa}$$

$$f_b = 8.2 + 12.1 = 20.3 \text{ MPa}$$

부재의 자중은

$$w_d = 25,000\times\left(\frac{6\times10^4}{10^6}\right) = 1500 \text{ N/m}$$

자중에 의한 중앙단면의 휨모멘트는

$$M_{d_1} = \frac{1}{8}\times1500\times4.8^2 = 4320 \text{ N}\cdot\text{m} = 4320\times10^3 \text{ N}\cdot\text{mm}$$

따라서 부재자중에 의한 중앙단면 상하연의 휨응력은

$$\pm\frac{M_{d_1}}{I_c} y = \pm\frac{4320\times10^3}{45\times10^7}\times150 = \pm1.4 \text{ MPa}$$

그러므로 프리스트레스 도입 직후의 중앙단면 상하연의 응력은

$$f_t = -3.9 + 1.4 = -2.5 \text{ MPa}$$

$$f_b = 20.3 - 1.4 = +18.9 \text{ MPa}$$

5.2.4 사용하중이 작용할 때의 응력

활하중은 프리스트레스의 손실의 대부분이 일어난 후에 실리는 것이 일반적이다. 따라서 사용하중이 작용하는 사용상태 하에서는 콘크리트의 크리프, 건조수축 및 PS 강재의 릴랙세이션으로 인한 프리스트레스의 시간적 감소가 모두 일어난 후이므로, 긴장재의 인장력은 유효 인장력 $P_e(=RP_i)$로 감소된 상태에 있다. 이 P_e를 유효 프리스트레스 힘이라고 한다. 이 때 부재에는 P_e와 함께 자중에 의한 휨모멘트 M_{d1}, 추가 사하중(고정하중)에 의한 휨모멘트 M_{d2} 및 활하중 모멘트 M_l이 작용한다. 따라서 이 경우 부재 상하연의 콘크리트 응력은 다음과 같이 된다[1장의 식 (1·4) 및 식 (1·8) 참조].

$$\left.\begin{aligned} f_t &= \left(\frac{P_e}{A_c} - \frac{P_e e_p}{I_c} y_1\right) + \frac{M_t}{I_c} y_1 = \frac{P_e}{A_c}\left(1 - \frac{e_p y_1}{r_c^2}\right) + \frac{M_t}{Z_1} \\ f_b &= \left(\frac{P_e}{A_c} + \frac{P_e e_p}{I_c} y_2\right) - \frac{M_t}{I_c} y_2 = \frac{P_e}{A_c}\left(1 + \frac{e_p y_2}{r_c^2}\right) - \frac{M_t}{Z_2} \end{aligned}\right\} \qquad (5\cdot3)$$

여기서 P_e : 유효 프리스트레스 힘

$M_t = M_{d1} + M_{d2} + M_l$

그 밖의 기호는 식 (5・2)와 같다.

위의 식에서 괄호 안의 항은 유효 프리스트레스 힘(P_e)에 의한 응력이고, 끝의 항은 M_t에 의한 응력이다. 이 경우의 응력분포가 그림 5-4 (c)에 나타나 있다.

포스트텐션 부재는 그라우팅(grouting)이 끝난 후 상당한 시일이 경과된 후에 사용하중을 받게 된다. 즉, 사용하중이 작용할 때는 프리텐션 부재는 물론이고, 포스트텐션 부재도 PS 강재와 콘크리트가 부착된 상태에 있다. 따라서 사용하중에 의한 응력은 환산단면으로 계산하는 것이 원칙이지만, 일반적으로 총 단면으로 계산한다.

예제 5-3. 지간이 12.20 m인 그림 5-7 (a)와 같은 프리텐션 보가 있다. 단면은 그림 5-7 (b)와 같으며 자중 외에 8180 N/m(추가 사하중과 활하중의 합계)가 작용한다. PS 강재는 7연선을 사용하였으며 그 편심 거리는 130 mm이다. 프리스트레스

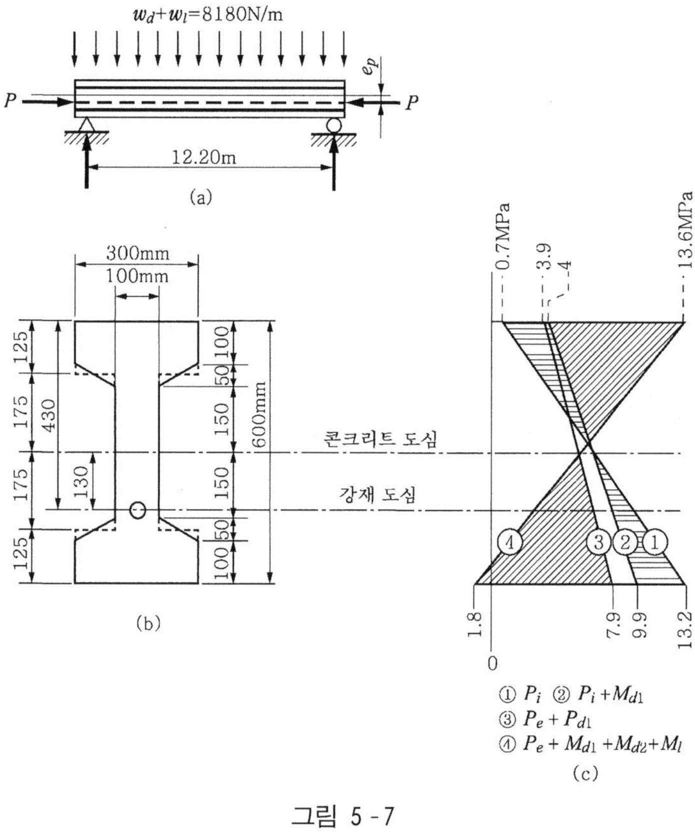

그림 5-7

도입 직후, 즉 탄성변형 후의 프리스트레스 힘은 $P_i = 766\,\text{kN}$이다.

콘크리트의 건조수축, 크리프 및 PS 강재의 릴랙세이션에 의한 프리스트레스의 시간적 감소를 15%로 보고, 초기 및 최종상태 때 보의 중앙단면의 응력을 계산하라.

풀이 PS 강연선을 사용한 프리텐션 보에 있어서 환산단면과 총 단면에 대한 단면의 모든 계수는 큰 차이가 없으므로 총 단면을 사용하여 계산한다.

플랜지를 균일한 두께(125 mm)로 보면

$$I_c = \frac{1}{12}\times 300\times 600^3 - \frac{1}{12}\times 200\times(600-2\times 125)^3 = 46,854\times 10^5\ \text{mm}^4$$

$$A_c = 300\times 600 - 200\times(600-2\times 125) = 11\times 10^4\ \text{mm}^2$$

$$y_1 = y_2 = y_c = 300\ \text{mm}$$

$$Z_1 = Z_2 = Z_c = \frac{I_c}{y_c} = \frac{46,854\times 10^5}{300} = 1562\times 10^4\ \text{mm}^3$$

$$r_c^2 = \frac{I_c}{A_c} = \frac{46,854\times 10^5}{11\times 10^4} = 426\times 10^2\ \text{mm}^2$$

1) **초기상태의 응력**(프리스트레스 도입 직후의 응력)

초기 프리스트레스 힘에 의한 응력은 식 (5 · 1)로부터

$$f_t = \frac{P_i}{A_c} - \frac{P_i e_p}{I_c} y_1 = \frac{P_i}{A_c}\left(1 - \frac{e_p}{r_c^2} y_1\right) = \frac{766\times 10^3}{11\times 10^4}\left(1 - \frac{130}{426\times 10^2}\times 300\right)$$

$$= 0.7\ \text{MPa (압축)}$$

$$f_b = \frac{P_i}{A_c}\left(1 + \frac{e_p}{r_c^2} y_2\right) = \frac{766\times 10^3}{11\times 10^4}\left(1 + \frac{130}{426\times 10^2}\times 300\right)$$

$$= 13.2\ \text{MPa (압축)}$$

이 응력의 분포가 그림 5-7 (c)의 ①이다. 이 응력은 보의 전 길이에 걸쳐서 작용한다.

프리스트레스 힘이 작용하면 보의 중앙이 솟아서 보의 자중이 보의 양끝에서 지지되므로, 보에는 자중에 의한 휨모멘트가 작용하게 된다. 보의 자중은

$$w_{d1} = 25,000(\text{N/m}^3)\times\frac{11\times 10^4}{(10^3)^2}(\text{m}^2) = 2750\ \text{N/m}$$

자중에 의한 휨모멘트는

$$M_{d1} = \frac{1}{8}\times 2750\times 12.20^2 = 51,160\ \text{N}\cdot\text{m} = 51,160\times 10^3\ \text{N}\cdot\text{mm}$$

보의 자중에 의한 중앙단면의 응력은

$$\pm\frac{M_{d1}}{I_c} y_c = \pm\frac{M_{d1}}{Z_c} = \pm\frac{51160\times 10^3}{1562\times 10^4} = \pm 3.3\ \text{N/mm}^2$$

따라서 프리스트레스 도입 직후의 응력은[식 (5·3) 참조]

상연응력 $f_t = 0.7 + 3.3 = 4.0$ MPa (압축)

하연응력 $f_b = 13.2 - 3.3 = 9.9$ MPa (압축)

이 응력의 분포가 그림 5-7 (c)의 ②이다.

2) 최종상태의 응력(사용하중이 작용할 때의 응력)

프리스트레스 힘의 유효율 R는

$$R = 1 - 0.15 = 0.85$$

따라서 유효 프리스트레스 힘 P_e는

$$P_e = RP_i = 0.85 \times 766 = 651.1 \text{ kN}$$

그러므로 P_e에 의한 상하연의 응력은

$$0.7 \times 0.85 = 0.6 \text{ MPa}$$

$$13.2 \times 0.85 = 11.2 \text{ MPa}$$

자중에 의한 응력과 합성하면

$$0.6 + 3.3 = 3.9 \text{ MPa (압축)}$$

$$11.2 - 3.3 = 7.9 \text{ MPa (압축)}$$

이 응력의 분포가 그림 5-7 (c)의 ③이다.

추가 사하중(고정하중) 및 활하중에 의한 보 중앙의 휨모멘트는

$$M_{d2} + M_l = \frac{1}{8} \times 8180 \times 12.20^2 = 152,200 \text{ N·m} = 152,200 \times 10^3 \text{N·mm}$$

추가 사하중(고정하중)과 활하중에 의한 휨응력은

$$\pm \frac{M_{d2} + M_l}{Z_c} = \pm \frac{152,200 \times 10^3}{1562 \times 10^4} = \pm 9.7 \text{ MPa}$$

따라서 최종상태의 응력은 유효 프리스트레스 힘에 의한 응력에 자중 및 추가 사하중과 활하중에 의한 응력을 합성하면 되므로 다음과 같이 된다[식 (5·3) 참조].

상연응력 $f_t = 3.9 + 9.7 = 13.6$ MPa (압축)

하연응력 $f_b = 7.9 - 9.7 = -1.8$ MPa (인장)

이 응력의 분포가 그림 5-7 (c)의 ④이다. 그림 5-7 (c)에서 부재자중에 의한 응력의 변화는 수평선으로 된 음영부분(陰影部分)으로 나타나 있고, 추가 사하중과 활하중에 의한 응력의 변화는 연직선으로 된 음영부분으로 그려져 있다.

지점단면에서는 하중에 의하여 휨응력이 일어나지 않으며 프리스트레스만이 작용한다. 초기 프리스트레스 힘에 의한 중앙단면 상하단의 응력 0.7 MPa와 13.2 MPa는 프리스트레스의 시간적 손실에 따라 점차로 0.6 MPa 및 11.2 MPa로 각각 감소한다.

참고 1) 초기 프리스트레스에 의하여 단면도심에 일어나는 콘크리트 응력은 다음과 같다.

$$f_{cc}=\frac{P_i}{A_c}-\frac{P_ie_p}{I_c}y_c=\frac{P_i}{A_c}-\frac{P_ie_p}{I_c}\times 0=\frac{P_i}{A_c}=\frac{766\times 10^3}{11\times 10^4}=7\text{ MPa}$$

이 응력은 부재의 자중이 작용해도 변하지 않는다. 이 응력은 모든 손실 후에는 7×0.85=6 MPa로 감소하지만, 추가 사하중과 활하중이 작용하더라도 역시 6 MPa이다.

2) 하중에 의한 PS 강재의 응력의 변화도 쉽게 계산할 수 있다. 콘크리트와 PS 강재 사이의 부착에 변화가 없다고 가정하면, PS 강재의 응력은 같은 높이에 있는 콘크리트 응력의 n배이다. 여기서 n은 탄성 계수비 (E_p/E_c)이다.

이 예제에서 $n=8$로 가정하면 보의 자중이 작용함으로써 증가되는 PS 강재의 응력은 그림 5-7 (c)로부터

$$\Delta f_p=8(13.2-9.9)\times\frac{130}{300}=11.4\text{ MPa}$$

추가 사하중과 활하중에 의하여 증가되는 PS 강재의 응력은

$$\Delta f_p=8(7.9+1.8)\times\frac{130}{300}=33.6\text{ MPa}$$

즉, 하중에 의한 PS 강재의 응력의 증가는 약 45 MPa(=11.4+33.6)이며, 이것은 초기 인장응력의 3% 정도에 지나지 않는다. 그러므로 사용하중으로 인한 PS 강재의 응력의 증가는 일반적으로 무시할 수 있다.

3) 보의 하연(下緣)에 일어나는 인장응력의 크기 (1.8 MPa)는 콘크리트의 파괴계수 이하이고, 따라서 콘크리트에는 균열이 일어나지 않을 것이다.

4) 그림 5-7 (c)의 ②의 분포에 보인 바와 같이, 하중이 재하되기 전의 단계에서 보의 상단에는 압축의 프리스트레스가 작용하고 추가되는 하중에 의하여 더욱 압축된다는 것에 주의해야 한다. 이것은 긴장재의 편심 거리를 증가시키거나 프리스트레스 힘을 감소시키거나, 또는 이 두 가지를 다 고려함으로써 더 효율적인 설계를 얻을 수 있음을 말해 주는 것이다.

특히, 긴장재를 직선으로 배치한 부재에서는 지점 부근의 상연에 매우 큰 인장응력이 일어나게 되고 보의 자중에 의한 휨응력은 일어나지 않는다. 이러한 이유 때문에 긴장재의 편심 거리는 지점에 접근함에 따라 감소시키는 것이 보통이다.

5.3 하중에 의한 PS 강재의 응력

이상에서는 주로 콘크리트에 일어나는 응력을 검토해 보았지만, 여기서는 PS 강재에 일어나는 응력을 생각해 보기로 한다.

PS 강재의 응력은 긴장작업 중에 측정되기 때문에 그 값을 알고 있고, 또 여러 가지 원인에 의한 PS 강재응력의 감소량도 4장의 방법으로 계산할 수 있으므로, 결국 초기단계의 PS 강재의 응력은 알고 있는 셈이다. 그러나 여기에 사하중(고정하중)이나 활하중이 작용하게 되면 PS 강재의 응력은 변화하게 된다.

그림 5-8은 잘 부착된 전형적인 프리텐션 보의 하중과 PS 강재응력과의 관계를 보인 것이다. 그라우팅한 포스트텐션 보도 이와 비슷하다. 잭(jack)을 작동시켜 PS 강재를 인장대 끝에서 긴장했을 때의 PS 강재의 응력은 f_{pj}이다. 콘크리트 부재에 프리스트레스를 도입하자마자 콘크리트의 탄성단축으로 말미암아 강재응력은 초기응력 f_{pi}로 감소하며, 동시에 부재는 위쪽으로 솟음을 일으킨다. 프리스트레스의 모든 시간적 감소가 추가하중이 실리기 전에 일어난다고 가정하면, 그림 5-8과 같이 PS 강재의 응력은 유효 프리스트레스 f_{pe}의 수준으로 감소한다.

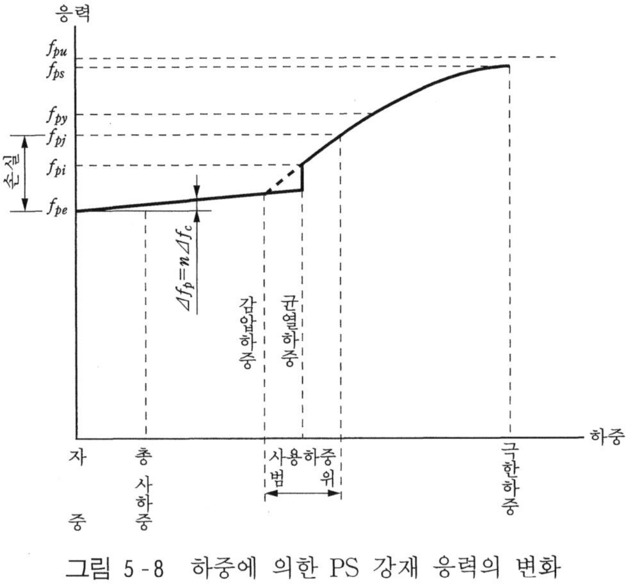

그림 5-8 하중에 의한 PS 강재 응력의 변화

추가 사하중과 활하중이 작용하게 되면 PS 강재의 응력은 아주 조금 증가한다. PS 강재와 콘크리트 사이에 완전한 부착이 유지된다고 가정하면, PS 강재응력의 증가량은 같은 위치에 있는 콘크리트 응력의 증가량의 n배가 될 것이다. 그 증가량은 초기 프리스트레스의 약 3~4%보다 크지 않으므로 일반적으로 무시한다.

보가 재하 전에 건조수축 또는 기타의 원인으로 인한 균열이 발생하지 않았다면, 부재 하면의 압축력이 0으로 되는 **감압하중**(decompression load)하에서의 거동에는 중요한 변동이 없다. PS 강재의 응력은 균열하중에 도달할 때까지 아주 조금, 그리고 직선적으로 증가를 계속한다. 균열하중 하에서는 PS 강재의 응력이 급격하게 증가한다. 이것은 콘크리트가 부담하고 있었던 인장력이 PS 강재로 옮겨가기 때문이다. 균열이 있는 보 또는 세그먼트 캐스트 빔(segmentally cast beam)에 있어서는, 그림 5-8에 보인 바와 같이 감압하중에서 PS 강재의 응력곡신의 기울기가 변한다.

균열발생 후에는 PS 강재의 응력은 그 전보다 더 빠르게 증가한다. 항복강도 f_{py}에 도달한 후 PS 강재의 늘음은 비례적으로는 증가하지 않지만, 그 응력-변형률 곡선의 형상에 따른 증가응력을 지탱한다. 그리고 응력-하중곡선은 점차적으로 감소되는 기울기를 가지고 상향(上向)으로 계속된다. PS 강재의 파괴응력 f_{ps}는 인장강도 f_{pu}와 같을지 모르나, 보의 기하학적 조건, PS 강재비 및 재료의 성질에 따라 f_{pu}보다 얼마간 작은 것이 보통이다.

이상은 부착된 경우이지만 부착되지 않은 경우도 이것과 큰 차이는 없다. 부착되지 않은 경우는 일반적으로 보의 파괴시의 PS 강재응력은 그 인장강도보다 매우 작다.

5.3.1 PS 강재와 콘크리트를 부착시킨 경우

이 경우는 PS 강재와 콘크리트가 일체로 되어 변형하므로, PS 강재 위치에서 콘크리트와 PS 강재의 변형률은 서로 같다.

$$\varepsilon_c = \varepsilon_p$$

즉

$$\frac{f_c}{E_c} = \frac{f_p}{E_p}$$

$$\therefore f_p = \frac{E_p}{E_c} f_c = n f_c$$

그런데 PS 강재 도심위치에서의 콘크리트 응력은

$$f_c = \frac{M}{I} e_p \tag{5·4}$$

여기서 M : 하중에 의한 휨모멘트

e_p : 단면도심으로부터 PS 강재 도심까지의 거리

따라서 하중에 의해 증가되는 PS 강재의 응력은

$$f_p = n f_c = n \frac{M}{I} e_p \tag{5·5}$$

5.3.2 PS 강재와 콘크리트를 부착시키지 않은 경우

이 경우는 콘크리트의 응력과 PS 강재의 응력이 비례하지 않는다. 마찰의 영향을 무시한다면 PS 강재의 응력은 어느 곳에서도 같을 것이다. 이 경우, PS 강재의 응력은 PS 강재 도심위치에 있는 콘크리트가 얼마만큼 변형하는가에 따라 결정된다.

임의단면의 PS 강재 도심위치에서 콘크리트의 변형률은

$$\varepsilon_c = \frac{f_c}{E_c} = \frac{Me_p}{E_c I}$$

그러므로 PS 강재의 총변형량은

$$\Delta l = \int \varepsilon_c dx = \int \frac{Me_p}{E_c I} dx$$

PS 강재의 평균 변형률은

$$\frac{\Delta l}{l} = \int \frac{Me_p}{lE_c I} d_x$$

따라서 외력(外力) M에 의해 증가되는 PS 강재의 평균응력은

$$f_p = E_p \frac{\Delta l}{l} = \int \frac{E_p Me_p}{lE_c I} dx = \frac{n}{l} \int \frac{Me_p}{I} dx \qquad (5 \cdot 6)$$

일반적으로 휨모멘트도(圖)는 포물선이고 긴장재도 포물선으로 배치되는 것이 보통이므로, 이러한 경우 보의 중앙단면의 M과 e_p를 각각 M_0, e_0로 나타내고, 또 I가 보의 전 길이에 걸쳐 일정하다고 하면, 식 (5 · 6)은 다음과 같이 된다.

$$f_p = \frac{8}{15} n \frac{M_0 e_0}{I} \fallingdotseq \frac{1}{2} n \frac{M_0 e_0}{I} \qquad (5 \cdot 7)$$

즉, 부착 없는 보의 중앙단면의 PS 강재의 응력 증가량은 부착 있는 보의 그것의 약 $\frac{1}{2}$이다.

예제 5-4. 예제 5-3의 보에서 PS 강재의 응력을 계산하라. $n=8$이다.

풀이 예제 5-3의 참고 2)에서 이미 PS 강재의 응력을 검토한 바 있지만, 여기서는 이 절의 방법으로 계산해 본다. 예제 5-3의 보는 프리텐션 보이므로 부착된 경우이다.

1) 보의 자중에 의하여 증가되는 PS 강재의 응력

프리스트레스 도입 직후, 보의 자중만이 작용할 때의 PS 강재의 응력을 알아보자. 보의 자중에 의한 중앙단면의 휨모멘트는 예제 5-3으로부터

$$M_{d1}=51,160\times10^3\ \mathrm{N\cdot mm}$$

따라서 PS 강재 도심위치에서 콘크리트의 휨응력은 식 (5·4)로부터

$$f_c=\frac{M}{I}e_p=\frac{51,160\times10^3}{46,854\times10^5}\times130=1.4\ \mathrm{MPa}$$

그러므로 보의 자중으로 인하여 증가되는 PS 강재의 응력은 식 (5·5)로부터

$$f_p=nf_c=8\times1.4=11.2\ \mathrm{MPa}$$

이것은 PS 강재(7연선)의 초기 인장응력을 1225 MPa로 보았을 때, 그 0.9%에 불과하다. 따라서 보의 자중이 작용할 때 PS 강재의 응력은

$$1,225+11.2\fallingdotseq1,236\ \mathrm{MPa}$$

2) 추가 사하중 및 활하중에 의하여 증가되는 PS 강재의 응력

추가 사하중 및 활하중 모멘트는 예제 5-3으로부터

$$M_{d2}+M_l=152,200\times10^3\ \mathrm{N\cdot mm}$$

이들 하중으로 인하여 증가되는 PS 강재응력은

$$f_p=nf_c=n\frac{Me_p}{I}=8\times\frac{152,200\times10^3\times130}{46,854\times10^5}=33.8\ \mathrm{MPa}$$

이것은 초기 인장응력 (1225 MPa)의 2.7%에 불과하다.

3) 사용상태하에서의 PS 강재의 응력

보의 자중, 추가 사하중 및 활하중에 의하여 증가되는 PS 강재의 응력은 다음과 같다.

$$11.2+33.8=45\ \mathrm{MPa}$$

이것은 초기 인장응력의 3.6%에 불과하다. 결국, 이 보의 사용상태 하에서의 PS 강재의 인장응력은 프리스트레스의 총감소를 15%로 보면 다음과 같이 된다.

$$1225(1-0.15)+45=1041+45\fallingdotseq1086\ \mathrm{MPa}$$

참고> 만약, 이 보가 부착 없는 포스트텐션 보라고 하면 하중에 의한 중앙단면에서의 PS 강재응력의 증가량은 식 (5·7)로부터 다음과 같이 된다.

$$f_p=\frac{8}{15}n\frac{M_0e_0}{I}=\frac{8}{15}\times8\times\frac{(51,160\times10^3+152,200\times10^3)}{46,854\times10^5}\times130=24\ \mathrm{MPa}$$

5.4 허용응력

5.1절에서 본바와 같이 프리스트레스트 콘크리트 휨부재는 균열발생 여부에 따라 그 거동이 달라지며, 따라서 응력의 계산이나 사용성의 검토에 이러한 점을 고려해야 한다. 그래서 허용응력의 설명에 들어가기 전에 이것을 먼저 다루기로 한다.

5.4.1 비균열 등급, 부분균열 등급 및 완전균열 등급

2007년 개정된 설계기준에서는 PSC 휨부재를 균열의 정도에 따라 다음과 같이 세 가지 등급으로 구분하고, 구분된 등급에 따라 응력 및 사용성을 검토하도록 규정하고 있다. 즉 미리 압축을 가한 인장구역(precompressed tensile zone)에서 사용하중으로 계산된 인장연단 응력 f_t에 따라 다음과 같이 구분하고 있다.

비균열 등급 : $f_t \leqq 0.63\sqrt{f_{ck}}$

여기서 f_t : 사용하중하에서 총 단면으로 계산한, 미리 압축을 가한 인장구역에서의 인장연단응력(MPa)

f_{ck} : 콘크리트의 설계기준 강도(MPa)

f_t가 콘크리트의 파괴계수 $0.63\sqrt{f_{ck}}$ 이하이므로 균열이 발생하지 않는다. 그래서 비균열 등급의 단면을 **비균열 단면**(uncracked section)이라고 한다.

따라서 사용하중이 작용할 때의 응력은 비균열 단면 즉, 총 단면을 사용하여 계산한다. 또 이 때 처짐도 총 단면에 대한 단면 2차 모멘트 I_g를 사용하여 계산한다.

ACI Code(318-05)에서는 이 등급을 **Class U**로 구분하고 있다.

부분균열 등급 : $0.63\sqrt{f_{ck}} < f_t \leqq 1.0\sqrt{f_{ck}}$

이 등급은 비균열 등급과 완전균열 등급의 중간수준(transition between uncracked and cracked section)으로 거동한다. 이 등급의 단면을 **부분균열 단면**이라고 하며 사용하중이 작용할 때의 응력은 총 단면으로 계산한다.

그러나 처짐은 균열 환산단면에 기초하여 2개의 직선으로 구성되는 모멘트-처짐 관계(bilinear moment-deflection relationship)를 사용하여 계산하거나 또는 유효 단면 2차 모멘트 I_e를 사용하여 계산한다.

ACI Code(318-05)에서는 이 단면을 **Class T**로 구분하고 있다.

완전균열 등급 : $f_t > 1.0\sqrt{f_{ck}}$

이 등급의 단면을 완전균열 단면(cracked section)이라고 하며 사용하중이 작용할 때 완전균열 등급의 단면의 응력은 균열 환산단면을 사용하여 계산한다.

처짐은 균열 환산단면해석에 기초하여 2개의 직선으로 구성되는 모멘트－처짐관계를 사용하여 계산하거나 또는 유효 단면 2차 모멘트 I_e를 사용하여 계산한다.

ACI Code(318－05)에서는 이 단면을 Class C로 구분하고 있다.

한편 프리스트레스된 2방향 슬래브는 $f_t \leqq 0.50\sqrt{f_{ck}}$를 만족하는 비균열 단면부재로 설계해야 한다.

5.4.2 콘크리트의 허용 휨응력

프리스트레스트 콘크리트는 프리스트레스를 도입한 직후 안전해야 하고, 또 사용하중이 작용할 때도 안전해야 한다. 그러기 위해서는 각 하중단계에 대하여 콘크리트 및 PS 강재의 응력을 허용응력 이하로 제한해야 한다. 이들 허용응력은 제작중에 있는 PSC 부재의 파괴를 피하고, 또한 균열 폭과 처짐을 제한함으로써 사용성을 확보하기 위한 것이다.

표 5-1은 2007년 개정된 콘크리트 구조 설계기준에 규정되어 있는 콘크리트의 허용응력을 보인 것이다. 여기서 프리스트레스 도입 직후란 콘크리트의 탄성단축, 마찰 및 정착장치의 활동에 의한 프리스트레스의 즉시손실이 일어난 후를 말하며, 사용하중이 작용할 때란 모든 프리스트레스의 감소가 일어난 후 사용하중이 작용할 때, 즉 사용상태에 있을 때를 말한다. f_{ci}는 프리스트레스를 도입할 때의 콘크리트의 압축강도이고, f_{ck}는 콘크리트의 설계기준 강도이다.

표 5-1 콘크리트의 허용응력(콘크리트 구조 설계기준)

적용범위	허용응력		비 고
	응력의 종류	MPa	
프리스트레스 도입 직후	휨 압축응력	$0.60 f_{ci}$	
	휨 인장응력(주1)	$0.25\sqrt{f_{ci}}$	단순지지 부재 단부 이외 곳의 인장응력
		$0.50\sqrt{f_{ci}}$	단순지지 부재 단부에서의 인장응력
사용하중이 작용할 때	휨 압축응력(주2)	$0.45\sqrt{f_{ck}}$	긴장력(프리스트레스)과 지속하중이 작용할 때
		$0.60\sqrt{f_{ck}}$	긴장력(프리스트레스)과 전체하중이 작용할 때

(주 1) : 프리스트레스 도입 직후 계산된 휨 인장응력이 표 5-1의 허용 휨 인장응력을 초과하는 경우에는, 비균열 단면으로 가정하여 계산된 전체 인장력에 저항할 수 있는 추가 부착강재(프리스트레스 되지 않은 강재 또는 프리스트레스된 강재)를 인장구역에 배치해야 한다.

(주 2) : 표 5-1에서 사용하중이 작용할 때의 허용 휨 압축응력은 비균열 단면 또는 부분균열 단면에 대한 값이다. 이 때 휨 압축응력은 비균열 단면으로 가정하여 계산한다.

참고> 선 압축 인장구역(precompressed tensile zone) 즉 프리스트레스가 도입된 인장연단에서 사용하중이 작용할 때 콘크리트의 허용 휨 인장응력으로, 2003 설계기준에서 주고 있는 값을 참고로 여기에 적으면 다음과 같다. 즉

① 허용 휨 인장응력 : $0.50\sqrt{f_{ck}}$

② 환산균열 단면과 2개의 선형으로 이루어진 모멘트-처짐관계(bilinear moment-deflection relationship)를 기초로 해석한 결과, 순간 처짐과 장기 처짐 및 콘크리트의 피복두께가 설계기준의 규정을 만족할 경우(2방향 슬래브구조 제외) : $1.0\sqrt{f_{ck}}$

5.4.3 PS 강재의 허용응력

표 5-2는 2007년 개정된 콘크리트 구조 설계기준에 규정되어 있는 PS 강재(긴장재)의 허용응력을 보인 것이다. 여기서 f_{pu}는 PS 강재의 인장강도이고, f_{py}는 항복강도이다.

설계기준에 따르면 긴장할 때 긴장재의 인장응력은 표의 값 이하라야 하고, 또 PS 강재나 정착장치의 제조자가 제시하는 최대값을 초과해서도 안 된다.

표 5-2 긴장재(PS 강재)의 허용응력(콘크리트 구조 설계기준)

적 용 범 위	허 용 응 력
긴장할 때 긴장재의 인장응력	$0.8f_{pu}$와 $0.94f_{py}$ 중 작은 값
프리스트레스 도입직후의 인장응력	$0.74f_{pu}$와 $0.82f_{py}$ 중 작은 값
접착구와 커플러(coupler)의 위치에서, 프리스트레스 도입직후 포스트텐션 긴장재의 인장응력	$0.7f_{pu}$

5.5 압력선과 한계핵

프리스트레스 힘만이 작용할 경우, 프리스트레스 힘이 단면의 핵(核, core, Kern) 안에 작용하면 단면에는 인장응력이 일어나지 않는다. 단면에 인장응력이 일어나지 않는 한계는 그림 5-9 (b), (c)와 같이 응력분포가 삼각형으로 되는 경우이다. 응력분포가 그림 5-9 (b)와 같이 되려면 단면의 상연응력(上緣應力)이 0이 되어야 한다.

즉, 식 (5・1)의 f_t를 0으로 놓으면

$$f_t = \frac{P_i}{A_c}\left(1 - \frac{e_p y_1}{r_c^2}\right) = 0$$

$$\therefore e_p = \frac{r_c^2}{y_1} = k_b \qquad (5 \cdot 8)$$

즉, 프리스트레스 힘 P_i가 위의 식의 편심 거리 $e_p = k_b$를 가지고 작용하면, 그 응력분포는 그림 5-9 (b)와 같이 된다. 이 k_b를 **하핵 거리**(lower core distance)라고 하며, 이 때 P_i의 작용점을 단면의 **하핵점**(bottom core point)이라고 한다. 상핵 거리(upper core distance)는 식 (5・1)의 f_b를 0으로 놓으면 다음과 같이 된다.

$$k_t = -\frac{r_c^2}{y_2} \qquad (5 \cdot 9)$$

위의 식의 (–)부호는 **상핵점**(top core point)이 단면의 도심으로부터 위쪽에 있음을 나타낸다.

이상의 논의는 PS 강재의 도심이 반드시 핵 안에 있어야 한다는 것을 뜻하는 것은 아니며, 보를 설계할 때 이들 핵점이 종종 참고가 될 따름이다.

한편, 철근 콘크리트 보는 그림 5-10에 보인 바와 같이 외력에 의한 휨모멘트가

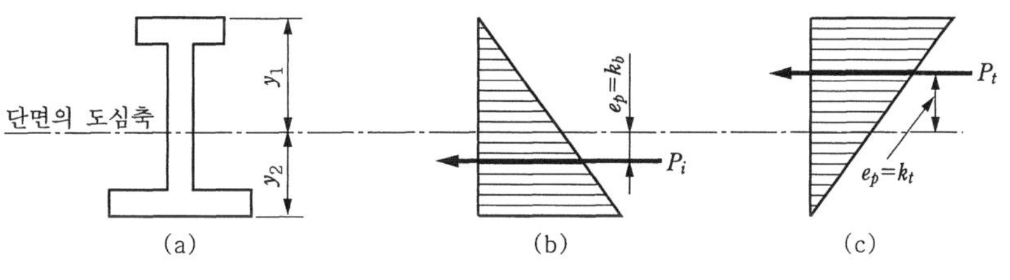

그림 5-9 하핵 거리와 상핵 거리

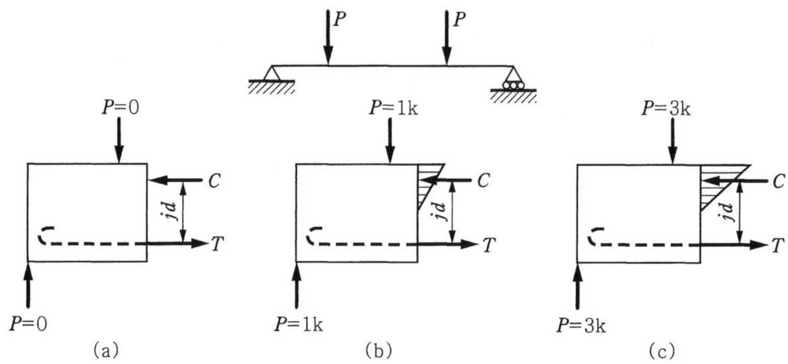

그림 5-10 철근 콘크리트 보의 내력 모멘트

증가함에 따라 단면의 저항 모멘트(내력 모멘트) Tjd(또는 Cjd)가 증가한다. 이 때 T 및 C가 증가할 뿐이고 jd는 변하지 않는다.

PSC 보(프리스트레스트 콘크리트 보)에 있어서도 그림 5-11에 보인 바와 같이 외력에 의한 휨모멘트가 증가함에 따라 단면의 저항 모멘트 Ta(또는 Ca)가 증가한다. 그러나 이 때 모멘트의 팔 길이 a가 증가할 뿐이고, T 및 C는 변하지 않는다. 이것은 하중에 의한 PS 강재의 응력증가가 무시할 수 있을 정도로 작다는 점으로부터도 이해된다. 여기서 인장력 T는 프리스트레스 힘 P_i와 같고, C는 압축력의 작용선으로서 **압력선**(thrust line) 또는 C선(C-line)이라고 한다.

그림 5-12는 PSC 보에 있어서 압력선의 작용위치와 콘크리트의 응력분포의 관계를 보인 것이다.

그림 5-12 (b), (e)와 같이 단면에 인장응력을 허용하지 않을 경우에는 압력선은 상하 핵 거리 k_t 및 k_b 내에 있어야 한다. 즉, 이 경우의 **한계핵**(core limit)은 k_t 및

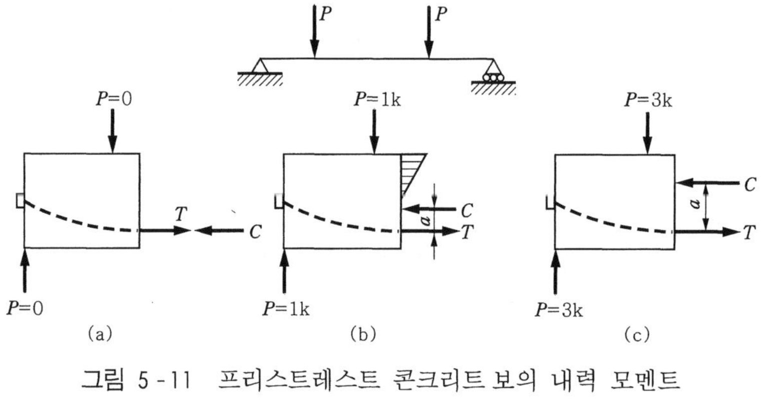

그림 5-11 프리스트레스트 콘크리트 보의 내력 모멘트

k_b이다. 그림 5-12 (a), (f)와 같이 단면 일부에 인장응력을 허용할 경우에는 그 인장응력이 콘크리트의 허용 휨 인장응력 이하라야 하고, 이 때의 압력선의 작용범위, 즉 한계핵은 식 (1·10)의 f_c를 콘크리트의 허용 휨 인장응력 f_{ta}와 같다고 놓으면 구할 수 있다. 압축을 (+)로 약속하고 있기 때문에 f_{ta}에는 (−)의 부호를 붙여야 한다. 즉, 그림 5-12 (a)의 한계핵 k_l은 식 (1·10)으로부터

$$\frac{C}{A}-\frac{Ce'}{I_c}y_1=-f_{ta}$$

$$e'=\frac{I_c}{y_1}\left(\frac{1}{A}+\frac{f_{ta}}{C}\right)=k_l \tag{5·10}$$

여기서 $C=P_i$이다.

그림 5-12 (f)의 한계핵 k_u도 식 (1·10)으로부터 다음과 같이 된다.

$$e'=-\frac{I_c}{y_2}\left(\frac{1}{A}+\frac{f_{ta}}{C}\right)=k_u \tag{5·11}$$

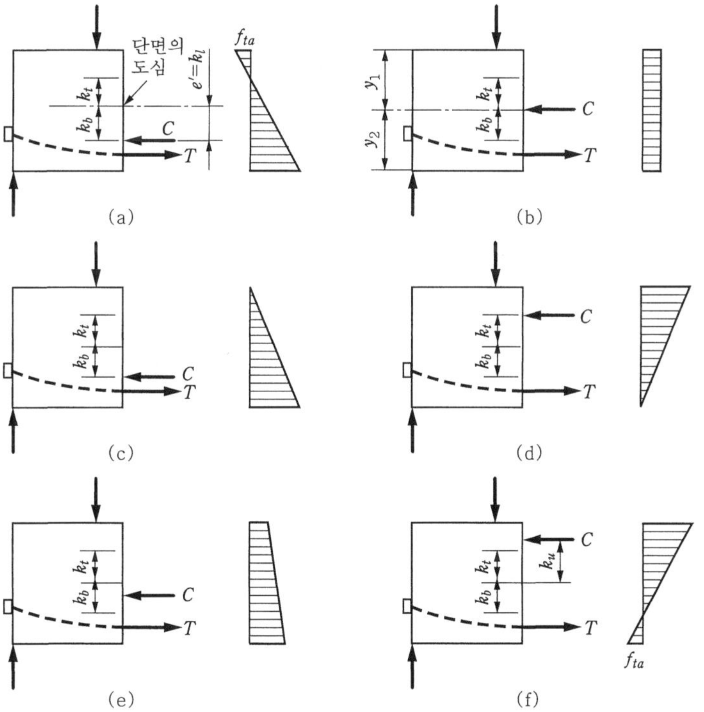

그림 5-12 압력선의 위치와 콘크리트 응력의 분포

5.6 균열 모멘트

균열하중(cracking load)은 균등질의 콘크리트 단면에 대하여 이제까지 논의해 온 응력공식들의 유효한도를 나타낸다. 균열의 중요성이 과거에는 지나치게 강조되어 왔는데, 그것은 다음과 같은 이유에 대하여 균열하중을 미리 예측할 필요가 있기 때문이다.

① 처짐은 균열을 수반할 때 일어나는 휨강성의 감소에 의하여 영향을 받는다.
② 보의 균열발생 후에 PS 강재는 부식에 대하여 더욱 취약해진다.
③ 균열로 인하여 PS 강재의 인장응력이 증대되므로 보의 피로저항이 감소된다.
④ 균열은 외관상도 좋지 않다.
⑤ 액체 저장용기의 경우에는 균열 후에 액체가 샐 염려가 있다.

휨균열을 일으키는 모멘트는 엄밀하게는 인장 측 콘크리트의 소성(塑性)을 고려하여 계산하는 것이 바람직하지만 계산이 매우 복잡해진다. 그래서 보통은 균열이 발생할 때까지 콘크리트를 완전 탄성체로 가정하고, 그림 5-13에 보인 바와 같이 프리스트레스와 하중에 의한 인장연단(引張緣端)의 합성응력이 콘크리트의 휨 인장강도(파괴계수)에 이르렀을 때 균열이 발생한다고 보고, 다음과 같이 계산한다. 즉, 식 (5・3)의 하연응력 f_b를 콘크리트의 파괴계수 f_r와 같다고 놓고, 또 $M_t = M_{cr}$로 놓음으로써 쉽게 구할 수 있다. 이 때 f_r는 인장응력이므로 $f_b = -f_r$로 놓는다.

$$-f_r = \frac{P_e}{A_c}\left(1 + \frac{e_p}{r_c^2}\, y_2\right) - \frac{M_{cr}}{Z_2} \tag{5・12}$$

여기서 M_{cr} : 휨균열 모멘트

f_r : 콘크리트의 휨 인장강도(＝콘크리트의 파괴계수＝$0.63\sqrt{f_{ck}}$)

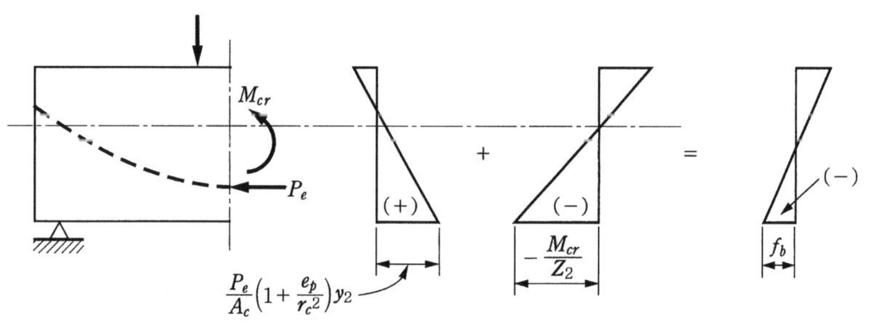

그림 5-13　균열 모멘트

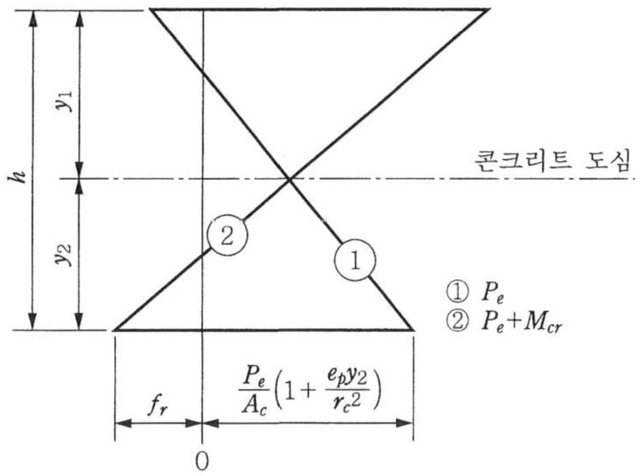

그림 5-14 균열 모멘트가 작용할 때의 콘크리트 응력의 변화

위의 식은 다시 다음과 같이 된다.

$$\frac{M_{cr}}{Z_2}=f_r+\frac{P_e}{A_c}\left(1+\frac{e_p}{r_c^2}y_2\right) \tag{5・13}$$

위의 식은 균열 모멘트로 인한 하연응력이 프리스트레스에 의한 초기 압축력을 상쇄하고, 파괴계수와 똑같은 인장응력에 이르게 된다는 것을 말해 준다. 그림 5-14는 이 관계를 보여 주고 있다.

식 (5・13)에 $Z_2=\frac{I_c}{y_2}$ 및 $r_c^2=\frac{I_c}{A_c}$의 관계를 대입하고 정리하면

$$M_{cr}=f_rZ_2+P_e\left(\frac{r_c^2}{y_2}+e_p\right) \tag{5・14}$$

이 M_{cr}가 휨균열을 일으키는 모멘트이며, **균열 모멘트**(cracking moment)라고 한다. $\frac{r_c^2}{y_2}$은 단면의 상핵 거리이므로 위의 식의 제 2 항은 하연응력을 0으로 되게 하는 모멘트이다. 즉, 압력선 C를 PS 강재 도심으로부터 상핵점까지 이동시키는 데 소요되는 모멘트를 나타낸다. 위의 식의 제 1 항에 해당하는 모멘트가 추가될 때, 휨균열이 발생한다.

균열에 대한 안전율은 일반적으로 활하중에 대하여 다음과 같이 정의된다.

$$M_{d1}+M_{d2}+F_{cr}M_l=M_{cr}$$

$$\therefore F_{cr}=\frac{M_{cr}-M_{d1}-M_{d2}}{M_l} \tag{5・15}$$

위의 F_{cr}가 균열에 대한 안전율이다.

예제 5-5. 예제 5-3의 보의 균열 모멘트를 계산하라. 콘크리트의 파괴계수(휨 인장강도)는 3.5 MPa이다.

풀이 식 (5·14)에 예제 5-3과 그림 5-7의 값들을 대입하면

$$M_{cr}=f_r Z_2+P_e\left(\frac{r_c^2}{y_2}+e_p\right)=3.5\times1,562\times10^4+651.1\times10^3\left(\frac{426\times10^2}{300}+130\right)$$

$$=231,770\times10^3\ \mathrm{N\cdot mm}=231,770\ \mathrm{N\cdot m}$$

추가되는 하중이 모두 활하중이라고 가정하고 균열에 대한 안전율을 구하면, 식 (5·15)로부터

$$F_{cr}=\frac{M_{cr}-M_{d1}-M_{d2}}{M_l}=\frac{231,770-51,160-0}{152,200}=1.19$$

5.7 휨 강 도

PSC 보는 사용하중 하에서 결정된 단면이 파괴에 대하여 소정의 안전율을 가지는가를 확인해 두어야 한다. 그러기 위해서는 PSC 보의 휨에 대한 파괴내력(破壞耐力), 즉 휨강도(flexural strength)를 알아야 한다.

5.7.1 프리스트레스트 콘크리트 보의 파괴형태

PSC 보의 휨파괴는 다음과 같은 세 가지 형태로 구분할 수 있다.

① 균열의 발생과 동시에 PS 강재도 파단한다.

② PS 강재응력이 항복강도 이상으로 된 후에 콘크리트가 압축파괴를 한다.

③ PS 강재응력이 항복강도에 이르기 전에 콘크리트가 압축파괴를 일으킨다.

일반적으로 저보강 PSC 보(under reinforced prestressed beam)는 ②의 파괴형태를 취하고, 과보강 PSC 보(over reinforced prestressed beam)는 ③의 형태로 파괴된다. ①의 파괴형태는 돌발적 파괴를 나타내고, ③의 파괴형태는 인성(靭性, toughness)이 적은 결점이 있으며, ②의 파괴형태는 인성이 큰 파괴형태를 나타낸다. 따라서 ②의 파괴형태가 바람직스럽다.

철근 콘크리트에 있어서는 ②의 파괴를 얻기 위하여 인장철근비의 상한 즉 최대 철근비를 규정하고, 인장 철근비를 최대 철근비 이하로 제한하고 있다. 그러나 PS 강재는 철근처럼 뚜렷한 항복점을 가지지 않기 때문에, 프리스트레스트 콘크리트에

있어서는 엄밀한 의미의 균형 강재비를 정의할 수가 없다. 그래서 종전의 설계기준(2003)에서는 **강재지수**(reinforcement index)를 정의하여, 이들 강재지수가 일정한 값을 넘지 않으면 저보강 PSC 보로 보고, 그렇지 않으면 과보강 PSC 보로 보도록 하고 있었다. 그러나 2007년 개정된 설계기준에서는 인장지배 단면 및 압축지배 단면의 순 인장변형률 한도를 적용하도록 대체되었다.[5.8.3항의 (3) 참조]

5.7.2 콘크리트의 휨응력의 분포

PSC 보는 그림 5-11 및 그림 5-12에 보인 바와 같이 저항우력 C 및 $T(P)$는 거의 변하지 않고 내력 모멘트의 팔 길이 a가 증가하면서 외력에 저항한다. 그러다가 균열이 발생하면 콘크리트의 압축력 C가 증가하면서 PS 강재의 응력은 갑작스럽게 증가한다[그림 5-8 참조]. 여기서 하중이 더 증가하면 PSC 보는 RC 보와 비슷한 거동을 하게 된다. 즉, 우력의 팔 길이는 거의 일정한 상태를 유지하면서 콘크리트와 PS 강재의 응력이 증가하게 된다. 이 관계를 보인 것이 그림 5-15와 그림 5-16이다.

앞에서 말한 바와 같이 저보강 PSC 보의 파괴는 긴장재의 항복으로부터 시작된다. 인장 변형률은 휨균열의 폭을 넓히고, 중립축을 위쪽으로 이동시킨다. 파괴시의 PS 강재의 응력은 그림 5-15 (a)의 점 A와 점 B 사이이다. 과보강 PSC 보는 콘크리트의 압축 변형률이 한계(0.003~0.004)에 달했을 때 파괴된다. 이 때 PS 강재의 응력은 항복강도 이하이다. PS 강재의 응력이 선형(線形)을 나타내는 동안, 콘크리트 응력은 비선형(非線形)으로 되기 때문에 중립축은 아래쪽으로 이동한다[그림 5-16 (b)]. 이러한 파괴는 갑작스럽게 일어난다.

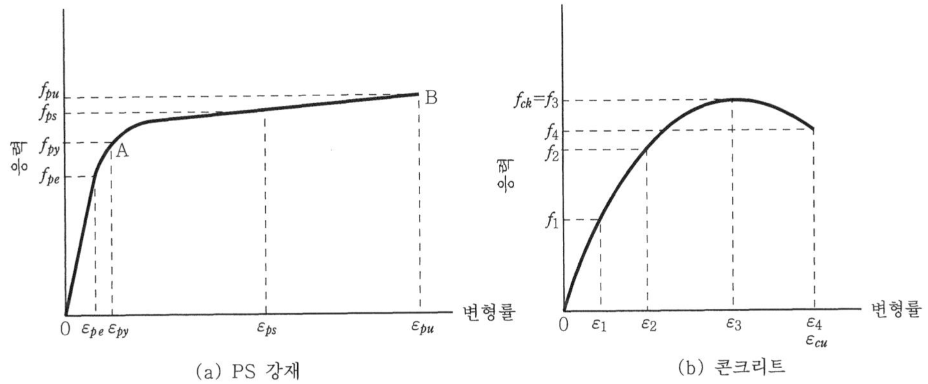

(a) PS 강재 (b) 콘크리트

그림 5-15 전형적인 응력-변형률 곡선

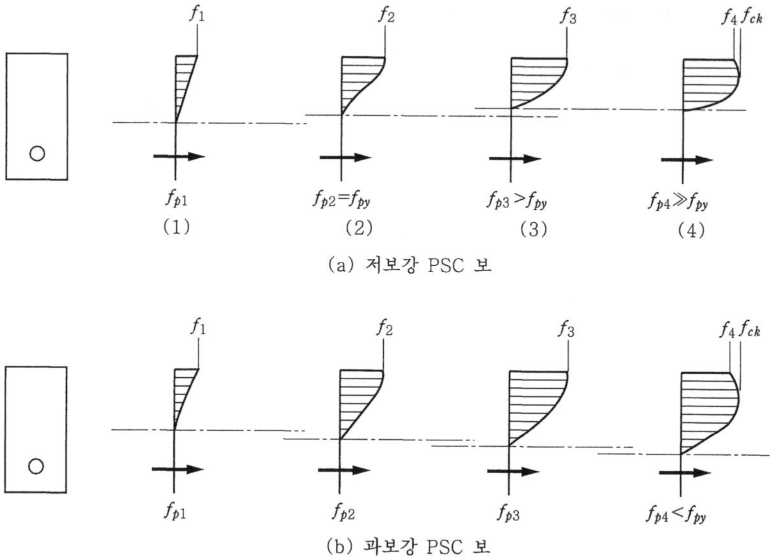

그림 5-16 균열 후 극한하중에 이를 때까지의 휨응력의 분포

한편, 콘크리트의 휨응력의 분포는 그림 5-16과 같이 하중이 증가함에 따라 선형에서 비선형으로 된다. 인장 측의 콘크리트에 균열이 발생하였기 때문에 콘크리트의 인장응력은 무시된다. 그림 5-16(a)의 (3)의 단계에서 콘크리트는 최대응력 f_{ck}에 도달하지만, 콘크리트의 최대 변형률이 극한 변형률 ε_{cu}에 달하는 (4)의 단계까지 파괴는 일어나지 않는다. 콘크리트가 극한 변형률에 달할 때 PS 강재의 파괴응력 f_{ps}는 그림 5-15(a)에 보인 바와 같이 항복강도 f_{py}와 인장강도 f_{pu} 사이에 있게 된다.

파괴 때 PS 강재의 응력이 항복강도 이하인 과보강 PSC 보는 PS 강재의 프리스트레스를 증가시킴으로써 저보강 PSC 보로 전환시킬 수도 있다. 그러므로 PSC 보에 있어서의 과보강보, 저보강보의 구별은 RC 보의 과소 철근보, 과다 철근보와 달라서 강재비 및 재료의 품질 외에 PS 강재의 프리스트레스의 강도에도 관계된다.

특별한 경우를 제외하고 PSC 보는 대부분 저보강보(under reinforced beam)이다

5.7.3 휨강도의 해석

앞 절에서 살펴본 바와 같이 PSC 보가 균열 후 파괴에 이르는 과정에서 콘크리트의 휨응력의 분포는 RC보와 크게 다를 바가 없다. 그래서 극한강도 상태 때의 PSC 보의 콘크리트 응력의 분포는 그림 5-17과 같이 된다. 즉, 콘크리트의 실제 응력

분포도인 그림 5-17 (c)를 그림 5-17 (d)와 같은 등가 직사각형 분포로 대치한다. 이 등가 직사각형 응력분포의 깊이 a는

$$a = \beta_1 c \tag{5·16}$$

이다. 여기서 β_1의 값은 f_{ck}의 크기에 따라 다음과 같이 취한다. 즉 $f_{ck} \leqq 28$ MPa이면 $\beta_1 = 0.85$이고, $f_{ck} > 28$ MPa이면 f_{ck}가 1 MPa씩 증가할 때마다 β_1의 값을 0.007씩 감소시키되 0.65보다 작아서는 안 된다. 이것을 식으로 나타내면 다음과 같다.

$$\left.\begin{array}{l} f_{ck} \leqq 28\text{ MPa인 경우, } \beta_1 = 0.85 \\ f_{ck} > 28\text{ MPa인 경우, } \beta_1 = 0.85 - 0.007\,(f_{ck} - 28) \\ \qquad\qquad\qquad\qquad\qquad \geqq 0.65 \end{array}\right\} \tag{5·17}$$

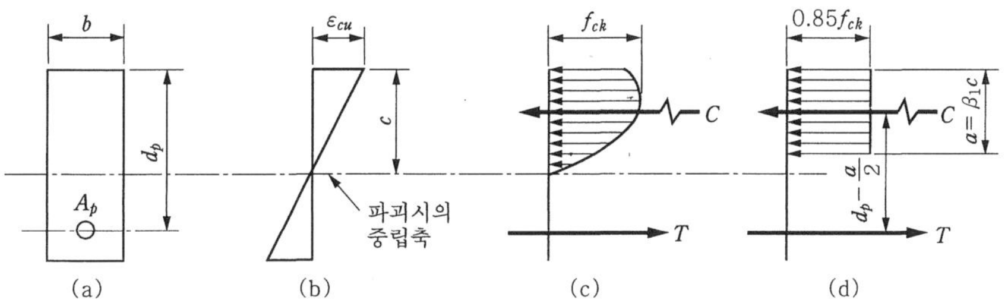

그림 5-17 극한강도 상태 때의 콘크리트 응력의 분포

그 밖에 다음과 같은 가정 하에서 변형의 적합(strain-compatibility) 조건과 힘의 평형조건을 써서 단면의 휨강도를 해석한다.

① 변형 전에 평면인 단면은 변형 후도 평면이다.

② 콘크리트의 인장응력은 무시한다.

③ 콘크리트의 압축연단에서의 최대 변형률은 0.003으로 본다.

위와 같은 가정 하에 그림 5-18을 참고하여 휨강도를 해석해 보자. 그림 5-18 (a)는 각 하중단계에 대한 콘크리트 및 PS 강재의 변형률을 보인 것이고, 그림 5-18 (b)는 파괴 때의 콘크리트 응력의 등가 사각형 분포를 보인 것이다.

그림 5-18 (a)의 ①은 프리스트레스의 모든 손실 후, 유효 프리스트레스 P_e만이 작용할 때의 변형률이다.

이 단계에서 PS 강재의 응력과 변형률은 각각 다음과 같다.

$$f_{pe} = \frac{P_e}{A_p} \tag{ⓐ}$$

$$\varepsilon_1 = \varepsilon_{pe} = \frac{P_e}{E_p A_p} \qquad ⓑ$$

그림 5-18 (a)의 ②는 긴장재 도심위치에서의 콘크리트 응력이 0으로 감소되는 하중 단계 때의 변형률을 나타낸 것이다. 콘크리트와 PS 강재 사이의 부착이 원래대로 유지된다고 가정하면, ①의 단계에서 ②의 단계로 옮아갈 때의 PS 강재 변형률의 증가는 같은 위치에 있는 콘크리트 변형률의 감소와 같다. 그 값은 다음과 같다.

$$\varepsilon_2 = \frac{P_e}{A_c E_c}\left(1 + \frac{e_p^2}{r_c^2}\right) \qquad ⓒ$$

부재가 파괴단계 ③에 이르게 되면, 중립축은 그림 5-18 (a)와 같이 부재상연(部材上緣)에서 c의 거리에 있게 된다. 이 때 PS 강재의 변형률의 증가는

$$\varepsilon_3 = \varepsilon_{cu} \frac{d_p - c}{c} \qquad ⓓ$$

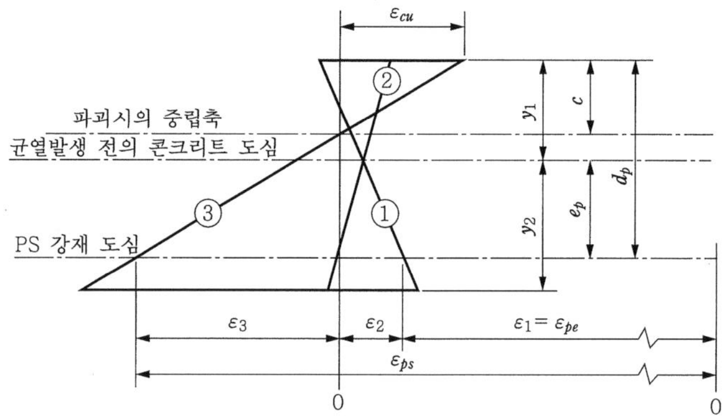

① P_e
② PS 강재 도심 위치에서 콘크리트 응력은 0
③ 극한하중

(a) 콘크리트와 PS 강재의 변형률

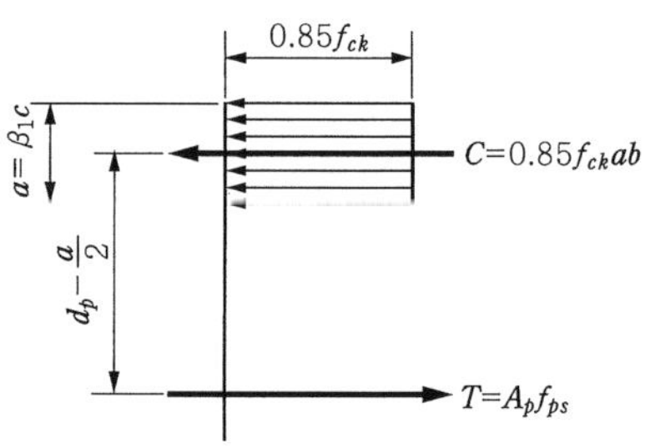

(b) 콘크리트 응력의 분포 사각형

그림 5-18　파괴에 이르도록 하중이 증가할 때의 변형률과 응력

따라서 파괴 때의 PS 강재의 총변형률 ε_{ps}는

$$\varepsilon_{ps} = \varepsilon_1 + \varepsilon_2 + \varepsilon_3 \quad ⓔ$$

그러므로 파괴 때의 PS 강재의 응력은

$$f_{ps} = E_p \varepsilon_{ps} \quad ⓕ$$

그런데 그림 5-18 (b)로부터

$$0.85 f_{ck} ab = A_p f_{ps}$$

$$\therefore a = \frac{A_p f_{ps}}{0.85 f_{ck} b} = \beta_1 c \quad (5 \cdot 18)$$

따라서 보의 공칭 휨강도(nominal flexural strength) M_n은 다음과 같다.

$$M_n = A_p f_{ps}\left(d_p - \frac{a}{2}\right) \quad (5 \cdot 19)$$

설계에 있어서는 안전을 위하여 공칭 휨강도 M_n에 강도 감소계수 ϕ를 곱한 설계 휨강도(design flexural strength) M_d를 사용한다. 즉

$$M_d = \phi M_n = \phi\left[A_p f_{ps}\left(d_p - \frac{a}{2}\right)\right] \quad (5 \cdot 20)$$

위의 식에서 f_{ps}는 미지의 값이다. 그래서 처음에 f_{ps}의 값을 가정하고 PS 강재의 응력-변형률 곡선으로부터 얻은 ε_{ps}와 식 ⓔ로 계산한 ε_{ps}를 비교하는 시산법(試算法)에 의하여 f_{ps}를 구한다.

이상은 PS 강재와 콘크리트가 부착된 경우이지만, 부착되지 않은 경우는 이와 약간 다르다. 부착된 경우에는 PS 강재의 늘음이 균열에 집중되는 데 대하여, 부착되지 않은 경우에는 두 재료 사이에 미끄럼이 발생하여 강재 전 길이에 걸쳐 분포된다. 그래서 한계 모멘트 단면(critical moment section)에서 PS 강재의 응력과 변형률의 증가는 부착되지 않은 경우가 부착된 경우보다 작다. 부착되지 않은 보의 파괴하중은 부착된 보의 파괴하중의 75~80% 정도이다.

5.7.4 하중계수와 강도 감소계수

[1] 인장지배 단면과 압축지배 단면

설계기준에서는 최외단 인장강재(인장측 연단에 가장 가까운 강재)의 순 인장변형률(net tensile strain) ε_t의 크기에 따라 부재단면을 인장지배 단면(tension controlled section)과 **압축지배 단면**(compression controlled section)으로 구분하고 있다.

인장지배 단면 : 압축측 연단의 콘크리트의 변형률이 0.003에 도달할 때, 최외단 인장철근의 순 인장변형률 ε_t가 0.005이상인 단면을 말한다. 즉

$$\varepsilon_t \geqq 0.005$$

인 단면이 인장지배 단면이다.

인장지배 단면의 부재는 연성거동을 하며, 과도한 처짐과 균열이 발생함으로서 파괴의 징후를 보인다.

압축지배 단면 : 압축 측 연단의 콘크리트 변형률이 0.003에 도달할 때, 최외단 인장강재의 순 인장변형률 ε_t가 압축지배 변형률 한계(0.002) 이하인 단면을 말한다. 즉

$$\varepsilon_t \leqq 0.002$$

인 단면이 압축지배 단면이다.

압축지배 단면은 인장강재의 순 연장변형률 ε_t가 작아서, 파괴의 징후없이 콘크리트의 갑작스러운 취성파괴로 이어진다.

변화구간(전이구간) : 인장강재의 순 연장변형률 ε_t가 압축지배 변형률 한계(0.002)와 인장지배 변형률 한계(0.005) 사이에 있을 때, 이 구간을 변화구간(전이구간, transition region)이라고 한다. 즉 ε_t가 다음과 같은 범위에 있을 때, 이 구간을 변화구간(전이구간)이라고 한다.

$$0.002 < \varepsilon_t < 0.005$$

일반적으로 휨부재는 인장지배 단면이고, 압축부재는 압축지배 단면이지만, 축력이 작고 휨모멘트가 큰 부재는 변화구간에 있게 된다.

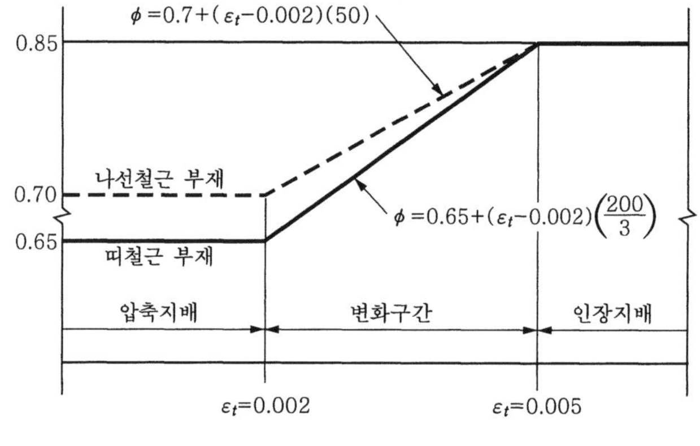

그림 5-19 순 인장변형률 ε_t에 따른 강도 감소계수 ϕ의 변화

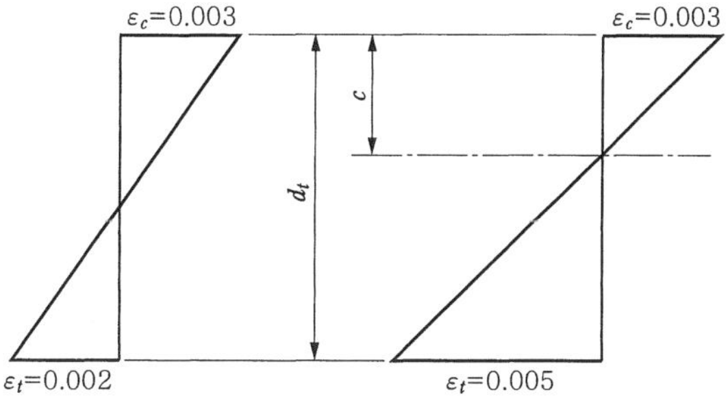

$\frac{c}{d_t}=\frac{0.003}{0.003+0.002}=0.600$ $\qquad$ $\frac{c}{d_t}=\frac{0.003}{0.003+0.005}=0.375$

(a) 압축지배 부재 $\qquad$ (b) 인장지배 부재

변화구간 $\begin{cases} \text{나선철근: } \phi=0.70+0.15\left(\frac{1}{c/d_t}-\frac{5}{3}\right) \\ \text{띠 철근: } \phi=0.65+0.20\left(\frac{1}{c/d_t}-\frac{5}{3}\right) \end{cases}$

그림 5-20 순 인장변형률 ε_t와 $\frac{c}{d_t}$

변화구간에 있어서 강도감소계수의 변화 : 그림 5-19에 보인 바와 같이 변화구간에서는 강도 감소계수 ϕ가 0.65~0.85의 범위에 있게 된다. 이 구간에서 강도 감소계수 ϕ는 직선 보간법으로 구한다. 그림 5-19에는 직선 보간법으로 구한 ϕ의 계산식이 주어져 있고, 이것을 $\frac{c}{d_t}$로 나타낸 것이 그림 5-20이다. 그림 5-20에서 c는 중립 축의 깊이이고, d_t는 인장연단에 가장 가깝게 배치된 강재의 유효 깊이이다.

[2] 하중계수와 강도 감소계수

PSC 휨부재는 각 하중단계에 대한 응력들이 허용응력 이하라야 하고, 또 파괴에 대하여 필요한 안전율을 가지는가를 확인해야 한다. 그것은 설계 휨강도 M_d가 소요 휨강도(required flexural strength) 즉 계수 모멘트(factored moment) M_u보다 작지 않다는 것을 확인하면 된다. 즉, 다음과 같은 관계가 성립해야 한다.

$$M_u \leqq M_d \ (M_d = \phi M_n) \qquad \text{(a)}$$

계수 모멘트 M_u는 사용하중(service load)에 하중계수(load factor)를 곱한 하중, 즉 계수하중(factored load)에 의한 휨모멘트이다.

하중계수 및 강도 감소계수를 설계기준에서는 각각 표 5-3 및 5-4와 같이 주고 있다.

(1) 설계기준(2007년)에서 주고 있는 하중조합과 강도감소계수

2007년 개정된 설계기준에서는 하중조합과 강도감소를 각각 다음과 같이 주고 있다.

i) 하중계수와 하중조합

2007년 개정된 설계기준에서는 표 5-3과 같이 주고 있다.

표 5-3 하중조합과 하중계수(2007 설계기준)

<table>
<tr><th>하중조건</th><th colspan="2">하중계수 및 하중조합</th></tr>
<tr><td>고정하중 D,
액체하중 F,
연직토압 H_v</td><td>$U=1.4(D+F+H_v)$</td><td>(a)</td></tr>
<tr><td rowspan="5">온도 등의 영향 T,
적설하중 S,
강우하중 R,
풍하중 W</td><td>$U=1.2(D+F+T)+1.6(L+\alpha_H H_v+H_h)$
$+0.5(L_r$ 또는 S 또는 $R)$</td><td>(b)</td></tr>
<tr><td>$U=1.2D+1.6(L_r$ 또는 S 또는 $R)+(1.0L$ 또는 $0.65W)$</td><td>(c)</td></tr>
<tr><td>$U=1.2D+1.3W+1.0L+0.5(L_r$ 또는 S 또는 $R)$</td><td>(d)</td></tr>
<tr><td>$U=1.2(D+F+T)+1.6(L+\alpha_H H_v)+0.8H_h$
$+0.5(L_r$ 또는 S 또는 $R)$</td><td>(e)</td></tr>
<tr><td>$U=0.9D+1.3W+1.6(\alpha_H H_v+H_h)$</td><td>(f)</td></tr>
<tr><td>지진하중 E</td><td>$U=1.2D+1.0E+1.0L+0.2S$
$U=0.9D+1.0E+1.6(\alpha_H H_v+H_h)$</td><td>(g)
(h)</td></tr>
<tr><td>기본[(주)]</td><td>$U=1.2D+1.6L$</td><td></td></tr>
</table>

[주] 금번 개정된 설계기준에 있어서는 ASCE 7-98에 따라 콘크리트구조와 강구조의 하중계수를 통일함으로서, 종전의 기본형인 $(1.4D+1.7L)$가 $(1.2D+1.6L)$로 됨에 따라 안전성을 위하여 강도감소계수를 표 5-4와 같이 하향조정하고 있다.

여기서 U : 소요강도

D : 고정하중(사하중) 또는 이에 의해 일어나는 단면력

F : 유체의 중량 및 압력 또는 이에 의해 일어나는 단면력

T : 온도, 크리프, 건조수축 및 부등침하의 영향 등에 의해 일어나는 단면력

L : 활하중 또는 이에 의해 일어나는 단면력

H_v : 흙, 지하수 또는 기타 재료의 자중에 의한 연직방향 하중 또는 이에 의해 일어나는 단면력

H_h : 흙, 지하수 또는 기타 재료의 횡 압력에 의한 수평방향 하중, 또는 이에 의해 일어나는 단면력

L_r : 지붕 활하중 또는 이에 의해 일어나는 단면력

S : 적설하중 또는 이에 의해 일어나는 단면력

R : 강우하중 또는 이에 의해 일어나는 단면력

W: 풍하중 또는 이에 의해 일어나는 단면력

E: 지진하중 또는 이에 의해 일어나는 단면력

α_H: 토피의 두께 h에 따른 연직방향 하중 H_v에 대한 보정계수

$h \leqq 2\,\mathrm{mm}$에 대하여 $\alpha_H = 1.0$

$h > 2\,\mathrm{m}$에 대하여 $\alpha_H = 1.05 - 0.025h > 0.875$

한편 설계기준에서는 표 5-3의 하중조합을 적용함에 있어서 고려해야할 사항들을 아래와 같이 주고 있다.

① 차고, 공공의 집회장소 및 L이 5.0 kN/m^2 이상인 모든 장소이외에는 식 (c), 식 (d) 및 식 (g)에서 활하중 L에 대한 하중계수를 0.5로 감소시킬 수 있다.

② 식 (g)와 식 (h)에서 지진하중 E에 대하여 사용수준 지진력(service-level seismic force)을 사용하는 경우에는 $1.0E$ 대신 $1.4E$를 사용해야 한다.

③ 식 (f) 및 식 (h)에서 흙, 지하수 또는 기타 재료의 횡압력에 의한 하중 H_h와 H_v로 인한 하중효과가 W 또는 E로 인한 하중효과를 상쇄시키는 경우에는 H_v 및 H_h에 대한 하중계수를 0으로 한다.

만약 축면토압이 다른 하중에 의한 구조물의 거동을 감소시키는 저항효과를 준다면 이를 H_h에 포함 시키지 않아야 하지만, 설계강도를 계산할 때에는 H_h의 효과를 고려해야 한다.

④ 구조물에 충격의 영향이 작용하는 경우 활하중 L을 충격효과 I가 포함된 $(L+I)$로 대체하여 표 5-3의 식들을 적용하여야 한다.

⑤ 부등침하, 크리프, 건조수축, 팽창 콘크리트의 팽창량 및 온도변화는 사용구조물의 실제적 상황을 고려하여 계산하여야 한다.

⑥ 포스트텐션 정착부의 설계에 있어서는 최대 프리스트레싱 강재 긴장력에 하중계수 1.2를 적용해야 한다.

ii) 강도 감소계수

2007년 개정된 설계기준에서 주고 있는 강도 감소계수를 보인 것이 표 5-4이다.

표 5-4 강도 감소계수 ϕ의 값(2007 설계기준)

부재, 단면 또는 하중(단면력)의 종류		ϕ
인장지배단면		0.85
압축지배단면	나서 철근 부재	0.70
	그 이외의 부재	0.65

표 5-4 계 속

부재, 단면 또는 하중(단면력)의 종류		ϕ
압축지배단면	공칭강도에서 최외단 인장철근의 순 인장 변형률 ε_t가 압축지배와 인장지배 단면 사이에 있을 경우 (즉 변화구간에 있을 경우)	ε_t가 압축지배 변형률 한계에서 0.005로 증가함에 따라 ϕ값을 압축지배 단면에 대한 값에서 0.85까지 증가시킨다.
전단력과 비틀림 모멘트		0.75
콘크리트의 지압력(포스트텐션 정착부나 스트럿-타이모델은 제외)		0.65
포스트텐션 정착구역		0.85
스트럿-타이모델와 그 모델에서 스트럿, 타이, 절점부 및 지압부		0.75
긴장재 묻힘 길이가 정착 길이보다 작은 프리텐션 부재의 휨단면	부재의 단부에서 전달길이 단부까지	0.75
	전달길이 단부에서 정착길이 단부 사이	0.75에서 0.85까지 선형적으로 증가시킨다.
무근콘크리트의 휨모멘트, 압축력, 전단력, 지압력		0.55

(2) 설계기준 부록 I 에서 주고 있는 하중조합과 강도 감소계수

2007년 개정된 설계기준 부록 I 의 대체설계법에서는 종전의 설계기준(2003)의 강도설계법을 요약해서 다루고 있다. 그리고 그 적용범위에서 구조물을 설계할 때 발주자가 필요하다고 인정하는 경우, 종전에 적용해오던 설계기준(2003)을 적용할 수 있다고 기술하고 있다.

i) 하중계수와 하중조합

2007년 개정된 설계기준 부록 I 의 대체설계법에서 주고 있는 하중계수와 하중조합을 보인 것이 표 5-5이다. 이것은 종전의 설계기준(2003)에서 주고 있는 하중조합 및 하중계수와 같다.

표 5-5 하중조합과 하중계수(2007 설계기준, 부록 I)

①	사하중(고정하중) D와 활하중 L이 작용할 경우	$U=1.4D+1.7L$
②	D와 L 및 풍하중 W가 작용할 경우 D와 W의 재하효과가 상쇄될 경우	$U=0.75(1.4D+1.7L+1.7W)$ $U=0.9D+1.3W$
③	D와 L 및 지진하중 E가 작용하는 경우 D와 E의 재하효과가 상쇄될 경우	$U=0.75(1.4D+1.7L+1.8E)$ $U=0.9D+1.4E$
④	D와 L 및 횡토압, 횡방향 지하수압 H가 작용할 경우	$U=1.4D+1.7L+1.8H$ $U=0.9D+1.8H$

표 5-5 계 속

⑤	D와 L 및 유체압 F가 작용할 경우	$U=1.4D+1.7L+1.5F$ $U=0.9D+1.5F$
⑥	D와 L 외에 T를 고려할 경우	$U=0.75(1.4D+1.7L+1.5T)$ $U=1.4D+1.5T$

[주] T는 부등침하, 크리프, 건조수축, 온도변화 등에 의하여 발생되는 단면력

① 지하 구조물의 경우처럼 고정하중이 지배적인 구조물에 대해서는 표 5-5의 각 식의 D 대신 1.1 D를 대입하여 계산한다. 즉 1.4 D 대신 1.54 D를 사용한다.

② 표 5-5에서 ②~⑥의 각 하중조합으로 계산된 소요강도 U는 ①의 $U=(1.4D+1.7L)$보다 작아서는 안 된다.

③ 표 5-5에서 ②, ③ 및 ④의 첫 번째 하중조합에 대하여는 활하중 L이 0일 때도 검토해야 한다.

④ 표 5-5의 ④의 하중조합을 적용할 경우, 지하 구조물 등에서 시공 중 또는 시공 후 횡토압 H가 실제보다 작게 작용하여 구조물에 불리한 영향을 미칠 경우에는 실제 감소된 토압을 사용하여 검토해야 한다.

⑤ 구조물에 충격의 영향이 작용하는 경우, 활하중 L을 충격효과 I가 포함된 $(L+I)$로 대체하여 표 5-5의 식을 적용하여야 한다.

ii) 강도감소계수

2007년 개정된 설계기준 부록 I 의 대체설계법에서 주고 있는 강도 감소계수를 보인 것이 표 5-6이다. 이것도 종전의 설계기준(2003)에서 주고 있는 강도감소계수와 거의 같다.

표 5-6 강도 감소계수 ϕ의 값(2007 설계기준, 부록 I)

부재 또는 하중의 종류		ϕ
휨모멘트 또는 휨모멘트와 축인장력이 동시에 작용하는 부재	보통의 철근콘크리트 부재	0.85
	프리스트레스트 콘크리트 부재	0.85
축인장력		0.85
축압축력 또는 휨모멘트와 축압축력이 동시에 작용하는 부재	㉮ 나선 철근 부재	0.75
	㉯ 그 이외의 부재	0.70
	㉰ 압축부재의 축강도 ϕP_n이 ϕP_b 또는 $0.1f_{ck}A_g$ 중 작은 값보다 작은 경우	㉮ 또는 ㉯에 해당하는 ϕ값과 $P_n=0$에 대한 ϕ값 사이에서 직선보간법으로 구한다.

표 5-6 계 속

부재 또는 하중의 종류	ϕ
전단력과 비틀림 모멘트	0.80
콘크리트의 지압력	0.70
무근 콘크리트의 휨모멘트, 압축력, 전단력, 지압력	0.65

여기서 P_n : 편심이 있는 경우의 공칭 축강도

P_b : 균형 상태에서의 공칭 축강도

A_g : 부재의 단면적(mm^2)

5.7.5 철근의 역할

그림 5-21에 보인 바와 같이 PSC 보에는 일반적으로 상당한 양의 철근(nonprestressed reinforcement)이 배치된다. 그림에서 스터럽 (a)는 RC 보에서와 같이 전단과 사인장에 저항시키기 위해서 배치된다. 횡철근 (b), (c)는 얇은 플랜지의 보전과 시공중 다른 철근의 위치확보를 위하여 배치된다.

포스트텐션 보에서는 PS 강재의 긴장 전에 발생할지 모르는 수축균열을 억제하기 위하여, 또 파샬 프리스트레싱 보에서는 균열의 제어를 위하여 그림 5-21과 같이 작은 지름의 종방향 철근(longitudinal bar) (d), (e)를 배치한다. 이들 종방향 철근은 휨저항에는 그다지 기여하지 못한다.

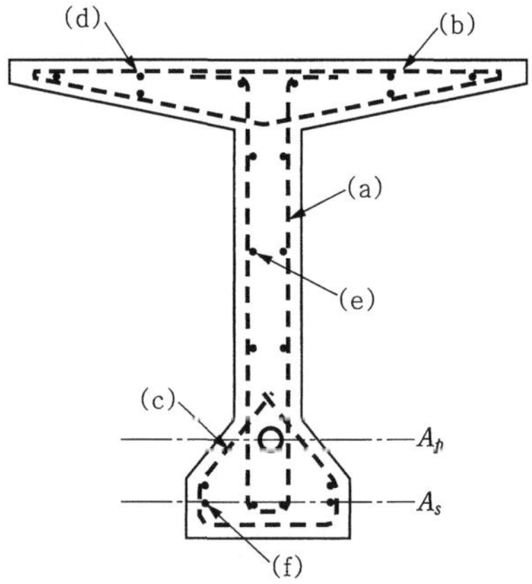

그림 5-21 철근으로 보강된 PSC 보의 단면

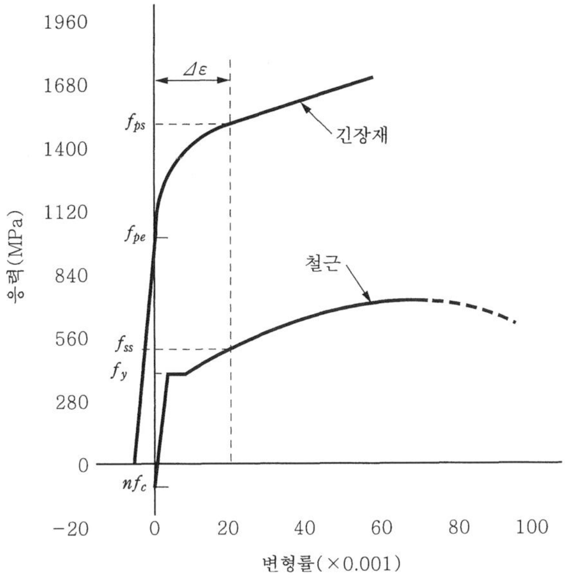

그림 5-22 강재의 응력-변형률 곡선

인장 플랜지의 바닥 가까이에는 그림과 같이 큰 지름의 휨인장 철근 (f)를 배치하는 경우도 있다. 이 철근은 휨균열을 제어하고 처짐을 조절하는 데 도움이 될 뿐 아니라, 극한 휨강도를 증가시키기도 한다.

재하하지 않은 상태에서 부재상단에 과도한 인장응력이 일어나지 않도록 하기 위하여 긴장재의 편심 거리는 정상적으로 제한되어야 하지만, 휨인장 철근 (f)는 피복두께의 허용범위 내에서 될 수 있는 대로 보의 인장연단(引張緣端)에 가깝게 배치하는 것이 좋다.

이와 같이 휨에 기여하도록 휨철근을 배치한 PSC 보를 프리스트레스트 철근 콘크리트 보(prestressed reinforced concrete beam)라고 불러오기도 했지만, 이것이 곧 파샬 프리스트레스트 콘크리트 보(partially prestressed concrete beam)이다. 이러한 보는 PSC와 RC의 각각의 장점을 겸비하게 된다.

보가 파괴하중을 받을 때, 철근은 항복강도 또는 그 이상의 응력을 받을 것이다. 그 이유는 PS 강재와 철근의 응력-변형률 곡선을 겹쳐 놓은 그림 5-22로부터 알 수 있다.

긴장재가 유효 프리스트레스 f_{pe}를 받고 있는 상태에 있을 때, 철근은 같은 위치에 있는 콘크리트 응력의 n배의 응력을 받는다. 긴장재와 철근이 같은 위치에 있다면, 보가 파괴하중을 받을 경우 긴장재와 철근은 같은 변형 $\Delta\varepsilon$을 일으킨다.

보통의 경우처럼 철근이 긴장재보다 더 깊은 곳에 있다면 철근은 긴장재보다 더 큰 변형증가를 보일 것이다. 어느 경우이든 변형 증가량 $\Delta\varepsilon$ 은 철근이 항복점 이상의 응력에 이르도록 지속된다. 대개의 경우, 극한강도 상태에서 긴장재 및 철근은 둘 다 그들의 항복강도를 받는다고 볼 수 있다.

5.8 설계기준에 따른 공칭 휨강도의 계산

이 절에서는 공칭강도 계산을 위하여 설계기준에서 주고 있는 PS강재의 인장응력 f_{ps}를 사용하여 PSC 보의 공칭 휨강도 계산을 다루기로 한다.

5.8.1 설계기준에서 주고 있는 f_{ps}

PSC 휨부재의 휨강도의 계산은 강도 설계법에 따르되, PS 강재의 응력은 f_{py} 대신 f_{ps}를 사용한다. 여기서 f_{ps}는 보가 파괴할 때의 PS 강재의 응력으로서 그 크기는 f_{py}와 f_{pu} 사이에 있지만, 그 정확한 값은 알지 못한다. f_{ps}의 정확한 값은 변형률 적합조건(strain compatibility analysis)에 의하여 구해야 하지만, 그렇지 못할 경우에는 설계기준에서 주고 있는 근사값을 사용한다.

설계기준에서 주고 있는 f_{ps}의 근사값들은 다음과 같다. 다만, 이들 근사값은 다음 조건을 만족할 때에만 사용할 수 있다.

$$f_{pe} \geqq 0.5 f_{pu}$$

여기서 f_{pe} : PS 강재의 유효 인장응력

f_{pu} : PS 강재의 인장강도

[1] PS 강재가 부착된 부재

PS 강재가 부착되고, 또 휨강도를 위하여 인장철근이나 압축철근이 보조적으로 사용된 경우에는, 이들 철근의 영향을 고려하여 다음 식으로 f_{ps}를 계산한다.

$$f_{ps} = f_{pu}\left[1 - \frac{\gamma_p}{\beta_1}\left\{\rho_p \frac{f_{pu}}{f_{ck}} + \frac{d}{d_p}(\omega - \omega')\right\}\right] \qquad (5 \cdot 21)$$

여기서 γ_p : PS 강재의 종류에 따른 계수

β_1 : 중립축의 깊이 c에 대한 콘크리트 응력 분포 사각형의 깊이 a와의 비,

즉 $\beta_1 = \frac{a}{c}$ [식 (5·16) 및 식 (5·17) 참조]

ρ_p : PS 강재비$(=A_p/bd_p)$

d : 인장철근(non-prestressed tension reinforcement)의 유효 깊이

d_p : PS 강재의 유효 깊이

ω : 인장철근의 강재지수 $\left(=\rho\frac{f_y}{f_{ck}},\ \rho=\frac{A_s}{bd}\right)$

ω' : 압축철근의 강재지수 $\left(=\rho'\frac{f_y}{f_{ck}},\ \rho'=\frac{A_s'}{bd}\right)$

PS 강재의 종류에 따라 계수 γ_p의 값을 설계기준에서는 다음과 같이 주고 있다.

$\frac{f_{py}}{f_{pu}} \geqq 0.80$인 경우 ······································· $\gamma_p = 0.55$

$\frac{f_{py}}{f_{pu}} \geqq 0.85$인 경우 ······································· $\gamma_p = 0.40$

$\frac{f_{py}}{f_{pu}} \geqq 0.90$인 경우 ······································· $\gamma_p = 0.28$

식 (5·21)로 f_{ps}를 계산할 때, 압축철근의 영향을 고려할 경우에는 다음 조건들을 만족해야 한다.

$$\rho_p\frac{f_{pu}}{f_{ck}} + \frac{d}{d_p}(\omega-\omega') \geqq 0.17, \qquad d' \leqq 0.15 d_p$$

여기서 d'는 압축철근 도심에서 압축 측 연단(緣端)까지의 거리이다.

인장철근이나 압축철근을 배치하지 않은 경우, 또는 배치했다 하더라도 그들 철근의 휨강도에 대한 기여를 무시할 수 있는 경우에는 다음 식으로 f_{ps}를 계산한다.

$$f_{ps} = f_{pu}\left(1-\frac{\gamma_p}{\beta_1}\rho_p\frac{f_{pu}}{f_{ck}}\right) \tag{5·22}$$

위의 식의 f_{ps}는 식 (5·21)에서 $\omega=\omega'=0$으로 놓은 것과 같다.

[2] PS 강재가 부착되지 않은 부재

1) 지간(l)대 보 높이(h)의 비가 35 이하일 때 $\frac{l}{h} \leqq 35$인 경우로서 일반적으로 보는 이에 해당한다. 이 경우의 f_{ps}의 근사값은 다음과 같다.

$$f_{ps} = f_{pe} + 70 + \frac{f_{ck}}{100\rho_p} \tag{5·23}$$

그러나 f_{ps}를 f_{py} 또는 $(f_{pe}+420)$ MPa보다 크게 취해서는 안 된다.

2) 지간(l)대 보 높이(h)의 비가 35보다 클 때 $\frac{l}{h}>35$인 경우이며, 슬래브는 이에 해당한다. 이 경우의 f_{ps}의 근사값은 다음과 같다.

$$f_{ps}=f_{pe}+70+\frac{f_{ck}}{300\rho_p} \tag{5·24}$$

그러나 f_{ps}를 f_{py} 또는 $(f_{pe}+210)$ MPa보다 크게 취해서는 안 된다.

5.8.2 공칭 휨강도의 계산

PSC 보의 휨강도는 RC 보의 휨강도와 같은 방법으로 계산할 수 있다. 휨파괴 때의 긴장재의 응력 f_{ps}는 앞의 식들로부터 얻어지는 근사값을 사용한다. 철근(non-prestressed steel)이 보의 인장 측에 배치되었다면, 그 철근은 항복강도 f_y로 휨강도에 기여한다고 본다.

[1] 직사각형 단면의 보의 휨강도

직사각형 단면의 보 또는 콘크리트의 응력 사각형의 깊이 a가 압축 플랜지의 두께 t_f보다 크지 않은 I 형 단면이나 T형 단면의 보의 공칭 휨강도 M_n은 다음과 같다.

1) PS 강재만을 고려할 경우 인장 측이나 압축 측에 철근을 배치하지 않았거나 또는 배치했더라도 그 영향을 무시할 수 있는 경우에는 M_n은 다음과 같다[그림 5-17 참조].

$$M_n=A_pf_{ps}\left(d_p-\frac{a}{2}\right) \tag{5·25}$$

여기서

$$a=\frac{A_pf_{ps}}{0.85f_{ck}b} \tag{5·26}$$

위의 식 (5·25) 및 식 (5·26)은 식 (5·19) 및 식 (5·18)과 각각 같다는 것을 알 수 있다.

2) 인장철근의 영향을 고려할 경우 보의 인장 측에 철근이 배치되었을 경우, 그 영향을 고려한다면 M_n은 다음과 같다.

$$M_n=A_pf_{ps}\left(d_p-\frac{a}{2}\right)+A_sf_y\left(d-\frac{a}{2}\right) \tag{5·27}$$

여기서 $a=\dfrac{A_p f_{ps}+A_s f_y}{0.85 f_{ck} b}$ (5・28)

A_s : 인장철근의 단면적

f_y : 인장철근의 항복강도

d : 인장철근 도심에서 압축 측 연단까지의 거리

3) **압축철근의 영향을 고려할 경우** 인장 측뿐 아니라 압축 측에도 철근을 배치했을 경우, 그들의 영향을 고려한다면 M_n은 다음과 같이 된다.

$$M_n = A_p f_{ps}\left(d_p - \frac{a}{2}\right) + A_s f_y\left(d - \frac{a}{2}\right) + A_s' f_y\left(\frac{a}{2} - d'\right) \quad (5 \cdot 29)$$

여기서

$$a = \frac{A_p f_{ps} + A_s f_y - A_s' f_y}{0.85 f_{ck} b} \quad (5 \cdot 30)$$

그러나 이 때 다음 관계가 만족되어야 한다.

$$\frac{A_p f_{ps} + A_s f_y - A_s' f_y}{bd} \geq 0.85 \beta_1 f_{ck} \frac{d'}{d} \frac{0.003}{0.003 - f_y/E_s} \quad (5 \cdot 31)$$

여기서 A_s' : 압축철근의 단면적

d' : 압축철근 도심에서 압축 측 연단까지의 거리

식 (5・31)이 성립되지 않을 때는 압축철근이 항복하지 않기 때문에 그 응력은 f_y보다 작다. 이러한 경우에는 압축철근의 영향을 무시하고 식 (5・27)로 계산한다. 압축철근의 영향을 계산에 고려하고 싶으면 응력-변형률 적합조건에 따라 해석하여 그 응력을 구해야 한다.

이상에서 구한 공칭 휨강도 M_n에 강도감소 계수 ϕ를 곱하여 설계 휨강도 M_d를 얻는다. 즉

$$M_d = \phi M_n$$

PSC 휨부재에 대한 강도감소 계수는 표 5-4에 주어져 있다.

[2] I형 단면 또는 T형 단면의 보의 휨강도

I형 단면 또는 T형 단면의 보에 있어서는 콘크리트의 응력분포 사각형의 깊이 a가 압축 플랜지의 두께 t_f보다 큰가 또는 작은가를 먼저 판별할 필요가 있다. 그것은 다음과 같이 하면 알 수 있다. I형 단면이나 T형 단면을 직사각형 단면으로 가정하고 식 (5・26), 식 (5・28) 또는 식 (5・30)에 의하여 a를 계산한다. 그 결과

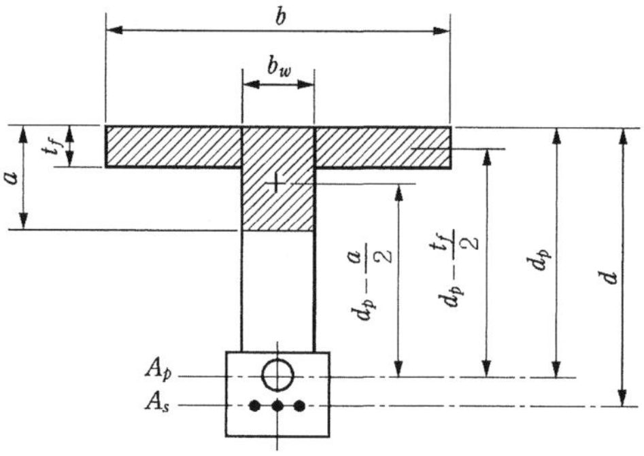

그림 5-23 플랜지 있는 단면의 압축부의 분할

$a \leqq t_f$이면 압축 플랜지의 폭 b를 폭으로 하는 직사각형 단면으로 보고 휨강도를 계산한다. 그러나 $a > t_f$이면 I형 단면 또는 T형 단면에 대한 휨강도의 식을 사용해야 한다. 그것은 다음과 같다.

그림 5-23과 같은 단면을 생각하고, 계산의 편의를 위하여 압축부의 콘크리트를 그림과 같이 두 부분으로 나누어 생각한다.

플랜지의 내민 부분이 발휘하는 압축력은 다음과 같다.

$$0.85 f_{ck}(b-b_w)t_f$$

이 압축력과 비길 수 있는 인장력을 $A_{pf}f_{ps}$라고 하면

$$A_{pf}f_{ps}=0.85\, f_{ck}t_f(b-b_w) \tag{5·32}$$

이 두 힘의 우력 모멘트의 팔 길이는 $\left(d_p-\frac{t_f}{2}\right)$이다.

단면의 총인장력$(A_pf_{ps}+A_sf_y)$에서 $A_{pf}f_{ps}$를 뺀 나머지 인장력을 $A_{pw}f_{ps}$라고 하면

$$A_{pw}f_{ps}=A_pf_{ps}+A_sf_y-A_{pf}f_{ps} \tag{5·33}$$

이 인장력은 복부의 압축력과 비겨야 한다. 즉

$$A_{pw}f_{ps}=0.85 f_{ck}ab_w$$

$$\therefore a=\frac{A_{pw}f_{ps}}{0.85 f_{ck}b_w} \tag{5·34}$$

인장철근의 영향을 고려한다면, 이 단면의 공칭 휨강도는 다음과 같이 된다.

$$\left.\begin{array}{l} M_n = A_{pw} f_{ps}\left(d_p - \frac{a}{2}\right) + A_{pf} f_{ps}\left(d_p - \frac{t_f}{2}\right) + A_s f_y (d - d_p) \\ \text{또는} \\ M_n = A_{pw} f_{ps}\left(d_p - \frac{a}{2}\right) + A_s f_y (d - d_p) + 0.85 f_{ck} t_f (b - b_w)\left(d_p - \frac{t_f}{2}\right) \end{array}\right\} \quad (5 \cdot 35)$$

따라서 설계 휨강도는 $M_d = \phi M_n$으로 계산된다.

5.8.3 강재량의 제한

[1] 휨부재의 최소 강재량

강재량이 단면에 비하여 너무 작으면 갑작스러운 파괴를 일으킨다. 즉 균열이 발생하자마자 갑작스럽게 파괴된다. 이러한 파괴는 바람직하지 못하다. 단면에 균열이 발생하더라도 휨강도에 도달할 때까지는 어느 정도 하중을 더 받을 수 있어야 하고 또 상당한 처짐을 나타내어 파괴의 징후를 보이는 파괴가 바람직하다.

그래서 설계기준에서는 PS강재와 철근(프리스트레스 되지 않은 강재)의 전체 강재량이 계수 모멘트 M_u를 전달하는데 필요로 하는 양보다 작아서는 안 된다고 규정하고 있다. 즉 전체 강재량이 균열하중의 1.2배 이상의 계수하중을 받을 수 있어야 한다고 규정하고 있다. 이것을 식으로 나타내면 다음과 같다.

$$M_u \geqq 1.2 M_{cr} \quad (5 \cdot 36)$$

여기서 M_u : 계수 모멘트

M_{cr} : 균열 모멘트[식 (5 · 14) 참조]

그러나 다음의 각 경우에는 이 조건을 따르지 않아도 좋다.

① 2방향 비부착(unbonded) 포스트텐션 슬래브

② 전단강도와 휨강도가 소정의 하중조합으로 계산된 계수하중으로 계산된 값의 2배 이상이 되는 휨부재

[2] 최소 부착 철근량

비부착 긴장재(unbonded tendon)가 배치된 모든 휨부재에는 다음 식으로 계산되는 최소 부착철근량(bonded reinforcement) A_s를 배치해야 한다.

$$A_s = 0.004 A_{ct} \quad (5 \cdot 37)$$

여기서 A_{ct} : 콘크리트 단면의 도심 축과 인장연단 사이의 단면적(mm^2)

이 철근은 될 수 있는 대로 인장연단에 가깝게, 미리 프리스트레스 압축력을 가한 인장구역(precompressed tensile zone)에 균등하게 배치해야 한다.

[3] 최대 강재량

콘크리트 단면에 대하여 강재비(percentage of reinforcement)가 너무 크면 과보강(over reinforced)의 양상을 나타낸다. 그래서 압축 측 연단의 초기 파쇄에 의하여 비연성 파괴(nonductile failure)를 일으킨다. 따라서 이 때 인장강재는 항복하지 못한다.

더욱이 PS강재는 항복강도나 항복변형률이 확실하게 정의되어 있지 못하다. 그래서 사용하중 조건을 만족하도록 설계된 PSC보는 극한 하중상태에서는 저보강 또는 과보강의 어느 하나로 된다.

5.7.4항의 [1]에서 설명한 인장지배 단면의 순 인장변형률 한계를 종전의 설계기준(2003)에 정의되어 있는 강재지수 ω_p로 나타낼 수 있다. 즉 순 인장변형률 한계 0.005는 프리스트레스된 직사각형 단면에 있어서는 $0.32\beta_1$에 해당된다. 종전의 설계기준에서는 ω_p가 $0.36\beta_1$을 초과해서는 안 된다고 규정되어 있었으나, 개정 설계기준에서는 $0.32\beta_1$을 초과하지 않으면 되도록 된 것이다.

개정된 설계기준에서는 강재량을 제한하기 위한 간접적인 방법으로 그림 5-19의 인장지배 구간에 의하도록 하고 있다. 즉 설계 휨강도 M_d의 계산에 적용할 ϕ계수의 선정을 위하여 해석된 보의 단면에 이것을 적용하도록 요구하고 있다.

이것은 극한 한계상태에서의 $\dfrac{c}{d_t}$를 구함으로써 얻어지며, $M_d = \phi M_n$를 위한 ϕ를 얻을 수 있다. 여기서 중립축의 깊이는 $c = \dfrac{a}{\beta_1}$이고, a는 콘크리트의 등가응력사각형의 깊이이다.

결국 설계기준에서는 파괴의 한계상태에서 인장변형률에 해당하는 $\dfrac{c}{d_t}$에 의하여 그림 5-19 및 그림 5-20의 인장지배 구간에서 ϕ를 구하도록 함으로써, 강재비의 한계를 간접적으로 규정하고 있다.

전술한 바와 같이 보의 강재지수(reinforcement index)가 아래의 식 (5·38), 식 (5·39) 및 식 (5·40)을 만족하면 연성파괴로 되는 이른바 저보강 PSC보로 본다. 이러한 보의 강도는 강재에 의하여 지배되며, 그 휨강도는 식 (5·25) 내지 식 (5·35)로 계산한다. 강재지수가 아래의 식들을 만족하지 않으면 취성파괴를 일으키는 이른바 과보강 PSC보로 되어, 그 휨강도는 압축부의 강도로 결정된다. 이러한 보의 휨강도는 식 (5·41) 또는 식 (5·42)으로 계산한다.

(1) 긴장재만을 가지는 보

$$\omega_p \leqq 0.32\beta_1 \qquad (5\cdot38)$$

여기서 ω_p : PS 강재의 강재지수 $\left(\omega_p=\rho_p\dfrac{f_{ps}}{f_{ck}},\ \rho_p=\dfrac{A_p}{bd_p}\right)$

β_1 : 콘크리트의 응력 사각형의 깊이 $a=\beta_1 c$의 β_1[식 (5·16) 및 식 (5·17) 참조]

(2) 긴장재와 철근을 가지는 직사각형 단면의 보

$$\omega_p+\frac{d}{d_p}(\omega-\omega')\leqq 0.36\beta_1 \qquad (5\cdot39)$$

여기서 ω : 인장철근의 강재지수 $\left(\omega=\rho\dfrac{f_y}{f_{ck}},\ \rho=\dfrac{A_s}{bd}\right)$

ω' : 압축철근의 강재지수 $\left(\omega'=\rho'\dfrac{f_y}{f_{ck}},\ \rho'=\dfrac{A_s'}{bd}\right)$

(3) 긴장재와 철근을 가지는 I형 단면 또는 T형 단면의 보

$$\omega_{pw}+\frac{d}{d_p}(\omega_w-\omega_w')\leqq 0.36\beta_1 \qquad (5\cdot40)$$

여기서 $\omega_{pw}=\rho_p\dfrac{f_{ps}}{f_{ck}}\left(\rho_p=\dfrac{A_p}{b_w d_p}\right)$

$\omega_w=\rho\dfrac{f_y}{f_{ck}}\left(\rho=\dfrac{A_s}{b_w d}\right)$

$\omega_w'=\rho'\dfrac{f_y}{f_{ck}}\left(\rho'=\dfrac{A_s'}{b_w d}\right)$

즉, I형 또는 T형 단면의 강재지수 ω_{pw}, ω_w, ω_w'는 각각 복부 폭 b_w로 계산한 강재비 ρ_p, ρ, ρ'를 사용하여 계산한다.

위의 식 (5·38) 및 식 (5·40)에 있어서 콘크리트의 응력 사각형의 깊이 a가 플랜지 두께 t_f보다 작거나 같으면, 그 I형 또는 T형 단면의 보를 직사각 형 단면의 보로 본다.

식 (5·38), 식 (5·39) 및 식 (5·40)이 만족되지 않을 때는 그 보의 휨강도는 압축부의 강도로 지배된다. 그러므로 이러한 보의 공칭 휨강도는 다음 식들로 계산한다.

1) 직사각형 단면 또는 $a\leqq t_f$인 플랜지 있는 단면

$$M_n=f_{ck}bd_p^2(0.36\beta_1-0.08\beta_1^2) \qquad (5\cdot41)$$

2) $a > t_f$인 플랜지 있는 단면

$$M_n = f_{ck} b_w d_p^2 (0.36\beta_1 - 0.08\beta_1^2) + 0.85 f_{ck}(b - b_w) t_f \left(d_p - \frac{t_f}{2}\right) \quad (5 \cdot 42)$$

예제 5-6. 그림 5-7 (b)(예제 5-3)의 단면의 휨강도를 계산하라. $f_{ck} = 30$ MPa, $E_c = 26{,}000$ MPa이고, PS 강재는 보통의 응력제거 강선인 SWPC 7AN(7연선 12.4 mm) 7개를 사용하였으며, 항복강도는 $f_{py} = 1500$ MPa, 인장강도는 $f_{pu} = 1750$ MPa이다. 다른 조건은 예제 5-3과 같다.

풀이 5.7.3항에서 설명한 변형률-적합조건의 해석에 의하여 구할 수도 있지만, 여기서는 설계기준의 공식에 의해 계산하기로 한다.

긴장재의 유효 인장력은 예제 5-3으로부터

$$P_e = RP_i = (1 - 0.15) \times 766 = 651.1 \text{ kN} = 651{,}100 \text{ N}$$

이고, 긴장재의 단면적은[부록 표 B-2 참조]

$$A_p = 7 \times 92.90 = 650.3 \text{ mm}^2$$

이므로 긴장재의 유효 프리스트레스는

$$f_{pe} = \frac{P_e}{A_p} = \frac{651{,}100}{650.3} = 1{,}000 \text{ MPa}$$

따라서

$$\frac{f_{pe}}{f_{pu}} = \frac{1{,}000}{1{,}750} = 0.57 > 0.50$$

즉, $f_{pe} > 0.5 f_{pu}$이므로 설계기준의 공식에 의하여 f_{ps}를 구한다. PS 강재비는

$$\rho_p = \frac{A_p}{b d_p} = \frac{650.3}{300 \times (300 + 130)} = 0.005$$

$f_{ck} = 30$ MPa이므로 식 (5 · 17)로부터

$$\beta_1 = 0.85 - 0.007(30 - 28) = 0.84$$

PS 강재는 일반적으로 쓰이고 있는 보통의 응력 제거 강선이고, 또

$$\frac{f_{py}}{f_{pu}} = \frac{1500}{1750} = 0.857 > 0.85$$

이므로 5.8.1항의 [1]로부터 $\gamma_p = 0.40$이다.

이 예제의 보는 프리텐션 보이므로 PS 강재는 부착된 경우이다. 인장철근이나 압축철근이 배치되어 있지 않으므로 식 (5 · 22)에 의하여 f_{ps}를 계산한다.

$$f_{ps} = f_{pu}\left(1 - \frac{\gamma_p}{\beta_1} \rho_p \frac{f_{pu}}{f_{ck}}\right) = 1750\left(1 - \frac{0.40}{0.84} \times 0.005 \times \frac{1750}{30}\right) = 1505 \text{ MPa}$$

이 보는 긴장재만을 가지므로 강재지수는 식 (5·38)로 검토한다. PS 강재지수는

$$\omega_p = \rho_p \frac{f_{ps}}{f_{ck}} = 0.005 \times \frac{1505}{30} = 0.25$$

그런데

$$0.32\beta_1 = 0.32 \times 0.84 = 0.27 > 0.25$$

즉

$$\omega_p < 0.32\beta_1$$

식 (5·38)을 만족한다. 그러므로 이 보는 저보강 PSC 보이다. 그런데 이 보의 단면은 I 형이므로, 그 휨강도를 I 형 단면으로 계산할 것인가 아니면 직사각형 단면으로 계산해야 하는가를 결정해야 한다. 그러기 위해서는 이 보(그림 5-7)의 단면을 플랜지 폭 $b = 300$ mm를 폭으로 하는 직사각형 단면으로 보고, 콘크리트 응력의 등가 사각형의 깊이 a를 계산하여 플랜지 두께 t_f와 비교해 보면 된다.

식 (5·26)으로부터

$$a = \frac{A_p f_{ps}}{0.85 f_{ck} b} = \frac{650.3 \times 1,505}{0.85 \times 30 \times 300} = 128\,\text{mm} > 125\,\text{mm}(\text{플랜지의 평균 두께})$$

즉, $a > t_f$이다. 그러므로 I 형 단면으로 계산해야 한다. 즉, 이 보의 휨강도는 식 (5·35)로 계산해야 한다. 이 보에는 인장철근이 없으므로 식 (5·35)에서 $A_s f_y (d - d_p) = 0$이다.

식 (5·32)로부터

$$A_{pf} f_{ps} = 0.85 f_{ck} t_f (b - b_\omega) = 0.85 \times 30 \times 125 \times (300 - 100) = 637,500\ \text{N}$$

식 (5·33)으로부터

$$A_{pw} f_{ps} = A_p f_{ps} + A_s f_y - A_{pf} f_{ps} = 650.3 \times 1,505 + 0 - 637,500 = 341,200\ \text{N}$$

압축부에서 복부의 콘크리트 응력의 등가 사각형의 깊이 a는 식 (5·34)로부터

$$a = \frac{A_{pw} f_{ps}}{0.85 f_{ck} b_w} = \frac{341,200}{0.85 \times 30 \times 100} = 134\,\text{mm}$$

그러므로 이 보의 공칭 휨강도는 식 (5·35)의 첫 번째 식에 의하여 다음과 같이 된다.

$$\begin{aligned} M_n &= A_{pw} f_{ps}\left(d_p - \frac{a}{2}\right) + A_{pf} f_{ps}\left(d_p - \frac{t_f}{2}\right) + A_s f_y (d - d_p) \\ &= 341,200\left(430 - \frac{134}{2}\right) + 637,500\left(430 - \frac{125}{2}\right) + 0 \\ &= 358,137,000\ \text{N·mm} = 358,137\ \text{N·m} \end{aligned}$$

따라서 설계 휨강도(극한 저항 모멘트)는 다음과 같다.

$$M_d = \phi M_n = 0.85 \times 358,137 = 304.400\ \text{N·m} = 304.4\ \text{kN·m}$$

다음에 계수 모멘트 M_u가 균열 모멘트 M_{cr}의 1.2배 이상 되는가를 검토해 보아야 한다. 콘크리트의 휨 인장강도(파괴계수)

$$f_r = 0.63\sqrt{f_{ck}} = 0.63\sqrt{30} = 3.5\ \text{MPa}$$

로 균열 모멘트를 계산한 결과는 예제 5-5로부터

$$M_{cr} = 231,770\ \text{N·m} = 231.8\ \text{kN·m}$$

계수 모멘트는 $M_u \leqq M_d (M_d = \phi M_n)$이므로〔5.7.4항의 식 (a)〕 식 (5·36)으로부터

$$\frac{M_u}{M_{cr}} = \frac{M_d}{M_{cr}} = \frac{304.4}{231.8} = 1.3 > 1.2$$

즉, 설계기준의 조건을 만족한다.

연습문제

5.1. 폭 b=280 mm, 보의 높이 h=700 mm인 직사각형 단면의 포스트텐션 보가 12.2 m의 지간으로 단순 지지되어 있다. 긴장재는 지간중앙에서 200 mm, 양 지점에서 0의 편심 거리를 가지는 포물선으로 배치되어 있다. 초기 프리스트레스 힘은 P_i=1500 kN이고, 유효율은 R=0.84이다. 이 보는 자중 외에 추가 사하중 4.4 kN/m와 활하중 14.8 kN/m을 받는다. 콘크리트의 설계기준 강도는 f_{ck}= 35 MPa이고, 프리스트레스 도입시점에서의 강도는 f_{ci}= 28 MPa이다. 다음의 각 경우에 대하여 보의 중앙단면의 콘크리트 응력을 계산하고 허용응력과 비교하라.

1) 추가 사하중이 실리기 전의 초기상태
2) 전체 사용하중이 작용할 때

5.2. 그림 5-24와 같은 단면을 가진 프리텐션 보가 있다. PS 강연선의 단면적은 A_p=371 mm^{2}이고, 지간은 7.6 m이다. 긴장재는 지점에서 0, 지간중앙에서 190 mm의 편심을 가지고 포물선으로 배치되어 있다. 프리스트레스 감소 후의 PS 강재의 유효응력은 f_{pe}=900 MPa이다. 다음 각 물음에 답하라.

1) 보에 균열을 일어나게 할 하중(등분포 하중)의 크기를 구하라. 콘크리트의 파괴계수는 f_r=3 MPa이다.
2) 단면에 균일한 압축응력을 일어나게 하는 하중(균형하중)을 구하라.
3) 위의 균형하중 상태에서 보의 중앙은 아래로 처지겠는가, 위로 솟겠는가, 아니면 수평을 유지하겠는가?

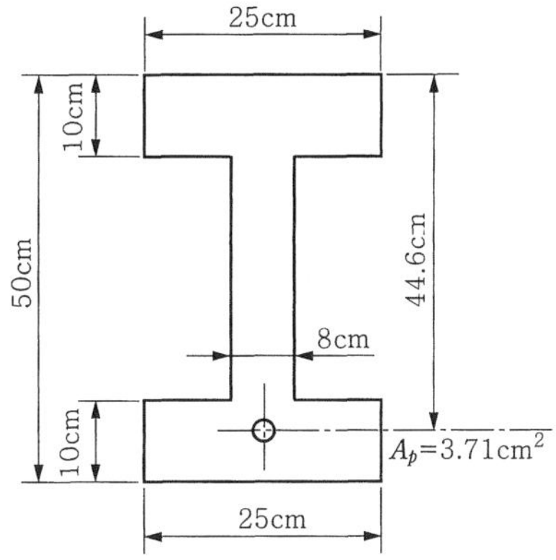

그림 5-24

5.3. 문제 5.2에서 단면의 휨강도를 계산하라. 콘크리트의 설계기준 강도는 $f_{ck}=30$ MPa, PS 강연선의 인장강도는 $f_{pu}=1750$ MPa, 항복강도는 $f_{py}=1500$ MPa이다.

5.4. 그림 5-25와 같은 단면의 포스트텐션 보가 있다. 지간 12 m로 단순 지지되어 있으며, 자중 외에 5800 N/m의 추가 사하중과 6200 N/m의 활하중을 받는다. 초기 프리스트레스 힘은 $P_i=862$ kN이고, 프리스트레스의 시간적 손실은 20%로 가정한다. 지간중앙에서의 긴장재의 편심 거리는 290 mm이고, 콘크리트의 설계기준 강도는 $f_{ck}=35$ MPa, 프리스트레싱 시점에서의 콘크리트 강도는 $f_{ci}=26$ MPa이다. 긴장재는 $f_{py}=1600$ MPa, $f_{pu}=1850$ MPa인 보통의 PS 강연선을 사용하였으며, 그 단면적은 $A_p=645$ mm^{2}이다. 다음에 답하라.

1) 초기상태 때 지간 중앙단면의 콘크리트 응력을 계산하고 허용응력과 비교하라.
2) 전체 사용하중이 작용할 때 콘크리트 응력을 계산하고 허용응력과 비교하라.
3) 균열 모멘트를 계산하고, 균열에 대한 안전율을 검사하라.
4) 휨강도를 계산하고 휨강도와 균열 모멘트의 비를 구하라.

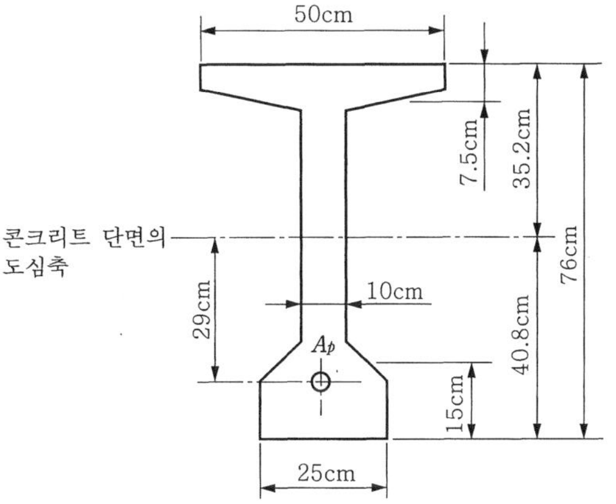

그림 5-25

제 6 장

휨부재의 설계

6.1 설계의 기본개념

그림 6-1은 PSC 보의 하중-처짐곡선을 나타낸 것이다. 초기 프리스트레스 힘이 작용하면 그 편심으로 인한 모멘트 때문에 보에는 즉각적인 상향(上向)의 솟음 δ_{pi}가 일어난다. 이 때 보는 양끝에서 지지되기 때문에 보의 자중으로 인한 하향(下向)의 처짐 δ_0가 일어나며, 이것이 프리스트레스에 의한 솟음에 겹쳐진다. 이 상태를

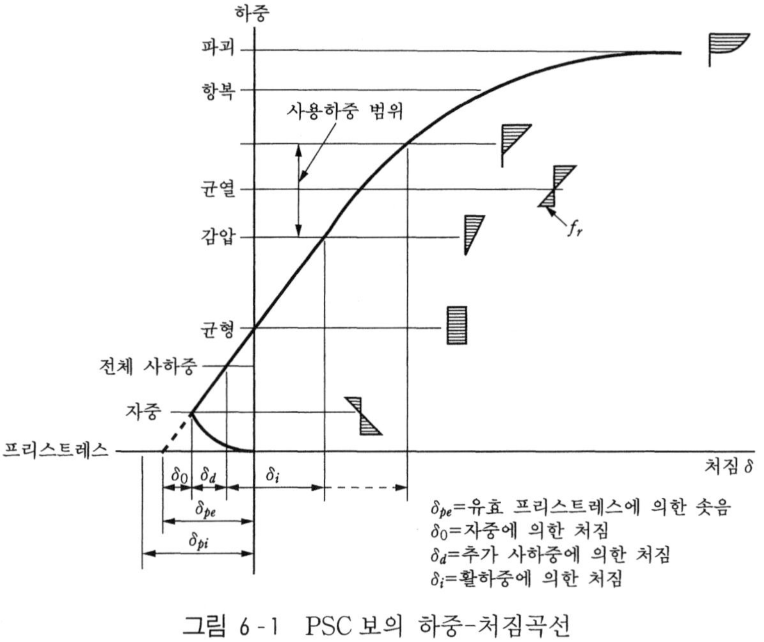

그림 6-1 PSC 보의 하중-처짐곡선

비재하 단계(unloaded stage)라고 한다. 이 단계에서의 단면의 응력분포가 그림 6-1의 아래쪽에 나타나 있다. 추가 사하중(고정하중)이 실리면 보는 δ_d만큼 처지지만, 보는 여전히 솟음 상태에 있다. 여기에 얼마간의 활하중이 실리면 **균형하중 단계**(balanced load stage)에 이른다. 이 단계에서는 프리스트레싱에 의한 상향력과 하향의 외력은 그 크기가 같으며, 따라서 그림 6-1에 보인 바와 같이 보에는 균일한 압축응력이 작용하고, 처짐은 0으로 된다. 활하중이 더 실리면 보의 하면의 콘크리트 응력이 0으로 되는 단계에 이른다. 이 단계를 **감압단계**(decompression stage)라고 한다. 그리고 보의 응력은 균열하중에 달할 때까지 또는 그 이상에 이르기까지 직선적으로 증가한다.

실제로 작용하는 하중의 범위는 그림 6-1에 보인 바와 같이 감압단계와 부분적으로 균열이 발생하는 단계 사이에 있는 것이 보통이다. 균열하중을 초과할 때까지 콘크리트와 PS 강재가 모두 탄성영역에 있더라도 보의 균열은 비선형 반응을 나타낸다.

하중이 더 증가해서 PS 강재가 항복을 시작하고 콘크리트가 파괴 변형률에 달하게 될 때를 **초과하중 단계**(over load stage)라고 한다. 파괴에 가까워지면 보는 비선형(非線形) 거동을 보인다. 파괴가 임박했을 때의 콘크리트 응력의 분포는 그림 6-1의 맨 위에 근사적으로 나타나 있다.

이상의 여러 하중단계 가운데서 비재하 단계(초기단계) 및 사용하중 작용단계에 대하여는 콘크리트 응력이 허용응력 이내에 있는가를 체크해 보아야 한다. 사용하중 하에서의 보의 처짐도 검사해 보아야 하고, 파샬 프리스트레스 보에서는 필요하다면 균열 폭도 체크해 보아야 한다. 또한, 파괴에 대하여 적당한 안전율을 확보하기 위하여 휨강도도 계산해 보아야 한다.

부재치수는 필요한 강도를 만족하도록 선정해야 하고, 이 때 프리스트레스 힘은 처짐과 균열의 조건을 만족하도록 정해야 한다.

6.2 허용응력에 의한 휨설계

재하되지 않은 초기단계로부터 사용하중 단계에 이르기까지 보의 콘크리트 응력이 허용응력을 넘지 않도록, 콘크리트 단면의 치수 및 프리스트레스 힘을 정하는 것이 일반적이다. 이 범위 내에서는 콘크리트와 강재를 탄성체로 본다. 부재치수가 선정된 후에는 처짐과 휨강도를 체크해야 하고, 필요하면 단면치수를 수정해야 한다.

설계는 시산법(trial and error approach)에 의하는 것이 보통이다. 즉, 단면을 가정한 후 프리스트레스 힘과 긴장재 배치를 정한다. 그러고 나서 콘크리트 응력이 허용응력 이하인가, 처짐은 허용한계에 드는가, 휨강도는 충분한가를 체크한다. 그러나 보다 더 조직적인 접근방법도 있다. 여기서는 이 방법에 따르기로 한다.

콘크리트의 허용응력의 기호를 다음과 같이 정하고, 압축응력을 (+), 인장응력을 (−)로 약속한다.

f_{ca} : 프리스트레스 도입 직후의 허용 휨 압축응력
f_{ta} : 프리스트레스 도입 직후의 허용 휨 인장응력

f_{cw} : 프리스트레스의 모든 감소 후 사용하중 하에서의 허용 휨 압축응력
f_{tw} : 프리스트레스의 모든 감소 후 사용하중 하에서의 허용 휨 인장응력

6.2.1 프리스트레스 힘의 편심이 변화하는 보

포스트텐션 보는 긴장재를 포물선으로 배치하는 것이 보통이다. 이러한 보는 단면에 따라 프리스트레스 힘의 편심이 변한다. 이와 같이 단면에 따라 긴장재의 편심거리가 변하는 보에 있어서, 최대 모멘트 단면에서의 콘크리트 응력의 분포를 보인 것이 그림 6-2 (a)이다.

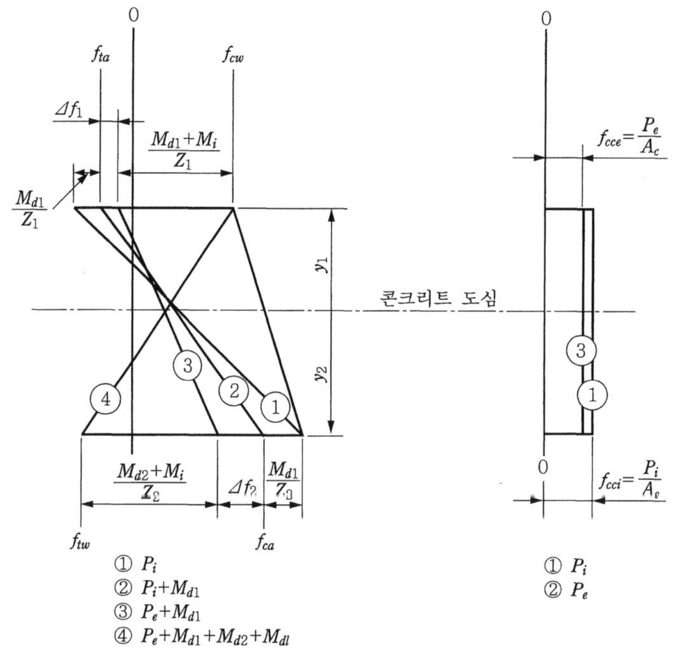

(a) 최대 모멘트 단면의 응력분포 (b) 지점단면의 응력분포

그림 6-2 프리스트레스 힘의 편심이 변하는 보의 휨응력

초기 프리스트레스 힘 P_i에 의한 응력의 분포는 ①과 같은 직선분포로 된다. 프리스트레스에 의한 보의 솟음과 동시에 자중이 작용하게 되므로, 보의 자중에 의한 모멘트 M_{d1}으로 인한 휨응력이 겹쳐져서 ②의 응력분포로 된다. 이 때 상면의 콘크리트의 인장응력은 f_{ta}를 넘지 않아야 하고, 하면의 압축응력은 f_{ca}를 초과하지 않아야 한다.

이 단계에서 프리스트레스의 모든 손실이 일어난다고 가정하면, 응력의 분포는 점차 ③으로 이동한다. 상면에서는 Δf_1의 인장응력 감소가 일어나고, 하면에서는 Δf_2의 압축응력 감소가 일어난다.

여기에 추가되는 사하중(고정하중) 모멘트 M_{d2}와 활하중 모멘트 M_l이 작용하면 응력분포는 ④로 된다. 이 때 하면의 콘크리트 응력은 f_{tw}를 넘어서는 안 되며, 상면의 응력은 f_{cw}를 넘어서는 안 된다.

따라서 상면 및 하면에 대한 단면계수 Z_1 및 Z_2는 다음과 같이 된다.

$$Z_1 \geqq \frac{M_{d2}+M_l}{f_{1r}} \quad ⓐ$$

$$Z_2 \geqq \frac{M_{d2}+M_l}{f_{2r}} \quad ⓑ$$

여기서 f_{1r} 및 f_{2r}는 f_{ta}, f_{cw}, f_{tw}, f_{ca}와 Δf_1 및 Δf_2로부터 구할 수 있다. 프리스트레스 힘의 유효율은

$$R=\frac{P_e}{P_i} \quad ⓒ$$

이므로, 프리스트레스 힘의 손실은

$$P_i-P_e=(1-R)P_i \quad ⓓ$$

따라서 프리스트레스의 손실로 인한 상하면의 응력감소 Δf_1 및 Δf_2는 초기 프리스레스 힘 P_i만이 작용할 때의 응력의 $(1-R)$배와 같다.

$$\Delta f_1=(1-R)\left(-f_{ta}+\frac{M_{d1}}{Z_1}\right) \quad ⓔ$$

$$\Delta f_2=(1-R)\left(f_{ca}+\frac{M_{d1}}{Z_2}\right) \quad ⓕ$$

그러므로 $(M_{d2}+M_l)$이 작용할 때의 f_{1r} 및 f_{2r}는 다음과 같이 된다.

$$f_{1r}=-f_{ta}+f_{cw}-\Delta f_1$$

$$= f_{cw} - Rf_{ta} - (1-R)\frac{M_{d1}}{Z_1} \qquad ⓖ$$

$$f_{2r} = -f_{tw} + f_{ca} - \Delta f_2$$

$$= Rf_{ca} - f_{tw} - (1-R)\frac{M_{d1}}{Z_2} \qquad ⓗ$$

따라서 필요한 최소 단면계수 Z_1은

$$Z_1 \geqq \frac{M_{d2} + M_l}{f_{cw} - Rf_{ta} - (1-R)\frac{M_{d1}}{Z_1}}$$

$$\therefore Z_1 \geqq \frac{(1-R)M_{d1} + M_{d2} + M_l}{f_{cw} - Rf_{ta}} \qquad (6 \cdot 1)$$

Z_2도 같은 방법으로

$$Z_2 \geqq \frac{(1-R)M_{d1} + M_{d2} + M_l}{Rf_{ca} - f_{tw}} \qquad (6 \cdot 2)$$

$I_c = Z_1 y_1 = Z_2 y_2$이므로

$$\frac{y_1}{y_2} = \frac{Z_2}{Z_1} \qquad ⓘ$$

단면 높이는 $h = y_1 + y_2$이므로

$$\frac{y_1}{h} = \frac{Z_2}{Z_1 + Z_2} \qquad (6 \cdot 3)$$

초기상태, 즉 P_i와 M_{d1}이 작용할 때의 콘크리트 도심에서의 응력은 그림 6-2 (a)로부터

$$f_{cci} = f_{ta} + \frac{y_1}{h}(f_{ca} - f_{ta}) \qquad (6 \cdot 4)$$

따라서 초기 프리스트레스 힘은 위의 응력에 콘크리트 단면적 A_c를 곱하면 얻을 수 있다.

$$P_i = A_c f_{cci} \qquad (6 \cdot 5)$$

프리스트레스 힘의 편심 거리 e_p는 휨모멘트 $P_i e_p$에 의한 휨응력으로부터 구할 수 있다. 프리스트레스 힘 만에 의한 보의 상면의 휨응력은 그림 6-2 (a)를 참고하면

$$\frac{P_i e_p}{Z_1} = (f_{cci} - f_{ta}) + \frac{M_{d1}}{Z_1} \qquad ⓙ$$

따라서 필요한 편심 거리는

$$e_p=(f_{cci}-f_{ta})\frac{Z_1}{P_i}+\frac{M_{d1}}{P_i} \tag{6·6}$$

대개의 경우, 보의 지점단면에서는 긴장재의 편심 거리를 0으로 한다. 또 지점단면에서는 외력에 의한 모멘트도 0이다. 이러한 경우의 응력분포가 그림 6-2 (b)에 나타나 있다. 즉, 콘크리트 응력은 균일한 분포로 되며, 그 크기는 초기상태에서는 도심응력 f_{cci}와 같고 모든 손실 후에는 f_{cce}로 된다.

참고 1) 식 (6·1) 및 식 (6·2)는 다음과 같이 하여 구할 수도 있다.

프리스트레스 도입 직후의 부재 상하면의 응력은 다음 조건을 만족하여야 한다[식 (5·2) 참조].

$$f_t=\frac{P_i}{A_c}-\frac{P_ie_p}{Z_1}+\frac{M_{d1}}{Z_1}\geqq f_{ta} \tag{6·7}$$

$$f_b=\frac{P_i}{A_c}+\frac{P_ie_p}{Z_2}-\frac{M_{d1}}{Z_2}\leqq f_{ca} \tag{6·8}$$

프리스트레스의 모든 손실이 끝난 후, 사용하중이 작용할 때는 다음 조건을 만족하여야 한다[식 (5·3) 참조].

$$f_t=\frac{P_e}{A_c}-\frac{P_ee_p}{Z_1}+\frac{M_{d1}}{Z_1}+\frac{M_{d2}+M_l}{Z_1}\leqq f_{cw} \tag{6·9}$$

$$f_b=\frac{P_e}{A_c}+\frac{P_ee_p}{Z_2}-\frac{M_{d1}}{Z_2}-\frac{M_{d2}+M_l}{Z_2}\geqq f_{tw} \tag{6·10}$$

프리스트레스의 유효율을 R라고 하면 $P_e=RP_i$이므로 식 (6·9)의 P_e 대신에 RP_i를 대입하고, 또 식 (6·7)의 관계를 식 (6·9)에 대입하여 Z_1에 관하여 정리하면

$$Z_1\geqq\frac{(1-R)M_{d1}+M_{d2}+M_l}{f_{cw}-Rf_{ta}} \tag{6·1}$$

Z_2도 같은 방법으로

$$Z_2\geqq\frac{(1-R)M_{d1}+M_{d2}+M_l}{Rf_{ca}-f_{tw}} \tag{6·2}$$

즉, 앞에서 구한 식 (6·1) 및 식 (6·2)와 동일한 결과가 얻어졌다.

2) 식 (6·5)의 P_i는 다음과 같이 하여 구할 수도 있다.

식 (6·7) 및 식 (6·8)에서 M_{d1}과 e_p를 소거하면

$$P_i=\frac{A_c}{h}(y_2f_{ta}+y_1f_{ca}) \tag{6·11}$$

또, 식 (6·9)와 식 (6·10)에서 e_p, M_{d1}, M_{d2}, M_l을 소거하면

$$P_e = RP_i = \frac{A_c}{h}(y_2 f_{tw} + y_1 f_{cw}) \qquad (6 \cdot 12)$$

즉, 긴장재의 인장력은 외력에 의한 휨모멘트에 관계없이 콘크리트 단면의 성질과 허용응력에 의하여 정해진다. 긴장재의 인장력의 범위는 식 (6・11)과 식 (6・12)로부터

$$\frac{A_c}{h}(y_2 f_{ta} + y_1 f_{ca}) \leq P_i \leq \frac{A_c}{Rh}(y_2 f_{tw} + y_1 f_{cw}) \qquad (6 \cdot 13)$$

그러므로 P_i는 위의 조건을 만족하는 범위에서 최소값을 취하는 것이 좋다.

PS 강재의 허용 인장응력을 f_{pa}라고 하면, 긴장재의 단면적 A_p는 다음의 식으로 구할 수 있다.

$$\frac{A_c(y_2 f_{ta} + y_1 f_{ca})}{hf_{pa}} \leq A_p \leq \frac{A_c(y_2 f_{tw} + y_1 f_{cw})}{Rhf_{pa}} \qquad (6 \cdot 14)$$

여기서

$$A_p = \frac{P_i}{f_{pa}}$$

예제 6-1. 지간이 12.20 m인 포스트텐션 보가 자중 외에 추가되는 사하중(고정하중) 7 kN/m와 활하중 14 kN/m를 받는다. 이들 하중은 사용하중으로서 지속하중으로 작용한다. 콘크리트의 설계기준 강도는 $f_{ck}=40$ MPa이고, 프리스트레스를 도입할 때의 콘크리트의 강도는 설계기준 강도의 70%, 즉 $f_{ci}=28$ MPa이다. 프리스트레스의 시간적 감소는 초기 프리스트레스의 15%로 가정하고 유효율을 85%로 본다. 필요한 콘크리트 단면의 치수, 프리스트레스 힘의 크기 및 긴장재의 편심 거리를 구하라.

풀이 콘크리트의 허용응력을 계산한다. 표 5-1로부터

프리스트레스 도입 직후 :

허용 휨 압축응력…… $f_{ca} = 0.60 f_{ci} = 0.60 \times 28 = 16.8$ MPa

허용 휨 인장응력…… $f_{ta} = -0.25\sqrt{f_{ci}} = -0.25 \times \sqrt{28} = -1.3$ MPa

사용하중 작용이 작용할 때 :

허용 휨 압축응력…… $f_{cw} = 0.45 f_{ck} = 0.45 \times 40 = 18$ MPa(긴장력+지속하중)

허용 휨 인장응력…… $f_{tw} = -0.50\sqrt{f_{ck}} = -0.50\sqrt{40} = -3.2$ MPa[5.4.2 항의 참고 ① 참조]

1) 단면의 결정

보의 자중을 4.1 kN/m로 가정한다. 자중, 추가 사하중(고정하중) 및 활하중에 의한 최대 휨모멘트는 지간 중앙에서 일어나며, 각각 다음과 같다.

$$M_{d1}=\frac{1}{8}\times 4.1\times 12.2^2=76.28\,\mathrm{kN\cdot m}=76.28\times 10^6\,\mathrm{N\cdot mm}$$

$$M_{d2}=\frac{1}{8}\times 7\times 12.2^2=130.24\,\mathrm{kN\cdot m}=130.24\times 10^6\,\mathrm{N\cdot mm}$$

$$M_l=\frac{1}{8}\times 14\times 12.2^2=260.47\,\mathrm{kN\cdot m}=260.47\times 10^6\,\mathrm{N\cdot mm}$$

따라서 소요의 단면계수는 식 (6 · 1) 및 식 (6 · 2)로부터

$$Z_1 \geqq \frac{(1-R)M_{d1}+M_{d2}+M_l}{f_{cw}-Rf_{ta}}$$

$$=\frac{(1-0.85)\times 76.28\times 10^6+130.24\times 10^6+260.47\times 10^6}{18-0.85\times(-1.3)}=21.0\times 10^6\,\mathrm{mm}^3$$

$$Z_2 \geqq \frac{(1-0.85)\times 76.28\times 10^6+130.24\times 10^6+260.47\times 10^6}{0.85\times 16.8-(-3.2)}=23.0\times 10^6\,\mathrm{mm}^3$$

이에 대하여 그림 6 - 3 (a)와 같은 단면을 채택한다.

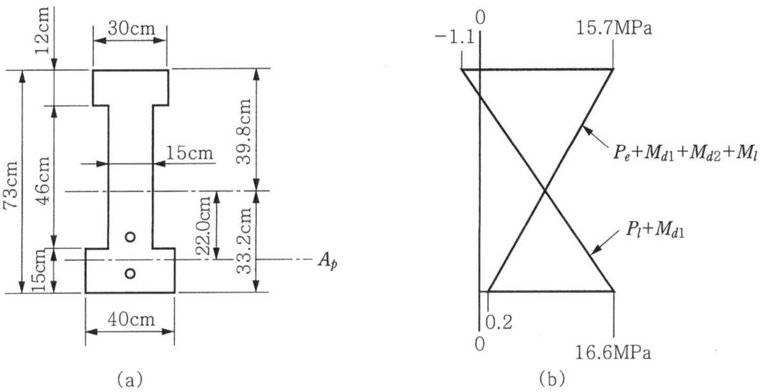

그림 6 - 3

이 단면의 여러 계수는 다음과 같다.

$y_1=398\,\mathrm{mm}$, $y_2=332\,\mathrm{cm}$, $I_c=960,710\times 10^4\,\mathrm{mm}^4$

$Z_1=24.14\times 10^6\,\mathrm{mm}^3>21.0\times 10^6\,\mathrm{mm}^3$

$Z_2=28.94\times 10^6\,\mathrm{mm}^3>23.0\times 10^6\,\mathrm{mm}^3$

$A_c=165,000\,\mathrm{mm}^2$, $r_c^2=58,200\,\mathrm{mm}^2$

2) 초기 프리스트레스 힘 및 편심 거리의 계산

단면 도심에서 콘크리트의 응력은 식 (6 · 4)로부터

$$f_{cci}=f_{ta}+\frac{y_1}{h}(f_{ca}-f_{ta})$$

$$=-1.3+\frac{398}{730}[16.8-(-1.3)]=8.6\,\mathrm{MPa}$$

초기 프리스트레스 힘은 식 (6 · 5)로부터

$$P_i = A_c f_{cci} = 165,000 \times 8.6 = 1,419,000 \text{ N}$$

보의 실제의 자중은 $25,000(\text{N/mm}^3) \times \left(\frac{165,000}{10^6}\right)(\text{m}^2) = 4125 \text{ N/m}$이므로

$$M_{d1} = \frac{1}{8} \times 4125 \times 12.2^2 = 76,746 \text{ N} \cdot \text{m}$$

보의 최대 모멘트 단면(중앙단면)에서 긴장재의 편심 거리는 식 (6 · 6)으로부터

$$e_p = (f_{cci} - f_{ta})\frac{Z_1}{P_i} + \frac{M_{d1}}{P_i}$$

$$= [8.6 - (-1.3)] \times \frac{24.14 \times 10^6}{1,419,000} + \frac{76,746 \times 10^3}{1,419,000} = 220 \text{ mm}$$

최대 모멘트 단면 이외의 단면에서는 편심거리는 이보다 작아야 한다.

3) PS 강재량의 계산

지름 9 mm의 이형 PS강선(SWPD 1N)을 사용한다면, 그 단면적은 63.62 mm^{2}이고, 인장하중은 90.2 kN, 0.2% 영구 연신율에 대한 하중은 78.0 kN이므로〔부록 표 B-2 및 표 B-3 참조〕 그 인장강도 및 항복강도는 각각 다음과 같이 된다.

$$f_{pu} = \frac{90,200}{63.62} = 1420 \text{ MPa}, \qquad f_{py} = \frac{78,000}{63.62} = 1226 \text{ MPa}$$

프리스트레스 도입 직후의 PS 강재의 허용 인장응력은 다음 두 값 중 작은 값이다〔표 5-2 참조〕.

$$0.74 f_{pu} = 0.74 \times 1420 = 1050 \text{ MPa}$$

$$0.82 f_{py} = 0.82 \times 1226 = 1005 \text{ MPa}$$

따라서 긴장재의 소요 단면적은

$$A_p = \frac{P_i}{0.82 f_{pu}} = \frac{1,419,000}{1005} = 1442 \text{ mm}^2$$

PS 강선의 필요한 수는(지름 9 mm의 이형강선 1개의 단면적은 63.62 mm^{2}이므로)

$$\frac{1428}{63.62} = 23$$

이것을 12개와 11개의 두 케이블로 하여 그림 6-3 (a)와 같이 배치한다.

4) 응력의 검토

지간 중앙단면의 콘크리트 응력을 검토해 본다.

초기 프리스트레스 힘 P_i에 의한 응력은 식 (5 · 1)로부터

$$f_t = \frac{1,419,000}{165,000}\left(1 - \frac{220}{58,200} \times 398\right) = -4.3 \text{ MPa}$$

$$f_b = \frac{1,419,000}{165,000}\left(1+\frac{220}{58,200}\times 332\right) = 19.3\ \text{MPa}$$

유효 프리스트레스 힘 P_e에 의한 응력은(유효율이 85%이므로)

$$f_t = 0.85\times(-4.3) = -3.7\ \text{MPa}$$

$$f_b = 0.85\times 19.3 = 16.4\ \text{MPa}$$

M_{d1}에 의한 응력은

$$f_t = \frac{M_{d1}}{Z_1} = \frac{76,746\times 10^3}{24,14\times 10^6} = 3.2\ \text{MPa}$$

$$f_b = -\frac{M_{d1}}{Z_2} = -\frac{76,746\times 10^3}{28.94\times 10^6} = -2.7\ \text{MPa}$$

$(M_{d2}+M_l)$에 의한 응력은

$$f_t = \frac{130.24\times 10^6 + 260.47\times 10^6}{24.14\times 10^6} = 16.2\ \text{MPa}$$

$$f_b = -\frac{130.24\times 10^6 + 260.47\times 10^6}{28.94\times 10^6} = -13.5\ \text{MPa}$$

따라서 프리스트레스 도입 직후의 응력은〔식 (5·2) 참조〕

$$f_t = -4.3+3.2 = -1.1\ \text{MPa}(\text{인장})$$

$$f_b = 19.3-2.7 = 16.6\ \text{MPa}(\text{압축})$$

각각 허용응력을 넘지 않는다.

사용하중이 작용할 때의 응력은〔식 (5·3) 참조〕

$$f_t = -3.7+3.2+16.2 = 15.7\ \text{MPa}(\text{압축})$$

$$f_b = 16.4-2.7-13.5 = 0.2\ \text{MPa}(\text{압축})$$

각각 허용응력을 넘지 않는다.

그러나, 상연의 응력(15.7 MPa)은 허용 압축응력(18 MPa)에 거의 근접하고 있으나, 하연의 응력은 거의 0으로 볼 수 있으며, 이것은 허용 인장응력(3.2 MPa)에 대하여 너무 여유가 있다. 그 이유는 하부 플랜지가 상부 플랜지에 비하여 너무 커서 하연(下緣)에 대한 단면계수 Z_2가 필요 이상으로 크기 때문이다.

이러한 응력의 분포가 그림 6-3 (b)에 나타나 있다. 그림 6-3 (a)의 단면은 단지 계산을 위한 것이고, 실제의 설계에서는 플랜지 내면(內面)을 경사지게 하는 것이 보통이다.

6.2.2 프리스트레스 힘의 편심이 변화하지 않는 보

앞 절에서 설명한 설계방법은 보의 최대 모멘트 단면에서의 응력상태에 바탕을 둔 것이다. 프리텐션 보는 긴장재를 일정한 편심으로 직선 배치하는 것이 보통이므로,

이러한 프리텐션 보에서는 P_i와 e_p가 전 지간에 걸쳐 일정하기 때문에, M_{d1}이 그 최대값보다 작은 곳에서는 콘크리트의 응력이 그 허용응력 f_{ta} 및 f_{ca}를 초과할 것이다. 이러한 상태를 피하기 위해서는 편심 거리가 식 (6·6)으로 주어지는 값보다 작아야 한다. 그러므로 편심 거리의 최대값은 M_{d1}이 0인 단순보의 지점의 상태로부터 구해야 한다.

그림 6-4 (a), (b)는 각각 일정한 편심 거리를 가지는 보의 지간중앙 및 지점에서의 휨응력의 분포를 보인 것이다. 지점에서 프리스트레스 힘에 의한 편심 모멘트만이 작용할 때, 콘크리트 응력이 허용응력 f_{ta} 및 f_{ca}를 초과하지 않는다고 하자. 프리스트레스의 손실로 인한 응력감소 Δf_1 및 Δf_2는 초기 프리스트레스 힘만으로 인한 상하면의 응력의 $(1-R)$배와 같다. 즉

$$\Delta f_1 = (1-R)(-f_{ta}) \qquad ⓐ$$

$$\Delta f_2 = (1-R) f_{ca} \qquad ⓑ$$

따라서

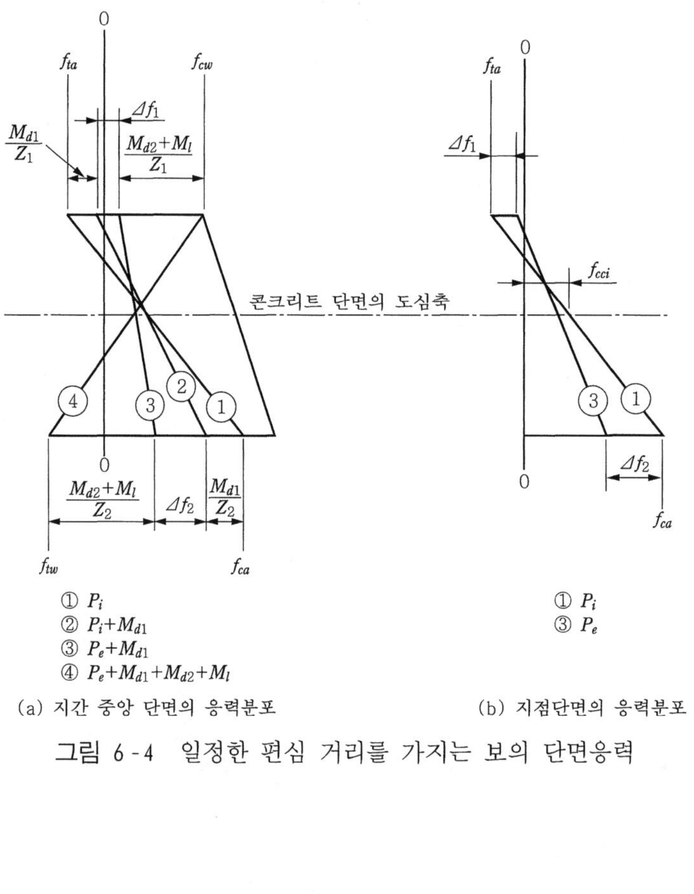

(a) 지간 중앙 단면의 응력분포 (b) 지점단면의 응력분포

그림 6-4 일정한 편심 거리를 가지는 보의 단면응력

$$f_{1r}=f_{cw}-f_{ta}-\Delta f_1=f_{cw}-Rf_{ta} \quad ⓒ$$

$$f_{2r}=f_{ca}-f_{tw}-\Delta f_2=Rf_{ca}-f_{tw} \quad ⓓ$$

그러므로 최소 단면계수는

$$Z_1 \geqq \frac{M_{d1}+M_{d2}+M_l}{f_{cw}-Rf_{ta}} \quad (6 \cdot 15)$$

$$Z_2 \geqq \frac{M_{d1}+M_{d2}+M_l}{Rf_{ca}-f_{tw}} \quad (6 \cdot 16)$$

콘크리트의 도심응력은 식 (6・4)로 구하고, 초기 프리스트레스 힘은 식 (6・5)로 구한다.

그림 6-4 (b)를 참고하면

$$\frac{P_i e_p}{Z_1}=f_{cci}-f_{ta} \quad ⓔ$$

$$\therefore e_p=(f_{cci}-f_{ta})\frac{Z_1}{P_i} \quad (6 \cdot 17)$$

식 (6・15) 및 식 (6・16)을 식 (6・1) 및 식 (6・2)와 비교함으로써 편심이 변화하는 보와 편심이 일정한 보 사이에 다음과 같은 차이점이 있다는 것을 알 수 있다.

즉, 편심 거리가 일정하지 않은 보에서는 소요 단면계수는 주로 $(M_{d2}+M_l)$에 지배된다. 또 이 경우, 보의 자중은 단면계수나 프리스트레스 힘의 증가 없이 M_{d1}/P_i의 양에 의해 편심 거리를 증가시킴으로써 지탱될 수 있다. 전 지간에 걸쳐 편심 거리를 일정하게 한 보에서는 그 편심 거리는 $M_{d1}=0$인 지점에서의 조건으로 지배되며, 자중에 의한 모멘트 M_{d1}은 단면계수 계산에 포함시켜야 한다.

예제 6-2. 예제 6-1의 보를 전 지간에 걸쳐 일정한 편심 거리를 가지는 직선 긴장재로 설계하라. 모든 설계조건은 예제 6-1과 같다. 다만, 지점에 있어서 초기 프리스트레스 힘에 의한 콘크리트의 인장응력을 일시적으로 $0.50\sqrt{f_{ci}}=0.50\sqrt{28}=2.7$ MPa까지 허용한다.

풀이 긴장재를 전 지간에 걸쳐서 일정한 편심으로 배치하는 것은, 예제 6-1에서와 같이 외력 모멘트에 따라 변화시키는 것보다 보로서의 효율은 낮다. 따라서 단면이 커질 것을 예상하고 보의 자중을 4300 N/m으로 가정한다. 따라서 보의 자중에 의한 지간 중앙의 휨모멘트는

$$M_{d1}=\frac{1}{8}\times4300\times12.2^2=80,000\ \text{N·m}=80,000\times10^3\ \text{N·mm}$$

앞의 예제로부터

$$M_{d2} = 130.24 \times 10^6\,\mathrm{N \cdot mm}$$

$$M_l = 260.47 \times 10^6\,\mathrm{N \cdot mm}$$

콘크리트의 허용응력은 다음과 같다〔표 5-1 참조〕.

프리스트레스 도입 직후

$$f_{ca} = 0.6 f_{ci} = 0.6 \times 28 = 16.8\,\mathrm{MPa}\text{(허용 휨 압축응력)}$$

$$f_{ta} = -0.5\sqrt{f_{ci}} = -0.5\sqrt{28} = -2.7\,\mathrm{MPa}\text{(단순 지지부재 단부에서의 허용 인장응력)}$$

사용하중 작용시

$$f_{cw} = 0.45 f_{ck} = 0.45 \times 40 = 18\,\mathrm{MPa}\text{(허용 휨 압축응력)}$$

$$f_{tw} = -0.5\sqrt{f_{ck}} = -0.5 \times \sqrt{40} = -3.2\,\mathrm{MPa}\text{(허용 휨 인장응력, 5.4.2의 참고 ①)}$$

프리스트레스 도입 직후의 허용 인장응력으로서 $0.25\sqrt{f_{ci}}$ 를 취하지 않고 $0.5\sqrt{f_{ci}}$ 를 취한 데 대하여 특히 유의해야 한다〔표 5-1 참조〕. 이 예제처럼 긴장재를 일정한 편심으로 배치한 단순 지지보의 경우는 편심 거리가 지점에서의 조건으로 결정되기 때문이다. 따라서 필요한 단면계수는 식 (6·15) 및 식 (6·16)으로부터

$$Z_1 \geqq \frac{M_{d1} + M_{d2} + M_l}{f_{cw} - R f_{ta}}$$

$$= \frac{80000 \times 10^3 + 130.24 \times 10^6 + 260.47 \times 10^6}{18 - 0.85(-2.7)} = 23,187 \times 10^3\,\mathrm{mm}^3$$

$$Z_2 \geqq \frac{M_{d1} + M_{d2} + M_l}{R f_{ca} - f_{tw}}$$

$$= \frac{80000 \times 10^3 + 130.24 \times 10^6 + 260.47 \times 10^6}{0.85 \times 16.8 - (-3.2)} = 26,898 \times 10^3\,\mathrm{mm}^3$$

위의 단면계수들은 앞의 예제에서 채택한 단면의 단면계수들보다 약간 작으므로, 앞의 예제에서 채택한 단면〔그림 6-3 (a)〕은 적당하다.

식 (6·4)로부터

$$f_{cci} = f_{ta} + \frac{y_1}{h}(f_{ca} - f_{ta}) = -2.7 + \frac{398}{730}\{16.8 - (-2.7)\} = 7.9\,\mathrm{N/mm^2}$$

식 (6·5)로부터

$$P_i = A_c f_{cci} = 165 \times 10^3 \times 7.9 = 1,303,500\,\mathrm{N}$$

긴장재의 소요 편심 거리는 식 (6·17)로부터

$$e_p = (f_{cci} - f_{ta})\frac{Z_1}{P_i} = \{7.9 - (-2.7)\}\frac{24,140 \times 10^3}{1,303,500} = 196\,\mathrm{mm}$$

앞의 예제와 동일한 PS 강재를 사용한다면 필요한 단면적은(프리스트레스 도입 직후의 PS 강재의 허용 인장응력은 앞의 예제로부터 $0.82f_{py} = 1005$ MPa이므로)

$$A_p = \frac{P_i}{0.82 f_{py}} = \frac{1,303,500}{1005} = 1297\ \mathrm{mm}^2$$

따라서 PS 강재의 필요한 수는

$$\frac{1297}{63.62} = 21$$

이것을 11개와 10개의 두 케이블로 배치한다.

다음에 콘크리트의 응력을 체크해 보자.

1) **초기 프리스트레스 힘 P_i에 의한 응력** 긴장재의 편심이 보의 전 길이에 걸쳐서 일정하기 때문에 P_i에 의한 응력은 지간의 어느 단면에서나 같다. 그 값은 식 (5 · 1)로부터

$$\text{상연응력}\quad f_t = \frac{P_i}{A_c}\left(1 - \frac{e_p y_1}{r_c^2}\right) = \frac{1,303,500}{165\times10^3}\left(1 - \frac{196}{58,200}\times398\right)$$

$$= -2.7\ \text{MPa(인장)}$$

$$\text{하연응력}\quad f_b = \frac{P_i}{A_c}\left(1 + \frac{e_p y_2}{r_c^2}\right) = \frac{1,303,500}{165\times10^3}\left(1 + \frac{196}{58,200}\times332\right)$$

$$= 16.7\ \text{MPa (압축)}$$

지점단면에서는 이 때가 가장 위험하다. 그러나 상연(上緣)의 인장응력 2.7 MPa는 프리스트레스 도입 직후의 허용 인장응력 2.7 MPa를 넘지 않는다. 하연(下緣)의 압축응력 16.7 MPa도 허용 압축응력 16.8 MPa를 넘지 않는다. 또한, 이들 지점 단면의 응력은 프리스트레스의 손실로 인하여 다음과 같이 감소된다.

2) **유효 프리스트레스 힘 P_e에 의한 응력**

$$f_t = 0.85(-2.7) = -2.3\ \mathrm{MPa}$$

$$f_b = 0.85\times16.7 = 14.2\ \mathrm{MPa}$$

이 응력도 지간의 어느 단면에서나 같다. 결국, 지점단면에서는 사용하중 작용시에도 허용응력을 초과하지 않는다.

M_{d1}만에 의한 중앙단면의 응력

$$f_t = \frac{M_{d1}}{Z_1} = \frac{80000\times10^3}{24,140\times10^3} = 3.3\ \mathrm{MPa}$$

$$f_b = -\frac{M_{d1}}{Z_2} = -\frac{80000\times10^3}{28,940\times10^3} = -2.8\ \mathrm{MPa}$$

$(M_{d2} + M_l)$에 의한 중앙단면의 응력

$$f_t = \frac{130.24\times10^6 + 260.47\times10^6}{24,140\times10^3} = 16.2\ \text{MPa}$$

$$f_b = -\frac{130.24\times10^6 + 260.47\times10^6}{28,940\times10^3} = -13.5\ \text{MPa}$$

따라서 $(P_i + M_{d1})$만이 작용하는 초기단계, 즉 프리스트레스 도입 직후의 지간 중앙 단면의 응력은 다음과 같다[식 (5・2) 참조].

$$f_t = -2.7 + 3.3 = 0.6\ \text{MPa}\ (\text{압축})$$
$$f_b = 16.7 - 2.8 = 13.9\ \text{MPa}\ (\text{압축})$$

총 사용하중이 작용할 때 중앙단면의 응력은 다음과 같다[식 (5・3) 참조].

$$f_t = -2.3 + 3.3 + 16.2 = 17.2\ \text{MPa}\ (\text{압축})$$
$$f_b = 14.2 - 2.8 - 13.5 = -2.1\ \text{MPa}\ (\text{인장})$$

즉, 각 하중단계에 있어서 콘크리트 응력은 각각의 허용응력을 초과하지 않는다. 그림 6-5 (a) 및 (b)는 각각 중앙단면 및 지점단면에서의 콘크리트 응력의 분포를 보인 것이다.

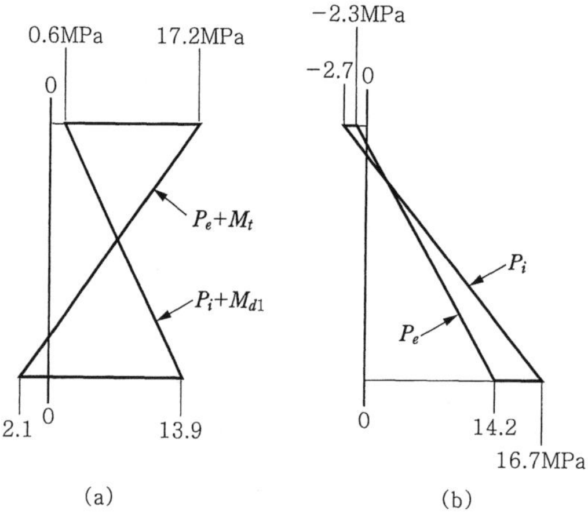

그림 6-5

이 예제와 앞의 예제를 비교함으로써 다음과 같은 사실을 알 수 있다. 즉, 긴장재를 직선으로 배치하여 편심 거리를 일정하게 하는 것보다 곡선으로 배치하여 편심 거리를 변화시키는 것이 단면의 응력을 위하여 유리하다. 모든 조건이 동일할 때 긴장재의 편심 거리가 일정하게 설계되는 보의 단면은 편심 거리를 변화시킨 단면보다 6% 정도 증가한다. 이러한 현상은 지간이 커질수록 더하다. 그것은 긴 지간일수록 보의 자중이 커지기 때문이다.

6.2.3 긴장재 도심의 제한범위

6.2.1 항에서 설명한 단면계수, 프리스트레스 힘 및 편심 거리의 식들은 최대 모멘트 단면에 대한 것들이다. 지간에 따라 휨모멘트가 작아지는 곳에서는 비재하(非載荷) 단계 때 콘크리트의 응력이 허용응력을 넘지 않게 하기 위하여 긴장재의 편심 거리는 최대 모멘트 단면에서의 편심보다 작게 해야 한다. 또, 사용하중하에서 콘크리트 응력이 허용응력을 넘지 않도록 하기 위하여 요구되는 최소 편심 거리 또는 PS 강재도심의 상한이 있어야 한다. 즉, PS 강재의 편심 거리는 상한과 하한이 있다.

이러한 편심 거리의 범위는 식 (6・7), 식 (6・8), 식 (6・9) 및 식 (6・10)으로부터 구할 수 있다. 이들 식을 e_p에 관하여 정리하면 다음과 같이 된다.

$$\left.\begin{aligned} e_p &\leq \frac{Z_1}{A_c}+\frac{M_{d1}-Z_1 f_{ta}}{P_i} && \text{ⓐ} \\ e_p &\leq -\frac{Z_2}{A_c}+\frac{M_{d1}+Z_2 f_{ca}}{P_i} && \text{ⓑ} \\ e_p &\geq \frac{Z_1}{A_c}+\frac{M_t-Z_1 f_{cw}}{RP_i} && \text{ⓒ} \\ e_p &\geq -\frac{Z_2}{A_c}+\frac{M_t+Z_2 f_{tw}}{RP_i} && \text{ⓓ} \end{aligned}\right\} \qquad (6 \cdot 18)$$

여기서 $M_t = M_{d1} + M_{d2} + M_l$

$RP_i = P_e$

위의 식 ⓐ와 ⓑ는 프리스트레스 도입 직후의 허용응력의 조건으로부터 얻은 식이고, 식 ⓒ와 ⓓ는 프리스트레스의 모든 손실 후 사용하중이 작용할 때의 허용응력의 조건으로부터 구한 것이다.

식 ⓐ와 ⓑ는 편심 거리의 하한을 나타내며, 식 ⓒ와 ⓓ는 상한을 나타낸다. 만약 단면치수 및 긴장재 인장력이 부재의 전 길이에 걸쳐서 일정하다면, 식 ⓐ와 ⓑ, 식 ⓒ와 ⓓ의 곡선은 각각 서로 평행하게 되며 편심 거리는 안쪽의 두 곡선으로 결정된다. 일반적으로 식 ⓑ와 식 ⓓ에 의하여 편심 거리의 범위가 정해진다. 이러한 관계를 보인 것이 그림 6-6이다. 즉, 그림의 제한범위 내에 긴장재의 도심이 있어야만 콘크리트 응력이 허용응력 이하로 되는 것이다. 따라서 긴장재의 어떤 케이블이 이 범위 밖에 위치하더라도 긴장재 전체의 도심은 반드시 이 범위 안에 있어야 하는 것이다. 단면치수, 특히 단면 높이가 너무 크거나 프리스트레스 힘이 과대하면 그

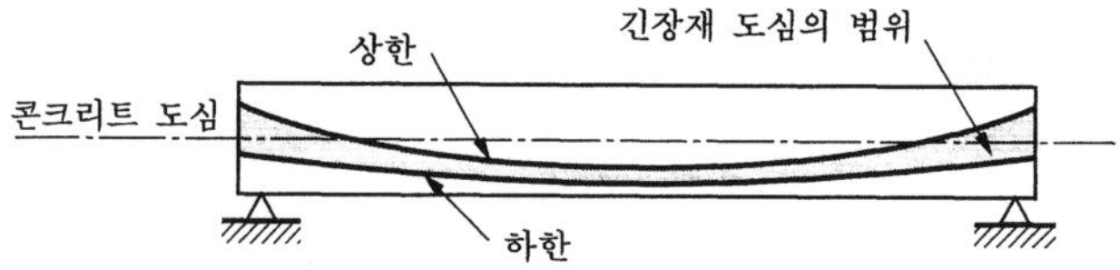

그림 6-6 긴장재 도심의 범위

제한범위가 너무 넓어지고, 반대로 단면 높이가 너무 작거나 프리스트레스 힘이 너무 작으면 긴장재 배치범위가 단면 밖으로 나가거나 너무 좁게 된다. 이러한 경우에는 단면을 수정하거나 프리스트레스 힘을 수정하여 다시 계산해야 한다.

포스트텐션 보에서는 긴장재는 주로 포물선 또는 현수선(懸垂線)으로 배치하며, 프리텐션 보에서는 긴장재를 지간의 중앙이나 $\frac{1}{3}$점에서 아래로 구부려 내리고, 지점에서는 위로 구부려 올리는 방법으로 배치한다.

예제 6-3. 예제 6-1의 보(그림 6-3)에서 긴장재의 배치범위를 정하라.

풀이 예제 6-1에서 얻은 값들을 정리하면

$f_{ca}=16.8$ MPa, $f_{ta}=-1.3$ MPa, $f_{cw}=16$ MPa, $f_{tw}=-3.2$ MPa

$M_{d1}=76.746$ N·m, $M_t=M_{d1}+M_{d2}+M_l=467,460$ N·m

$P_i=1,419,000$ N, $P_e=RP_i=1,206,150$ N

$Z_1=24.14\times10^6\,\text{mm}^3$, $Z_2=28.94\times10^6\,\text{mm}^3$, $A_c=165,000\,\text{mm}^2$, $r_c^2=58,200\,\text{mm}^2$

모든 하중이 등분포 하중이므로 휨모멘트는 지간중앙에서 최대, 지점에서 0인 포물선 변화를 한다. 따라서 각 단면의 모멘트는 다음과 같다.

	지간중앙	1/4 지간	지점
M_{d1}	76,746 N·m	57,560 N·m	0
M_t	467,460 N·m	350,600 N·m	0

긴장재 도심위치의 하한은 식 (6·18)의 ⓐ로부터 다음과 같이 구해진다.

지점 : $$e_p\leqq\frac{Z_1}{A_c}+\frac{M_{d1}-Z_1f_{ta}}{P_i}$$

$$=\frac{24.14\times10^6}{165,000}+\frac{0-24.14\times10^6\times(-1.3)}{1,419,000}=168\text{ mm}=16.8\text{ cm}$$

$\frac{1}{4}$ 지간 : $$e_p\leqq168+\frac{57,560\times10^3}{1,419,000}=209\text{ mm}=20.9\text{ cm}$$

지간중앙 : $$e_p\leqq168+\frac{76,746\times10^3}{1,419,000}=222\text{ mm}=22.2\text{ cm}$$

식 (6・18)의 ⓑ로부터 계산되는 하한값은

지점 : $$e_p \leqq -\frac{Z_2}{A_c}+\frac{M_{d1}+Z_2 f_{ca}}{P_i}$$

$$=-\frac{28.94\times10^6}{165,000}+\frac{0+28.94\times10^6\times16.8}{1,419,000}=169\,\text{mm}$$

$\frac{1}{4}$ 지간 : $e_p \leqq 210\,\text{mm}$

지간중앙 : $e_p \leqq 223\,\text{mm}$

다음에 편심 거리의 상한은 식 (6・18)의 ⓒ로부터

지점 : $$e_p \geqq \frac{Z_1}{A_c}+\frac{M_t-Z_1 f_{cw}}{RP_i}$$

$$=\frac{24.14\times10^6}{165,000}+\frac{0-24.14\times10^6\times16}{1,206,150}=-175\,\text{mm}$$

$\frac{1}{4}$ 지간 : $$e_p \geqq -175+\frac{350,600\times10^3}{1,206,150}=117\,\text{mm}$$

지간중앙 : $$e_p \geqq -175+\frac{467,460\times10^3}{1,206,150}=214\,\text{mm}$$

식 (6・18)의 ⓓ로부터 계산되는 상한은

지점 : $$e_p \geqq -\frac{Z_2}{A_c}+\frac{M_t+Z_2 f_{tw}}{RP_i}$$

$$=-\frac{28.94\times10^6}{165,000}+\frac{0+28.94\times10^6\times(-3.2)}{1,206,150}$$

$$=252\,\text{mm}=-25.2\,\text{cm}$$

$\frac{1}{4}$ 지간 : $$e_p \geqq -252+\frac{350,600\times10^3}{1,206,150}=40\,\text{mm}=4.0\,\text{cm}$$

지간중앙 : $$e_p \geqq -252+\frac{467,460\times10^3}{1,206,150}=137\,\text{mm}=13.7\,\text{cm}$$

콘크리트의 허용 휨 인장응력에 근거하고 있는 식 (6・18)의 ⓓ가 이 때의 하중단계를 지배한다. 따라서 긴장재 도심위치의 상한은 이 식으로 계산된 값이라야 한다.

부(−)의 편심 거리는 단면도심에서 위쪽으로 잰 값임을 뜻한다. 이상의 계산결과를 보인 것이 그림 6-7 (a)이다.

긴장재의 두 케이블의 실제의 도심선이 그림 6-7 (b)에 그려져 있다. 지간중앙에서의 두 케이블의 중심간 거리는 11 cm이고, 전체 긴장재의 도심은 단면도심 아래 21.5 cm에 있다. 지점단면에서는 긴장재 도심과 단면도심을 일치시켰다.

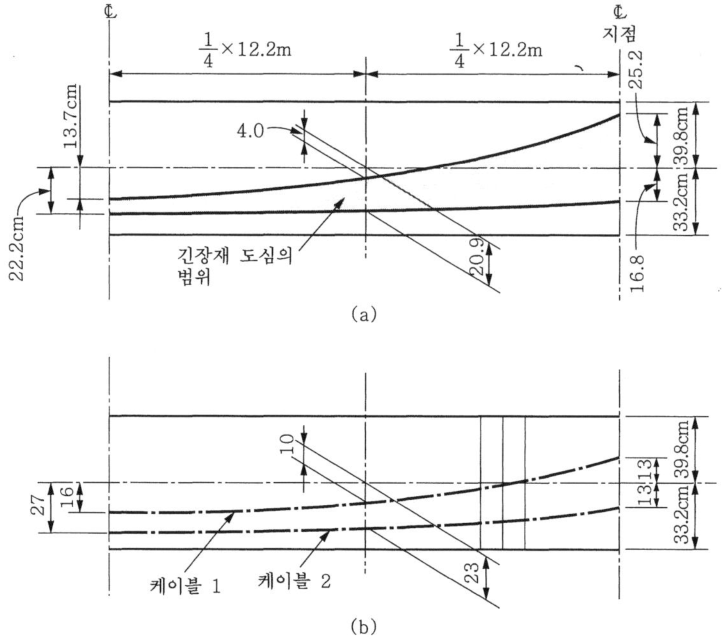

그림 6-7

6.2.4 절선상 긴장재를 가지는 보

긴장재는 포물선상으로 배치하는 것이 유리하지만, 이것은 포스트텐션 보에서만 가능하다. 프리텐션 보에 있어서는 긴장재를 직선 배치하는 것이 간편해서 좋지만, 편심 거리가 지점단면의 응력분포에 의하여 제한되기 때문에 불리하다. 따라서 프리텐션 보에 있어서는 긴장재를 절선상(折線狀)으로 배치하는 것이 유리하다.

그림 6-8(a)는 절선상 긴장재(deflected tendon)를 가지는 프리텐션 보를 나타낸 것이다. 콘크리트를 치기 전에 긴장재를 절점(折點, deflection point) a 및 b에서 하향(下向)으로 유지되도록 긴장하여 고정한다. 긴장재의 절점 a 및 b는 지간의 1/3 또는 1/4 되는 점으로 하고, 지점에서의 편심 거리는 0으로 되게 하는 것이 보통이다. 그래서 긴장재의 편심 거리는 지점에서 절점까지는 직선적으로 변하고, 중앙부에서는 일정하다. 따라서 이러한 보에 있어서 프리스트레스 도입 직후의 위험단면은 보의 중앙이나 지점단면이 아니고, 절점 a 및 b의 단면이다.

보의 자중에 의한 휨모멘트는 그림 6-8(b)와 같다. 최대 휨모멘트는 지간중앙에서 일어나며, 그 값은 M_{d1}이고, 절점 a 및 b에서의 휨모멘트는 M'_{d1}이다.

각 하중단계에 대하여 이 보의 중앙단면에서의 콘크리트의 휨응력의 분포는 그림

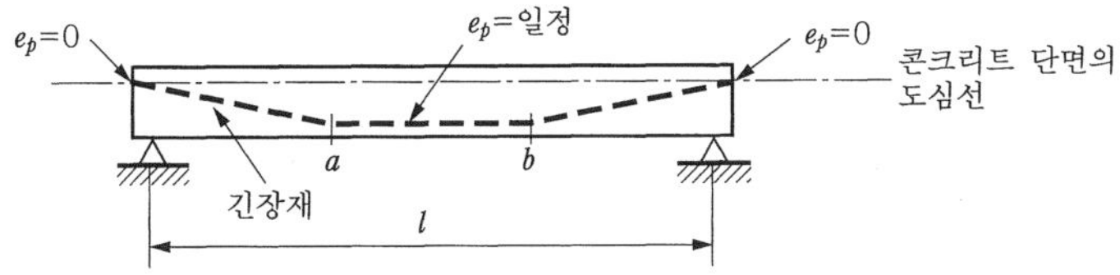

(a) 절선상 긴장재

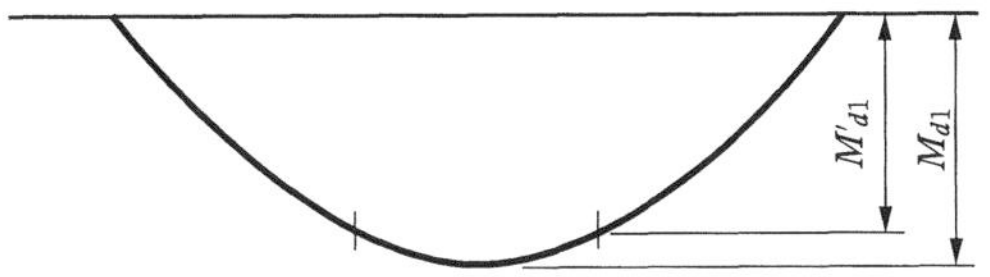

(b) 자중에 의한 휨모멘트

그림 6-8 절선상 긴장재로 된 프리텐션 보

6-9 (a)와 같고, 위험단면인 절점에서의 응력분포는 그림 6-9 (b)와 같다. 이 보의 지점단면에는 일정한 압축응력 P_i/A_c가 작용한다.

그림 6-9 (a)의 ①은 P_i만이 작용할 때의 응력분포이며, 이는 그림 6-9 (b)의 ①과 동일하다. 그림 6-9 (a)의 ②에서 상면 및 하면의 응력은 각각 f_{ta} 및 f_{ca}보다 작

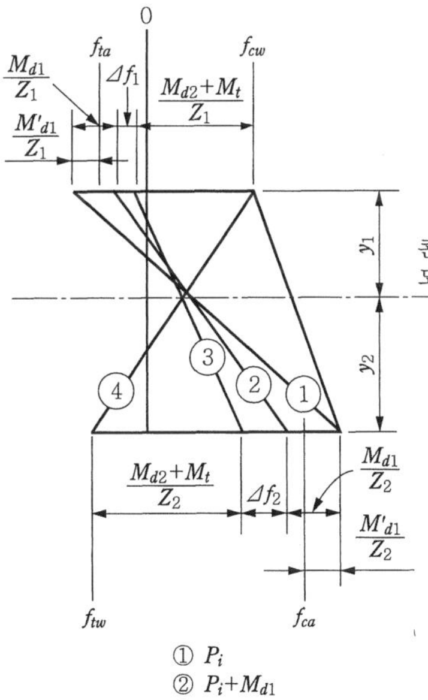

(a) 중앙단면의 응력분포

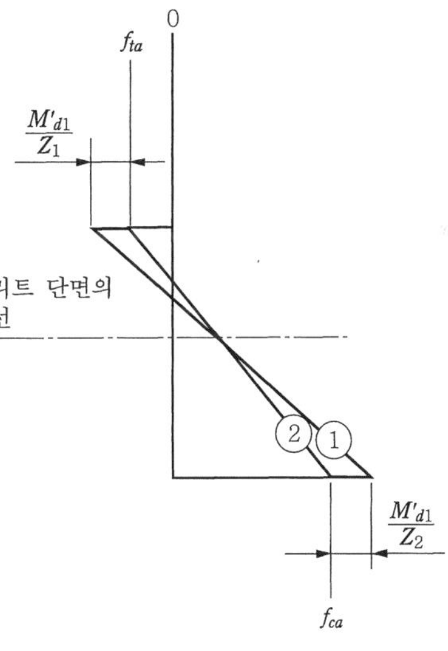

(b) 절점단면의 응력분포

그림 6-9 단면응력의 분포

다. 그 이유는 $\dfrac{M_{d1}}{Z_1}$ 및 $\dfrac{M_{d1}}{Z_2}$이 각각 $\dfrac{M'_{d1}}{Z_1}$ 및 $\dfrac{M'_{d1}}{Z_2}$보다 크기 때문이다. 이것은 프리스트레스 도입 직후인 초기단계 때의 위험단면이 최대 모멘트 단면인 지간중앙이 아니고, 절점(折點) 단면이라는 것을 의미한다.

프리스트레스의 모든 손실이 일어난 후에는 중앙단면의 콘크리트 응력의 분포는 그림 6-9 (a)의 ③과 같이 되고, 사용하중이 작용하면 ④의 분포로 된다.

상면 및 하면에 대한 단면계수는 그림 6-9 (a)를 참고하면 각각 다음과 같이 된다.

$$Z_1 \geqq \frac{(M_{d1}-M'_{d1})+M_{d2}+M_l}{f_{1r}} \qquad ⓐ$$

$$Z_2 \geqq \frac{(M_{d1}-M'_{d1})+M_{d2}+M_l}{f_{2r}} \qquad ⓑ$$

여기서 f_{1r} 및 f_{2r}는 프리스트레스 힘의 손실로 인한 응력과 각 하중단계에 대한 허용응력으로부터 구할 수 있다.

프리스트레스의 손실로 인한 응력의 감소 Δf_1 및 Δf_2는 초기 프리스트레스 힘 P_i만이 작용할 때의 응력의 $(1-R)$배이므로

$$\Delta f_1=(1-R)\left(-f_{ta}+\frac{M'_{d1}}{Z_1}\right) \qquad ⓒ$$

$$\Delta f_2=(1-R)\left(f_{ca}+\frac{M'_{d1}}{Z_2}\right) \qquad ⓓ$$

따라서 f_{1r} 및 f_{2r}는 다음과 같이 된다.

$$\begin{aligned} f_{1r}&=-f_{ta}+f_{cw}-\Delta f_1 \\ &=f_{cw}-Rf_{ta}-(1-R)\frac{M'_{d1}}{Z_1} \qquad ⓔ \end{aligned}$$

$$\begin{aligned} f_{2r}&=-f_{tw}+f_{ca}-\Delta f_2 \\ &=-f_{tw}+Rf_{ca}-(1-R)\frac{M'_{d1}}{Z_2} \qquad ⓕ \end{aligned}$$

그러므로 절선상 긴장재를 가지는 보의 소요 단면계수는 식 ⓔ 및 ⓕ를 식 ⓐ 및 ⓑ에 각각 대입함으로써 다음과 같이 된다.

$$Z_1 \geqq \frac{(1-R)M'_{d1}+(M_{d1}-M'_{d1})+M_{d2}+M_l}{f_{cw}-Rf_{ta}} \qquad (6 \cdot 19)$$

$$Z_2 \geqq \frac{(1-R)M'_{d1}+(M_{d1}-M'_{d1})+M_{d2}+M_l}{Rf_{ca}-f_{tw}} \qquad (6 \cdot 20)$$

콘크리트 단면의 도심축은 식 (6・3)으로 구한다. 초기 하중단계 때의 단면도심의 콘크리트 응력은 식 (6・4)로 계산하고, 초기 프리스트레스 힘은 식 (6・5)로 계산한다. 그러나 중앙부의 긴장재의 편심 거리는 다음 식으로 계산해야 한다.

$$e_p = (f_{cci} - f_{ta})\frac{Z_1}{P_i} + \frac{M'_{d1}}{P_i} \qquad (6 \cdot 21)$$

위의 식 (6・19), (6・20), (6・21)을 6.2.1 항의 식 (6・1), (6・2), (6・6) 대신 사용하면, 절선상 긴장재를 가진 보의 단면과 프리스트레스 힘 및 편심 거리를 결정할 수 있다.

6.2.5 지간에 따른 프리스트레스 힘의 감소

보의 최대 모멘트 단면에서 구한 프리스트레스 힘과 편심 거리를 전 지간에 그대로 사용하면, 자중에 의한 모멘트가 작은 단면에 과도한 응력이 일어나는 수가 있다. 이것을 회피하기 위해서는 지점 근처에서 편심 거리를 감소시켜야 한다. 일정한 편심 거리를 가지는 프리텐션 보에 있어서는 프리스트레스 힘의 크기를 감소시켜야 한다. 그러기 위해서는 지간의 단부 근처에서 긴장재를 부착시키지 않으면 된다. 이것을 알기 쉽게 보인 것이 그림 6-10이다.

프리텐션 보에 있어서 가장 보편적인 방법은 그림 6-10에 보인 것처럼 긴장재를 쪼갠 플라스틱 관(split plastic tube) 속에 꼭 맞도록 수용하거나, 또는 단단한 종이(heavy paper)나 헝겊 테이프(cloth tape)로 필요한 길이만큼 긴장재를 감거나 한다. 이렇게 하면 이 부분에서 프리스트레스 힘이 콘크리트에 전달되지 않는다. 그리고 유효 프리스트레스 힘은 나머지 부분의 긴장재에 의하여 발휘된다. 따라서 긴장재가 직선으로 배치되었더라도 편심 거리는 얼마간 감소한다. 그 이유는 긴장재의 일

그림 6-10 프리텐션 보의 경우

부분이 효과가 없게 됨으로써 긴장재 도심이 위로 이동하기 때문이다.

교량과 같은 장지간(長支間)의 포스트텐션 보에 있어서 응력에 저항하는데, 긴장재가 더 필요하지 않은 곳에서는 긴장재를 끝내는 것이 유리하다. 이러한 경우에는 그림 6-11에 보인 것처럼 긴장재를 보의 상면(上面)에 정착시키는 것이 보통이다. 이렇게 하면 PS 강재량이 절약될 뿐 아니라, 여러 개의 케이블을 같은 위치에서 구부려 올릴 때처럼 복부 두께를 증가시키지 않고도 긴장재를 하나씩 위로 구부려 올릴 수 있기 때문이다. 또한, 단부단면에서 정착의 수를 줄일 수 있기 때문에 그 곳에서의 초과 응력상태를 피할 수 있다. 그뿐 아니라 경사진 프리스트레스 힘의 연직분력은 하중에 의한 전단력을 감소시킨다.

한편, 지점 가까운 곳에서 끝내는 긴장재는 덕트의 곡률로 인하여 마찰손실이 크게 일어난다. 이 손실을 최소화하기 위해서는 긴장재의 곡률 반경을 크게 하여 긴장재의 구부림 경사를 될 수 있는 대로 작게 되도록 해야 한다.

보의 전 길이에 걸쳐 배치되는 긴장재의 수가 구부려 올리는 긴장재의 수보다 많을 경우에는, 한쪽만을 구부려 올리고 다른 쪽은 보의 끝까지 연장한다. 이 경우, 그 긴장재들은 서로 대칭이 되도록 해야 한다.

포스트텐션의 연속보에 있어서도 그 배치는 그림 6-11과 동일하다. 다만, 지점의 부(−)모멘트를 위한 긴장재는 보의 하면으로 구부려 내려서 정착한다.

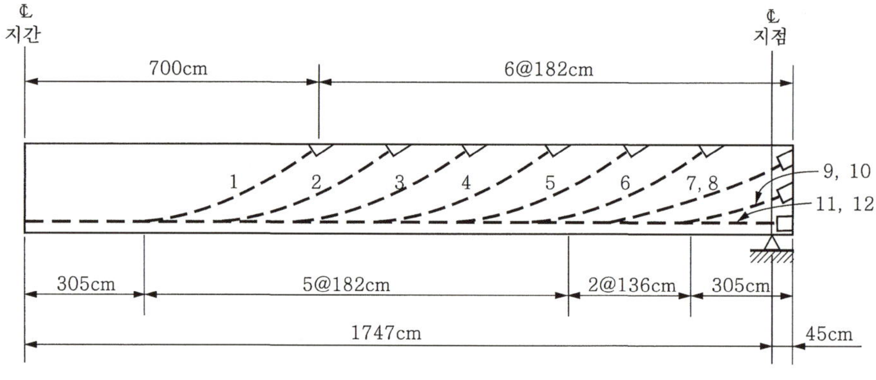

그림 6-11 포스트텐션 보의 경우

6.2.6 프리스트레스 힘과 편심의 조합

프리스트레스 힘 P_i와 긴장재 도심의 편심 거리 e_p의 조합(combination)은 무수히 있을 수 있다. 일반적으로 가장 작은 프리스트레스 힘과 가장 큰 편심이 경제적이다.

그림 6-12는 프리스트레스 힘과 편심의 많은 조합 가운데서 세 가지 조합에 대한 콘크리트 응력의 분포를 보인 것이다. P_i+M_{d1}은 초기 프리스트레스 힘 P_i와 보의 자중 모멘트 M_{d1}이 작용하는 초기단계 때의 단면응력의 분포이고, P_e+M_t는 전 사용하중이 작용하는 사용상태 때의 응력분포이다.

그림 6-12 (b)는 비교적 작은 P_i와 큰 편심이 조합된 경우이고, P_i가 작은 경우는 단면도심의 콘크리트 응력이 P_i가 큰 경우에 비하여 작다. 편심이 큰 경우는 편심이 작은 경우에 비하여 P_i+M_{d1}의 응력분포의 기울기가 완만하다.

그림 6-12 (c)는 그림 6-12 (b)의 경우보다 P_i가 큰 경우이다. 그런데 그림 6-12 (c)에서 P_i+M_{d1}의 응력분포의 기울기는 그림 6-12 (b)의 그것과 거의 같다.

따라서 그림 6-12 (c)의 경우의 편심은 그림 6-12 (b)의 경우보다 약간 작아야 한다. 그림 6-12 (d)는 보다 큰 P_i와 매우 작은 편심이 조합된 경우이다.

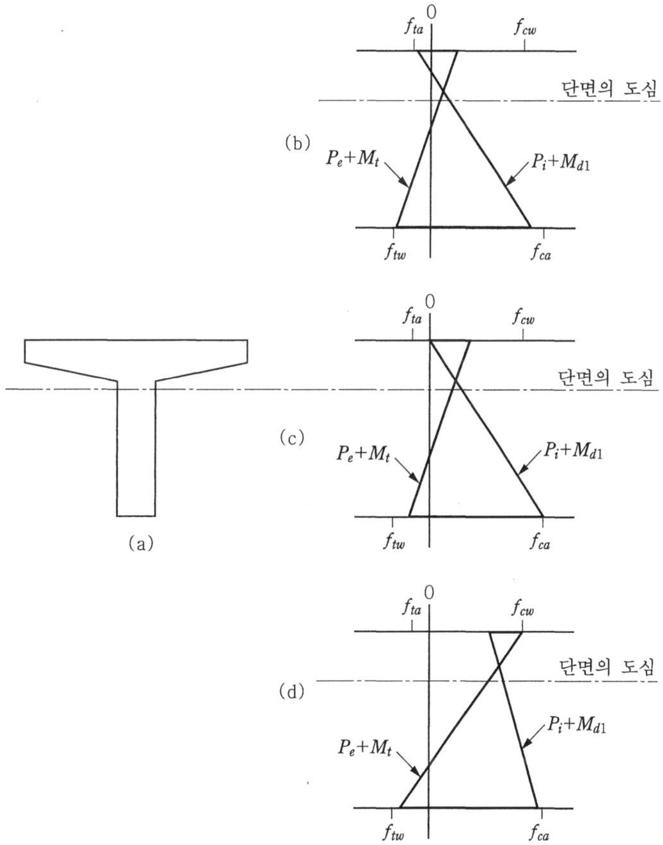

그림 6-12 프리스트레스 힘과 편심의 조합

그림 6-12에 보인 세 가지 조합은 모두 각 하중단계에서의 응력들이 허용응력 범위 내에 들어야 한다는 조건을 만족하고 있다. 그러나 이 세 가지 조합 가운데서 그림 6-12 (b)의 경우가 가장 좋다. 그 이유는 세 경우 가운데서 프리스트레스 힘이 가장 작기 때문이다. 큰 편심은 부재의 휨강도를 최대화하는 데도 유리하다. 또, 내력(內力) 모멘트의 팔 길이를 증대시키기 때문에 초과하중(over load)에 대해서도 유리하다.

6.3 단면형상의 선택과 휨효율

PSC는 재료의 치수에 제약을 받는 일 없이 자유롭게 단면형상을 만들 수 있는 장점이 있다. 즉, PSC는 주어진 조건에 따라 부재의 높이를 변화시킬 수 있을 뿐만 아니라 복부의 폭이나 플랜지의 두께를 수정하고 변화시킬 수 있다. 특히, 장지간(長支間) 또는 보통 지간의 포스트텐션 보에서 단면설계는 전체 설계과정의 중요한 부분의 하나이다.

전체 하중에 비하여 자중이 비교적 작은 짧은 지간의 보에 대해서는 그림 6-13 (a)와 같은 직사각형 단면이 유리하다. 직사각형 단면은 제작비가 싸서 경제적인 장점이 있는 반면에, 핵(core) 거리가 짧아서 압축력의 크기가 제한되는 단점이 있다.

보통의 지간 또는 장지간의 보에 대하여는 그림 6-13 (b)~(e)와 같은 플랜지 있

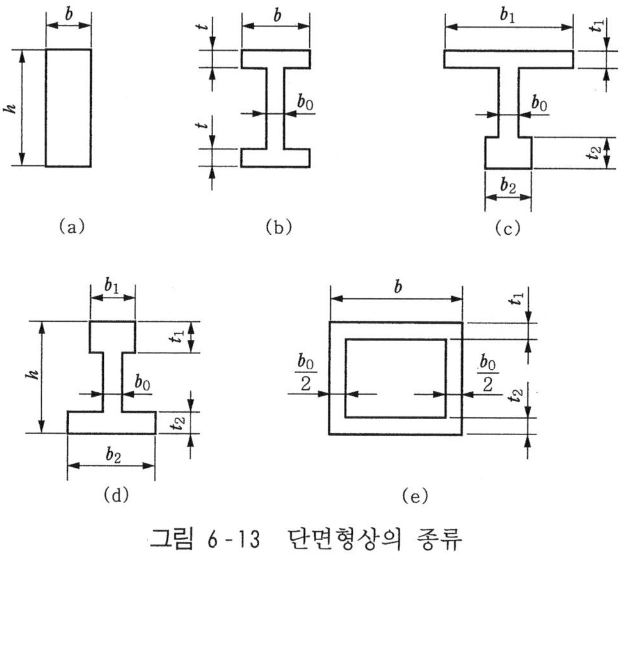

그림 6-13 단면형상의 종류

는 단면이 채택된다. 이러한 단면들은 하중이 실리지 않은 상태에서 콘크리트 응력이 허용응력을 초과하는 일 없이 긴장재 도심을 단면 아래쪽에 둘 수 있다. 또, 사용하중 및 극한하중 하에서 긴장재의 인장력과 콘크리트의 압축력 사이의 거리(arm length)를 최대로 되게 한다.

넓은 상부 플랜지를 가지는 단면은 교량의 상판(deck)이나 건물의 마루(floor)에 유용하며, 또 부재의 휨강도를 위해서도 좋다. 즉, 극한하중 하에서 콘크리트의 응력을 낮게 유지하기 위하여 넓은 상부 플랜지를 이용하면서 PS 강재의 항복을 선행(先行)시킴으로써 연성파괴로 유도한다. 총 하중에 대한 자중의 비(M_{d1}/M_t)가 큰 장지간 보에 있어서는 프리스트레스를 도입할 때 하부 플랜지를 과도하게 압축할 위험이 있다.

실제에 있어서는 지간 대 높이의 비(l/h) 또는 건축한계로부터 보의 높이를 먼저 선정한다. PSC 부재의 지간 대 높이의 비 l/h은 일반적으로 표 6-1과 같다. 이 값은 단순지지의 경우이고, 연속부재의 경우는 이 값보다 커진다.

표 6-1 PSC 부재의 지간(l)과 높이(h)의 비

부재의 종류	l/h의 범위
I형 또는 T형 보	24～36
복 T형 보(double T beam)	30～40
교량의 주 거더(bridge girder)	25～30
1방향 슬래브(solid)	35～50
1방향 슬래브(hollowcore)	40～50
2방향 평판(solid flat plate)	40～50

일반적으로 콘크리트 단면에 대한 단면계수의 비 Z/A_c가 단면의 휨효율의 척도로서 사용된다. Z/A_c가 큰 보는 Z/A_c가 작은 보에 비하여 재료를 보다 효율적으로 사용하였음을 나타낸다. 비대칭 단면에 있어서는 Z_1/A_c및 Z_2/A_c를 동시에 최대로 되게 하는 것이 바람직하다.

$Z_1 = I_c/y_1$, $Z_2 = I_c/y_2$이고, 또 상핵(上核) 거리는 $k_t = r_c^2/y_2$, 하핵(下核) 거리는 $k_b = r_c^2/y_1$이므로[5장의 식 (5·8) 및 식 (5·9) 참조]

$$\frac{Z_1}{A_c} = \frac{I_c}{A_c y_1} = \frac{r_c^2}{y_1} = k_b \qquad ⓐ$$

$$\frac{Z_2}{A_c} = \frac{I_c}{A_c y_2} = \frac{r_c^2}{y_2} = k_t \qquad ⓑ$$

즉, 가장 효율적인 단면은 회전 반경이 가장 큰 값을 가지는 단면이다. 다시 말해서 상하의 핵 거리가 가장 큰 단면이다. 이러한 단면은 콘크리트 면적이 단면의 상하면 가까이에 집중되어 있다.

식 ⓐ 및 식 ⓑ를 y_1 및 y_2를 사용하여 무차원(無次元)으로 나타내면

$$\frac{k_b}{y_2} = \frac{r_c^2}{y_1 y_2} \qquad ⓒ$$

$$\frac{k_t}{y_1} = \frac{r_c^2}{y_1 y_2} \qquad ⓓ$$

하나의 식으로 나타내면

$$Q = \frac{r_c^2}{y_1 y_2} \qquad (6 \cdot 22)$$

이 Q를 **휨효율 계수**(efficiency factor of flexure)라고 하며, 높이가 주어진 단면의 휨효율을 비교하는 데 사용하면 편리하다. $y_1 + y_2 = h$인 것을 이용하여 식 (6 · 22)를 정리하면

$$Q = \frac{r_c^2}{y_1 y_2} \times \frac{y_1 + y_2}{h} = \frac{k_t + k_b}{h} \qquad (6 \cdot 23)$$

비교적 얇은 복부와 플랜지를 가지는 I 형 또는 T형 단면은 두꺼운 복부와 플랜지를 가지는 단면보다 Q값이 크다. 그러나 날씬한 정도에는 한계가 있다. 얇은 압축 플랜지는 국부 비틀림의 위험이 있고, 또 운반하고 조립할 때 파손될 염려가 있다. 복부는 전단에 견딜 수 있는 폭이 있어야 하고 동시에 긴장재와 보강철근을 수용할 수 있고, 또 소요의 피복두께를 가질 수 있는 폭이 필요하다. 15 cm 정도가 복부 폭의 최소값이다.

일반적으로 잘 설계된 I 형 보는 0.50 정도의 Q계수를 가진다. Q가 0.45보다 작으면 투박한 단면이 되고, 0.55보다 크면 실용상 문제가 있는 너무 얇은 단면으로 된다.

6.4 긴장재의 간격과 피복두께

6.4.1 긴장재의 간격

나란히 놓이는 긴장재 또는 철근은 그 둘레에 콘크리트가 잘 돌아 들어가서 채워질 수 있도록 하기 위하여 어느 정도 이상의 간격을 두어야 한다.

프리텐션 부재는 직접 부착에 의하여 프리스트레스를 도입하기 때문에 특히 단부(端部)에 있어서의 긴장재의 간격은 충분해야 한다. 설계기준에서는 프리텐션 부재의 단부에서의 긴장재의 중심 간격을, PS 강선에 대하여는 5 d_b 이상, PS 강연선에 대하여는 4 d_b 이상을 요구하고 있다. 여기서 d_b는 강선의 공칭 지름이다. 다만 프레스트레스를 도입할 때 콘크리트의 압축강도가 28 MPa보다 크면 공칭지름이 13 mm이하인 강연선에 대하여는 최소 중심 간격을 45 mm로, 공칭지름이 15 mm이상인 강연선에 대하여는 최소 중심 간격을 50 mm로 해야 한다. 지간의 중앙부에서의 긴장재의 연직간격은 단부에서의 연직간격보다 좁게 해도 좋으며, 또는 접촉시켜서 다발로 해도 좋다.

지간 내에서 긴장재를 다발로 사용할 경우에는, 일반적으로 4개 이하의 PS 강선을 한 다발로 하여 단일 긴장재로 작용하도록 서로 접촉시켜서 배치한다. 이 경우 하나의 다발을 같은 단면적을 가지는 단일강재로 보고 그 간격을 정한다.

포스트텐션 부재에 있어서는 콘크리트를 치는 데 지장이 없고, 또 긴장할 때 긴장재가 쉬스에서 튀어나오지 않는다면 쉬스들을 다발로 해서 사용해도 좋다. 대개의 경우, 쉬스의 순 간격은 굵은 골재의 최대치수의 $\left(\frac{1}{3} \sim 1\right)$배 또 25 mm 이상이면 충분하다.

PSC 보에 배치되는 철근의 간격은 RC 보의 경우와 마찬가지로, 그 수평 순 간격은 25 mm 이상, 또 철근의 공칭 지름 이상이라야 한다. 철근을 2단 이상으로 배치할 경우, 그 연직 순 간격은 25 mm 이상이어야 하고, 상하의 철근은 동일 연직면 내에 있도록 해야 한다.

6.4.2 긴장재의 피복두께

긴장재, 쉬스, 철근 등이 부식되지 않도록 하기 위해서는 충분한 두께의 콘크리트로 보호해야 한다. 이것을 **피복두께**라고 한다. 피복두께는 구조물 또는 부재의 종류, 노출상태, 강재의 종류 등에 따라 다르다.

PSC 부재에 대한 피복두께를 설계기준에서는 표 6-2와 같이 주고 있다.

흙 또는 옥외의 공기에 노출되거나 부식 환경에 노출된 PSC부재에서 그 단면이 부분균열 단면 또는 완전균열 단면[5.4.1 항 참조]인 경우에는 그 피복두께를 표 6-2의 최소 피복두께의 50% 이상 증가시켜야 한다. 그러나 프리스트레스된 인장영역이 지속하중 하에서 압축응력을 유지하고 있는 경우에는 피복두께를 증가시키지 않아도 된다.

표 6-2 PSC 부재의 최소 피복두께(콘크리트 구조설계 기준)

<table>
<tr><th colspan="3">노출 상태 및 부재의 종류</th><th>최소 피복두께(mm)</th></tr>
<tr><td colspan="3">흙에 접하여 타설된 후 영구히 흙에 묻히는 콘크리트</td><td>80</td></tr>
<tr><td rowspan="2">흙에 접하거나 또는 옥외에 직접 노출되는 콘크리트</td><td colspan="2">벽체, 슬래브, 장선(joist)</td><td>30</td></tr>
<tr><td colspan="2">기타의 부재</td><td>40</td></tr>
<tr><td rowspan="5">옥외 공기나 흙에 직접 접하지 않는 콘크리트</td><td colspan="2">슬래브, 벽체, 장선</td><td>20</td></tr>
<tr><td rowspan="2">보, 기둥</td><td>주철근</td><td>40</td></tr>
<tr><td>띠철근, 스터럽, 나선철근</td><td>30</td></tr>
<tr><td rowspan="2">쉘(shell)
절판(folded plate)</td><td>D19 이상의 철근</td><td>d_b</td></tr>
<tr><td>D16 이하의 철근</td><td>10</td></tr>
</table>

6.5 하중평형에 의한 휨설계

이제까지의 휨설계는 응력개념의 방법에 따른 것이지만, 여기서는 하중평형의 방법에 따라 휨설계를 다루어 보기로 한다.

하중평형의 개념은 1.3.3 항에서 설명한 바와 같이, 부재에 작용하는 하향(下向)의 하중을, 긴장재를 포물선 또는 절선상으로 배치함으로써 얻어지는 상향력(上向力)에 의해 상쇄하려는 것이다. 따라서 부재에는 축방향 압축력만이 작용하게 된다. 이러한 생각에 바탕을 둔 휨설계를 **하중 평형법**(load balancing method) 또는 **모멘트 평형법**(moment balancing method)이라고 한다.

그림 6-14는 단순보에 대하여 이 개념을 알기 쉽게 나타낸 것이다. 즉, 그림 6-14 (b)는 보의 중앙단면의 응력으로서, 처음 두 그림은 프리스트레스 힘에 의한 응력이고, 세 번째 그림은 하중($w_{d1}+w_{d2}+k_b w_l$)에 의한 응력이다. 만약, 프리스트레스 힘 P에 의한 상향 분포력 u가 하중($w_{d1}+w_{d2}+k_b w_l$)과 같다면, 이 보의 중앙 단면에는 균일한 압축응력만이 작용할 것이다. 즉, P의 편심으로 인한 응력[그림 (b)의 두 번째 그림]과 하중($w_{d1}+w_{d2}+k_b w_l$)에 의한 응력[그림 (b)의 세 번째 그림]은 서로 크기는 같고 부호는 반대이므로, 결국 보의 중앙단면에는 그림 6-14 (b)의 네 번째 그림과 같이 균일한 압축응력만이 작용하게 되고, 또 처짐도 일어나지 않는다. 여기서 w_{d1}은 보의 자중, w_{d2}는 추가 사하중이고, $k_b w_l$은 지속하중(sus-

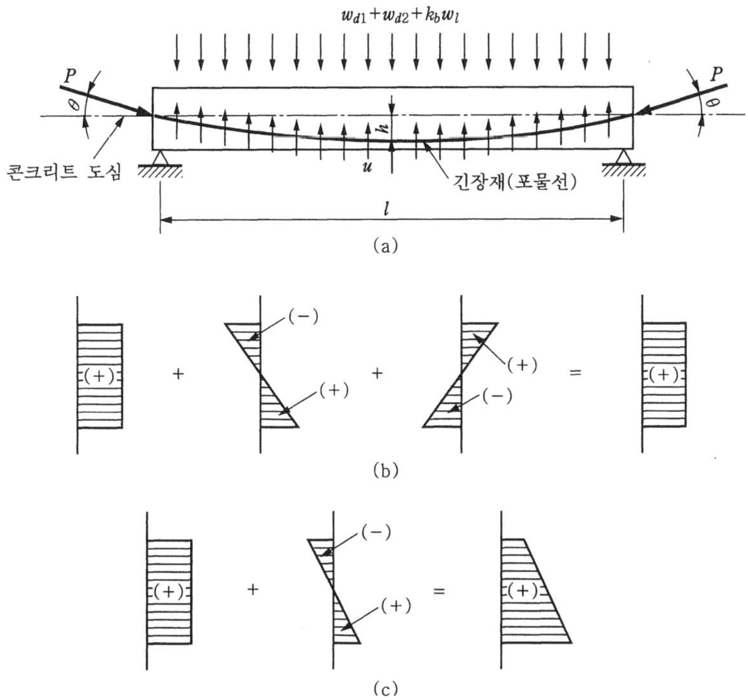

그림 6-14 등분포 하중을 받는 보의 하중평형

tained load)으로 작용할 활하중의 일부이다. 즉, $k_b w_l$은 평형 활하중이며 계수 k_b는 추정에 의해 결정된다.

활하중이 더 증가되거나 제거되면 평형하중으로 되지 않기 때문에 응력분포는 달라진다. 그림 6-14 (c)는 활하중의 일부인 $k_b w_l$이 제거되었을 때의 응력분포이다.

긴장재를 포물선으로 배치했을 때, 프리스트레스 힘 P에 의한 상향 분포력 u는 다음과 같다.

단순보의 경우는 1장의 1.3.3 항으로부터

$$u=\frac{8Ph}{l^2} \tag{1·11}$$

이고, 캔틸레버 보의 경우는 다음과 같다.

$$u=\frac{2Ph}{l^2} \tag{6·24}$$

그림 6-15 (a)는 연속보의 경우를 나타낸 것이다. 이 경우, 보의 양끝의 지점에서 긴장재의 편심 거리는 단순보의 경우처럼 0으로 해야 한다. 중간지점에서는 하중에

의한 부(−)모멘트와 프리스트레스 힘에 의한 정(+)모멘트를 상쇄하기 위하여 그림과 같이 긴장재를 배치해야 한다. 이 때 긴장재는 피복두께가 허용되는 범위까지 최대편심이 되도록 위쪽으로 끌어올려야 하고, 동시에 양쪽 지간의 새그(sag) h는 최대로 되게 하며, 프리스트레스 힘은 최소로 되게 해야 한다.

그림 6-15 (b)는 캔틸레버 부분을 가지는 단순보, 즉 내민보의 경우이다. 이 경우 자유단(自由端)에서의 긴장재의 편심 거리는 0이라야 한다. 양쪽 지간에서의 긴장재의 경사 θ_1과 θ_2는 같지 않을 것이고, 또 프리스트레스 힘 P_1과 P_2도 같지 않을 것이다. 따라서 양쪽 지간에 대하여 각각 별도의 긴장재를 사용해야 할 것이다.

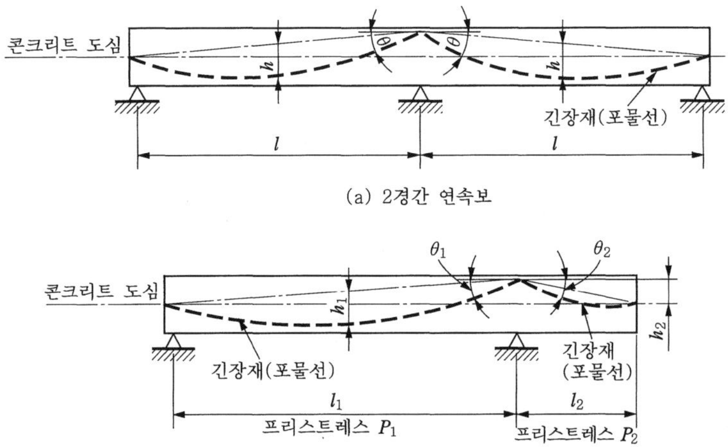

그림 6-15 등분포 하중을 받는 보의 긴장재 배치

예제 6-4. 그림 6-16 (a)와 같이 등분포 하중을 받는 포스트텐션 보를 설계하라. 지간은 $l=9.1$ m이고 자중 이외의 사하중은 2200 N/m이고 사용 활하중은 8800 N/m이다. 콘크리트의 28일 강도는 28 MPa이고 프리스트레스 도입시의 강도는 21 MPa이다. 프리스트레스의 감소는 초기 프리스트레스의 20%로 본다. 활하중의 1/4이 상당한 기간 지속된다고 보고 평형하중의 계수 k_b를 0.25로 취한다.

풀이 1) $l/h=18$ 정도로 보고 260 mm×520 mm의 직사각형 단면을 선택한다. 프리스트레스트 콘크리트의 단위중량은 25,000 N/m^3(2500 kg/m^3)이므로, 이 PSC보의 자중은

$$w_{d1}=25000\times(0.26\times0.52)=3380\ \text{N/m}$$

따라서 평형되어야 할 하중은

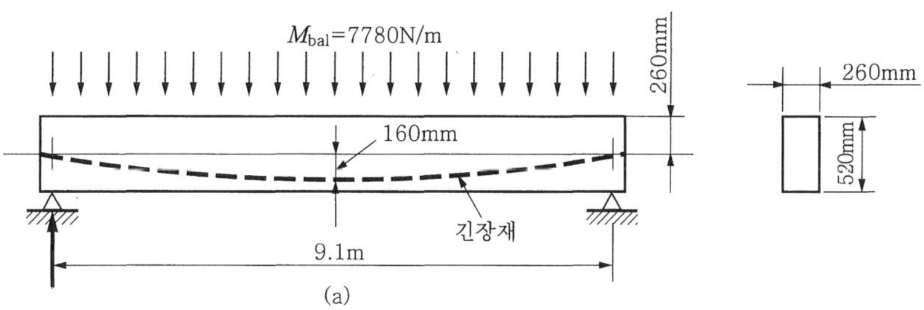

(a)

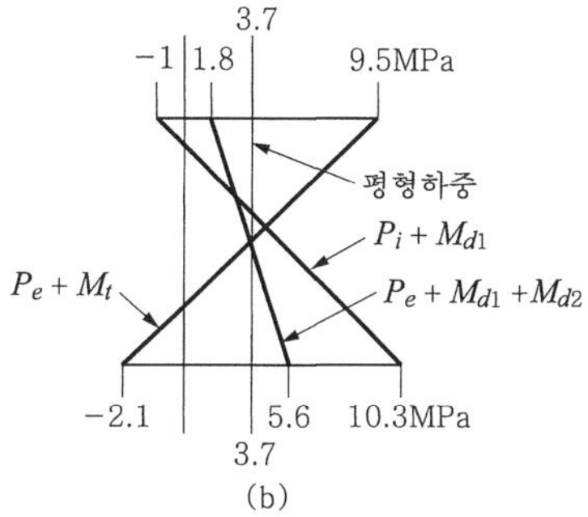

(b)

그림 6-16

$$w_{bal} = w_{d1} + w_{d2} + k_b w_l = 3380 + 2200 + 0.25 \times 8800 = 7780 \text{ N/m}$$

피복두께를 100 mm로 보면 긴장재의 최대편심 거리는 160 mm 정도로 할 수 있다. 등분포의 상향반력(上向反力)을 얻기 위하여 긴장재는 포물선으로 배치한다. 하향(下向)의 하중과 비기기 위한 유효 프리스트레스 힘 P_e는 식 (1·11)로부터

$$P_e = \frac{ul^2}{8h} = \frac{w_{bal} l^2}{8h} = \frac{7780 \times 9.1^2}{8 \times 0.16} = 503,300 \text{ N}$$

따라서 초기 프리스트레스 힘 P_i는

$$P_i = \frac{P_e}{R} = \frac{503,300}{0.8} = 629,000 \text{ N}$$

평형하중 단계에서 콘크리트는 균일한 압축응력을 받는다. 그 크기는

$$f_{bal} = \frac{P_e}{A_c} = \frac{503,300}{260 \times 520} = 3.7 \text{ N/mm}^2 = 3.7 \text{MPa}$$

이 응력이 그림 6-16 (b)에 나타나 있다.

2) 활하중의 일부인 $k_b w_l (0.25 \times 8800) = 2200$ N/m가 제거되면 2200 N/m의 상향력(上向力)이 작용하게 되어, 이로 인한 응력이 위의 f_{bal}에 겹쳐질 것이다. 2200 N/m의 상향력으로 인한 불균형 모멘트는

$$M_{\text{unbal}}=\frac{2200\times 9.1^2}{8}=22,770\ \text{N}\cdot\text{m}=22,770\times 10^3\ \text{N}\cdot\text{mm}$$

가정단면의 단면계수는 $Z=11,717,000\ \text{mm}^3$이므로 불균형 모멘트로 인한 휨응력은

$$f_{\text{unbal}}=\mp\frac{M_{\text{unbal}}}{Z}=\mp\frac{22,770\times 10^3}{11,717,000}=\mp 1.9\ \text{N/mm}^2(1.9\ \text{MPa})$$

따라서 이 때의 부재(部材) 상하연단의 응력은

$$f_t=3.7-1.9=1.8\ \text{N/mm}^2(1.8\ \text{MPa})$$

$$f_b=3.7+1.9=5.6\ \text{N/mm}^2(5.6\ \text{MPa})$$

평형하중에 포함된 활하중($k_b w_l=2200\ \text{N/m}$)을 뺀 나머지 활하중(6600 N/m)이 실리게 될 때, 이로 인한 응력은

$$\frac{M}{Z}=\pm\frac{\left(\frac{1}{8}\times 6600\times 9.1^2\right)\times 10^3}{11,717,000}=\pm 5.8\ \text{N/mm}^2(5.8\ \text{MPa})$$

따라서 총 사용하중이 실릴 때의 콘크리트 응력은

$$f_t=3.7+5.8=9.5\ \text{N/mm}^2(9.5\ \text{MPa})$$

$$f_b=3.7-5.8=-2.1\ \text{N/mm}^2(2.1\ \text{MPa})$$

이러한 응력들이 그림 6-16 (b)에 나타나 있다.

3) 다음에 프리스트레스 도입 직후의 응력을 검토할 필요가 있다.

보의 자중에 의한 휨모멘트는

$$M_{d1}=\frac{1}{8}\times 3380\times 9.1^2=35,000\ \text{N}\cdot\text{m}=35,000\times 10^3\ \text{N}\cdot\text{mm}$$

가정단면의 단면적은 $A_c=260\times 520=135,200\ \text{mm}^2$, 회전 반경은 $r_c^2=22,500\ \text{mm}^2$이므로 프리스트레스 도입 직후의 응력은 식 (5・2)로부터

$$f_t=\frac{P_i}{A_c}\left(1-\frac{e_b}{r_c^2}y_1\right)+\frac{M_{d1}}{Z_1}=\frac{629,000}{135,200}\left(1-\frac{160}{22,500}\times 260\right)+\frac{35,000\times 10^3}{11,717,000}$$

$$=-1\ \text{N/mm}^2(1\ \text{MPa})$$

$$f_b=\frac{629,000}{135,200}\left(1+\frac{160}{22,500}\times 260\right)-\frac{35,000\times 10^3}{11,717,000}=10.3\ \text{N/mm}^2(10.3\ \text{MPa})$$

이 응력의 분포가 그림 6-16 (b)에 나타나 있다.

콘크리트의 허용응력은 표 5-1로부터

$f_{ta}=-0.25\sqrt{f_{ci}}=-0.25\sqrt{21}=-1.2\ \text{MPa}$(도입 직후의 허용 휨 인장응력)

$f_{ca}=0.6f_{ci}=0.6\times 21=12.6\ \text{MPa}$(도입 직후의 허용 휨 압축응력)

$f_{cw}=0.45f_{ck}=0.45\times 28=12.6\ \text{MPa}$(사용하중 작용시의 허용 휨 압축응력)

$f_{tw} = -0.50\sqrt{f_{ck}} = -0.50\sqrt{28} = -2.7\,\text{MPa}$(사용하중 작용시의 허용 휨 인장응력)

각 하중단계에서의 콘크리트 응력이 허용응력을 초과하지 않으므로, 가정한 단면을 수정하지 않고 그대로 채택한다.

4) 다음에 이 단면의 휨강도를 검사해 보자.

$f_{pu} = 1750\,\text{N/mm}^2$, $f_{py} = 1500\,\text{N/mm}^2$인 PS 강재를 사용하기로 한다면, 프리스트레스 도입 직후의 PS 강재의 허용 인장응력은 다음 두 값 중 작은 값이다〔표 5-2 참조〕.

$$0.74 f_{pu} = 0.74 \times 1750 = 1295\,\text{MPa}$$

$$0.82 f_{py} = 0.82 \times 1500 = 1230\,\text{MPa} < 0.74 f_{pu}$$

따라서 필요한 강재 단면적은

$$A_p = \frac{P_i}{0.82 f_{py}} = \frac{629,000}{1230} = 512\,\text{mm}^2$$

7연선 10.8 mm(SWPC 7AN)를 8개 사용할 때, 그 단면적은〔부록 표 B-2 참조〕

$$A_p = 8 \times 69.68 = 557\,\text{mm}^2$$

이므로 초기 및 최종 단계에서의 PS 강재의 응력은 각각 다음과 같이 된다.

$$f_{pi} = \frac{P_i}{A_p} = \frac{629,000}{557} = 1130\,\text{N/mm}^2$$

$$f_{pe} = \frac{P_e}{A_p} = \frac{503,300}{557} = 900\,\text{N/mm}^2 > 875\,\text{N/mm}^2\ (= 0.5 f_{pu})$$

PS 강재비는

$$\rho_p = \frac{A_p}{bd_p} = \frac{557}{260 \times (520 - 100)} = 0.0051$$

$\dfrac{f_{py}}{f_{pu}} = \dfrac{1500}{1750} = 0.857 > 0.85$이므로 $\gamma_p = 0.40$이고〔5장의 5.8.1 참조〕, $f_{ck} = 28\,\text{MPa}$이므로 식 (5·17)로부터 $\beta_1 = 0.85$이다. $f_{pe} > 0.5 f_{pu}$이고〔5장의 5.8.1 참조〕, 철근이 배근되어 있지 않으므로 f_{ps}는 식 (5·22)로부터

$$f_{ps} = f_{pu}\left(1 - \frac{\gamma_p}{\beta_1}\,\frac{\rho_p f_{pu}}{f_{ck}}\right) = 1750\left(1 - \frac{0.40}{0.85} \times \frac{0.0051 \times 1750}{28}\right) = 1490\,\text{N/mm}^2$$

식 (5·26)으로부터

$$a = \frac{A_p f_{ps}}{0.85 f_{ck} b} = \frac{557 \times 1490}{0.85 \times 28 \times 260} = 134\,\text{mm}$$

그러므로 공칭 휨강도는 식 (5·25)에 의하여

$$M_n = A_p f_{ps}\left(d_p - \frac{a}{2}\right) = 557 \times 1490 \times \left\{(520 - 100) - \frac{134}{2}\right\}$$

$$= 292,965,000 \text{ N}\cdot\text{mm} = 293 \text{ kN}\cdot\text{m}$$

그런데 이 단면의 중립축의 깊이는[그림 5-17 및 식 (5·17) 참조]

$$c = \frac{a}{\beta_1} = \frac{134}{0.85} = 158 \text{ mm}$$

경간 중앙에서 긴장재의 편심거리를 160 mm로 하여 계산하였으므로, 압축 측 연단으로부터 긴장재 도심까지의 깊이는

$$d_t = \frac{1}{2} \times 520 + 160 = 420 \text{ mm}$$

따라서 긴장재의 인장변형률은 그림 5-20을 참고하면

$$\varepsilon_t = \frac{d_t - c}{c} \ \varepsilon_c = \frac{420 - 158}{158} \times 0.003 = 0.005$$

즉 긴장재의 인장변형률은 인장지배 단면에 있다[그림 5-19 참조]. 그러므로 강도감소계수는 $\phi = 0.85$이다. 따라서 설계 휨강도는 다음과 같이 된다.

$$M_d = \phi M_n = 0.85 \times 293 = 249 \text{ kN}\cdot\text{m} = 249,000 \text{ N}\cdot\text{m}$$

5) 다음에 활하중에 대한 안전을 검토해 보자.

사하중 및 활하중에 대한 하중계수를 콘크리트 설계기준에서는 각각 1.2 및 1.6을 주고 있다[표 5-3 참조]. 사하중 모멘트를 1.2배했을 때 활하중 모멘트에 대한 하중계수를 구해 봄으로써 그 안전여부를 알 수 있다.

보의 자중에 의한 휨모멘트는 $M_{d1} = 35,000 \text{ N}\cdot\text{m}$이고, 추가 사하중 및 활하중에 의한 휨모멘트는 각각 다음과 같다.

$$M_{d2} = \frac{1}{8} \times 2200 \times 9.1^2 = 22,770 \text{ N}\cdot\text{m}$$

$$M_l = \frac{1}{8} \times 8800 \times 9.1^2 = 91,100 \text{ N}\cdot\text{m}$$

활하중에 대한 하중계수를 f_l라고 하면, 다음과 같은 관계가 성립해야 한다.

$$1.2(M_{d1} + M_{d2}) + f_l M_l = \phi M_n$$

따라서

$$1.2(35,000 + 22,770) + f_l \times 91,100 = 249,000$$

$$\therefore f_l = 2.0 > 1.6$$

즉, 활하중에 대한 하중계수가 설계기준에서 규정하고 있는 1.6보다 크다. 그러므로 이 설계는 적당하다.

6.6 파샬 프리스트레싱에 의한 휨설계

최근의 설계는 사용하중 하에서 또는 이따금 있는 초과하중 하에서 콘크리트에 휨 인장응력의 작용을 허용하거나 또는 균열마저 허용하는 이른바 파샬 프리스트레스 보(partially prestressed beam)의 사용을 채택하는 경향이 있다. 이 때 만약 균열이 발생하면 그 균열은 일반적으로 작고 잘 분포되며, 균열을 발생시킨 하중이 제거되면 균열은 완전히 폐합된다.

균열발생은 RC 부재에서는 용인된 특징이며, PSC에서 균열을 허용하지 않음으로써 그 설계를 불리하게 할 이유가 없다는 것이 설득력 있게 주장되고 있다. 인장응력의 작용이 없는 PSC 구조란 거의 있을 수 없으며, 전단과 비틀림의 조합된 영향을 생각한 주(主) 인장응력은 콘크리트의 인장응력을 초과한다. 집중하중을 받는 구역이나 긴장재를 정착하는 곳에서는 인장응력의 작용을 피할 수 없다. 이러한 관점에서 휨균열의 발생을 배제한다는 것은 어려운 일이다.

사용하중 하에서 콘크리트의 휨 인장응력을 일반적인 경우 $0.50\sqrt{f_{ck}}$ MPa까지 허용하고 있다[5.4.2항의 참고 ① 참조]. 이것은 콘크리트의 파괴계수 $0.63\sqrt{f_{ck}}$ 보다 약간 작은 값이다. 따라서 콘크리트의 인장응력을 이 값 이하로 제한하면 균열은 일어나지 않을 것이다. 즉 비균열 단면으로 된다[5장의 5.4.1 항 참조].

환산균열 단면과 모멘트-처짐관계를 기초로 해석한 결과, 처짐과 피복두께가 소정의 규정을 만족할 경우에는 콘크리트의 인장응력을 $1.0\sqrt{f_{ck}}$ MPa까지 허용하고 있다[5.4.2항의 참고 ② 참조]. 이 값은 콘크리트의 파괴계수를 넘는 값이며, 따라서 콘크리트에는 균열이 발생할 것이다. 즉 부분균열 단면으로 된다[5장의 5.4.1 항 참조]. 이러한 경우가 여기서 논의하고자 하는 파샬 프리스트레스 보이다.

파샬 프리스트레스 보는 보다 작은 프리스트레스 힘으로 성립되기 때문에 긴장재의 수와 정착장치의 수를 줄일 수 있고, 또 철근을 배치함으로써 긴장재와 철근의 조합된 힘으로 휨강도를 얻는다.

파샬 프리스트레스 보의 설계는 다음 두 가지 접근방법 중의 하나로 수행할 수 있다. 하나는 6.6.1 항에 설명되어 있는 바와 같이 보통의 RC 보의 강도 설계법과 같다. 즉, 계수하중(factored load)하에서 소요강도가 얻어지도록 콘크리트 단면과 강재 단면적을 결정하는 것이다. 다른 하나는 6.6.2 항에 설명한 바와 같이 소정의 하중과 비길 수 있도록 프리스트레스 힘과 편심을 먼저 결정하는 것이다. 두 방법 모두 한계상태(限界狀態)를 설계에 고려해야 하며, 몇 번의 반복설계가 필요하게 되는 수도 있다.

6.6.1 강도이론에 의한 파샬 프리스트레스 보의 휨설계

이 방법은 설계강도(design strength)를 소요강도(required strength)와 같게 되도록 콘크리트 단면과 강재량을 먼저 결정하는 것이다. 그런 후에 사용하중 하에서의 처짐과 균열을 검사하고, 필요하면 단면을 수정한다. 사용하중 하에서의 응력은 보통 계산하지 않는다.

콘크리트 단면은 파괴 때의 긴장재 응력을 $0.9\,f_{pu}$로 보고 계산한다. 플랜지 있는 단면에서 파괴시의 저항 모멘트의 팔 길이는 인장강재 도심으로부터 플랜지 두께 중심까지의 거리와 같다고 본다.

이 방법에 의한 파샬 프리스트레스 보의 설계 수순은 다음과 같다.

① 계산된 사하중(고정하중) 및 지정된 활하중에 하중계수를 곱하여 계수 모멘트(factored moment) M_u를 구한다. 부재의 공칭 휨강도(nominal flexural strength)는 $M_n = M_u/\phi$이다.

② 최대 l/h(l은 지간, h는 보 높이) 또는 경험에 의하여 콘크리트 단면의 높이를 가정한다. 상부 플랜지의 치수는 기능상의 조건 또는 기타의 기준에 따른다.

③ 내력(內力) 모멘트의 팔 길이 z는 PS 강재도심으로부터 플랜지 두께의 중심까지의 거리로 가정하며, 직사각형 단면의 경우에는 $0.8\,h$로 가정한다. 파괴시의 PS 강재응력을 $0.9\,f_{pu}$로 취하면, 긴장재의 소요 단면적은 다음과 같이 된다.

$$A_p = \frac{M_n}{0.9 f_{pu} \cdot z} \tag{6 · 25}$$

④ 콘크리트 응력의 분포를 등가 직사각형 분포로 가정하면, 압축을 받는 콘크리트의 면적은 다음과 같이 된다.

$$A_c' = \frac{M_n}{0.85 f_{ck} \cdot z} \tag{6 · 26}$$

이 값은 복부가 받는 몫을 뺀 상부 플랜지의 면적이다. 필요하면 가정단면을 수정한다.

⑤ 복부의 폭은 전단강도에 의해 정해지거나 또는 긴장재와 기타 철근의 피복두께를 생각해서 정한다.

⑥ 프리스트레스 힘은 부재의 처짐 특성에 의하여 선택한다. 예컨대, 프리스트레스 힘과 전체 사하중하에서는 처짐이 0이라는 조건을 사용한다. 하중평형의 개념은 소요의 프리스트레스 힘을 결정하는 데 유용하다.

⑦ 부착된 PS 강재 및 스디럽 지지용 철근은 사용하중 하에서의 균열을 미세한 균열이 되게 하고, 또 고르게 분포시킨다. 경우에 따라서는 균열제어의 목적으로 철근을 추가하는 수도 있다.

예제 6-5. 자중 외에 추가 사하중(고정하중) 5 kN/m, 활하중 15.5 kN/m를 받는 포스트텐션 방식의 단순보를 설계하려고 한다. 지간은 24.4 m이고, 단면은 그림 6-17 (b)와 같은 T형으로 가정한다. 긴장재는 $f_{pu}=1750$ MPa, $f_{py}=1500$ MPa의 7연선을 사용한다. 콘크리트의 설계기준 강도는 $f_{ck}=35$ MPa이다. 강도 설계법에 따라 설계하되 사용하중 하에서 처짐이 일어나지 않는 것으로 보고 설계한다.

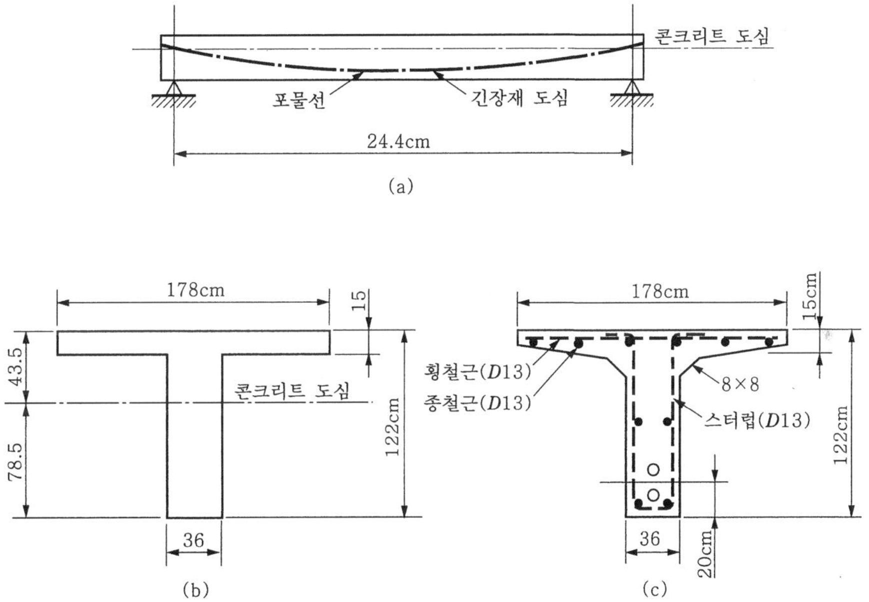

그림 6-17

풀이 보의 높이를 $h=122$ cm, 플랜지 폭은 178 cm, 플랜지의 평균 두께는 15 cm로 가정하고, 덕트, 긴장재의 정착, 사인장 철근의 배치 등을 고려하여 복부의 폭은 36 cm로 한다. 그림 6-17 (b)에 나타낸 이러한 가정단면의 제계수는 다음과 같다.

$$A_c=6522\text{ cm}^2,\qquad y_1=43.5\text{ cm},\qquad y_2=78.5\text{ cm}$$
$$I_c=9,593,000\text{ cm}^4,\qquad r_c^2=1471\text{ cm}^2$$

$Z_1 = 220,529\ \text{cm}^3$, $Z_2 = 122,204\ \text{cm}^3$

1) 하중에 의한 휨모멘트는(보의 자중은 $w_{d1} = 25 \times 0.6522 = 16.3\ \text{kN/m}$)

$$M_{d1} = \frac{1}{8} \times 16.3 \times 24.4^2 = 1213\ \text{kN·m}$$

$$M_{d2} = \frac{1}{8} \times 5 \times 24.4^2 = 372\ \text{kN·m}$$

$$M_l = \frac{1}{8} \times 15.5 \times 24.4^2 = 1154\ \text{kN·m}$$

따라서 소요 휨강도(계수 모멘트)는〔표 5-3 참조〕

$$M_u = 1.2(1213 + 372) + 1.6 \times 1154 = 3748\ \text{kN·m}$$

공칭 휨강도는

$$M_n = \frac{M_u}{\phi} = \frac{3748}{0.85} = 4410\ \text{kN·m}$$

2) 계수하중 하에서 내력(內力) 모멘트의 팔 길이를 긴장재 도심과 압축 플랜지 중심 사이의 거리와 같다고 가정한다. 2개의 긴장재(케이블)가 동일 연직면 내에 배치될 것을 가상하고, 적당한 간격과 피복두께를 고려하여 지간중앙에서의 긴장재 도심이 부재하면으로부터 20 cm에 위치한다고 본다. 그러면 내력의 팔 길이는 $z = 122 - 20 - \frac{15}{2} = 94.5$ cm = 945 mm이다.

따라서 필요로 하는 PS 강재 단면적의 시험적인 값은 식 (6·25)로부터

$$A_p = \frac{M_n}{0.9 f_{pu} \cdot z} = \frac{4410 \times 10^3 \times 10^3}{0.9 \times 1750 \times 945} = 2963\ \text{mm}^2$$

공칭 지름 15.2 mm(단면적 138.7 mm²)의 PS 강연선 12개를 하나의 긴장재(tendon)로 해서 2개의 긴장재를 배치하기로 하면, 그 단면적은

$$A_p = 138.7 \times 12 \times 2 = 3329\ \text{mm}^2$$

그러면 쉬스의 지름이 8 cm로 되어 앞서 가정한 긴장재의 배치는 만족된다. 긴장재는 포물선으로 배치하되 지점에서의 편심은 0으로 하고, 프리스트레싱 후에 그라우팅을 실시한다.

3) 압축을 받아야 할 콘크리트 면적은 식 (6·26)으로부터

$$A_c' = \frac{M_n}{0.85 f_{ck} \cdot z} = \frac{4410 \times 10^3 \times 10^3}{0.85 \times 35 \times 945} = 156,900\ \text{mm}^2$$

플랜지의 폭 178 cm가 유효하다고 보고, 계수하중 하에서의 응력 사각형의 깊이 a를 계산하면

$$a = \frac{156,900}{1780} = 88\ \text{mm}$$

따라서 내력의 팔 길이는 다음과 같이 수정된다.

$$z = 1220 - 200 - \frac{88}{2} = 976 \text{ mm}$$

가정한 z값보다 약간 큰 값이 되어 A_p가 약간 감소되겠지만, 실용상으로는 큰 차가 없다.

PS 강재비는

$$\rho_p = \frac{A_p}{bd_p} = \frac{3329}{1780(1220-200)} = 0.00183$$

$f_{py}/f_{pu} = 1500/1750 = 0.857 > 0.85$이므로 $\gamma_p = 0.40$이고, $f_{ck} = 35$ MPa에 대하여 $\beta_1 = 0.80$이며, 인장철근이나 압축철근이 배치되어 있지 않으므로 f_{ps}는 식 (5・22)로부터

$$f_{ps} = f_{pu}\left(1 - \frac{\gamma_p}{\beta_1} \cdot \rho_p \cdot \frac{f_{pu}}{f_{ck}}\right)$$

$$= 1750\left(1 - \frac{0.40}{0.80} \times 0.00183 \times \frac{1750}{35}\right) = 1670 \text{ MPa}$$

이 값과 PS 강재 단면적을 구하기 위하여 가정했던 $0.9 f_{pu}$(=1575 MPa)와의 차이는 6%에 불과하다. 그러므로 수정하지 않는다.

4) 전체 사하중 21.3 kN/m와 포물선으로 배치된 긴장재의 상향력(上向力)과 비기도록 하는 하중평형의 방법으로 PS 강재의 인장력을 구한다. 지간중앙에서 긴장재의 새그(sag) h는 $h = 122 - 43.5 - 20 = 58.5$ cm $= 585$ mm이므로, 식 (1・11)로부터

$$P_e = \frac{ul^2}{8h} = \frac{(w_{d1} + w_{d2})l^2}{8h} = \frac{(16.3+5) \times 24.4^2}{8 \times 0.585} = 2710 \text{ kN}$$

프리스트레스의 손실을 15%로 보면

$$P_i = \frac{P_e}{R} = \frac{2710}{0.85} = 3188 \text{ kN}$$

따라서 PS 강재의 초기응력은

$$f_{pi} = \frac{P_i}{A_p} = \frac{3188 \times 10^3}{3329} = 960 \text{ MPa}$$

프리스트레스 도입 직후의 PS 강재의 허용 인장응력은 표 5-2로부터

$$0.82 f_{py} = 0.82 \times 1500 = 1230 \text{ MPa} > f_{pi}$$

즉, 도입 직후의 PS 강재의 인장응력은 허용응력을 넘지 않는다.

5) 프리스트레싱하기 전에 발생할지 모를 균열의 제어를 위하여 종방향 철근을 배치한다. 종방향 철근량은 콘크리트 총 단면적의 0.0018배 정도이므로

$$A_t = 0.0018 \times 6522 = 11.74 \text{ cm}^2$$

이에 대하여 $D13$의 철근 10개를 사용하기로 하고, 그림 6-17 (c)와 같이 배치한다. 종방향 철근은 휨균열의 제어와 분포에 있어서 그라우트된 긴장재를 돕는다.

6) 다음에 콘크리트 응력을 검사해 보자.

P_i에 의한 응력

$$f_t = \frac{P_i}{A_c}\left(1 - \frac{e_p}{r_c^2}y_1\right) = \frac{3188\times10^3}{6522\times10^2}\left(1 - \frac{585}{1471\times10^2}\times435\right) = -3.6\text{ MPa(인장)}$$

$$f_b = \frac{P_i}{A_c}\left(1 + \frac{e_p}{r_c^2}y_2\right) = \frac{3188\times10^3}{6522\times10^2}\left(1 + \frac{585}{1471\times10^2}\times785\right) = 20.0\text{ MPa(압축)}$$

P_e에 의한 응력

$$f_t = (-3.6)\times0.85 = -3.0\text{ MPa}$$

$$f_b = 20.0\times0.85 = 17.0\text{ MPa}$$

M_{d1}에 의한 휨응력

$$f_t = \frac{M_{d1}}{Z_1} = \frac{1213\times10^3\times10^3}{220,529\times10^3} = 5.5\text{ MPa}$$

$$f_b = -\frac{M_{d1}}{Z_2} = -\frac{1213\times10^3\times10^3}{122,204\times10^3} = -9.9\text{ MPa}$$

$(M_{d2}+M_l)$에 의한 휨응력

$$f_t = \frac{M_{d2}+M_l}{Z_1} = \frac{372\times10^3\times10^3 + 1154\times10^3\times10^3}{220,529\times10^3} = 6.9\text{ MPa}$$

$$f_b = -\frac{M_{d2}+M_l}{Z_2} = -\frac{372\times10^3\times10^3 + 1154\times10^3\times10^3}{122,204\times10^3} = -12.5\text{ MPa}$$

따라서 초기 하중단계, 즉 프리스트레스 도입 직후의 보의 중앙단면의 응력은 다음과 같다[식 (5·2) 참조].

$$f_t = -3.6 + 5.5 = 1.9\text{ MPa(압축)}$$

$$f_b = 20.0 - 9.9 = 10.1\text{ MPa(압축)}$$

전 사용하중이 작용할 때의 응력은 다음과 같다[식 (5·3) 참조].

$$f_t = -3.0 + 5.5 + 6.9 = 9.4\text{ MPa(압축)}$$

$$f_b = 17.0 - 9.9 - 12.5 = -5.4\text{ MPa(인장)}$$

그런데 사용하중 하에서 콘크리트의 허용 휨인장 응력은[5.4.2 항의 참고 ① 참조]

$$0.5\sqrt{f_{ck}} = 0.5\sqrt{35} = (-)3.0\text{ MPa}$$

즉, 부재하면의 인장응력이 허용 인장응력을 초과하고 있다. 5장의 5.4.2 항의 참고 ②의 조건이 만족된다면 허용 인장응력은 다음과 같이 되어, 부재하면의 인장응력이 허용응력 안에 있게 된다.

$$1.0\sqrt{f_{ck}} = 1.0\sqrt{35} = (-)6\ \mathrm{MPa}$$

부재하면(部材下面)의 콘크리트 응력이 허용 인장응력을 초과할 경우라도 실제 사용에 손상을 가져오지 않는다는 것이 시험이나 해석에 의하여 확인될 때에는 허용응력을 초과해도 좋다. 이 예제에 있어서는 소요의 강도를 가지고 있고, 또 파샬 프리스트레싱에 의한 처짐의 제어를 통하여 허용응력 설계법에 의한 것보다 개선된 설계로 된다.

6.6.2 하중평형에 의한 파샬 프리스트레스 보의 휨설계

이 방법은 총사하중(고정하중)과 평형될 수 있도록 프리스트레스 힘과 편심을 먼저 선정한다. 긴장재는 허용 인장응력을 다 발휘하는 것으로 보고 긴장재 단면적을 구한다.

계수하중(factored load)하에서 필요한 휨강도를 발휘시키기 위하여 요구되는 인장력은 PS 강재 단독으로 발휘할 수 있는 인장력보다 일반적으로 크다. 그래서 추가로 철근을 배치하게 된다. 철근은 극한하중(ultimate load) 상태에서 항복강도를 발휘한다.

이 방법에 의한 파샬 프리스트레스 보의 설계수순은 다음과 같다.

① 지간 대 보 높이의 비(l/h) 또는 설계경험에 의하여 보의 높이를 가정한다. 상부 플랜지의 치수는 기능상의 요구 또는 기타를 고려하여 정한다.

② 복부의 폭은 전단강도 또는 긴장재와 스터럽의 피복두께를 고려하여 정한다.

③ 프리스트레스 힘의 크기는 생각하는 하중에 대하여 요구되는 처짐이 일어나도록 정해야 한다. 프리스트레스 힘과 총사하중이 작용하는 상태에서의 처짐이 0이 되도록 하는 것이 보통이다. 긴장재의 허용응력을 사용하여 긴장재 단면적 A_p를 계산한다.

④ 계수하중(factored load)을 사용하여 소요 휨강도(required flexural strength) M_u를 계산한다. 그러면 공칭 휨강도(nominal flexural strength)는 $M_n = M_u/\phi$로부터 얻어진다.

⑤ 소요 모멘트(reguired moment)하에서 요구되는 총인장력을 계산한다. 이 인장력은 긴장재 단면적 A_p와 추가로 배근되는 철근 단면적 A_s가 공동으로 부담한다. 예비계산에 있어서 PS 강재는 $0.9f_{pu}$를, 철근은 f_y를 발휘한다고 가정한다.

⑥ 보의 휨강도를 검사하고, 필요하면 설계를 수정한다.

⑦ 사용하중 하에서 콘크리트 응력을 검사한다. 콘크리트의 인장응력이 휨인장 응력(파괴계수)을 초과하면, 6.7 절의 방법으로 균열 폭을 검사해 보아야 한다.

이 방법은 프리스트레스 된 인장강재(prestressed tensile reinforcement)와 프리스트레스 되지 않은 인장강재(non-prestressed tensile reinforcement)를 조합한 설계로 귀착된다. 초기단계에서 긴장재가 허용응력을 다 발휘한다고 보고 계산하기 때문에 PS 강재량이 감소된다. 그래서 이 방법은 강도와 사용성까지 만족시키는 보다 경제적인 설계로 된다.

예제 6-6. 그림 6-17(예제 6-5)의 보를 하중평형의 방법으로 설계하라. 극한하중(ultimate load)하에서 총인장력은 프리스트레스 된 강재와 프리스트레스 되지 않은 강재가 공동으로 부담하도록 한다. 그 밖의 설계조건은 예제 6-5와 동일하다.

풀이 단면은 그림 6-17 (b)를 그대로 채택해 보자.

보의 자중과 추가 사하중의 합계와 비기는 데 필요한 유효 프리스트레스 힘은 식 (1·11)로부터

$$P_e = \frac{ul^2}{8h} = \frac{(w_{d1} + w_{d2})l^2}{8h} = \frac{(16.3+5)\times 24.4^2}{8\times 0.585} = 2710 \text{ kN}$$

따라서 초기 프리스트레스 힘은

$$P_i = \frac{P_e}{R} = \frac{2710}{0.85} = 3188 \text{ kN}$$

앞의 예제의 경우와 같이 $f_{pu}=1750$ MPa, $f_{py}=1500$ MPa인 PS 강연선을 사용한다면, 프리스트레스 도입 직후의 긴장재의 허용 인장응력은 $f_{pi}=1230$ MPa이다. 따라서 PS 강연선의 필요한 단면적은

$$A_p = \frac{P_i}{f_{pi}} = \frac{3188\times 10^3}{1230} = 2592 \text{ mm}^2$$

7연선 15.2 mm[부록 표 B-2 참조] 10개를 하나의 긴장재로 하여 2개의 긴장재를 배치한다면 그 단면적은

$$A_p = 138.7\times 10\times 2 = 2774 \text{ mm}^2$$

긴장재의 유효 깊이 d_p와 인장철근의 유효 깊이 d를 같다고 보면

$$d_p = d = 122 - 20 = 102 \text{ cm} = 1020 \text{mm}$$

내력(內力) 모멘트의 팔 길이를 강재도심에서 압축 플랜지의 두께중심까지로 보면

$$z = 102 - \frac{15}{2} = 94.5 \text{ cm} = 945 \text{mm}$$

보의 공칭 휨강도는 예제 6-5로부터 M_n=4410 kN·m이므로, 필요한 총인장력은 다음과 같이 된다.

$$T=\frac{M_n}{z}=\frac{4410\times10^3\times10^3}{945}=5,203,800\ \text{N}$$

긴장재의 인장응력을

$$0.9f_{pu}=0.9\times1750=1575\ \text{MPa}$$

로 보고, 인장철근의 항복강도를 f_y=400 MPa로 보면, 프리스트레스 되지 않은 강재(non-prestressed reinforcement)의 단면적은 다음 관계로부터 얻을 수 있다.

$$A_p\times0.9f_{pu}+A_sf_y=T$$

즉,

$$2774\times1575+A_s\times400=5,203,800$$

$$\therefore A_s=2087\ \text{mm}^2$$

D32의 철근을 3개 배치한다면, 그 단면적은

$$A_s=7.942\times3=23.82\ \text{cm}^2=2382\ \text{mm}^2$$

PS 강재비는

$$\rho_p=\frac{A_p}{bd_p}=\frac{2774}{1780\times1020}=0.00153$$

인장 철근비는

$$\rho=\frac{A_s}{bd}=\frac{2382}{1780\times1020}=0.00131$$

인장철근의 강재지수는

$$\omega=\rho\frac{f_y}{f_{ck}}=0.00131\times\frac{400}{35}=0.0150$$

또, γ_p=0.40, β_1=0.80이므로 f_{ps}는 식 (5·21)로부터 다음과 같이 된다.

$$f_{ps}=f_{pu}\left[1-\frac{\gamma_p}{\beta_1}\left\{\rho_p\frac{f_{pu}}{f_{ck}}+\frac{d}{d_p}(\omega-\omega')\right\}\right]$$

$$=1750\left[1-\frac{0.40}{0.80}\left\{0.00153\times\frac{1750}{35}+\frac{1020}{1020}(0.0150-0)\right\}\right]=1660\ \text{MPa}$$

콘크리트의 응력 사각형의 깊이 a는 식 (5·28)로부터

$$a=\frac{A_pf_{ps}+A_sf_y}{0.85f_{ck}b}=\frac{2774\times1660+2382\times400}{0.85\times35\times1780}=105\ \text{mm}$$

인장철근의 유효 깊이를 $d=d_p$=1020 mm로 볼 때, 단면의 공칭 휨강도는

$$M_n = (A_p f_{ps} + A_s f_y)\left(d - \frac{a}{2}\right)$$
$$= (2774 \times 1660 + 2382 \times 400)\left(1020 - \frac{105}{2}\right)$$
$$= 5374 \times 10^6\ \mathrm{N \cdot mm} = 5374\ \mathrm{kN \cdot m}$$

이 값은 요구되는 공칭 휨강도 4410 kN·m〔예제 6-5 참조〕보다 약 22% 정도 크다. 그 이유는 긴장재 응력(f_{ps}=1660 MPa)이 예비설계에서 가정한 값(0.9 f_{pu}=1575 MPa)보다 크고 내력(內力) 모멘트의 팔 길이도 약간 크게 가정된 것 등의 조합된 영향 때문이다. 그러므로 f_{ps}=1660 MPa를 사용하고, 또 정확한 z를 사용하여 다시 계산하면 설계는 많이 개선될 것이다.

초기단계 및 사용하중 단계에서의 콘크리트 응력은 앞의 예제 6-5에서 계산된 값과 같다. 그 이유는 앞의 예제보다 PS 강재량 A_p는 적지만 보다 높은 응력으로 사용되어, 결국은 프리스트레스 힘과 편심이 앞의 예제의 경우와 같기 때문이다.

참고 동일한 지름의 PS 강연선이 예제 6-5에서는 24개가 필요한 데 대하여 이 예제에서는 20개가 소요되었다. 이것은 필요한 휨강도를 얻는 데 소요되는 긴장재의 증가 대신에 철근을 배치함으로써 그만큼 긴장재가 절약된 것이다. 그러므로 이 설계방법이 보다 경제적이라고 할 수 있다.

6.7 휨균열의 제어

사용하중 하에서 PSC 부재에 일어나는 휨 인장응력을 허용 휨 인장응력까지 제한하거나 아니면 휨 인장응력을 일어나지 않도록 해야 한다. 그러나 최근에는 보통의 사용상태에서 인장균열을 허용하는 파샬 프리스트레싱을 채택하는 경향이 있다. 파샬 프리스트레싱으로 설계되는 부재에 있어서는 균열에 대하여 특별한 주의가 필요하다. 폭이 큰 균열은 긴장재를 부식시킬 우려가 있기 때문이다.

균열 폭에 관계되는 요인들을 열거하면 다음과 같다.

① 인장강재의 표면상태
② 콘크리트 단면에 있어서 강재의 분포
③ 강재의 피복두께
④ 총 강재 단면적과 콘크리트 단면적의 비
⑤ 하중에 의한 강재응력의 증가
⑥ 콘크리트의 인장응력

⑦ 부재의 치수와 형상

균열의 조절은 이상의 모든 요소들이 반영된 방법으로 이루어져야 하겠지만, 현재로서는 아직 그러한 방법이 없다. 종래는 균열의 제어를 다음 방법 중의 하나로 해왔었다. 하나는 콘크리트에 일어나는 인장응력을 제한하는 방법이고, 다른 하나는 계산으로 얻어지는 최대 균열 폭을 허용 균열 폭 이하로 제한하는 방법이다.

6.7.1 균열제어를 위한 설계기준의 규정

2007년 개정된 설계기준에서는 종전의 설계기준(2003)에 주고 있었던 규정, 즉 균열 폭을 계산하여 허용 균열 폭과 비교하는 방법 대신에, 철근을 인장영역에 고르게 분산 배치함으로서 균열을 제어하는 방법을 채택하고 있다. 즉 인장철근의 간격을 제한함으로서 균열을 제어하자는 것이다.

[1] 피로상태나 부식환경에 노출되지 않은 완전균열 단면의 휨부재

이러한 프리스트레스트 콘크리트 휨부재에 있어서, 인장연단에 가장 가까이 배치되는 부착된 보강강재의 중심 간격은 다음 두 식으로 계산되는 값 중에서 작은 값 이하라야 한다.

$$s = 375\left(\frac{210}{f_s}\right) - 2.5\,c_c \qquad (6 \cdot 27\,\text{a})$$

$$s = 300\left(\frac{210}{f_s}\right) \qquad (6 \cdot 27\,\text{b})$$

여기서 s : 보강강재의 중심간격(mm)

c_c : 인장강재의 피복두께 즉 인장철근 또는 긴장재의 표면과 인장연단 사이의 최소 두께(mm)

f_s : 인장강재의 응력 즉 사용하중으로 계산한, 인장연단에 가장 가까이 위치한 강재의 응력(MPa)(근사 값으로 $f_s = \frac{2}{3} f_y$를 사용할 수 있다.)

[2] 피로상태나 부식환경에 노출되어 있는 구조물

이러한 PSC 구조물에 대해서는 다음에 따라야 한다.

① 비긴장 보강재(nonprestressed reinforcement)의 간격은 식 (6 · 27 a) 및 식 (6 · 27 b)로 계산되는 값 중에서 작은 값 이하라야 한다.

② 부착 긴장재(bonded tendon)의 간격은 비긴장 보강재에 대한 최대 허용간격의 $\frac{2}{3}$를 초과해서는 안 된다.

③ 식 (6・27 a)와 식 (6・27 b)를 적용할 때, 긴장재에 대해서는 f_s 대신 Δf_{ps}를 사용한다.

여기서 Δf_{ps}는 균열단면 해석을 통한 사용하중 하에서의 긴장재 응력에서 f_{dc}를 뺀 값이다. f_{dc}는 긴장재의 도심 위치에서의 콘크리트 응력이 0이 될 때의 긴장재 응력(decompression stress)이다. f_{dc}를 긴장재의 유효응력 f_{pe}와 동일하게 보아도 좋다.

④ 식 (6・27 a)와 식 (6・27 b)를 적용할 때, Δf_{ps}는 250 MPa 이하라야 한다. Δf_{ps}가 140 MPa 이하인 경우에는 앞의 ①, ② 및 ③의 조항을 적용하지 않는다.

⑤ 두께 h가 900 mm를 초과하는 부재에 있어서는 종방향 **표피철근**(skin reinforcement, 철근 또는 부착 긴장재)을 인장연단으로부터 $\frac{h}{2}$ 되는 위치까지 부재 양쪽측면을 따라 균일하게 배치해야 한다. 이 때 표피철근의 간격 s는 앞의 [1]에 따라 결정해야 하며, c_c는 표피철근의 표면으로부터 콘크리트 측면 표면까지의 최단거리를 취한다.

예제 6-7. 12개의 7연선 12.4 mm(SWPC 7AN, 부록 표 8-2 참조)의 PS강연선으로 프리스트레스가 도입되고, 추가로 4개의 철근 D19가 그림 6-18과 같이 배치된 포스트텐션 PSC 부재의 단면이 있다. D 10이 스터럽으로 사용되었으며, 스터럽 표면으로부터 인장연단까지의 피복두께는 40 mm이고, $f_{ck}=35$ MPa, $f_y=400$ MPa이다. 균열제어를 위한 강재의 간격이 설계기준의 규정을 만족하는가를 검토해보자. 이 단면은 피로상태나 부식 환경에 노출되지 않은 완전균열 단면이다.

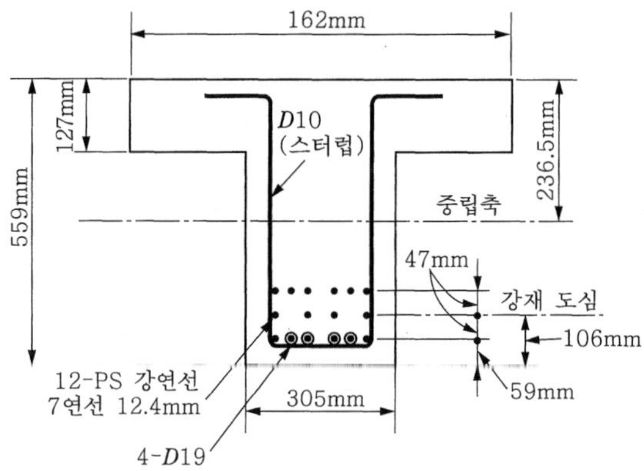

그림 6-18

풀이 인장연단에 가장 가까이 위치한 강재는 4개의 철근 $D19$로 볼 수 있으므로 $f_s = \frac{2}{3}f_y$의 근사 값으로 계산한다.

$$f_s = \frac{2}{3}f_y = \frac{2}{3} \times 400 = 267\,\text{MPa}$$

인장연단으로부터 최외단 철근 $D19$의 표면까지의 거리는

$$c_c = 40(\text{피복두께}) + 9.53(\text{스터럽 } D10\text{의 지름}) = 49.5\,\text{mm}$$

식 (6 · 27 a)로부터

$$s = 375\left(\frac{210}{f_s}\right) - 2.5c_c = 375 \times \frac{210}{267} - 2.5 \times 49.5 = 295\,\text{mm}$$

식 (6 · 27 b)로부터

$$s = 300\left(\frac{210}{f_s}\right) = 300 \times \frac{210}{267} = 236\,\text{mm} < 295\,\text{mm}$$

그림 6-18에서 단면의 측면가까이에 위치한 PS강연선의 중심으로부터 단면의 측면까지의 거리는

$$40(\text{피복두께}) + 9.53(\text{스터럽 } D10\text{의 지름}) + \frac{1}{2} \times 12.4(\text{PS 강연선의 지름의 } \frac{1}{2})$$
$$= 56\,\text{mm}$$

따라서 인장연단에 가장 가까이 배치된 2개의 PS강연선과 4개의 $D19$ 철근의 중심간 거리는

$$(305 - 56 \times 2) \times \frac{1}{5} = 39\,\text{mm} < 236\,\text{mm} \quad (\text{OK})$$

즉 [1]의 조건 즉 설계기준의 규정을 만족하고 있다.

6.7.2 허용 균열 폭

균열로 인한 강재부식은 강재의 피복두께, 강재의 종류, 부재가 놓이는 환경조건 등에 크게 영향을 받는다. 설계기준 부록 Ⅴ(균열의 검증)에서는 구조물이 놓이는 환경을 건조 환경(옥내의 경우), 습윤 환경(일반 옥외의 경우), 부식성 환경(건습의 반복이 많은 경우), 고(高) 부식성 환경(강재부식에 현저한 해를 주는 환경)의 네 가지 조건으로 구분하고, 허용 균열 폭을 표 6-3 (a)와 같이 주고 있다. 표 6-3 (b)는 수처리 구조물의 허용 균열 폭이다.

표 6-3 (a) 허용 균열 폭(mm)(콘크리트 구조 설계기준, 부록 V)

강재의 종류	강재의 부식에 대한 환경조건			
	건 조 환 경	습 윤 환 경	부식성 환경	고부식성 환경
이형철근	0.4 mm와 0.006t_c 중 큰 값	0.3 mm와 0.005t_c 중 큰 값	0.3 mm와 0.004t_c 중 큰 값	0.3 mm와 0.0035t_c 중 큰 값
PS 강재	0.2 mm와 0.005t_c 중 큰 값	0.2 mm와 0.004t_c 중 큰 값	–	–

[주] t_c : 최외단 철근의 표면과 콘크리트 표면 사이의 최소 피복두께(mm)

표 6-3 (b) 수처리 구조물의 허용 균열 폭(콘크리트 구조 설계기준, 부록 V)

	휨 인장균열	전단면 인장균열
오염되지 않은 물[1)]	0.25 mm	0.20 mm
오염된 액체[2)]	0.20 mm	0.15 mm

[주] 1) 음용수(상수도) 시설 물
2) 오염이 매우 심한 경우 발주처 또는 건축주와 협의하여 결정

표 6-3 (a)에서 부식성 환경 및 고부식성 환경에 대하여 PS 강재에 대한 허용 균열 폭을 규정하지 않은 것은, 프리스트레스에 의하여 휨균열 발생의 제어가 가능하고, 또 PS 강재의 부식에 대해서는 특별한 배려가 필요하기 때문이다. 그러므로 이러한 환경에 놓이는 PSC 부재는 균열발생을 허용하지 않는 설계로 하는 것이 바람직하다. 건조 환경 및 습윤 환경 하에서 PS 강재에 대한 허용 균열 폭을 둔 것은, 일시적 또는 제한적으로 인장응력을 허용하는 경우에 적용하기 위한 것이다.

6.8 전달 길이와 정착 길이

6.8.1 부착응력

PSC 보에는 PS 강재가 콘크리트 속에서 미끄러지려는 어떤 힘이 있다. 이 힘이 강재와 콘크리트 사이에 부착응력과 전단응력을 일으킨다. 미끄러지려는 경향은 두 재료 사이의 부착력, 마찰력 및 기계적 결합력에 의하여 저항된다. 부착응력에는 휨부착응력(flexural bond stress)과 전달부착 응력(transfer bond stress)의 두 종류가

있다.

휨 부착응력은 서로 이웃한 단면에서의 휨모멘트의 차로 인한 긴장재의 인장력의 변화 때문에 일어난다. 휨 부착응력은 휨모멘트의 변화에 비례하며, 따라서 그 성질은 RC 부재의 경우와 거의 같다. 휨 부착응력은 균열발생 전에는 매우 작지만, 균열발생 후에는 균열 전보다 훨씬 크다. PSC 보의 설계에 있어서 휨 부착응력은 고려할 필요가 없다. 국부적인 부착파괴가 일어나더라도 긴장재의 단부정착이 유지되는 동안은 전반적인 파괴는 일어나지 않기 때문이다.

6.8.2 전달 길이와 정착 길이

프리텐션 부재에서는 PS 강재와 콘크리트 사이의 부착에 의하여 프리스트레스가 도입된다. 그러므로 프리스트레스 도입 직후의 프리텐션 부재의 단부는 그림 6-19와 같이 된다. 즉, 부재단에 가까운 PS 강재는 어느 길이만큼 미끄러져 들어간 후에 정착된다. 미끄러진 부분은 PS 강재의 인장력이 감소하여 활동(滑動)하지 않은 부분의 프리스트레스보다 작다.

다시 말해서 그림 6-19의 A 단면에서의 PS 강재의 응력은 0이고, 어느 거리 l_t 만큼 안쪽으로 들어간 단면 B에 이르러 비로소 전량(全量)의 프리스트레스가 작용하게 된다. 이와 같이 부재단으로부터 소정의 프리스트레스가 도입된 단면까지의 거리를 **전달 길이**(transfer length) 또는 **도입길이**라고 한다. 다시 말해서 프리스트레스 힘을 부착에 의해 PS 강재로부터 콘크리트에 전달하는 데 필요로 하는 길이를 말한다. 전달 길이 이내에서 PS 강재의 인장응력은 그림 6-20에 보인 바와 같이 0으로부터 유효 프리스트레스까지 점진적으로 증가한다. 전달 길이 구간에서의 PS 강재 지름의 증가는 그 반지름 방향으로 콘크리트에 압축력을 주게 된다. 이 압축력에 의한 마찰력이 콘크리트에 프리스트레스를 도입해 준다. 즉, 전달 길이 내의 PS 강재는 일종의 쐐기작용을 하고 있는 것이다.

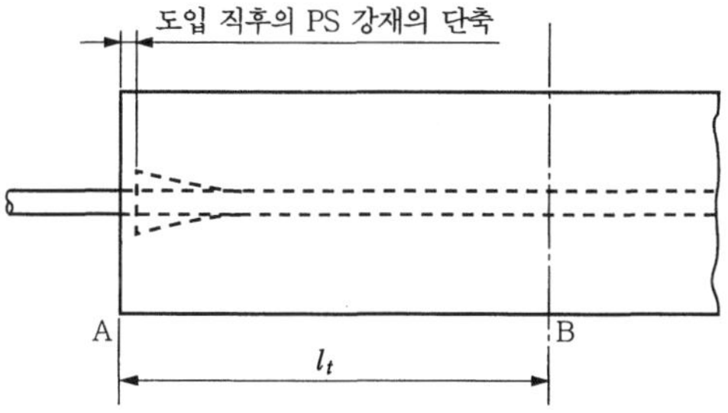

그림 6-19 프리텐션 부재 단부에서의 전달 길이

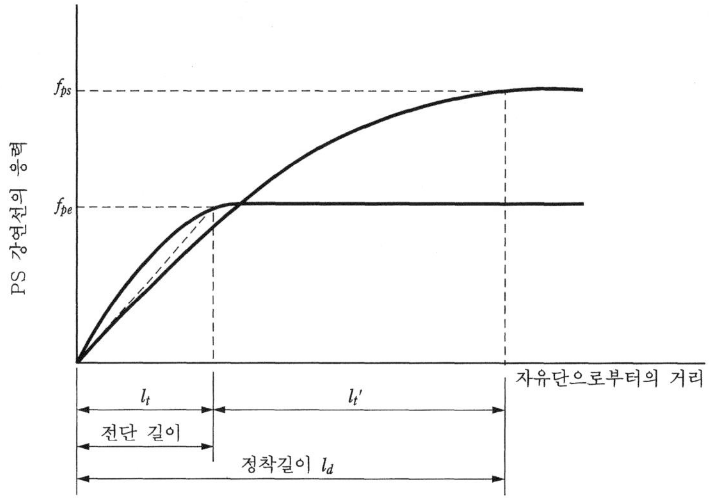

그림 6-20 프리텐션 강연선의 전달 길이와 정착 길이

전달 길이 구간에서 PS 강재와 콘크리트 사이에 작용하고 있는 부착응력을 전달부착응력이라고 하며 휨부착 응력과는 근본적으로 다르다.

전달 길이는 PS 강재의 인장력의 대소(大小), PS 강재의 지름, PS 강재의 단면형태(PS 강선이냐, 강연선이냐), PS 강재의 표면상태, 콘크리트의 품질, 재킹 힘의 해제속도 등에 좌우된다. 따라서 전달 길이를 이론적으로 정하기는 어려우며 측정결과를 참고로 하여 정하는 것이 보통이다.

유효 프리스트레스 f_{pe}는 사용하중 하에서는 일정하다. 그러나 초과하중 하에서는 PS 강재의 응력은 그 인장강도 f_{pu}에 가까운 파괴응력 f_{ps}까지 증가될 것이다(그림 6-20). 이와 같이 PS 강재가 그 파괴응력 f_{ps}에 도달하는 데 필요로 하는 부착 길이를 **정착 길이**(development length)라고 한다. 다시 말해서 부착에 의하여 정착력이 강재의 파괴시까지 견디어내는데 필요로 하는 길이를 말한다. 그림 6-20은 PS 강연선으로 된 프리텐션 부재에서 PS 강연선의 정착길이에 따른 강재응력의 변화를 보인 것이다. 이 그림으로부터 정착 길이가 전달 길이 보다 크다는 것을 알 수 있다.

PS 강연선의 시험결과에 따르면 전달 길이 l_t(mm)는 다음과 같다.

$$l_t = 0.145\left(\frac{f_{pe}}{3}\right)d_b \qquad (6 \cdot 28)$$

여기서 f_{pe} : PS 강연선의 유효 프리스트레스(MPa)

d_b : PS 강연선의 공칭 지름(mm)

PS 강연선이 파괴강도 f_{ps}(MPa)에 달하기 위하여 전달 길이를 넘어서 더 추가되어야 할 부착 길이 l_t'(mm)는 다음과 같다.

$$l_t' = 0.145(f_{ps} - f_{pe})\,d_b \qquad ⓐ$$

따라서 PS 강연선의 정착 길이 l_d는 l_t와 l_t'를 합하면 된다. 즉

$$\left.\begin{aligned} l_d &= 0.145\left(\frac{f_{pe}}{3}\right)d_b + 0.145(f_{ps} - f_{pe})\,d_b \\ &= 0.145\left(f_{ps} - \frac{2}{3}f_{pe}\right)d_b \end{aligned}\right\} \qquad (6 \cdot 29)$$

7연선을 사용한 프리텐션 부재에서 그 정착 길이는 위의 식의 값 이상이라야 한다. PS 강연선의 부착이 부재단부까지 연속되지 않고, 또 사용하중에 의한 콘크리트의 인장응력을 허용응력까지 용인할 경우, 그 정착 길이는 식 (6·29)로 계산된 값의 2배를 취해야 한다고 설계기준은 요구하고 있다. 소정의 극한하중에 의한 휨강도를 전달하는 데 필요한 부분인 부재단부 근처의 단면에 대해서만 정착 길이의 검토가 필요하다.

한편 프리텐션 부재의 받침면에서 $h/2$만큼 떨어져 있는 단면으로부터 부재 끝까지의 거리가 전달 길이보다 짧은 경우 및 긴장재 일부의 부착이 부재 끝까지의 연장되어 있지 않은 경우[6.2.5 항 참조]에는 감소된 프리스트레스를 고려하여 7장의 7.6.2 항의 V_c를 계산해야 한다. 즉, 프리스트레스 힘이 긴장재 끝에서 0이고, 긴장재 끝에서 전달 길이만큼 떨어진 단면에서 최대로 되는 직선적인 변화를 한다고 본다. 이 때 전달길이를 강연선은 그 지름의 50배, 단일강선은 그 지름의 100배로 보아도 좋다고 설계기준은 적고 있다.

6.9 포스트텐션 보의 정착구역

구조물의 어느 일부에 하중의 집중이나 단면형상의 갑작스러운 변화가 있을 경우, 그 근처에서 응력상태의 교란이 일어나서 응력피크(stress peak)를 일으킨다. 이러한 국부적인 응력집중을 일으키는 곳이 콘크리트 구조물에는 많으며, 이에 기인한다고 생각되는 균열, 박리(剝離), 국부적 파괴 등이 적지 않게 일어나고 있다. 포스트텐션 보의 정착구역(anchorage zone)이 그러한 경우의 하나이다.

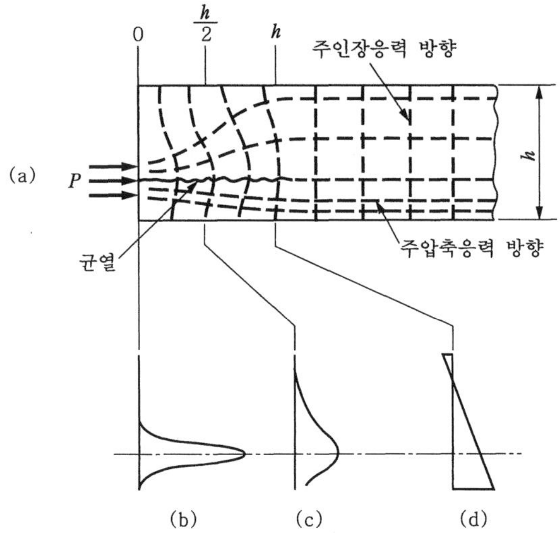

그림 6-21 포스트텐션 보의 단부의 응력

PSC 보에 있어서 프리스트레스 힘 P는 집중하중처럼 작용한다. 기계적 정착장치를 가지는 포스트텐션 보에 있어서는 그림 6-21 (a)에 보인 바와 같이 프리스트레스 힘이 부재 단부면(端部面)에 작용하여, 그림 6-21 (b)와 같은 매우 큰 축방향 압축응력이 정착판에 즉각적으로 일어난다. 부재의 안쪽으로 들어감에 따라 콘크리트 응력의 분포는 그림 6-21 (c)와 같이 되고, 부재단부로부터 안쪽으로 보의 높이 h 만큼 들어간 단면에서는 그림 6-21 (d)와 같이 응력분포가 선형(線形)으로 된다. 그래서 정착구역의 길이를 단면의 높이 h와 같다고 보는 것이다.

그림 6-21 (a)에 보인 바와 같이 압축응력은 이와 직각으로 작용하는 주인장응력을 수반한다. 이 인장응력은 프리스트레스 힘의 작용선을 따라 종방향 균열을 부재 단부에 일어나게 한다.

콘크리트 응력의 형태와 크기는 프리스트레스 힘의 위치와 분포에 따라 변화한다. 그림 6-22는 하나의 예를 보인 것이다. 이 그림은 $\frac{3h}{8}$의 편심으로, $\frac{h}{8}$의 높이에 걸쳐 프리스트레스 힘이 분포하여 작용하는 포스트텐션 보의 단부에서의 응력상태를 보인 것이다. 그림의 음영부분은 인장응력이 작용하는 부분(tensile stress zone)을 나타낸 것이다. 그림의 등응력선(等應力線, contour line)은 수직 인장응력(보의 축에 직각으로 작용하는 인장응력)이 같은 점들을 연결하여 얻어진 것이다. 그림에서 알 수 있는 바와 같이 정착구역 부근의 콘크리트 응력의 분포는 매우 복잡하다. 프리스트레스 힘의 작용방향으로 매우 큰 파열응력(bursting stress)이 단부 안쪽 짧은 거리에 작용하고, 하중면(荷重面) 가까이에는 매우 큰 할렬응력(spalling stress)

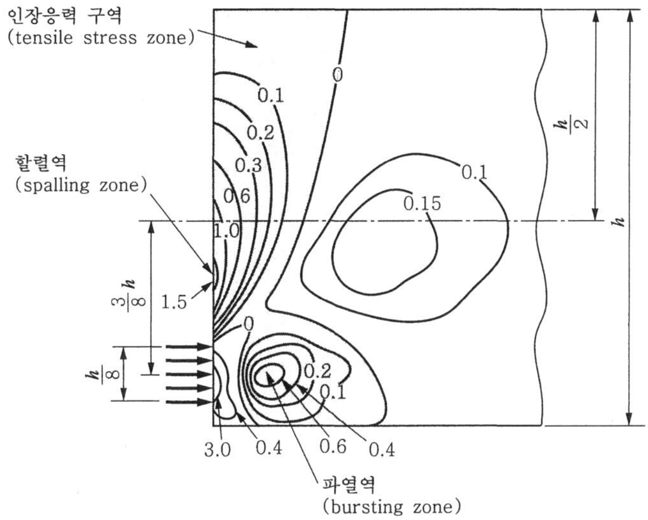

그림 6-22 포스트텐션 정착구역의 응력

이 작용한다.

그래서 정착구역에서는 프리스트레스 힘으로 인한 높은 응력집중 때문에 비교적 낮은 하중상태에서도 콘크리트는 비탄성 거동을 나타내어 단부의 보강철근이 유효하게 작용하기 전에 콘크리트는 균열을 일으킨다.

6.9.1 포스트텐션 보의 정착구역의 보강

포스트텐션 보에서 긴장재를 정착시키는 부재의 단부부분을 단블록(end block)이라고 하며, 프리스트레스는 단블록을 통하여 도입된다. 단블록의 길이는 집중적인 응력상태로부터 탄성이론으로 계산된 이론상의 응력분포로 되는 단면까지의 거리를 말하며, 리드 길이(lead length)라고도 한다. 그림 6-21을 참고하면 단블록의 길이 즉 리드 길이는 단면의 깊이 h와 같으며, 이것은 정착구역(anchorage zone)의 길이와 거의 같다.

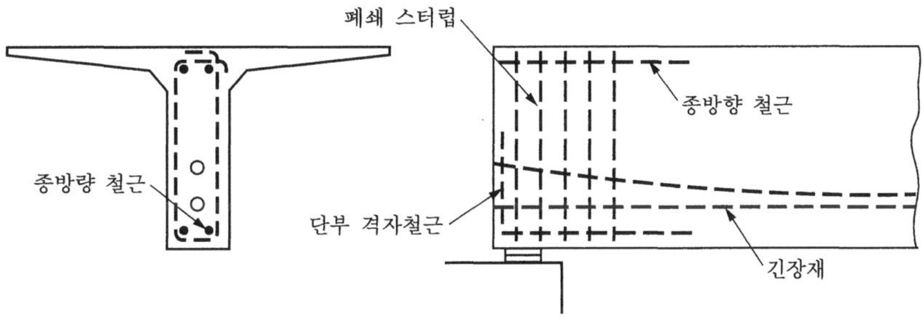

그림 6-23 포스트텐션 보의 정착구역의 보강

단블록 즉 정착구역에서는 파열인장과 할열인장에 대비하여 그림 6-23에 보인바와 같이 폐쇄 스터럽(closed stirrup)을 배치해야 한다. 이 폐쇄 스터럽은 정착을 증진시키기 위하여 단면의 모서리에 배치된 종방향 철근(coner bar)을 둘러 감아야 한다. 이와 같이 정착구역을 보강하기 위하여 배치되는 철근들을 구속철근(confining reinforcement)이라고 한다.

[1] 국소구역과 일반구역

설계기준(2007)에서는 정착구역을 다음과 같이 두 구역으로 구분하고 있다.

① 국소구역(local zone) : 정착장치 및 이와 일체가 되는 구속철근과 이들을 둘러싸고 있는 콘크리트 사각기둥(rectangular prism)을 말한다[그림 6-24 참조]. 원형 또는 계란형의 정착구역의 경우에는 등가의 사각기둥을 말한다.

국소구역의 길이는 구속구역의 최대 폭과 정착장치의 길이 중 큰 값을 취해야 한다.

② 일반구역(general zone) : 국소구역을 포함하는 정착구역을 말한다.

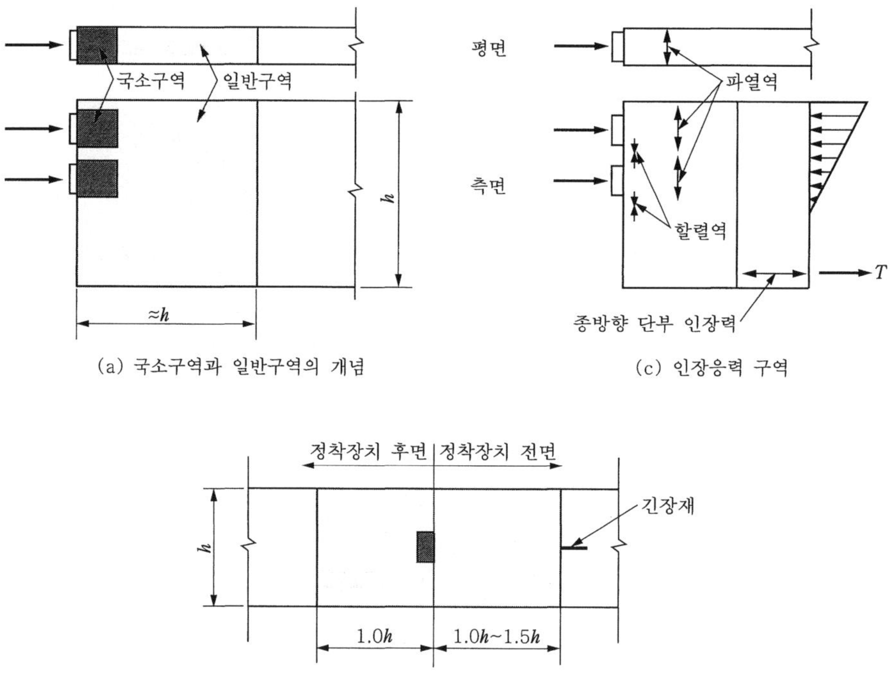

(a) 국소구역과 일반구역의 개념

(c) 인장응력 구역

(b) 부재단분에서 떨어진 위치의 정착장치에 대한 일반구역

그림 6-24 정착구역

[2] 일반구역의 설계방법

일반구역 즉 정착구역의 설계방법에는 다음과 같은 방법들이 있다.

(1) **선형응력 해석**(linear stress analysis) : 이 방법은 선형탄성해석과 함께 유한요소해석을 포함한다. 유한요소법의 적용은 콘크리트 균열에 대한 정확한 모델개발의 어려움에 의해 제약을 받는다.

(2) **평형조건에 근거한 소성모델**(equilibrium based plasticity model, 스트럿－타이 모델) : 스트럿－타이 모델(strut and tie model)과 같은 접근방법으로, 평형의 원리에 따라 프리스트레스 힘을 트러스구조로 이상화함으로서 이루어진다.

(3) **간이 계산법**(simplified equation) : 이 방법은 적용 가능한 근사해법으로서, 불연속부(discontinuity) 없이 직사각형 단면에 적용된다.

[3] 선형응력 해석에 의한 정착구역의 설계

여기서는 선형응력 해석에 의해 정착구역의 보강철근설계를 다루기로 한다.

그림 6-25 (a)는 초기 프리스트레스 힘 P_i가 편심 거리 e_p를 가지고 작용하고 있는 단블록을 보인 것이다. 단부에서 어떤 거리 l만큼 떨어진 단면 2 3에서 비로소 콘크리트의 응력분포는 선형으로 된다. 여기서 l은 단블록의 길이이다. 그림 6-25 (b)는 그림 6-25 (a)의 정착구역 0 1 2 3을 자유물체로 보고, 이 자유 물체도에 작용하는 응력의 관계를 알기 쉽게 나타낸 것이다. 이 때 수평면 1 2에는 균열이 발생될 것이다.

수평력에 의하여 1 2면에는 모멘트와 전단력이 일어날 것이다. 이 때 전단력은 골재의 맞물림에 의하여 견디어내고, 모멘트는 단부 보강철근의 인장력 T와 콘크리트의 압축력 C에 의하여 저항한다. 자유물체도의 높이 c는 균열이 발생하는 곳의 높이이며, 이것은 수평력에 의한 모멘트가 균열발생 위치에서 최대로 될 것이라는 조건으로부터 얻어진다. 모멘트는 보의 바닥으로부터 시작해서 높이의 증분(增分)으로 계산된다. 이 결과가 그림 6-25 (c)에 나타나 있다. 견디어내야 할 최대 모멘트를 알면 T와 C를 계산할 수 있다.

단부보강 스터럽은 부재단부로부터 $h/2$ 이내에 배치되는 것이 보통이므로 T의 작용점은 쉽게 알 수 있고, 또 C의 작용점은 부재단부로부터 h의 거리에 있다고 가정하는 것이 일반적이므로 T와 C의 팔 길이는 쉽게 계산할 수 있다. 따라서 단부보강 스터럽 즉 정착구역 보강 스터럽에 의한 인장력은 다음과 같이 된다.

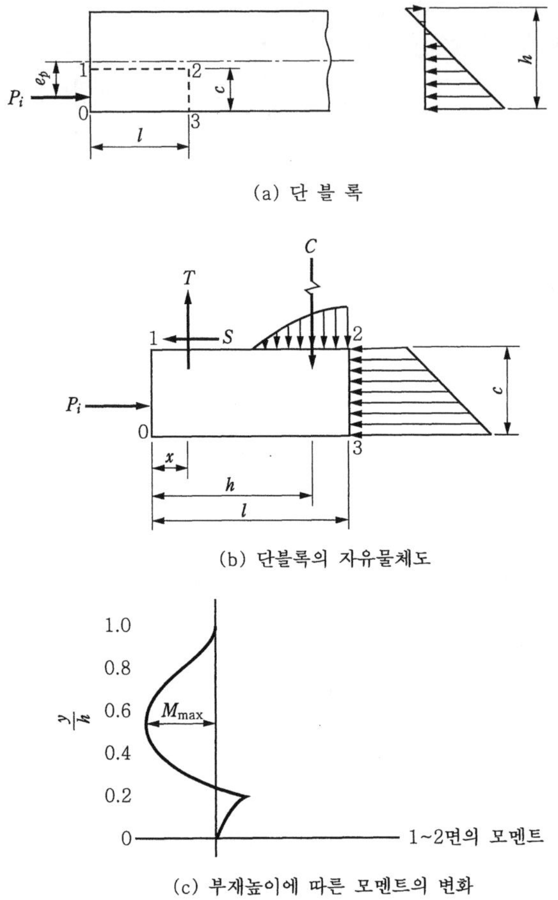

그림 6-25 포스트텐션 보의 단블록의 해석

$$T = \frac{M_{\max}}{h - x} \tag{6·30}$$

여기서 $M_{\max}$은 보강철근이 받아야 할 최대 모멘트이고, x는 $h/2$ 내에 배치된 수직 스터럽의 도심으로부터 부재단까지의 거리이다. 따라서 필요한 보강철근의 양은

$$A_t = \frac{T}{f_{ca}} \tag{6·31}$$

여기서 f_{sa}는 균열조절에 근거한 보강철근의 허용응력으로서 140 MPa 정도이다.

포스트텐션 보의 정착구역에 있어서는 파열 및 할렬구역에서의 수직 인장응력 외에 지압판에서의 축방향 압축력의 집중이 또 하나의 문제이다. 즉, 지압응력이 문제로 된다. 그래서 정착장치의 정착으로 인한 콘크리트의 지압응력(f_b)을 다음의 값을 넘지 않도록 해야 한다.

긴장재 정착 직후

$$f_b = 0.7 f_{ci} \sqrt{\frac{A_b'}{A_b} - 0.2} \leqq 1.1 f_{ci} \tag{6 · 32}$$

프리스트레스 손실 후

$$f_b = 0.5 f_{ck} \sqrt{\frac{A_b'}{A_b}} \leqq 0.9 f_{ck} \tag{6 · 33}$$

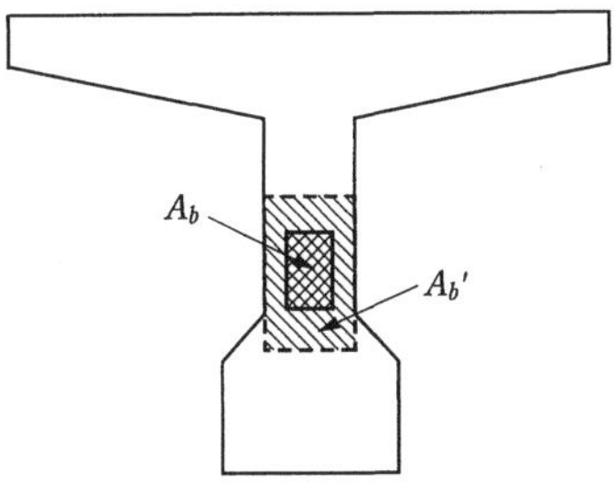

그림 6-26 정착판의 면적

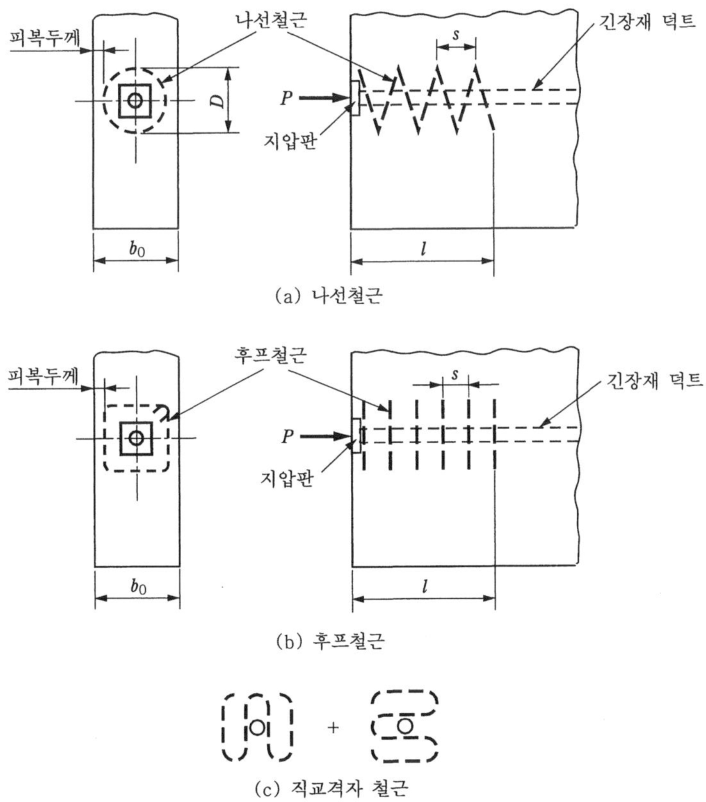

그림 6-27 정착구역의 보강

여기서 f_{ci} : 프리스트레스 도입시의 콘크리트의 압축강도(MPa)

f_{ck} : 콘크리트의 설계기준 강도(MPa)

A_b : 정착판의 면적(mm^2)

A_b' : 정착판의 도심과 동일한 도심을 가지도록 정착판의 닮은꼴을 부재단부에 가장 크게 그렸을 때, 그 도형의 면적(mm^2)[그림 6-26 참조]

지압판의 귀퉁이에서 바깥쪽으로 향하여 할렬균열이 발생하려는 경향이 있고, 또 정착구역에서 복부의 외측면으로 파열될 우려가 있기 때문에 정착판 바로 뒤에는 철근을 추가 배치할 필요가 있다. 이러한 경우에 가장 효율적인 방법은 그림 6-27 (a)와 같이 나선철근을 사용하는 것이다. 나선철근을 사용할 수 없는 경우에는 그림 6-27 (b)와 같이 후프(closed hoop) 철근을 촘촘히 배치하거나 또는 그림 6-27 (c)와 같은 직교 격자철근(orthogonal grid reinforcement)을 사용한다.

예제 6-8. 그림 6-28 (a)와 같은 포스트텐션 보의 단부 보강철근(정착구역 보강철근)을 설계하라. 2개의 긴장재가 그림과 같이 26.7 cm의 편심 거리로 배치되어 있

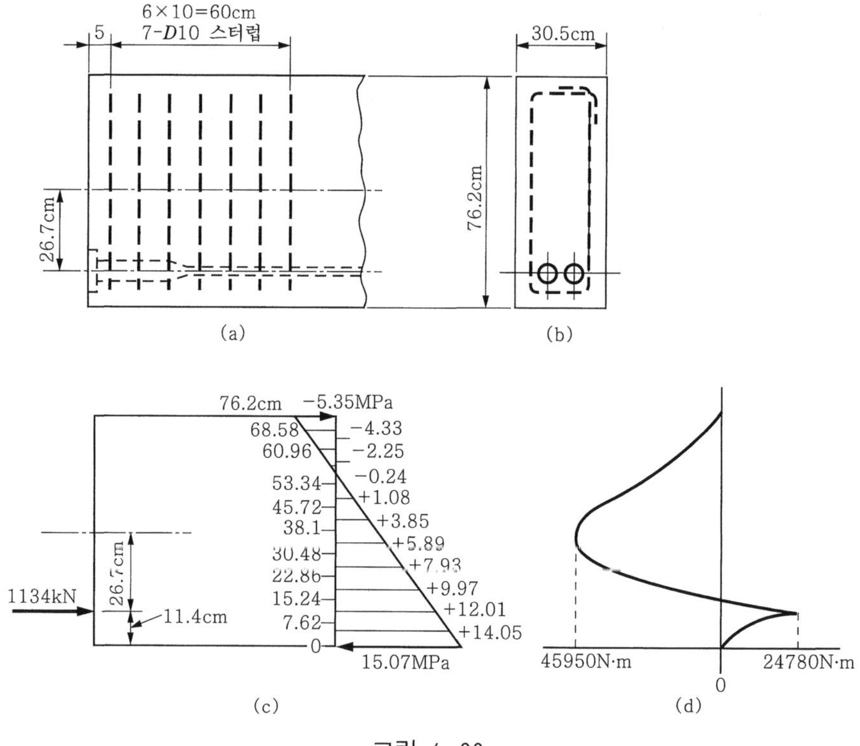

그림 6-28

으며, 초기 프리스트레스 힘은 $P_i=1134$ kN이다. 도입 직후의 콘크리트 응력은 그림 6-28 (c)에 보인 바와 같이 상면(上面)에서 −5.35 MPa(인장응력), 하면(下面)에서 15.07 MPa(압축응력)이다. 단부 보강철근은 그림 6-28 (b)에 보인 바와 같이 폐쇄 수직 스터럽을 사용하기로 한다. 그 허용 인장응력은 140 MPa이다.

풀이 계산의 편의를 위하여 그림 6-28 (c)와 같이 보의 높이를 10등분한다.

등분한 각 부분의 콘크리트의 응력은 그 부분에서 균일하게 작용하는 것으로 가정한다. 그 응력들이 그림 6-28 (c)에 나타나 있다. 이들 응력 및 프리스트레스 힘에 의한 각각의 모멘트가 7.62 cm의 간격으로 계산되어 표 6-4 및 그림 6-28 (d)에 나타나 있다. 보의 하면으로부터 38.1 cm 되는 곳에 부(−)의 최대 모멘트 45,950 N·m가 작용하며, 이것이 보의 단부에 인장을 일으킨다(할렬역).

표 6-4 수평단면의 모멘트

보의 하면으로부터의 거리(cm)	콘크리트 응력의 모멘트(N·m)	프리스트레스 힘의 모멘트(N·m)	순 모멘트 (N·m)
0	0	0	0
7.62	+12,440	0	+12,440
11.4	+24,780	0	+24,780
15.24	+47,960	−43,550	+4,410
22.86	+102,940	−129,960	−27,020
30.48	+173,770	−216,370	−42,600
38.1	+256,830	−302,780	−45,950
45.72	+348,530	−389,190	−40,660
53.34	+445,220	−475,600	−30,380
60.96	+545,080	−562,010	−16,930
68.58	+641,280	−648,420	−7,140
76.2	+731,500	−734,830	−3,330

보의 단부로부터 $h/2$ 내에 있는 보강철근(스터럽)의 도심의 위치를 $x=20$ cm로 가정하면, 지지해야 할 최대 인장력은 식 (6·30)으로부터

$$T=\frac{M_{\max}}{h-x}=\frac{45,950}{0.762-0.2}=81,760\text{ N}$$

따라서 할렬역에서 필요로 하는 보강철근의 양은 식 (6·31)로부터

$$A_t=\frac{T}{f_{sa}}=\frac{81,760}{140}=584\text{ mm}^2$$

이에 대하여 $D10$ 철근을 폐쇄 스터럽으로 하여 4개를 배치한다면, 그 단면적은

$$0.713\times4\times2=5.70\text{ cm}^2=570\text{ mm}^2$$

약간 부족하지만 그대로 사용한다. 첫 번째 스터럽은 보의 단부로부터 5 cm 되는 곳에 배치하고, 나머지 3개의 스터럽은 그림 6-28 (a)와 같이 10 cm 간격으로 배치한다. 그러면 4개의 스터럽이 $h/2$ 내에 배치된 셈이고, 그 도심은 보의 단부로부터 20 cm에 있게 된다.

정(+)의 최대 모멘트 24,780 N·m는 보의 단부로부터 안쪽으로 얼마간 떨어진 프리스트레스 힘의 작용위치(파열역)에 인장을 일으킨다. 그 인장력의 크기는 식 (6·30)으로부터

$$T = \frac{M_{\max}}{h-x} = \frac{24,780}{0.762-0.2} = 44,090\ \text{N}$$

이 인장력에 대하여 D10의 스터럽 3개를 10 cm 간격으로 추가 배치한다. 결국, 7개의 스터럽이 그림 6-28 (a)와 같이 배치된다. 그 배치구간은 보의 높이 h와 거의 같다.

참고 1) 대개의 공법에서는 정착구역의 표준설계가 있어서 충분히 안전하게 설계되고 있으므로, 그 표준설계에 따르면 된다. 따라서 이러한 경우에는 위의 예제와 같은 설계계산이 필요하지 않다. 그러나 새로 개발된 정착장치 또는 사용실적이 없는 새로운 정착장치에 대해서는 상기와 같은 설계계산이나 또는 실험에 의하여 그 성능을 확인해야 한다.

2) 위의 설계계산은 긴장재가 부재단부에 정착될 경우의 예이다. 그러나 포스트텐션 방식에서는 긴장재를 부재의 중간부에서 정착하는 경우도 있다. 이러한 정착구역에서는 긴장재와 직각방향으로 파열응력이 일어나고, 정착구역 바닥의 모서리에 인장응력이 일어나므로 이에 대하여 보강해야 한다.

3) 인장단이 아닌 경우, 그 정착단(碇着端)을 부재의 중간에 묻어 넣는 경우도 있다(이것을 dead anchorage라고 한다). 이 경우에는 정착장치 뒤쪽에도 인장력이 일어나므로 주의해야 한다.

6.9.2 프리텐션 보의 단부보강

프리텐션 보의 단부(端部)에서의 응력상태는 포스트텐션 보에 비하여 덜 가혹하다. 그 까닭은 전달 길이에 따라서 프리스트레스 힘이 점진적으로 도입되기 때문이다. 프리텐션 보는 포스트텐션 보처럼 단블록이 없지만, 파열 및 할렬응력에 대한 보강철근은 배치한다. 포스트텐션 보의 단부 스터럽의 설계방법을 프리텐션 보의 단부에도 그대로 적용할 수 있다. 그러나 Marshall과 Mattock는 다음과 같은 매우 단순한 식을 제안하고 있다.

$$\frac{S}{P} = 0.0106\frac{h}{l_t}$$

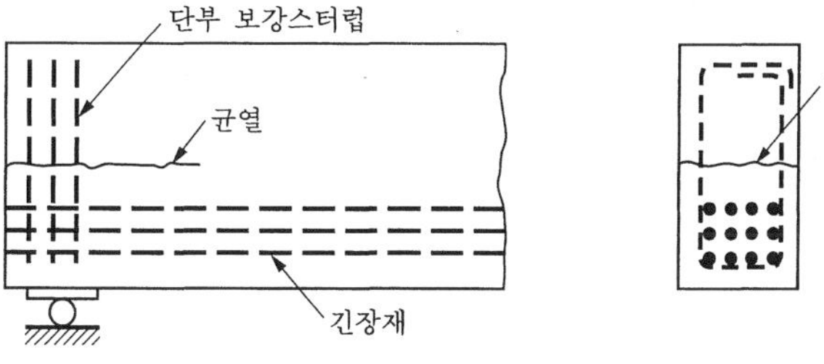

그림 6-29 프리텐션 보의 단부 보강

여기서 S : 보강철근(수직 스터럽)에 작용하는 힘

P : 종방향의 총 프리스트레스 힘

h : 보의 높이

l_t : 전달 길이

스터럽의 응력은 부재단부에서 최대로 되고 균열 끝 근처에서 0으로 될 것이다. 초기 프리스트레스 힘 P_i가 작용할 때의 스터럽의 허용 인장응력을 f_{sa}라고 하면, 스터럽의 평균응력은 $f_{sa}/2$이다. 소요의 스터럽 단면적을 A_t라고 하면 $S=A_t\frac{f_{sa}}{2}$ 이므로, 위의 식으로부터

$$A_t=0.021\frac{P_i}{f_{sa}}\frac{h}{l_t} \quad (6 \cdot 34)$$

위의 식으로 계산된 스터럽을 부재단으로부터 $\frac{h}{5}$ 구간에 균등하게 분산 배치한다. 첫 번째 스터럽은 될 수 있는 대로 부재단부에 접근시켜 배치한다.

6.10 컴퓨터에 의한 자동설계

일찍부터 전자계산기(computer)가 토목공학 분야에도 많이 이용되어 왔다. 그 이용방식도 사람이 손으로 계산하던 것을 기계가 대신하는 형태에서 컴퓨터와 대화하면서 두뇌적으로 이용하는 형태로 바뀌었다. 특히 PC(personal computer)의 발전과 보급은 콘크리트 구조물의 해석과 설계방법을 완전히 바꾸어 놓았다. 이제 구조설계 문제를 다루는 데 있어서 PC는 없어서는 안 될 도구가 되었다.

이제 컴퓨터는 전자계산기라기보다는 정보처리기라고 해야 할 만큼 그 종류와 기능이 다양해졌지만, 결국은 인간이 컴퓨터에 그 수순(algorithm)을 가르쳐 주어야만 하는 것이다. 즉, 기계가 이해할 수 있는 이른바 프로그램 언어(program language)로 우리의 사고(思考)의 순서에 따라 논리적으로 프로그래밍(programing)하여 기계

에 입력(input)해야만 되는 것이다.

현재 토목 구조물의 해석과 설계를 위한 프로그램이 많이 개발되어 있고, 또 나날이 개선되어 가고 있다. 우리나라에서는 SAP 90(Structural Analysis Program)이 많이 보급되어 널리 사용되어 왔고, 그 밖에 SAP 90을 개선 발전시킨 SAP 2000, LUSUS, GT- STRUDL 등의 범용 프로그램이 있고, PSC 구조물의 해석과 설계를 위한 전용 프로그램으로 RM-Space Frame, SFRAME, Tango 등이 있다. 이상의 프로그램은 외국에서 개발된 것들이며, 국내에서 개발된 것으로는 포스코 개발(주)이 개발한 MIDAS(Most Intelligent Design and Analysis System)라는 범용 프로그램이 있다. 이러한 프로그램을 컴퓨터에 입력함으로써 이른바 컴퓨터 시스템을 이용한 자동설계의 수법에 의해 구조물의 설계가 이루어지고 있다.

이 책에서 다룬 예제들은 이해를 돕기 위하여 전부 손으로 계산된 것이지만, 실제 구조물의 설계계산은 컴퓨터에 의한 자동설계로 이루어지고 있기 때문에 여기에 이것을 간단히 언급한 것이다. 컴퓨터에 의한 자동설계도 결국은 구조해석과 설계이론에 대한 정확한 이해가 있어야만 유용하고 효율적임은 물론이다.

연습문제

6.1. 15 cm×50 cm의 단면을 가진 프리텐션 보를 지간 9.10 m의 단순보로 사용하려고 한다. 콘크리트의 설계기준 강도는 $f_{ck}=28$ MPa이고, 프리스트레스 도입시의 강도는 $f_{ci}=21$ MPa이다. 프리스트레스의 유효율은 $R=80\%$로 본다. 다음 것들을 구하라.

1) 추가 사하중 및 활하중 모멘트 $M_{d2}+M_l$이 최대로 되도록 초기 프리스트레스 힘 P_i와 편심 거리 e_p를 정하라.

2) 이 보에 실을 수 있는 최대 등분포 하중을 구하라.

3) 긴장재의 배치를 정하라.

6.2. 4.3 kN/m의 추가 사하중과 14.5 kN/m의 활하중을 받는 프리텐션 보를 설계하려고 한다. 지간 12.20 m의 단순 지지보로서 단면은 직사각형으로 한다. 긴장재는 직선으로 배치하며, 프리스트레스의 감소는 16%로 본다. 콘크리트의 단면치수를 $h=2.5b$로 하고, 프리스트레스 힘 및 편심 거리를 구하라. 콘크리트의 설계기준 강도는 $f_{ck}=34$ MPa이고, 도입시의 강도는 $f_{ci}=27$ MPa이다.

6.3. 15 kN/m의 활하중과 7.5 kN/m의 추가 사하중을 받을 수 있는 포스트텐션 보를 설계하려고 한다. 지간 14 m의 단순지지이고, 단면은 I 형으로 한다. 콘크리트의 설계기준

강도는 $f_{ck}=35\,\text{MPa}$, 프리스트레스 도입시의 강도는 24 MPa이다. 긴장재는 포물선으로 배치하며 프리스트레스의 감소는 15%로 본다. 콘크리트의 단면치수, 프리스트레스 힘의 크기 및 긴장재의 배치를 결정하라.

6.4. 8.8 kN/m의 추가 사하중과 17.6 kN/m의 활하중을 받을 수 있는 프리텐션 보를 설계하려고 한다. 지간 16.8 m의 단순지지이고, 단면은 $b=0.5h$의 I 형을 사용한다. 플랜지 두께는 $t_f=0.2h$이고, 복부 두께는 $b_w=0.4b$로 한다. PS 강재는 $f_{pu}=1.9\,\text{kPa}$의 강연선을 사용한다. 콘크리트의 설계기준 강도는 $f_{ck}=34\,\text{MPa}$이고, 도입시의 강도는 $f_{ci}=21\,\text{MPa}$이며, 프리스트레스의 감소는 20%로 본다. 다음의 것들을 구하라.

1) 긴장재를 직선으로 배치할 경우 콘크리트의 단면치수, 프리스트레스 힘의 크기 및 편심거리를 구하라. PS 강재의 소요 개수 및 지름을 구하고, 그 배치를 단면에 스케치하라.
2) 긴장재를 지간의 3등분점에서 절선상으로 배치할 경우는 어떻게 되겠는가?

제 7 장

전단과 비틀림

7.1 서 론

PSC 보는 휨 이외의 원인에 의한 파괴에 대해서도 안전해야 한다. 그러한 파괴는 휨파괴보다 더 위험할지도 모르며, 또 갑작스럽게 일어날지도 모른다. 사인장 파괴라고 불리는 휨전단 파괴가 그러하다.

보는 축방향으로 비틀림을 받는 수도 있다. 비틀림 전단응력도 콘크리트에 사인장을 일으킨다. 휨 전단해석이나 비틀림 전단해석은 전단응력과는 관계가 없다. 어느 경우이든 전단응력은 콘크리트의 직접전단강도(direct shear strength)보다 훨씬 작은 것이 보통이다. 따라서 전단응력 자체보다도 전단응력으로 인한 사인장 응력(diagonal tension stress)이 문제인 것이다.

직접전단(direct shear)이 문제로 되는 경우도 있다. 예컨대, 프리캐스트 구조에 있어서 보를 지지하기 위한 브래킷(column bracket)의 경우가 그러하다. 이러한 경우에는 전단마찰 이론(shear friction theory)에 의한 설계법이 유용하다.

7.2 전단과 사인장

PSC 보에 작용하는 하중이 비교적 작을 경우에는 균열이 발생하지 않으며, 콘크리트를 탄성체로 볼 수 있다. 그러므로 전단응력, 휨응력 및 주응력에 관한 재료역학의 공식들을 그대로 PSC 보에 적용할 수 있다.

그림 7-1에서 f_x 및 f_y가 압축응력이므로, 주응력(主應力) f_1과 f_2는 다음과 같이 된다.

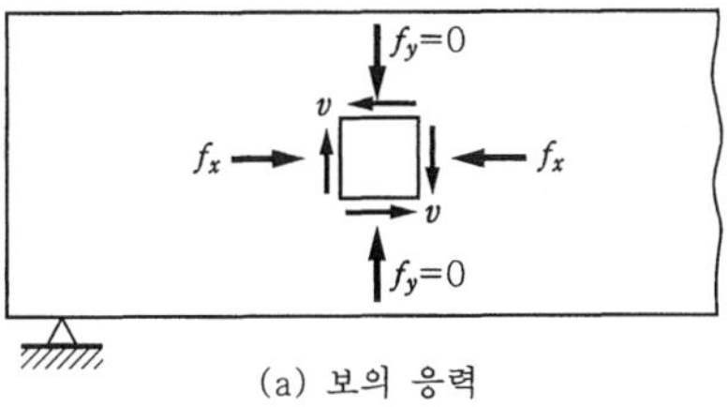

(a) 보의 응력

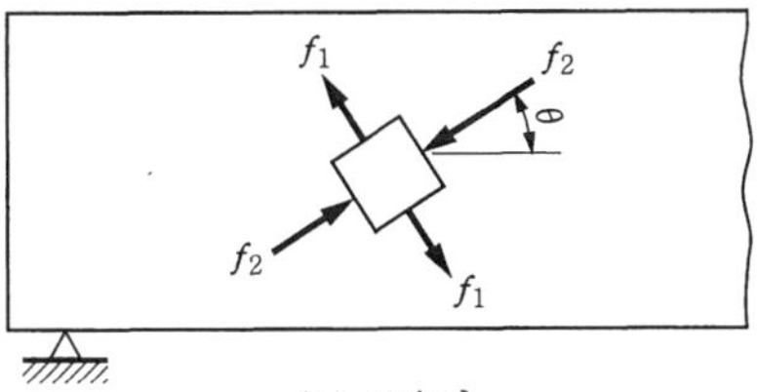

(b) 주응력

그림 7-1 보의 주응력

$$\left.\begin{aligned} \begin{matrix} f_1 \\ f_2 \end{matrix} &= -\frac{f_x+f_y}{2} \pm \sqrt{\left(\frac{f_x-f_y}{2}\right)^2 + v^2} \\ \tan 2\theta &= \frac{2v}{f_x-f_y} \end{aligned}\right\} \qquad (7\cdot 1)$$

보에서는 일반적으로 $f_y=0$이고, 또 PSC 보에서는 주 인장응력만이 문제이다. 따라서, PSC 보에 일어나는 주 인장응력은 식 (7·1)에 $f_x=f$, $f_y=0$을 대입함으로써 다음과 같이 된다.

$$f_1 = -\frac{f}{2} + \sqrt{\left(\frac{f}{2}\right)^2 + v^2} \qquad (7\cdot 2)$$

$$\tan 2\theta = \frac{2v}{f} \qquad (7\cdot 3)$$

위의 식의 f 및 v는 다음과 같다.

$$f = f_x = \frac{P}{A_c} \mp \frac{P\cdot e_p}{I_c} y \pm \frac{M}{I_c} y \qquad (7\cdot 4)$$

$$v = \frac{V_c Q}{I_c b} \qquad (7\cdot 5)$$

여기서 V_c는 단면의 전단력이다. 긴장재가 그림 7-2와 같이 절선상 또는 곡선상으로 배치되었을 경우에는 프리스트레스 힘의 경사로 인한 전단력이 생긴다[1장 1.3.1의 [3] 참조]. 이 전단력 V_p는 하중에 의한 전단력 V_l과 반대방향으로 작용한다. 따라서 이러한 경우 단면의 전단력 V_c는 다음과 같이 된다.

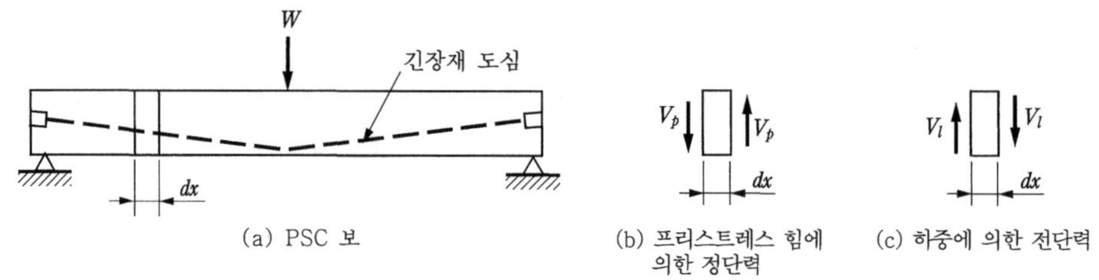

그림 7-2　PSC 보의 전단력

$$V_c = V_l - V_p \tag{7·6}$$

그림 7-3 (a)는 RC 보의 경우를 보인 것이다. 그림 7-3 (b)는 RC 보의 요소 a의

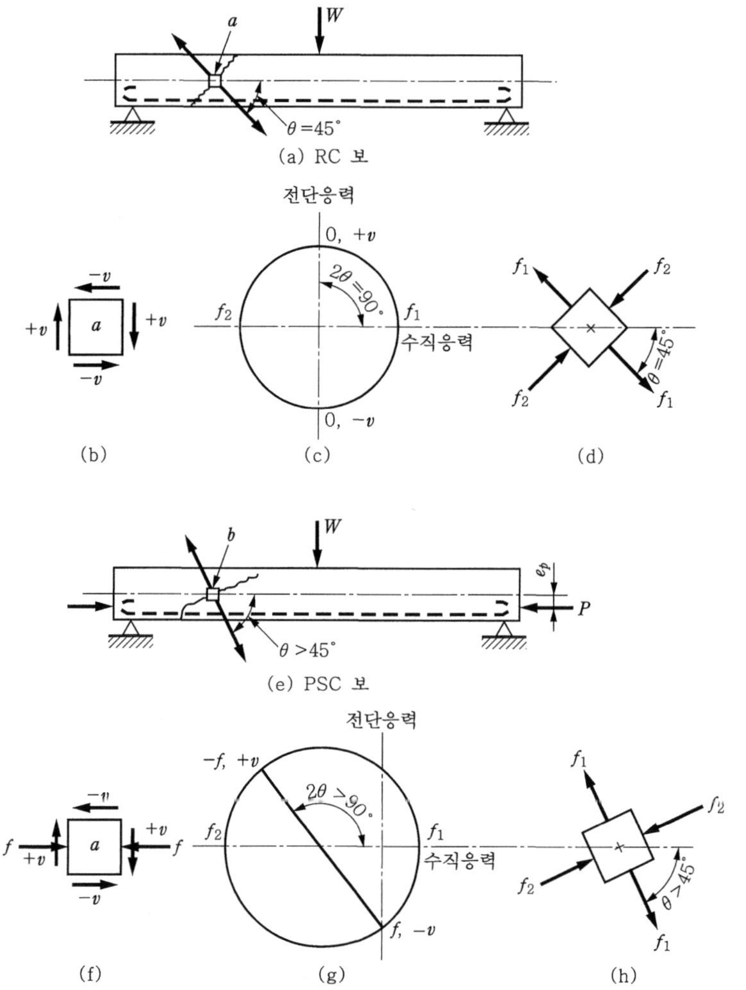

그림 7-3　RC 보와 PSC 보의 사인장 응력

응력상태를, 그림 7-3 (d)는 RC 보의 주응력의 관계를 나타낸 것이고, 그림 7-3 (c)는 이들 응력의 Mohr의 원을 보인 것이다. 45° 방향으로 작용하는 주 인장응력(사인장응력) f_1으로 인하여 RC 보에는 그림 7-3 (a)와 같이 45° 방향의 균열이 발생한다. 그림 7-3 (e)는 PSC 보의 경우를 보인 것으로, 그림 (f)는 PSC 보의 요소 b의 응력상태를, 그림 (h)는 주 인장응력의 관계를, 그림 (g)는 이들 응력의 Mohr의 원을 보인 것이다.

그림 7-3 (c)와 그림 7-3 (g)의 Mohr의 원을 비교함으로써 PSC 보의 주 인장응력 f_1이 RC 보의 주 인장응력보다 훨씬 작은 것을 알 수 있고, 또 보의 축에 대하여 45°보다 큰 각으로 작용함을 알 수 있다. 따라서 PSC 보의 사인장 균열(diagonal tension crack)은 RC 보의 그것보다 더 옆으로 눕는다. 그러므로 전단철근으로 스터럽을 사용할 경우, PSC 보가 RC 보보다 더 많은 수의 스터럽이 균열과 교차할 수 있어서 더 효과적이다.

PSC에서는 그림 7-4 (a)와 같은 I 형 단면의 단순보가 많이 쓰인다. 그림 7-4 (b)는 전단응력의 분포를 보인 것이고, 그림 7-4 (c)는 휨응력의 분포를 나타낸 것이다. 이러한 I 형 단면의 보에서는 복부와 하부 플랜지의 접합부 근처에서 최대 주인장응력이 일어난다. 한편, 사인장의 위험단면은 지점 근처가 아니다. 예를 들면, 등분포 하중이 실린 I 형 단면의 단순보에 있어서 사인장 균열은 지간의 1/4 점 근처에서 일어난다. 그림 7-4 (d)가 이것을 보여 준다.

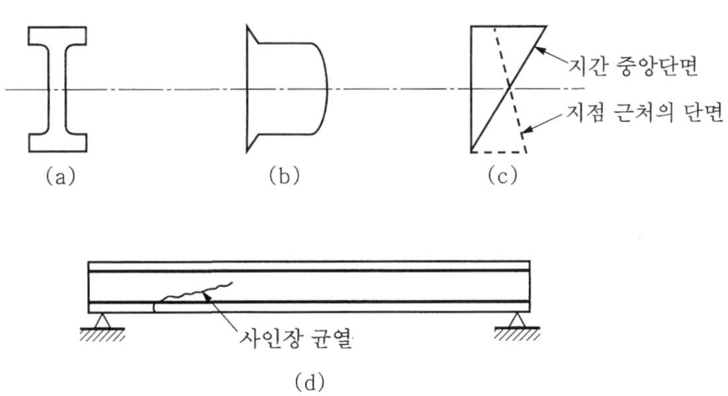

그림 7-4 I 형 PSC 보의 사인장 균열

사용하중 하에서의 콘크리트의 허용 인장응력에 바탕을 둔 전단설계는 안전하지 못하다. 왜냐하면 사용하중을 넘어선 비교적 작은 하중증가는 사인장 응력의 불균형한 증가를 가져오기 때문이다. 예를 들어, 하중이 20% 증가할 때 전단응력과 휨응력은 각각 20% 증가하지만 주 인장응력은 60% 증가한다. 또, 하중의 증가는 식 (7 · 6)의 V_l의 증가를 가져올 뿐이고, V_p는 변화하지 않기 때문에 V_c의 증가를 가져온다.

요컨대, 주응력의 계산은 비균열보의 응력의 흐름을 짐작하는 데 유용하고, 또 사인장 균열의 위치와 방향에 관한 정보를 제공한다. 그리고 균열을 일으키게 하는 하중에 관한 정보를 제공한다. 그러나 설계에 있어서의 안전도를 평가하는 데 이것을 사용해서는 안 된다. 그 목적을 위해서는 강도이론에 근거한 해석이 필수적이다.

7.3 전단균열과 파괴형태

PSC 보에 일어나는 전단균열(사인장 균열)은 다음 두 가지 형태로 구분할 수 있다.

① 휨전단 균열(flexure-shear crack)

② 복부전단 균열(web-shear crack)

이들이 그림 7-5에 나타나 있다. 휨 전단균열은 휨균열이 일어난 후에 발생하며, 휨균열은 인장면(引張面)으로부터 시작해서 보에 수직하게 번진다. 휨과 전단의 조합된 응력이 휨균열의 선단(先端)에서 발달할 때, 균열은 그림 7-5 (a)와 같이 경사져서 진행해 간다. 만약, 이 보에 복부철근이 배치되어 있지 않다면, 이 균열은 전단압축 파괴(shear-compression failure)를 유도할 것이다. 왜냐하면 휨 전단균열의 진전에 따라 콘크리트의 압축면적이 감소되어 휨압축력을 감당할 수 없게 되기 때문이다. 이러한 파괴를 휨 전단파괴(flexure-shear failure)라고 한다. 휨 전단균열은 전단력과 휨모멘트가 둘 다 큰 곳에서 일어나기 쉽다.

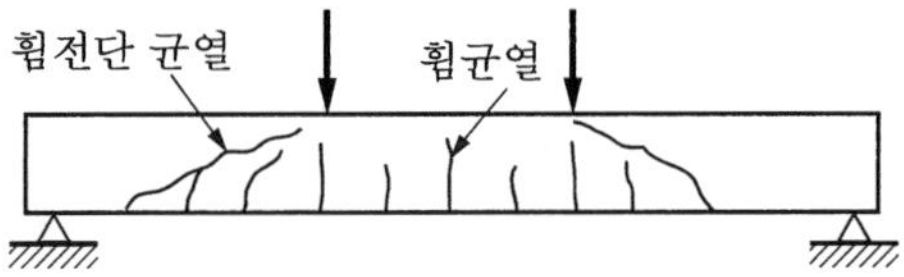

(a) 휨전단 균열

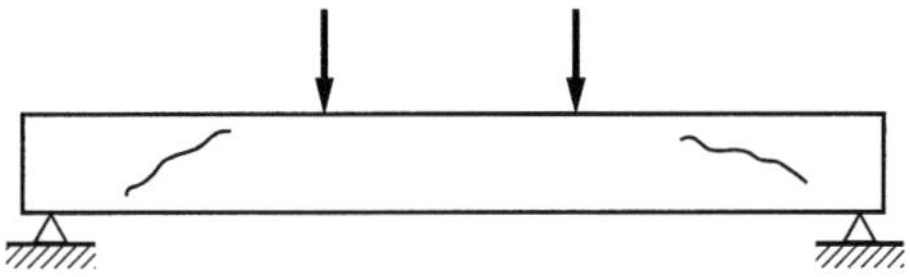

(b) 복부전단 균열

그림 7-5 사인장 균열의 형태

복부가 비교적 얇은 PSC 보의 지점 근처에서는 그림 7-5 (b)와 같이 복부에 경사균열(inclined crack, 사인장 균열)이 일어난다. 이것을 복부전단 균열이라고 한다. 이 균열은 콘크리트의 주 인장응력이 콘크리트의 휨 인장강도(파괴계수)와 같게 될 때 휨균열 없이 복부에서 시작된다. 또, 이 균열은 전단력에 비하여 휨모멘트가 작은 경우, 또는 프리스트레스 힘이 큰 경우에 일어나기 쉽다. 이러한 경우에는 커다란 경사균열이 갑작스럽게 발생하며, 만약 복부철근이 배치되어 있지 않다면 보는 다음 중의 어느 한 가지 형태로 파괴된다.

① 경사균열(사인장 균열)이 지점을 향하여 수평으로 발전함으로써 복부와 인장 플랜지를 분리시킨다. 즉, **전단인장 파괴**(shear-tension failure)를 일으킨다.

② 보가 타이드 아치(tied arch) 작용을 일으킴으로써, 사인장 균열에 평행하게 작용하는 큰 압축력으로 말미암아 복부가 파괴된다. 즉, **복부압축 파괴**(web-crushing failure)를 일으킨다.

③ 지점 근처의 2차적인 사인장 균열이 복부와 압축 플랜지를 분리시킨다.

이상과 같은 파괴를 **복부전단 파괴**(web-shear failure)라고 한다. 일반적으로 복부전단 파괴는 휨 전단파괴보다 급격하다.

7.4 콘크리트의 전단강도

7.4.1 휨 전단균열 발생시의 전단강도

휨전단 균열은 휨균열이 발생한 부분에 일어나는 균열이다. 균열이 일단 일어나면 내부응력 상태의 정확한 해석은 어려우며, 따라서 시험에 의존하는 수밖에 없다.

시험결과에 따르면 휨 전단균열에 있어서 경사균열은 그림 7-6 (a)와 같이 보의 유효깊이 d와 같은 거리까지 진행되며, 그 단면으로부터 $d/2$ 정도 떨어진 단면에 발생하는 두 번째의 휨균열이 실제 파괴의 계기가 된다. 그림 7-6 (a)는 이 관계를 보인 것이다. 휨균열이 단면 A에서 경사균열로 발전하기 시작하여 d만큼 진행한 후 단면 C에서 멎는다. 단면 B에서의 두 번째 휨균열은 파괴를 촉진시킨다.

그림 7-6 (b) 및 (c)는 각각 단면 B 및 C의 전단력도와 휨모멘트도를 나타낸 것이다. 두 단면의 전단력 V_{cr} 및 V, 휨 모멘트 M_{cr} 및 M은 추가 사하중 및 활하중에 의하여 일어나는 전단력이고 휨모멘트이다.

단면 B 및 C 사이의 휨모멘트의 차는 두 단면 사이의 전단력도의 넓이와 같으므로

$$M - M_{cr} = \frac{1}{2}(V + V_{cr}) \times \frac{d}{2}$$

$d/2$ 구간에서는 $V \fallingdotseq V_{cr}$로 볼 수 있으므로 위의 식은 다음과 같이 된다.

$$M - M_{cr} = \frac{1}{2}Vd$$

양변을 V로 나누면

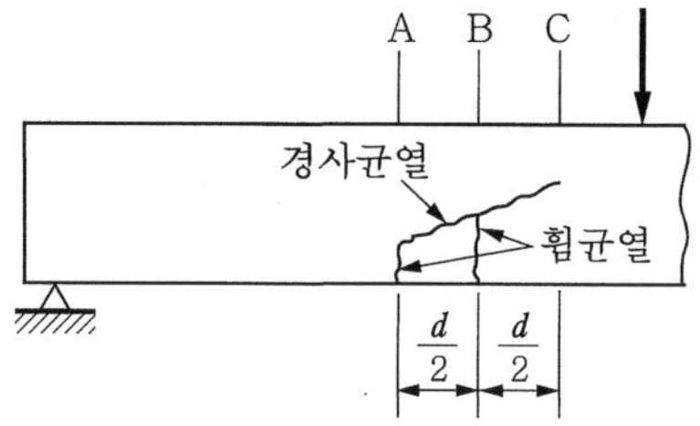

(a) 휨전단 균열

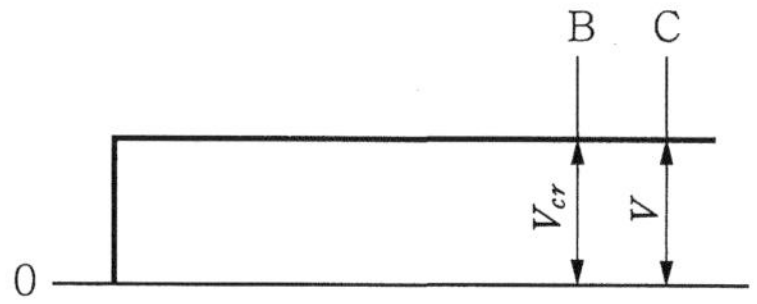

(b) 전단력도

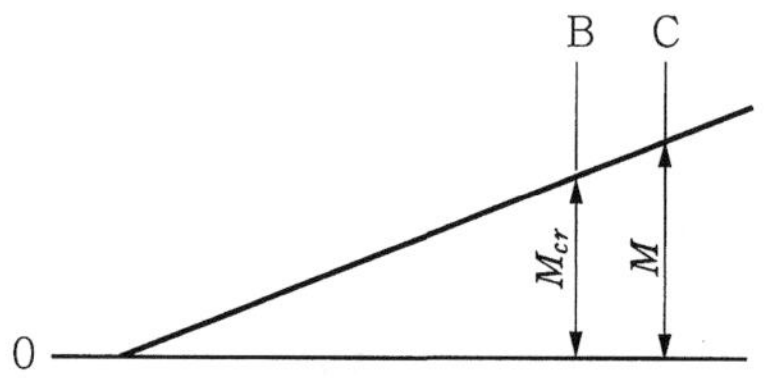

(c) 휨모멘트도

그림 7-6 휨 전단균열

$$\frac{M}{V} - \frac{M_{cr}}{V} = \frac{d}{2}$$

따라서

$$V = \frac{M_{cr}}{\frac{M}{V} - \frac{d}{2}} \qquad \text{ⓐ}$$

휨균열이 단면 B에서 일어날 때, 단면 C에서의 총 전단력은 식 ⓐ의 V에 자중에 의한 전단력 V_d와 경사지게 배치된 긴장재의 프리스트레스 힘의 수직분력 V_p를 합한 것이 된다. 뿐만 아니라 두 번째 휨균열이 발생된 후 경사균열로 진행되기 위해서는 전단력이 $0.05\sqrt{f_{ck}}\,b_w d$ (MPa)만큼 증가되어야 한다는 것이 시험결과 알려졌나. 여기서 b_w는 난년의 폭이고, d는 단면 상면으로부터 긴장재 도심까지의 거리이다.

따라서 휨 전단파괴를 일으킬 총 전단력 V_{ci}는 다음과 같이 된다.

$$V_{ci} = 0.05\sqrt{f_{ck}}\,b_w d + \frac{M_{cr}}{\frac{M}{V} - \frac{d}{2}} + V_d + V_p \qquad \text{ⓑ}$$

대개의 경우, 휨 전단균열이 있는 부분에서 긴장재의 경사는 작으므로 V_p는 무시할 수 있을 정도로 작다. 따라서 V_p를 무시하면 식 ⓑ는 다음과 같이 된다.

$$V_{ci}=0.05\sqrt{f_{ck}}\,b_w d+\frac{M_{cr}}{\frac{M}{V}-\frac{d}{2}}+V_d \tag{7·7}$$

위의 식에서 M_{cr}는 균열 모멘트(cracking moment)이다. M_{cr}는 보 하면의 콘크리트의 인장응력이 콘크리트의 파괴계수(휨 인장강도) $0.50\sqrt{f_{ck}}$ (MPa)와 같다고 놓고 계산한다. 즉

$$f_d+\frac{M_{cr}}{I_c}y_2-f_{se}=0.50\sqrt{f_{ck}}$$

$$\therefore M_{cr}=\frac{I_c}{y_t}(0.50\sqrt{f_{ck}}+f_{se}-f_d) \tag{7·8}$$

여기서 f_d : 고정하중에 의하여 인장 측 연단의 콘크리트에 일어나는 휨응력(MPa)

y_t : 단면도심으로부터 인장 측 연단까지의 거리(mm)

I_c : 콘크리트 단면의 2차 모멘트(mm^4)

f_{se} : 유효 프리스트레스 힘에 의하여 인장 측 연단의 콘크리트에 일어나는 압축응력(MPa)

복부철근(web reinforcement)의 해석과 설계는 하중계수를 사용한 극한강도(ultimate strength)에 기초를 두어야 하지만, V_d와 f_d는 하중계수를 사용하지 않고 실제의 자중으로 계산한다.

식 (7·7)은 시험에 근거한 식으로서, 설계기준에서는 이 식을 단순화한 식 (7·17)을 휨 전단균열을 일으키는 공칭 전단강도로 주고 있다.

7.4.2 복부 전단균열 발생시의 전단강도

복부 전단균열은 최대 주 인장응력이 콘크리트의 인장강도와 같을 때 일어난다. 콘크리트는 인장으로 파괴될 때까지 탄성적 거동을 하므로 계산은 보통의 탄성 방정식에 따른다. 부재(部材)의 전단에 대한 용량은 주 인장응력이 콘크리트의 인장강도 f_t와 같게 될 때의 값이다. 따라서 식 (7·2)로부터

$$\sqrt{v_{cw}^2+\left(\frac{f_{pc}}{2}\right)^2}-\frac{f_{pc}}{2}=f_t$$

여기서 v_{cw} : 콘크리트의 공칭 전단응력$\left(=\frac{V_{cw}}{b_w d}\right)$

f_{pc} : 유효 프리스트레스 힘으로 인한 콘크리트 도심에서의 압축응력

위의 식에서 v_{cw}를 구하면

$$v_{cw} = f_t \sqrt{1 + \frac{f_{pc}}{f_t}}$$

콘크리트의 인장강도 f_t를 $0.29\sqrt{f_{ck}}$ (MPa)로 보면

$$v_{cw} = 0.29\sqrt{f_{ck}} \sqrt{1 + \frac{f_{pc}}{0.29\sqrt{f_{ck}}}} \qquad (7 \cdot 9)$$

위의 식은 근사적으로 다음과 같이 단순화할 수 있다.

$$v_{cw} = 0.29\sqrt{f_{ck}} + 0.3 f_{pc} \qquad (7 \cdot 10)$$

따라서 이 경우의 전단력 V_{cw}는 프리스트레스 힘의 수직분력 V_p를 고려하면 다음과 같이 된다.

$$V_{cw} = (0.29\sqrt{f_{ck}} + 0.3 f_{pc}) b_w d + V_p \qquad (7 \cdot 11)$$

위의 식의 V_{cw}가 복부 전단균열을 일으키는 전단력이다.

PSC 보에는 휨 전단균열과 복부 전단균열 가운데 어느 하나가 일어날 것이다. 즉, 식 (7·7)의 V_{ci}가 식 (7·11)의 V_{cw}보다 작으면 휨 전단균열이 일어날 것이고, V_{ci}가 V_{cw}보다 크면 복부 전단균열이 발생할 것이다.

식 (7·11) 역시 시험에 근거한 식이며, 설계기준에서는 이 식을 복부 전단균열을 일으키는 공칭 전단강도로 주고 있으며, 식 (7·18)이 그것이다.

7.5 전단철근

전술한 바와 같은 사인장 균열에 대하여 복부를 보강하지 않으면 취성파괴를 일으키게 된다. 따라서 부재의 인성(靭性, toughness)을 높이기 위하여 또는 내력(耐力)을 높이기 위하여 복부를 보강해야 한다. 일반적으로 그림 7-7과 같은 **스터럽**(stirrup)이 사용된다. 이러한 철근을 **전단철근**(shear-reinforcement) 또는 **복부철근**(web-reinforcement)이라고 한다. $D10$, $D13$ 또는 $D16$을 사용하는 것이 보통이다.

균열발생 후의 PSC 부재의 전단거동은 RC 부재와 큰 차이가 없다. 현재까지 밝혀진 PSC 부재의 전단거동의 주요한 것을 들어 보면 다음과 같다.

① 전단균열 발생 전의 스터럽에는 응력이 거의 작용하지 않는다.

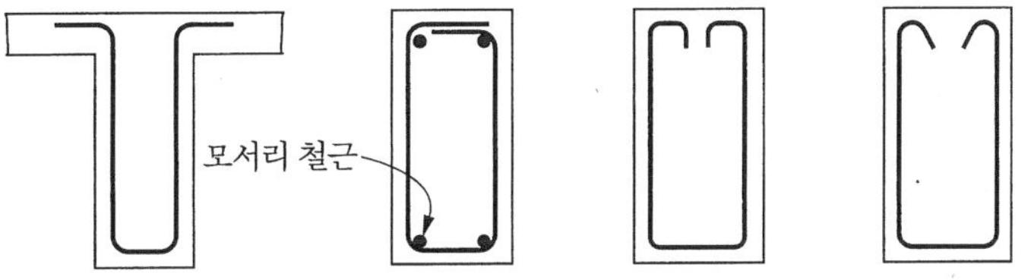

(a) U형 스터럽 (b) 폐쇄 스터럽 (c) U형 스터럽 (d) U형 스터럽

그림 7-7 스터럽

② 전단균열 발생 후에 스터럽은 전단력의 일부를 부담하는 동시에, 전단균열의 진전을 억제하여 압축부 콘크리트의 전단 저항력을 확보해 준다. 또, 전단균열 폭의 증대를 억제하며 균열면의 골재의 맞물림(aggregate interlock)에 의하여 전단 저항력을 확보해 준다. 또한, 축방향 강재의 **장부작용**(dowel action, 다우웰 작용)으로 말미암아 강재를 따라 일어나는 균열을 억제하며, 스터럽 자체의 장부작용에 의하여 전단 저항력을 확보해 준다.

③ 전단 보강된 부재의 파괴형태는 일반적으로 휨 전단파괴이다. 이 경우의 파괴는 스터럽의 항복에 의하여 일어난다. 스터럽의 양이 많아서 항복하지 않을 경우에는 휨파괴로 파괴된다.

④ 복부 폭이 작고 프리스트레스 힘이 큰 경우에는 복부 경사균열 사이의 콘크리트의 압축파괴로 부재가 파괴된다.

이와 같이 복부철근은 보의 전단강도를 증가시켜 줄 뿐 아니라 과대하중이 전단파괴를 유발하더라도 연성파괴가 되도록 해준다.

이상과 같이 복부 보강된 부재의 전단파괴에 대해 정성적(定性的)으로는 많은 것이 밝혀졌으며, 이것을 이론적으로 다루기 위해 일찍이 **트러스 이론**(truss analogy), **아치 이론**(arch analogy) 등의 해석모델이 제안된 바 있고, 최근에는 **수정 압축장 이론**(modified compression field theory)과 **스트럿-타이 모델**(strut-and-tie model)이 제안되고 있다.

여기서는 실험결과에 바탕을 둔 해석을 다음에 소개한다.

그림 7-8은 스터럽으로 보강된 보의 균열 면에 작용하는 전단력의 관계를 보인 것이다. 앞에서 설명한 바와 같이 균열의 수평범위는 유효 깊이 d와 같으며, U형 스터럽이 간격 s로 배치되어 있다. 그러면 균열과 교차하는 스터럽의 수는 $\frac{d}{s}$이다. 부재가 초기 파괴단계에 있을 때, 스터럽의 응력은 항복강도 f_y에 달하게 될 것이다. 따라서 균열 면에서 스터럽이 부담할 전단력은 다음과 같다.

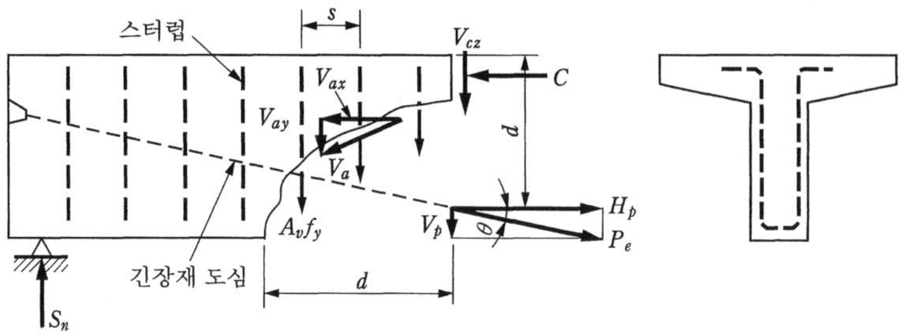

그림 7-8 균열 면에 작용하는 전단 저항력

$$V_s = \frac{A_v f_y d}{s} \quad ⓐ$$

여기서 A_v는 한 쌍의 스터럽의 단면적이다.

부재가 과대하중을 받을 때 긴장재의 응력은 다소 증가하지만, 이것을 무시하고 유효 프리스트레스 힘 P_e와 같다고 보면, 프리스트레스 힘의 수직분력은 다음과 같다.

$$V_p = P_e \sin\theta \quad ⓑ$$

거친 균열면의 마찰저항도 전단력을 전달한다. 이것은 균열면의 거칠음과 골재의 맞물림에 의해 얻어진다. 골재의 맞물림과 연합된 저항력 V_a가 그림 7-8과 같은 방향으로 작용한다. 그 수직분력이 V_{ay}이다.

경사균열의 위쪽에 있는 비균열 압축부의 콘크리트는 저항력 V_{cz}를 발휘한다. 따라서, 그림 7-8의 자유물체도에 $\sum V=0$을 적용함으로써 공칭 전단강도 V_n을 얻을 수 있다.

$$V_n = A_v f_y \frac{d}{s} + V_{cz} + V_p + V_{ay} \quad (7 \cdot 12)$$

다년간의 연구에도 불구하고 V_{cz}와 V_{ay}의 크기를 알아내지 못하고 있다. 설계를 위해서는 이들 합성된 $(V_{cz}+V_{ay})$의 크기가 경사균열을 야기시키는 전단력 V_c보다 작지 않다고 가정해야 한다는 것이 시험결과 밝혀졌다. V_c는 식 (7·7)의 V_{ci} 및 식 (7·11)의 V_{cw} 가운데서 작은 값을 취해야 한다.

그러므로 $V_{cz}+V_{ay}=V_c$로 놓고, 또 프리스트레스 힘의 수직분력을 무시하면 식 (7·12)는 다음과 같이 간단해진다.

$$V_n = A_v f_y \frac{d}{s} + V_c \quad (7 \cdot 13)$$

따라서 스터럽이 저항해야 할 전단력은

$$V_n - V_c = A_v f_y \frac{d}{s}$$

$$\therefore \frac{V_n - V_c}{b_w d} = \rho_v f_y \qquad (7 \cdot 14)$$

여기서

$$\rho_v = \frac{A_v}{b_w s}$$

이 ρ_v를 복부 철근비(web-reinforcement ratio)라고 한다.

7.6 전단설계

7.6.1 설계의 원칙

사용하중(service load)에 하중계수를 곱한 하중을 **계수하중**(factored load)이라고 하고, 계수하중에 의한 전단력을 **계수 전단력**(factored shear)이라고 한다. 강도 설계법에 관한 설계기준의 규정과 가정에 따라 계산한 부재단면의 전단강도를 **공칭 전단강도**(nominal shear strength)라고 한다. 설계기준에서는 강도 설계법에 따라 다음 식에 기초를 두고 전단설계를 하도록 규정하고 있다.

$$V_u \leqq \phi V_n \qquad (7 \cdot 15)$$

여기서 V_u : 계수 전단력(factored shear)

V_n : 단면의 공칭 전단강도(nominal shear strength)

ϕ : 전단에 대한 강도 감소계수(=0.75, 표 5-4 참조)

공칭 전단강도 V_n은 다음 식으로 계산한다.

$$V_n = V_c + V_s \qquad (7 \cdot 16)$$

여기서 V_c : 콘크리트가 부담하는 공칭 전단강도

V_s : 전단철근이 부담하는 공칭 전단강도

전단에 대한 위험단면은 받침부 내면에서 지간 중앙 쪽으로 $h/2$(h는 보의 높이) 되는 곳에 있다고 본다. $h/2$ 이내의 단면에 대해서는 위험단면의 전단력과 같은 전단력을 받는 것으로 보고 설계한다. 이것은 지점반력으로 인한 콘크리트의 수직방향 압축력의 영향을 고려한 때문이다.

7.6.2 설계기준에서 주고 있는 콘크리트의 공칭 전단강도

설계기준에서는 콘크리트의 공칭 전단강도를 다음과 같이 주고 있다. 따라서 식 (7 · 16)의 V_c는 다음의 식들로 계산되는 공칭 전단강도 V_{ci}와 V_{cw} 중에서 작은 값을 취해야 한다.

[1] 휨 전단균열을 일으키는 공칭 전단강도

휨 전단균열은 전단력과 휨모멘트의 합성된 작용으로 일어난다. 설계기준에서는 식 (7 · 7)에서 $d/2$를 무시하고, $V=V_i$, $M=M_{\max}$로 놓고 다음 식과 같이 주고 있다.

$$V_{ci}=0.05\sqrt{f_{ck}}b_w d+V_d+\frac{V_i M_{cr}}{M_{\max}} \tag{7 · 17}$$

그러나 이 값이

$$0.14\sqrt{f_{ck}}b_w d$$

보다 작아서는 안 된다.

여기서 b_w : 직사각형 단면의 폭 또는 I형 및 T형 단면의 복부의 폭(mm)

d : 압축 측 연단에서 긴장재 도심까지의 거리(mm)(0.8h보다 작아서는 안 된다. 여기서 h는 부재의 높이이다)

V_d : 고정하중(보의 자중)에 의한 전단력(하중계수를 곱하지 않은 값) (N)

V_i : $M_{\max}$과 동시에 일어나는 작용하중에 의한 계수 전단력(N)

$M_{\max}$: 작용하중에 의한 최대 계수 휨모멘트(N·mm)

M_{cr} : 균열 모멘트(N·mm)

위의 식 (7 · 17)의 V_{ci}가 휨 전단균열을 일으키는 콘크리트의 공칭 전단강도이다. M_{cr}는 식 (7 · 8)에 주어져 있다. 여기에 다시 옮겨 쓰면

$$M_{cr}=\frac{I_c}{y_t}(0.50\sqrt{f_{ck}}+f_{se}-f_d) \tag{7 · 8}$$

[2] 복부 전단균열을 일으키는 공칭 전단강도

복부 전단균열은 복부의 주 인장응력에 의해 일어난다. 이 경우의 전단강도가 식 (7 · 11)의 V_{cw}이며, 이것을 설계기준에서는 복부 전단균열을 일으키는 콘크리트의 공칭 전단강도로 다음과 같이 주고 있다.

$$V_{cw}=(0.29\sqrt{f_{ck}}+0.3f_{pc})b_w d+V_p \tag{7·18}$$

여기서 f_{pc} : 단면도심에서 유효 프리스트레스 힘에 의하여 콘크리트에 일어나는 압축응력(MPa)

d : 압축 측 연단에서 긴장재 도심까지의 거리(mm)(0.8h보다 작아서는 안 된다)

V_p : 유효 프리스트레스 힘의 수직분력(N)

식 (7 · 17)로 계산된 V_{ci}의 값과 식 (7 · 18)로 계산된 V_{cw}의 값을 비교했을 때 $V_{ci}<V_{cw}$이면 전단이 휨전단으로 지배됨을 뜻하므로 설계에서는 V_{ci}를 V_c로 취해야 하고, $V_{ci}>V_{cw}$이면 복부전단으로 지배되므로 V_{cw}를 V_c로 취해야 한다. 여기서 V_c는 식 (7 · 16)에 있어서의 콘크리트의 공칭 전단강도이다.

한편 설계기준에서는 V_{cw}를 위의 식 (7 · 18)을 사용하지 않고 다음과 같이 계산해도 좋다고 언급하고 있다. 즉, 부재의 도심에서, 또는 도심축이 플랜지 내에 있을 때 플랜지와 복부의 접합부에서 $\dfrac{\sqrt{f_{ck}}}{3}$(MPa)의 주 인장응력을 일으키는 사하중(고정하중) 및 활하중의 합계에 해당하는 전단력으로 보아도 좋다.

[3] 실용식에 의한 공칭 전단강도

유효 프리스트레스 힘이 휨철근의 인장강도의 40% 이상인 것이 보통이다. 이러한 경우에는 식 (7 · 17) 및 식 (7 · 18)의 정밀식을 사용하는 대신, 다음 식(실용식)으로 콘크리트의 공칭 전단강도 V_c를 계산해도 좋다고 설계기준은 규정하고 있다.

$$V_c=\left(0.05\sqrt{f_{ck}}+4.9\frac{V_u d}{M_u}\right)b_w d \tag{7·19}$$

그러나 이 값이

$$\frac{1}{6}\sqrt{f_{ck}}\,b_w d \text{ 이상,} \qquad \frac{5}{12}\sqrt{f_{ck}}\,b_w d \text{ 이하}$$

이라야 하고, 또

$$\frac{V_u d}{M_u}\leq 1.0$$

이라야 한다.

여기서 V_u, M_u : 전체 하중에 의한 전단력 및 휨모멘트(하중계수를 적용한 값)

d : 압축 측 표면에서 긴장재 도심까지의 거리(여기서는 0.8h의 제한을 적용하지 않는다)

한편 프리텐션 부재의 받침면에서 $h/2$만큼 떨어져 있는 단면으로부터 부재 끝까지의 거리가 전달길이보다 짧은 경우, 또는 긴장재 일부의 부착이 부재 끝까지 연장되어 있지 않은 프리텐션 부재의 경우에는 감소된 프리스트레스를 고려하여 V_c[식 (7・17), 식 (7・18) 및 식 (7・19)]를 계산해야 한다[6장의 6.8.2 항 참조].

7.6.3 전단철근의 소요 단면적

전단철근으로서 보의 축에 직각인 수직 스터럽을 사용했을 때, 그 전단강도는 7.5절의 식 ⓐ로부터

$$V_s = \frac{A_v f_y d}{s} \tag{7・20}$$

그러나 이 값이 $\frac{2}{3}\sqrt{f_{ck}}\, b_w d$보다 커서는 안 된다.

총 공칭 전단강도 V_n은 철근 및 콘크리트의 전단강도를 합함으로써 다음과 같이 된다.

$$V_n = \frac{A_v f_y d}{s} + V_c \tag{7・21}$$

여기서 V_c : 콘크리트의 공칭 전단강도

식 (7・15)와 식 (7・16)으로부터

$$V_u = \phi V_n = \phi(V_s + V_c) = \phi\left(\frac{A_v f_y d}{s} + V_c\right) \tag{7・22}$$

따라서 1개의 스터럽의 소요 단면적은

$$A_v = \frac{(V_u - \phi V_c)s}{\phi f_y d} \tag{7・23}$$

실제의 설계에 있어서는 스터럽 철근의 지름을 가정해 놓고, 그 간격을 계산해 보는 것이 보통이다. 간격 s는 위의 식으로부터

$$s = \frac{\phi A_v f_y d}{V_u - \phi V_c} \tag{7・24}$$

7.6.4 최소 전단철근량

하중계수를 사용해서 계산한 전단력 V_u가 콘크리트가 부담하는 전단강도 ϕV_c의 1/2을 넘는 곳에서는 전단철근의 최소량이 모든 PSC 부재에 배근되어야 한다. 그러

나 다음과 같은 부재는 해당되지 않는다.

① 슬래브와 확대기초

② 보의 높이가 250 mm 이하이거나 I형 보, T형 보에서 그 높이가 플랜지 두께의 2.5 배 또는 복부 폭의 1/2 중 큰 값 이하인 보

③ 교대 벽체 및 날개벽, 옹벽의 벽체 등과 같이 휨 거동이 주된 판 부재

전단 철근의 최소 단면적을 설계기준에서는 다음과 같이 주고 있다.

$$\left.\begin{aligned} A_{v\,\min} &= 0.0625\sqrt{f_{ck}}\,\frac{b_w s}{f_y} \\ &\geqq 0.35\,\frac{b_w s}{f_y} \end{aligned}\right\} \qquad (7 \cdot 25)$$

여기서 f_y : 전단철근의 항복강도(MPa)

b_w : 단면의 복부 폭(mm)

s : 전단철근의 간격(mm)

유효 프리스트레스 힘이 휨철근의 인장강도의 40% 이상인 PSC 부재에 있어서 전단철근의 최소량은 위의 식 (7・25)로 구한 값과 다음의 식 (7・26)으로 구한 값 중 작은 값 이상이라야 한다. 일반적으로 식 (7・25)의 값이 식 (7・26)의 값보다 크다.

$$A_{v.\min} = \frac{A_p}{80}\frac{f_{pu}}{f_y}\frac{s}{d}\sqrt{\frac{d}{b_w}} \qquad (7 \cdot 26)$$

여기서 f_{pu} : PS 강재의 인장강도(MPa)

d : 압축 측 연단에서 긴장재 도심까지의 거리(mm)(0.8h보다 작아서는 안 된다)

PSC 부재에 있어서 수직 스터럽의 간격은 0.75h를 넘어서는 안 되며, 또 600 mm를 넘어서도 안 된다. V_s의 값이 $\frac{1}{3}\sqrt{f_{ck}}\,b_w d$를 넘을 때는 그 간격을 위의 값의 1/2로 줄여야 한다. 스터럽의 정착은 RC 부재의 경우와 같다.

예제 7-1. 그림 7-9와 같은 I형 단면의 보가 3900 N/m의 자중 외에 추가되는 사하중(고정하중) 4500 N/m와 활하중 19 kN/m를 받는다. 지간은 13.70 m이고, 긴장재는 그림 7-9 (b)와 같이 절선상(折線狀)으로 배치되어 있다. 콘크리트의 설계기준 강도는 f_{ck}=35 MPa이고, PS 강재는 인장강도 f_{pu}=1925 MPa인 강선을 사용

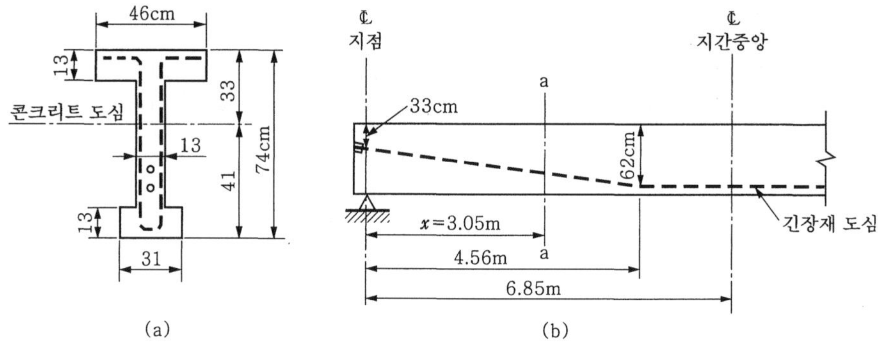

그림 7-9

하였다. 긴장재의 단면적은 $A_p=1130\text{ mm}^2$이고, 유효 인장력은 $P_e=1306\text{ kN}$이다. 왼쪽 지점으로부터 3.05 m 떨어진 단면 aa에서 U형 수직 스터럽의 간격을 결정하라. 스터럽 철근의 항복강도는 $f_y=300\text{ MPa}$이다.

풀이 균열전의 단면의 여러 계수는 다음과 같다.

$$A_c=162,500\text{ mm}^2,\ y_1=330\text{ mm},\ y_2=410\text{ mm}$$

$$I_c=10,335\times10^6\text{ mm}^4,\ r^2=63,600\text{ mm}^2$$

지간 중앙부에서 긴장재의 깊이가 62 cm이므로, 편심 거리는 $e_p=62-33=29\text{ cm}$로 된다. 그리고 지점을 향하여 직선적으로 감소하여 지점에서는 편심 거리가 0으로 된다. 따라서 aa 단면에서 긴장재의 편심 거리는

$$e_p=29\times\frac{305}{456}=19.4\text{ cm}=194\text{ mm}$$

그러므로 aa 단면에서 긴장재 도심으로부터 압축 측 표면까지의 거리는

$$d=33+19.4=52.4\text{ cm}=524\text{ mm}$$

이 d의 값이 $0.8h$보다 작아서는 안 된다[7.6.2 항 참조].

$$0.8h=0.8\times74=59.2\text{ cm}=592\text{ mm}>524\text{ mm}$$

따라서 전단력 계산에는 d의 값으로 592 mm를 사용해야 한다. 즉

$$d=592\text{ mm}$$

유효 프리스트레스 힘 P_e(1306 kN)에 의한 aa 단면 하면의 콘크리트 응력은

$$f_{se}=\frac{P_e}{A_c}+\frac{P_e e_p}{I_c}y_2$$

$$=\frac{1,306,000}{162,500}+\frac{1,306,000\times194}{10,335\times10^6}\times410=18\text{ MPa}$$

보의 자중(3900 N/m)에 의한 단면 aa의 전단력과 휨모멘트는

$$V_d = \frac{1}{2}\times(3900\times13.7) - 3900\times3.05 = 14,820\ \text{N}$$

$$M_d = \left(\frac{1}{2}\times3900\times13.7\right)\times3.05 - (3900\times3.05)\times\frac{3.05}{2} = 63,340\ \text{N}\cdot\text{m}$$

M_d에 의한 단면 aa의 하면의 인장응력은

$$f_d = \frac{M_d}{I_c}y_2 = \frac{63,340\times10^3}{10,335\times10^6}\times410 = 2.5\ \text{MPa}$$

따라서 M_{cr}은 식 (7 · 8)로부터($y_t = y_2 = 410$ mm이므로)

$$M_{cr} = \frac{I_c}{y_t}(0.5\sqrt{f_{ck}} + f_{se} - f_d)$$

$$= \frac{10,335\times10^6}{410}(0.5\sqrt{35} + 18 - 2.5) = 46,600\times10^4\ \text{N}\cdot\text{mm}$$

추가 사하중 및 활하중에 의한 aa 단면의 계수 전단력과 계수 휨모멘트는[사하중(고정하중) 및 활하중에 대한 하중계수는 각각 1.2 및 1.6이므로(표 5-3 참조)]

$$V_i = \frac{1}{2}(1.2\times4500 + 1.6\times19,000)\times13.7$$

$$-(1.2\times4500 + 1.6\times19,000)\times3.05 = 136,000\ \text{N}$$

$$M_{\max} = \frac{1}{2}(1.2\times4500 + 1.6\times19,000)\times13.7\times3.05$$

$$-\frac{1}{2}(1.2\times4500 + 1.6\times19,000)\times3.05^2 = 581,400\ \text{N}\cdot\text{m}$$

따라서 식 (7 · 17)로부터

$$V_{ci} = 0.05\sqrt{f_{ck}}\,b_w d + V_d + \frac{V_i M_{cr}}{M_{\max}}$$

$$= 0.05\sqrt{35}\times130\times592 + 14,820 + \frac{136,000\times46,600\times10^4}{581,400\times10^3} = 146,600\ \text{N}$$

이 값이 $0.14\sqrt{f_{ck}}\,b_w d$보다 작아서는 안 된다.

$$0.14\sqrt{35}\times130\times592 = 63,800\ \text{N} < V_{ci}\quad(\text{OK})$$

P_e에 의한 단면 도심의 콘크리트 응력은

$$f_{pc} = \frac{P_e}{A_c} = \frac{1,306,000}{162,500} = 8\ \text{MPa}$$

P_e의 수직분력은

$$V_p = P_e\sin\theta = 1306\times\frac{0.29}{4.56} = 83\ \text{kN} = 83,000\ \text{N}$$

따라서 식 (7 · 18)로부터

$$V_{cw}=(0.29\sqrt{f_{ck}}+0.3f_{pc})b_wd+V_p=(0.29\sqrt{35}+0.3\times8)\times130\times592+83.000$$
$$=398,500\text{ N}>146,600\text{ N }(V_{ci})$$

즉, $V_{ci}<V_{cw}$이므로 이 보는 휨전단으로 지배된다. 따라서 콘크리트의 공칭 전단강도 V_c는 V_{ci}의 값을 취한다. 즉

$$V_c=V_{ci}=146,600\text{ N}$$

전체 사하중(고정하중) 및 활하중에 의한 aa 단면의 계수 전단력은

$$V_u=\frac{1}{2}[1.2\times(3900+4500)+1.6\times19,000]\times13.7$$
$$-[1.2\times(3900+4500)+1.6\times19,000]\times3.05=153,800\text{ N}$$

따라서 전단철근이 부담해야 할 전단력은 식 (7 · 15) 및 식 (7 · 16)으로부터

$$\phi V_s=V_u-\phi V_c=153,800-0.75\times146,600=43,850\text{ N}$$

V_s는 $\frac{2}{3}\sqrt{f_{ck}}\,b_wd$보다 커서는 안 된다[식 (7 · 20)의 단서 참조].

$$\phi\left(\frac{2}{3}\sqrt{f_{ck}}\,b_wd\right)=0.75\left(\frac{2}{3}\sqrt{35}\times130\times592\right)=227,000\text{ N}>\phi V_s\quad\text{(OK)}$$

스터럽의 간격을 정하기 위하여 다음 식의 값을 ϕV_s와 비교해 보자.

$$\phi\left(\frac{1}{3}\sqrt{f_{ck}}\,b_wd\right)=0.75\left(\frac{1}{3}\sqrt{35}\times130\times592\right)=113,500\text{ N}>\phi V_s$$

따라서 스터럽의 간격은 $0.75h$ 이하, 또 600 mm 이하로 하면 된다[7.6.4 항 참조].

$$0.75h=0.75\times740=555\text{ mm}<600\text{ mm}$$

D10을 U형 스터럽으로 사용한다면 그 단면적은 $2\times71.3=142.6\text{ mm}^2$이므로 그 간격은 식 (7 · 24)로부터

$$s=\frac{\phi A_vf_yd}{V_u-\phi V_c}=\frac{0.75\times142.6\times300\times592}{43,850}=433\text{ mm}$$

식 (7 · 25)와 식 (7 · 26)의 최소 전단 철근량으로부터 스터럽의 간격을 검토해 보자. 식 (7 · 25)로부터

$$A_{v,\min}=0.0625\sqrt{f_{ck}}\,\frac{b_ws}{f_y}=0.0625\times\sqrt{35}\times\frac{130\times s}{300}=0.16s$$

$$0.35\frac{b_ws}{f_y}=0.35\times\frac{130\times s}{300}=0.15s<0.16s$$

따라서 스터럽의 간격은 위의 첫 번째 식의 $A_{v,\min}$에 스터럽 단면적 142.6 mm^2를 대입하면

$$s=\frac{A_{v,\min}}{0.16}=\frac{142.6}{0.16}=891\,\text{mm}$$

식 (7 · 26)으로부터

$$A_{v,\min}=\frac{A_p}{80}\frac{f_{pu}}{f_y}\frac{s}{d}\sqrt{\frac{d}{b_w}}=\frac{1130}{80}\times\frac{1925}{300}\times\frac{s}{592}\sqrt{\frac{592}{130}}=0.32\,s$$

$$\therefore\ s=\frac{142.6}{0.32}=446\text{ mm}$$

위의 세 값으로 보아 aa 단면에서 스터럽의 최대간격은 433 mm로 지배된다. 따라서 aa 단면에서 스터럽의 간격을 400 mm로 한다.

7.7 수정 압축장 이론과 스트럿-타이 모델

이상에서 다루어 온 전단설계 방법은 기본적으로 시험과 경험에 바탕을 둔 것이다. 그러나 근래에 와서는 이러한 경험적 결과에 근거하기보다는 합리적인 거동 모델에 기초한 해석과 설계방법이 제안되어, 설계기준 등에 반영되기에 이르렀다. 수정 압축장 이론(modified compression field theory)과 스트럿-타이 모델(strut-and-tie model)이 그것이다. 도로교 표준시방서(1996)의 별책 부록 "하중-저항계수 설계편"의 5장 콘크리트교에 이들이 반영되어 있고, 2007년 개정된 콘크리트 구조설계기준 부록 Ⅲ에는 스트럿-타이 모델이 수록되어 있다.

7.7.1 수정 압축장 이론

그림 7 - 10 (a)에 보인 바와 같이 사인장 균열이 발생한 보에는 압축력 C, 인장력 T, 스터럽의 수직 인장력 A_vf_y 및 균열 사이의 경사부 콘크리트의 경사 압축력 f_2가 작용하게 된다. 이러한 관계를 단순화하여 그림 7 - 10 (b)와 같은 트러스 모델로 나타낼 수 있다.

이 트러스 모델은 인장현(tension chord)에 배치된 주철근의 인장력, 압축현(compression chord)으로 작용하는 상부 플랜지 콘크리트의 압축력, 수직방향 인장을 받는 스터럽(수직재)의 인장력, 경사 θ의 사재(diagonal)로 작용하는 사인장 균열 사이의 콘크리트의 압축력으로 이루어진다. 이 경사진 콘크리트 부재는 단면 B-B에 작용하는 전단력에 저항하기 위하여 압축을 받는다. 그림 7 - 10 (b)에 보인 바와 같이 인장을 받는 주철근 및 스터럽을 **인장타이**(tension tie)라 하고 실선으로 나타내며, 압축을 받는 상현재(상부 플랜지) 및 사재(균열 사이의 경사부 콘크리트)를

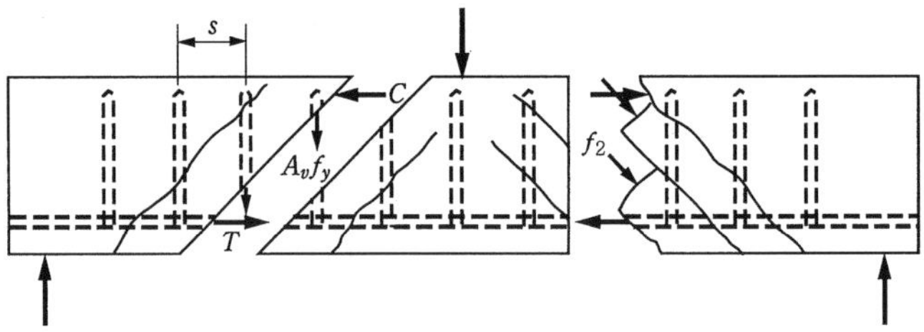

(a) 사인장 균열이 발생한 보의 내력

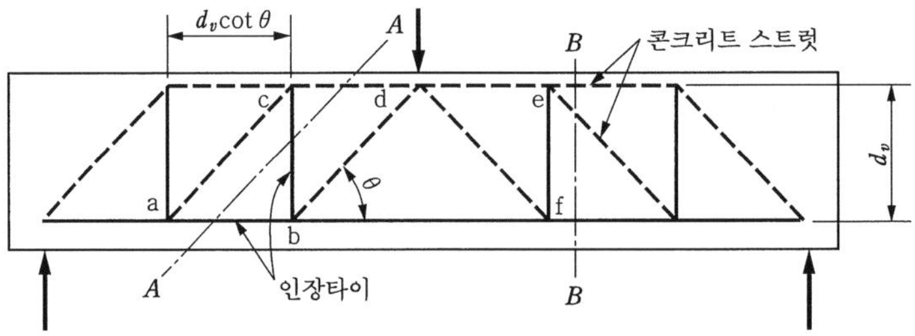

(b) 트러스 모델

그림 7-10 스터럽이 배치된 보의 트러스 모델

콘크리트 스트럿(concrete strut) 또는 **압축 스트럿**(compresssion strut)이라고 하며, 파선(dashed line)으로 나타낸다.

그림 7-11 (a)의 보의 트러스 모델을 보인 것이 그림 7-11 (b)이다. 그림 7-11 (b)에서 하중 P는 경사 압축 스트럿(diagonal compression strut)에 의해 스터럽에 전달되어야 한다. 따라서 하중 P는 3개의 사재(압축 스트럿) AB, AD 및 AF에 의해 절점 B, D 및 F에 전달된다. 또한, 스터럽 BC는 A_vf_y의 수직 인장력을 절점 C에 전달하며, 이것은 사재 CH의 수직분력에 의하여 저항된다.

하중 작용점에서 시작된 경사 압축 스트럿 AB, AD 및 AF를 **압축팬**(compression fan)이라고 한다. 압축팬은 지점 R에도 있으며 RN, RL 및 RJ가 그것이다. 두 압축팬 사이, 즉 나란한 경사 스트럿 CH, EK 및 GM으로 이루어지는 구역을 **압축장**(compression field)이라고 한다. 스트럿, 타이, 압축팬 등은 핀으로 가정되는 트러스 부재의 절점(node) A, B, C 등에서 연결된다.

전단을 받고 있는 PSC 보는 종방향 철근의 응력 f_x, 긴장재의 응력 f_p, 스터럽의 응력 f_v, 콘크리트의 경사 압축응력 f_2 및 그 기울기 θ 등 5개의 미지량을 가지고 있다. 이 미지량들을 구하기 위하여 3개의 평형 방정식, 2개의 적합 조건식(compatibility equation) 및 응력, 변형률에 관련된 재료의 구성관계가 사용된다. 이들을 사용함으로써 전단을 받고 있는 부재의 하중-변형 거동을 얻을 수 있다. 이러한 접

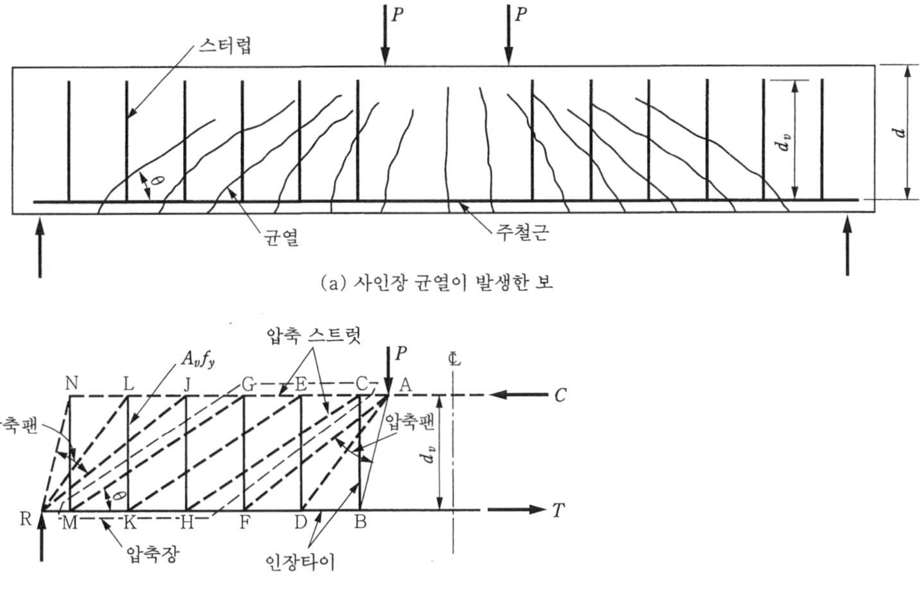

(a) 사인장 균열이 발생한 보

(b) 트러스 모델

그림 7-11 스터럽이 배치된 보의 트러스 모델과 압축장

근방법이 압축장 이론(compression field theory)이다.

수정 압축장 이론은 마찰이나 골재의 맞물림(interlocking)으로 인한 응력이 복부의 경사균열을 지나 전달된다는 것을 제외하고는 압축장 이론과 동일하다. 이 응력의 크기는 균열 폭의 함수이고, 균열 폭은 균열간격과 철근간격의 함수이다.

그림 7-12는 철근 콘크리트 보의 복부에 있어서의 응력장(stress field)을 보인 것이다. 균열이 발생하기 전에는 전단은 주 인장응력 f_1과 주 압축응력 f_2에 의하여 지지된다[그림 7-1 및 그림 7-3 참조]. 사인장 균열이 발생하기 시작하면 콘크리트의 인장응력은 사실상 감소된다. 그래서 압축장 이론에 있어서는 균열발생 후 주 인장응력은 $f_1=0$으로 가정한다. 그러나 수정 압축장 이론에 있어서는 균열과 균열 사이의 콘크리트의 인장응력 f_1이 전단에 기여한다고 생각한다.

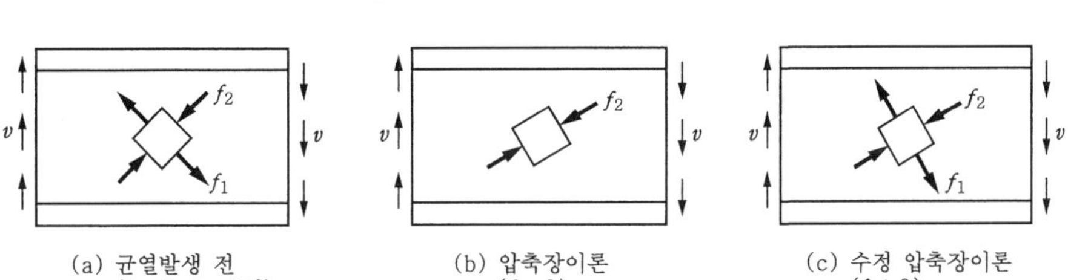

(a) 균열발생 전 ($f_1=f_2, \theta=45°$)　(b) 압축장이론 ($f_1=0$)　(c) 수정 압축장이론 ($f_1 \neq 0$)

그림 7-12 철근 콘크리트 보의 복부의 응력장

수정 압축장 이론은 현행 전단 설계법이 내포하고 있는 결함을 해소하고, 보다 합리적인 전단거동 모델에 기초한 해석과 설계를 위하여 발전된 이론이다. 이 이론은 구조요소들의 응답(response)을 정확하게 예측할 수 있게 하고, 또 파괴하중 및 하중-처짐 거동도 예측할 수 있게 하는 등의 장점을 가지고 있다.

그러나 이 이론을 단순보나 연속보와 같은 구조물의 통상적인 전단설계에 사용하기에는 너무 복잡하다. 다만, 전단과 축방향 하중을 받는 전단벽(shear wall), 격벽(diaphragm), 막구조 요소(membrance element) 등과 같이 복잡한 기하구조를 가지거나 복잡한 하중을 받는 부재의 해석에는 귀중한 도구가 될 수 있다.

7.7.2 스트럿-타이 모델

변형 전에 평면인 단면은 변형 후에도 평면이다라는 평면보존의 법칙이 성립되지 않는 부재 또는 부위 즉 보의 이론을 적용할 수 없는 부재 또는 부위가 있다. 예컨대, 깊은 보(deep beam), 브래킷(bracket) 또는 내민 받침(corbel)이 그렇고, 집중하중의 작용점 부근, 지점반력이 작용하는 부위, 단면이 급변하는 곳, 부재들의 절점영역(nodal zone), 불연속부(discontinuity region) 등이 그러하다. 그리고 프리스트레스트 콘크리트 부재에서는 긴장재의 정착구역(anchorage zone)이 그러하다. 이러한 부재나 구조부분에 작용하는 응력의 흐름(flow of stress)은 매우 복잡하다[그림 6-21, 그림 6-22 참조]. 따라서 이러한 부재나 구조부분은 힘들의 실제흐름에 가까운 설계수순이 요구된다. 이 요구에 적용되는 것이 **스트럿-타이 모델**(strut-and-tie model)이다.

스트럿-타이 모델에서는 부재를 **D영역**(D-region, disturbed region, discontinuity region)과 **B영역**(B-region)으로 구분한다. D영역은 집중하중에 의한 하중 불연속부, 단면이 급변하는 기하학적 불연속부, 그리고 평면보존의 법칙이 성립되지 않는 영역을 말한다. B영역은 평면보존의 법칙이 성립되는 부위를 말한다. 즉 D영역이외의 영역이 B영역이다.

D영역은 콘크리트가 나타내는 압축스트럿(compression strut), 철근이 나타내는 인장타이(tension tie) 및 스트럿과 타이가 교차하는 **절점영역**(nodal zone)으로 모델링할 수 있다. 그림 7-13은 포스트텐션 부재의 정착구역의 스트럿-타이 모델 및 이상화된 트러스 모델을 보인 것이다.

스트럿은 각주(角柱) 또는 균일하게 테이퍼(taper)진 부재로 이상화되며, 그 중심축에 따라 그어지는 파선(dashed line)으로 나타낸다. 철근의 인장력으로 나타내는 타이는 실선으로 나타낸다. 스트럿과 타이가 만나는 절점영역에 있어서의 인장타이의 정착은 D영역 설계의 주요한 부분이다.

D영역에서의 탄성해석은 균열발생 전의 응력의 흐름을 모델링할 수는 있지만, 균열발생 후 있을 수 있는 응력의 재분배는 예측할 수 없다. 그러나 비탄성 유한요소 모델은 파괴에 이를 때까지의 모든 하중에 대한 D영역에서의 응력흐름을 예측할 수 있게 해준다.

아래에 긴장재 정착구역의 보강철근 설계를 예로 들어 스트럿-타이 모델을 설명하기로 한다.

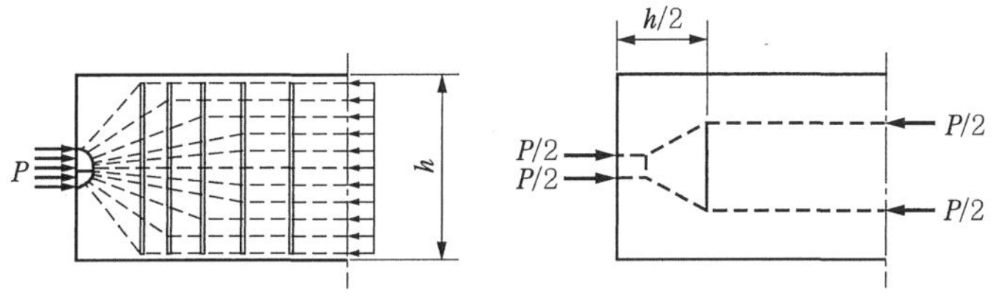

(a) 지압판이 중앙에 있는 경우

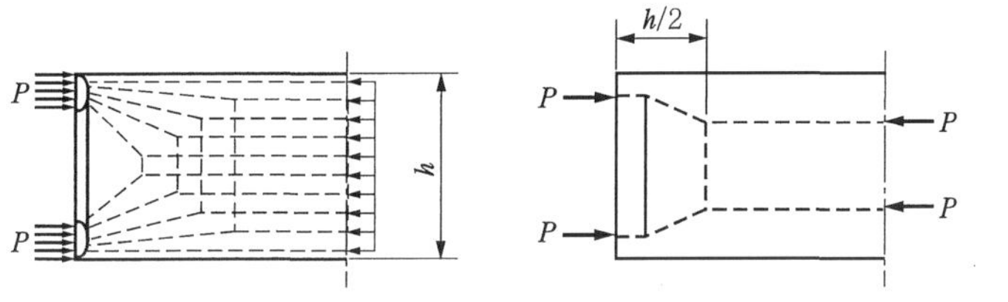

(b) 지압판이 상단과 하단에 있는 경우

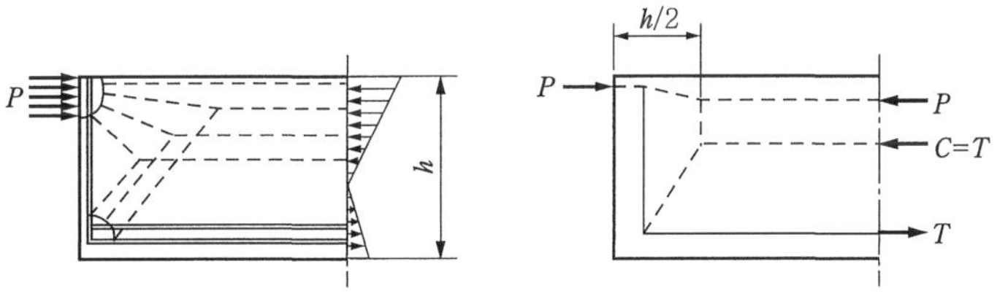

(c) 지압판이 상단에 있는 경우

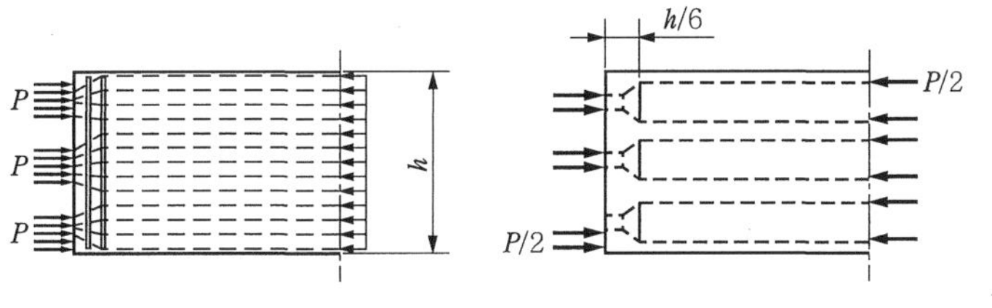

(d) 3개의 지압판이 대칭으로 배치된 경우

그림 7-13 정착구역의 스트럿-타이 모델

예제 7-2. 그림 7-14는 포스트텐션 I형 보의 정착구역(anchorage zone)을 보인 것이다. 각 긴장재는 인장강도가 $f_{pu}=1860$ MPa인 지름 12.7 mm(단면적 98.71 mm^2)의 저 릴랙세이션(low-relaxation) PS 강연선 4개로 이루어져 있다. 긴장재는 $0.75f_{pu}$($=1395$ MPa)로 인장(jacking)하였고, 인장작업시의 콘크리트 강도는 $f_{ci}=34.5$ MPa이고, 보의 단면적은 623,000 mm^{2}이다. 정착부의 보강철근을 스트럿-타이 모델을 사용하여 설계해보자.

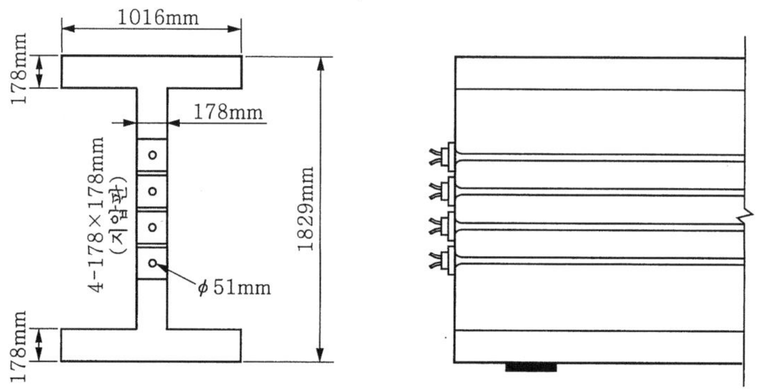

(a) 단 면 (b) 측 면

그림 7-14 포스트텐션 I형 보의 정착구역

풀이 1) 긴장재의 인장강도의 계산

하나의 긴장재가 인장강도 $f_{pu}=1860$ MPa, 단면적 98.71 mm^{2}인 4개의 PS 강연선으로 되어 있으므로 그 인장강도는

$$P=(1860\times98.71)\times4=734,400\text{ N}=734\text{ kN}$$

2) 정착판의 지압응력 검사

각 정착판(anchorage plate)의 순 지압면적(net bearing area)은 그림 7-14로부터

$$A=178\times178-\pi51^2/4=29,600\text{ mm}^2$$

따라서 지압응력은

$$\frac{734,400}{29,600}=24.8\text{ MPa}$$

포스트텐션 보의 정착구역(anchorage zone)은 콘크리트에 대한 강도 감소계수로 $\phi=0.85$를 사용하여 긴장재의 인장강도(ultimate tensile strength)를 발휘할 수 있도록 설계해야 한다[콘크리트 설계기준 9장 9.9.1 및 이 책 5장의 표 5-4 참조].

그러므로 정착구역에서 콘크리트의 허용응력은

$$0.85\phi f_{ci} = 0.85 \times 0.85 \times 34.5 = 24.9\ \text{MPa} > 24.8\ \text{MPa}$$

즉, 지압응력이 허용응력을 넘지 않는다.

3) D-영역 이외의 영역에서의 응력분포

정착구역(D-영역) 이외의 영역에서는 응력은 등분포될 것이다. 각 긴장재가 극한 인장강도에 도달하면, 등분포 압축응력은

$$f_c = \frac{4 \times 734,400}{623,000} = 4.7\ \text{MPa}$$

이 등분포 응력으로 인하여 상하 플랜지에는 각각

$$4.7 \times (1016 \times 178) = 852,000\ \text{N} = 852\ \text{kN}$$

의 압축력이 작용하게 되고, 복부에는

$$4.7 \times 178 \times (1829 - 2 \times 178) = 1,235,000\ \text{N} = 1235\ \text{kN}$$

의 압축력이 작용하게 된다.

4) 스트럿-타이 모델

복부를 지나 플랜지에 이르는 압축응력의 흐름(flow)은 그림 7-15에 보인 바와 같은 스트럿-타이 모델로 모델링할 수 있다. 높이 712 mm(=178×4)의 지압면에 작용하는

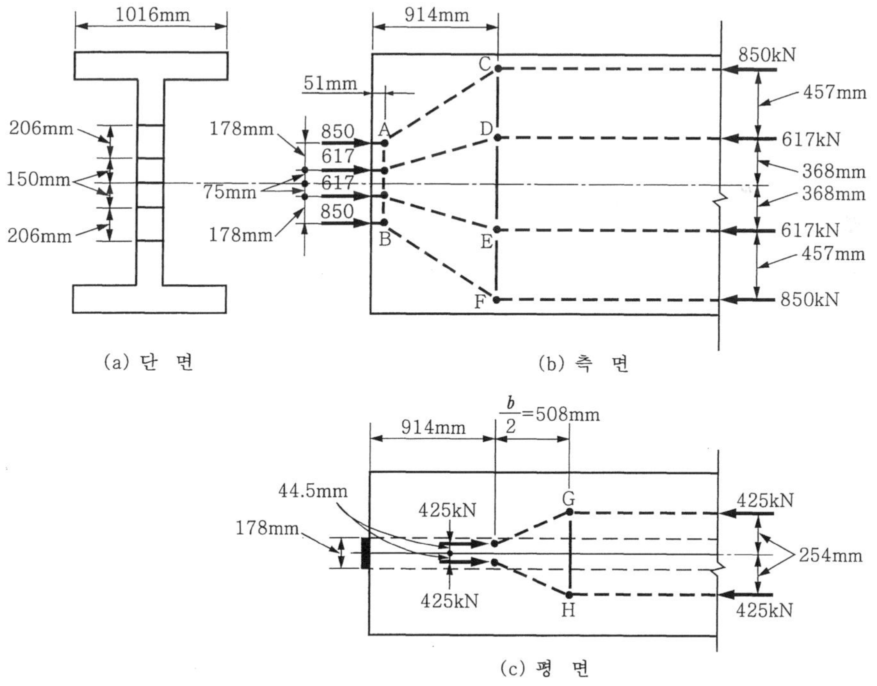

그림 7-15 복부 및 플랜지의 응력분산을 보인 스트럿-타이 모델

총지압력 2934 kN($=4.7\times623{,}000=2{,}934{,}000$ N)은 플랜지 쪽으로 흐르는 두 힘과 복부로 흐르는 두 힘으로 분할해야 한다. 즉, 총지압력의 $\frac{1}{2}$을 플랜지 면적과 복부의 $\frac{1}{2}$ 면적에 따라 비례배분하면, 하나의 플랜지에 걸리는 힘은

$$\frac{1016\times178}{(1016\times178)+178\times(1829-2\times178)\times\frac{1}{2}}\times\frac{2,934,000}{2}=850,480\text{ N}=850\text{ kN}$$

복부의 $\frac{1}{2}$ 면적에 걸리는 압축력은

$$\frac{2934}{2}-850=617\text{ kN}$$

따라서 이들 압축력에 비례하여 복부의 지압면적을 분할하면 그림 7-15 (a)와 같이 되고, 위에서 계산한 4힘은 그림 7-15 (b) 및 (c)와 같이 된다.

5) 인장타이의 인장력

그림 7-15 (b)를 참고하면 압축 스트럿 AC의 길이는

$$\overline{AC}=\sqrt{(914-51)^2+[457+368-(178+75)]^2}=1035\text{ mm}$$

$\overline{AC}$가 수평과 이루는 각을 θ라고 하면

$$\cos\theta=\frac{914-51}{1035}=0.8338$$

$$\sin\theta=\frac{457+368-178-75}{1035}=0.5526$$

그림 7-15 (b)의 절점 A에 작용하는 압축력이 850 kN이므로, 스트럿 AC의 압축력은

$$AC=\frac{850}{\cos\theta}=\frac{8500}{0.8338}=1019\text{ kN}$$

인장타이 CD의 인장력은 절점 C에서 $\sum V=0$을 적용함으로써

$$CD=AC\times\sin\theta=1019\times0.5526=563\text{ kN}$$

인장타이 EF의 인장력도 563 kN이다. 같은 방법에 의하여

인장타이 DE의 인장력 $=772$ kN

인장타이 GH의 인장력 $=175$ kN

6) 보강철근의 계산

$f_y=400$ MPa인 철근 $D13$(단면적 126.7 mm^2)을 폐쇄 스터럽으로 사용한다면, 그 극한 인장강도(ultimate tensile strength)는 강도 감소계수 $\phi=0.85$를 사용해야 하므로[표 5-4 참조]

$$0.85\times400\times(126.7\times2)=86,000\text{ N}=86\text{ kN}$$

따라서 복부에 필요한 스터럽의 수는

$$\frac{772}{86}=9.0$$

$D13$의 폐쇄 스터럽 10개를 210 mm의 간격으로 그림 7 - 16 (b)와 같이 배치한다. 단부면(end face)의 스터럽은 할렬균열(spalling crack)에 대비한 것이다.

상하 플랜지에 $D13$의 단일 스터럽을 배치하기로 하면, 그 극한 인장강도는

$$0.85\times400\times126.7=43,000\ \text{N}=43\ \text{kN}$$

필요한 스터럽의 수는

$$\frac{175}{43}=4.1$$

상부 및 하부 플랜지에 각각 $D13$ 스터럽 5개를 250 mm의 간격으로 그림 7 - 16 (c)와 같이 배치한다.

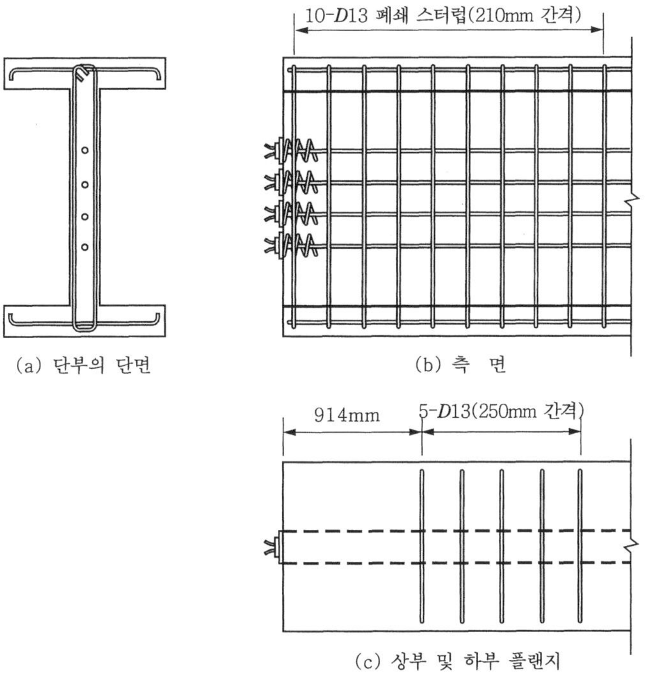

그림 7 - 16 정착구역의 보강철근

7.8 비틀림 설계

휨모멘트와 전단력 외에 비틀림 작용까지 받는 부재가 있다. 그림 7 - 17은 그 예를 보인 것이다. 그림 7 - 17 (a)는 캔틸레버 슬래브의 경우이고, 그림 7 - 17 (b)는 박

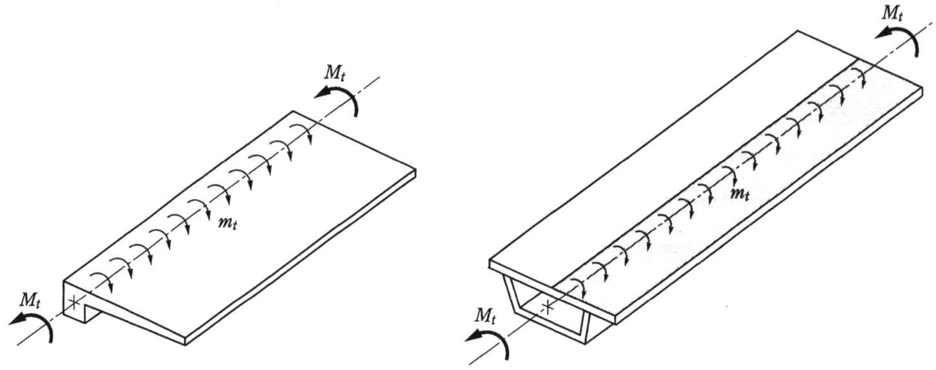

(a)　　　　　　　　　　　　　　(b)

그림 7 - 17　비틀림을 받는 부재의 예

스 거더(box girder)의 교량의 경우이다. 그림 7 - 17 (b)에서 한쪽 차선에만 하중이 실리면 비틀림 응력을 받게 된다.

종래는 콘크리트 구조물에 있어서 이와 같은 비틀림의 영향을 2차적인 것으로 보고 무시하여 왔다. 그러나 최근에는 구조물의 대형화, 제한된 입지조건으로 인한 비대칭 구조의 채택 등으로 말미암아 비틀림의 영향을 설계에 고려하지 않으면 안 될 경우가 많아졌다.

7.8.1　PSC 부재의 균열 비틀림 모멘트

[1] 복부철근이 없는 보의 비틀림

그림 7 - 18은 복부철근이 배치되어 있지 않고 또 프리스트레스 힘의 작용도 없는 콘크리트 보의 양끝에 크기가 같고 방향이 반대인 비틀림 모멘트(torque) T를 받고 있는 직사각형 단면의 부재를 보인 것이다. 콘크리트가 탄성을 나타내는 동안에는 비틀림 전단응력(torsional shear stress)은 그림 7 - 18 (b)와 같은 분포를 보인다. 이때 최대 전단응력은 긴 변의 중앙에서 일어난다. 콘크리트가 비탄성 변형을 나타내면, 응력은 파선으로 나타낸 분포를 보인다.

이 전단응력은 그림 7 - 18 (a)와 같이 작용한다. 즉, 전단방향에 대하여 45°의 기울기를 가지고, 요소의 면 뒤에서 같은 크기의 인장응력과 압축응력으로 작용한다. 이 경사된 인장응력은 7.2 절에서 설명한 전단응력과 같다. 그러나 비틀림의 경우에는 그림 7 - 18 (a)에 보인 바와 같이 사인장 응력은 서로 90°의 각을 이룬다.

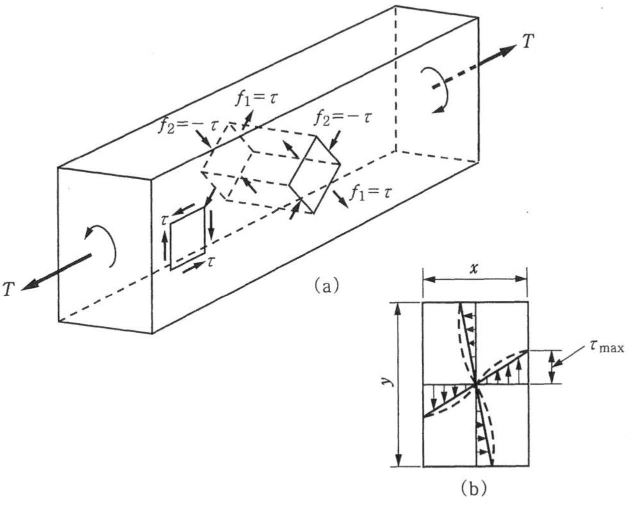

그림 7-18 비틀림에 의한 응력

사인장 응력이 콘크리트의 인장강도를 초과하면 균열이 발생한다. 사인장 균열을 일으키는 비틀림 모멘트를 **균열 비틀림 모멘트**(cracking torque, 또는 cracking torsional moment)라 하고 T_{cr}로 나타낸다.

[2] 박벽관 입체 트러스 이론에 의한 해석

종래는 경사-휨 이론(skew-bending theory)에 의해서 비틀림을 해석하고 설계해 왔으나, 최근에는 **박벽관 입체 트러스 이론**(thin-walled tube, space truss analogy)이 사용되고 있다.

이 이론에서는 전단응력은 부재 둘레를 둘러감은 두께 t에 걸쳐서 일정한 것으로 본다. 그리고 부재는 그림 7-19와 같은 **박벽관**(thin-walled tube)으로 되어 있다고 생각한다. 관(tube)의 벽 안에서 비틀림 모멘트는 **전단흐름**(shear flow) q에 의해 저항된다. q는 단위 길이에 대한 힘의 단위이다. 이 이론에서 q는 관의 둘레 길이에 따라 일정한 것으로 본다.

그림 7-19에 보인 바와 같이 전단흐름의 개개의 분력의 합력은 관의 벽 안에 있으며, 수직벽에서는 y_0의 길이에 작용하고, 수평벽에서는 x_0 길이에 작용한다. x_0 및 y_0는 벽의 중심에서 측정된 값이다.

비틀림 모멘트 T와 전단흐름 q와의 관계는 관의 중심선에 대한 모멘트의 합계를 취함으로써 다음과 같이 된다.

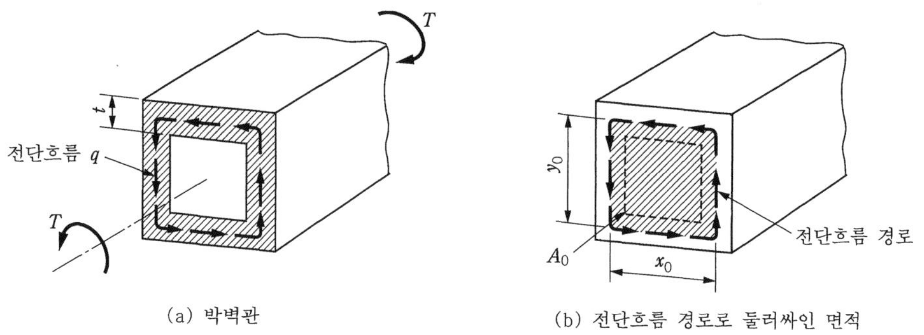

그림 7-19 박벽관

$$T = 2qx_0y_0/2 + 2qy_0x_0/2 \tag{ⓐ}$$

위의 식의 우변은 저항 비틀림 모멘트에 대한 수평벽 및 수직벽의 기여를 나타낸다. 위의 식을 정리하면

$$T = 2qx_0y_0 \tag{ⓑ}$$

x_0y_0는 전단흐름 경로(shear flow path)로 둘러싸인 면적이며, 이것을 $A_0(=x_0y_0)$로 나타내면

$$T = 2qA_0 \tag{ⓒ}$$

따라서 전단흐름 q는

$$q = \frac{T}{2A_0} \tag{ⓓ}$$

A_0는 속빈 박스단면(hollow box section)에도 적용된다. 이 경우 중앙의 속빈 부분의 면적도 A_0에 포함시킨다.

관의 벽 두께가 t일 때, 관의 벽 안에 작용하는 단위 전단응력 τ는 다음과 같이 된다.

$$\tau = \frac{q}{t} = \frac{T}{2A_0t} \tag{7·27}$$

그림 7-18 (a)에 보인 바와 같이 주 인장응력은 $f_1=\tau$이다. 그래서 $\tau=f_1=f_r$ (f_r는 콘크리트의 인장강도)일 때만 콘크리트에 균열이 발생될 것이다. 콘크리트가 2축의 인장과 압축하에 있음을 감안하여, f_r를 보통 콘크리트의 파괴계수(인장강도) $0.63\sqrt{f_{ck}}$보다 작게 $\frac{1}{3}\sqrt{f_{ck}}$를 취한다. 여기서 f_{ck}(MPa)는 콘크리트의 설계 기준강

도이다. 식 (7 · 27)에 $\tau=\tau_{cr}=\frac{1}{3}\sqrt{f_{ck}}$를 대입하고, T에 관하여 풀면 다음과 같이 균열 비틀림 모멘트 T_{cr}를 얻을 수 있다.

$$T_{cr}=\frac{1}{3}\sqrt{f_{ck}}\,(2A_0t) \qquad (7 \cdot 28)$$

A_0가 전단흐름 경로에 의해 둘러싸인 면적이므로, A_0는 전체 콘크리트 단면 A_{cp}의 외측 둘레 길이로 둘러싸인 면적의 일부분이다. 일반적으로 t값은 근사적으로 A_{cp}/p_{cp}로 나타낼 수 있다. 여기서 p_{cp}는 단면의 둘레 길이이다. 직사각형 단면의 속 찬 부재에 있어서 t는 단면의 최소 폭의 1/6~1/4의 범위에 있다. 폭/높이=0.5인 부재에 대하여 1/4을 취한다면 A_0는 다음과 같이 된다.

$$A_0=\frac{2}{3}A_{cp}$$

따라서

$$t=\frac{3}{4}\frac{A_{cp}}{p_{cp}}$$

위의 값들을 식 (7 · 28)에 대입하면

$$T_{cr}=\frac{1}{3}\sqrt{f_{ck}}\,\frac{A_{cp}^2}{p_{cp}} \qquad (7 \cdot 29)$$

이 T_{cr}가 철근 콘크리트 부재의 균열 비틀림 모멘트이다.

[3] PSC보의 균열 비틀림 모멘트

프리스트레스트 콘크리트 부재에 있어서는 비틀림 균열하중이 프리스트레스에 의하여 증가된다. 그래서 PSC 부재에 있어서 비틀림은 RC 부재의 비틀림의 $\sqrt{1+\frac{f_{pc}}{\sqrt{f_{ck}}/3}}$배로 본다.

따라서 PSC 부재의 균열 비틀림 모멘트는 다음과 같이 된다.

$$T_{cr}=\frac{1}{3}\sqrt{f_{ck}}\,\frac{A_{cp}^2}{p_{cp}}\sqrt{1+\frac{f_{pc}}{\sqrt{f_{ck}}/3}} \qquad (7 \cdot 30)$$

여기서 f_{ck} : 콘크리트의 설계기준 강도(MPa)

A_{cp} : 콘크리트 단면에서 외부 둘레로 둘러싸인 면적(mm^2)

p_{cp} : 콘크리트 단면의 외부 둘레길이(mm)

f_{pc} : 유효 프리스트레스 힘으로 인한 단면 도심에서의 콘크리트의 압축응력(MPa)

식 (7・30)에서 f_{pc}는 모든 손실 후 유효 프리스트레스에 의하여 단면도심의 콘크리트에 일어나는 압축응력이다.

7.8.2 비틀림 철근이 배치된 보의 비틀림 해석

비틀림 모멘트 T_{cr}에 저항시키기 위하여 폐쇄 스터럽(폐합 스터럽, closed stirrup)과 종방향 철근(longitudinal bar)이 사용된다. 이들을 비틀림 철근(torsion reinforcement)이라고 한다.

그림 7-20 (a)는 비틀림 철근으로 보강된 단면을 보인 것이다. 이 보가 균열 비틀림 모멘트를 받으면 그림 7-20 (b)에 보인 바와 같은 나선형의 균열을 일으킨다. 이때 콘크리트의 비틀림 저항은 철근에 의해 저항되고 있는 비균열 부재의 저항강도의 1/2 정도로 저하된다. 이것은 내력(내적 저항)의 재분배에 기인하는 것이다.

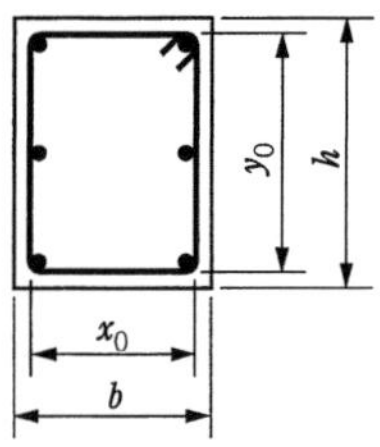

(a) 비틀림 철근

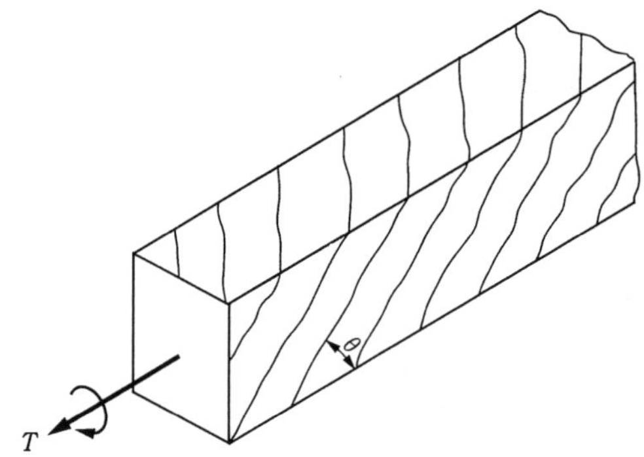

(b) 비틀림 균열

그림 7-20 비틀림을 받고 있는 콘크리트 보

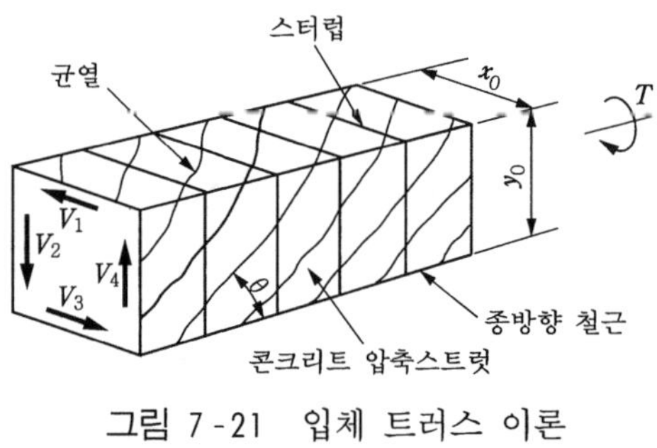

그림 7-21 입체 트러스 이론

부재의 비틀림 저항의 해석은 부재를 나선형 콘크리트 사재(spiral concrete diagonal)로 이루어지는 입체 트러스(space truss)로 취급함으로써 이루어진다. 이 경우 횡방향 인장타이(tension tie)는 폐쇄 스터럽에 의해 얻어지고, 인장현(tension chord)은 종방향 철근에 의해 얻어진다. 이것이 박벽관, 입체 트러스 이론의 생각이며, 그림 7-21에 보인 바와 같이 실제 거동의 단순화를 잘 보여 주고 있다.

그림 7-21을 참고하면 이 부재의 비틀림 저항은 등가의 속빈 관(equivalent hollow tube)의 네 변의 전단력의 합계로 나타낼 수 있다. 예컨대, 관의 우측벽에 작용하는 전단력이 비틀림 저항에 기여하는 몫은 다음과 같다.

$$T_4 = \frac{V_4 x_0}{2} \qquad \text{ⓐ}$$

각 θ인 비틀림 균열에 평행한 한 변에서 수직벽의 단면의 평형은 그림 7-22 (a)로부터 얻을 수 있다.

균열과 교차된 스터럽이 항복상태에 있다면, 벽에 있어서의 전단력은

$$V_4 = nA_t f_{yv} \qquad \text{ⓑ}$$

여기서 A_t : 폐쇄 스터럽의 다리(leg) 하나의 단면적

f_{yv} : 폐쇄 스터럽의 항복강도

n : 균열과 교차된 스터럽의 수

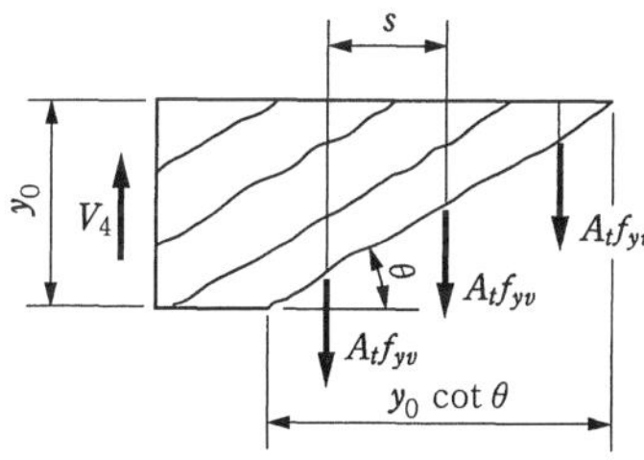

(a) 스터럽의 수직 인장력

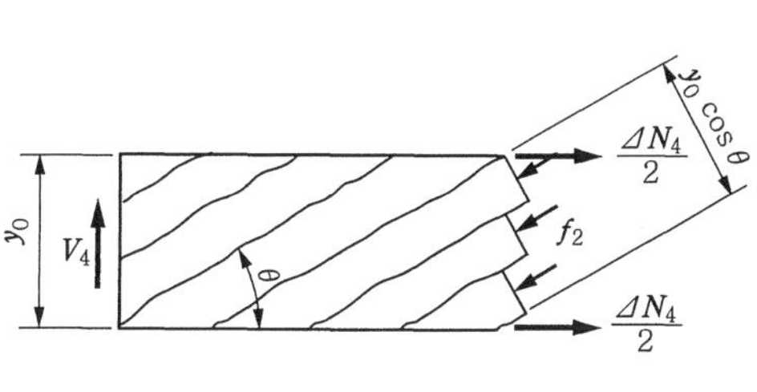

(b) 수직벽의 경사 압축력

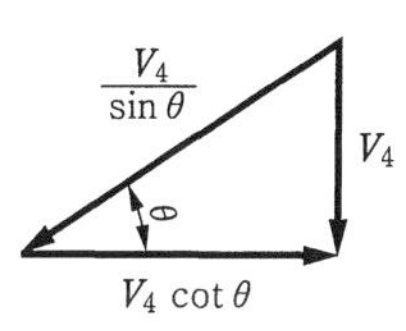

(c) 수직벽에서 힘의 평형

그림 7-22 비틀림의 설계

콘크리트의 압축 스트럿(그림 7-21)의 기울기를 θ, 스터럽의 간격을 s라고 하면, 균열의 수평 정사영(horizontal projection)은 $y_0 \cot\theta$이고, 균열과 만나는 스터럽의 수는 $n = y_0 \cot\theta / s$이므로 식 ⓑ는 다음과 같이 된다.

$$V_4 = \frac{A_t f_{yv} y_0}{s} \cot\theta \qquad ⓒ$$

이것을 식 ⓐ에 대입하면

$$T_4 = \frac{A_t f_{yv} y_0}{2s} \cot\theta \qquad ⓓ$$

각각의 수평 및 수직벽에 대하여 식 ⓓ와 같은 식을 얻을 수 있으므로, 이들 네 변의 값을 더하면 다음과 같이 공칭 비틀림 강도를 얻을 수 있다.

$$T_n = \sum_{i=1}^{4} T_i = \frac{2A_t f_{yv} y_0 x_0}{s} \cot\theta \qquad ⓔ$$

$x_0 y_0 = A_{0h}$(폐쇄 스터럽의 중심선으로 둘러싸인 면적)로 보면 위의 식은 다음과 같이 된다.

$$T_n = \frac{2A_{0h} A_t f_{yv}}{s} \cot\theta \qquad (7 \cdot 31)$$

비틀림 균열에 평행한 경사 압축 스트럿은 단면의 평형에 필요하다. 그림 7-22 (b), (c)에 보인 바와 같이 수직벽에서 스트럿의 압축력의 수평분력은 축방향 인장력 ΔN_4와 비겨야 한다. 부재 둘레의 전단흐름이 등분포한다면, 스트럿의 경사응력도 등분포로 볼 수 있다. 따라서 축방향력의 합력의 작용선은 벽의 중앙 높이와 일치한다. 그림 7-22 (c)를 참고하면, 비틀림의 존재로 인한 축방향력의 변화에 대한 우측 벽의 기여는 다음과 같이 된다.

$$\Delta N_4 = V_4 \cot\theta = \frac{A_t f_{yv} y_0}{s} \cot^2\theta$$

따라서 네 변에 대한 값들을 합산하면, 총축방향력은

$$\Delta N = \sum_{i=1}^{4} \Delta N_i = \frac{A_t f_{yv}}{s} 2(x_0 + y_0) \cot^2\theta \qquad (7 \cdot 32\,\mathrm{a})$$

$$= \frac{A_t f_{yv} p_h}{s} \cot^2\theta \qquad (7 \cdot 32\,\mathrm{b})$$

여기서 p_h : 폐쇄 스터럽 중심선의 둘레 길이$= 2(x_0 + y_0)$

ΔN은 종방향 철근이 지지해야 하므로

$$A_l f_{yl} = \frac{A_t f_{yv} p_h}{s} \cot^2\theta \tag{7·33}$$

$$\therefore A_l = \frac{A_t}{s} p_h \frac{f_{yv}}{f_{yl}} \cot^2\theta \tag{7·34}$$

여기서 A_l : 비틀림에 저항하기 위한 종방향 철근의 총 단면적

f_{yl} : 종방향 철근의 항복강도

균열이 발생한 후에는 전단흐름 경로로 둘러싸인 유효면적은 앞에서 사용한 A_{0h}보다 약간 작다는 것이 알려져 있다. 감소된 값으로 $A_0 = 0.85 A_{0h}$가 추천되고 있다. 여기서 A_{0h}는 횡방향 철근의 중심선으로 둘러싸인 면적이다. 따라서 식 (7·31)에서 A_{0h}는 A_0로 대치되어야 한다. 극한하중에 가까운 하중하에서 등가의 관 두께는 $t = A_{0h}/p_h$로 볼 수 있다. 여기서 p_h는 A_{0h}의 둘레 길이이다.

7.8.3 전단과 비틀림의 조합작용

프리스트레스트 콘크리트 부재에서 프리스트레스 힘의 수직분력에 의한 전단력의 영향을 무시하면, 공칭 전단응력은

$$v_v = \frac{V}{b_w d}$$

이고, 비틀림 전단응력은 식 (7·27)에 주어진

$$\tau_t = \frac{T}{2A_0 t}$$

이다. 그림 7-23 (a)에 보인 바와 같이 속빈 단면에 있어서 이 응력들은 부재의 한 변에서 서로 더하면 된다. 따라서 $A_0 = 0.85 A_{0h}$ 및 $t = A_{0h}/p_h$인 균열단면에 있어서는 다음과 같이 된다.

$$\tau = v_v + \tau_t = \frac{V}{b_w d} + \frac{T p_h}{1.7 A_{0h}^2} \tag{7·35}$$

한편, 그림 7-23 (b)에 보인 바와 같이 속찬 단면에 있어서는 비틀림 전단응력 τ_t는 속빈 관 유사법(hollow tube analogy)에 의해 나타내어진 바와 같이 단면의 둘레 길이에 분포된다. 그러나 전단력에 의한 전단응력 v_v는 그림 7-23 (b)의 오른쪽 그림과 같이 전체 단면에 분포된다. 그래서 속이 찬 단면의 τ는 식 (7·35) 대신

다음 식으로 주어진다.

$$\tau = \sqrt{\left(\frac{V}{b_w d}\right)^2 + \left(\frac{Tp_h}{1.7A_{0h}^2}\right)^2} \tag{7 · 36}$$

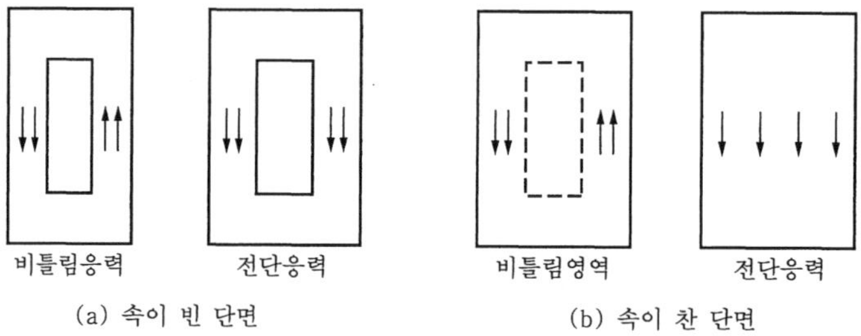

그림 7 - 23 비틀림 응력과 전단응력의 합산

7.8.4 비틀림 철근의 설계

[1] 설계의 원칙

비틀림 설계는 다음 관계를 만족하도록 해야 한다.

$$T_u \leqq \phi T_n \tag{7 · 37}$$

여기서 T_u : 계수 비틀림 모멘트(factored torsional moment) [계수하중(factored load)에 의한 소요 비틀림 강도(required torsional strength)]

T_n : 부재의 공칭 비틀림 강도(nominal torsional strength)

ϕ : 비틀림에 대한 강도 감소계수(=0.75)(표 5 - 4)

T_n은 식 (7 · 31)에 A_{0h} 대신 A_0를 대입함으로써 다음과 같이 된다.

$$T_n = \frac{2A_0 A_t f_{yv}}{s} \cot\theta \tag{7 · 38}$$

PSC 부재에 있어서는 지점면으로부터 $h/2$(h는 부재 높이) 이내에 있는 단면은 $h/2$의 단면에서 계산된 비틀림 모멘트 T_u를 사용하여 설계한다.

그러나 집중적인 비틀림 모멘트(concentrated torque)가 $h/2$ 이내에서 작용할 때는 지점면을 위험단면으로 본다.

[2] 비틀림의 영향을 고려하지 않아도 되는 최소 비틀림 모멘트

PSC 부재에 있어서 계수 비틀림 모멘트 T_u가 다음 관계를 만족하면 비틀림의 영향을 무시한다.

$$T_u < \phi\left(\frac{\sqrt{f_{ck}}}{12}\right)\frac{A_{cp}^2}{p_{cp}}\sqrt{1+\frac{f_{pc}}{\sqrt{f_{ck}}/3}} \tag{7·39}$$

여기서 A_{cp} : 외부 둘레로 둘러싸인 콘크리트 단면적$= x_0 y_0 (\mathrm{mm}^2)$

p_{cp} : 콘크리트 단면의 외부 둘레 길이$= 2(x_0 + y_0)(\mathrm{mm})$

f_{pc} : 모든 손실 후 유효 프리스트레스로 인한 단면 도심축에서의 콘크리트 압축응력(MPa)

위의 식의 우변의 값은 식 (7·30)의 균열 비틀림 모멘트의 25%이고, 설계목적을 위하여 감소계수 $\phi(=0.75)$가 사용된다.

[3] 비틀림 모멘트 강도와 단면치수의 제한

사용하중 하에서 전단과 비틀림의 조합작용으로 인한 경사균열의 폭은 계수 전단력(factored shear) 및 계수 비틀림 모멘트(factored torque)로 계산된 전단응력 τ_{max}을 다음과 같이 제한함으로써 규제된다.

$$\tau_{max} \leqq \phi\left(\frac{V_c}{b_w d}+\frac{2}{3}\sqrt{f_{ck}}\right) \tag{7·40}$$

식 (7·35)를 고려하면 위의 식은 다음과 같이 속빈 단면의 단면치수에 대한 제한이 얻어진다.

$$\frac{V_u}{b_w d}+\frac{T_u p_h}{1.7A_{0h}^2} \leqq \phi\left(\frac{V_c}{b_w d}+\frac{2}{3}\sqrt{f_{ck}}\right) \tag{7·41}$$

속이 찬 단면에 대하여는 식 (7·36)을 고려함으로써 다음과 같이 된다.

$$\sqrt{\left(\frac{V_u}{b_w d}\right)^2+\left(\frac{T_u p_h}{1.7A_{0h}^2}\right)^2} \leqq \phi\left(\frac{V_c}{b_w d}+\frac{2}{3}\sqrt{f_{ck}}\right) \tag{7·42}$$

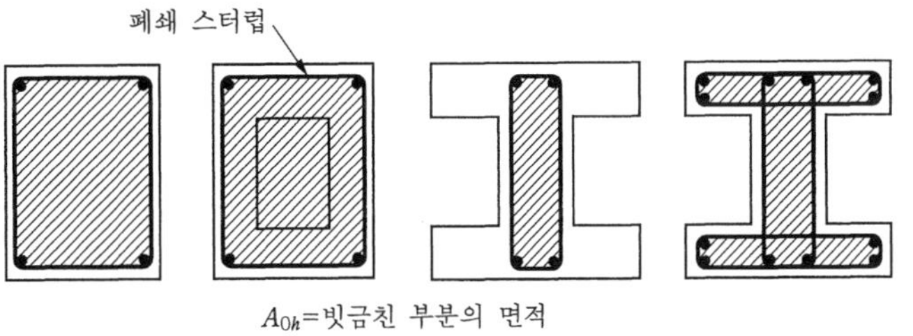

그림 7-24 A_{0h}의 정의

식 (7 · 41) 및 식 (7 · 42)가 만족되지 않을 경우에는 부재의 단면치수 또는 콘크리트 강도 중 어느 하나를 증가시켜야 한다.

균열이 발생된 후에는 비틀림 모멘트는 가장 바깥쪽에 있는 폐쇄 스터럽의 중심선으로 둘러싸인 면적 A_{0h}에 의해 저항된다. 여러 가지 단면에 대한 A_{0h}를 보인 것이 그림 7 - 24이다.

벽 두께가 속빈 단면의 둘레 길이에 따라 변화할 경우에는, 식 (7 · 41)은 좌변이 최대로 되는 위치에서 검토되어야 한다.

벽 두께가 식 (7 · 35)에서 사용한 $t(=A_{0h}/p_h)$보다 작을 경우에는 실제의 t값을 비틀림 전단응력의 계산에 사용해야 한다. 따라서 이 경우 식 (7 · 41)의 좌변의 제 2 항은 다음 값을 취해야 한다.

$$\frac{T_u}{1.7A_{0h}t}$$

여기서 t는 응력을 검토하는 위치에서 속빈 단면의 벽 두께이다.

[4] 비틀림 철근

(1) 폐쇄 스터럽

공칭 비틀림 강도는 식 (7 · 38)로 주어져 있다. 이 식에서 θ는 30°보다 작거나 60°보다 크게 취해서는 안 된다. 종방향 철근의 인장강도의 40% 이상의 유효 프리스트레스 힘을 가지는 PSC 부재에 있어서는 $\theta=37.5°$를 취한다. 이보다 작은 프리스트레스 힘을 가지는 PSC 부재에 있어서는 $\theta=45°$를 취한다. 또, 식 (7 · 38)에서 전단흐름으로 둘러싸인 면적은 $A_0=0.85\,A_{0h}$로 보아도 좋다.

식 (7 · 38)을 식 (7 · 37)에 대입함으로써, 비틀림에 필요한 스터럽의 다리(leg) 하나의 단면적은 다음과 같이 된다.

$$A_t=\frac{sT_u}{2\phi A_0 f_{yv}\cot\theta} \qquad (7 \cdot 43)$$

비틀림 철근의 설계 항복강도는 $f_{yv}\leqq 400$ MPa라야 한다.

비틀림과 전단에 대한 스터럽의 요구량을 서로 더해서, 최소한의 전체 소요량이 만족되도록 스터럽을 배치해야 한다.

따라서 스터럽의 전체 단면적은 다음과 같이 된다.

$$\frac{A_{v+t}}{s}=\frac{A_v}{s}+2\frac{A_t}{s} \qquad (7 \cdot 44)$$

여기서 A_v : 전단에 대한 스터럽의 단면적

A_t : 비틀림에 대한 폐쇄 스터럽의 단면적

폐쇄 스터럽의 간격은 $p_h/8$ 이하라야 하고, 또 300 mm 이하라야 한다.

(2) 종방향 철근

비틀림에 저항하는 데 요구되는 종방향 철근의 단면적 A_l은 식 (7·34)에 주어져 있다. 이것을 여기에 다시 옮기면

$$A_l = \frac{A_t}{s} p_h \frac{f_{yv}}{f_{yl}} \cot^2\theta \qquad (7 \cdot 34)$$

위의 식에서 θ는 폐쇄 스터럽 A_t를 계산할 때의 θ와 같게 취한다. 또, A_t/s는 식 (7·43)으로 계산된 값을 사용한다.

종방향 철근은 단면 둘레에 분포시켜야 하며, 그 간격은 300 mm 이하라야 한다. 그 지름은 횡방향 철근간격의 1/24 이상인 것이라야 한다.

(3) 최소 비틀림 철근

계수 비틀림 모멘트 T_u가 식 (7·39)로 계산되는 값을 초과하는 구역에서는 다음 식들로 계산되는 값 이상의 비틀림 철근을 배치해야 한다.

최소 횡방향 철근량(폐쇄 스터럽의 최소 단면적)은

$$A_v + 2A_t = 0.063\sqrt{f_{ck}}\frac{b_w s}{f_{yv}} \qquad (7 \cdot 45)$$

그러나 $0.35\dfrac{b_w s}{f_{yv}}$보다 적어서는 안 된다.

최소 종방향 철근량은

$$A_{l,\min} = \frac{0.42\sqrt{f_{ck}}A_{cp}}{f_{yl}} - \left(\frac{A_t}{s}\right)p_h\frac{f_{yv}}{f_{yl}} \qquad (7 \cdot 46)$$

여기서 $\dfrac{A_t}{s} \geqq 0.175\dfrac{b_w}{f_{yv}}$라야 한다.

비틀림 철근은 계산상 필요한 점을 지나 $(b_t + d)$ 이상 연장 배치해야 한다. 여기서 b_t는 폐쇄 스터럽이 배치된 단면의 폭이다.

예제 7-3. 그림 7-25 (a)와 같은 단면을 가진 단순보가 24.8 kN/m의 추가 사하중(고정하중)과 17.8 kN/m의 활하중을 둘 다 22 cm의 편심 거리로 받고 있다. 보에는 P_e=1360 kN의 유효 프리스트레스 힘이 d_p=61 cm의 유효 깊이를 가지고 작

용하고 있다. 받침부로부터 $h/2$ 떨어진 단면의 전단철근과 비틀림 철근을 설계하라. 콘크리트의 설계기준 강도는 $f_{ck}=35$ MPa이고 철근은 $f_y=300$ MPa의 것을 사용한다.

풀이 1) 전단력 및 비틀림 모멘트의 계산

보의 자중은

$$w_{d1}=2500\,(\text{kg/m}^3)\times(0.30\times0.76)=570\text{ kgf/m}=5700\text{ N/m}$$

계수하중(fatored load)은〔5장의 표 5-3 참조〕

$$w_1=1.2\,w_{d1}=1.2\times5700=6840\text{ N/m}$$
$$w_2=1.2\,w_{d2}+1.6w_l=1.2\times24,800+1.6\times17,800=58,240\text{ N/m}$$

따라서 지점에서의 계수 전단력과 계수 비틀림 모멘트는

$$V_u=\frac{1}{2}\times(6840+58,240)\times9.14=297,400\text{ N}$$
$$T_u=58,240\times0.22\times\frac{9.14}{2}=12,810\times\frac{9.14}{2}=58,540\text{ N·m}$$

PSC 보에서 전단과 비틀림에 대한 위험단면은 지점면으로부터 지간 중앙 쪽으로 $h/2$ ($=76/2=38$ cm)의 거리에 있는 단면이다. 따라서 위험단면에서의 계수 전단력과 계수 비틀림 모멘트는 각각 다음과 같다.

$$V_u=297,400\times\frac{4.57-0.38}{4.57}=276,670\text{ N}$$
$$T_u=58,540\times\frac{4.57-0.38}{4.57}=53,670\text{ N·m}$$

이 값들이 그림 7-25 (c) 및 (d)에 나타나 있다.

2) 비틀림 철근의 필요여부 검토

그림 7-25 (a)를 참고하면, 콘크리트 단면의 둘레 길이로 둘러싸인 면적 A_{cp} 및 그 둘레 길이 p_{cp}는

$$A_{cp}=30\times76=2280\text{ cm}^2=228,000\text{ mm}^2$$
$$p_{cp}=30\times2+76\times2=212\text{ cm}=2120\text{ mm}$$

유효 프리스트레스 힘 $P_e=1360$ kN에 의한 단면도심의 콘크리트 응력은

$$f_{pc}=\frac{P_e}{A_c}=\frac{1360\times10^3}{300\times760}=6\text{ N/mm}^2$$

식 (7·39)의 우변은 값은

$$\phi\left(\frac{\sqrt{f_{ck}}}{12}\right)\left(\frac{A_{cp}^2}{p_{cp}}\right)\sqrt{1+\frac{f_{pc}}{\sqrt{f_{ck}}/3}}$$

$$= 0.75 \times \left(\frac{\sqrt{35}}{12}\right) \times \frac{228,000^2}{2120} \sqrt{1 + \frac{6}{\sqrt{35/3}}} = 18,224,000\ \mathrm{N \cdot mm}$$

$$= 18,224\ \mathrm{N \cdot m} < T_u$$

따라서 이 보는 비틀림 철근으로 보강해야 한다. 또한 이 보는 평형 비틀림(equilibrium torsion, statically determinate torsion) 상태에 있으므로 모멘트의 재분배는 일어나지 않을 것이기 때문에, T_u의 감소는 생각하지 않는다[설계기준 7장 7.5.2 참조].

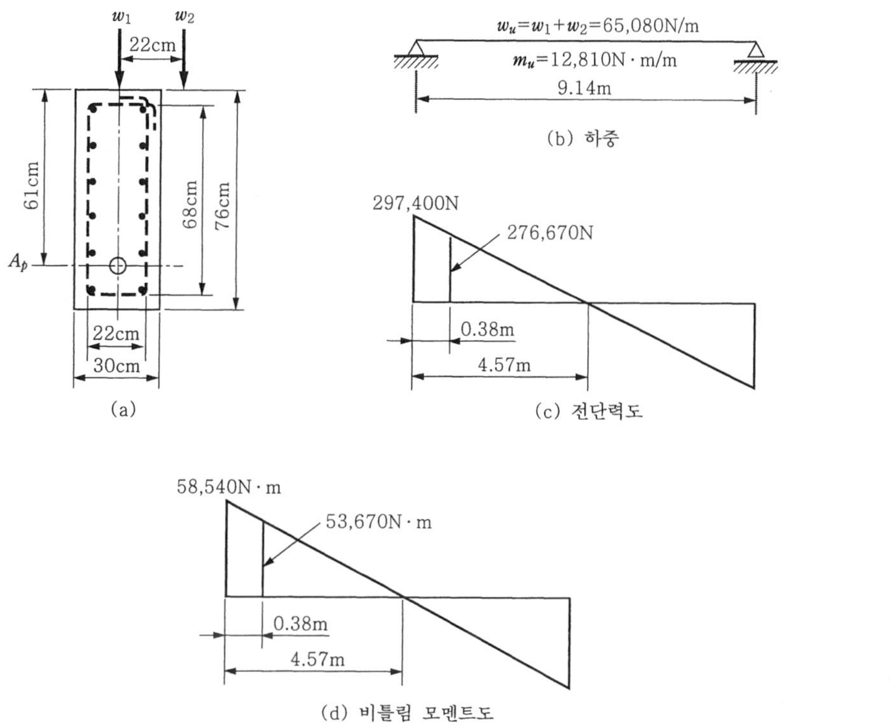

그림 7-25

3) 단면의 검사

비틀림 철근의 설계에 들어가기 전에 식 (7 · 42)에 따라 단면이 적당한가를 검사해야 한다.

그림 7-25 (a)로부터

$$x_0 = 22\ \mathrm{cm}, \qquad y_0 = 68\ \mathrm{cm}$$

$$A_{0h} = x_0 y_0 = 22 \times 68 = 1496\ \mathrm{cm}^2 = 149,600\ \mathrm{mm}^2$$

$$A_0 = 0.85 A_{0h} = 0.85 \times 1496 = 1272\ \mathrm{cm}^2 = 127,200\ \mathrm{mm}^2$$

$$p_h = 2(x_0 + y_0) = 2(22 + 68) = 180\ \mathrm{cm} = 1800\ \mathrm{mm}$$

긴장재의 유효 인장응력(f_{pe})이 그 인장강도(f_{pu})의 40% 이상인 것이 보통이므로 식 (7・19)로 V_c를 계산할 수 있고, 그 값은 $\frac{1}{6}\sqrt{f_{ck}}b_w d$ 이상이고, $\frac{5}{12}\sqrt{f_{ck}}b_w d$ 이하라야 하는 바[7.6.2 항의 [3] 참조], 이 경우는 상한값으로 지배되므로 콘크리트가 부담하는 전단강도는

$$V_c = \frac{1}{6}\sqrt{f_{ck}}b_w d = \frac{1}{6}\sqrt{35}\times 300\times 610 = 180,000 \text{ N}$$

따라서 식 (7・42)로부터

$$\sqrt{\left(\frac{V_u}{b_w d}\right)^2 + \left(\frac{T_u p_h}{1.7A_{0h}^2}\right)^2} = \sqrt{\left(\frac{276,670}{300\times 610}\right)^2 + \left(\frac{53,670\times 10^3\times 1800}{1.7\times 149,600^2}\right)^2}$$
$$= 3.0 \text{ N/mm}^2$$

$$\phi\left(\frac{V_c}{b_w d} + \frac{2}{3}\sqrt{f_{ck}}\right) = 0.75\left(\frac{180,000}{300\times 610} + \frac{2}{3}\sqrt{35}\right) = 3.7\text{N/mm}^2 > 3.0\text{N/mm}^2$$

즉, 식 (7・42)를 만족하므로 단면치수는 적당하다.

4) 횡방향 비틀림 철근의 설계

횡방향 비틀림 철근(폐쇄 스터럽)의 단면적은 식 (7・43)으로부터($\theta=37.5°$로 보아야 하므로)

$$\frac{A_t}{s} = \frac{T_u}{2\phi A_0 f_{yv}\cot\theta} = \frac{53,670\times 10^3}{2\times 0.75\times 127,200\times 300\times \cot 37.5°} = 0.73 \text{ mm}^2/\text{mm}$$

이것은 폐쇄 스터럽의 다리(leg) 하나에 대한 값이다.

다음에 전단력에 저항해야 할 스터럽의 단면적은 식 (7・23)으로부터

$$\frac{A_v}{s} = \frac{V_u - \phi V_c}{\phi f_y d} = \frac{276,670 - 0.75\times 180,000}{0.75\times 300\times 610} = 1.0 \text{ mm}^2/\text{mm}$$

이 값은 스터럽의 다리(leg) 2개에 대한 값이다.

따라서 전단과 비틀림의 조합작용에 대하여 필요로 하는 전단철근과 비틀림 철근의 합계는 식 (7・44)로부터

$$\frac{A_{v+t}}{s} = \frac{A_v}{s} + 2\frac{A_t}{s} = 1.0 + 2\times 0.73 = 2.5 \text{ mm}^2/\text{mm}$$

최소 횡방향 철근량은 식 (7・45)로부터

$$\frac{A_v}{s} + \frac{2A_t}{s} = 0.063\sqrt{f_{ck}}\cdot\frac{b_w}{f_{yv}} = 0.063\times\sqrt{35}\times\frac{300}{300} = 0.37\text{ mm}^2/\text{mm}$$

$$0.35\frac{b_w}{f_{yv}} = 0.35\times\frac{300}{300} = 0.35 \text{ mm}^2/\text{mm} < 0.37\text{mm}^2/\text{mm}$$

$$2.5 \text{ mm}^2/\text{mm} > 0.37 \text{ mm}^2/\text{mm} \quad (\text{OK})$$

$D16$을 폐쇄 스터럽으로 사용한다면, 그 단면적은 198.6×2 =397 mm²이므로, 필요한

간격은

$$s=\frac{397}{2.5}=159 \text{ mm}$$

횡방향 비틀림 철근(폐쇄 스터럽)의 최대간격은〔7.8.4 항의 [4]의 (1) 참조〕

$$\frac{p_h}{8}=\frac{1800}{8}=225 \text{ mm 또는 } 300 \text{ mm}$$

전단에 대한 스터럽의 최대간격은(7.6.4항)

$$0.75h=0.75\times760=570 \text{ mm 또는 } 600\text{mm}$$

그러므로 비틀림과 전단에 대한 횡방향 철근으로서 $D16$의 폐쇄 스터럽을 150 mm 간격으로 배치한다.

전단철근을 필요로 하지 않는 단면, 즉 $V_u<\frac{1}{2}\phi V_c$인 점은 지간중앙에서 지점 쪽으로 1.0 m의 거리에 있다. 이 구간에서는 전단철근을 필요로 하지 않는다. 비틀림 스터럽을 필요로 하지 않는 단면, 즉 식 (7 · 39)의 우변의 값이 T_u보다 작은 단면은 지간중앙에서 지점 쪽으로 1.38 m의 거리에 있다. 횡방향 비틀림 철근은 이 점을 지나 b_t+d(=0.91 m)만큼 지간 중앙 쪽으로 연장 배치해야 한다. 즉, 비틀림 철근을 필요로 하지 않는 구간은 47 cm(=138−91)에 불과하다. 따라서 전 지간에 횡방향 철근을 배치한다. 최대간격을 220 mm로 할 수 있는 단면이 지간중앙에서 위험 단면 쪽으로 x의 거리에 있다면 비례에 의하여

$$\frac{0.15(\text{최소간격})}{0.22(\text{최대간격})}=\frac{x}{4.57-0.38} \qquad \therefore x=2.85 \text{ m}$$

따라서 지점에서 지간 중앙 쪽으로 1.72 m(=4.57 −2.85)까지는 150 mm 간격으로, 이 단면으로부터 지간중앙까지는 220 mm 간격으로 배치한다.

5) 종방향 비틀림 철근의 설계

식 (7 · 34)로부터(θ=37.5°이므로)

$$A_l=\frac{A_t}{s}p_h\frac{f_{yv}}{f_{yl}}\cot^2\theta$$
$$=0.73\times1800\times\frac{300}{300}\times(\cot 37.5°)^2=2187 \text{ mm}^2$$

최소 종방향 철근량은 식 (7 · 46)으로부터

$$A_{l\cdot\min}=\frac{0.42\sqrt{f_{ck}}A_{cp}}{f_{yl}}-\frac{A_t}{s}p_h\frac{f_{yv}}{f_{yl}}$$
$$=\frac{0.42\sqrt{35}\times228,000}{300}-0.73\times1800\times\frac{300}{300}$$
$$=569 \text{ mm}^2<2187 \text{ mm}^2 \quad (\text{OK})$$

또

$$\frac{A_t}{s} \geqq 0.175\frac{b_w}{f_{yv}}\left(=0.175\times\frac{300}{300}=0.175\ \text{mm}^2/\text{mm}\right)$$

$$0.73\ \text{mm}^2/\text{mm} > 0.175\ \text{mm}^2/\text{mm} \quad (\text{OK})$$

$D16$(198.6 mm²)을 사용할 때 필요한 철근 수는

$$\frac{2187}{198.6}=11.0$$

$D16$ 철근 12개를 사용하되, 그림 7-25 (a)와 같이 한 변에 6개를 배치한다. 그 간격은

$$\frac{680}{5}=136\ \text{mm} < 300\ \text{mm}(\text{최대간격})$$

$D16$의 지름은

$$15.9\ \text{mm} > 6.25\ \text{mm}\left(=\text{스터럽 간격 } 150\ \text{mm의 } \frac{1}{24}\right) \quad (\text{OK})$$

연습문제

7.1. 하중계수를 사용해서 구한 전단력 및 휨모멘트가 각각 $V_u=162$ kN, $M_u=656$ kN·m인 PSC 보가 있다. 복부 폭은 $b_w=130$ mm, 유효 깊이는 $d_p=610$ mm, 보의 총 높이는 $h=760$ mm이다. 전단철근으로서 $D10$의 U형 스터럽을 사용할 때 필요한 간격을 구하라. 스터럽 철근은 $f_y=300$ MPa이고 $f_{ck}=35$ MPa이다. 콘크리트가 부담하는 전단강도는 식 (7·19)로 계산하라.

7.2. 그림 7-26과 같은 단면의 프리텐션 보가 자중 외에 추가 되는 고정하중 8 kN/m와 사용 활하중 13 kN/m를 받도록 설계된 것이다. 15.2 m의 지간을 가지는 단순보이고, 긴장재는 7연선 12.4 mm(SWPC 7AN)의 강연선 10개를 사용하였으며, 그 인장강도는 $f_{pu}=1.9$ kPa이고, 유효 프리스트레스 힘 은 $P_e=970$ kN이다. 긴장재는 지간의 3등분 점에서 절선상(折線狀)으로 배치하였으며, 그 편심 거리는 지간 중앙에서 320 mm, 지점에서 0이 되게 하였다. 스터럽 철근은 $f_y=300$ MPa이고 $f_{ck}=35$ MPa이다. 다음에 답하라.

1) V_u, V_{ci} 및 V_{cw}의 각 전단력도를 구하라.

2) 식 (7·19)로 구해지는 전단력을 앞의 전단력도에 나타내라.

3) 1)에서 구한 초과응력을 근거로 해서 스터럽의 간격을 정하라. 스터럽은 수직 U형으로 하되 $D10$ 철근을 사용한다.

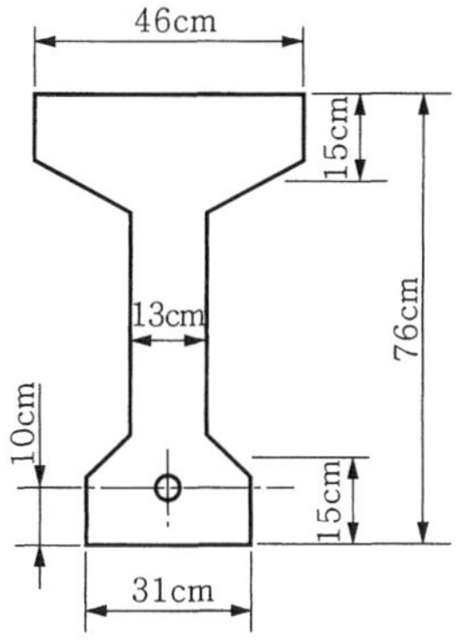

그림 7-26

7.3. 그림 7-27은 7연선 15.2 mm(SWPC 7AN)의 스트랜드 19개로 된 단일 긴장재를 가지는 포스트텐션 보의 단면이다. 지간은 24 m이고, 긴장재는 지간중앙에서 810 mm, 지점에서 0의 편심이 되도록 포물선으로 배치되었다. 유효 프리스트레스 힘은 $P_e=4620$ kN이고, 보의 자중은 1.37 kN/m, 추가되는 사하중(고정하중)은 8.9 kN/m, 사용 활하중은 32.7 kN/m이다. 또 $f_{pu}=1900$ MPa이고, $f_{ck}=40$ MPa이다. 전단철근을 설계하라. 스터럽 철근의 항복강도는 $f_y=400$ MPa이다. 그림 7-27의 단면의 여러 계수는 다음과 같다. $A_c=5676\times 10^2$ mm^2, $I_c=18{,}304\times 10^4$ mm^4, $y_1=635$ mm, $y_2=965$ mm, $A_p=2635$ mm^{2}이다.

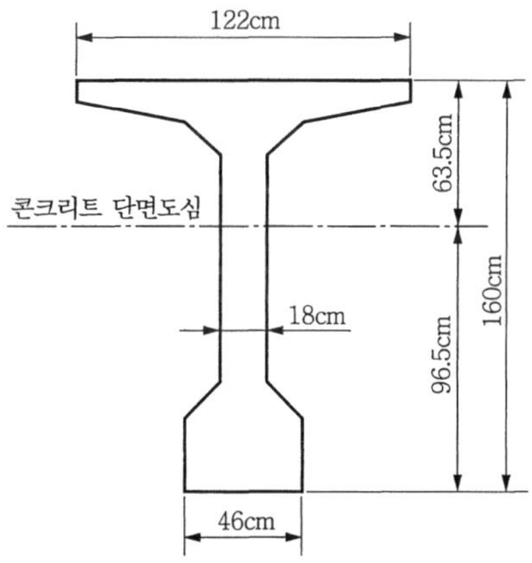

그림 7-27

제 8 장

합 성 보

8.1 합성구조

미리 만들어 놓은 PSC 부재를 소정 위치에 가설한 후 나머지 부분을 현장에서 이어쳐서 완성하는 것을 **합성구조**라 하고, 이렇게 만든 보를 **합성보**(composite beam)라고 한다. 미리 만들어 놓은 콘크리트 부재를 **프리캐스트 콘크리트 부재** 또는 **프리캐스트 부재**(precast member)라고 하고, 주로 공장에서 제조되며 때에 따라서는 현장에서 제조되기도 한다. 그림 8-1은 합성구조의 단면들을 보인 것이다.

그림 8-1 (a)는 도로교나 철도교에 많이 쓰이는 합성단면이다. 짧은 지간의 교량에서부터 중간 정도 지간의 교량에까지 많이 쓰인다. 그림 8-1 (b)는 예컨대 주차용

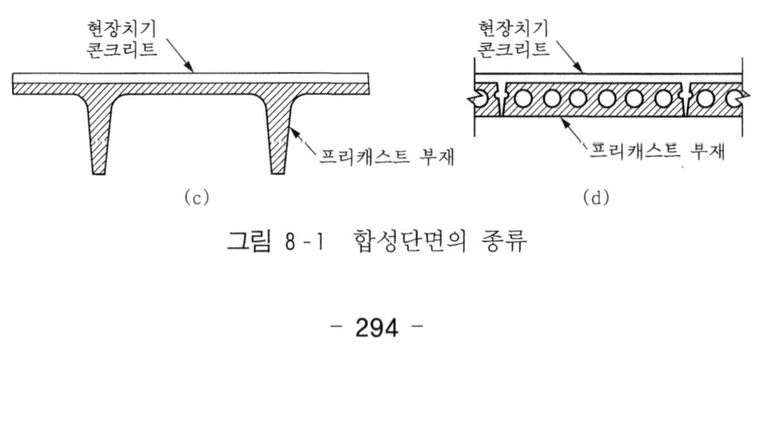

그림 8-1 합성단면의 종류

차고와 같은 건물의 바닥 등에 쓰이고, 그림 8-1(c)의 더블 티(double T)형 단면 및 그림 8-1(d)의 속빈 슬래브(hollow-core slab)는 주로 건물의 바닥 또는 지붕에 쓰인다.

이와 같이 프리캐스트의 PSC 부재와 현장치기 콘크리트로 합성한 부재를 PSC **합성부재** 또는 PSC **합성구조**라고 한다. 교량 등에서는 강 거더(steel girder)와 현장치기 콘크리트로 합성하는 경우도 많은데, 이것을 **강합성 부재** 또는 **강합성 구조**라고 한다.

합성구조에서 가장 중요한 것은 완전한 합성작용(composite action)을 확보하는 것이다. 즉, 프리캐스트 부재와 현장치기 콘크리트가 완전히 합성되어 일체로 작용해야 하는 것이다. 그러기 위해서는 두 콘크리트 사이에 완전한 부착이 확보되어야 한다.

휨전단(flexural shear)은 두 콘크리트의 접합면에 따라 수평활동을 일으키는 원인이 된다. 이 수평활동은 두 콘크리트 사이의 점착력과 마찰력으로 저항한다. 그래서 프리캐스트 부재의 상부표면은 마찰력과 기계적 맞물림 작용으로 전단력이 전달되도록 하기 위하여 거친 채로 놓아둔다. 그림 8-1(b), (c) 및 (d)와 같이 접합부의 면적이 넓은 부재에 대하여는 전단저항을 위한 대책을 따로 마련하지 않는 것이 보통이다. 그러나 무거운 하중을 받으며 접합부 면적이 작은 그림 8-1(a)와 같은 교량의 주 거더(main girder)에 대해서는 프리캐스트 부재의 스터럽을 현장치기 콘크리트 슬래브 속으로 솟아 올라와 있게 한다. 이 철근이 활동에 저항하는 장부작용(dowel action, 다우웰 작용)을 해주며, 또 최대마찰 저항력을 발휘하도록 두 부분을 서로 고착(固着)시켜 준다.

일반적으로 합성구조에는 다음과 같은 경제적 이점이 있다.

① 일반적으로 프리캐스트 부재는 시설을 갖춘 공장에서 생산되므로, 균일한 품질의 PSC 부재를 이용할 수 있으며,

② 현장에서 거푸집과 비계를 크게 줄일 수 있고,

③ 현장작업이 간단하여 공사기간을 단축할 수 있으며,

④ 단면의 인장측만을 PSC 구조로 할 수 있고,

⑤ 현장치기 콘크리트는 프리캐스트 부재와의 부착을 손상하지 않는 한 그렇게 높은 품질의 것이 아니라도 좋다.

프리캐스트 부재의 강도는 일반적으로 28～42 MPa의 범위에 있다. 현장치기 콘크리트의 강도는 21～28 MPa의 범위에 있는 것이 보통이다. 이러한 강도의 차이는 설계에 고려해야 한다.

8.2 합성보의 하중단계

합성보의 경우, 현장에서 콘크리트를 이어 칠 때 프리캐스트 PSC 보를 중간부에서 동바리로 지지하고, 이어 친 콘크리트가 경화한 후에 동바리를 제거하는 방법을 사용하는 경우가 있다. 이렇게 하면 이어 친 콘크리트의 자중뿐 아니라 그 후에 실리는 사하중 및 활하중을 모두 합성단면이 받게 된다. 이것을 **사활하중 합성**(死活荷重 合成)이라고 한다. 이에 대하여 프리캐스트 PSC 보를 중간에서 지지하지 않고 PSC 보 위에 직접 거푸집을 조립하여 슬래브 콘크리트를 쳐서 합성시키는 경우도 있다. 이러한 경우에는 슬래브 콘크리트의 무게는 PSC 보가 받게 되고, 활하중은 합성단면이 받게 된다. 이것을 **활하중 합성**(活荷重 合成)이라고 한다.

이러한 관계를 알기 쉽게 나타낸 것이 그림 8-2이다. 그림에서 M_{d1}은 프리캐스트 PSC 부재의 자중에 의한 모멘트이며, M_{dp}는 현장치기 콘크리트의 무게로 인한 휨모멘트이고, M_{d2} 및 M_l은 합성 후에 작용하는 사하중 및 활하중에 의한 모멘트이다. 사활하중 합성으로 하면 단면은 경제적으로 되지만 동바리 등의 비용이 더 드는 결점이 있다. 일반적으로 활하중 합성으로 하는 경우가 많다. 활하중 합성단면의 해석과 설계에 있어서는 다음과 같은 각 하중단계에 대하여 검토하여야 한다.

① 도입 직후의 초기 프리스트레스 힘 P_i

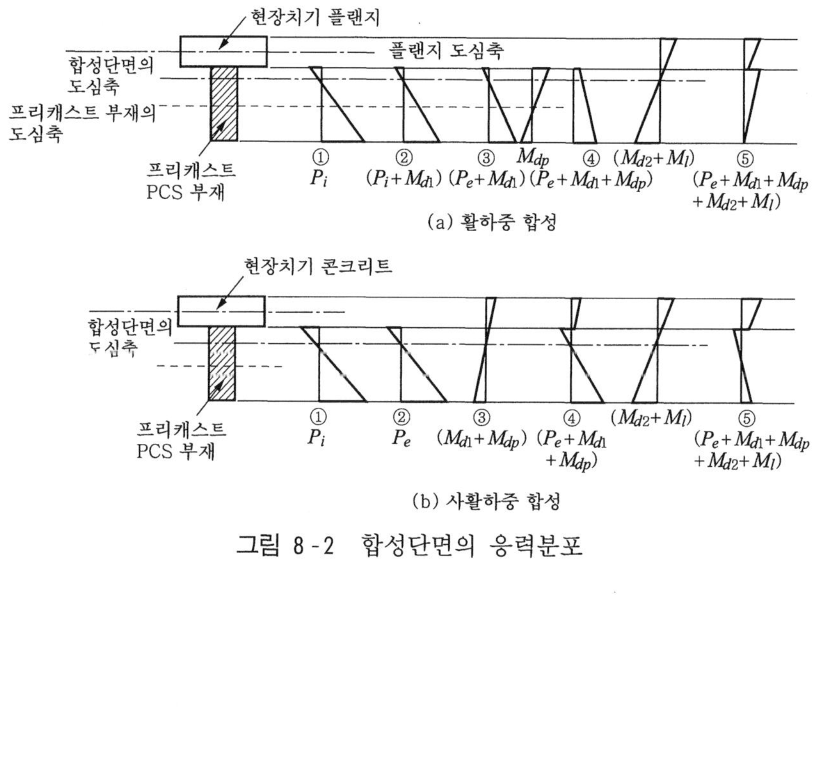

그림 8-2 합성단면의 응력분포

② 초기 프리스트레스 힘 P_i와 프리캐스트 부재 자중의 조합작용, 즉 $P_i + M_{d1}$
③ 유효 프리스트레스 힘 P_e와 자중의 조합작용, 즉 $P_e + M_{d1}$
④ 유효 프리스트레스 힘 P_e와 프리캐스트 부재의 자중 및 현장치기 콘크리트의 중량 등 합성 전의 모든 사하중과의 조합작용, 즉 $P_e + M_{d1} + M_{dp}$
⑤ 유효 프리스트레스 힘 P_e와 합성 전 및 합성 후의 사하중, 활하중(活荷重)의 조합, 즉 $P_e + M_{d1} + M_{dp} + M_{d2} + M_l$
⑥ 계수하중(factored load)

현장에서 이어 친 콘크리트가 경화하기 전, 즉 합성되기 전에 실리는 하중은 프리캐스트 부재의 도심 축에 대하여 휨을 일으키고, 합성된 후에 실리는 하중은 합성단면의 도심 축에 대하여 휨을 일으킨다. 합성 PSC 부재의 설계를 지배하는 것은 하중단계 ②, ⑤ 및 ⑥이다. 즉, 하중단계 ②에 있어서 프리캐스트 부재의 하면의 압축응력 및 상면의 인장응력이 각각 허용응력 이내에 있어야 하고, 또 하중단계 ⑤, 즉 사용하중이 작용할 때, 합성단면 상면의 압축응력 및 하면의 인장응력이 각각의 허용응력을 초과해서는 안 된다. 그리고 합성단면은 계수하중(factored load)에 대하여 적당한 안전율을 가지고 있어야 한다.

8.3 합성단면의 응력

앞에서 말한 바와 같이 활하중 합성의 보가 주로 사용되고 있기 때문에, 이하에서는 활하중 합성에 대해서만 논의한다.

합성보의 응력은 프리캐스트 보에 작용하는 하중과 현장에서 콘크리트를 이어 친 후에 작용하는 하중을 구별해서 계산한다. 프리캐스트 부재 및 합성단면의 기호는 그림 8-3 (a) 및 (b)와 같이 약속한다. 각 하중단계에 대한 부재의 응력은 5장의 방법으로 계산한다. 이 때 부재에는 균열이 발생하지 않는다고 가정한다.

그림 8-4는 활하중 합성의 경우의 각 하중단계에 대한 응력분포를 나타낸 것이다. 그림 8-4 (a)는 합성단면을 보인 것이고, 그림 8-4 (b)는 프리스트레스 힘과 프리캐스트 부재자중의 합성응력을 보인 것이다. 그림 8-4 (c)는 현장치기 콘크리트 슬래브의 중량으로 인하여 프리캐스트 부재단면에 일어나는 휨모멘트 M_{dp}에 의한 응력분포를 나타낸 것이며, 그림 8-4 (d)는 그림 8-4 (b)의 ③과 그림 8-4 (c)를 합성한 것이다.

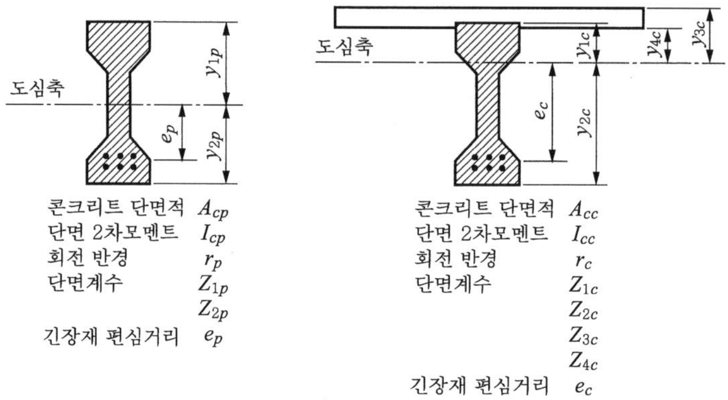

(a) 프리캐스트 부재단면 (b) 합성단면

그림 8-3 프리캐스트 부재단면과 합성단면

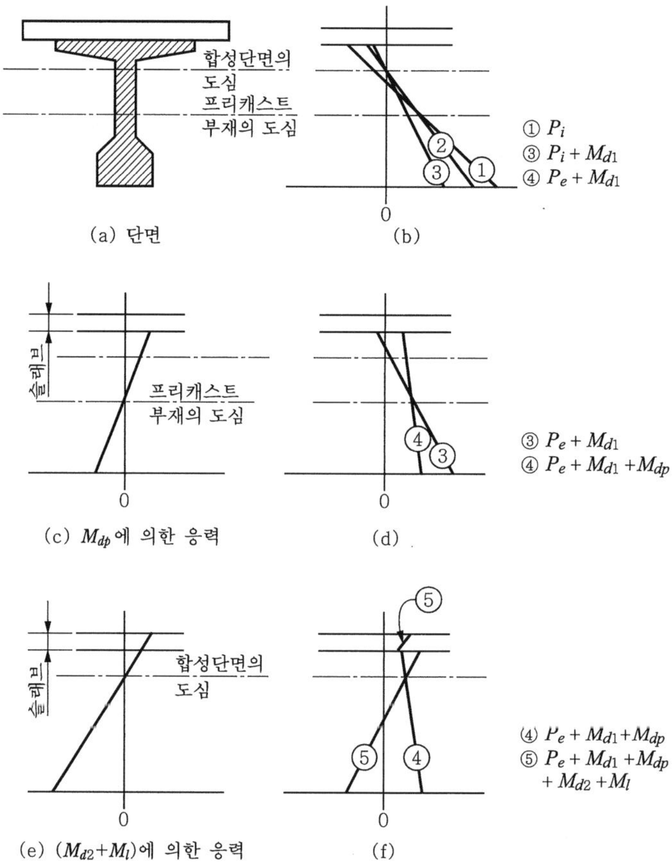

그림 8-4 활하중 합성의 경우의 응력분포

그림 8-4(e)는 합성 후에 작용하는 사하중(고정하중) 및 활하중에 의하여 일어나는 휨모멘트 M_{d2} 및 M_l로 인한 응력분포를 나타낸 것이고, 그림 8-4(f)는 그림 8-4(d)의 ④와 그림 8-4(e)를 합성한 것이다. 그림 8-4의 관계는 그림 8-2(a)에도 나타나 있다.

프리스트레스 도입 직후의 프리캐스트 PSC 부재 상하면의 응력은 식 (5·2)에 의하여 다음과 같이 되며, 그 분포는 그림 8-4(b)의 ② 또는 그림 8-2(a)의 ②와 같이 된다.

$$\left.\begin{aligned} f_t &= \frac{P_i}{A_{cp}}\left(1-\frac{e_p y_{1p}}{r_p^2}\right)+\frac{M_{d1}}{Z_{1p}} \\ f_b &= \frac{P_i}{A_{cp}}\left(1+\frac{e_p y_{2p}}{r_p^2}\right)-\frac{M_{d1}}{Z_{2p}} \end{aligned}\right\} \qquad (8\cdot1)$$

여기서 M_{d1}은 프리캐스트 부재의 자중에 의한 휨모멘트이다[그 밖의 기호는 그림 8-3 참조].

프리스트레스의 모든 손실이 일어난 후에는 그림 8-4(b)의 ③과 같은 응력분포로 되며, 이 단계에서 슬래브 콘크리트가 현장에서 프리캐스트 부재 위에 쳐진다. 굳지 않은 이 콘크리트 무게로 인하여 프리캐스트 부재에 일어나는 응력이 그림 8-4(c)에 나타나 있다. 따라서 이 단계에서 프리캐스트 부재의 상하면에 일어나는 응력은 다음과 같이 된다.

$$\left.\begin{aligned} f_t &= \frac{P_e}{A_{cp}}\left(1-\frac{e_p y_{1p}}{r_p^2}\right)+\frac{M_{d1}+M_{dp}}{Z_{1p}} \\ f_b &= \frac{P_e}{A_{cp}}\left(1+\frac{e_p y_{2p}}{r_p^2}\right)-\frac{M_{d1}+M_{dp}}{Z_{2p}} \end{aligned}\right\} \qquad (8\cdot2)$$

여기서 M_{dp}는 현장에서 이어 친 굳지 않은 슬래브 콘크리트의 무게로 인하여 프리캐스트 부재에 일어나는 휨모멘트이다[그 밖의 기호는 그림 8-3 참조]. 이 때의 응력분포는 그림 8-4(d)의 ③과 그림 8-4(c)를 합성함으로써 그림 8-4(d)의 ④와 같이 된다. 이것이 그림 8-2(a)의 ④에도 나타나 있다.

현장에서 이어 친 콘크리트가 굳어서 소정의 강도를 발휘하게 되면 두 부분은 일체로 되어 합성단면으로 작용한다. 따라서 이 단계부터는 모든 하중은 합성단면의 도심에 대하여 휨을 일으킨다. 합성된 후 부재에 작용하는 하중으로는 포장, 관, 보도, 연석(緣石) 등의 사하중(고정하중)과 설계하중인 활하중이 있다. 이들 하중으로 인한 합성단면의 응력분포가 그림 8-4(e)에 나타나 있다. 이 응력이 프리캐스트 부재에 이미 작용하고 있는 응력에 추가된다. 따라서 이 단계에서 프리캐스트 부재의 상면 및 하면에 일어나는 콘크리트 응력 f_t 및 f_b는 다음과 같이 된다〔식 (5・3) 참조〕.

$$\left.\begin{aligned} f_t &= \frac{P_e}{A_{cp}}\left(1-\frac{e_p y_{1p}}{r_p^2}\right)+\frac{M_{d1}+M_{dp}}{Z_{1p}}+\frac{M_{d2}+M_l}{Z_{1c}} \\ f_b &= \frac{P_e}{A_{cp}}\left(1+\frac{e_p y_{2p}}{r_p^2}\right)-\frac{M_{d1}+M_{dp}}{Z_{2p}}-\frac{M_{d2}+M_l}{Z_{2c}} \end{aligned}\right\} \tag{8・3}$$

여기서

$$Z_{1c}=\frac{I_{cc}}{y_{1c}}, \qquad Z_{2c}=\frac{I_{cc}}{y_{2c}}$$

I_{cc} : 합성단면의 도심축에 대한 합성단면의 단면 2차 모멘트

y_{1c} : 합성단면 도심축에서 프리캐스트 부재 상면까지의 거리〔그림 8-3 (b) 참조〕.

y_{2c} : 합성단면 도심축에서 프리캐스트 부재 하면까지의 거리

이 때 슬래브 콘크리트의 상면 및 하면에 일어나는 응력 f_{ts} 및 f_{bs}는 다음과 같다.

$$\left.\begin{aligned} f_{ts} &= \frac{M_{d2}+M_l}{Z_{3c}} \\ f_{bs} &= \frac{M_{d2}+M_l}{Z_{4c}} \end{aligned}\right\} \tag{8・4}$$

여기서 $$Z_{3c}=\frac{I_{cc}}{y_{3c}}, \qquad Z_{4c}=\frac{I_{cc}}{y_{4c}}$$

y_{3c} : 합성단면 도심축에서 슬래브 상면까지의 거리

y_{4c} : 합성단면 도심축에서 슬래브 하면까지의 거리〔그림 8-3 (b) 참조〕

위의 두 식에서 M_{d2} 및 M_l은 합성 후에 작용하는 사하중 및 활하중에 의하여 합성 단면에 일어나는 휨모멘트이다. 그림 8-4 (f)의 ⑤ 또는 그림 8-2 (a)의 ⑤가 이 때의 응력분포를 나타낸다.

<슬래브 단면의 환산>

프리캐스트 부재의 콘크리트의 품질이 현장치기 콘크리트의 품질보다 좋다는 것은 앞에서 이미 설명하였다. 이 품질의 차이는 탄성계수의 차이를 의미한다. 콘크리트의 탄성계수의 차이는 합성보의 응력에 영향을 미친다. 따라서 두 콘크리트의 탄성계수의 차이가 클 경우에는 이것을 설계에 고려해야 한다. 그것은 보통 쓰이는 환산단면(transformed section)의 방법을 이용한다. 즉, 낮은 품질의 콘크리트 슬래브(플랜지) 단면을 높은 품질의 프리캐스트 부재와 동등한 품질의 콘크리트 단면으로 환산한다. 그림 8-5 (a)는 두 종류의 콘크리트로 된 실제의 합성단면이고, 그림 8-

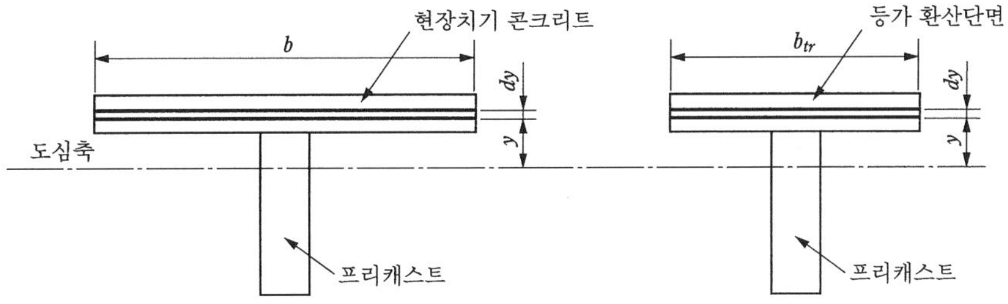

(a) 실제의 합성단면 (b) 환산단면

그림 8-5 단면의 환산

5 (b)는 환산단면을 보인 것이다.

현장에서 이어 친 슬래브 콘크리트의 탄성계수를 E_c, 프리캐스트 콘크리트의 탄성계수를 E_{cp}라고 하면, 일반적으로 $E_c < E_{cp}$이다. 지금 슬래브 콘크리트를 프리캐스트 콘크리트와 동등한 콘크리트로 환산하려는 것이므로, 환산단면의 콘크리트의 탄성계수는 E_{cp}이다. 실제 단면〔그림 8-5 (a)〕과 등가 환산단면(equivalent transformed section)〔그림 8-5 (b)〕에 있어서 도심 축으로부터 거리 y되는 곳에 일어나는 콘크리트의 응력을 각각 f_c 및 f_{cp}라고 하면, 그 곳에서 두 콘크리트의 변형률은 같아야 하므로

$$\frac{f_c}{E_c} = \frac{f_{cp}}{E_{cp}}$$

$$\therefore f_c = \frac{E_c}{E_{cp}} f_{cp} = n f_{cp} \qquad (8 \cdot 5)$$

여기서

$$n = \frac{E_c}{E_{cp}} \leqq 1$$

또, 다음과 같은 관계가 성립해야 한다.

$$dC = f_c b dy = f_{cp} b_{tr} dy$$

위의 식에 $f_c = n f_{cp}$를 대입하면

$$b_{tr} = nb \qquad (8 \cdot 6)$$

위의 b_{tr}가 등가 환산단면의 플랜지 폭이며, 합성단면의 제계수의 계산에 b 대신 사용된다. 이렇게 환산함으로써 합성보는 프리캐스트 콘크리트와 동일한 품질의 균일한 콘크리트로 된 것으로 볼 수 있게 되고, 이에 근거하여 합성단면의 제계수를 계산한다.

예제 8-1. 그림 8-6에 보인 바와 같이, 91.4 cm 높이의 프리텐션 방식의 프리캐스트 PSC 부재 위에 14.6×243.8 cm의 슬래브 콘크리트를 현장에서 이어 쳐서 지간 16.76 m의 단순지지의 합성보로 사용하고자 한다. 단면은 그림 8-6 (a)와 같다. 프래캐스트 보의 콘크리트는 $f_{ck}=35$ MPa, $E_c=28.6\times10^3$ MPa이고 슬래브 콘크리트는 $f_{ck}=21$ MPa, $E_c=22.2\times10^3$ MPa이다. 긴장재의 편심 거리는 프리캐스트 부재 도심으로부터 아래로 29.4 cm이며, 초기 프리스트레스 힘은 $P_i=2123$ kN이고, 유효 프리스트레스 힘은 $P_e=1805$ kN이다. 하중 및 그 하중으로 인한 휨모멘트의 계산결과는 다음과 같다.

프리캐스트 보 ········ $w_{d1}=5729$ N/m, $M_{d1}=201{,}900$ N·m

콘크리트 슬래브 ····· $w_{dp}=8556$ N/m, $M_{dp}=301{,}400$ N·m

추가 사하중 ·········· $w_{d2}=2753$ N/m, $M_{d2}=96{,}800$ N·m

활하중 ················ $w_l=17{,}633$ N/m, $M_l=605{,}600$ N·m

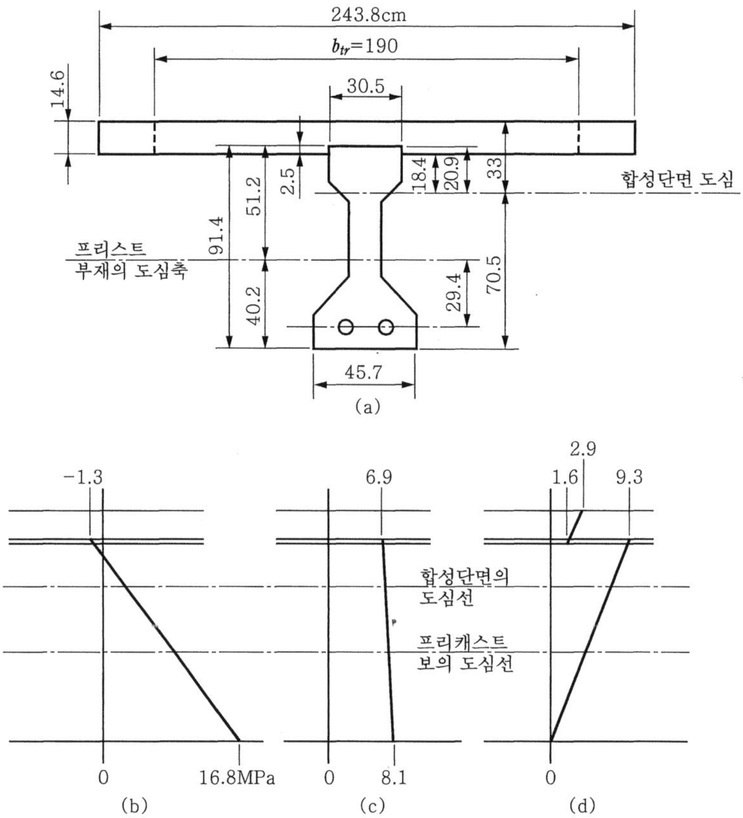

그림 8-6

다음의 각 하중단계에 대하여 보의 응력을 계산하라.

1) 프리스트레스 도입 직후의 프리캐스트 보의 응력

2) 프리캐스트 보에 슬래브 콘크리트를 이어 친 직후의 프리캐스트 보의 응력

3) 사용하중이 작용할 때의 응력

풀이 단면의 제계수를 계산한 결과는 표 8-1과 같다.

표 8-1 단면의 제계수

프리캐스트 보	합 성 보
$A_{cp}=2380\text{ cm}^2$ $y_{1p}=51.2\text{ cm}$ $y_{2p}=40.2\text{ cm}$ $I_{cp}=2,120,000\text{ cm}^4$ $r_p^2=890\text{ cm}^2$ $Z_{1p}=41,400\text{ cm}^3$ $Z_{2p}=52,800\text{ cm}^3$	$A_{cc}=5150\text{ cm}^2$ $y_{1c}=20.9\text{ cm}$ $y_{2c}=70.5\text{ cm}$ $y_{3c}=33\text{ cm}$ $y_{4c}=18.4\text{ cm}$ $I_{cc}=6,200,000\text{ cm}^4$ $r_c^2=1050\text{ cm}^2$ $Z_{1c}=295,000\text{ cm}^3$ $Z_{2c}=87,000\text{ cm}^3$ $Z_{3c}=187,000\text{ cm}^3$ $Z_{4c}=337,000\text{ cm}^3$

1) **프리스트레스 도입 직후의 프리캐스트 보의 응력**　프리스트레스 도입 직후는 프리캐스트 보의 자중이 작용하므로, 식 (8·1)로부터

$$f_t=\frac{P_i}{A_{cp}}\left(1-\frac{e_p y_{1p}}{r_p^2}\right)+\frac{M_{d1}}{Z_{1p}}$$

$$=\frac{2123\times10^3}{2380\times10^2}\left(1-\frac{294\times512}{890\times10^2}\right)+\frac{201,900\times10^3}{41,400\times10^3}=-1.3\text{ N/mm}^2(\text{인장})$$

$$f_b=\frac{P_i}{A_{cp}}\left(1+\frac{e_p y_{2p}}{r_p^2}\right)-\frac{M_{d1}}{Z_{2p}}$$

$$=\frac{2123\times10^3}{2380\times10^2}\left(1+\frac{294\times402}{890\times10^2}\right)-\frac{201,900\times10^3}{52,800\times10^3}=+16.8\text{ N/mm}^2(\text{압축})$$

그림 8-6 (b)는 이 응력분포를 보인 것이다.

2) **프리캐스트 보에 슬래브 콘크리트를 친 직후의 프리캐스트 보의 응력**　이 때는 프리스트레스의 모든 손실이 완료되었다고 보며, 또 굳지 않은 슬래브 콘크리트의 무게를 프리캐스트 보가 지지하므로, 이 때의 프리캐스트 보의 상하면의 응력은 식 (8·2)로부터 다음과 같이 된다.

$$f_t=\frac{P_e}{A_{cp}}\left(1-\frac{e_p y_{1p}}{r_p^2}\right)+\frac{M_{d1}+M_{dp}}{Z_{1p}}$$

$$=\frac{1805\times10^3}{2380\times10^2}\left(1-\frac{294\times512}{890\times10^2}\right)+\frac{201,900\times10^3+301,400\times10^3}{41,400\times10^3}$$

$$=+6.9\text{ N/mm}^2(\text{압축})$$

$$f_b=\frac{P_e}{A_{cp}}\left(1+\frac{e_p y_{2p}}{r_p^2}\right)-\frac{M_{d1}+M_{dp}}{Z_{2p}}$$

$$=\frac{1805\times10^3}{2380\times10^2}\left(1+\frac{294\times402}{890\times10^2}\right)-\frac{201,900\times10^3+301,400\times10^3}{52,800\times10^3}$$

$$=+8.1\text{ N/mm}^2(\text{압축})$$

이 응력의 분포를 보인 것이 그림 8-6 (c)이다.

3) 사용하중이 작용할 때의 응력　이 때는 합성보로 작용하므로 합성단면의 제계수를 사용하여 계산해야 한다. 슬래브 콘크리트와 프리캐스트 콘크리트의 탄성 계수비는

$$n=\frac{E_c}{E_{cp}}=\frac{22.2\times10^3}{28.6\times10^3}=0.775$$

압축 플랜지의 등가 환산단면의 폭은 식 (8·6)으로부터

$$b_{tr}=nb=0.775\times243.8=190\text{ cm}$$

그 환산 단면적은 $14.6\times190=2774\text{ cm}^2$

합성단면의 도심이 플랜지 상면으로부터 y_{3c}의 거리에 있다면, y_{3c}는 플랜지 상면에 대한 단면 1차 모멘트를 취함으로써 다음과 같이 된다.

$$y_{3c}=\frac{2380\times(51.2+14.6-2.5)+2774\times(14.6\times0.5)}{2380+2774}=33\text{ cm}$$

따라서 합성단면의 도심으로부터 프리캐스트 보의 상면까지의 거리 y_{1c}, 하면까지의 거리 y_{2c} 및 플랜지 하면까지의 거리 y_{4c}는 그림 8-3 (b)와 그림 8-6 (a)를 참조하면 각각 다음과 같이 된다.

$$y_{1c}=33-14.6+2.5=20.9\text{ cm}$$

$$y_{2c}=(91.4+14.6-2.5)-33=70.5\text{ cm}$$

$$y_{4c}=20.9-2.5=18.4\text{ cm}$$

프리캐스트 PSC 보의 단면의 제계수는 표 8-1에 나와 있고, 또 등가환산 플랜지 단면의 자신의 도심 축에 대한 단면 2차 모멘트는

$$I_{\text{slab}}=\frac{1}{12}\times190\times14.6^3=49,300\text{ cm}^4$$

이므로, 합성단면의 도심 축에 대한 단면 2차 모멘트는 다음과 같이 된다.

$$I_{cc}=2,120,000+2380\times(70.5-40.2)^2+49,300+2774\times\left(33-\frac{1}{2}\times14.6\right)^2$$
$$=6,200,000\ \mathrm{cm}^4$$

따라서 프리캐스트 보의 상하면에 대한 단면계수 Z_{1c}, Z_{2c} 및 플랜지 상하면에 대한 단면계수 Z_{3c}, Z_{4c}는 각각 다음과 같이 된다.

$$Z_{1c}=\frac{I_{cc}}{y_{1c}}=\frac{6,200,000}{20.9}=295,000\ \mathrm{cm}^3=295\times10^6\,\mathrm{mm}^3$$
$$Z_{2c}=\frac{I_{cc}}{y_{2c}}=\frac{6,200,000}{70.5}=87,000\ \mathrm{cm}^3=87\times10^6\,\mathrm{mm}^3$$
$$Z_{3c}=\frac{I_{cc}}{y_{3c}}=\frac{6,200,000}{33}=187,000\ \mathrm{cm}^3=187\times10^6\,\mathrm{mm}^3$$
$$Z_{4c}=\frac{I_{cc}}{y_{4c}}=\frac{6,200,000}{18.4}=337,000\ \mathrm{cm}^3=337\times10^6\,\mathrm{mm}^3$$

이들 값이 표 8-1에 요약되어 있다.

추가되는 사하중(고정하중) 및 활하중(活荷重)에 의하여 프리캐스트 보의 상하면에 일어나는 응력은

$$\frac{M_{d2}+M_l}{Z_{1c}}=\frac{96,800\times10^3+605,600\times10^3}{295\times10^6}=2.4\ \mathrm{N/mm^2}(\text{압축})$$
$$-\frac{M_{d2}+M_l}{Z_{2c}}=-\frac{96,800\times10^3+605,600\times10^3}{87\times10^6}=-8.1\ \mathrm{N/mm^2}(\text{인장})$$

따라서 전 하중이 작용할 때 프리캐스트 보의 상하면에 작용하는 응력은 2)에서 구한 응력에 위의 응력을 더하면 된다. 이것은 식 (8·3)을 사용한 것과 같다.

$$f_t=6.9+2.4=9.3\ \mathrm{N/mm^2}$$
$$f_b=8.1-8.1=0$$

이 응력이 그림 8-6 (d)에 나타나 있다.

다음에 플랜지 콘크리트의 상하면에 작용하는 응력은 식 (8·4)와 식 (8·5)로부터 다음과 같이 된다.

$$f_{ts}=n\times\frac{M_{d2}+M_l}{Z_{3c}}=0.775\times\frac{96,800\times10^3+605,600\times10^3}{187\times10^6}=2.9\ \mathrm{N/mm^2}$$
$$f_{bs}=n\times\frac{M_{d2}+M_l}{Z_{4c}}=0.775\times\frac{96,800\times10^3+605,600\times10^3}{337\times10^6}=1.6\ \mathrm{N/mm^2}$$

전체 사용하중이 작용할 때 합성단면에 일어나는 응력의 분포가 그림 8-6 (d)에 나타나 있다.

8.4 합성보의 휨강도

프리캐스트 부재와 현장치기 부재의 접합면에 있어서 수평 전단력의 전달을 위한 대비책이 마련된다면, 합성보의 총 단면을 유효하다고 보고 휨강도를 계산할 수 있다. 탄성이론으로 응력을 계산할 때는 전술한 바와 같이 등가 환산단면의 계산을 위하여 프리캐스트 콘크리트와 현장치기 콘크리트의 탄성계수의 차이를 고려해야 하지만, 플랜지가 큰 압축변형을 일으키는 극한 휨강도 상태에서는 고려할 필요가 없다. 따라서 휨강도 계산에 있어서는 압축 플랜지의 총 유효 폭을 사용해야 한다. 합성 전에 프리캐스트 부재가 받고 있는 휨모멘트로 인한 두 콘크리트의 접합면에 있어서의 변형률의 불연속은 무시할 수 있다.

그림 8-7 (a)는 프리캐스트 콘크리트와 현장치기 콘크리트의 응력-변형률 곡선을 보인 것이다. 그림 8-7 (b)는 초기파괴 때 합성단면에 일어나는 변형률의 분포를 나타낸 것이고, 그림 8-7 (c)는 이 때의 콘크리트의 응력의 분포를 보인 것이다. 그림 8-7 (a)에 보인 바와 같이 같은 변형률하에서의 콘크리트 응력의 차이는 그림 8-7

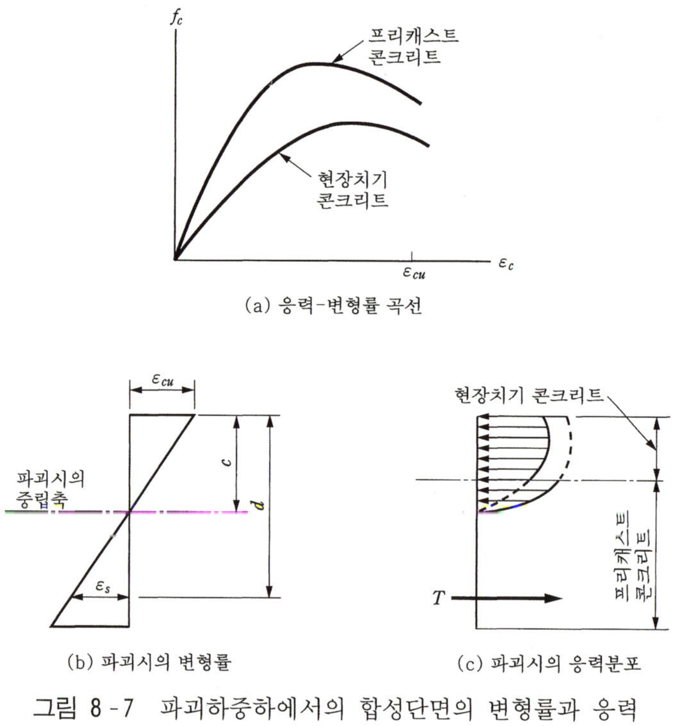

그림 8-7 파괴하중하에서의 합성단면의 변형률과 응력

(c)에 보인 것처럼 접합면에서 응력의 불연속을 초래한다.

이러한 응력분포를 설계에 사용하면 파괴 모멘트의 식이 매우 복잡하게 된다. 그래서 설계에 있어서는 이러한 응력을 사용하지 않는다. 왜냐하면 파괴 때 합성 T형 단면의 중립축은 접합면보다 위쪽에 위치하는 것이 보통이고, 또 합성단면의 저항 모멘트는 콘크리트 강도에 지배되지 않고 강재(鋼材)에 의해 지배되기 때문이다. 그래서 일반적으로 합성단면의 휨강도는 강도가 낮은 현장치기 콘크리트로 구성된 균질단면으로 보고 계산한다.

결국, 합성 T형 단면은 현장치기 콘크리트로 된 T형 단면으로 보며, 또 플랜지의 유효 폭도 보통의 T형 단면의 규정을 적용한다. 또 그림 8-1 (b) 및 (c)와 같이 플랜지가 프리캐스트 부재와 현장치기 콘크리트로 되어 있는 경우는 그 평균 두께를 플랜지의 두께로 보고 계산한다.

예제 8-2. 그림 8-6 (a)와 같은 합성단면(예제 8-1)으로 된 교량의 주 거더(main girder)의 휨강도를 계산하라. PS 강재는 28개의 강선으로 된 2개의 긴장재를 사용하였으며, 그 단면적은 $A_p = 1774\text{ mm}^2$, 인장강도는 $f_{pu} = 1750\text{ MPa}$, 항복강도는 $f_{py} = 1500\text{ MPa}$이다.

풀이 T형 단면이므로 플랜지의 유효 폭을 결정해야 한다. 대칭 T형 단면의 플랜지의 유효 폭 b는 다음의 세 값 중 작은 값이라야 한다.

$$16t_f + b_w = 16\times14.6 + 30.5 = 264.1\text{ cm}$$

양쪽 슬래브의 중심간 거리 $= 243.8\text{ cm}$

$$\frac{l}{4} = \frac{1}{4}\times1676 = 419\text{ cm}$$

따라서 플랜지의 유효 폭은 $b = 243.8\text{ cm}$이다.

PS 강재비는

$$\rho_p = \frac{A_p}{bd} = \frac{17.74}{243.8\times92.7} = 0.00078$$

$\dfrac{f_{py}}{f_{pu}} = \dfrac{1500}{1750} = 0.857 > 0.85$이므로 $\gamma_p = 0.40$이다. 슬래브 콘크리트의 강도는 21 MPa이므로 $\beta_1 = 0.85$이다. 철근이 배치되어 있지 않으므로 파괴시의 긴장재 응력은 식 (5·22)로부터

$$f_{ps} = f_{pu}\left[1 - \frac{\gamma_p}{\beta_1}\cdot\rho_p\cdot\frac{f_{pu}}{f_{ck}}\right]$$

$$= 1750\left[1 - \frac{0.40}{0.85}\times0.00078\times\frac{1750}{21}\right] = 1700\text{ N/mm}^2$$

그림 8-6 (a)의 T형 단면을 플랜지 폭을 폭으로 하는 직사각형 단면으로 보고 a를 계산하면

$$a = \frac{A_p f_{ps}}{0.85 f_{ck} b} = \frac{1774 \times 1700}{0.85 \times 21 \times 2438} = 69\ \text{mm} < 146\ \text{mm}$$

즉, 이 T형 단면의 중립축은 플랜지 안에 있다. 그러므로 이 단면을 직사각형 단면으로 보고 식 (5·25)로 휨강도를 계산한다. 긴장재의 강재지수는

$$\omega_p = \rho_p \frac{f_{ps}}{f_{ck}} = 0.00078 \times \frac{1700}{21}$$
$$= 0.06 < 0.32\beta_1 (= 0.32 \times 0.85 = 0.27)$$

즉, 이 보는 저보강(低補强) 보이다. 따라서 공칭 휨강도는 식 (5·25)로부터

$$M_n = A_p f_{ps}\left(d_p - \frac{a}{2}\right)$$
$$= 1774 \times 1700 \left(927 - \frac{69}{2}\right) \times \frac{1}{10^5} = 2692 \times 10^6\ \text{N·mm} = 2692\ \text{kN·m}$$

따라서 설계 휨강도는

$$M_d = \phi M_n = 0.85 \times 2692 = 2288\ \text{kN·m}$$

그런데 이 보의 계수 모멘트는(표 5-5의 하중계수를 사용한다)

$$M_u = 1.4(201.9 + 301.4 + 96.8) + 1.7 \times 605.7$$
$$= 1880\ \text{kN·m} < \phi M_n$$

즉, 이 단면은 계수하중(factored load)에 대하여 충분히 안전하다.

8.5 접합면의 전단응력

그림 8-8 (a)와 같은 PSC 합성보가 휨을 받으면, 프리캐스트 부재와 현장치기 콘크리트 플랜지 사이에 활동(滑動)이 일어나서 그림 8-8 (b)와 같이 변형될 것이다. 이 수평활동을 방지하지 않으면 두 부분은 각각 분리된 보로 작용하게 될 것이다. 그러므로 두 부분을 일체로 작용하도록 하기 위해서는, 즉 완전한 합성작용(composite action)을 시키기 위해서는 활동을 방지해야 한다. 이 활동을 방지하기 위해서는 두 부분의 접합면에 작용하는 전단력의 전달방법이 마련되어야 한다. 휨 때문에 생기는 이 전단력은 그림 8-8 (c)에 보인 바와 같이 플랜지에 있어서는 안쪽, 즉 최대 모멘트 단면 쪽으로 작용하고, 복부에서는 바깥쪽으로 작용한다.

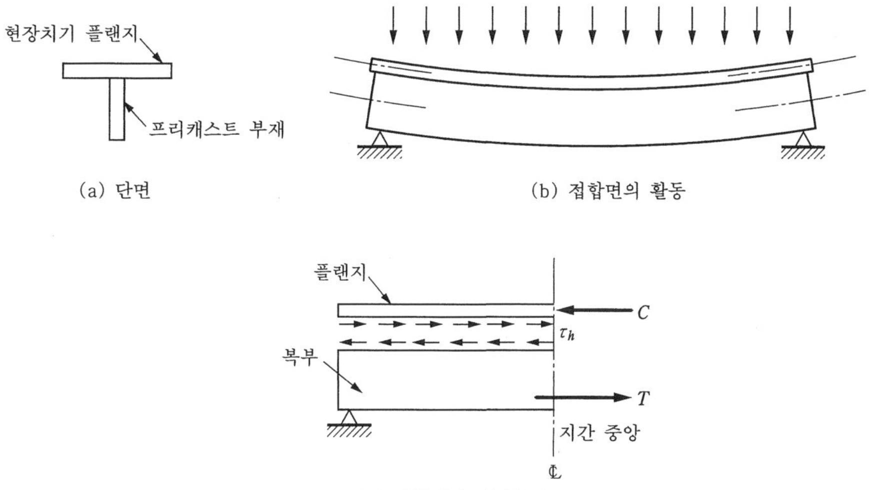

(a) 단면 (b) 접합면의 활동

(c) 접합면의 전단응력

그림 8-8 PSC 합성보의 합성작용

그림 8-1 (b), (c) 및 (d)와 같이 접합면이 넓은 부재에 있어서는 콘크리트 사이의 점착력과 마찰력에 의하여 이 전단력을 부담하게 한다. 그러나 교량의 주 거더로 쓰이는 그림 8-1 (a)와 같은 합성단면은 접합 면적이 좁고 무거운 하중을 받기 때문에 점착력과 마찰력만으로는 전단력을 지지할 수 없다. 그래서 프리캐스트 부재에 사용한 스터럽을 위쪽으로 연장시켜서 현장치기 슬래브 콘크리트 속에 정착시킨다. 이 철근의 장부작용(dowel action)에 의하여 활동이 방지되고, 두 부분을 밀착시켜서 마찰력을 증가시켜 준다. 때로는 프리캐스트 부재상부에 전단 연결재(shear connector)를 소정의 간격으로 배치하기도 한다. 이것은 활동이 일어난 후에 유효하게 작용한다.

그림 8-8의 보가 균열이 발생되지 않고 탄성거동을 하는 동안은 휨으로 인하여 이 보에 일어나는 수평 전단응력 v_h는 다음 식으로 계산한다.

$$v_h = \frac{V_u Q}{I b_v} \tag{8·7}$$

여기서 V_u : 사하중(고정하중) 및 활하중에 의한 계수 전단력(factored shear)

Q : 합성단면의 도심 축에 대한 슬래브의 단면 1차 모멘트

I : 합성단면의 단면 2차 모멘트

b_v : 전단응력을 검사하려는 곳에서의 단면의 폭

접합면에서의 공칭 전단응력을 v_{nh}라고 하면 합성보의 공칭 수평 전단강도는 다

음과 같이 된다.

$$V_{nh} = v_{nh} b_v d_p \qquad (8 \cdot 8\,a)$$

여기서 d_p는 합성단면의 압축 측 표면으로부터 긴장재 도심까지의 거리이다.

공칭 전단응력 v_{nh}는 접합면의 상태와 접합면에 사용한 수직연결철근(vertical tie steel, 즉 전단 연결재)의 양에 따라 결정된다. 도로교 설계기준(콘크리트교 편)에서는 v_{nh}=0.56 MPa로 보고, 공칭 수평전단 강도 V_{nh}를 다음과 같이 주고 있다.

(1) 접합면이 깨끗하고 부유물이 없으며 거칠게 만든 경우 및 접합면이 깨끗하고 부유물은 없으나 거칠게 만들지 않은 대신 식 (7・25)의 최소 전단 철근량 만큼의 전단 연결재를 사용한 경우

$$V_{nh} = 0.56\, b_v d_p \,(\text{N}) \qquad (8 \cdot 8\,b)$$

(2) 식 (7・25)의 최소 전단 철근량 이상의 전단 연결재가 배치되고, 접합면이 깨끗하고 부유물이 없으며 6 mm 정도의 깊이로 거칠게 한 경우

$$V_{nh} = 3.5\, b_v d_p \,(\text{N}) \qquad (8 \cdot 8\,c)$$

한편, 연결 철근량은 식 (7・25)로 주어지는 최소 전단 철근량보다 적어서는 안 된다.

보통은 복부에 사용한 스터럽을 슬래브 콘크리트 속에 연장하여 연결철근의 구실을 하게 한다. 연결철근의 간격은 슬래브 두께의 4배 이하 또는 600 mm 이하라야 한다.

위의 방법으로 수평 전단강도 V_{nh}가 계산되면, 접합면의 설계는 다음 원칙에 따른다.

$$V_u \leqq \phi V_{nh} \qquad (8 \cdot 9)$$

여기서 V_u : 계수 전단력(factored vertical shear)

ϕ : 전단에 대한 강도 감소계수(=0.75)

<전단마찰 이론>

단면의 계수 전단력 V_u가

$$V_u > \phi(3.5\, b_v d_p)\,(\text{N})$$

인 경우에는 연결철근(전단연결재)의 설계는 전단마찰 이론(shear friction theory)에 의해야 한다.

전단마찰 이론은 다음과 같다. 그림 8-9 (a)와 같이 전단력 V_n이 작용하면, 그림 8-9 (b)와 같이 균열이 발생하여 상하 두 부분으로 분리되려고 할 것이다. 이 때 철근에는 인장응력이 작용하게 되고, 전단파괴를 일으키는 시점에서는 항복강도 f_y

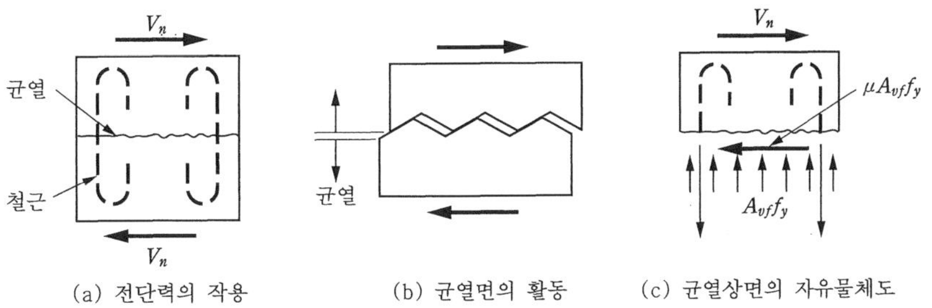

그림 8-9 전단마찰 이론

에 달하게 된다. 이 인장력은 균열면의 콘크리트에 크기가 같고 방향이 반대인 압축력을 미친다.

그림 8-9 (c)에서 알 수 있는 바와 같이 그 압축력의 크기는 $A_{vf}f_y$이다. 여기서 A_{vf}는 균열을 가로지르는 철근의 단면적이다. 따라서 활동에 저항하는 힘은 다음과 같다.

$$\mu A_{vf} f_y$$

여기서 μ는 마찰계수이며, 그 값은 다음과 같다.

표면이 거친 경화한 콘크리트에 이어 친 콘크리트 ························ $\mu=1.0$

표면이 거칠지 않은 경화한 콘크리트에 이어 친 콘크리트 ·············· $\mu=0.6$

그림 8-9에서 전단력 V_n에 저항하는 힘은 철근이 발휘하는 마찰력 $\mu A_{vf}f_y$이므로 다음 관계가 성립한다.

$$V_n = \mu A_{vf} f_y \tag{8·10}$$

이 경우의 전단 설계도 식 (7·15)에 따라야 하므로

$$V_u \leqq \phi V_n = \phi \mu A_{vf} f_y$$

$$\therefore A_{vf} \geqq \frac{V_u}{\phi \mu f_y} \tag{8·11}$$

한편, 그림 8-8 (c)에서 C 또는 T가 접합면에서 전달되어야 한다. C는 슬래브 콘크리트가 발휘하는 압축력이고, T는 긴장재가 발휘하는 인장력이다. 즉

$$C = 0.85 f_{ck} t_f b$$

$$T = A_p f_{ps}$$

여기서 f_{ck}는 슬래브 콘크리트의 압축강도이다. 결국, 식 (8·11)의 V_u는 휨모멘트가 0인 단면(지점)과 최대 모멘트 단면 사이에서 전달되어야 할 C 또는 T 가운

데서 작은 값을 취해야 한다.

예제 8-3. 그림 8-6 (a) (예제 8-1)의 합성단면이 D13의 U형 스터럽으로 보강되어 있다. 이 스터럽은 슬래브 속으로 연장되어 표준 90° 갈고리로 정착되어 있다. 이 철근의 항복강도는 f_y=400 MPa이다. 스터럽의 간격은 100 mm(지점)로부터 400 mm(지간중앙)까지 변화하며, $\frac{1}{2}$지간에 대하여 40개의 스터럽이 배치되어 있다. 프리캐스트 보의 상면은 규정에 맞도록 처리하였다. 접합면의 전단력에 대하여 검토하라.

풀이 예제 8-1에 주어진 설계조건의 값들을 사용하여 계산한다.

계수하중은(표 5-5의 하중계수를 사용한다)

$$w_u = 1.4(5729 + 8556 + 2753) + 1.7\times17,633 = 53,830\ \text{N}$$

따라서 계수 전단력은

$$V_u = \frac{1}{2}\times53,830\times16.76 = 451,100\ \text{N}$$

그림 8-6 (a)를 참조하면 d_p=927 mm, b_v=305 mm이다. 또, 최소량 이상의 연결철근이 배치되어 있고, 접합면이 6 mm 정도의 깊이로 거칠게 처리되어 있으므로 $V_{nh}=3.5\,b_v d_p$를 취한다. 그러면 식 (8・8 c)로부터

$$\phi V_{nh} = \phi(3.5\,b_v d_p) = 0.75\times3.5\times305\times927 = 742,200\ \text{N} > 451,100\ \text{N}$$

즉, 접합면의 공칭 전단강도 ϕV_{nh}가 계수 전단력 V_u보다 크다. 즉 식 (8・9)를 만족하므로 접합면은 전단에 대하여 안전하다.

연결철근의 최대간격은 400 mm인데, 이것은 146×4(슬래브 두께의 4배) =584 mm 이하이고, 또 600 mm 이하이다.

다음에 전단마찰 이론(shear friction theory)으로 검토해 보자.

지간중앙과 지점 사이에서 전달되어야 할 힘은 다음의 C와 T 가운데 작은 값이다[그림 8-8 (c) 및 그림 8-6 (a) 참조].

$$C = 0.85 f_{ck} t_f b = 0.85\times21\times146\times2438 = 6,354,000\ \text{N}$$

파괴시의 긴장재 응력과 긴장재 단면적은 예제 8-2를 참고하면

$$T = A_p f_{ps} = 1774\times1700 = 3,016,000\ \text{N} < 6,354,000\ \text{N}$$

즉, $T < C$이므로 이 보의 휨강도는 T로 지배되며, 이 힘 T가 접합면에서 전달되어야 한다. 그러므로 $V_u = T$로 놓으면 지간의 1/2 구간에서 접합면에 소요될 연결철근의 단면적은 식 (8・11)로부터 다음과 같이 된다.

$$A_{vf} = \frac{V_u}{\phi \mu f_y} = \frac{3,016,000}{0.75 \times 1.0 \times 400} = 10,050\ \mathrm{mm}^2$$

$D13$의 U형 스터럽의 단면적은 $2 \times 126.7 = 253\ \mathrm{mm}^2$이므로 40개의 스터럽의 총 단면적은

$$40 \times 253 = 10,120\ \mathrm{mm}^2 > 10,050\ \mathrm{mm}^2$$

4개의 스터럽을 $\frac{1}{2}$ 지간에 각각 추가 배치한다면

$$10,120 + 4 \times 253 = 11,130\ \mathrm{mm}^2 > 10,050\ \mathrm{mm}^2$$

그러면 지간 중앙부에서 스터럽 간격은 400 mm보다 좁게 될 것이다.

참고 > 접합면의 전단응력 v_{nh}에 기초를 둔 설계가 소요의 조건을 만족하는 합성보를 전단마찰 이론으로 다시 검토할 필요는 없다. 전단마찰 이론은 V_u가 $\phi(3.5\, b_v d_p)$를 초과할 때만 사용해야 한다(도로교 설계기준 콘크리트 편). 이 예제에서 본 바와 같이 전단마찰 이론에 의할 경우, 더 많은 연결철근이 소요됨을 알 수 있다. 그러나 신중을 기하기 위하여 연결철근의 수를 전단마찰 이론으로 얻어지는 값과 같게 해도 좋다.

8.6 합성보의 전단과 사인장

전단 및 사인장에 관한 7장의 개념은 PSC 합성보에 그대로 적용된다. 왜냐하면 전단설계는 하중계수를 곱한 하중의 상태를 바탕으로 하기 때문이다.

합성단면이 수직 전단력에 저항하는 것으로 가정한다. 이 때 합성단면은 같은 단면형상을 가지는 단일체의 단면으로 보되, V_c는 프리캐스트 콘크리트의 강도를 바탕으로 하여 계산한다. 왜냐하면, 전단은 프리캐스트 부재의 복부에 의해 지배되기 때문이다.

공칭 전단응력은 복부 폭에 대하여 계산하는 것이 보통이다. 그림 8-1 (a)와 같은 I 형 단면에 대하여는 프리캐스트 보의 상부 플랜지 폭을 사용하지 않고 복부의 가장 좁은 폭을 사용하는 것이 적당하다. 그림 8-1 (c)와 같은 복부에 대해서는 복부 폭의 평균값을 사용하여 계산하는 것이 적당하다.

연습문제

8.1. 그림 8-10과 같은 합성단면이 있다. 현장치기 슬래브 콘크리트의 압축강도는 21 MPa이다. 지간은 15.2 m이고 등분포 하중을 지지한다. PS 강재의 단면적은 $A_p = 1116\ \mathrm{mm}^2$이

고, 파괴시의 응력은 $f_{ps}=1600$ MPa이다. 이 보는 총 계수하중(factored load) 39 kN/m (자중 포함)를 지지하도록 설계된 것이다. D10의 U형 스터럽을 사용하였으며, 그 간격은 100 mm(지점부)로부터 400 mm(지간 중앙부)까지 변화시켰다. D10 철근의 항복강도는 $f_y=400$ MPa이다. 스터럽은 그림에 나타낸 바와 같이 슬래브까지 연장하여 적절히 정착하였으며, 프리캐스트 보의 상면은 규정대로 거칠게 처리하였다. 다음에 답하라.

1) 접합면의 공칭 수평 전단강도를 계산하고, 식 (8・9)가 만족되는가를 검토하라.
2) 전단마찰 이론에 의하여 지점과 지간중앙 사이에서 필요로 하는 연결철근(스터럽)의 수와 간격을 계산하라.

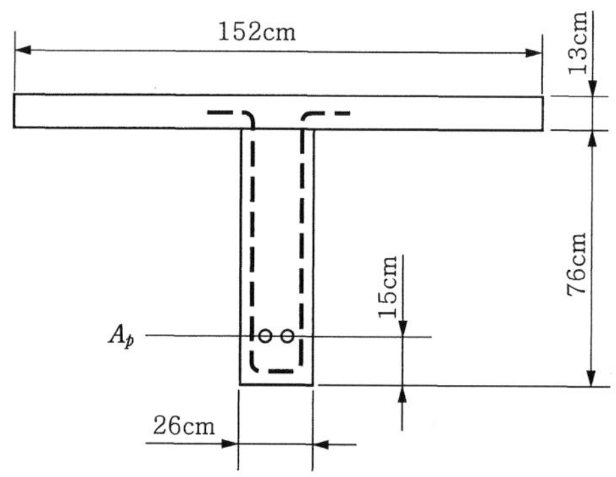

그림 8-10

제 9 장

연 속 보

9.1 PSC 연속보의 특징

연속보는 단순보에 비하여 구조 역학적으로 유리하다. 그러나 PSC 구조에서는 종래 단순보가 많았고 연속보로 하는 경우는 많지 않았다. 그것은 다음과 같은 이유 때문이었다. 즉, RC 보는 콘크리트를 현장에서 처넣으므로 연속보로 하기가 쉬운 데 대하여, PSC 보는 프리캐스트 보를 사용함으로써 동바리와 거푸집 없이 보를 제작할 수 있는 장점이 있기 때문에 단순보로 하는 경우가 많았다. 그러나 근래에는 가설공법의 발달로 인하여 PSC 연속보로 하는 경우가 많아졌다.

연속보는 절대값 최대의 휨모멘트가 중간지점에서 일어난다. 따라서 RC 연속보로 할 경우에는 철근을 휨모멘트의 변화에 따라 적절하게 배치할 수 있지만, PSC 연속보는 그렇게 할 수 없다. 즉, PSC 연속보에서는 긴장재의 단면적이 최대 모멘트에 의하여 결정되고, 이 최대 단면적이 연속보의 전 길이에 사용되기 때문에 비경제적인 설계로 된다. 또한, 긴장재를 휨모멘트의 변화에 따라 굴곡시켜야 하기 때문에, 마찰로 인한 프리스트레스의 손실이 클 뿐 아니라, 실제 시공에 있어서 긴장재를 굴곡 배치하는 데도 어려움이 있다.

PSC 연속보의 더 큰 문제는 프리스트레스의 도입으로 인한 2차 모멘트의 발생이다. PSC 단순보에서는 프리스트레스 힘의 작용선, 즉 **압력선**(thrust line)이 긴장재 도심과 일치하지만, PSC 연속보에서는 일치하지 않는 것이 보통이다. 이로 인하여 PSC 연속보에는 2차 모멘트가 일어나서 설계를 복잡하게 만든다.

그러나 PSC 연속보에는 다음과 같은 장점도 있다. 즉, 주어진 지간과 하중에 대하여 단순보보다 모멘트가 작아지며, 또 강성(剛性)은 커지고 처짐은 작아진다. 포스트텐션 방식의 연속보에서는 단순보보다 긴장작업 및 정착장치의 수가 덜 든다.

이러한 장점 때문에 PSC 연속보의 이용이 증가하는 추세에 있다. 특히 장지간(長支間) 교량들이 PSC 연속 거더교로 많이 가설되고 있다.

9.2 긴장재의 배치

PSC 구조물에 연속성을 주는 방법은 여러 가지가 있다. 연속성을 주는 방법에 따라 연속보는 다음 두 종류로 구분된다.

① 완전 연속보(fully continuous beam)

② 부분 연속보(partially continuous beam)

완전 연속보는 PS 강재를 현장에서 긴장하되 보의 1단에서 다른 1단까지 연속되

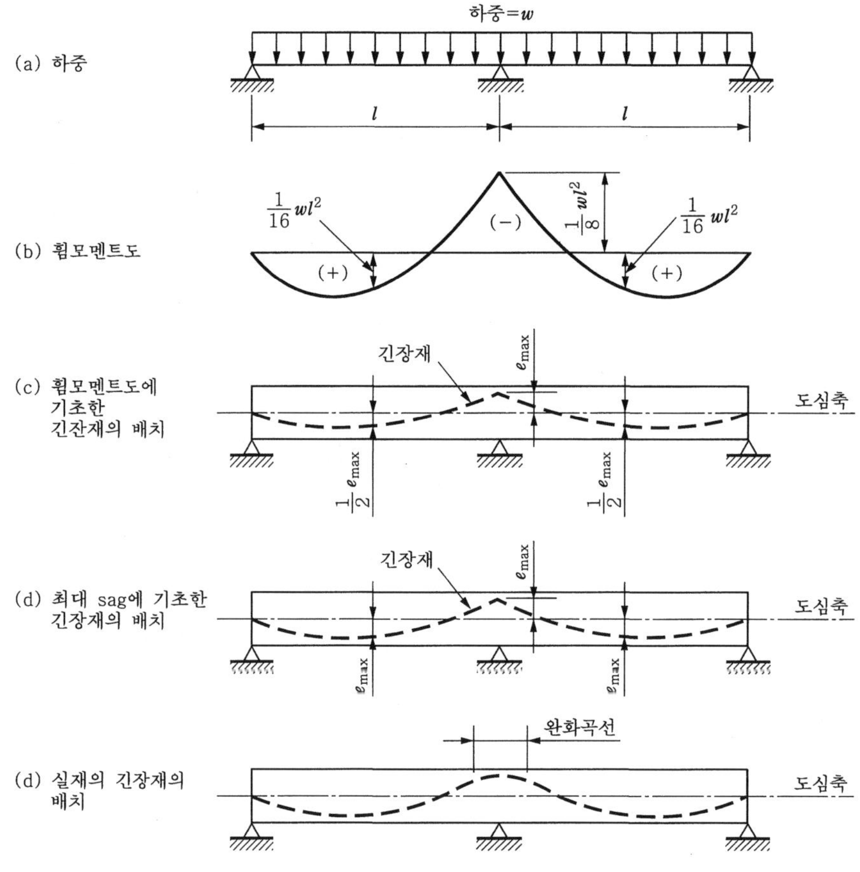

그림 9-1 2경간 연속보의 긴장재

어 있는 것이 보통이며, 콘크리트를 전부 현장에서 처넣거나 또는 프리캐스트 부재를 이어 대어서 만들거나 한다. 그림 9-1 및 그림 9-2의 보들이 이에 속한다. 부분 연속보는 프리캐스트의 PSC 단순보를 소정 위치에 가설한 후 포스트텐션 방식에 의하여 지점 위에서 연속성을 주는 것이다. 그림 9-3의 보들이 이에 속한다.

그림 9-1 (a)는 등분포 하중이 실린 2경간 연속보이고, 그림 9-1 (b)는 그 휨모멘트도이다. 하중평형의 개념에 의하여 이 휨모멘트 M이 프리스트레스 힘에 의한 모멘트 Pe와 비겨야 하므로, 긴장재는 그림 9-1 (c)와 같이 배치되어야 한다. 긴장재의 배치를 그림 9-1 (d)와 같이 수정하면 프리스트레스 힘을 감소시킬 수 있다. 또, 중간지점 위의 긴장재의 뾰족한 부분은 그림 9-1 (e)와 같이 완화곡선(transition curve)으로 수정하여 배치한다. 이렇게 배치한 긴장재를 보의 양단에서 동시에 긴장하는 것이 좋다.

그림 9-2는 현장에서 제작되는 포스트텐션 보의 긴장재의 배치를 보인 것이다. 그림 9-2 (a)는 연속 슬래브의 경우이고, 그림 9-2 (b)는 연속보의 경우이다. 그림

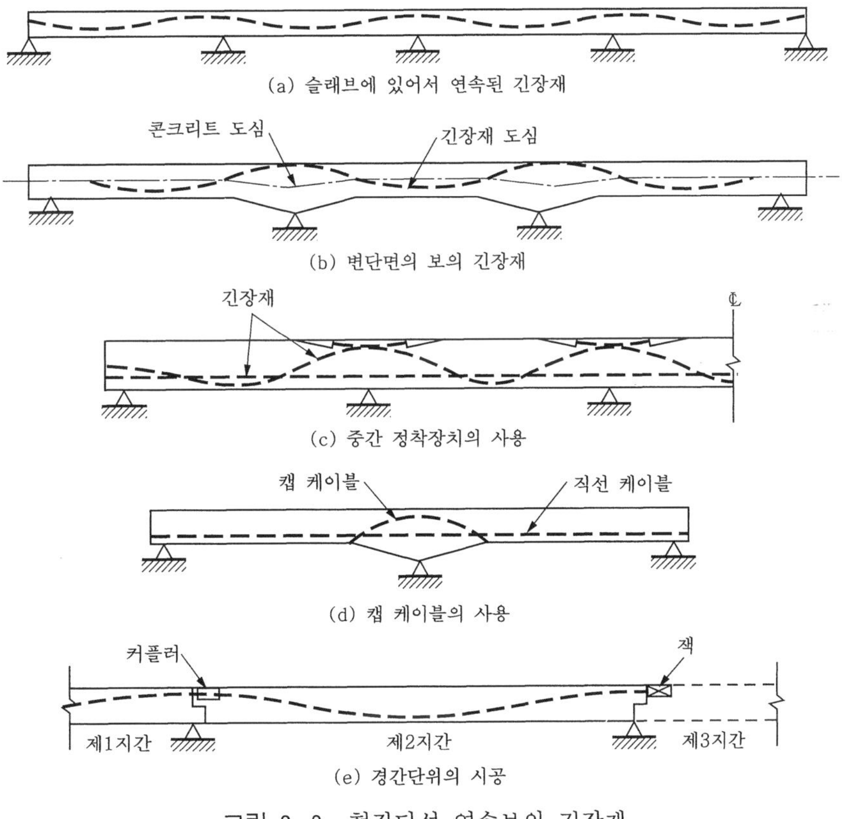

그림 9-2 현장타설 연속보의 긴장재

9-2 (b)와 같이 중간지점 근처의 보 높이를 크게 하면, 긴장재에 과도한 곡률을 주는 일 없이 배치할 수 있다. 그림 9-2 (c)는 직선 긴장재 외에 곡률을 가진 긴장재를 보의 중간에서 긴장 정착하는 경우를 보인 것이다. 그림 9-2 (d)와 같이 캡 케이블(cap cable)을 사용하는 경우도 있다. 이것은 중간지점 양쪽의 보 밑에서 긴장하고 정착한다. 그림 9-2 (e)는 긴장재를 커플러(coupler)로 이어 나가면서 연속보를 만드는 경우를 보인 것이다. 하나의 지간을 긴장정착한 후에 다음 지간을 이어 쳐서 긴장하고 정착하는 것이다. 이렇게 함으로써 완전 연속성이 얻어진다.

그림 9-3 (a)는 프리텐션 방식의 프리캐스트 부재를 긴장재로 이어 나감으로써 연속보로 만드는 것을 보인 것이다. 프리캐스트 부재를 소정의 위치에 가설한 후 하나의 지간씩 포스트텐션 방식으로 프리스트레스를 주어 각 지점에서 정착한다. 다음 지간의 긴장재를 커플러로 연결하여 긴장하고 정착해 나간다. 그림 9-3 (b)와 같이 프리캐스트보의 이음을 위하여 캡 케이블을 사용하는 수도 있다. 그림 9-3 (c)는 캔틸레버 가설법에 의한 장지간(長支間) 교량의 경우를 보인 것이다[13.9.1 항 참조]. 중앙지간의 세그먼트(segment)는 프리캐스트이며 때로는 현장치기로 하는 경우도 있다.

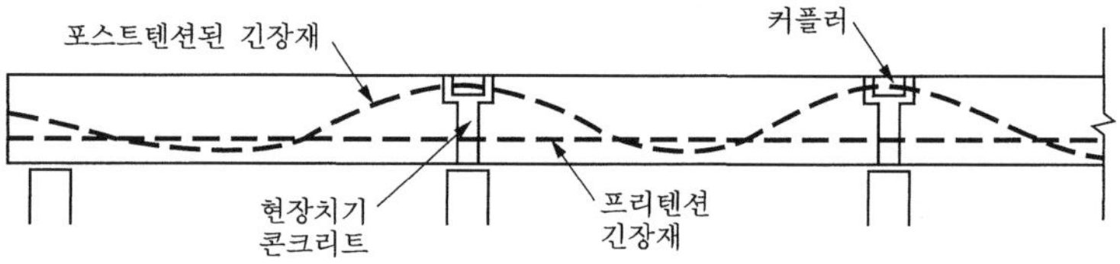

(a) 커플러로 연결한 연속 긴장재

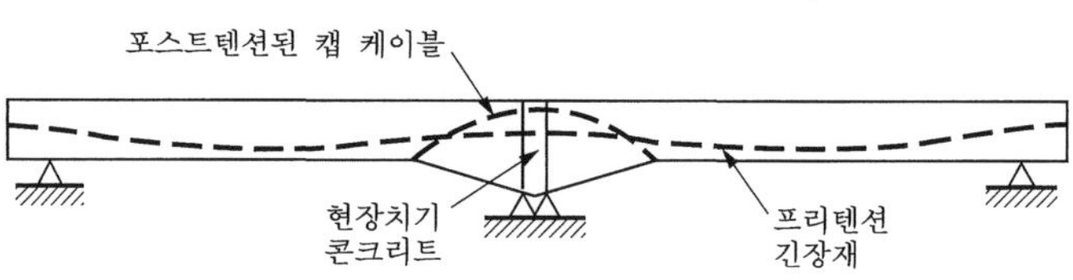

(b) 중간지점의 캡 케이블

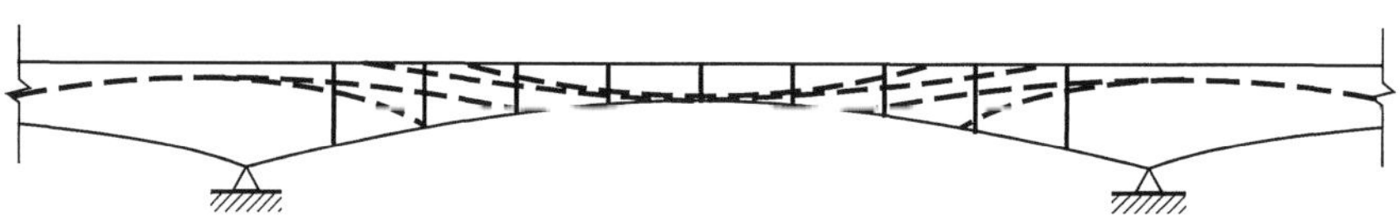
(c) 프리캐스트 세그먼트 공법의 긴장재

그림 9-3 프리캐스트 세그먼트를 사용한 연속보의 긴장재

9.3 프리스트레싱 효과의 탄성해석

그림 9-4 (a)에 나타낸 바와 같이 단순보에 프리스트레스 힘 P가 편심 거리 e를 가지고 작용하면, 보에는 휨모멘트 $P \cdot e$가 일어나서 보는 그림 9-4 (b)와 같이 위로 솟는다. 이 때 지점반력은 일어나지 않으며, 보의 자중의 영향을 무시한다면 압축력 C는 PS 강재도심과 일치한다.

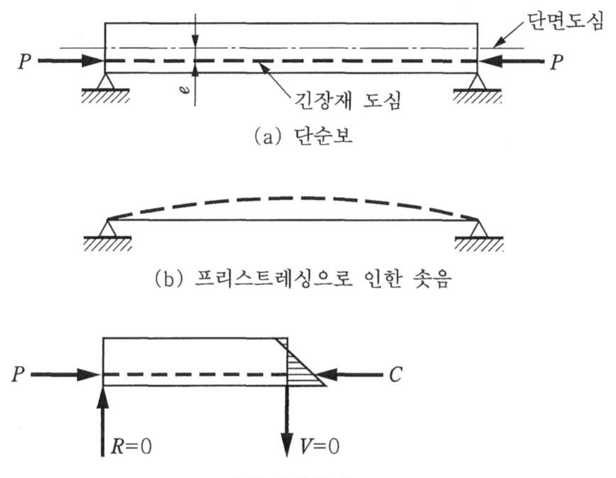

그림 9-4 단순보의 경우

그림 9-5 (a)에 보인 바와 같이 2경간 연속보에 PS 강재를 직선배치하고, 프리스트레스를 도입할 경우 중앙지점이 구속되어 있지 않다고 가정하면, 보는 그림 9-5 (b)와 같이 위로 솟는다. 이 솟음을 그대로 두어서는 안 된다. 즉, 그림 9-5 (d)와 같이 구속해야 한다. 그러기 위해서는 그림 9-5 (c)와 같이 중앙지점에 하향(下向)의 힘 R가 작용하여야 한다. R의 크기는 변형일치의 방법으로 쉽게 구할 수 있다. 이 R로 인해 양 지점에는 $R/2$의 반력(反力)이 일어난다. 이로 인해서 보의 임의단면에는 $Rx/2$의 모멘트가 일어나게 된다. 이것을 2차 **모멘트**(secondary moment)라고 한다. 이에 대하여 중간지점의 구속이 없다고 가정함으로써 솟음을 일으키게 했던 최초의 모멘트를 1차 **모멘트**(primary moment)라고 한다. 그림 9-6 (a)는 1차 모멘트도이고, 그림 9-6 (b)는 2차 모멘트도이며, 그림 9-6 (c)는 두 모멘트도를 합성한 것이다.

단순보에서는 압력선(C 선)이 긴장재 도심과 일치한다. 그러나 연속보에서는 2차 모멘트 때문에 일치하지 않는 것이 보통이다. 이 관계가 그림 9-6 (d)의 자유물체도

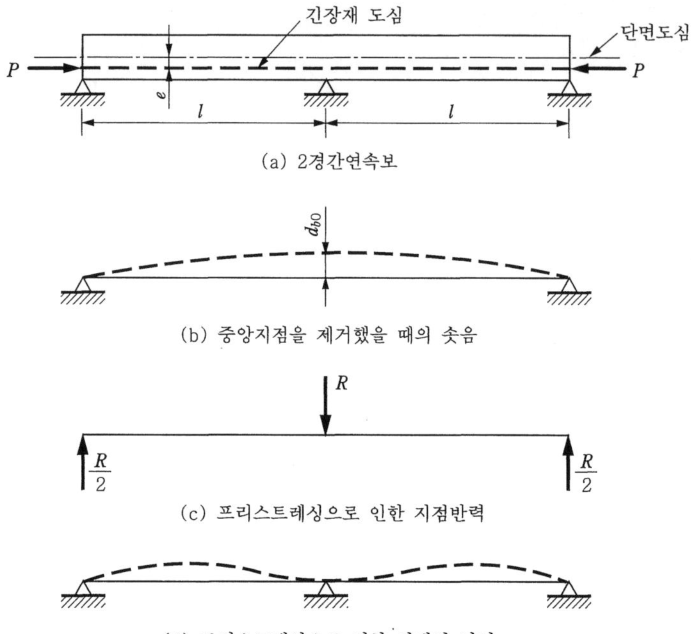

그림 9-5 2경간 연속보의 경우

에 나타나 있다. 긴장재 도심으로부터 압력선까지의 거리 y는 다음의 관계로부터 구할 수 있다. 즉, 보의 임의단면의 2차 모멘트 $M_2\left(=\frac{R}{2}x\right)$는 모멘트 $Cy(=Py)$와 같아야 하므로

$$y=\frac{M_2}{P} \tag{9·1}$$

여기서 y : 긴장재 도심으로부터 C선까지의 거리

M_2 : 프리스트레싱으로 인한 2차 모멘트

P : 프리스트레스 힘

프리스트레스 힘에 의한 1차 모멘트는 프리스트레스 힘 P에 비례한다. 또, 프리스트레싱으로 인한 반력(反力)도 프리스트레스 힘 P에 비례하며, 따라서 2차 모멘트도 P에 비례한다. 그러므로 합성 모멘트도 P에 비례한다. 따라서 초기 프리스트레스 힘 P_i가 유효 프리스트레스 힘 P_e로 감소하더라도 y는 변하지 않는다.

프리스트레스 힘으로 인한 연속보의 상하면에 일어나는 콘크리트의 응력은 다음과 같이 된다.

초기 프리스트레스 힘 P_i에 의한 응력은

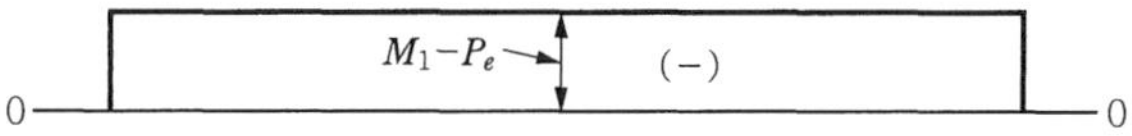

(a) 프리스트레싱으로 인한 1차 모멘트

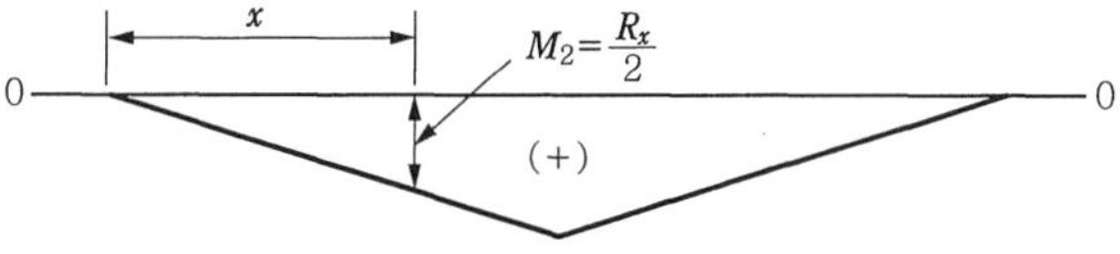

(b) 지점반력으로 인한 2차 모멘트

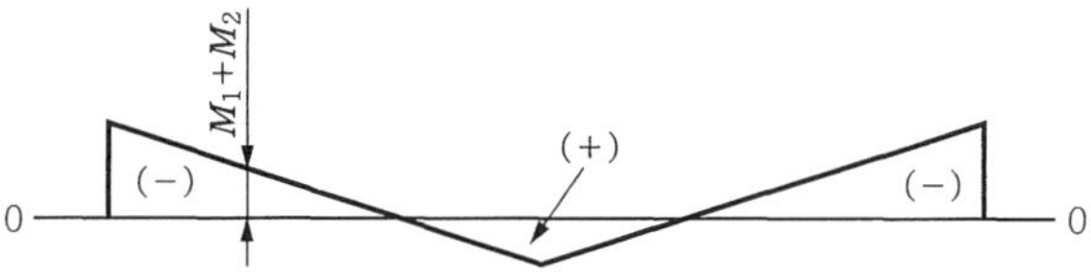

(c) 프리스트레싱으로 인한 총모멘트

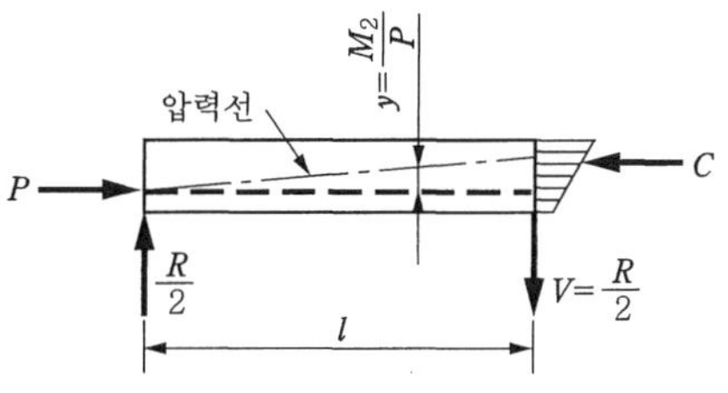

(d) 왼쪽 지간의 자유물체도

그림 9-6 2경간 연속보의 모멘트와 압력선

$$\left.\begin{aligned} f_t &= \frac{P_i}{A_c}\left(1-\frac{e'}{r_c^2}\,y_1\right) \\ f_b &= \frac{P_i}{A_c}\left(1+\frac{e'}{r_c^2}\,y_2\right) \end{aligned}\right\} \qquad (9\cdot 2)$$

유효 프리스트레스 힘 P_e에 의한 응력은

$$\left.\begin{aligned} f_t &= \frac{P_e}{A_c}\left(1-\frac{e'}{r_c^2}\,y_1\right) \\ f_b &= \frac{P_e}{A_c}\left(1+\frac{e'}{r_c^2}\,y_2\right) \end{aligned}\right\} \qquad (9\cdot 3)$$

여기서 e'는 압력선으로부터 콘크리트 단면의 도심까지의 거리이며, 그 밖의 기호는 전과 동일하다. 압력선이 단면의 중립축보다 위에 있으면 e'는 부(−)의 부호를 갖는다.

이상은 처짐에 관한 겹침의 방법(변형일치의 방법)에 의한 것이지만, 등가하중법(하중평형의 개념)이 연속보에는 더 편리하다. 등가하중법을 사용하면 2차 모멘트를 포함한 총 모멘트를 직접 구할 수 있다. 사용하중에서는 2차 모멘트와 반력(反力)의 계산이 필요없기 때문에 해석과 설계가 간단해진다. 극한하중의 해석을 위하여 2차 모멘트가 필요할 경우에는 총 모멘트에서 1차 모멘트를 빼면 된다. 뿐만 아니라 등가하중법은 가장 유리한 긴장재의 위치를 선정할 때, 또 PS 강재의 직선이동 및 컨코던트(concordant)의 효과를 이해하는 데 도움을 준다.

처짐에 대한 겹침의 방법(변형일치의 방법)은 1차 또는 2차 부정정보에만 편리하고, 그 이상의 부정정 부재에 대하여는 등가하중법이 유리하다. 2차 모멘트와 더불어 2차적인 전단력도 생기지만, 2차 모멘트처럼 중요하지는 않다.

9.4 연속보의 계산 예

그림 9-7 (a)와 같은 2경간 연속의 PSC 보가 있다. 단면은 30.5 cm×55.9 cm의 직사각형이다. 긴장재는 그림 9-7 (a)와 같이 지간중앙에서 $e_p=15.2$ cm, 중앙지점 B에서 $e_p=-15.2$ cm의 편심 거리를 가지고 포물선으로 배치되어 있고, 그 유효 프리스트레스 힘은 $P_e=907$ kN이다. 마찰로 인한 긴장재의 인장력의 차이는 무시한다. 프리스트레싱에 의한 총 모멘트 및 압력선의 위치를 구해 보자. 또, 프리스트레스에 의한 중앙지점 B에서의 콘크리트 응력을 계산해 보자.

풀이 > 겹침의 방법(method of superposition)으로 계산한 후 등가하중법으로 계산해 본다.

1) **겹침의 방법에 의할 경우** 프리스트레스 힘으로 인한 1차 모멘트는, 그림 9-7 (a)를 참고하면

각 지간의 중앙단면에서 $M_1=-Pe=-907\times0.152=-137.86$ kN·m

중앙지점 B에서 $M_1=+Pe=907\times0.152=+137.86$ kN·m

휨 모멘트도는 그림 9-7 (b)에 나타나 있다.

이 1차 모멘트는 그림 9-7 (c)와 같이 보에 지점반력을 일으킨다. 이 연속보는 1차의 부정정이므로 그림 9-7 (c)의 중앙지점의 반력(反力) R_b를 여력(餘力)으로 잡고 변형일치의 방법(겹침의 방법)을 사용하여 R_b를 구한다.

그림 9-7 (a)의 중앙지점 B의 구속이 없다면, 프리스트레스 힘에 의한 1차 모멘트[그림 9-7 (b)]로 인하여 단순보 AC의 중앙 B는 위로 솟을 것이다. 그 솟음량 d_{b0}는 모멘트 면적법을 사용하면 다음과 같이 된다.

$$d_{b0}=-\frac{1}{EI}\left[\left\{(137.86+68.93)\times9.14\times\frac{2}{3}\times\frac{9.14}{2}\right\}-\left(137.86\times9.14\times\frac{1}{2}\times\frac{2}{3}\times9.14\right)\right]$$

$$=-\frac{1919.5}{EI}\ (\mathrm{m})$$

정정 기본계 AC의 중앙 B에는 그림 9-7 (c)와 같이 여력 R_b가 작용하고, 양 지점 A, C에는 각각 $R_b/2$의 반력(反力)이 일어난다. 이들 힘으로 인한 휨모멘트도는 그림 9-7

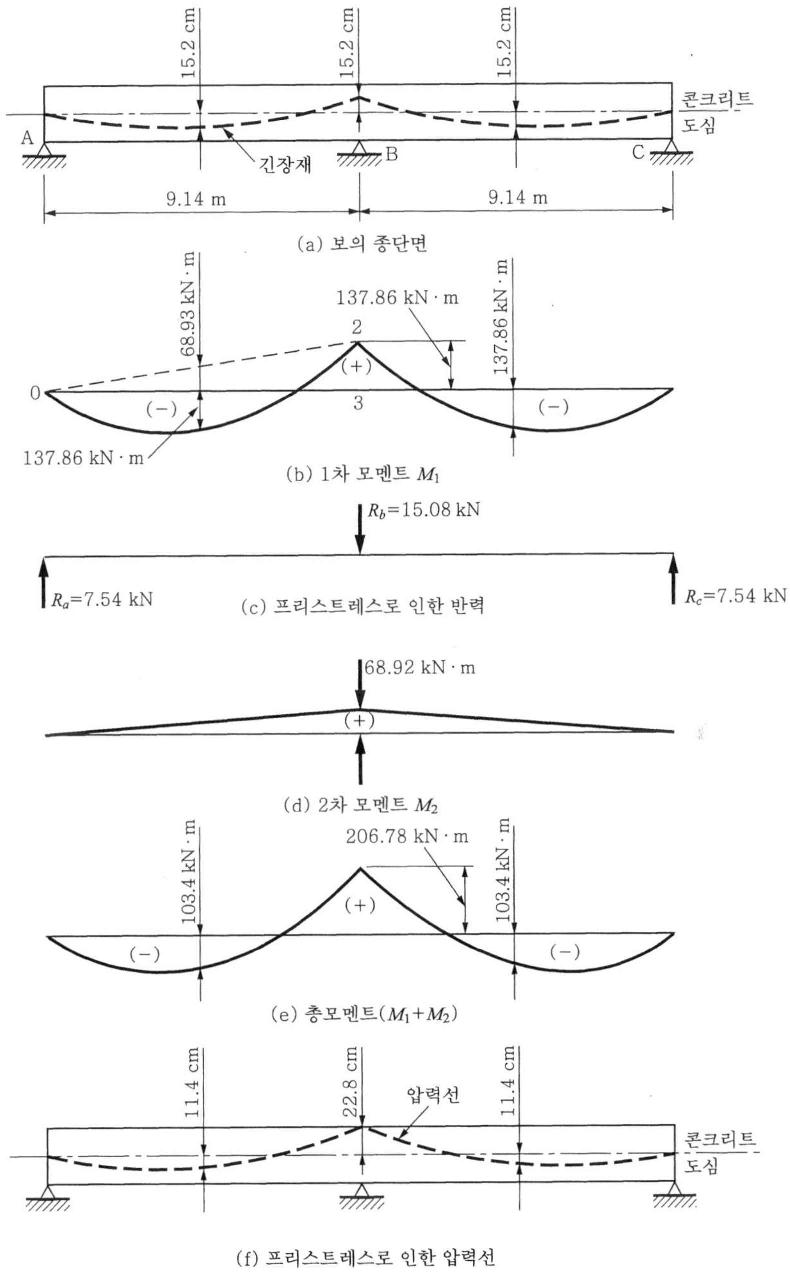

그림 9-7 2경간 연속보의 해석

(d)와 같이 되며, 중앙점 B의 모멘트는 $\frac{R_b}{2}\times 9.14 = 4.57\,R_b$이다. 그러므로 여력 R_b에 의한 점 B의 처짐 d_{bb}는

$$d_{bb}=\frac{1}{EI}\left(4.57\,R_b\times 9.14\times\frac{1}{2}\times\frac{2}{3}\times 9.14\right)=\frac{127.3\,R_b}{EI}\ \ (\mathrm{m})$$

주어진 보는 지점 B에 의하여 구속되어 있으므로 솟거나 처져서는 안 된다. 즉

$$d_{b0}+d_{bb}=-\frac{1919.5}{EI}+\frac{127.3\,R_b}{EI}=0$$

$$\therefore R_b=15.08\ \mathrm{kN}(\downarrow)$$

따라서

$$R_a=R_c=\frac{1}{2}\times 15.08=7.54\ \mathrm{kN}(\uparrow)$$

그러므로 중앙단면 B에 일어나는 2차 모멘트는

$$M_2=7.54\times 9.14=68.92\ \mathrm{kN\cdot m}$$

이고, 2차 모멘트도는 그림 9-7 (d)와 같이 된다.

그림 9-7 (b)와 그림 9-7 (d)를 겹치면 합성 모멘트를 얻을 수 있으며, 이것이 그림 9-7 (e)에 나타나 있다.

지점 B에 있어서의 C선의 위치는 식 (9·1)로부터

$$y=\frac{M_2}{P}=\frac{68.92}{907}=0.076\ \mathrm{m}=76\ \mathrm{mm}$$

즉, 지점 B에서의 압력선의 위치는 긴장재 도심으로부터 위쪽으로 7.6 cm 되는 곳에 있다. 이것은 단면도심으로부터 위쪽으로 22.8 cm(=15.2 +7.6)되는 곳이다. 지간 AB의 중앙에 있어서 C선의 위치는 긴장재 도심으로부터 위쪽으로

$$y=\frac{34.46}{907}=0.038\ \mathrm{m}=38\ \mathrm{mm}$$

되는 곳에 있으며, 단면도심으로부터는 아래로 11.4 cm(15.2−3.8)되는 곳에 있다. 이러한 압력선의 위치가 그림 9-7 (f)에 나타나 있다. 긴장재 도심선과 압력선과의 편기(deviation)는 외측 지점의 0으로부터 중앙지점의 7.6 cm까지 직선적으로 변한다.

압력선의 위치는 그림 9-7 (c)의 총 모멘트로부터 직접 구할 수도 있다. 즉, 콘크리트 단면도심으로부터 압력선까지의 거리를 e'라고 하면 Ce'는 총 모멘트와 같아야 하므로, 중앙지점 B에서는

$$Ce'=Pe'=206.78$$

$$\therefore e'=\frac{206.78}{P}=\frac{206.78}{907}=0.228\ \mathrm{m}=22.8\ \mathrm{cm}$$

지간의 중앙에서는

$$\therefore e' = \frac{103.4}{907} = 0.114\,\text{m} = 11.4\,\text{cm}$$

이 연속보의 단면은 30.5×55.9 cm이므로

$$A_c = 30.5 \times 55.9 = 1705\,\text{cm}^2 = 170,500\,\text{mm}^2$$

$$I_c = \frac{1}{12} \times 30.5 \times 55.9^3 = 443,970\,\text{cm}^4$$

$$r_c^2 = \frac{I_c}{A_c} = 260\,\text{cm}^2 = 26,000\,\text{mm}^2$$

$$y_1 = y_2 = \frac{1}{2} \times 55.9 = 27.95\,\text{cm} = 2795\,\text{mm}$$

따라서 단면 B의 상하면의 콘크리트 응력은 식 (9・3)으로부터

$$f_t = \frac{P_e}{A_c}\left(1 + \frac{e'}{r_c^2}y_1\right) = \frac{907 \times 10^3}{170,500}\left(1 + \frac{228}{26,000} \times 2795\right) = 18.4\,\text{N/mm}^2(\text{압축})$$

$$f_b = \frac{P_e}{A_c}\left(1 - \frac{e'}{r_c^2}y_2\right) = \frac{907 \times 10^3}{170,500}\left(1 - \frac{228}{26,000} \times 2795\right) = -7.7\,\text{N/mm}^2(\text{인장})$$

2) **등가하중법에 의할 경우** 새그(sag) y를 가지고 포물선상으로 배치된 긴장재가 일으키는 등분포 상향력은 식 (1・11)로부터

$$u = \frac{8Py}{l^2}$$

지금의 경우 $y = 22.8\,\text{cm}$이므로

$$u = \frac{8 \times 907 \times 0.228}{9.14^2} = 19.8\,\text{kN/m}$$

즉, 주어진 보는 중앙지점 B가 구속된 상태에서 프리스트레스 힘으로 인하여 19.8 kN/m의 등분포 상향력(上向力)을 받는다. 그림 9-8은 이 관계를 나타낸 것이다.

그림 9-8의 지점 모멘트를 모멘트 분배법으로 계산하면 다음과 같다(지간 l과 EI가 각각 같으므로 점 B에서의 분배율은 각각 0.5이고, 구속 모멘트는 각각 $\frac{1}{12}ul^2 = \frac{1}{12} \times 19.8 \times 9.14^2 = 137.84\,\text{kN·m}$이다).

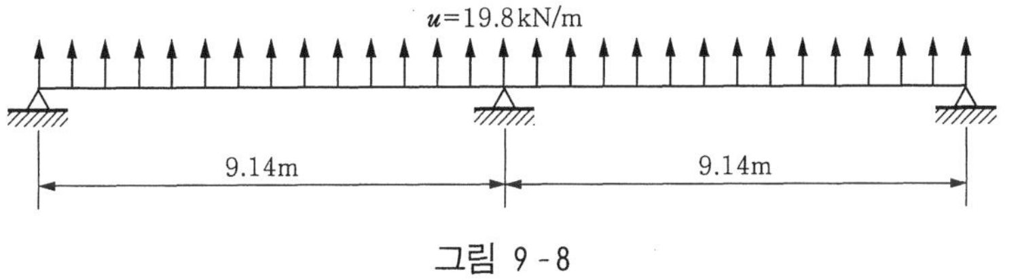

그림 9-8

	A		B		C
		0.5	0.5		
FEM	+137.84	−137.84	+137.84	−137.84	
	−137.84	−68.92	+68.92	+137.84	
FM	0	−206.76	+206.76	0	

이 최종 모멘트가 겹침의 방법으로 구한 총 모멘트와 같으며, 그림 9-7 (e)에 나타나 있다. 지점 B의 구속이 없는 것으로 가정하고 구하는 1차 모멘트는 앞에서와 같이 쉽게 구할 수 있으며, 그림 9-7 (b)가 이것이다. 따라서 구하는 2차 모멘트는 총 모멘트에서 1차 모멘트를 빼면 된다. 이것이 그림 9-7 (d)이다. 결국, 모든 결과는 겹침의 방법으로 구한 것과 같으며, 이하의 계산은 1)의 경우와 같다.

9.5 긴장재의 직선 이동

연속보의 압력선과 PS 강재 도심선이 기본형상에 있어서는 같다는 것을 9.3 및 9.4 절로부터 알 수 있다. 즉, 압력선은 긴장재 끝을 중심으로 해서 긴장재의 도심선을 적당량만큼 회전시키면 얻을 수 있다. 이것은 긴장재 도심선으로부터의 압력선의 편기가 2차 모멘트에 비례하기 때문이고, 2차 모멘트는 지점으로부터의 거리에 비례하기 때문이다. 이와 같이 긴장재 도심선을 지간 내에서 그 형상을 변화시키는 일 없이 한쪽 끝을 중심으로 회전시키는 것을 **긴장재의 직선 이동**(linear transformation)이라고 한다. 결국, 압력선은 긴장재의 도심선을 직선 이동시킨 것이다. 다시 말하면 압력선은 직선 이동시킨 긴장재 도심선이라고 할 수 있다.

긴장재의 배치가 한 지간 내에서 새로운 위치로 직선이동되더라도 압력선은 직선 이동전과 조금도 변하지 않는다. 긴장재의 배치가 달라지면 프리스트레싱에 의한 반력(反力)이 달라지고 2차 모멘트 및 1차 모멘트도 달라지지만, 두 모멘트의 합계인 총 모멘트는 변하지 않는다. 그러므로 압력선은 같은 위치에 있게 된다.

그림 9-9 (a)는 그림 9-7 (a)와 같은 보를 보인 것이다. 다만, 중앙지점에서 긴장재의 편심이 0이 되도록 긴장재를 직선 이동한 것이 다를 뿐이다. 그림 9-9 (a)의 보를 그림 9-7 의 계산 예에서 한 것처럼, 변형일치의 방법으로 해석한 결과를 나타낸 것이 그림 9-9 이다. 해석결과 얻은 압력선이 그림 9-9 (f)에 나타나 있으며, 그림 9-7 (f)와 똑같다는 것을 알 수 있다.

그림 9-10 (a)도 그림 9-7 (a)와 똑같은 보이다. 다만, PSC 강재의 배치를 그림 9-7 (f)의 압력선과 일치하도록 직선 이동시킨 것이 다를 뿐이다.

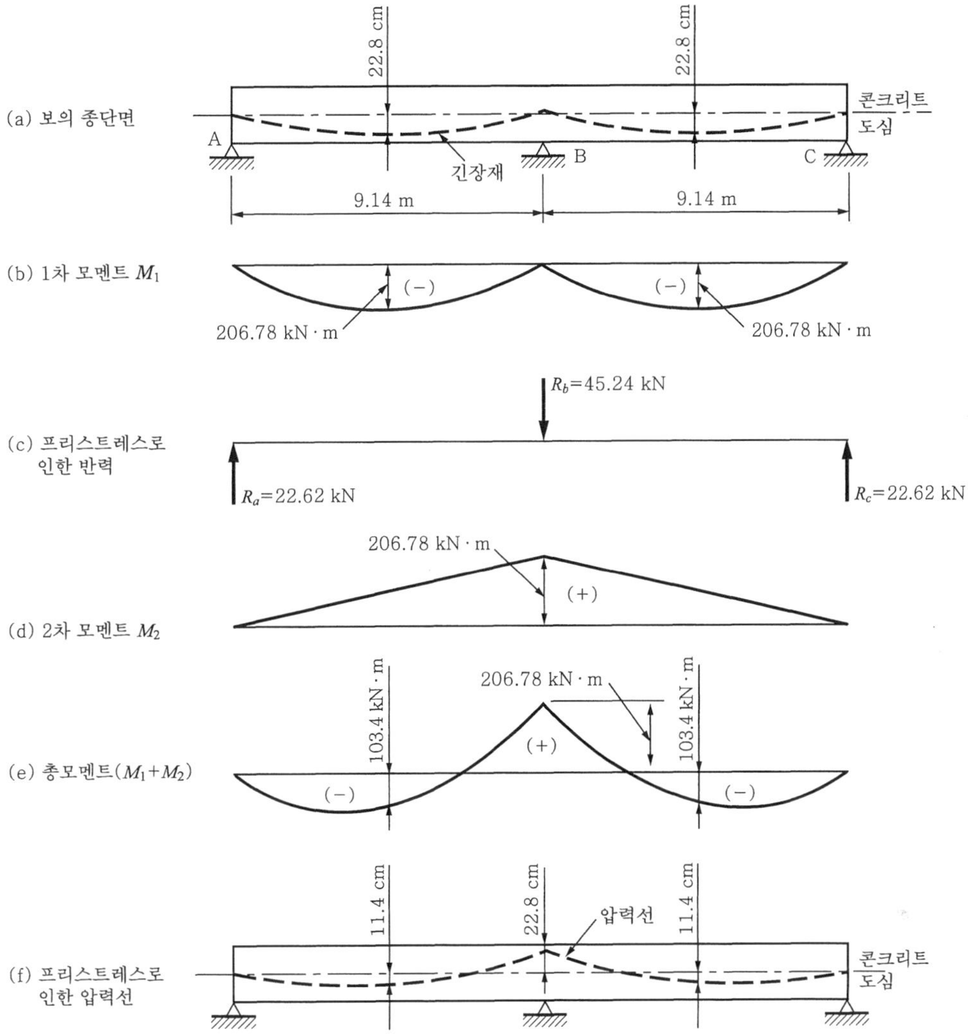

그림 9-9 수정된 긴장재 위치를 가지는 2경간 연속보

그림 9-10 (a)의 보를 변형일치의 방법으로 해석한 결과를 보인 것이 그림 9-10이다.

그림 9-10 (a)의 보의 1차 모멘트, 즉 프리스트레스 힘으로 인한 모멘트를 구한 결과는 그림 9-10 (b)에 나타나 있다. 그림 9-10 (b)는 그림 9-7 (e)와 동일하다. 이것은 단순보 AC의 중앙점 B가 솟지도 않고 처지지도 않는다는 것을 의미한다. 따라서 그림 9-10 (c)와 같이 반력(反力)이 일어나지 않으며 2차 모멘트도 일어나지 않는다[그림 9-10 (d) 참조]. 결국, 그림 9-10 (e)의 총 모멘트는 그림 9-10 (b)와 똑같으며, 또한 그림 9-7 (e)와 동일하다. 따라서 그림 9-10 (f)의 압력선도 그림 9-

7 (f)와 동일한 것이 된다.

그림 9-7, 그림 9-9 및 그림 9-10을 비교함으로써 다음과 같은 사실을 알 수 있다. 즉, 위의 세 경우에 있어서 1차 모멘트, 프리스트레스 반력(反力) 및 2차 모멘트는 각기 다르지만 압력선만은 똑같다는 사실이다. 그러므로 프리스트레싱에 의하여 콘크리트에 일어나는 응력은 서로 같다. 다시 말하면, 연속보의 중간지점 위에서 긴장재의 편심량을 변화시켜도(긴장재를 직선 이동시켜도) 프리스트레스(프리스트레싱에 의하여 콘크리트에 일어나는 응력)는 변하지 않는다. 이것을 긴장재 배치에 관

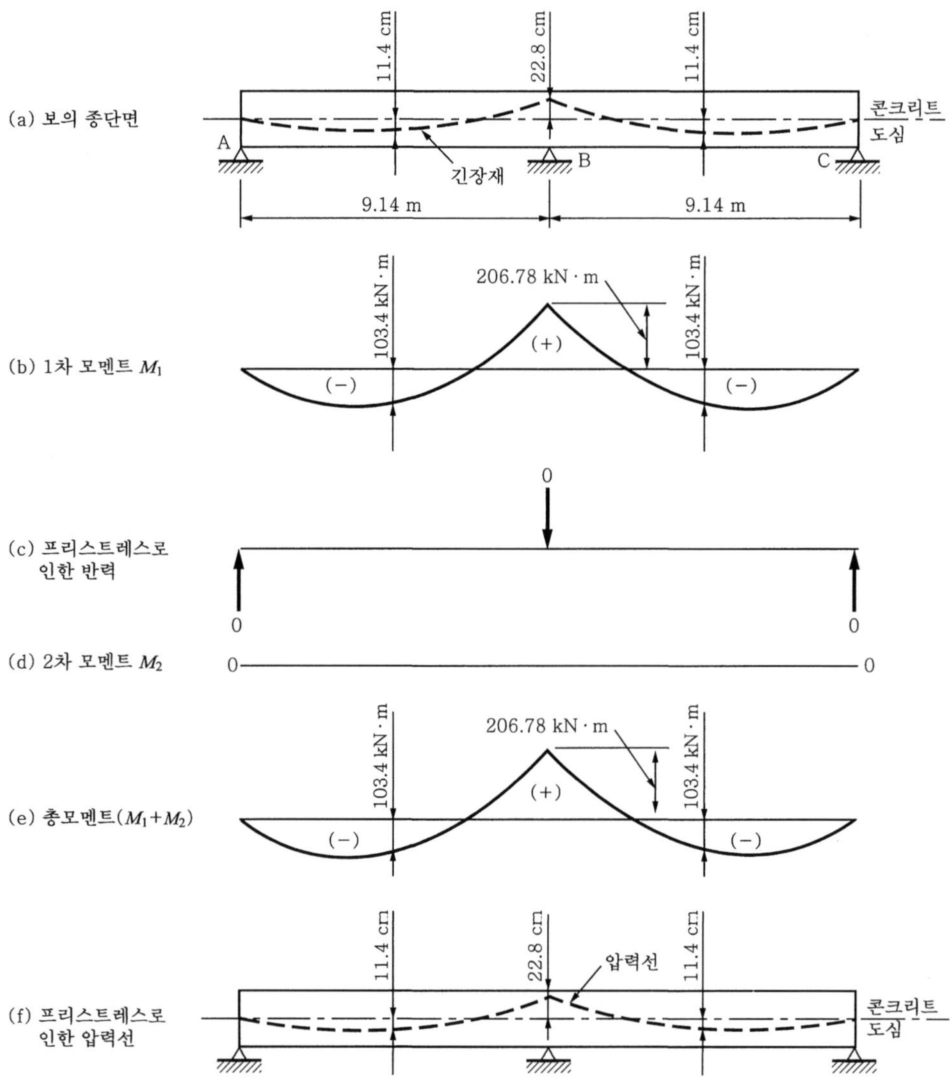

그림 9-10 컨코던트 긴장재로 된 2경간 연속보

한 직선 이동의 법칙(law of linear transformation)이라고 한다.

연속보에서 긴장재를 배치함에 있어서는 그 연속보에 실린 하중으로 인한 휨모멘트도와 닮은 형상이 되도록 배치하는 것이 좋다. 그렇게 하자면 긴장재를 절선상 또는 곡률이 큰 곡선으로 배치해야 할 경우가 생기게 된다. 이것은 매우 큰 마찰손실을 가져오기 때문에 실용적이 못 된다. 이러한 영향을 완화하기 위하여 긴장재의 직선이동이 이용된다.

9.6 컨코던트 긴장재

그림 9-10의 보에서는 프리스트레스 힘에 의하여 반력도 일어나지 않았고 2차 모멘트도 일어나지 않았다. 그리고 압력선(C선)이 긴장재 도심선과 일치하였다. 이러한 긴장재를 컨코던트 긴장재(concordant tendon)라고 한다.

컨코던트 긴장재는 다음과 같이 하면 얻어진다. 즉, 연속보에 임의의 하중이 작용할 때 일어나는 휨모멘트도와 닮은꼴이 되도록 PS 강재를 배치하면, 이 긴장재는 컨코던트 긴장재로 된다. 이렇게 긴장재를 배치하고 프리스트레싱하면 중간지점에 반력이 일어나지 않는다.

가장 경제적인 설계는 일반적으로 PS 강재의 도심을 지점에서는 될 수 있는 대로 높게 하고, 지간중앙 근처에서는 될 수 있는 대로 낮게 하는 것이다. 이러한 배치는 일반적으로 컨코던트 긴장재로 된다.

9.7 단면의 응력

프리스트레스 도입 직후, 즉 초기상태 때 단면에 일어나는 응력은 식 (9·2)에 보의 자중에 의한 응력을 가산하면 된다. 일반적으로 연속보의 지간중앙 단면에서는 자중에 의하여 정(+)의 휨모멘트가 일어나므로, 연속보의 지간중앙 단면의 상하면에 작용하는 콘크리트 응력은 다음과 같이 된다.

$$\left.\begin{aligned} f_t &= \frac{P_i}{A_c}\left(1-\frac{e'}{r_c^2}y_1\right)+\frac{M_{d1}}{Z_1} \\ f_b &= \frac{P_i}{A_c}\left(1+\frac{e'}{r_c^2}y_2\right)-\frac{M_{d1}}{Z_2} \end{aligned}\right\} \qquad (9\cdot 4)$$

중간지점에서의 단면 상하면의 응력도 위의 식으로 계산하되, 자중에 의한 모멘트 M_{d1}의 부호가 반대되는 점에 주의해야 한다. 또한, 압력선의 편심 거리 e'의 부호는 압력선이 콘크리트 단면도심보다 위쪽에 있으면 부(−)를 취하고, 아래쪽에 있으면 정(+)을 취한다. 사용하중이 작용할 때는 프리스트레스의 모든 손실이 일어났다고 보고, 식 (9・3)에 $M_t(=M_{d1}+M_{d2}+M_l)$에 의한 응력을 가산하면 된다. 즉, 정(+)의 휨모멘트를 받는 단면에서 상하면의 응력은 다음과 같이 된다.

$$\left.\begin{aligned} f_t &= \frac{P_e}{A_c}\left(1-\frac{e'}{r_c^2}y_1\right)+\frac{M_t}{Z_1} \\ f_b &= \frac{P_e}{A_c}\left(1+\frac{e'}{r_c^2}y_2\right)-\frac{M_t}{Z_2} \end{aligned}\right\} \qquad (9 \cdot 5)$$

부(−)의 휨모멘트를 받는 단면에서는 M_t의 부호를 위의 식과 반대로 해야 한다.

9.8 휨 강 도

연속 PSC 보에 대해서도 단순보의 경우처럼 휨강도를 검토해 보아야 한다. 왜냐하면 사용하중 하에서의 응력이 허용응력을 만족한다는 조건만으로는 파괴에 대하여 필요로 하는 안전도가 자동적으로 보장되지 않기 때문이다. 그래서 보의 휨강도, 즉 극한 저항 모멘트를 계산하고, 이것을 사용하중에 하중계수를 곱해서 얻은 계수모멘트와 비교해 보는 것이다. 이 때 보의 휨강도가 계수 모멘트보다 작지 않으면 보는 파괴에 대하여 소정의 안전도를 가진다고 보는 것이다. 연속보의 휨강도는 5장의 방법으로 계산하며, 계수 모멘트는 부정정보의 해석방법에 따라 계산한다.

단순보와 같은 정정보에 있어서는 한 단면의 파괴는 전체의 파괴를 의미하지만, 연속보와 같은 부정정 구조에 있어서는 한 단면의 파괴가 전체 구조의 파괴를 일으키지 않는다. 이것은 전체 구조가 파괴를 일으키기 전에 모멘트의 재분배가 일어나기 때문이다. 모멘트의 재분배는 부재의 하중-변형 특성에 따라 다르며 또 복잡하다.

일반적으로 PSC 연속보의 파괴하중은 탄성이론에 의하여 계산하거나 또는 소성이론에 따라 계산하거나 한다. 탄성이론에 의하는 방법은 모멘트의 재분배를 무시하는 계산방법이고, 소성이론에 의하는 방법은 모멘트의 재분배를 고려하는 계산방법이다. 실제의 파괴하중은 탄성이론으로 계산한 값보다 크며, 소성이론으로 계산한 값보다는 작다. 따라서 탄성이론에 의한 계산이 안전측이다.

9.9 모멘트의 재분배와 극한해석

부정정 구조물에 작용하는 하중이 점차로 커지면, 결국에 가서는 그 구조물의 하나 또는 그 이상의 단면에서 휨이 한계능력에 달하게 될 것이다. 만약 부재가 회전능력을 가졌다면, 모멘트의 재분배(redistribution of moment)가 일어날 것이다. 이 경우 충분한 수의 소성힌지(plastic hinge)가 형성된다면, 붕괴 메커니즘(collapse mechanism)이 형성될 것이다. 이들 소성힌지가 발휘하는 저항 모멘트가 곧 휨강도이며, 이로부터 파괴하중이 계산된다.

극한해석(limit analysis)의 원리는 소성거동에 바탕을 둔다. 그림 9-11과 같은 간단한 예에 의하여 그 기본적인 생각을 알아보자. 지금 그림 9-11 (a)에 보인 바와 같이 일단이 고정되고 타단이 지지된 1차 부정정보의 중앙에 하나의 집중하중이 실린 경우를 생각한다. 그림 9-11 (b)는 이 보의 휨모멘트도(탄성 모멘트)를 보인 것이

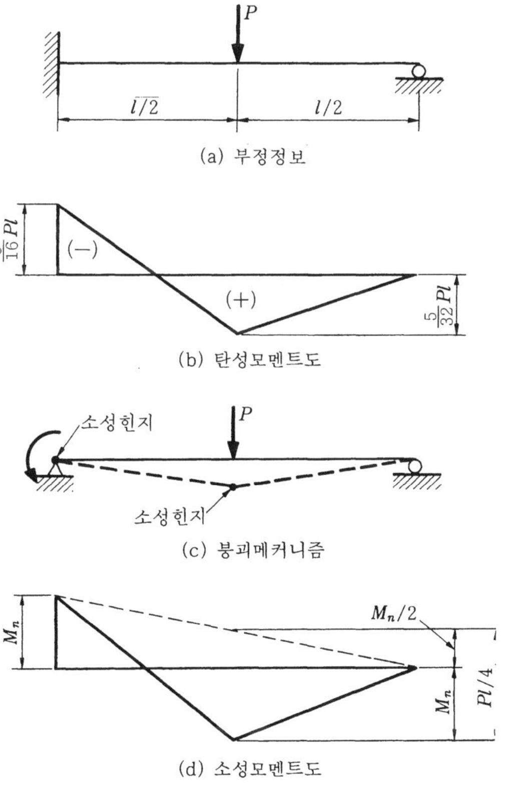

그림 9-11 부정정보에 있어서의 모멘트 재분배

다. 고정단의 탄성 모멘트 $\frac{3}{16}Pl$이 소성 모멘트 용량(plastic moment capacity) M_n에 달할 때까지 하중이 증가할 것이다. 따라서 이 때의 하중은 다음과 같이 된다.

$$\frac{3}{16}Pl = M_n$$

$$\therefore P = \frac{16M_n}{3l} = 5.33\frac{M_n}{l} \qquad ⓐ$$

이 때 소성회전(plastic rotation)을 일으킨 고정지점을 제외하고 보는 아직 탄성거동을 보인다. 그리고 고정지점은 소성힌지로 대치된다. 하중이 더 증가하여 하중의 작용점인 보의 중앙단면의 모멘트가 소성 모멘트 능력 M_n(이 보의 정, 부의 모멘트가 같다고 가정함)에 달하게 되면 두 번째의 소성힌지가 형성된다. 그러면 보는 그림 9-11 (c)와 같이 메커니즘(mechanism)을 형성하여 파괴에 이르게 된다. 파괴하중하에서의 모멘트도가 그림 9-11 (d)에 나타나 있다.

파괴하중의 크기는 그림 9-11 (d)로부터

$$M_n + \frac{M_n}{2} = \frac{Pl}{4}$$

$$\therefore P = \frac{6M_n}{l} \qquad ⓑ$$

식 ⓐ와 ⓑ를 비교함으로써 첫 번째 소성힌지가 형성된 후 파괴에 이를 때까지 하중은 12.5% 정도 증가함을 알 수 있다. 이것은 소성힌지가 형성됨으로써 모멘트의 재분배가 일어나기 때문이다.

극한해석은 강 구조물에 널리 쓰인다. 그것은 강(鋼)이 큰 연성(延性, ductility)을 갖고 있어서 회전용량이 크기 때문이다. 그러나 일반적으로 RC 구조물 또는 PSC 구조물에는 쓰이지 않는다. 그것은 소성힌지 단면에서 회전량이 작고 또 회전용량을 미리 알기가 어렵기 때문이다.

강재량이 비교적 적은 PSC 단면은 상당한 소성회전을 일으키지만, 강재량이 비교적 많은 PSC 단면은 보다 더 취성적인 거동을 나타낸다는 것이 실험과 이론에 의해 밝혀졌다. 그래서 종전의 설계기준(2003)에서는 정확한 회전용량의 계산 대신에 강재지수(reinforcement index)에 입각한 탄성 모멘트의 재분배의 방법을 채택하고 있었다. 즉, 탄성이론으로 계산된 연속 PSC 보의 받침부에서 부(−)모멘트를 다음 식의 값 이하만큼 증가시키거나 감소시키도록 규정하고 있었다.

$$20\left[1 - \frac{\omega_p + \frac{d}{d_p}(\omega - \omega')}{0.36\beta_1}\right]\% \qquad (9\cdot6)$$

여기서 ω_p, ω 및 ω'는 직사각형 단면에 대한 강재지수이고, 중립축이 복부에 있는 I형 단면이나 T형 단면에 대하여는 ω_{pw}, ω_w, ω_w'를 사용해야 한다〔5장의 5.8.3항의 식 (5·38), 식 (5·39) 및 식 (5·40)의 기호 참조〕.

식 (9·6)에 의한 부모멘트의 재분배는 모멘트가 감소될 단면이 ω_p, $\left[\omega_p+\frac{d}{d_p}(\omega-\omega')\right]$, $\left[\omega_{pw}+\frac{d}{d_p}(\omega_w-\omega_w')\right]$ 가운데 해당되는 값이 $0.24\,\beta_1$ 이하로 설계된 경우에만 허용된다〔설계기준 부록 I "대체설계법"의 I.4.2 참조〕.

그러나 2007년 개정된 설계기준에서는 강재지수 대신에 강재의 순 인장변형률에 따라 모멘트의 재분배를 규정하고 있다. 즉 탄성이론에 의해 산정된 연속 휨부재 받침부의 부(－) 휨모멘트는 20% 이내에서 1000 ε_t(%)만큼 증가 또는 감소시킬 수 있으나, 휨모멘트가 감소될 단면의 최외단 강재의 순 인장변형률 ε_t가 0.0075 이상인 경우에만 가능하다고 규정하고 있다〔설계기준 3장의 3.4.2 및 9장의 9.6.2 참조〕.

연습문제

9.1. 그림 9-12와 같은 포스트텐션 방식의 PSC 보가 있다. 다음에 답하라.

1) 1080 kN의 프리스트레스 힘으로 인한 압력선을 구하라.
2) 프리스트레스 힘으로 인하여 고정지점에 일어나는 1차 모멘트, 2차 모멘트 및 총 모멘트를 계산하라.
3) 프리스트레싱에 의하여 롤러지점에 일어나는 반력을 계산하라.
4) 어떻게 하면 컨코던트 긴장재로 할 수 있는가?

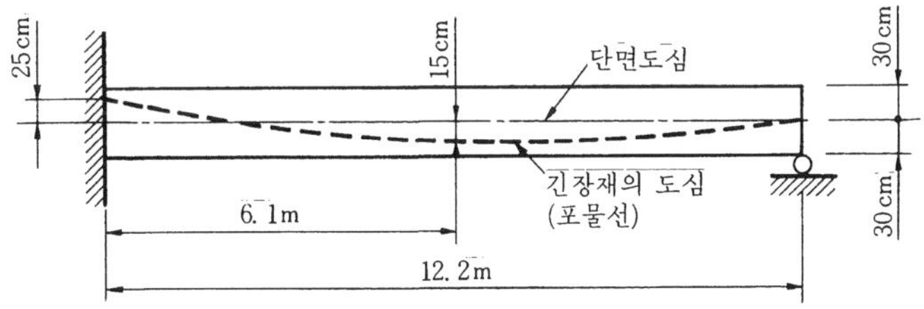

그림 9-12

9.2. 2경간 연속보가 있다. 지간은 2×14.6 m이고, 단면은 30 cm×60 cm이다. 유효 프리스트레스는 P_e=1040 kN이고 포스트텐션 방식이다. 긴장재는 각 지간에서 포물선으로 배치하되, 양쪽의 외측 지점에서는 0, 중앙지점에서는 －20 cm, 각 지간중앙에서는 ＋20 cm의 편심 거리를 갖는다.

1) 프리스트레싱에 의한 1차 모멘트를 구하라.
2) 프리스트레싱에 의한 2차 모멘트 및 지점반력을 구하라.
3) 프리스트레싱에 의한 합성 모멘트도를 구하고, 또 압력선을 구하라.
4) 유효 프리스트레스와 7.4 kN/m의 총 사하중이 작용할 때, 지간중앙 및 중앙지점에 일어나는 전단응력의 분포를 구하라.
5) 유효 프리스트레스, 총 사하중 및 4450 kN/m의 사용 활하중이 작용할 때, 지간중앙 및 중앙지점에 일어나는 단면응력의 분포를 구하라.

제 10 장

처 짐

10.1 서 론

PSC 부재는 고강도 재료가 사용되고 보다 정밀하게 설계 시공되기 때문에 RC 부재보다 날씬하다. 또, 활하중에 대한 사하중의 비가 낮아서 장지간(長支間)이 된다. 이러한 이유 때문에 PSC 부재는 특히 처짐에 대하여 주의해야 한다.

프리스트레스와 설계하중의 조합으로 인한 총 처짐이 문제로 되지만, 활하중만에 의한 처짐이 문제로 될 때도 있다. 때로는 프리스트레스와 지속하중의 조합으로 인한 장기처짐(long-term deflection)이 문제로 되기도 한다.

프리스트레스 힘은 부재에 솟음(camber)을 일으킨다. 콘크리트의 건조수축, 크리프 및 PS 강재의 릴랙세이션은 이 솟음을 점차로 감소시킨다. 그러나 프리스트레스 힘의 손실이 일어나는 동안 콘크리트의 크리프 변형률은 일반적으로 솟음을 증가시킨다. 크리프의 이 두 번째 영향이 더 크므로 프리스트레스 힘의 감소에도 불구하고 시간과 더불어 솟음이 증가된다.

사하중(고정하중)과 활하중은 일반적으로 하향(下向)의 처짐을 일으킨다. 지속하중은 콘크리트에 크리프를 일으키기 때문에 시간에 따라 변화하는 처짐을 일으킨다. 처짐에 대한 크리프의 영향을 고려함에 있어서는 프리스트레스 힘과 장기하중의 조합작용하에서 얻어지는 균형하중 단계(balanced load stage)를 생각해야 한다. 이 때 콘크리트 단면에는 균일한 압축응력이 작용하여 처짐에 대한 크리프의 영향은 무시되고, 0에 가까운 처짐이 유지될 것이다. 이러한 균형하중 단계는 설계에 유용한 참고자료를 제공한다.

일반적으로 처짐에 대한 규제는 과거의 경험 또는 설계기준에 의거하여 지간 대

부재 높이의 비(l/h)를 제한하는 방법을 취하고 있으며, 또 그렇게 하면 설계목적을 위해서 충분하다. 처짐을 계산할 경우에는 10.3 절의 근사적 방법을 사용해도 충분하다. 장지간 교량의 경우처럼 모든 하중단계에서의 처짐을 알 필요가 있는 경우에는, 10.4 절에서 설명한 분리된 시간단계(discrete time step)에서의 각 처짐을 합하는 방법을 사용하는 것이 좋다. 이 방법에 의하면 프리스트레스 힘의 시간적 변화, 재료의 성질 및 하중작용을 정확하게 계산할 수 있다.

PSC 보에서는 프리스트레스 힘에 의하여 솟음이 일어나므로, 일반적으로 다음과 같은 두 가지 상태에 대하여 처짐을 검토해 보아야 한다.

① 프리스트레스 힘과 부재자중이 작용하는 상태

② 사용하중이 작용하는 상태

10.2 프리스트레스 힘에 의한 솟음

프리스트레스 힘의 크기를 알고 있고, 재료가 탄성범위 내에서 응력을 받으며, 또 콘크리트에 균열이 발생하지 않는다면, PSC 부재의 처짐은 쉽게 계산할 수 있다. 프리스트레싱으로 인한 솟음은 곡률의 원리를 이용하거나 또는 모멘트 면적법이나 공액보(conjugate beam)의 방법을 사용해서 구할 수 있다. 또, 등가하중법으로 구할 수도 있다. 사하중 및 활하중에 의한 처짐도 같은 방법으로 계산할 수 있으며, 이 값에 프리스트레스에 의한 솟음을 합하면 소정의 처짐을 얻을 수 있다.

그림 10-1 (b) 및 (c)는 초기 프리스트레스 힘 P_i에 의한 단면의 응력과 변형률을 나타낸 것이다.

초기 프리스트레스 힘 P_i에 의한 임의단면의 곡률 ϕ_i는

$$\phi_i \fallingdotseq \tan\phi_i = \frac{\varepsilon_{bi} - \varepsilon_{ti}}{h} \tag{10・1}$$

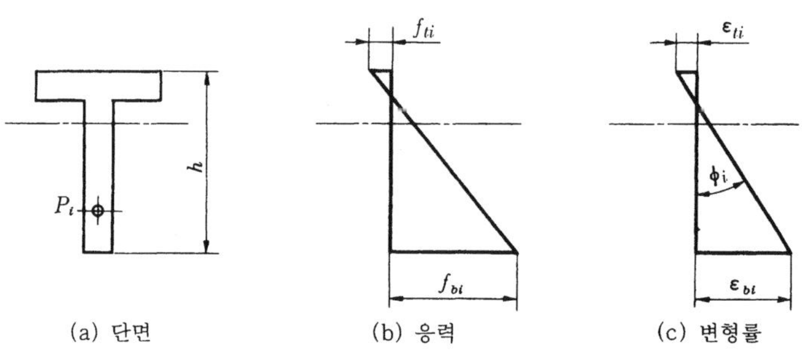

그림 10-1 초기 프리스트레스 힘으로 인한 응력과 변형률

여기서 인장 변형률을 정(+)으로 가정한다. 그러면 ε_{ti}는 정(+)의 부호를 가지며 ε_{bi}는 부(−)의 부호를 가진다. 따라서 ϕ_i는 부(−)의 값이 된다. 이 때 부재는 위로 볼록해진다. 즉, 솟음이 일어난다.

그림 10-2는 프리스트레스의 모든 손실이 일어난 후의 응력과 변형률을 보인 것이다.

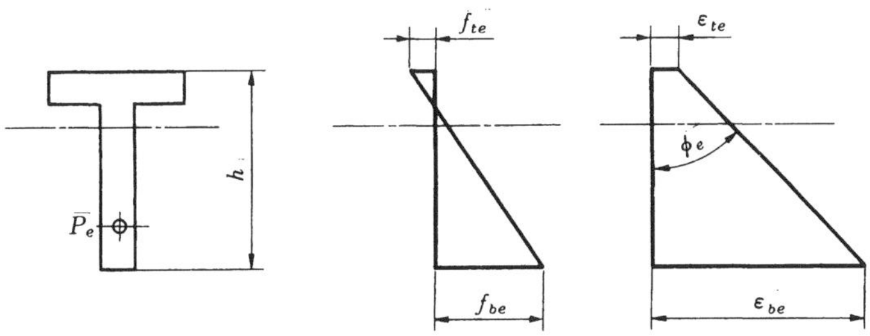

그림 10-2 유효 프리스트레스 힘으로 인한 응력과 변형률

이 때 응력은 그림 10-1의 경우보다 감소하지만, 변형률은 콘크리트의 건조수축과 크리프 때문에 압축으로 증가한다. 따라서

$$\phi_e = \frac{\varepsilon_{be} - \varepsilon_{te}}{h} \tag{10·2}$$

계산을 위해서 ϕ_e는 다음과 같이 놓는 것이 편리하다.

$$\phi_e = \phi_i + d\phi_1 + d\phi_2 \tag{10·3}$$

여기서 ϕ_i : P_i에 의하여 즉시 일어나는 곡률

$d\phi_1$: 릴랙세이션, 건조수축 및 크리프에 의한 프리스트레스 감소에 기인하는 곡률의 변화량

$d\phi_2$: 지속되는 압축력으로 인한 콘크리트의 크리프에 의한 곡률의 변화량

프리스트레스 힘에 의한 보의 솟음은 모멘트 면적법이나 공액보의 방법으로 계산하는 것이 편리하다. 하나의 예로 그림 10-3 (a)와 같은 단순보를 생각해 보자. 긴장재가 지간중앙에서 e, 지점에서 0의 편심 거리를 가지고 포물선으로 배치되어 있다. 프리스트레스 힘 P에 의한 모멘트는 $M = Pe$이므로 $\frac{M}{EI}$도는 그림 10-3 (b)와 같은 포물선이 되고, 보는 그림 10-3 (c)와 같이 중앙에서 Δ의 솟음을 일으킨다.

이 때 이 보에 일어나는 곡률은

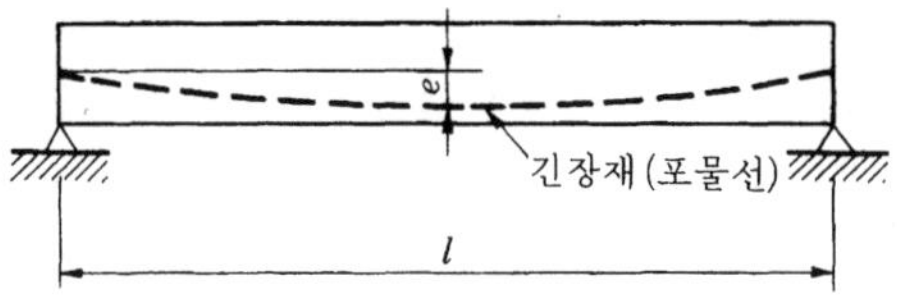

(a) 보의 종단면

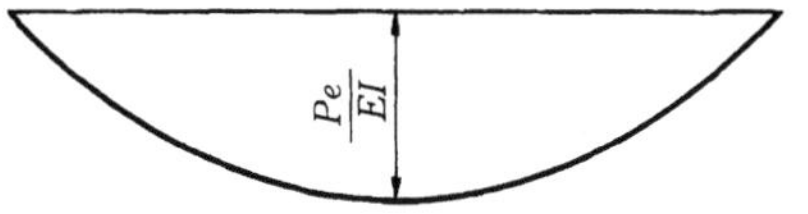

(b) $\frac{M}{EI}$도

(c) 처짐곡선

그림 10-3 프리스트레싱으로 인한 솟음

$$\phi = \frac{1}{\rho} = \frac{M}{EI} = \frac{Pe}{EI} \tag{10・4}$$

지간중앙의 솟음 $\varDelta$는 모멘트 면적법에 의하여 다음과 같이 된다.

$$\varDelta = \left(\frac{Pe}{EI} \times \frac{l}{2} \times \frac{2}{3}\right)\left(\frac{5}{8} \times \frac{l}{2}\right) = \frac{5Pel^2}{48EI}$$

그림 10-4는 긴장재의 여러 가지 배치형태에 대하여 프리스트레스 힘으로 인한 지간 중앙에서의 솟음의 값을 보인 것이다.

이러한 솟음은 등가하중법으로도 구할 수 있다. 하나의 예로 긴장재가 포물선 배치된 단순보의 경우를 생각하면, 프리스트레스 힘 P에 의한 등분포 상향력은 식 (1・11)로부터

$$u = \frac{8Pe}{l^2}$$

따라서 등분포 상향력 u에 의하여 지간중앙에 일어나는 솟음은 다음과 같이 된다.

$$\varDelta = \frac{5ul^4}{384EI} = \frac{5\left(\frac{8Pe}{l^2} \times l^4\right)}{384EI} = \frac{5Pel^2}{48EI}$$

콘크리트에 균열이 발생하지 않는다면 즉 비균열 단면(uncracked section)이면, 단면 2차 모멘트는 콘크리트의 총 단면에 대한 I를 사용한다[5장의 5.4.1 항 참조].

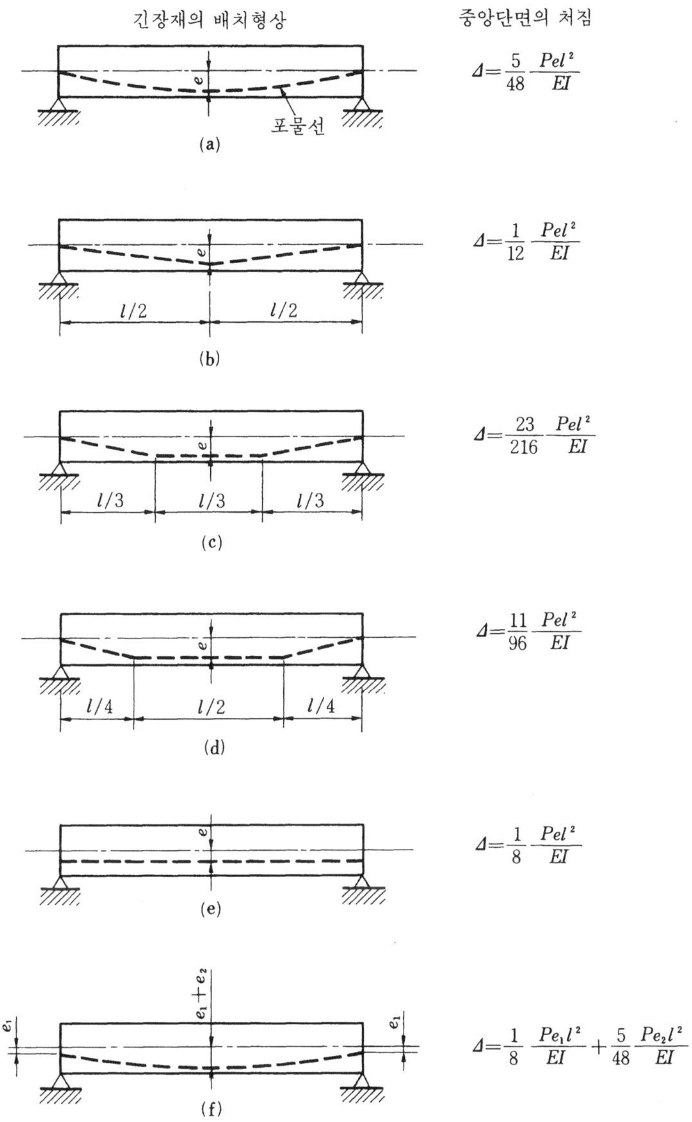

그림 10-4 프리스트레스에 의한 솟음의 값

균열이 발생하면 즉 완전균열 단면이면[5.4.1 항 참조] 부재의 강성(剛性)이 감소한다. 이러한 경우에는 뒤에서 설명하는 유효단면 2차 모멘트를 사용하여 계산한다.

10.3 처짐의 근사해법

초기 프리스트레스 힘 P_i와 부재의 자중이 작용하는 초기단계, 즉 프리스트레스 도입 직후에 일어나는 처짐을 즉시처짐(immediate deflection) 또는 단기처짐(short term deflection)이라고 한다. 사용하중이 작용하는 시점에서는 프리스트레스의 손실과 지속하중으로 인한 크리프의 영향을 고려하여 처짐을 계산해야 한다. 이 단계에서의 처짐을 장기처짐(long-term deflection)이라고 한다. PSC 부재에 있어서는 이 두 가지 처짐을 다 검토해 보아야 한다. 즉시처짐은 보통의 탄성처짐 해석방법으로 계산할 수 있고, 장기처짐은 다음 두 가지 방법 중의 하나로 추정할 수 있다.

[1] 크리프 계수를 이용하는 방법

프리스트레스 도입 직후에 일어나는 즉시처짐 Δ는 다음과 같다.

$$\Delta = -\Delta_{pi} + \Delta_0 \tag{10·5}$$

여기서 Δ_{pi}는 초기 프리스트레스 힘 P_i에 의한 솟음이며, 앞 절에서 본 바와 같이 모멘트 면적법으로 계산할 수 있고, Δ_0는 부재의 자중에 의한 처짐으로서 보통의 방법으로 계산할 수 있다.

프리스트레스의 모든 손실 후 부재의 임의 단면에 일어나는 곡률은 식 (10·3)을 참고하면 다음과 같이 된다.

$$\phi_{pe} = -\frac{P_i \cdot e}{EI} + (P_i - P_e)\frac{e}{EI} - \left(\frac{P_i + P_e}{2}\right)\frac{e}{EI}C_u \tag{10·6}$$

여기서 C_u는 콘크리트의 크리프 계수이다. 위의 식의 제1항은 초기곡률(부의 곡률)이고, 제2항은 프리스트레스 손실로 인한 초기곡률의 감소량이며, 제3항은 콘크리트의 크리프에 의한 부(−)의 곡률의 증가량이다. 여기서 크리프는 초기 프리스트레스 힘과 유효 프리스트레스 힘의 평균값과 같은 프리스트레스 힘에 의하여 일어난다고 본 것이다.

따라서 유효 프리스트레스 힘 P_e가 작용할 때의 처짐 Δ는 다음과 같이 된다.

$$\begin{aligned}\Delta &= -\Delta_{pi} + (\Delta_{pi} - \Delta_{pe}) - \frac{\Delta_{pi} + \Delta_{pe}}{2}C_u \\ &= -\Delta_{pe} - \frac{\Delta_{pi} + \Delta_{pe}}{2}C_u\end{aligned} \tag{10·7}$$

$\varDelta_{pe}$는 다음과 같이 쉽게 구할 수 있다.

$$\varDelta_{pe}=\varDelta_{pi}\frac{P_e}{P_i} \tag{10・8}$$

자중에 의한 장기처짐은 크리프의 영향을 고려하면 $\varDelta_0(1+C_u)$이다. 그러므로 유효 프리스트레스와 자중에 의한 장기처짐은 다음과 같이 된다.

$$\varDelta=-\varDelta_{pe}-\frac{\varDelta_{pi}+\varDelta_{pe}}{2}C_u+\varDelta_0(1+C_u) \tag{10・9}$$

추가되는 사하중으로 인한 처짐은 크리프의 영향을 고려해야 하므로 $\varDelta_d(1+C_u)$이다. 따라서 모든 하중이 작용할 때의 처짐은 다음과 같이 된다.

$$\varDelta=-\varDelta_{pe}-\frac{\varDelta_{pi}+\varDelta_{pe}}{2}C_u+(\varDelta_0+\varDelta_d)(1+C_u)+\varDelta_l \tag{10・10}$$

여기서 $\varDelta_d$: 추가 사하중에 의한 처짐

$\varDelta_l$: 활하중에 의한 처짐

[2] 장기처짐의 승수(乘數)를 이용하는 방법

장기처짐을 구하는 다른 하나의 근사방법은 즉시처짐에 단순한 승수(multiplier)를 곱하는 방법이다. 그 승수를 Martin은 표 10-1과 같이 주고 있다. 이 표를 보통의 PSC 부재의 장기솟음과 장기처짐을 추정하는 데 사용하도록 PCI(Prestressed Concrete Institute)의 Design Handbook에서도 추천하고 있다.

표 10-1에서 알 수 있는 바와 같이 프리스트레스의 손실을 반영하기 위하여 초기탄성 솟음의 상향(上向) 및 하향성분(下向成分)이 분리되어 있다. 프리스트레스의

표 10-1 장기솟음과 처짐의 추정을 위한 승수(乘數)

구 분	합성 슬래브가 없는 경우	합성 슬래브가 있는 경우
가 설 시		
① 하향처짐(부재자중에 의한 탄성처짐에 곱해 준다)	1.85	1.85
② 상향솟음(프리스트레스로 인한 탄성솟음에 곱해 준다)	1.80	1.80
최종		
③ 하향처짐(부재자중으로 인한 탄성처짐에 곱해 준다)	2.70	2.40
④ 상향솟음(프리스트레스로 인한 탄성솟음에 곱해 준다)	2.45	2.20
⑤ 하향처짐(추가 사하중만에 의한 탄성처짐에 곱해 준다)	3.00	3.00
⑥ 하향처짐(합성 슬래브에 의한 탄성처짐에 곱해 준다)	–	2.30

손실은 상향성분(上向成分)에만 영향을 미친다. 표 10-1에서 '가설(erection)'이라 함은 프리캐스트 부재가 구조물에 설치되는 시기를 뜻하며, 프리캐스트 부재의 제조 후 30～60일 사이로 본 것이다. 그래서 이 단계에는 즉시 및 시간적 영향의 일부가 포함되어 있다. '최종(final)'이라 함은 프리스트레스의 모든 손실과 크리프가 일어난 단계를 의미한다. 이 표의 승수들은 PSC 부재의 설계에 있어서 시간의 경과에 따라 변하는 처짐의 복잡한 계산을 하지 않아도 될 정도로 충분히 정확하다.

이상은 모두 처짐의 근사적인 계산방법이지만, 보다 더 정밀한 계산방법의 하나로 다음 절에서 설명하는 단계적 방법(step-by-step method)이 있다.

예제 10-1. 그림 10-5 (a)와 같은 보에 있어서 360일 후 지간중앙에 일어날 처짐을 계산하라. 긴장재는 130 mm의 편심으로 직선 배치되어 있다. 보의 자중은 2750 N/m이고, 추가 사하중과 사용 활하중의 합계는 8180 N/m이다. 또 $P_i=766$ kN, $A_p=623$ mm^2, $f_{py}=1470$ MPa, $A_c=1100$ cm^2, $I_g=468{,}540$ cm^4, $r_c^2=426$ cm^2, $f_{ck}=35$ MPa, $E_c=2.8\times10^4$ MPa, $E_p=2.0\times10^5$ MPa이고, 콘크리트의 최종 크리프 계수는 $C_u=2.35$이다.

풀이 1) **크리프 계수를 이용할 경우** 프리스트레스의 모든 손실은 4장의 4.6 절의 계산 예와 같은 방법으로 계산해야 한다. 여기서는 이 예제와 동일한 보를 다룬 예제 10-2의 계산결과를 이용한다. 즉, 이 보의 360일의 시점에서 긴장재 응력의 손실의 합계는 표 10-3으로부터

$$\Delta f_p=229.5+111.2+33.1=373.8 \text{ MPa}$$

그러면 긴장력의 감소는

$$\Delta P=A_p\times\Delta f_p=623\times373.8=223{,}000 \text{ N}$$

따라서 유효 인장력은

$$P_e=P_i-\Delta P=766{,}000-223{,}000=533{,}000 \text{ N}$$

처짐의 계산에 앞서 이 보의 단면이 비균열 단면인가, 부분균열 단면인가, 완전균열 단면이가를 판별해야 한다. 이 예제는 모든 조건이 5장의 예제 5-3과 동일하다.

예제 5-3의 풀이를 참고하면, 사용하중에 의한 인장연단응력이 $f_t=-1.8$ MPa(인장응력)임을 알 수 있다. 그런데, $0.63\sqrt{f_{ck}}=0.63\sqrt{35}=3.7$ MPa 이므로

$$f_t<0.63\sqrt{f_{ck}}$$

즉 이 보의 지간중앙 단면은 비균열 단면이다. 그러므로 처짐은 총 단면에 대한 단면 2차 모멘트 $I_g(=468{,}540\text{cm}^4)$로 계산해야 한다[5장의 5.4.1 항 참조].

초기 프리스트레스 힘 P_i에 의한 솟음은 모멘트 면적법에 의하여〔그림 10-4 (e) 참조〕

$$\Delta_{pi}=\left(\frac{M}{E_cI_g}\times\frac{l}{2}\right)\times\frac{l}{4}=\frac{Ml^2}{8E_cI_g}=\frac{P_iel^2}{8E_cI_g}$$

$$=\frac{766,000\times130\times(12.2\times10^3)^2}{8\times2.8\times10^4\times468,540\times10^4}=(-)14\text{ mm}(\text{솟음})$$

유효 프리스트레스 힘 P_e에 의한 솟음은 식 (10 · 8)로부터

$$\Delta_{pe}=\Delta_{pi}\frac{P_e}{P_i}=14\times\frac{533,000}{766,000}=(-)10\text{ mm}(\text{솟음})$$

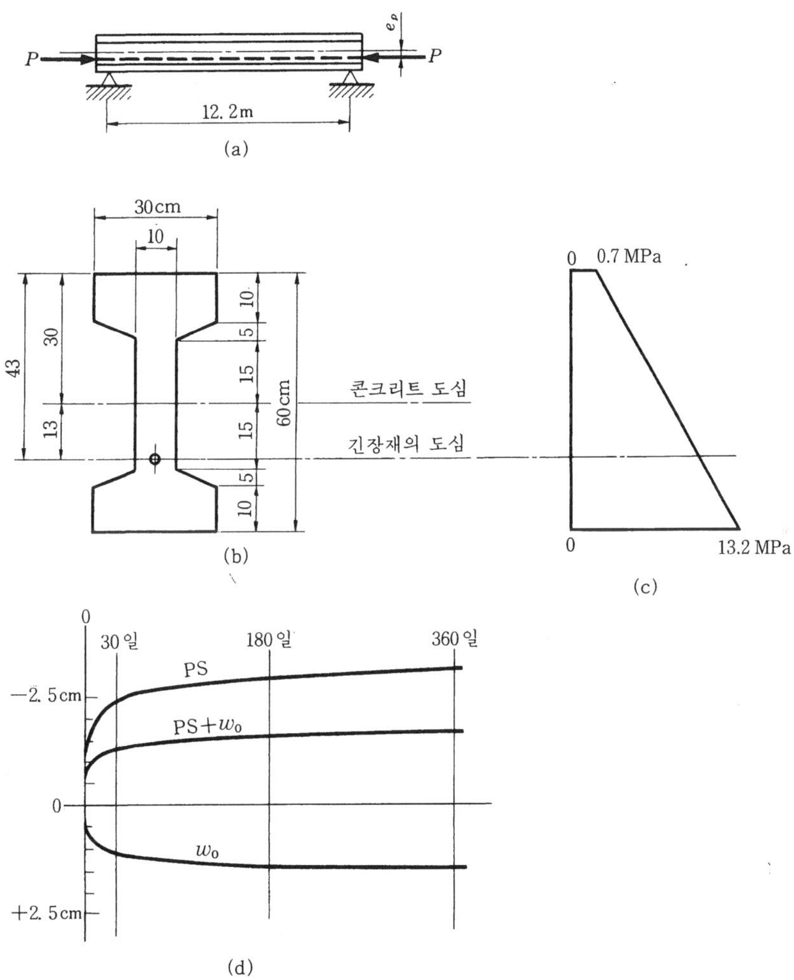

그림 10-5

크리프 계수는 설계기준에서 주고 있는 2장의 식 (2·23)으로 계산해야 하지만, 계산의 간편을 위하여 식 (2·19 a)로 계산하기로 한다. 즉 360일의 시점에서 크리프 계수는 2장의 식 (2·19 a)로부터

$$C_t = C_{360} = \frac{t^{0.60}}{10+t^{0.60}} C_u = \frac{360^{0.60}}{10+360^{0.60}} \times 2.35 = 1.82$$

따라서 360일의 시점에서 프리스트레스 힘에 의하여 보에 일어나는 솟음은 식 (10·7)로부터 다음과 같이 된다.

$$\varDelta_p = -\varDelta_{pe} - \frac{\varDelta_{pi}+\varDelta_{pe}}{2} C_t = -10 - \frac{14+10}{2} \times 1.82 = -32\ \text{mm}\ (\text{솟음})$$

보의 자중에 의한 즉시처짐은(보의 자중=2750 N/m=2.75 N/mm이므로)

$$\varDelta_0 = \frac{5wl^4}{384E_cI_g} = \frac{5\times2.75\times(12.2\times10^3)^4}{384\times2.8\times10^4\times468,540\times10^4} = 6\ \text{mm}\ (\text{처짐})$$

크리프의 영향을 생각하면

$$\varDelta_0(1+C_t) = 6(1+1.82) = 17\ \text{mm}$$

따라서 유효 프리스트레스 힘 및 자중에 의한 장기처짐은 식 (10·9)로부터

$$\varDelta_{p+0} = \left(-\varDelta_{pe} - \frac{\varDelta_{pi}+\varDelta_{pe}}{2} C_t\right) + \varDelta_0(1+C_t) = -32+17 = -15\ \text{mm}\ (\text{솟음})$$

추가 사하중과 활하중의 합계(8180 N/m=8.18 N/mm)에 의한 처짐은

$$\varDelta_l = \frac{5wl^4}{384E_cI_g} = \frac{5\times8.18\times(12.2\times10^3)^4}{384\times2.8\times10^4\times468,540\times10^4} = 18\ \text{mm}\ (\text{처짐})$$

따라서 360일 후 이 보의 지간중앙에 일어나는 최종처짐은

$$\varDelta = \varDelta_{p+0} + \varDelta_l = -15+18 = 3\ \text{mm}\ (\text{처짐})$$

그림 10-5 (d)는 재령 0일, 30일, 180일 및 360일에 있어서 프리스트레스 힘(PS), 보의 자중(w_0), 프리스트레스 힘과 자중의 합계($PS+w_0$)에 의한 지간중앙의 처짐의 변화를 보인 것이다.

2) 장기처짐의 승수를 이용할 경우 앞의 1)의 계산으로부터

P_i에 의한 탄성처짐 $\varDelta_{pi} = -14$ mm(↑)

보의 자중에 의한 탄성처짐 $\varDelta_0 = 6$ mm(↓)

따라서 프리스트레스 도입 직후의 솟음은 $-14+6=-8$ mm(↑)

가설시의 처짐 이 보의 제조 후, 30일 만에 현장에 가설한다고 가정한다. 또, 합성슬래브가 없다고 가정하면, 장기처짐에 대한 승수는 표 10-1로부터 얻어진다. 따라서 이 시점에서의 처짐은 다음과 같다.

프리스트레스에 의한 솟음 $\varDelta_{pi}\times1.80 = -14\times1.80 = -25$ mm(↑)

자중에 의한 처짐 $\Delta_0 \times 1.85 = 6 \times 1.85 = 11$ mm(↓)

따라서 가설시의 솟음은 $-25 + 11 = -14$ mm(↑)

최종처짐 프리스트레스의 모든 손실 및 크리프가 1년 후에 끝난다고 가정하면, 이 시점에서의 승수는 표 10-1로부터 얻어지므로 최종처짐은 다음과 같이 된다.

프리스트레스에 의한 솟음 $\Delta_{pi} \times 2.45 = -14 \times 2.45 = -34$ mm(↑)

자중에 의한 처짐 $\Delta_0 \times 2.70 = 6 \times 2.70 = 19$ mm(↓)

활하중에 의한 처짐(앞의 1)의 계산으로부터) 18 mm(↓)

따라서 이 보의 최종처짐은 $-34 + 19 + 18 = 3$ mm(↓)

이 방법에서 얻은 최종처짐 3 mm는 1)에서 얻은 최종처짐 3 mm와 같다. 또, 이 방법으로 구한 가설시점에서의 솟음 14 mm는 1)에서 얻은 프리스트레스와 자중으로 인한 장기솟음 15 mm와 거의 같다. 이상으로부터 PSC 부재의 처짐 추정은 표 10-1의 승수를 이용하는 것이 간편함을 알 수 있다.

10.4 시간 단계법에 의한 정밀계산

앞 절 [1]에서 설명한 근사적 해법에서는 두 하중단계가 고려되었다. 하나는 초기 프리스트레스 힘 P_i가 작용할 때의 초기단계이고, 다른 하나는 유효 프리스트레스 힘 P_e가 작용할 때, 즉 시간적 손실이 일어난 후인 최종단계이다.

식 (10·6)에 있어서 초기곡률 $P_i e/EI$는 프리스트레스 손실$(P_i - P_e)$ 때문에 감소하고, 크리프의 영향 때문에 증가한다. 식 (10·6)의 맨 끝항의 계산에 있어서 크리프는 근사적으로 평균 프리스트레스 힘 $(P_i + P_e)/2$하에서 일어난다고 본 것이다. 이러한 접근방법은 보통의 모든 경우에 대하여 충분히 정확하다.

그러나 보다 높은 정밀성을 위해서는 건조수축, 크리프 및 릴랙세이션의 상호작용의 영향에 대한 프리스트레스 힘의 시간적 변화(time-dependent change)를 고려할 필요가 있다. 크리프는 일정한 힘하에서는 진행되지 않지만 건조수축, 릴랙세이션 및 크리프 자신의 조합된 영향 때문에 계속 감소하는 힘하에서는 진행된다. 이것은 분리된 시간단계의 계열에서 일어나는 증분변화(incremental change)에 근거한 합산방법을 사용함으로써 얻을 수 있다. 또한 이것은 크리프, 건조수축 및 릴랙세이션으로 인한 프리스트레스 힘의 시간적 손실을 예측하기 위한 가장 정확한 방법을 제공해 준다. 이러한 단계적 방법(step-by-step method)은 근사적 방법이긴 하지만, 시간단계(time step)의 길이를 단축하고 그 수를 증가시킴으로써, 원하는 정도까지 정밀도를 개선할 수 있다. 이 방법을 증분 시간단계법(incremental time-step method)이라고 한다.

이 방법에 의한 곡률과 처짐의 계산에 있어서는 크리프, 건조수축 및 릴랙세이션의 최종계수들뿐만 아니라, 시간에 따른 그들 양(quantity)의 변화까지를 필요로 한다.

단계적 방법을 위하여 시간 t에 있어서 임의단면의 곡률 ϕ_{pt}를 얻기 위해서는, 식 (10・6)을 다음 식과 같이 바꾸어 놓을 수 있다.

$$\phi_{pe} = -\frac{P_i e}{EI} + \sum_0^t (P_{n-1} - P_n)\frac{e}{EI} - \sum_0^t (C_n - C_{n-1})P_{n-1}\frac{e}{EI} \qquad (10 \cdot 11)$$

여기서 하부기호 $(n-1)$ 및 n은 개개의 시간단계의 시점(beginning)과 종점(end)을 나타낸다. 위의 식의 제 1 항은 초기 프리스트레스 힘 P_i에 의해 일어나는 즉각적 곡률이며, 제 2 항은 크리프, 건조수축 및 릴랙세이션에 의한 프리스트레스 손실에 해당하는 곡률의 감소량이고, 제 3 항은 크리프에 기인한 곡률의 증가량이다.

건조수축 및 릴랙세이션으로 인한 손실은 그들의 계수를 적용함으로써 쉽게 구할 수 있다. 그러나 크리프의 영향은 시간 t까지 모든 시간단계에 있어서의 곡률변화를 합산하여 계산하지 않으면 안 된다. 왜냐하면, 크리프로 인한 힘은 계속 감소하기 때문이다.

실제로는 모든 손실을 합산하여 처리하는 것이 편리하다. 식 (10・11)의 제 2 항 및 제 3 항으로 나타내어진 곡률변화는 모든 원인에 의한 프리스트레스 손실과 크리프 곡률을 고려한 계산에 의해 각 단계에서 동시에 얻어진다.

식 (10・11)의 제 1 항의 초기곡률은 식 (10・1) 또는 식 (10・2)의 하나로 결정된다. 그 다음 및 계속되는 시간단계에 대하여는 다음과 같은 계산순서에 따른다[그림 10-6 참조].

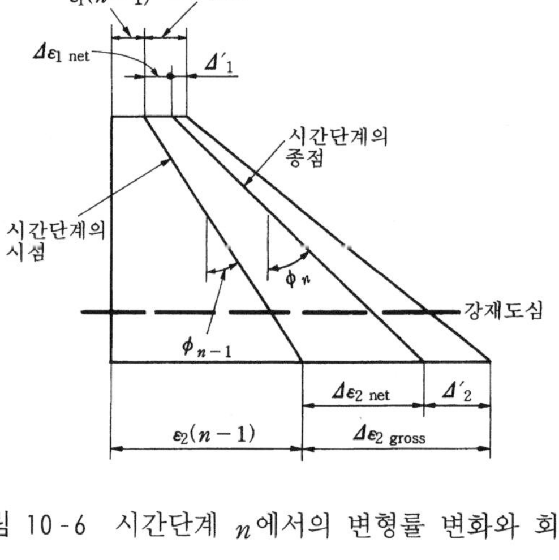

그림 10-6 시간단계 n에서의 변형률 변화와 회전

① 시간단계 시점의 응력에 그 간격(interval)에 대한 단위 크리프 변형률(unit creep strain)의 증분(increment)을 곱함으로써, 상하연단(extreme fiber)에서의 크리프 변형률의 총 증가량 $\Delta\varepsilon_{1gross}$ 및 $\Delta\varepsilon_{2gross}$를 얻는다.

② 강재도심 위치에서의 크리프 변형률을 결정한다.

③ 강재도심 위치에서의 변형률의 총 변화량을 얻기 위하여 ②에서 얻은 크리프 변형률과 그 시간간격에 대한 건조수축 변형률 증분을 합한다.

④ 앞의 ③에서 얻은 총 변형률에 E_p를 곱한다. 그리고 그 시간간격에 대한 강재 응력의 총 손실을 얻기 위하여 릴랙세이션 손실의 증분을 더한다.

⑤ 강재응력의 손실에 해당하는 단면연단에서의 콘크리트 응력의 변화를 구한다. 이에 해당하는 변화 $\Delta_1{}'$및 $\Delta_2{}'$를 얻기 위하여 E_c로 나눈다.

⑥ 앞의 ①의 총 변화량으로부터 ⑤의 변형률 변화를 뺌으로써, 단면연단에서의 크리프 변형률의 순 변화량 $\Delta\varepsilon_{1net}$ 및 $\Delta\varepsilon_{2net}$를 결정한다.

⑦ 앞의 ⑥에서 얻은 순 변형률로부터 다음과 같이 곡률의 증가를 얻는다.

$$\phi_n - \phi_{n-1} = \frac{\Delta\varepsilon_{2net} - \Delta\varepsilon_{1net}}{h}$$

그리고 총 곡률을 얻기 위하여 그 시간단계 시점의 곡률을 더한다.

⑧ 초기응력과 ⑤에서 얻은 응력의 변화와의 대수합을 구함으로써, 그 시간단계 끝에서의 연단응력을 구한다. 이들은 다음 시간단계의 계산을 시작할 때 쓰이는 응력이다.

이상에서 설명한 계산의 효과는 시간단계 시점에서 프리스트레스 힘에 근거한 크리프 곡률[식 (10・11)의 제 3 항]을 계산하는 데 있고, 또 그 시간단계 동안에 일어나는 건조수축, 릴랙세이션 및 그 시간단계 시점에서 작용하는 프리스트레스 힘에 해당하는 크리프에 근거한 손실로 인한 곡률변화[식 (10・11)의 제 2 항]를 계산하는 데 있다.

또한 이상에서 설명한 계산은 합리적인 정밀도를 가지는 곡률도(curvature diagram)의 형상을 얻기 위하여 충분한 수의 위치(적어도 지간중앙, 1/4 지간 및 지점)에서 이루어져야 한다. 곡률도에 의한 보의 처짐계산은 모멘트 면적법 또는 그 밖의 방법에 의해 구할 수 있다.

예제 10-2. 그림 10-5(예제 10-1)의 보에 있어서 콘크리트 재령 0, 30일, 180일 및 360일의 각 시점에서 지간중앙에 일어나는 처짐을 단계적 방법으로 계산하라.

초기 프리스트레스는 $f_{pi}=1230$ MPa, 최종 건조수축 변형률은 $\varepsilon_{sh.u}=800\times10^{-6}$ 이고, 그 밖의 조건은 예제 10-1과 같다.

이 부재는 보통 콘크리트로 제조되었으며, 습윤양생하였고, 재령 7일에서 프리스트레싱하였다.

풀이> 프리스트레스 힘, 자중 및 활하중으로 인한 처짐들을 각각 따로 계산한 후 합산하는 것이 편리하다.

(1) 프리스트레스에 의한 솟음

① 초기 프리스트레스에 의한 솟음

초기 프리스트레스 힘 $P_i=766$ kN에 의한 중앙단면 상하면의 콘크리트 응력은 5장의 예제 5-3으로부터 다음과 같다(이 예제는 모든 조건이 5장의 예제 5-3과 같으며, 이 응력이 그림 5-7 (c)와 그림 10-5 (c)에 나타내어져 있다. 또한 앞의 예제 10-1에서 본 바와 같이 이 보는 비균열 단면이므로, 처짐이나 응력은 총 단면으로 계산해야 한다.).

$$f_1=f_t=0.7\text{ MPa},\qquad f_2=f_b=13.2\text{ MPa}$$

이 응력으로 인한 콘크리트의 변형률은

$$\varepsilon_1=\frac{f_1}{E_c}=\frac{0.7}{2.8\times10^4}=25\times10^{-6}$$
$$\varepsilon_2=\frac{f_2}{E_c}=\frac{13.2}{2.8\times10^4}=471\times10^{-6}$$

이 변형률은 모두 압축 변형률이므로 부호(−)를 붙인다. 따라서 초기곡률은 식 (10·1)로부터

$$\phi_i=\frac{\varepsilon_{bi}-\varepsilon_{ti}}{h}=\frac{\varepsilon_2-\varepsilon_1}{h}=\frac{-471-(-25)}{600}\times10^{-6}=-0.743\times10^{-6}\text{ rad/mm}$$

또는, 식 (10·4)로부터

$$\phi_i=-\frac{Pe}{EI}=-\frac{P_ie}{E_cI_g}=-\frac{766\times10^3\times130}{2.8\times10^4\times468,540\times10^4}=-0.759\times10^{-6}\text{ rad/mm}$$

식 (10·1)에 의한 값보다 약간 크지만, 이후의 계산에 이 값을 사용하기로 한다.

P_i에 의한 솟음은 모멘트 면적법에 의하거나 그림 10-4 (e)로부터 얻을 수 있고, 여기에 식 (10·4)를 침고하면

$$\varDelta_{pi}=\frac{1}{8}\,\frac{P_iel^2}{EI}=\phi_{pi}\frac{l^2}{8}$$
$$=-0.759\times10^{-6}\times\frac{(12.2\times10^3)^2}{8}=-14\text{ mm}$$

② 크리프, 건조수축 및 릴랙세이션에 의한 솟음

다음에 크리프, 건조수축 및 릴랙세이션으로 인한 처짐의 시간적 영향을 계산한다.

최종 크리프 계수(ultimate creep coefficient) C_u=2.35에 해당하는 단위 크리프 변형률은 2장의 식 (2·18)에 의하여

$$\delta_u = \frac{C_u}{E_c} = \frac{2.35}{2.8\times10^4} = 84\times10^{-6}$$

δ의 시간적 변화, 예컨대 재령 30일에 있어서의 δ는 2장의 식 (2·19b)에 의하여

$$\delta_t = \delta_{30} = \frac{t^{0.60}}{10+t^{0.60}}\delta_u = \frac{30^{0.60}}{10+30^{0.60}}\times84\times10^{-6} = 36.5\times10^{-6}$$

같은 방법으로 계산된 δ_{180}, δ_{360}의 값이 표 10-2의 (2)열에 주어져 있다. 각 시간단계에 대한 크리프 변형률의 증분은 (3)열에 나타나 있다.

표 10-2 손실계산을 위한 시간 의존적 파라미터

(1) 시 간	(2) 크 리 프	(3)	(4) 건조수축	(5)	(6) 릴 랙 세 이 션	(7)	(8) 증 분
일	δ_t $\times10^{-6}$	$\Delta\delta_t$ $\times10^{-6}$	$\varepsilon_{sh.t}$ $\times10^{-6}$	$\Delta\varepsilon_{sh.t}$ $\times10^{-6}$	$\frac{f_p}{f_{pi}}$	$1-\frac{f_p}{f_{pi}}$	$\Delta\left(1-\frac{f_p}{f_{pi}}\right)$
−7			0				
0	0		133	133	1.000		
30	36.5	36.5	411	278	0.916	0.084	0.084
180	58.2	21.7	674	263	0.896	0.104	0.020
360	65.0	6.8	730	56	0.886	0.114	0.010

건조수축의 계산은 콘크리트 타설 후 프리스트레싱하기 전 7일간의 체적변화도 감안해야 한다. 따라서 30일에서의 건조수축 변형률은 2장의 식 (2·7a)에 의하여

$$\varepsilon_{sh.t} = \varepsilon_{sh.30} = \frac{t}{35+t}\varepsilon_{sh.u} = \frac{30+7}{35+(30+7)}\times800\times10^{-6} = 411\times10^{-6}$$

이 계산결과 및 180일, 360일의 시간단계에 대한 계산결과가 표 10-2의 (4)열에 나타나 있다. 각 단계마다의 건조수축 증분은 (5)열에 주어져 있다.

릴랙세이션에 의한 PS 강재응력의 손실은 2장의 식 (2·41)로 주어진다. 따라서 30일 (30×24=720시간)의 시점에 대하여는 식 (2·41)로부터

$$\frac{f_p}{f_{pi}} = 1-\frac{\log_{10}t}{10}\left(\frac{f_{pi}}{f_{py}}-0.55\right)$$

$$=1-\frac{\log_{10}720}{10}\left(\frac{1230}{1470}-0.55\right)=0.916$$

이 때의 손실비(loss ratio)는 1−0.916=0.084이다. 180일 및 360일의 시간단계에 대한 계산결과도 표 10-2의 (6)열에 주어져 있고, 그 증분변화는 (7)열에 나타나 있다.

곡률과 처짐의 시간적 변화의 계산은 이 예제 바로 앞에서 설명한 단계 ①~⑧에 따라 수행할 수 있다. 그러나 여기서는 단계적 방법의 설명을 위하여 다음과 같이 세 단계만을 생각해 보기로 한다.

단계 I : 30일에서의 솟음　첫 번째 시간단계로 프리스트레싱 시점(시간 0)으로부터 30일까지를 생각한다. 이 시간단계에서 콘크리트의 응력은

$$f_1 = 0.7\text{ MPa},\qquad f_2 = 13.2\text{ MPa}$$

이 시간단계에 대하여 단위 크리프 변형률의 증분 36.5×10^{-6}[표 10-2의 (3)열 참조]을 적용하면, 총 크리프 변형률은

$$\Delta\varepsilon_{1\text{gross}} = 0.7\times(36.5\times10^{-6}) = 26\times10^{-6}$$
$$\Delta\varepsilon_{2\text{gross}} = 13.2\times(36.5\times10^{-6}) = 482\times10^{-6}$$

긴장재 위치에서 총 크리프 변형률은[그림 10-5 및 그림 10-6 참조]

$$\Delta\varepsilon_{p.\text{gross}} = \left[26 + \frac{43}{60}(482-26)\right]\times10^{-6} = 353\times10^{-6}$$

이 시간단계에 대한 건조수축 변형률의 증분은 표 10-2로부터 278×10^{-6}이다.

릴랙세이션으로 인한 PS 강재응력의 손실비 0.084(표 10-2의 7열)에 의한 긴장재 응력의 손실은

$$\Delta f_{p.\text{rel}} = 0.084\times1230 = 103.3\text{ MPa}$$

따라서 단계 I 에서 긴장재 응력의 총 손실은

$$\Delta f_p = (\varepsilon_{cr}+\varepsilon_{sh})E_p + \Delta f_{p.\text{rel}}$$
$$= (353+278)\times10^{-6}\times(2.0\times10^5) + 103.3 = 229.5\text{ MPa}$$

단면의 상하면에서 콘크리트 응력의 변화는

$$\Delta f_1 = -\frac{\Delta P}{A_c}\left(1-\frac{e}{r_c^2}y_1\right)$$
$$= -\frac{229.5\times623}{110,000}\left(1-\frac{130}{42,600}\times300\right) = -0.1\text{ MPa}$$
$$\Delta f_2 = -\frac{229.5\times623}{110,000}\left(1+\frac{130}{42,600}\times300\right) = -2.5\text{ MPa}$$

이 응력들을 E_c로 나누면 콘크리트의 변형률 변화를 얻을 수 있다. 즉

$$\Delta_1' = \frac{0.1}{2.8\times10^4} = 3.6\times10^{-6}$$
$$\Delta_2' = \frac{2.5}{2.8\times10^4} = 89\times10^{-6}$$

콘크리트 단면의 상하면의 순 변형률을 얻기 위해서는, 앞서 구한 총변형률을 위의 값들에 의해 수정해야 한다. 즉

$$\Delta\varepsilon_{1.\text{net}} = (26-3.6)\times10^{-6} = 22\times10^{-6}$$

$$\Delta\varepsilon_{2.\text{net}} = (482-89)\times10^{-6} = 393\times10^{-6}$$

따라서 이 시간단계 동안의 곡률증분은

$$\Delta\phi = \frac{\phi_{30}-\phi_0}{h} = \frac{[-393-(-22)]\times10^{-6}}{600} = -0.618\times10^{-6}$$

단계 I 의 끝, 즉 30일에서의 총 곡률은

$$\phi_{30} = \phi_{pi} + \Delta\phi = (-0.759-0.618)\times10^{-6} = -1.377\times10^{-6}$$

이 곡률은 지간중앙에서 다음과 같은 솟음을 일으킨다.

$$\Delta_{30} = \phi_{30}\frac{l^2}{8} = (-1.377\times10^{-6})\times\frac{(12.2\times10^3)^2}{8} = -26\text{ mm}$$

단계 II: 180일에서의 솟음 이 단계에서 단면 상하면의 콘크리트 응력은, 단계 I 을 시작할 때의 응력과 손실에 기인한 응력변화와의 대수합이다. 즉

$$f_1 = 0.7-0.1 = 0.6\text{ MPa}$$

$$f_2 = 13.2-2.5 = 10.7\text{ MPa}$$

이하의 계산수순은 단계 I 의 경우와 같다. 계산결과가 표 10-3에 나타내어져 있으며, 이 단계에서의 솟음은 31 mm이다.

단계 III: 360일에서의 솟음 이 시간단계에 있어서의 계산수순도 단계 I 의 경우와 같다. 계산결과가 표 10-3에 주어져 있으며, 이 시간단계에 있어서의 솟음은 33 mm이다.

각 시간단계 끝에서의 곡률합계에 근거하여, 단계 I 에서 수행한 수순에 따라 계산하면 프리스트레스 힘으로 인한 솟음이 표 10-3과 같이 얻어진다. 이 솟음들이 그림 10-5 (d)의 PS 곡선으로 나타내어져 있다.

표 10-3 프리스트레스로 인한 솟음의 계산결과

시간	시간단계 시점(始點)에서의 콘크리트 응력		총 크리프 변형률 증분		총 긴장재 변형률 증분	건조수축 변형률 증분	긴장재 릴랙세이션 증분	총 응력손실 증분
일	f_1 (MPa)	f_2 (MPa)	$\Delta\varepsilon_{1g}$ $\times10^{-6}$	$\Delta\varepsilon_{2g}$ $\times10^{-6}$	$\Delta\varepsilon_p$ $\times10^{-6}$	$\Delta\varepsilon_{sh}$ $\times10^{-6}$	$\Delta f_{p.\text{rel}}$ (MPa)	Δf_p (MPa)
0								
30	0.7	13.2	26	482	353	278	103.3	229.5
180	0.6	10.7	13	232	170	263	24.6	111.2
360	0.55	9.5	4	65	48	56	12.3	33.1

표 10-3 계 속

시간	손실로 인한 콘크리트 응력의 변화량		손실로 인한 콘크리트 변형률 변화량		순 크리프 변형률 증분		곡률 증분	곡률의 합계	지간중앙의 솟음
일	Δf_1 (MPa)	Δf_2 (MPa)	Δ_1' $\times 10^{-6}$	Δ_2' $\times 10^{-6}$	$\Delta \varepsilon_{1net}$ $\times 10^{-6}$	$\Delta \varepsilon_{2net}$ $\times 10^{-6}$	$\Delta \phi$ $\times 10^{-6}$ (N/mm)	$\Sigma \phi$ $\times 10^{-6}$ (N/mm)	Δ (mm)
0								7.59	−14
30	−0.1	−2.5	−3.6	−89	22	393	6.18	13.77	−26
180	−0.05	−1.2	−1.8	−43	11	189	2.97	16.14	−31
360	−0.02	−0.36	−0.7	−13	3	52	0.82	17.56	−33

(2) 자중에 의한 처짐

자중에 의한 즉시처짐은

$$\Delta_0 = \frac{5wl^4}{384E_cI_g} = \frac{5\times 2.720\times(12.2\times 10^3)^2}{384\times(2.8\times 10^4)\times 468,540\times 10^4} = 6 \text{ mm}$$

이 즉시처짐은 시간의 경과와 더불어 증가한다. 그것은 크리프 계수 $C_u = 2.35$를 고려함으로써 구할 수 있다.

2장의 식 (2·19 a)에 의하여 각 시간 단계별로 C_t를 계산하면

$$C_{30} = \frac{30^{0.60}}{10+30^{0.60}}\times 2.35 = 1.022$$

$$C_{180} = \frac{180^{0.60}}{10+180^{0.60}}\times 2.35 = 1.628$$

$$C_{360} = \frac{360^{0.60}}{10+360^{0.60}}\times 2.35 = 1.818$$

따라서 각 시간 단계별 처짐은

$$\Delta_t = \Delta_0(1+C_t)$$

에 의하여

$$\Delta_{30} = 6\times(1+1.022) = 12 \text{ mm}$$

$$\Delta_{180} = 6\times(1+1.628) = 16 \text{ mm}$$

$$\Delta_{360} = 6\times(1+1.818) = 17 \text{ mm}$$

이 처짐들이 그림 10-5 (d)의 w_0 곡선으로 나타내어져 있으며, 또한 프리스트레스(PS)와 자중(w_0)의 조합된 영향에 의한 처짐이 PS + w_0 곡선으로 주어져 있다.

(3) 활하중에 의한 처짐

추가 사하중 및 활하중의 합계 8180 kN/m에 의한 즉시처짐은 자중 2750 N/m에 의한 즉시처짐이 6 mm이므로 다음과 같이 된다.

$$\Delta_l = 6 \times \frac{8180}{2750} = 18\ \text{mm}$$

따라서 360일에 있어서 프리스트레스, 자중 및 활하중으로 인한 순처짐은

$$\Delta_{\text{net}} = -33 + 17 + 18 = 2\ \text{mm}$$

결국 이 보는 이 하중단계에서 거의 수평상태에 있다고 볼 수 있고, 활하중이 실리지 않을 때에는 16 mm의 솟음상태에 있게 될 것이다. 각 시간단계 끝에 있어서의 처짐을 요약한 것이 표 10-4이다.

표 10-4 각 시간 단계별 처짐 및 처짐의 합계

시간	Δ_0 프리스트레스에 의한 솟음	Δ_p (자중에 의한 처짐)	Δ_l (활하중에 의한 처짐)	$\Delta_p+\Delta_0$	$\Delta_p+\Delta_0+\Delta_l$
일	mm	mm	mm	mm	mm
0	−14	+ 6	+18	− 8	+10
30	−26	+12	+18	−14	+ 4
180	−31	+16	+18	−15	+ 3
360	−33	+17	+18	−16	+ 2

예제 10-1의 근사계산에서는 360일에 있어서의 최종처짐이 3 mm인 데 대하여, 단계적 방법에 의한 최종처짐은 2 mm이다.

참고 위의 예제에서는 설명을 위하여 3개의 시간단계를 사용했지만, 단계적 방법의 사용이 요구될 정도로 정밀한 처짐이 요구될 경우에는 적어도 9~10 단계의 시간단계가 사용되어야 한다. 1일부터 3년까지의 재령의 시간단계를 생각하되, 계산의 시점에서는 짧은 시간단계를, 종점에서는 긴 시간단계를 사용한다. 손으로 하는 계산은 지루하기 때문에, 컴퓨터 프로그램이 이용된다.

10.5 파샬 프리스트레스 보의 처짐

풀 프리스트레스 보(fully prestressed beam)는 사용하중 작용 하에서는 인장응력이 일어나지 않으므로 균열이 발생하지 않는다. 이와 같이 콘크리트 단면에 균열이 발생하지 않을 경우에는 콘크리트의 총 단면에 대한 단면 2차 모멘트 (I_g)를 사용하

여 처짐을 계산한다. 즉 비균열 단면 보의 처짐은 I_g를 사용하여 계산한다(예제 10-1 및 예제 10-2).

그러나 파샬 프리스트레스 보(partially prestressed beam)에서는 사용하중작용 하에서 균열이 발생할 수 있다. 이와 같이 단면에 균열이 발생한 보의 처짐계산에는 콘크리트 총 단면에 대한 단면 2차 모멘트 I_g를 사용해서는 안 된다.

설계기준(2007)에서는 완전균열 단면의 보와 부분균열 단면의 보의 처짐은 균열 환산 단면에 기초한 2개의 직선으로 구성되는 모멘트－처짐관계(bilinear moment－deflection relationship)를 사용하여 계산하거나 또는 유효 단면 2차 모멘트 I_e를 사용하여 계산하도록 규정하고 있다〔5.4.1 항 참조〕.

[1] 유효 단면 2차 모멘트 I_e를 사용하여 계산할 경우

설계기준에서는 유효 단면 2차 모멘트 I_e를 다음과 같이 주고 있다.

$$I_e = \left(\frac{M_{cr}}{M_a}\right)^3 I_g + \left[1 - \left(\frac{M_{cr}}{M_a}\right)^3\right] I_{cr} \qquad (10 \cdot 12)$$

여기서 I_g : 콘크리트 총 단면에 대한 단면 2차 모멘트

I_{cr} : 균열 환산단면에 대한 단면 2차 모멘트

M_{cr} : 균열 모멘트 $= \dfrac{f_r I_g}{y_t}$

f_r : 콘크리트의 인장강도(파괴계수) $= 0.63\sqrt{f_{ck}}$

y_t : 철근을 무시한 총 단면의 중심축에서 인장연단까지의 거리

M_a : 보에 작용하는 최대 모멘트

일반적으로 $I_{cr} < I_e \leq I_g$이고, 또 M_a가 M_{cr}를 초과하면 할수록 I_e는 I_{cr}에 접근한다. 위의 식의 I_e를 유효 단면 2차 모멘트(effective moment of inertia)라고 하며, 탄성처짐 계산에 사용된다.

위의 식의 M_{cr}/M_a는 직접계산에 의해 얻을 수도 있고, 또는 PCI가 주고 있는 다음 식으로 얻을 수도 있다.

$$\frac{M_{cr}}{M_a} = 1 - \frac{f_{tl} - f_r}{f_l} \qquad (10 \cdot 13)$$

여기서 f_{tl} : 총 사용하중에 의한 콘크리트 응력

f_l : 사용 활하중에 의한 콘크리트 응력

M_{cr} 및 M_a는 사용 활하중(service live load)에 의한 모멘트임을 주의해야 한다.

파샬 프리스트레스 보의 경우처럼 균열이 발생한 PSC 보의 즉시처짐(탄성처짐)은 식 (10 · 12)의 I_e를 사용하여 계산한다.

한편, 파샬 프리스트레스 보, 즉 균열이 발생하는 PSC 보의 장기처짐은 10.3 절의 [2]에서 설명한 바와 같이 즉시처짐에 곱해 주는 승수(multiplier)가 사용된다.

파샬 프리스트레스 보에 있어서는 PS 강재 A_p 외에 균열의 제어를 위하여 철근 (nonprestressed reinforcement) A_s가 추가 배치된다. 이 철근 A_s의 효과를 반영하기 위하여 표 10-1의 승수 대신 다음 식으로 주어지는 승수 C_2를 사용한다.

$$C_2 = \frac{C_1 + A_s/A_p}{1 + A_s/A_p} \qquad (10 \cdot 14)$$

여기서 C_1 : 표 10-1의 승수(basic multiplier)

A_p : PS 강재의 단면적

A_s : 철근의 단면적

$A_s/A_p \leqq 1$

예제 10-3. 사용 활하중 16.4 kN/m, 추가 사하중 1.5 kN/m를 받고 있는 그림 10-7과 같은 파샬 프리스트레스 보가 있다. 콘크리트의 설계기준 강도는 f_{ck}=40 MPa 이고, f_{ci}=30 MPa일 때 프리스트레싱하였으며, 보의 자중은 12.14 kN/m이다. 긴

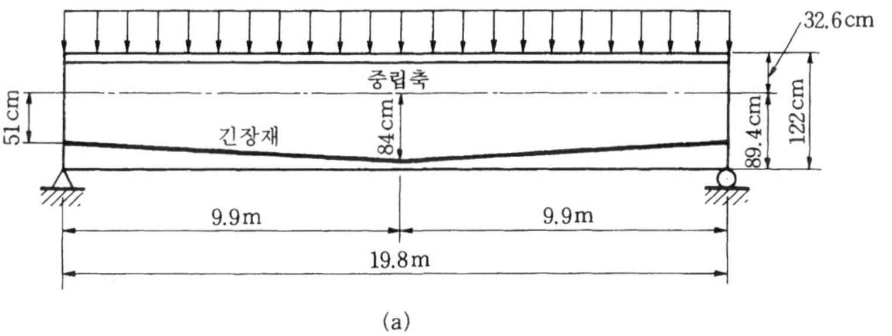

(a)

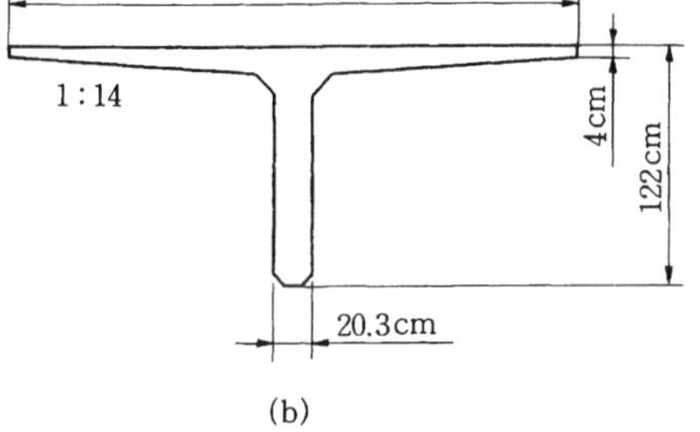

(b)

그림 10-7

장재는 7연선 12.4 mm인 강연선 14개가 사용되었으며, 그 단면적은 $A_p = 13.01\ \text{cm}^2$이다. 초기 인장력은 $P_i = 1836\ \text{kN}$, 유효 인장력은 $P_e = 1500\ \text{kN}$, 총 단면에 대한 단면 2차 모멘트는 $I_g = 7.04\times10^6\ \text{cm}^4$이다.

(1) 계산결과 사용하중으로 인한 지간 중앙단면 하연의 인장응력 5.6 MPa를 얻었다. 지간중앙에 일어나는 즉시처짐(탄성처짐)을 계산하라.

(2) 균열제어를 위하여 $A_s = 5.96\ \text{cm}^2$(3-D16)의 철근이 인장 측에 배근되었고, 보 상면에 슬래브를 합성시키지 않는다. 장기처짐을 구하라.

풀이 콘크리트의 탄성계수는 식 (2 · 4)로부터($f_{cu} = f_{ck} = 40\ \text{MPa}$로 놓고 계산한다.)

$$E_c = 8500\sqrt[3]{40} = 2.9\times10^4\ \text{MPa}$$

프리스트레스 도입시의 탄성계수는 식 (2 · 4)로부터($f_{ci} = 30\ \text{MPa} = f_{cu}$로 놓으면)

$$E_{ci} = 8500\sqrt[3]{30} = 2.6\times10^4\ \text{MPa}$$

프리스트레스 도입 직후 프리스트레스로 인한 솟음은 다음과 같이 계산된다. 긴장재가 그림 10-7 (a)에 보인 바와 같이 지점에서 $e_e = 51\ \text{cm}$, 중앙에서 $e_c = 84\ \text{cm}$의 편심을 가지는 절선형(single harp)으로 배치되어 있으므로, 초기 프리스트레스 힘에 의한 지간중앙의 솟음은 모멘트 면적법에 의해 다음과 같이 된다.

$$\begin{aligned}\Delta_p &= -\frac{P_i e_e l^2}{8E_{ci}I_g} - \frac{P_i(e_c - e_e)l^2}{12E_{ci}I_g}\\ &= -\frac{1836\times10^3\times510\times(19,800)^2}{8\times2.6\times10^4\times7.04\times10^6\times10^4} - \frac{1836\times10^3\times(840-510)\times(19,800)^2}{12\times2.6\times10^4\times7.04\times10^6\times10^4}\\ &= -25.1 - 10.8 = -36\ \text{mm}\end{aligned}$$

자중에 의한 처짐은

$$\Delta_d = \frac{5wl^4}{384E_{ci}I_g} = \frac{5\times12.14\times(19,800)^4}{384\times2.6\times10^4\times7.04\times10^6\times10^4} = 13\ \text{mm}$$

프리스트레스를 도입하자마자 자중이 걸리므로, 보의 순 솟음은 프리스트레스로 인한 솟음에서 자중에 의한 처짐을 빼야 한다. 따라서 프리스트레스 도입 직후 보의 솟음은

$$\Delta_n = -36 + 13 = -23\ \text{mm}$$

(1) 즉시처짐

이 예제에서 주고 있는 지간 중앙단면의 인장 연단응력은 $f_t = 5.6\ \text{MPa}$인데, $0.63\sqrt{f_{ck}} = 0.63\sqrt{40} = 4\ \text{MPa}$이고 $1.0\sqrt{f_{ck}} = 1.0\sqrt{40} = 6.3\ \text{MPa}$이므로

$$0.63\sqrt{f_{ck}} < f_t < 1.0\sqrt{f_{ck}}$$

이다. 즉 이 단면은 부분균열 단면이다. 따라서 이 보의 즉시처짐은 식 (10 · 12)의 I_e를 사용하여 계산한다[5.4.1 항 참조].

중앙단면 하연에서의 순 인장응력은($f_b=5.6$ MPa, $f_r=0.63\sqrt{f_{ck}}=4$ MPa이므로)

$$f_{\text{net}}=f_b-f_r=5.6-4=1.6 \text{ MPa}$$

활하중에 의한 지간중앙의 휨모멘트는

$$M_l=\frac{1}{8}\times16.4\times19.8^2=803.7 \text{ kN·m}=803.7\times10^6 \text{ N·mm}$$

그림 10-7 (b)의 단면하연에 대한 단면계수는

$$Z_2=78,700 \text{ cm}^3=787\times10^5 \text{mm}^3$$

이므로, 활하중에 의하여 단면하연에 일어나는 인장응력은

$$f_l=\frac{M_l}{Z_2}=\frac{803.7\times10^6}{787\times10^5}=10.2 \text{ MPa}$$

따라서 식 (10·13)으로부터

$$\frac{M_{cr}}{M_a}=1-\frac{f_{tl}-f_r}{f_l}=1-\frac{5.6-4}{10.2}=0.843$$

단면에는 균열이 발생할 것이므로, 균열 환산단면 2차 모멘트는 철근 콘크리트 단면의 경우처럼 계산하며, 그 값은 다음과 같다.

$$I_{cr}=10.0\times10^5 \text{ cm}^4=10.0\times10^9 \text{mm}^4$$

따라서 유효 단면 2차 모멘트는 식 (10·12)에 의하여

$$I_e=(0.843)^3\times7.04\times10^6\times10^4+[1-(0.843)^3]\times10.0\times10^9=4624\times10^7 \text{ mm}^4$$

활하중에 의한 지간중앙의 즉시처짐은

$$\Delta_l=\frac{5w_e l^4}{384E_cI_e}=\frac{5\times16.40\times19,800^4}{384\times2.9\times10^4\times4624\times10^7}=25 \text{ mm}$$

(2) 장기처짐

보의 자중으로 인한 처짐은 앞의 계산에서 얻어졌다. 즉

$$\Delta_d=13 \text{ mm}$$

추가 사하중에 의한 처짐은

$$\Delta_{sd}=\frac{5w_{sd} l^4}{384E_cI_e}=\frac{5\times1.50\times19,800^4}{384\times2.9\times10^4\times4624\times10^7}=2 \text{ mm}$$

활하중에 의한 처짐은 앞의 계산에서 얻어졌다. 즉

$$\Delta_l=25 \text{ mm}$$

이 보에 철근 3-$D16$($A_s=5.96 \text{ cm}^2$)이 배근되어 있으므로

$$\frac{A_s}{A_p}=\frac{5.96}{13.01}=0.46<1$$

따라서 철근의 영향을 고려한 승수 C_2는 식 (10 · 14)로부터 다음과 같이 된다.

프리스트레스로 인한 상향 솟음에 대하여

$$C_2=\frac{2.45+0.46}{1+0.46}=1.99$$

자중으로 인한 처짐에 대하여

$$C_2=\frac{2.70+0.46}{1+0.46}=2.16$$

추가 사하중으로 인한 처짐에 대하여

$$C_2=\frac{3.00+0.46}{1+0.46}=2.37$$

최종처짐은 이 승수들을 사용하여 계산한다.

예컨대, 프리스트레스를 도입하자마자 일어나는 솟음 36 mm는 가설시(도입 후 30일)에는 솟음이

$$36\times1.80=65\text{ mm}$$

로 증가되고, 최종의 솟음은 표 10-1의 승수 $C_1=2.45$를 사용하지 않고, 위에 계산된 승수 $C_2=1.99$를 적용하여

$$36\times1.99=72\text{ mm}$$

로 된다. 나머지 계산도 마찬가지이다. 장기처짐의 계산결과를 종합한 것이 표 10-5이다.

표 10-5에서 알 수 있는 바와 같이 프리스트레스 도입 직후는 23 mm의 솟음을 보이고, 가설 직후에는 39 mm의 솟음을 보이며, 최종 5년 후에는 14 mm의 솟음을 나타낸다. 활하중에 의한 최종처짐은 25 mm이다.

표 10-5 장기처짐의 계산결과

하 중	도입 직후의 처짐(mm)	가 설 시		최 종	
		승수 C_1 (표 10-1)	처짐 (mm)	승수 C_2	처짐 (mm)
프리스트레스	−36	1.80	−65	1.99	−72
자 중	+13	1.85	+24	2.16	+28
순 처짐	−23		−41		−44
추가 사하중			+ 2	2.37	+ 5
순 처짐			−39		−39
활하중					+25
최종처짐	−23		−39		−14

[주] 부호의 (−)는 솟음, (+)는 처짐

[2] biliner method에 의할 경우

앞에서 언급한바와 같이 부분균열 단면 또는 완전균열 단면의 휨부재의 즉시처짐(탄성처짐)은 bilinear moment-deflection 관계를 사용하여 계산할 수도 있다. 여기서는 이 방법에 대하여 설명한다.

Branson 등은 균열단면에 대한 단면 2차 모멘트를 다음과 같이 주고 있다.

$$I_{cr}= n_p A_p d_p^2 (1-1.6\sqrt{n_p \rho_p}) \qquad (10 \cdot 15\,a)$$

여기서 $n_p=\dfrac{E_p}{E_c}$ (E_p : 긴장재의 탄성계수, E_c : 콘크리트의 탄성계수)

A_p : 긴장재의 단면적

d_p : 최외단 긴장재의 유효깊이

$\rho_p=\dfrac{A_p}{bd_p}$ (b는 단면의 폭)

이 I_{cr}와 I_g 및 I_e와의 관계를 그림 10-8은 잘 보여주고 있다. Δ_e는 I_g를 사용하여 계산한 처짐이고, Δ_{cr}은 I_{cr}로 계산한 처짐이며, 이들 처짐의 합계 $(\Delta_e+\Delta_{cr})$는 I_e로 계산할 수도 있다.

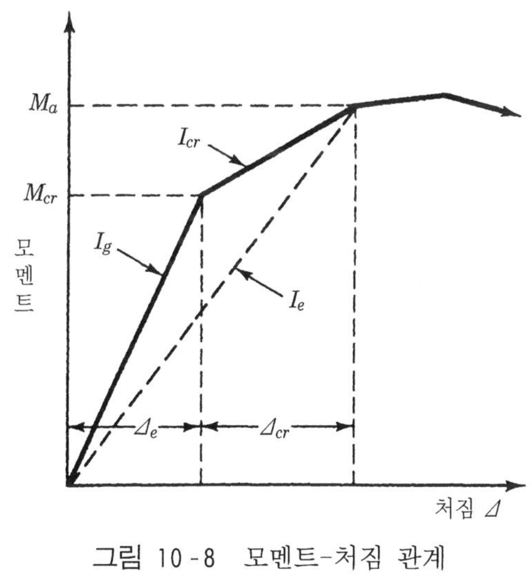

그림 10-8 모멘트-처짐 관계

한편 프리스트레스 되지 않은 철근(nonprestressed reinforcement)이 인장응력의 일부를 부담하도록 된 경우, 예컨대 파셔 프리스트레스 보의 경우의 I_{cr}은 다음과 같다.

$$I_{cr} = (n_p A_p d_p^2 + n_s A_s d^2)(1 - 1.6\sqrt{n_p \rho_p + n_s \rho}) \quad (10 \cdot 15\,b)$$

여기서 $n_s = \dfrac{E_s}{E_c}$ (E_s : 철근의 탄성계수)

A_s : 철근의 단면적

d : 철근의 유효깊이

$\rho = \dfrac{A_s}{bd}$

예제 10-4. 예제 10-3의 보 (그림 10-7)에서 사용 활하중 16.4 kN/m에 의해 일어나는 즉시처짐(탄성처짐)을 bilinear method에 의해 계산해 보자. 모든 조건은 예제 10-3과 동일하다.

풀이> 앞의 예제에서 본바와 같이 이 보는 부분균열 단면의 보이다. 그러므로 bilinear method에 의해 계산한다.

사용하중에 의한 이 보의 지간중앙 단면의 인장연단 응력은 $f_t = 5.6\,\text{MPa}$로서, 이는 콘크리트의 파괴계수

$$f_r = 0.63\sqrt{f_{ck}} = 0.63\sqrt{40} = 4\,\text{MPa}$$

를 초과하고 있다. 따라서 인장연단의 순 인장응력은

$$f_{net} = f_t - f_r = 5.6 - 4 = 1.6\,\text{MPa}$$

사용 활하중 16.4 kN/m에 의해 지간 중앙 단면의 인장연단에 일어나는 인장응력은 앞의 예제로부터 $f_l = 10.2\,\text{MPa}$이다. 이로부터 활하중 16.4 MPa 중, 보 하면의 인장응력에 기여하지 못한 몫은

$$w_1 = \frac{10.2 - 1.6}{10.2} \times 16.4 = 13.8\,\text{kN/m}$$

이로 인한 처짐은 비균열 단면 즉 총 단면에 대한 단면 2차 모멘트 I_g를 사용하여 계산한다. 즉

$$\Delta_g = \frac{5 w_1 l^4}{384 E_c I_g} = \frac{5 \times 13.8 \times 19800^4}{384 \times 2.9 \times 10^4 \times 7.04 \times 10^6 \times 10^4} = 13.5\,\text{mm}\ (\downarrow)$$

긴장재의 탄성계수비는

$$n_p = \frac{E_p}{E_c} = \frac{2.0 \times 10^5}{2.9 \times 10^4} = 6.9$$

지간 중앙 단면에서 긴장재의 유효깊이는[그림 10-7 (a) 참조]

$$d_p = e_p + y_1 = 84 + 32.6 = 116.6\,\text{cm}$$

$$> 0.8h\,(0.8 \times 122 = 97.6\,\text{cm})$$

따라서 $d_p = 116.6\,\text{cm}$이고, $A_p = 13.01\,\text{cm}^2$ 이므로

$$\rho_p = \frac{A_p}{b\,d_p} = \frac{13.01}{305 \times 116.6} = 0.0004$$

식 (10 · 15 a)로부터(균열제어를 위하여 인장 측에 배근한 철근 3-D16은 고려하지 않는다.)

$$I_{cr} = n_p A_p d_p^{\,2}(1 - 1.6\sqrt{n_p \rho_p})$$
$$= 6.9 \times 13.01 \times 116.6^2 (1 - 1.6\sqrt{6.9 \times 0.0004})$$
$$= 1,122,820\,\text{cm}^4 = 1,122,820 \times 10^4\,\text{mm}^4$$

단면에 균열을 발생시킴으로서, 전체하중의 평형을 유지케 한 하중은

$$w_2 = 16.4 - 13.8 = 2.6\,\text{kN/m}$$

이로 인한 처짐은

$$\Delta_{cr} = \frac{5 w_2 l^4}{384 E_c I_{cr}} = \frac{5 \times 2.6 \times 19800^4}{384 \times 2.9 \times 10^4 \times 1,122,820 \times 10^4} = 16.0\,\text{mm}\ (\downarrow)$$

그러므로 사용 활하중에 의한 즉시처짐(탄성처짐)의 합계는

$$\Delta_l = \Delta_g + \Delta_{cr} = 13.5 + 16.0 = 29.5\,\text{mm}\ (\downarrow)$$

앞의 예제 10-3에서 유효 단면 2차 모멘트 I_e로 계산한 처짐(25 mm)보다 약간 크다.

10.6 합성보의 처짐

PSC 합성보의 처짐 계산은 다소 복잡하다. 10.3 절의 근사적 계산방법에 따를 경우라도 다음의 두 단계로 구분하여 생각해야 한다. 즉, 하나는 프리스트레스 도입시로부터 슬래브 타설시까지의 시간단계이고, 다른 하나는 슬래브 타설 완료 후로부터 사용하중 작용시까지의 시간단계이다.

프리스트레스로 인한 솟음, 프리캐스트 부재의 자중 및 타설 직후의 굳지 않은 슬래브 콘크리트의 자중으로 인한 처짐은 프리캐스트 부재의 단면을 사용하여 계산한다. 프리스트레스 및 기타 지속하중으로 인한 크리프의 영향과 프리스트레스 힘의 손실의 영향은 슬래브 콘크리트의 타설 전, 타설 후의 두 단계로 나누어 계산해야 한다. 활하중에 의한 처짐은 보통의 방법으로 계산하되, 합성단면을 사용하여 계산한다.

합성보에 있어서는 프리캐스트 콘크리트와 현장치기 콘크리트의 건조수축의 차이도 고려해야 한다. 일반적으로 현장치기 슬래브 콘크리트의 건조수축이 프리캐스트

콘크리트보다 크다. 이 때문에 합성보의 하향처짐은 약간 증가한다.

10.7 허용처짐

과도한 처짐은 외관상 좋지 않을 뿐만 아니라 부재나 구조물에 손상을 줄 우려가 있다. 교량에서의 과도한 처짐은 불안감을 줄 뿐 아니라 원활한 교통에 지장을 준다.

일반 구조물에 대한 허용처짐량이 설계기준에 규정되어 있으며, 계산으로 얻은 처짐이 이 규정의 허용처짐을 넘어서는 안 된다.

교량에 대한 허용처짐을 도로교 설계기준에서는 다음과 같이 규정하고 있다. 즉, 단순교 및 연속교에 있어서 충격의 영향을 포함한 활하중으로 인한 처짐은 $\frac{l}{800}$ 이하라야 하고, 보행자도 이용하는 시가지 교량에 대하여는 $\frac{l}{1000}$ 이하라야 한다. 여기서 l은 교량의 지간이다. 캔틸레버 교량에 있어서 충격을 포함한 활하중(活荷重)에 의한 캔틸레버부의 처짐은 $\frac{l}{300}$ 이하라야 하고, 보행자도 이용하는 시가지 교량에 있어서는 $\frac{l}{375}$ 이하라야 한다. 여기서 l은 캔틸레버부의 길이이다.

연습문제

10.1. 그림 10-9와 같은 포스트텐션 보가 있다. 초기 프리스트레스 힘은 $P_i=1038$ kN이고, 1년 후의 유효 프리스트레스 힘은 $P_e=830$ kN이다. 보에는 그림과 같이 단기 활하중(사용하중) 97.5 kN이 작용한다. 또 $E_c=2.45\times10^4$ MPa이고 1년 후의 크리프 계수는 $C_t=1.9$이다. 다음을 계산하라.

1) 보에 활하중이 실리기 전의 초기처짐
2) 1년 후 활하중이 실렸을 때의 처짐

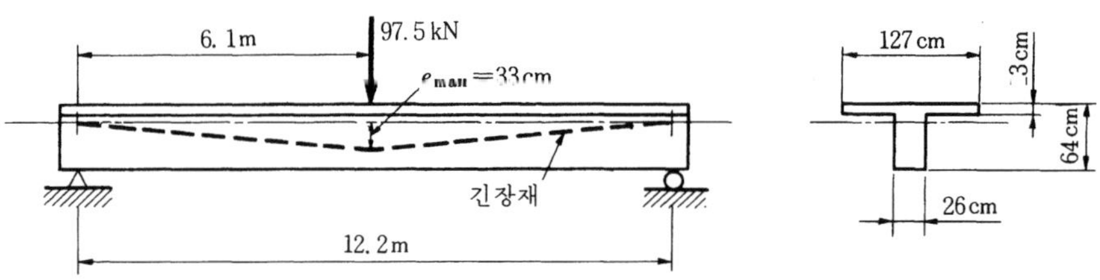

그림 10-9

10.2. 앞의 문제(그림 10-9)의 보의 처짐을 10.4 절에서 설명한 시간단계법에 의해 계산하라. 0개월, 1개월, 6개월 및 1년의 시간단계에 대하여 계산하라. 이 보는 프리스트레스를 도입하기 3일 전에 콘크리트를 타설하고 증기양생하였다. $A_p=8.45\ \mathrm{cm}^2$, $f_{py}=1470\ \mathrm{MPa}$, $f_{pi}=1220\ \mathrm{MPa}$, $\varepsilon_{sh.u}$(최종 건조수축)$=650\times10^{-6}$이다.

제 11 장

슬 래 브

11.1 서 론

PSC 슬래브(slab)는 교량의 바닥판(deck), 벽체(wall), 건물의 마루(floor)와 지붕(roof) 등에 많이 쓰인다. 슬래브는 벽체에 지지되기도 하고, 슬래브와 일체로 처지는 콘크리트 보나 강재(鋼材) 보에 지지되기도 하고, 보 없이 기둥만으로 지지되기도 한다.

슬래브를 구조형식에 따라 분류하면 다음과 같다.

[1] 1방향 슬래브

그림 11-1 (a)는 평행한 2개의 보로 지지된 슬래브(beam-supported slab)이며, 이것을 1방향 슬래브(one-way slab)라고 한다. 이 슬래브는 구조적으로 1방향 작용(one-way action)을 한다. 지지보에 직각방향, 즉 슬래브의 지간방향으로만 하중의 대부분이 작용하기 때문이다.

[2] 2방향 슬래브

그림 11-1 (b)와 같은 4변 지지의 슬래브는 2방향 작용(two-way action)을 한다. 이러한 슬래브를 2방향 슬래브(two-way slab)라고 한다. 그림 11-1 (c)와 같이 중간에 보를 하나 더 놓는 경우도 있다. 이러한 직사각형 슬래브에서 짧은 변과 긴 변의 비가 0.5보다 작으면, 짧은 변이 대부분의 하중을 부담하게 된다. 이러한 슬래브는 4변 지지이지만, 실제로는 1방향 작용을 나타내므로 1방향 슬래브로 보아야 한다.

[3] 평판 슬래브

PSC 슬래브는 그림 11-1 (d)와 같이 기둥만으로 지지되는 경우도 있다. 이러한

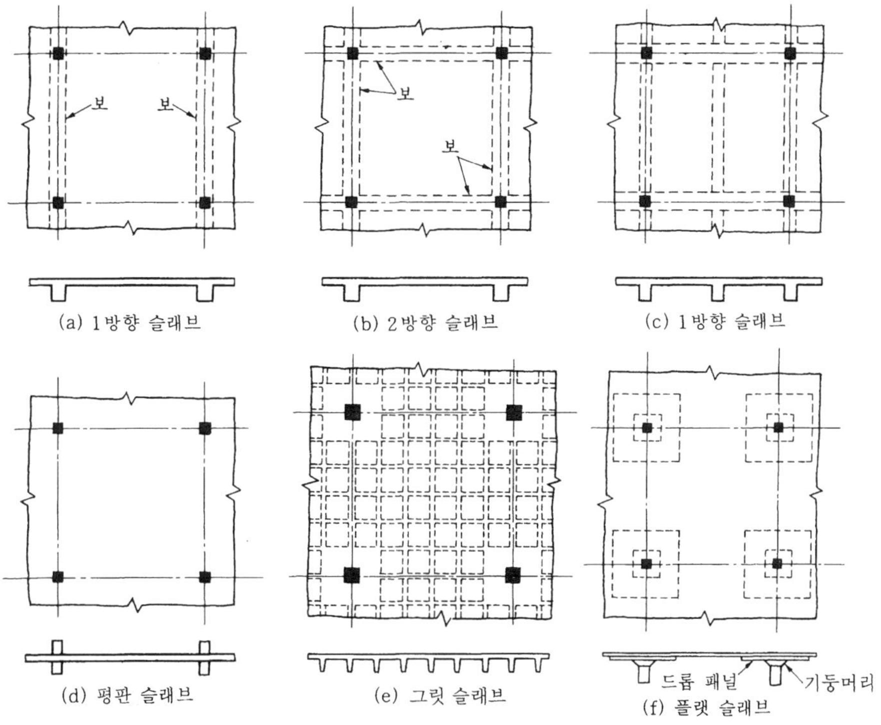

그림 11-1 슬래브의 종류

슬래브를 평판 슬래브(flat plate slab)라고 한다. 평판 슬래브도 대개 현장타설로 제조된다.

이 때 평판 슬래브를 땅바닥에서 콘크리트를 치고, 콘크리트가 굳은 후 잭(jack)으로 들어올려 소정 위치의 기둥에 올려놓는 수도 있다. 이러한 슬래브를 리프트 슬래브(lift slab)라고 한다. 이 경우, 기둥은 일반적으로 강재기둥이다.

[4] 그릿 슬래브

그림 11-1 (e)와 같은 슬래브를 그릿 슬래브(grid slab, 격자 슬래브) 또는 워플 슬래브(waffle slab)라고 한다. 자중을 줄이기 위하여 슬래브 하면에 파이버 보드(fiberboard)나 플라스틱 등을 삽입하여 공극(空隙)이 형성되게끔 하는 수도 있다. 이 경우, 기둥 근처에서는 공극을 만들지 않는다.

[5] 플랫 슬래브

그림 11-1 (f)와 같은 슬래브를 플랫 슬래브(flat slab)라고 한다. 그림에 보인 바와 같이 드롭 패널(drop panel)과 기둥머리(column capital)를 둔다. 이것은 이 부분에 크게 일어나는 전단력과 부(−)모멘트에 견디게 하기 위해서이다.

PSC 슬래브의 긴장재는 일반적으로 PS 강연선(strand)이 사용된다. 그 중심 간격은 하중, 슬래브의 지간 및 두께에 따라 60~150 cm 정도이다. 긴장재는 등분포 하중에 대하여는 포물선으로 배치되어, 지지보나 기둥 위에서는 위로 굽은 완화곡선으로 배치된다. 그리스를 바른 PS 강재 또는 피복된 PS 강재를 사용하여 부착 없는 PSC 슬래브로 하는 것이 경제면으로나 시공면으로 유리하다. 이렇게 하면 마찰로 인한 프리스트레스의 감소, 시공 중 PS 강재의 녹스는 것을 방지하는 일, 작은 덕트를 통한 많은 수의 그라우팅 등이 필요 없게 된다.

1방향 슬래브에는 가로방향에 배력철근을 배치하는 것이 보통이다. 또, 1방향 슬래브나 2방향 슬래브에 부착시키지 않는 긴장재(unbonded tendon)를 사용할 경우에는 균열의 억제와 휨강도의 증진을 위하여 철근을 추가로 배치한다.

PSC 슬래브의 설계에 있어서는 하중평형의 개념이 특히 유용하다. 이 방법에 따르면 가장 좋은 긴장재 배치위치를 얻을 수 있고, 따라서 주어진 하중에 대하여 처짐이 일어나지 않는 프리스트레스 힘을 얻을 수 있다. 이 때 평형하중, 즉 등가하중으로는 전체 사하중(고정하중) 또는 고정하중에 활하중 일부를 더한 것이 된다.

11.2 1방향 슬래브

전술한 바와 같이 1방향 슬래브는 지간방향, 즉 두 지지보에 직각방향으로 1방향 작용을 한다. 그러므로 단경간(單徑間) 슬래브에 있어서는 그림 11-2 (a)에 보인 바와 같이 지지부에 직각방향으로 긴장재를 배치한다. 일반적으로 부착시키지 않는 PS 강연선 또는 복합강선(multiple wire tendon)이 긴장재로 사용된다. 등분포 하중의 경우, 하중평형의 원리에 따르면, 긴장재는 포물선으로 되어 지간중앙에서 최대 편심이 되고 지점에서 편심은 0으로 된다.

1방향 슬래브는 그림 11-2 (a)와 같이 폭이 1 m인 보로 보고 설계한다. 따라서 휨 해석과 설계는 각각 5장과 6장에 따른다.

1방향 슬래브는 그림 11-2 (b)와 같이 몇 개의 지점을 넘어 연속시키는 경우도 있고, 또 캔틸레버부를 갖는 경우도 있다. 이러한 PSC 연속 슬래브는 폭이 1 m인 연속보로 보고 설계한다. 긴장재는 각 지간에서 포물선으로 배치된다. 중간지점에서 긴장재는 이론상 그림 11-2 (c)와 같이 위로 뾰족하게 되겠지만 실제로는 그렇게 할 수 없다. 그래서 실제에 있어서는 위로 굽은 완화곡선으로 배치한다〔9.2 절 및 그림 9-1 참조〕. 이 완화곡선은 긴장재에 걸려오는 하향반력(下向反力)의 전달에 효

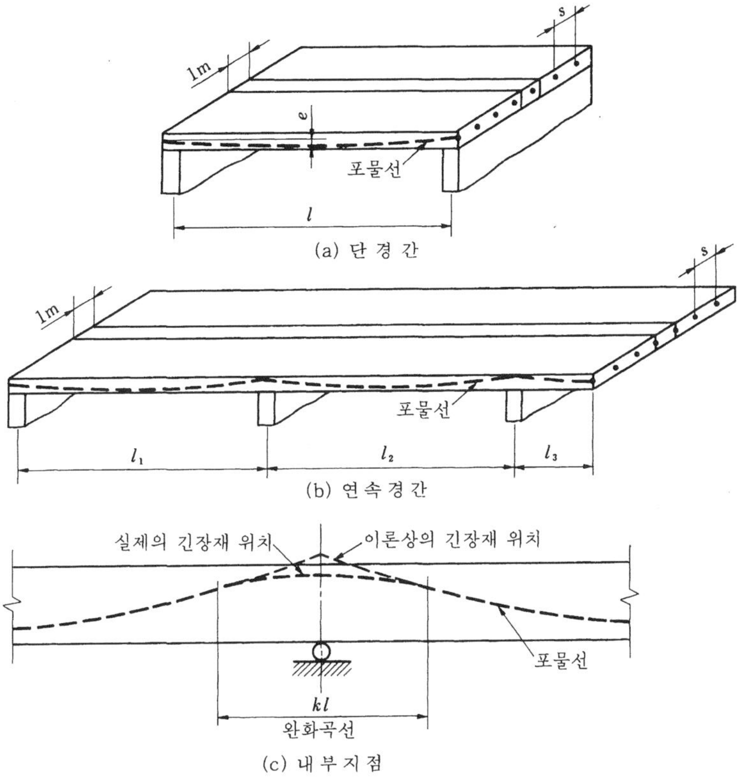

그림 11-2 1방향 슬래브

과적이다. 완화곡선 구간은 일반적으로 $0.2l$ 정도로 한다. 즉 $k=0.2$ 정도이다. 집중반력과 분포반력의 차는 무시하는 것이 보통이다. 왜냐하면, 지점에서 긴장재를 완화곡선으로 배치함으로써 일어나는 탄성 모멘트의 변화는 크지 않으며, 또 극한 모멘트의 능력에도 영향을 주지 않기 때문이다.

슬래브는 보에 비하여 얇기 때문에 마찰로 인한 프리스트레스의 손실은 그렇게 심하지 않으며, 따라서 연속 슬래브의 경우, 긴장재가 몇 군데서 반곡(反曲)되더라도 크게 문제되지 않는다. 이 때 긴장재를 하나 건너 반대쪽에서 긴장하거나 또는 길이가 45 m 이상 되는 긴장재는 양단에서 긴장하면, 마찰로 인한 프리스트레스의 손실을 최소로 할 수 있다.

1방향 슬래브에는 긴장재의 직각방향으로 수축 및 온도 철근을 배치한다. 이것은 콘크리트의 건조수축과 온도하강으로 인한 균열을 억제해 주고, 또 집중하중을 분포시켜 준다. 이러한 추가철근에는 프리스트레스를 도입하지 않는다. 수축 및 온도 철근의 양은 설계기준에 규정되어 있고, 배력철근량은 도로교 설계기준에 규정되어 있다.

균열의 발생을 완전히 방지하기 위해서는, 지지부에 평행하게 포스트텐션 방식으로 프리스트레스를 도입하면 된다. 이 방법은 폭이 좁은 1방향 슬래브에는 적당하지 않지만, 넓은 슬래브에는 유효하다. 이와 같이 슬래브에 직교하는 두 방향으로 프리스트레스를 도입하면, 푸아송비의 영향(Poisson's ratio effect) 때문에 프리스트레스의 손실에 어떤 영향을 미치게 될 것이다. 콘크리트의 푸아송비를 0.15로 보고, 또 두 방향의 프리스트레스가 같다고 가정하면, 콘크리트의 탄성변형과 크리프로 인한 프리스트레스 손실은 8% 정도이므로, 푸아송비의 영향으로 인한 프리스트레스의 손실은 $0.15 \times 8\% = 1.2\%$로 된다. 즉, 그 영향은 그렇게 크지 않다. 그러므로 슬래브에 있어서 서로 직교하는 두 방향에 프리스트레스를 도입하는 데는 별문제가 없다.

1방향 슬래브의 설계가 전단으로 지배되는 일은 거의 없다. 1방향 슬래브는 폭이 넓고 두께가 작은 직사각형 단면의 보로 설계되기 때문에, 그 설계는 휨 또는 처짐으로 지배된다. 하중평형의 방법으로 설계된 슬래브에 있어서는 활하중으로 인한 처짐이 문제이다. 처짐의 계산에 있어서는 총 단면에 대한 단면 2차 모멘트를 사용하는 것이 보통이다.

종방향 또는 종횡 두 방향으로 프리스트레스를 도입한 슬래브의 탄성단축(elastic shortening)이 받침부에서 방해되어서는 안 된다. 이 탄성단축은 특히 다경간 연속부재 또는 매우 넓은 슬래브에 있어서는 중요한 문제이다. 슬래브의 탄성단축의 영향을 최소로 하기 위하여, 또 마찰로 인한 프리스트레스의 과도한 손실을 피하기 위하여 시공이음 사이의 슬래브 길이는 45 m 정도 이하로 제한하는 것이 좋다.

11.3 2방향 슬래브

11.3.1 4변 지지된 2방향 슬래브의 거동

1방향 슬래브는 그림 11-3 (a)에 보인 바와 같이 1방향으로만 휜다. 그러나 4변으로 시시된 2방향 슬래브는 그림 11-3 (b)와 같이 접시 모양으로 처진다. 모멘트가 두 방향으로 작용하므로 긴장재는 서로 직교하는 두 방향으로 배치된다.

그림 11-3 (b)에서 알 수 있는 바와 같이 슬래브 중앙부에서 짧은 지간의 곡률이 긴 지간의 곡률보다 크다. 휨모멘트는 곡률에 비례하므로 짧은 지간의 휨모멘트가 긴 지간의 휨모멘트보다 크다는 것을 알 수 있다. 짧은 변의 지지부 근처에서 짧은 지간의 곡률은 중앙부보다 매우 작다. 그러므로 짧은 변에 가까울수록 모멘트는 작

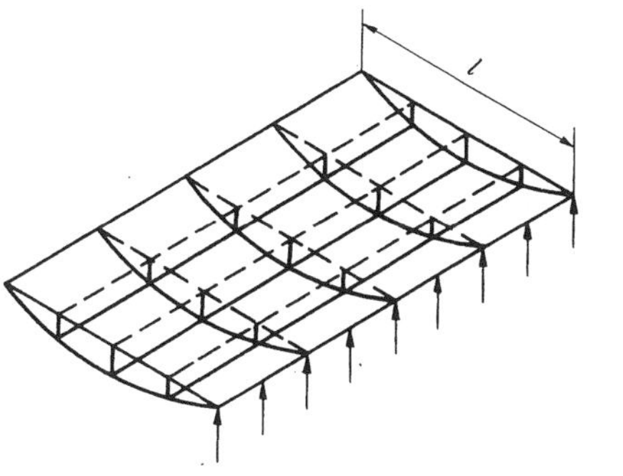

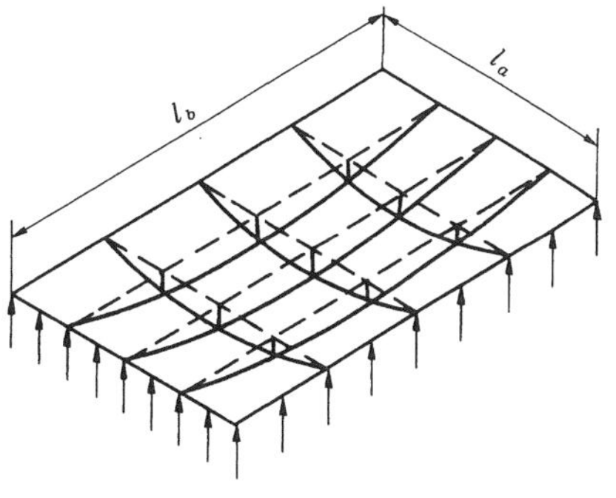

그림 11-3 등분포 하중을 받는 슬래브의 처짐

아진다. 이것은 긴 지간에 있어서도 마찬가지이다.

2방향 슬래브에는 비틀림 모멘트가 일어난다. 그림 11-3 (b)에서 알 수 있는 바와 같이 슬래브의 중앙선을 제외한 임의의 슬래브 대(帶)에서는 서로 직교하는 방향의 휨 때문에 비틀림이 일어난다. 이 비틀림 모멘트는 휨모멘트를 감소시키는 경향을 갖는다.

이상에서 알 수 있는 바와 같이 2방향 슬래브는 비교적 단순해 보이지만, 그 설계 모멘트의 결정은 매우 어려운 문제이다. 탄성이론에 따른다 하더라도 연속성이나 지지보의 수직처짐 및 비틀림 등 때문에 실제로는 매우 복잡해진다. 따라서 실제의 해석에 있어서는 근사해법이 사용된다.

11.3.2 2방향의 하중평형

1장 및 6장에서 설명한 하중평형(load balancing)의 개념이 2방향 슬래브의 해석과 설계에 유용한 방편이 된다. 슬래브에 대한 하중평형은 보의 경우처럼 긴장재를 곡선 배치함으로써 하향(下向)의 실제하중과 비길 수 있는 상향(上向)의 등가하중을 얻을 수 있다. 이 때 슬래브는 프리스트레스 힘에 의한 균일한 압축응력만을 받게 된다. 따라서 휨모멘트와 비틀림 모멘트가 일어나지 않기 때문에 해석이 매우 간단해진다. 만약, 자중(自重) 이외의 하중이 지속하중으로 작용한다면, 그래서 이 하중까지를 평형하중(균형하중, balanced load)에 포함시킨다면, 슬래브는 처지지도 솟지도 않을 것이다.

4변이 벽체로 지지된 그림 11-4 (a)와 같은 2방향 슬래브에 대하여 하중평형을 생각해 보자. 평형시켜야 할 하중은 자중이고, 이것은 등분포 하중이다. 긴장재는 그림에 보인 것처럼 각 방향으로 포물선이 될 것이고, 단순지지이므로 지지부에서 긴

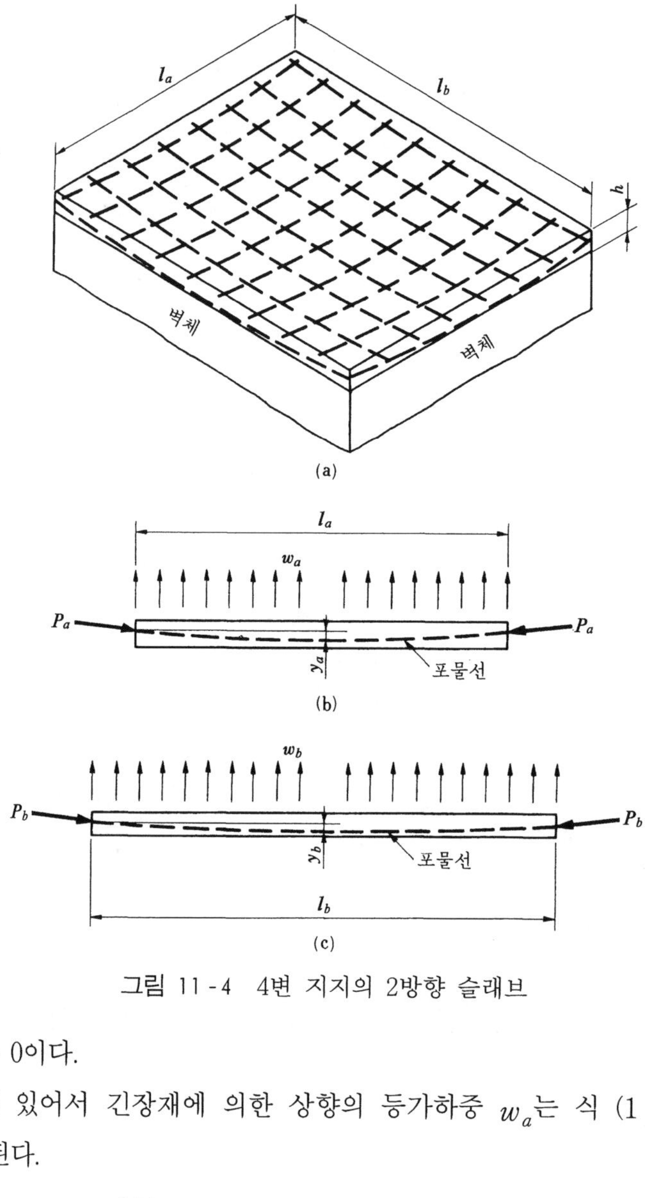

그림 11-4 4변 지지의 2방향 슬래브

장재의 편심은 0이다.

짧은 지간에 있어서 긴장재에 의한 상향의 등가하중 w_a는 식 (1·11)에 의하여 다음과 같이 된다.

$$w_a = \frac{8P_a y_a}{l_a^2} \tag{11·1}$$

여기서 w_a : 상향 등분포 하중

P_a : 짧은 지간방향의 유효 프리스트레스 힘

y_a : 짧은 지간중앙에서 긴장재의 편심 거리

l_a : 짧은 지간

긴 변 방향의 등가하중 w_b도 같은 방법으로 다음과 같이 된다.

$$w_b = \frac{8P_b y_b}{l_b^2} \tag{11·2}$$

이들 상향력(上向力)의 합이 자중 w_d와 같아야 하므로

$$w_d = w_a + w_b = \frac{8P_a y_a}{l_a^2} + \frac{8P_b y_b}{l_b^2} \tag{11·3}$$

위의 식으로부터 프리스트레스 힘 P_a 및 P_b를 구할 수 있다.

일반적으로 직사각형 슬래브에 있어서는 하중의 대부분을 짧은 변이 받도록 하는 것이 경제적이다. 그러나 균열의 억제와 국부적으로 작용하는 하중의 분포를 위하여 긴 변 방향에도 적당한 크기의 프리스트레스를 도입하는 것이 좋다.

프리스트레스 힘 P_a, P_b 및 하중 w_d의 작용하에서 슬래브는 짧은 지간에서 P_a/bh, 긴 지간에서 P_b/bh의 균일한 압축응력을 각각 받게 된다. 여기서 h는 슬래브의 두께이고, b는 슬래브의 단위 폭(1 m)이다. 이 때 슬래브는 이론상으로 완전히 수평이지만, 실제로는 수평에 가까울 뿐이다. 그 이유는 프리스트레스의 손실과 크리프 및 건조수축에 의한 장기처짐의 영향이 있기 때문이다.

슬래브는 평형하중(균형하중, balanced load) 외에 추가로 하중을 더 받는 것이 보통이다. 이 추가하중은 대개 활하중이고 평형하중에 포함시키지 않기 때문에 **불균형 하중**(unbalanced load)이라고 한다. 불균형 하중, 즉 추가하중에 의한 모멘트는 탄성 이론이나 또는 11.3.3 항에서 설명하는 근사해법에 의하여 구한다. 이 때 슬래브에 일어나는 응력은 평형하중에 의한 균일한 압축응력과 불균형 하중으로 인한 모멘트에 의한 휨응력을 합하면 된다. 즉, 다음과 같이 된다.

짧은 변 방향에 있어서

$$\left.\begin{aligned} \text{상연응력}: f_t &= \frac{P_a}{bh} + \frac{M_a}{I_c} \times \frac{h}{2} \\ \text{하연응력}: f_b &= \frac{P_a}{bh} - \frac{M_a}{I_c} \times \frac{h}{2} \end{aligned}\right\} \tag{11·4}$$

긴 변 방향에 있어서

$$\left.\begin{aligned} \text{상연응력}: f_t &= \frac{P_b}{bh} + \frac{M_b}{I_c} \times \frac{h}{2} \\ \text{하연응력}: f_b &= \frac{P_b}{bh} - \frac{M_b}{I_c} \times \frac{h}{2} \end{aligned}\right\} \tag{11·5}$$

여기서 M_a, M_b : 각각 l_a 및 l_b 방향에서 불균형 하중에 의한 휨모멘트

I_c : 슬래브의 단위 폭에 대한 단면 2차 모멘트

하중이 실리지 않은 상태 및 총사용하중이 작용한 상태의 응력도 위와 같은 방법으로 구한다. 그림 11-4는 긴장재를 등간격으로 배치한 경우이다. 그러나 추가하중, 예컨대 활하중이 작용할 경우에는 슬래브는 아래로 처질 것이다. 이러한 경우에는 슬래브의 중앙부에서 서로 직교하는 방향으로 긴장재를 집중적으로 배치하는 것이 합리적이고 경제적이다. 이렇게 긴장재를 배치하면 같은 수의 긴장재를 등간격으로 배치한 경우보다 초과하중에 대하여 유리하다.

또, 2방향 슬래브에서는 직교하는 긴장재가 서로 방해가 되어, 편심을 제대로 확보할 수 없는 경우가 있다. 예컨대, 그림 11-4와 같은 단순 슬래브에 있어서는 중앙부와 귀퉁이에서 그렇게 된다. 이러한 경우 슬래브 두께가 두꺼우면 두 방향의 편심 거리의 평균값을 사용하여 계산해도 좋다. 그렇게 하면 하중은 재분포되고 초과하중에 대하여도 여유가 있게 된다. 슬래브 두께가 얇아서 긴장재 지름의 합계가 슬래브 두께보다 커질 경우에는, 긴장재가 서로 포개지더라도 실제의 편심 거리가 확보되도록 해야 한다.

11.3.3 불균형 하중의 해석

단부 지지된 슬래브(edge-supported slab)에 작용하는 하중이 평형하중보다 크거나 작으면 슬래브는 처지거나 솟는다. 일반적으로 처짐을 일으키는 활하중 또는 초과하중이 작용하는 경우가 많다. 이 때 슬래브가 단순지지의 직사각형 슬래브라 하더라도 그 모멘트는 부정정의 조건에 의하여 구해야 한다. 탄성이론에 근거한 고전적 해석방법인 판이론(plate theory)에 의해 해석해야 하겠지만 매우 복잡하다. 따라서 단순한 방법인 근사해법들이 사용된다.

근사해법들은 1978년판 "철근 콘크리트 표준시방서" 부록에 수록된 제 1 방법, 제 2 방법 및 제 3 방법이다. 이 방법들은 ACI Code 318-63의 부록에 수록된 것과 같다. 이들 세 방법 중 제 3 방법이 2007년 개정된 설계기준에 부록으로 수록되어 있으며, 아직도 유용한 방법으로 쓰이고 있다. 여기서는 가장 합리적이고 포괄적이라고 할 수 있는 이 방법에 대하여 설명한다. 이 방법은 벽체 또는 보에 의하여 4변이 지지된 슬래브에 적용된다. 이 때 짧은 변과 긴 변의 비는 0.5～1.0이어야 한다. 그 비가 0.5보다 작으면 1방향 슬래브로 설계해야 한다.

지지조건에 따른 이 방법의 모멘트 계수를 부록 C에 수록하였다. 이 계수들은 탄

성해석에 근거한 것이지만, 비탄성 거동에 의한 모멘트의 재분배도 고려된 것이다. 이 때 두 방향에 대한 설계 모멘트는 다음 식으로 계산한다.

$$\left.\begin{aligned} M_a &= C_a w l_a^2 \\ M_b &= C_b w l_b^2 \end{aligned}\right\} \qquad (11 \cdot 6)$$

여기서 C_a, C_b : 짧은 변 및 긴 변에 대한 모멘트 계수[부록 C 참조]

w : 등분포 하중

l_a : 짧은 변 방향의 순 경간

l_b : 긴 변 방향의 순 경간

설계를 위해서는 슬래브의 각 패널(panel)을 그림 11-5와 같이 **중간대**(middle strip)와 **주열대**(column strip)로 분할한다. 중간대는 식 (11·6)으로 계산되는 총 모멘트로 설계한다. 그러나 주열대에 있어서는 모멘트가 중간대 끝단의 값으로부터 패널 끝단에서 그 값이 1/3까지 감소한다고 본다.

그림 11-5는 보에 의해 지지된 2방향 슬래브를 나타낸 것이다. 패널 ①은 이웃한 외측의 두 단부가 불연속이고, 나머지 2변은 연속이다. 패널 ②는 1변이 불연속이고, 나머지 3변은 연속이다. 패널 ③은 4변 연속이다.

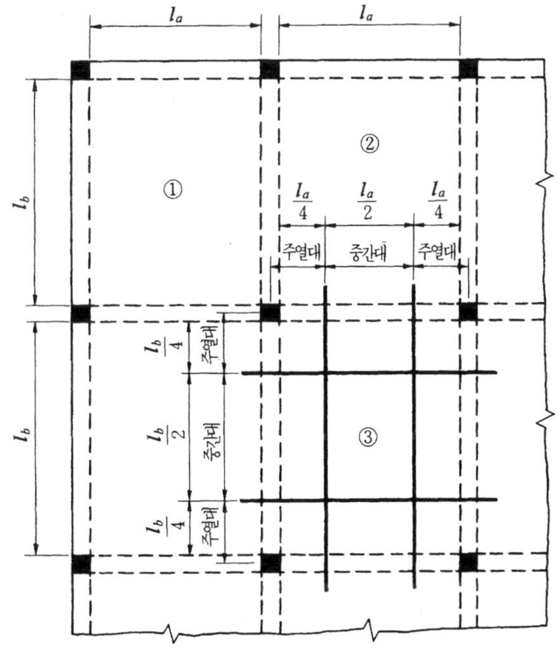

그림 11-5 보로 지지된 2방향 슬래브

부록 표 C-1~C-3에 의하면 사하중과 활하중에 대한 모멘트 계수가 다르다. 이것은 사하중이 슬래브의 모든 패널에 늘 작용하고 있지만, 활하중은 작용할 때도 있고 작용하지 않을 때도 있기 때문이다. 활하중은 최대의 영향을 미치도록 재하(載荷)해야 한다. 부록 표 C-1은 연속단의 부(−)모멘트 계수이다. 최대의 부모멘트는 이웃한 두 패널에 사하중과 활하중이 모두 실렸을 때 일어난다. 이 경우, 그 모멘트는 총 하중에 대하여 계산한다. 사하중만에 의한 부모멘트를 계산할 때나 또는 활하중만에 의한 부모멘트를 계산할 경우에도 동일한 계수를 사용한다. 불연속단의 부모멘트는 그 지간의 정모멘트의 1/3을 취한다. 그 이유는 불연속단이 단부 보의 비틀림 강성 또는 지지벽에 의해 어느 정도 구속되기 때문이다.

사하중만 작용할 경우에는 연속단은 고정으로 볼 수 있기 때문에, 사하중에 의한 정(+)모멘트는 부록 표 C-2의 계수를 사용한다. 활하중에 의한 최대 정(+)모멘트는 활하중을 구하고자 하는 패널에만 재하해야 한다. 이 때 연속단은 얼마간의 회전을 일으킬 것이므로 고정으로 볼 수 없고 반고정으로 본다. 즉, 활하중 모멘트의 계산에 있어서 연속단은 근사적으로 50%의 구속이 있다고 가정한다. 이러한 생각에 근거를 둔 모멘트 계수가 부록 표 C-3이다.

슬래브의 전단력 계산에 필요한 두 방향의 하중비와 지지보가 부담할 하중비가 부록 표 C-4에 나타나 있다.

11.3.4 2방향 슬래브의 처짐

단부 지지된 슬래브는 그 지간에 비하여 비교적 얇아서, 다른 모든 조건이 만족스럽더라도 하중이 작용하면 매우 큰 처짐을 보이는 수가 있다. 설계에 있어서 처음에 슬래브 두께를 적절히 가정하면, 처짐으로 인한 슬래브 두께의 수정은 없을 것이다. PSC 연속 슬래브의 경우, 지간의 평균 길이와 슬래브 두께와의 비는 45~55 정도이다.

슬래브는 처짐을 계산하여 허용값과 비교해 보아야 한다. 프리스트레스 힘과 총사하중의 조합작용하에서 하중평형의 방법으로 슬래브가 설계되었다면, 총 사용하중(full service load)에 의한 처짐은 더 추가된 하중만 생각함으로써 구할 수 있다. 단부 지지된 PSC 슬래브는 사용하중 하에서는 균열이 거의 발생하지 않으므로 총 단면을 사용하여 처짐을 계산한다.

슬래브의 처짐은 앞 절의 모멘트 계수에 근거하여 계산한다. 이러한 근사해법은 매우 정확하다. 슬래브의 위험단면에 있어서 정(+), 부(−) 모멘트의 최대값은 부록 C의 모멘트 계수를 사용하여 구한다. 그러나 처짐계산에 있어서 이러한 정, 부의 최대 모멘트가 각각의 위험단면에서 동시에 작용한다고 가정하는 것은 옳지 않다. 왜냐하면 슬래브 패널 중앙의 최대처짐은 활하중이 그 패널에는 작용하고 이웃 패널에는 작용하지 않을 때 일어나기 때문이다. 따라서 처짐은 부록 표 C-3의 계수를 사용하여 구한 최대 정모멘트 및 이와 동시에 일어나는 지점 부모멘트에 의하여 계산한다.

하나의 예로, 그림 11-6(a)와 같은 4변 연속인 슬래브 패널에서 단위 폭을 가진 긴 변 방향의 중간대를 생각해 보자. 이 슬래브가 등분포 하중 w를 받고 있다고 생각하고, 긴 변 방향이 부담할 하중을 $\bar{w}$라 하면, 단순지지의 최대 정모멘트는

$$\bar{M}=\frac{1}{8}\bar{w}l_b^2 \qquad ⓐ$$

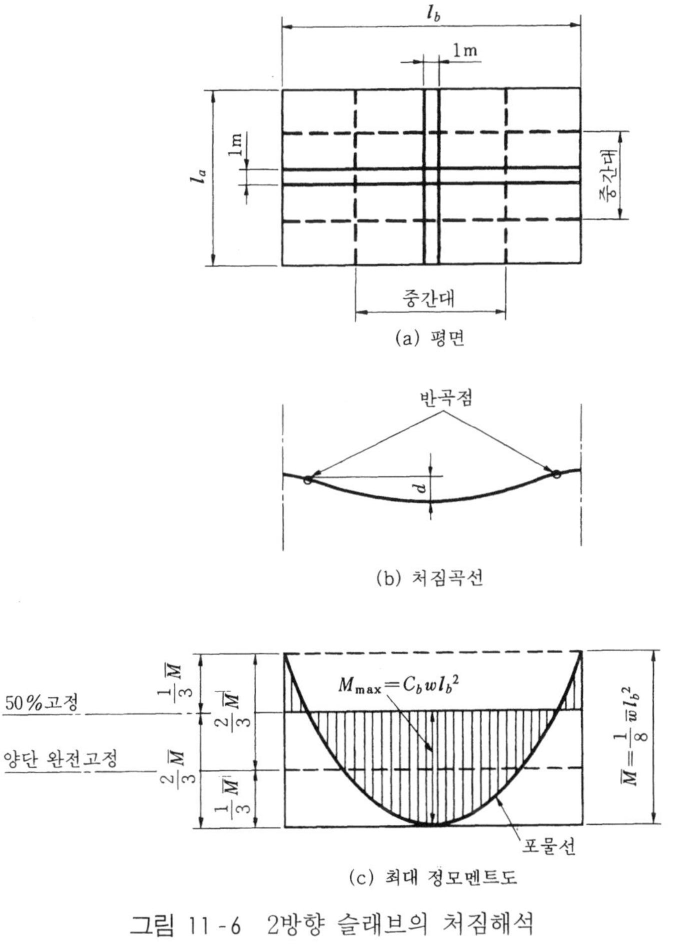

그림 11-6 2방향 슬래브의 처짐해석

슬래브의 단부(지점)가 완전고정이라면, 지점의 부모멘트는

$$\frac{1}{12}\,\overline{w}l_b^2 = \frac{2}{3}\,\overline{M} \qquad ⓑ$$

그런데 앞 절에서 언급한 바와 같이 최대 정모멘트 계수(부록 표 C-3)는 연속단이 100% 고정이 아니고 50% 고정으로 본 값이므로, 지점 부모멘트는 식 ⓑ의 값의 50%를 취해야 한다. 따라서 지점의 부모멘트는 $\frac{1}{3}\,\overline{M}$으로 된다. 이러한 관계가 그림 11-6 (c)에 나타나 있다.

그런데 설계에 사용해야 할 최대 정모멘트는 식 (11・6)으로부터

$$M_b = C_b w l_b^2 = M_{\max} \qquad ⓒ$$

그러므로 이 패널의 지점 부모멘트는 그림 11-6 (c)로부터 다음과 같이 된다.

$$\frac{1}{3}\,\overline{M} = \frac{1}{2}\,M_{\max} = \frac{1}{2}\,C_b w l_b^2 \qquad ⓓ$$

따라서 처짐계산에 사용해야 할 모멘트도(圖)는 그림 11-6 (c)의 줄친 부분이다. 그러므로 그림 11-6 (b)에 나타낸 처짐 d는 그림 11-6 (c)의 줄친 부분의 모멘트도에 대하여 모멘트 면적법을 사용하면 다음과 같이 계산된다.

$$d = \left[\left(M_{\max} + \frac{1}{2}\,M_{\max}\right)\times\frac{l_b}{2}\times\frac{2}{3}\times\frac{5}{8}\left(\frac{l_b}{2}\right) - \frac{1}{2}\,M_{\max}\times\frac{l_b}{2}\times\frac{l_b}{4}\right]\times\frac{1}{E_cI_c}$$

$$= \frac{3M_{\max}\,l_b^2}{32E_cI_c} \qquad (11・7)$$

여기서 $M_{\max}$: 부록 표 C-3의 계수를 사용하여 계산한 정(+)의 활하중 모멘트

E_c : 콘크리트의 탄성계수

I_c : 단위 폭을 가진 슬래브대의 총 단면에 대한 단면 2차 모멘트

짧은 지간에 대한 처짐도 같은 방법으로 계산할 수 있다. 두 지간의 처짐이 같아야 하지만, 약간의 차가 날 것이다. 그 이유는 모멘트가 근사계산에 의해 얻어지기 때문이다. 따라서 두 지간의 처짐의 평균을 취한다.

식 (11・7)은 각 단부(端部)가 동일한 구속조건을 가진 내부 패널에 대하여 유도된 것이다. 1단 또는 2단이 불연속일 경우에도 비슷한 식이 유도된다. 다만, 불연속단의 최소 부(−)모멘트는 그 지간의 정(+)모멘트의 1/3을 취해야 하므로, 그 처짐은 식 (11・7)과 약간 다를 것이다. 특별한 경우로서, 모든 단부가 구속되지 않은 경우, 예컨대 슬래브가 조적벽(組積壁) 위에 놓여 있다면, 그 슬래브의 지간중앙의 처짐은 다음과 같이 된다.

$$d = \frac{5 M_{\max} l_b^2}{48 E_c I_c} \tag{11 · 8}$$

위의 식들로 계산되는 처짐은 단기하중이 작용하자마자 일어나는 즉시처짐, 즉 탄성처짐이다. 지속하중인 프리스트레스 힘과 사하중은 하중평형에 의하여 이미 고려되었기 때문에 활하중에 수반되는 단기처짐만을 생각하면 된다. 그러나 추가하중의 일부 또는 전부가 지속하중으로 작용한다면, 이로 인한 장기처짐을 생각해야 한다. 그 값은 지속하중에 의한 즉시처짐에 적당한 계수를 곱해 줌으로써 얻는다. 그 계수는 2.5가 사용된다.

11.3.5 2방향 슬래브의 휨강도

PSC 슬래브도 다른 PSC 부재와 마찬가지로 초기단계 및 사용하중 단계의 응력이 허용한도 내에 있다 하더라도, 붕괴에 대한 안전성은 확실하지 않다. 그러므로 초과하중에 대한 슬래브의 극한강도를 알아둘 필요가 있다. 단부 지지된 슬래브의 전단강도는 일반적으로 위험하지 않다. 이 경우 단위 폭을 가진 슬래브대(帶)의 전단강도는 부록 표 C-4의 계수를 사용하여 계산하되, 폭이 1 m인 보로 보고 검사한다. 슬래브에 있어서는 극한 휨강도가 지배적이다.

PSC 슬래브의 극한하중 해석에 항복선 이론(yield line theory)을 적용해야 한다는 제안이 있다. 보나 라멘에 극한해석(limit analysis)이 사용될 때처럼, 항복선 이론에 있어서도 충분한 수의 소성힌지(plastic hinge)의 형성을 가정한다. 이러한 소성힌지 또는 항복선의 형성은 모멘트의 재분배를 수반한다. 따라서 탄성 모멘트비는 수정되어야 한다.

PS 강재는 철근보다 연성이 약하다. 그러므로 PSC 부재는 파괴시 위험단면에서의 회전이 RC 부재에 비하여 작다. PSC 슬래브에 대한 항복선 이론의 적용은 가능하지만, 그렇게 하기 위해서는 많은 실험적 근거가 있어야만 가능하다.

파괴 모멘트는 탄성해석에 의해 구한 모멘트 또는 부록 표 C-1~C-3의 계수를 사용하여 계산한 모멘트에 하중계수를 곱하여 구하는 것이 좋다.

슬래브의 극한하중(ultimate load)의 검사에 있어서는 하중평형 단계에서 한 것처럼, 프리스트레스에 의한 상향력(上向力)이 하향(下向)의 하중 전부 또는 일부와 비기도록 하중의 영향들을 겹치는 방법을 사용해도 좋다. 이 때 콘크리트와 PS 강재의 응력은 비선형의 범위에 있게 된다. 슬래브가 초과하중을 받게 되면 프리스트레스 힘은 변하며, 그 증가는 긴장재 길이에 따라 균일하지 않다. 슬래브가 매우 큰 하중을 받아서 처지게 되면, 하중평형이 무효화되고 위험단면을 넘어서 모멘트의 횡방향 분포가 변한다.

극한저항 모멘트는 사하중 및 활하중에 각각의 하중계수를 곱해서 구한다. 프리스트레스로 인한 2차 모멘트(secondary moment)에는 하중계수 1.0을 사용한다. 단위폭의 슬래브의 저항 모멘트는 5장 및 6장에서 설명한 보의 방법에 따라 계산한다.

11.3.6 설계 예

벽체로 지지된 그림 11-7(a)와 같은 2방향 슬래브를 설계해 보자. 이 슬래브는 6 m×9 m의 직사각형이고 4변이 조적벽으로 지지되어 있다. 단부에서의 회전구속은 없다고 본다. 이 슬래브는 자중 외에 425 N/m^{2}의 추가 사하중과 2400 N/m^{2}의 활하중을 받는다. 총사하중이 작용할 때 처짐이 일어나지 않도록 한다. 콘크리트의 설계기준 강도는 $f_{ck}=28$ MPa이고, 탄성계수는 $E_C=2.5\times10^4$ MPa이다. 피복된 PS 강연선을 사용하여 부착 없는 포스트텐션 방식으로 하고, 정착 후의 프리스트레스의 손실을 초기 프리스트레스의 15%로 본다. 이러한 조건으로 이 슬래브를 설계해 보자.

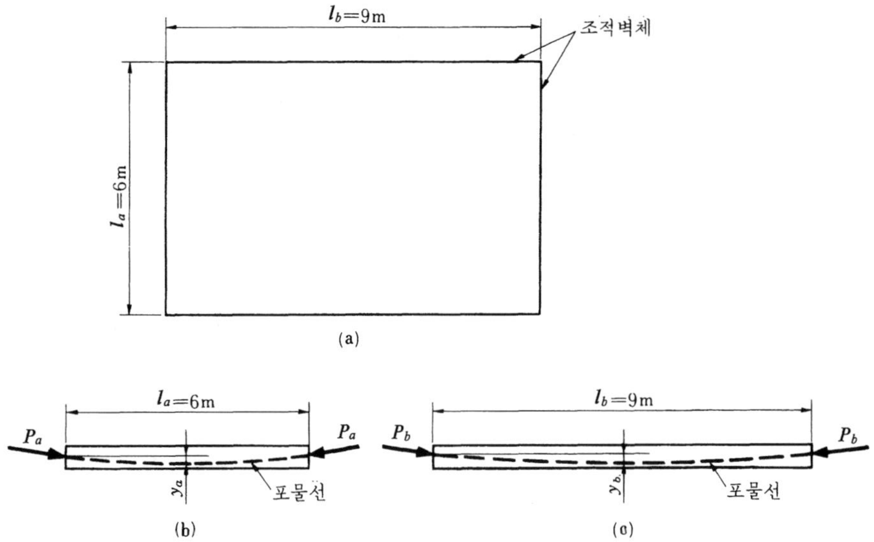

그림 11-7

[1] 단면 및 긴장재의 결정

지간 대 두께의 비가 45로 되도록 슬래브 두께를 가정해 본다. 두 지간의 평균을 사용할 때, 두께 h는

$$h = \frac{600+900}{2 \times 45} = 16.7\ \text{cm} = 167\ \text{mm}$$

그러므로 슬래브 두께를 $h = 165$ mm로 가정한다.

총 사하중 작용시 슬래브의 처짐은 0이라야 하므로 하중평형의 방법으로 설계를 시작한다. 모든 계산은 슬래브 폭 1 m에 대하여 실시한다.

슬래브의 자중은

$$25,000\ (\text{N/m}^3) \times 0.165 = 4125\ \text{N/m}^2$$

따라서 평형시켜야 할 총 사하중(전체 고정하중)은

$$w_b = 425 + 4125 = 4550\ \text{N/m}^2$$

짧은 지간으로 하중의 대부분을 받도록 하는 것이 경제적이다. 그러나 균열방지를 위하여 긴 지간방향의 콘크리트가 최소 1.0 MPa의 균일한 압축응력을 받도록 한다. 평형하중이 등분포 하중이므로 긴장재는 모두 그림 11-7의 (b) 및 (c)와 같이 포물선으로 배치하되, 양쪽 받침부에서는 편심을 두지 않는다. 긴장재의 피복두께를 20 mm, 피복된 긴장재의 바깥지름을 13 mm로 가정하고 슬래브 하면에서 긴장재 도심까지의 평균 거리를 32 mm로 본다. 그러면 긴장재의 최대편심 거리는 50.5 mm $\left(= \frac{165}{2} - 32\right)$까지 확보할 수 있다.

긴 지간방향으로 콘크리트에 1.0 MPa의 균일한 압축응력을 도입하기 위하여 필요한 유효 프리스트레스 힘은 단위 폭에 대하여 다음과 같다.

$$P_b = 1.0 \times 165 \times 1000 = 165,000\ \text{N}$$

따라서 초기 프리스트레스 힘은

$$P_{bi} = \frac{165,000}{1-0.15} = 194,000\ \text{N}$$

유효 프리스트레스 힘에 의한 상향력(上向力)은 식 (11·2)로부터

$$w_b = \frac{8 P_b y_b}{l_b^2} = \frac{8 \times 165,000 \times 0.0505}{9^2} = 820\ \text{N/m}^2$$

따라서 짧은 지간의 긴장재가 지지해야 할 평형하중은

$$w_a = 4550 - 820 = 3730\ \text{N/m}^2$$

그러므로 짧은 지간방향으로 필요한 유효 프리스트레스 힘은 식 (11·1)에 의하여

$$P_a = \frac{w_a l_a^2}{8 y_a} = \frac{3730 \times 6^2}{8 \times 0.0505} = 332,400 \text{ N}$$

초기 프리스트레스 힘은

$$P_{ai} = \frac{332,400}{1-0.15} = 391,000 \text{ N}$$

짧은 지간방향의 콘크리트의 평균 압축응력은

$$\frac{P_a}{bh} = \frac{332,400}{1000 \times 165} = 2.0 \text{ MPa}$$

표준 지름 15.2 mm의 피복된 7연선 B종 SWPC 7BN(부록 표 B-3)를 사용하기로 한다. 그 인장하중은 261 kN이고 항복하중은 222 kN이므로, 프리스트레스 도입 직후의 허용 인장력은 다음 두 값 중 작은 값이다[5장의 표 5-2 참조].

$$0.74 \times 261,000 = 193,140 \text{ N}$$

$$0.82 \times 222,000 = 182,040 \text{ N} < 193,140 \text{ N}$$

즉, 이 7연선 1개는 정착시 182 kN의 인장력을 발휘하도록 긴장할 수 있다.

따라서 짧은 지간에 배치할 긴장재의 간격은 다음과 같이 된다.

$$s_a = \frac{182,000}{391,000} = 0.470 \text{ m} = 470 \text{ mm}$$

긴 지간에 배치할 긴장재의 간격은

$$s_b = \frac{182,000}{194,000} = 0.940 \text{ m} = 940 \text{ mm}$$

이들 긴장재의 간격은 슬래브 두께의 8배 이하, 1500 mm 이하이므로 적당하다.

피복된 강연선을 사용함으로써 부착없는 경우이므로, 균열에 대비하여 5장의 식(5·37)로 계산되는 다음 값 이상의 철근을 슬래브 폭 1 m에 대하여 배치해야 한다.

$$A_s = 0.004 A_{ct} = 0.004 \times \left(1000 \times \frac{165}{2}\right) = 330 \text{ mm}^2$$

따라서 $D13$을 400 mm 간격으로 배근한다. 이들 보강철근은 정(正)모멘트에 대한 것이므로, 그 최소 길이는 순경간의 1/3 이상이라야 한다. 그러므로 짧은 지간에 대하여는 2 m 이상, 긴 지간에 대하여는 3 m 이상 되게, 정모멘트의 중심구역에 배치한다. 또, 정착구역의 보강을 위하여 정착구역 바로 안쪽에서 정착구역 둘레에 $D13$ 철근 2개씩을 수평으로 배근한다.

이상과 같이 긴장재를 배치하면 총 사하중은 프리스트레스 힘에 의한 상향력(上

向力)과 평형되어, 슬래브는 거의 수평을 유지할 것이다.

[2] 응력 및 처짐의 검사

다음에 2400 N/m²의 활하중이 작용할 때 콘크리트 응력과 슬래브의 처짐을 검사해야 한다. 짧은 지간과 긴 지간의 비는

$$m = \frac{l_a}{l_b} = \frac{6}{9} = 0.67$$

즉, $0.5 < m < 1.0$이므로 2방향 슬래브이다.

이 슬래브는 부록 C의 Case 1에 해당하므로, 활하중에 의한 정모멘트 계수는 부록 표 C-3으로부터 얻는다. $m=0.67$이 0.70과 0.65 사이에 있으므로, 직선 보간법에 의하여 다음과 같이 된다.

$$C_a = 0.072, \qquad C_b = 0.014$$

따라서 폭 1 m에 대하여 짧은 지간 및 긴 지간에 대한 활하중 모멘트는 식 (11 · 6)에 의하여

$$M_a = C_a w l_a^2 = 0.072 \times 2400 \times 6^2 = 6220 \text{ N·m} = 622 \times 10^4 \text{ N·mm}$$

$$M_b = C_b w l_b^2 = 0.014 \times 2400 \times 9^2 = 2720 \text{ N·m} = 272 \times 10^4 \text{ N·mm}$$

폭 1 m에 대한 슬래브의 단면 2차 모멘트는

$$I_c = \frac{100 \times 16.5^3}{12} = 37,430 \text{ cm}^4 = 3743 \times 10^5 \text{ mm}^4$$

그러므로 활하중에 의한 콘크리트의 휨응력은 짧은 지간 및 긴 지간에 대하여 각각 다음과 같이 된다.

$$\frac{M_a}{I_c} y = \frac{622 \times 10^4}{3743 \times 10^5} \times \frac{16,500}{2} = \pm 1.4 \text{ MPa}$$

$$\frac{M_b}{I_c} y = \frac{272 \times 10^4}{3743 \times 10^5} \times \frac{16,500}{2} = \pm 0.6 \text{ MPa}$$

이 응력에 프리스트레스에 의한 응력을 합하면 총 사용하중 작용시의 슬래브 상하면의 응력을 얻을 수 있다[식 (11 · 4) 및 식 (11 · 5) 참조]. 즉, 짧은 지간의 슬래브 상하면의 응력은

$$f_t = 2.0 + 1.4 = 3.4 \text{ MPa(압축)}$$

$$f_b = 2.0 - 1.4 = 0.6 \text{ MPa(압축)}$$

긴 지간의 슬래브 상하면 응력은

$$f_t = 1.0 + 0.6 = 1.6 \text{ MPa(압축)}$$
$$f_b = 1.0 - 0.6 = 0.4 \text{ MPa(압축)}$$

이상으로부터 슬래브에는 인장응력이 작용하지 않으며, 압축응력은 허용응력을 넘지 않음을 알 수 있다.

슬래브의 처짐은 활하중에 대하여 검사하면 된다. 슬래브 하면의 응력이 압축이므로 비균열 단면으로 보고 또 슬래브가 벽체위에 놓여있으므로 식 (11・8)로 처짐을 계산한다. 짧은 지간의 중앙의 처짐은

$$d = \frac{5M_{\max} l_b^2}{48E_c I_c} = \frac{5\times622\times10^4\times6000^2}{48\times2.5\times10^4\times3743\times10^5} = 2.5 \text{ mm}$$

긴 지간의 중앙의 처짐은

$$d = \frac{5\times272\times10^4\times9000^2}{48\times2.5\times10^4\times3743\times10^5} = 2.4 \text{ mm}$$

즉, 두 지간의 중앙의 처짐은 거의 같다.

[3] 휨강도의 검사

다음에 휨강도를 검사해 보자. 이 직사각형 슬래브는 단순지지이지만 프리스트레스로 인한 반력(反力)이 일어난다. 또, 이 슬래브는 연직하중을 받고 있으므로 모서리가 위로 솟을 것이다. 그러므로 모서리에 하향(下向)의 연직력을 작용시켜야 한다. 이 연직력은 슬래브 단부(端部)에 분포되는 상향반력(上向反力)과 비겨야 한다.

이 예제의 경우, 프리스트레스에 의한 상향(上向)의 등가하중과 함께 상향반력이 유발된다. 이 반력은 슬래브 단부에 분포되는 하향력(下向力)과 비긴다. 따라서 연속보에서 프리스트레스로 인한 반력이 2차 모멘트를 유발하듯이[9장의 9.3 절 참조], 이 경우도 슬래브 단부에 작용하는 힘들은 2차 모멘트를 유발한다. 이 2차 모멘트는 부(−)의 1차 모멘트를 감소시킨다. 이러한 생각에 따라 각 지간에 일어나는 2차 모멘트를 계산하면 다음과 같다.

평형시켜야 할 총 사하중은 $w_d = 4550 \text{ N/m}^2$이므로, 짧은 지간방향에 있어서 프리스트레스 모멘트(prestress moment)는 슬래브 폭 1 m에 대하여 다음과 같다.

$$M_a = -0.072\times4550\times6^2 = -11,800 \text{ N·m}$$

이 지간에서 프리스트레스 힘으로 인한 1차 모멘트는

$$M_1 = -P_e e_p = -391,000\times0.05 = -19,550 \text{ N·m}$$

따라서 2차 모멘트는

$$M_2 = M_a - M_1 = -11,800 + 19,550 = +7750 \text{ N}\cdot\text{m}$$

긴 지간에 대하여는

$$M_b = -0.014 \times 4550 \times 9^2 = -5160 \text{ N}\cdot\text{m}$$
$$M_1 = -194,000 \times 0.05 = -9700 \text{ N}\cdot\text{m}$$

따라서 긴 지간의 2차 모멘트는

$$M_2 = M_b - M_1 = -5160 + 9700 = +4540 \text{ N}\cdot\text{m}$$

계수하중(factored load)에 의하여 짧은 지간 방향에 일어나는 계수 모멘트는 폭 1 m에 대하여 다음과 같다[5장 5.7.4 항 [2]의 (2) 및 표 5-5 참조].

$$M_u = 0.072(1.4 \times 4550 + 1.7 \times 2400) \times 6^2 + 7750 = 36,640 \text{ N}\cdot\text{m}$$

긴장재로 사용할 PS 강연선 1개의 단면적은 $A_p = 138.7 \text{ mm}^2$이므로 긴장재의 유효 프리스트레스는

$$f_{pe} = \frac{P_e}{A_p} = \frac{RP_i}{A_p} = \frac{(1-0.15) \times 182,000}{138.7} = 1120 \text{ MPa}$$

PS 강재의 인장강도가 $f_{pu} = 261,000 / 138.7 = 1880 \text{ MPa}$이므로

$$0.5 f_{pu} = 0.5 \times 1880 = 940 \text{ MPa} < 1120 \text{ MPa}$$

긴장재의 중심 간격이 470 mm이므로 PS 강재비는 다음과 같이 된다.

$$\rho_p = \frac{A_p}{bd_p} = \frac{138.7}{470 \times (165-32)} = 0.00219$$

즉, $f_{pe} > 0.5 f_{pu}$이고, 또 긴장재를 부착시키지 않는 경우이며,

$$\frac{l}{h} = \frac{6000}{165} = 36 > 35$$

이므로, 파괴시의 긴장재 응력은 식 (5 · 24)로부터

$$f_{ps} = f_{pe} + 70 + \frac{f_{ck}}{300\rho_p}$$
$$= 1120 + 70 + \frac{28}{300 \times 0.00219} = 1233 \text{ MPa}$$

강재지수는 식 (5 · 38)로부터

$$\omega_p = \rho_p \frac{f_{ps}}{f_{ck}} = 0.00219 \times \frac{1233}{28} = 0.096$$

그런데

$$0.32\beta_1 = 0.32 \times 0.85 = 0.272 > \omega_p$$

즉, 이 슬래브는 저보강(低補强)의 경우이다. 따라서 식 (5·25)로 휨강도를 계산한다.

콘크리트의 응력 사각형의 깊이는

$$a = \frac{A_p f_{ps}}{0.85 f_{ck} b} = \frac{138.7 \times 1233}{0.85 \times 28 \times 470} = 15 \text{ mm}$$

따라서 설계 휨강도는

$$M_d = \phi M_n = \phi\left[A_p f_{ps}\left(d_p - \frac{a}{2}\right)\right]$$
$$= 0.85\left[138.7 \times 1233\left(165 - 32 - \frac{15}{2}\right)\right]$$
$$= 178 \times 10^5 \text{ N·mm} = 17,800 \text{ N·m}$$

이것은 긴장재 간격 470 mm에 대한 것이므로 슬래브 폭 1 m에 대하여는 다음과 같다.

$$M_d = 17,800 \times \frac{1}{0.47} = 37,900 \text{ N·m} > M_u$$

즉, 짧은 변 방향의 휨강도는 충분하다.

긴 지간에 대하여는

$$M_u = 0.014(1.4 \times 4550 + 1.7 \times 2400) \times 9^2 + 4540 = 16,390 \text{ N·m}$$

PS 강재비는

$$\rho_p = \frac{138.7}{940(165 - 32)} = 0.00109$$

파괴시의 긴장재 응력은 식 (5·24)로부터

$$f_{ps} = 1120 + 70 + \frac{28}{300 \times 0.00109} = 1276 \text{ MPa}$$

콘크리트의 응력 사각형의 깊이는

$$a = \frac{138.7 \times 1276}{0.85 \times 28 \times 940} = 8 \text{ mm}$$

따라서

$$M_d = \phi M_n = 0.85\left[138.7\times1276\left(165-32-\frac{8}{2}\right)\right]$$
$$= 1941\times10^4\ \text{N}\cdot\text{mm} = 19,410\ \text{N}\cdot\text{m}$$

슬래브 폭 1 m에 대하여는

$$M_d = 19,410\times\frac{1}{0.94} = 20,650\ \text{N}\cdot\text{m} > M_u$$

즉, 긴 지간에 대한 휨강도도 충분하다.

[4] **전단의 검사**

끝으로 전단에 대하여 검토해 보자. 슬래브에 작용하는 계수하중은〔표 5-5 참조〕

$$W = (1.4\times4550 + 1.7\times2400)\times6\times9 = 564,300\ \text{N}$$

이 슬래브의 짧은 변과 긴 변에 대한 하중비는 부록 표 C-4로부터 $m=6/9=0.67$ 에 대하여 보간법을 사용하면 다음과 같이 된다.

$$W_a = 0.83, \qquad W_b = 0.17$$

따라서 짧은 지간에 대한 전단력은 슬래브 폭 1 m에 대하여

$$V_u = \frac{0.83\times564,300}{9}\times\frac{1}{2} = 26,000\ \text{N}$$

긴 지간에 대하여는

$$V_u = \frac{0.17\times564,300}{6}\times\frac{1}{2} = 8000\ \text{N}$$

콘크리트가 부담할 수 있는 전단강도는 근사적으로 식 (7 · 19)의 V_c이다.

$$V_c = \left(0.05\sqrt{f_{ck}} + 4.9\frac{V_u d}{M_u}\right)b_w d$$

이 값이 $\frac{1}{6}\sqrt{f_{ck}}b_w d$ 이상이고, $\frac{5}{12}\sqrt{f_{ck}}b_w d$ 이하라야 하므로, 콘크리트가 부담할 수 있는 전단강도는 $\frac{5}{12}\sqrt{f_{ck}}b_w d$로 지배된다. 따라서 설계전단 강도는 다음과 같다.

$$\phi V_c = \phi\left(\frac{5}{12}\sqrt{f_{ck}}b_w d\right) = 0.75\left[\frac{5}{12}\sqrt{28}\times1000\times(165-32)\right]$$
$$= 220.300\ \text{N} > V_u$$

즉, 전단에 대하여도 안전하다.

연습문제

11.1. 지하 주차장 위에 2방향 PSC 슬래브를 설치하여 테니스 코트로 사용하려고 한다. 슬래브는 그림 11-8과 같이 둘레의 조적벽과 내측 기둥 위의 강재보로 지지된다. 코트 표면에 두께 5 cm의 아스팔트 표층(表層)을 두되, 그 중량을 1.2 kN/m^{2}로 본다.

1) 슬래브 자중과 아스팔트 표층중량을 평형하중으로 하여 이 슬래브를 설계하라. $f_{ck}=$ 35 MPa, $f_{ci}=25$ MPa이고, 지름 12.7 mm, 인장강도 1750 MPa의 부착 없는 포스트텐션 긴장재를 사용한다. 슬래브 두께, 프리스트레스 힘 및 긴장재의 수와 간격을 구하라.

2) 사용 활하중을 5 kN/m^{2}로 보고, 총 하중 작용시의 콘크리트 응력을 검사하라.

3) 휨파괴에 대한 안전을 검토하라. 필요하면 설계를 수정하라.

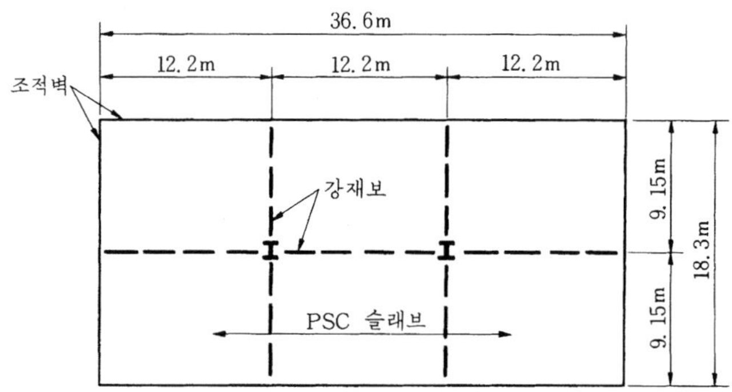

그림 11-8

제 12 장

축방향 하중을 받는 부재

12.1 서 론

이제까지는 주로 휨 부재에 대하여 논의하였다. 즉, 하중이 부재의 축에 대하여 직각으로 작용하는 경우를 다루었다. 여기에서는 하중이 부재의 축에 평행하게 작용하는 경우를 생각하기로 한다. 즉, 축방향력을 받는 부재에 대하여 논의한다.

축방향력을 받는 부재에는 압축부재와 인장부재가 있다. 압축부재에는 PSC 기둥, PSC 말뚝, PSC 트러스의 압축부재 등이 있고, 인장부재로는 PSC 트러스의 인장부재, 아치나 라멘의 타이(tie) 부재 등이 있다.

12.2 압축부재

12.2.1 프리스트레스에 의한 기둥작용

프리스트레스를 도입한 콘크리트 기둥은 프리스트레스 힘에 의하여 좌굴을 일으키지 않을까 하는 의문을 불러일으킨다. 그러나 PS 강재가 부재의 전 길이에 걸쳐서 콘크리트와 직접 접촉되어 있으면, 프리스트레스에 의한 기둥작용(column action)은 일어나지 않는다.

그림 12-1 (a)와 같이 프리스트레스를 도입하지 않은 콘크리트 기둥을 생각해 보자. 기둥이 좌굴하면 단면 A-A에는 가외의 모멘트가 일어난다. 이것은 좌굴에 의하여 외력(外力)이 편심하여 작용하기 때문이다. 이 가외의 모멘트가 기둥작용의 원인이 된다. 다음에 그림 12-1 (b)와 같이 프리스트레스를 도입한 기둥을 생각해 보

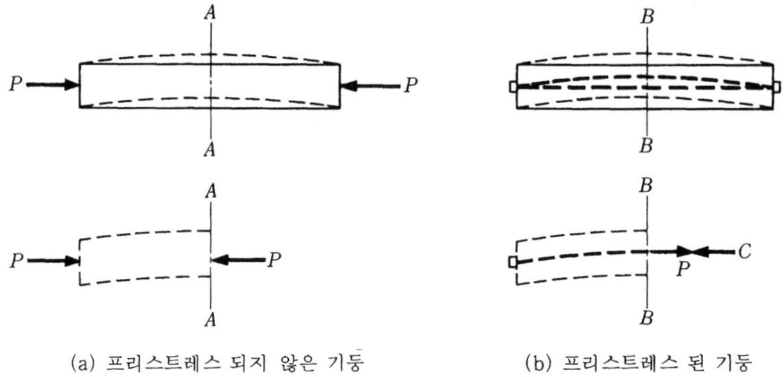

그림 12-1 기둥작용의 비교

자. 만약, 부재가 좌굴한다 하더라도 PS 강재와 콘크리트가 함께 좌굴하기 때문에 프리스트레스 힘의 편심에는 변화가 일어나지 않는다. 따라서 이 경우에는 좌굴로 인한 모멘트에 변화가 없고 기둥작용도 일어나지 않는다.

이러한 관계를 더 알기 쉽게 설명하면 다음과 같다. 콘크리트 단면도심과 PS 강재 도심이 일치하도록 제조된 그림 12-2 (a)와 같은 PSC 부재를 그림 12-2 (b) 및 그림 12-2 (c)와 같이 콘크리트와 PS 강재로 분리하여 생각해 보자. 그림 12-2 (b)의 콘크리트는 프리스트레스 힘 P에 의하여 중심축방향 압축을 받게 되어 좌굴을 일으키려고 한다. 이 때 그림 12-2 (c)의 PS 강재는 직선상태로 되돌아가려고 같은 편심을 가지고 반대방향의 힘을 일으킨다. 즉, PS 강재가 직선상태로 복귀하려는 경향은 콘크리트가 좌굴하려는 경향과 크기가 같고 방향이 반대이다. 따라서 이 두 작용의 합성은 0이다. 결국, 그림 12-2 (a)의 PSC 기둥은 프리스트레스 힘에 의하여 좌굴을 일으키지 않는다.

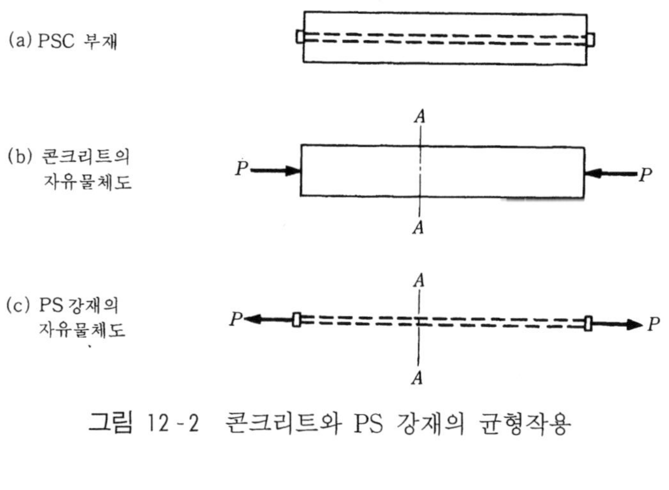

그림 12-2 콘크리트와 PS 강재의 균형작용

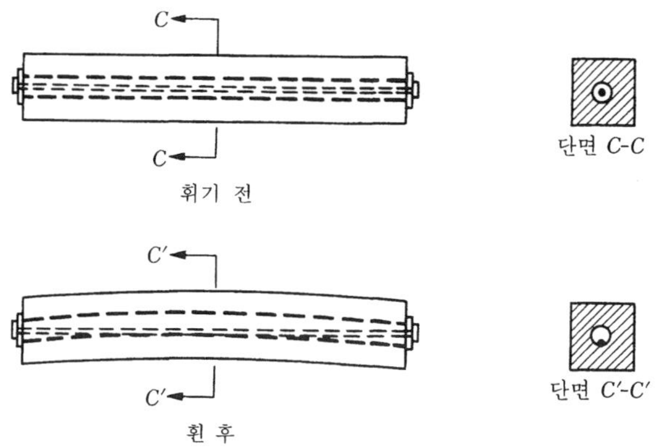

그림 12-3 휜 후 접촉상태에 있는 PS 강재와 콘크리트

PS 강재와 콘크리트가 전 길이에 걸쳐서 직접 접촉되어 있지 않을 때는 문제는 다르다. 프리스트레스 힘으로 인한 압축력에 의하여 콘크리트는 좌굴하려고 할 것이다. 이 때 PS 강재는 같이 좌굴하지 않으므로 콘크리트 단면에는 프리스트레스 힘의 편심에 변화가 있게 되고, 그 결과 기둥작용을 유발하게 된다. 그림 12-3과 같이 얼마간의 좌굴이 일어난 후에는 PS 강재는 콘크리트에 접촉하게 되어 함께 좌굴하게 될 것이다.

결국, 단면도심과 PS 강재 도심을 일치시키고, 또 두 재료가 전 길이에 걸쳐서 직접 접촉되어 있으면, 프리스트레스 힘으로 인한 좌굴은 일어나지 않는다.

이러한 부재들은 순수한 중심축 하중만을 받는 경우도 있지만, 휨모멘트와 조합되어 작용하는 경우가 많다. 강절점(rigid joint)으로 된 연속라멘의 부재 등이 그러하다.

12.2.2 축방향 압축을 받는 부재

축방향 압축을 받게 하는 데 PSC 부재를 사용하는 일은 거의 없으며, 또 축방향 압축만을 위하여 프리스트레스를 도입하는 일도 거의 없다.

압축부재는 그림 12-4와 같이 축방향 압축을 받는 동시에 횡방향 하중을 받는 경우가 많다. 이 횡방향 하중으로 인한 휨이 콘크리트에 인장응력을 일으킨다. 이와 같이 휨을 겸해 받는 부재는 PSC 부재로 하는 것이 유리하다. 또, 횡방향 하중으로 인한 처짐을 감소시키는 데에도 PSC 부재가 유리하다.

긴장재의 도심이 단면도심과 일치하도록 제조된 PSC 단주가 축방향 압축하중 P와 외력 모멘트 M을 받을 때, 부재단면에 일어나는 응력은 다음 식으로 계산할 수 있다.

$$f_c = \frac{P_e}{A_c} + \frac{P}{A_t} \pm \frac{M}{I_t} y \tag{12・1}$$

여기서 P_e : 유효 프리스트레스 힘

A_c : 콘크리트 단면적

A_t : 환산 단면적

I_t : 환산 단면 2차 모멘트

예제 12-1. 그림 12-4와 같은 프리텐션 PSC 압축부재가 있다. 부재의 중앙단면에 일어나는 콘크리트 응력과 처짐으로 인한 2차 모멘트를 계산하라.

지름 9 mm(공칭 단면적 63.62 mm^2)의 PS 강선 8개를 사용하였으며, 긴장재의 유효 프리스트레스는 $f_{pe}=700$ MPa이고, $f_{ck}=35$ MPa, $E_c=2.8\times10^4$ MPa, $n=7$이다.

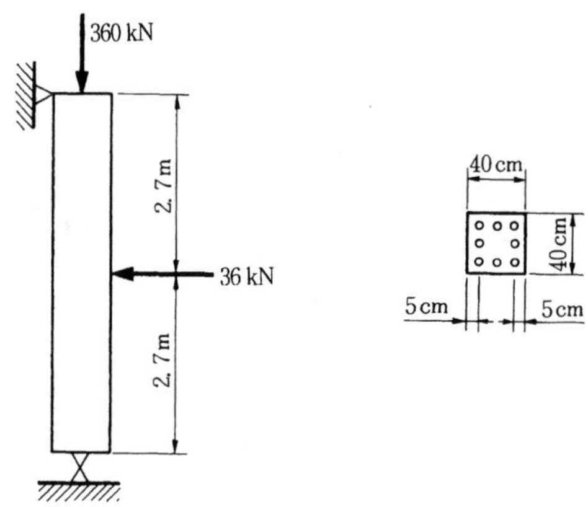

그림 12-4

풀이 프리스트레스 힘으로 인한 콘크리트의 응력은

$$\frac{P_e}{A_c} = \frac{A_p f_{pe}}{A_c} = \frac{(8\times63.62)\times700}{400\times400-8\times63.62} = 2.2\text{ MPa}$$

축방향 압축하중으로 인한 응력은(처짐의 영향을 무시한다)

$$\frac{P}{A_t} = \frac{360,000}{400\times400+(7-1)\times8\times63.62} = 2.2.\text{ MPa}$$

부재의 중앙단면의 휨모멘트는

$$M=\frac{1}{4}\times36\times5.4=48.6\ \mathrm{kN\cdot m}=48.6\times10^6\ \mathrm{N\cdot mm}$$

환산 단면 2차 모멘트는

$$I_t=\frac{40^4}{12}+(7-1)\times(8-2)\times0.6362\times\left(\frac{40}{2}-5\right)^2=218,500\ \mathrm{cm}^4=2185\times10^6\ \mathrm{mm}^4$$

횡방향 하중으로 인한 휨응력은

$$\frac{M}{I_t}y=\pm\frac{48.6\times10^6}{2185\times10^6}\times\frac{400}{2}=\pm4.4\ \mathrm{MPa}$$

따라서 부재의 중앙단면의 응력은 식 (12·1)에 의하여 다음과 같다.

$$2.2+2.2+4.4=8.8\ \mathrm{MPa}\,(\text{압축})$$
$$2.2+2.2-4.4=0$$

이상은 환산단면을 사용하여 계산한 것이지만, 긴장재 단면적을 무시하고 총단면을 사용하여 계산해도 좋다. 그 결과는 9 MPa(압축)와 −0.08 MPa(인장)로 되어 별 차이가 없다.

횡방향 하중에 의한 부재의 처짐은

$$\Delta=\frac{Pl^3}{48E_cI_t}=\frac{36,000\times5400^3}{48\times2.8\times10^4\times2185\times10^6}=1.9\ \mathrm{mm}$$

이 처짐과 축방향 하중은 다음과 같은 추가적인 모멘트를 일으킨다.

$$M_2=360,000\times0.0019=684\ \mathrm{N\cdot m}$$

이 2차 모멘트는 처짐과 편심 모멘트를 더 증가시키겠지만, 그 양은 무시할 수 있을 정도로 적다. 그러므로 위에서 계산한 콘크리트의 응력은 충분히 정확하다.

다음에 초과하중(over load)에 대한 안전을 검토해 보자. 그러기 위하여 축하중 및 횡하중이 각각 50% 증가하고, 또 축하중이 5 cm만큼 편심되어 작용한다고 가정한다.

그러면 축방향 하중으로 인한 응력은

$$2.2\times(1+0.5)=3.3\ \mathrm{MPa}$$

축방향 하중의 편심으로 인한 모멘트는

$$360,000\times(1+0.5)\times0.05=27,000\ \mathrm{N\cdot m}=2.7\times10^6\ \mathrm{N\cdot mm}$$

이 편심 모멘트로 인하여 더 일어나는 휨응력은

$$\pm4.4\times\frac{27\times10^6}{48.6\times10^6}=\pm2.4\ \mathrm{MPa}$$

횡방향 하중으로 인한 응력은

$$\pm4.4\times(1+0.5)=\pm6.7\ \mathrm{MPa}$$

따라서 부재 중앙단면에 일어나는 콘크리트의 응력은 다음과 같이 된다.

$$2.2+3.3+2.4+6.7=14.4\text{ MPa}(\text{압축})$$
$$2.2+3.3-2.4-6.7=-3.6\text{ MPa}(\text{인장})$$

그런데 콘크리트의 휨 인장강도(파괴계수)는

$$0.63\sqrt{f_{ck}}=0.63\sqrt{35}=3.7\text{ MPa}<3.5\text{ MPa}$$

즉, 콘크리트의 인장응력이 휨 인장강도보다 작으므로 균열은 발생하지 않을 것이다.

12.2.3 편심압축을 받는 부재

대개의 경우, 기둥은 하중의 편심작용으로 인하여 휨모멘트를 받는다. 풍하중과 지진력은 큰 휨응력을 일으키는 동시에 인장력을 일으키는 수도 있다. 기둥에 프리스트레스를 도입하면 유리한 경우가 있다. 특히 축방향력에 비하여 휨모멘트가 클 때 유리하다.

PSC 기둥도 단주와 장주로 구분된다. PSC 단주의 강도는 강재와 콘크리트의 강도에 지배되며, PSC 장주의 강도는 세장비에 따라 감소된다. 여기서는 PSC 단주에 대하여 논의한다.

[1] 탄성응력

그림 12-5와 같은 PSC 압축부재를 생각해 보자. 균열이 발생하기 전의 응력과 처짐은 탄성이론으로 계산할 수 있다. 긴장재의 도심이 단면도심과 일치한다면, 이 부재의 콘크리트 응력은 다음 식으로 계산된다.

$$f_c=\frac{P_e}{A_c}+\frac{P}{A_t}\pm\frac{Pe}{I_t}y\pm\frac{P\Delta}{I_t}y \qquad (12\cdot 2)$$

여기서 P : 편심 압축하중
e : P의 편심 거리
Δ : 처짐

그 밖의 기호는 식 (12·1)의 것과 같다. 최대응력은 부재의 중앙단면에서 일어나며, 이 곳에서의 처짐은 다음의 식으로 계산할 수 있다.

$$\Delta=e\left(\sec\sqrt{\frac{Pl^2}{4E_cI_t}}-1\right) \qquad (12\cdot 3)$$

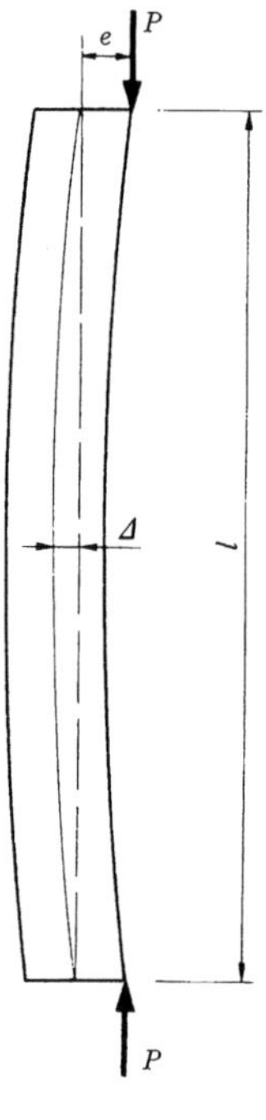

그림 12-5 편심하중을 받는 기둥

[2] P-M 상관도

여기서는 편심하중을 받는 PSC 단주의 강도해석에 대하여 논의한다.

그림 12-6 (a)는 이러한 기둥을 보인 것이다. 편심 거리 e를 가지고 작용하는 극한하중(ultimate load) P_n하에서 기둥이 초기 파괴상태에 있다고 하자. 기둥단면은 그림 12-6 (b)와 같은 직사각형이고, PS 강재는 도심축에 대하여 대칭으로 배치되었으며, 그 단면적은 $A_{p1}=A_{p2}$이다. 편심하중 P_n은 임의의 단면 a-a에서 크기가 같고 방향이 반대인 힘 P_n 및 편심 모멘트 $M_n(=P_n \cdot e)$과 비겨야 한다. 그림 12-6 (c)는 a-a 단면에서의 변형률을 나타낸 것이고, 그림 12-6 (d)는 외력과 내력의 관계를 보인 것이다.

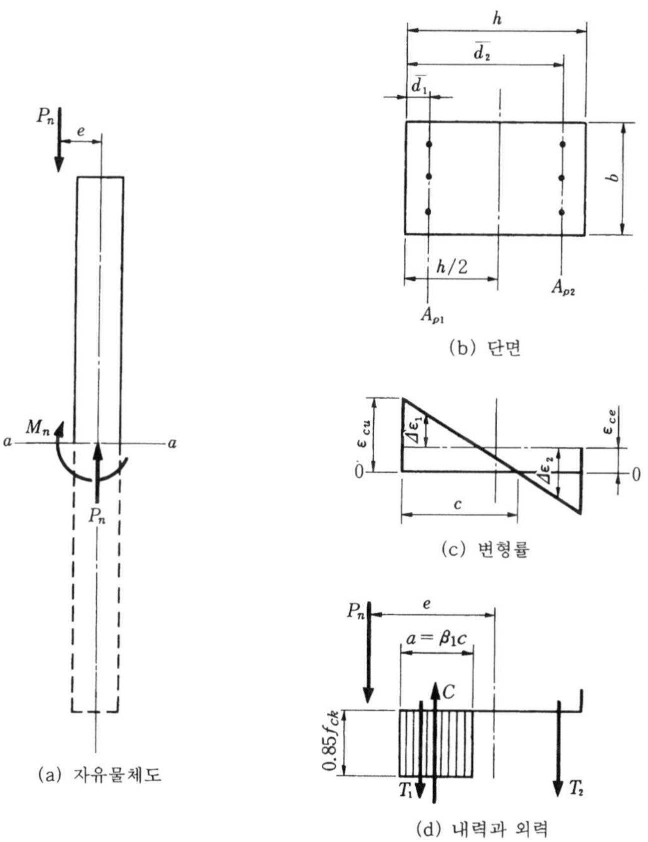

그림 12-6 편심하중을 받는 PSC 단주

기둥은 다음 두 가지 형태 중의 하나로 파괴된다.

① 편심 거리가 클 경우에는 하중으로부터 더 멀리 떨어져 있는 쪽(인장 측)의 PS 강재가 인장항복에 도달할 것이다. 항복이 계속되는 동안 중립축은 하중 쪽으로 이동하여 콘크리트의 압축면적을 감소시키고, 결국에는 콘크리트는 초과 재하상태로 된다. 콘크리트의 압축 변형률이 그 극한값 ε_{cu}에 달할 때 2차적인 압축파괴를 초래한다.

② 편심 거리가 작을 경우에는 콘크리트의 압축 변형률이 그 극한값 ε_{cu}에 달하게 되어 압축파괴를 초래한다. 이 때 하중으로부터 먼 곳에 있는 PS 강재의 응력은 항복강도 이하일 것이다.

인장 측 PS 강재의 인장항복과 압축 측 콘크리트의 파괴가 동시에 일어날 수 있는 P_n과 M_n의 조합이 있을 수 있다. 이러한 파괴를 **균형파괴**(**평형파괴**, balanced failure)라고 하며, 이 때의 P_n 및 M_n을 각각 P_b 및 M_b로 나타낸다. 보에 있어서는 연성파괴를 얻기 위하여 강재비를 제한하지만, 기둥에서는 그 파괴가 강재의 항복으로 지배되느냐, 또는 콘크리트의 압축으로 지배되느냐 하는 것은 M_n과 P_n의 비에 의해 좌우된다. 즉, 편심 거리에 의하여 좌우된다. 다시 말하면 연성파괴냐 취성파괴냐 하는 것은 보에서는 강재비의 문제이지만 기둥에서는 편심 거리의 문제이다.

균형파괴시의 편심 거리를 **균형편심** 또는 **평형편심**이라고 하며 e_b로 나타낸다. 편심 거리가 e_b보다 작으면 파괴는 콘크리트의 압축으로 시작되고, e_b보다 크면 강재의 항복으로 시작된다.

초기파괴 때의 응력의 관계가 그림 12-6 (d)에 나타나 있다. 이들 외력과 내력은 비겨야 하므로

$$P_n = C - T_1 - T_2 \tag{12·4}$$

여기서 $C = 0.85 f_{ck} ab$의 크기를 가지는 압축력이고, T_1 및 T_2는 강재 A_{p1}및 A_{p2}가 발휘하는 인장력이다.

이들 힘의 단면도심에 대한 모멘트의 합은 0이어야 하므로

$$P_n e = C\left(\frac{h}{2} - \frac{a}{2}\right) - T_1\left(\frac{h}{2} - d_1\right) + T_2\left(d_2 - \frac{h}{2}\right) \tag{12·5}$$

식 (12·4) 및 식 (12·5)로부터 바로 파괴하중 P_n을 구할 수 없다. 왜냐하면 C, T_1 및 T_2는 파괴시의 중립축의 위치 c를 알아야만 구해지는데, 아직 c를 알 수 없기 때문이다. 결국, c는 C, T_1 및 T_2의 크기에 좌우된다. 식 (12·4) 및 식 (12·5)

의 우변의 모든 미지수를 c로 나타내고, c 및 P_n에 관하여 위의 두 방정식을 풀면 되는데, 이것은 매우 복잡하다.

파괴시의 P_n 및 M_n의 상관도(interaction diagram)를 그려서 간접적으로 문제를 해결하는 것이 보다 실제적이다. 그림 12-7은 P_n과 M_n의 상관도를 보인 것이다. P_0는 편심 없이 작용할 수 있는 중심축 방향 파괴하중이고, 이 때 $M_n=0$이다. 편심이 무한대인 경우에는 순수 휨모멘트 M_0만이 작용하고 $P_n=0$이다. 편심이 작은 경우에는 압축파괴로 되고, 편심이 큰 경우에는 강재의 항복파괴로 된다.

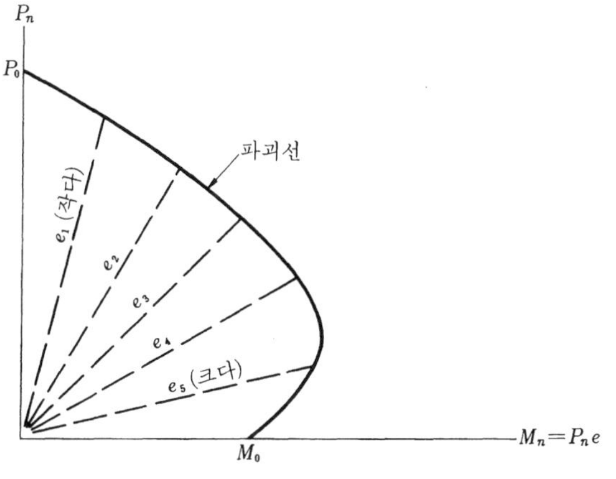

그림 12-7 PSC 기둥의 P-M 상관도

상관도를 이용하여 PSC 기둥을 해석하면 다음과 같다. 유효 프리스트레스 힘 P_e가 작용할 때의 콘크리트의 압축 변형률을 ε_{ce}라고 하자. 그림 12-6 (c)와 같이 ε_{ce}는 단면 전체에 고르게 일어난다. 편심하중 P_n이 작용하여 기둥이 초기 파괴상태에 있게 되면, 그림 12-6 (c)와 같이 압축 변형률은 삼각형 분포를 나타낸다. 이 때 최대 변형률은 ε_{cu}이고 중립축은 c의 위치에 있다. 이러한 변형률하에서의 응력관계를 나타낸 것이 그림 12-6 (d)이다.

임의의 c에 대하여 콘크리트의 압축력은

$$C = 0.85 f_{ck} ab \tag{12·6}$$

유효 프리스트레스 작용시의 PS 강재의 변형률은

$$\varepsilon_{pe} = \frac{f_{pe}}{E_p} = \frac{P_e}{(A_{p1} + A_{p2}) E_p} \qquad ⓐ$$

유효 프리스트레스 작용단계로부터 극한하중(ultimate load) 작용시까지 강재 A_{p1}

의 변형률의 증가량은

$$\varDelta\varepsilon_1 = \varepsilon_{cu}\frac{c-d_1}{c} - \varepsilon_{ce} \qquad ⓑ$$

강재 A_{p2}의 변형률의 변화는

$$\varDelta\varepsilon_2 = \varepsilon_{cu}\frac{d_2-c}{c} + \varepsilon_{ce} \qquad ⓒ$$

이들 변형률이 탄성한도 또는 항복 변형률 이내에 있다면

$$T_1 = A_{p1}f_{p1} = A_{p1}E_p(\varepsilon_{pe} - \varDelta\varepsilon_1) = A_{p1}E_p\left(\varepsilon_{pe} - \frac{c-d_1}{c}\varepsilon_{cu} + \varepsilon_{ce}\right) \qquad (12 \cdot 7)$$

$$T_2 = A_{p2}f_{p2} = A_{p2}E_p(\varepsilon_{pe} + \varDelta\varepsilon_2) = A_{p2}E_p\left(\varepsilon_{pe} + \frac{d_2-c}{c}\varepsilon_{cu} + \varepsilon_{ce}\right) \qquad (12 \cdot 8)$$

위의 식들의 사용에 있어서 부호에 특히 주의해야 한다. 또, 괄호 안의 변형률들이 비례한도를 초과할 경우에는 그 변형률에 해당하는 응력을 강재의 응력-변형률 곡선에서 얻어야 한다.

식 (12·6), 식 (12·7) 및 식 (12·8)의 C, T_1 및 T_2의 값을 식 (12·4) 및 식 (12·5)에 대입하면, 파괴하중 P_n과 파괴 모멘트 M_n을 얻을 수 있다. 상관도의 파괴선을 완성하기 위하여 c를 변화시켜서 이 계산을 반복해야 한다. 상관도가 완성되면 임의의 편심 거리에 대한 파괴하중과 파괴 모멘트를 상관도로부터 직접 얻을 수 있다.

설계에서는 위의 P_n 및 M_n에 감소계수를 곱한 값을 설계강도로 사용한다. 즉

$$\left.\begin{aligned} P_d &= \phi P_n \\ M_d &= \phi M_n \end{aligned}\right\} \qquad (12 \cdot 9)$$

휨과 축방향 압축을 겸해 받는 부재의 강도 감소계수는 표 5-4에 주어져 있다. 즉, 나선철근 부재에 대하여는 $\phi=0.70$이고, 띠철근 부재에 대하여는 $\phi=0.65$이다. 공칭강도에서 최외단 인장강재의 순 인장 변형률 ε_t가 압축지배와 인장지배 단면 사이에 있을 경우, 즉 변화구간에 있을 경우에는 직선보간법에 의해 ϕ값을 구해야 한다[그림 5-19 참조].

예제 12-2. 그림 12-8과 같이 305 mm×305 mm의 단면을 가지는 PSC 기둥이 있다. 지름 9.3 mm의 PS 강연선 8개를 그림과 같이 배치하고 띠철근으로 보강하였다. PS 강연선의 인장강도는 $f_{pu}=1750$ MPa이고, $E_p=2.0\times10^5$ MPa이다. 유효 프리스

트레스는 $f_{pe}=1050$ MPa이고, 이 때의 변형률은 $\varepsilon_{pe}=0.0052$이다. 콘크리트의 설계 기준 강도는 $f_{ck}=42$ MPa이고, 유효 프리스트레스하에서 콘크리트 변형률은 $\varepsilon_{ce}=0.0005$이다. 콘크리트의 극한 변형률은 $\varepsilon_{cu}=0.003$이다. 이 기둥의 P_n 및 M_n의 상관도를 작성하라.

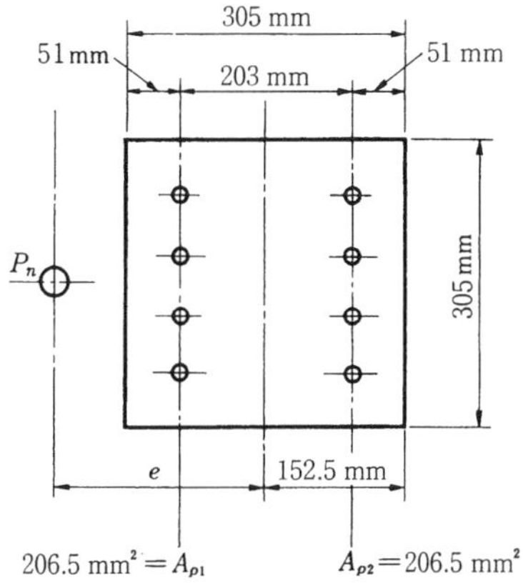

그림 12-8

풀이 1) 중립축이 단면의 왼쪽 변으로부터 203 mm 되는 곳에 있다고 가정하자. 즉

$$c=203\text{ mm}$$

$a=\beta_1 c$의 β_1 값은 식 (5·17)에 $f_{ck}=42$ MPa를 대입함으로써 다음과 같이 된다.

$$\beta_1=0.85-0.007(42-28)=0.75$$

따라서

$$a=\beta_1 c=0.75\times 203=152\text{ mm}$$

식 (12·6)으로부터

$$C=0.85 f_{ck}ab=0.85\times 42\times 152\times 305=1,655,000\text{ N}$$

식 (12·7)로부터

$$T_1=A_{p1}E_p\left(\varepsilon_{pe}-\frac{c-d_1}{c}\varepsilon_{cu}+\varepsilon_{ce}\right)$$
$$=206.5\times 2.0\times 10^5\left(0.0052-\frac{203-51}{203}\times 0.003+0.0005\right)=140,000\text{ N}$$

식 (12·8)로부터

$$T_2=A_{p2}E_p\left(\varepsilon_{pe}+\frac{d_2-c}{c}\varepsilon_{cu}+\varepsilon_{ce}\right)$$

$$= 206.5 \times 2.0 \times 10^5 \left(0.0052 + \frac{254-203}{203} \times 0.003 + 0.0005\right) = 268,000 \text{ N}$$

따라서 식 (12 · 4)로부터

$$P_n = C - T_1 - T_2 = 1,655,000 - 140,000 - 268,000 = 1,247,000 \text{ N} = 1247 \text{ kN}$$

M_n은 식 (12 · 5)로부터

$$M_n = P_n e = C\left(\frac{h}{2} - \frac{a}{2}\right) - T_1\left(\frac{h}{2} - d_1\right) + T_2\left(d_2 - \frac{h}{2}\right)$$

$$= 1,655,000\left(\frac{305}{2} - \frac{152}{2}\right) - 140,000\left(\frac{305}{2} - 51\right) + 268,000\left(254 - \frac{305}{2}\right)$$

$$= 139,600,000 \text{ N·mm} = 139,600 \text{ kN·mm}$$

$$\therefore e = \frac{M_n}{P_n} = \frac{139,600}{1247} = 112 \text{ mm}$$

위의 P_n의 값 및 M_n의 값에 해당하는 점 1을 그림 12-9와 같이 상관도 위에 플롯한다.

중립축 위치 c를 변화시키면서 이러한 계산을 되풀이하면, 임의의 c에 대한 P_n 및 M_n을 얻을 수 있고, 그 점들을 그림 12-9와 같이 플롯할 수 있다. 표 12-1은 그 계산결과를 보인 것이고, 그림 12-9는 계산결과를 상관도로 나타낸 것이다.

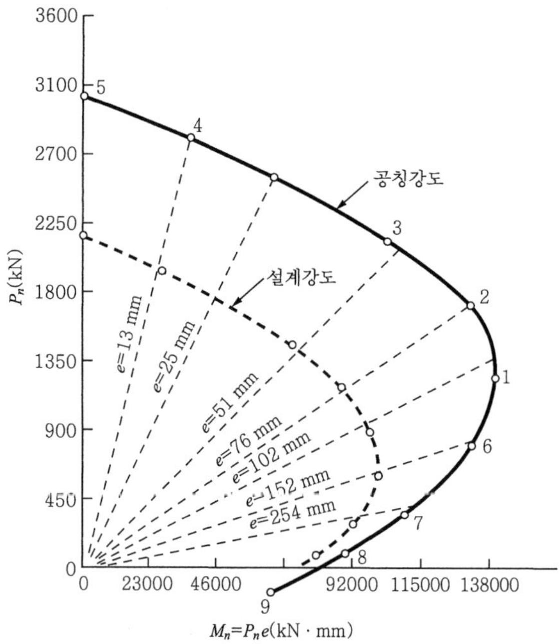

그림 12-9 P-M 상관도

표 12-1 계산결과

점	c (mm)	a (mm)	P_n (kN)	M_n (kN·mm)	ϕ	ϕP_n (kN)	ϕM_n (kN·mm)	e (mm)
1	203	152	1247	139,600	0.65	811	90,740	112
2	254	191	1705	129,620	0.65	1108	84,250	76
3	305	229	2145	103,580	0.65	1394	67,330	48
4	381	286	2794	36,750	0.65	1816	23,890	13
5	∞	305	3098	0	0.65	2014	0	0
6	152	114	799	132,380	0.65	520	86,050	165
7	102	76	349	108,760	0.82	286	89,180	312
8	76	57	109	89,520	0.85	93	76,090	818
9	51	38	−148	64,330				−435

2) $c=\infty$로 가정하고 계산해 본다. 이 때는 a를 단면의 전 높이로 취해야 한다. 즉, $a=305\text{ mm}$이다〔표 12-1 참조〕.

$$C=0.85f_{ck}ab=0.85\times42\times305\times305=3,321,000\text{ N}$$

$$T_1=A_{p1}E_p\left(\varepsilon_{pe}-\frac{c-d_1}{c}\varepsilon_{cu}+\varepsilon_{ce}\right)$$

$$=206.5\times2.0\times10^5\left(0.0052-\frac{\infty-51}{\infty}\times0.003+0.0005\right)$$

$$=206.5\times2.0\times10^5(0.0052-0.003+0.0005)=111,500\text{ N}$$

$$T_2=A_{p2}E_p\left(\varepsilon_{pe}+\frac{d_2-c}{c}\varepsilon_{cu}+\varepsilon_{ce}\right)$$

$$=206.5\times2.0\times10^5\left(0.0052+\frac{254-\infty}{\infty}\times0.003+0.0005\right)$$

$$=206.5\times2.0\times10^5(0.0052-0.003+0.0005)=111,500\text{ N}$$

$$P_n=C-T_1-T_2=3,321,000-111,500-111,500=3,098,000\text{ N}=3098\text{ kN}$$

$$M_n=P_ne=C\left(\frac{h}{2}-\frac{a}{2}\right)-T_1\left(\frac{h}{2}-d_1\right)+T_2\left(d_2-\frac{h}{2}\right)$$

$$=3,321,000\left(\frac{305}{2}-\frac{305}{2}\right)-111,500\left(\frac{305}{2}-51\right)+111,500\left(254-\frac{305}{2}\right)$$

$$=3,321,000\times0-111,500\times101.5+111,500\times101.5=0$$

$$\therefore e=\frac{M_n}{P_n}=\frac{0}{3098}=0$$

위의 P_n 및 M_n에 해당하는 점이 그림 12-9의 점 5이다. 이것은 이 기둥이 지지할 수 있는 중심축 하중능력을 나타낸다.

3) $c=152\text{ mm}$로 가정하면〔표 12-1 참조〕

$$a=\beta_1c=0.75\times152=114\text{ mm}$$

$$C = 0.85 \times 42 \times 114 \times 305 = 1,241,300\ \text{N}$$
$$T_1 = 206.5 \times 2.0 \times 10^5 (0.0052 - 0.0020 + 0.0005) = 153,000\ \text{N}$$
$$T_2 = 206.5 \times 2.0 \times 10^5 (0.0052 + 0.0020 + 0.0005) = 206.5 \times 2.0 \times 10^5 \times 0.0077$$

위의 T_2의 계산에서 0.0077은 기둥의 오른쪽에 있는 PS 강재의 인장변형률인 바, 이 값은 이 강재의 항복 변형률을 넘는 값이다. 그러므로 탄성계수에 바탕을 둔 위의 계산은 의미가 없다. 따라서 이 경우는 0.0077의 변형률에 해당하는 응력을 사용하여 계산해야 한다. 이 PS 강재의 응력-변형률 곡선(그림 2-14)으로부터 변형률 0.0077에 해당하는 응력이 1400 MPa 정도임을 읽을 수 있으므로

$$T_2 = A_{p2} f_p = 206.5 \times 1400 = 289,000\ \text{N}$$
$$P_n = 1,241,000 - 153,000 - 289,000 = 799,000\ \text{N} = 799\ \text{kN}$$
$$M_n = 1,241,300 \times 95.5 - 153,000 \times 101.5 + 289,000 \times 101.5$$
$$= 132,380,000\ \text{N} \cdot \text{mm} = 132,380\ \text{kN} \cdot \text{mm}$$
$$\therefore e = \frac{132,380}{799} = 166\ \text{mm}$$

위의 P_n 및 M_n에 해당하는 점이 그림 12-9의 점 6이다. 점 7 및 점 8도 같은 방법으로 계산된다.

4) $c = 51$ cm로 가정하면〔표 12-1 참조〕

$$a = \beta_1 c = 0.75 \times 51 = 38\ \text{mm}$$
$$C = 0.85 \times 42 \times 38 \times 305 = 414,000\ \text{N}$$
$$T_1 = 206.5 \times 2.0 \times 10^5 \left(0.0052 - \frac{51 - 51}{51} \times 0.003 + 0.0005\right) = 235,400\ \text{N}$$

이 경우 A_{p2}의 변형률은

$$0.0052 + \frac{254 - 51}{51} \times 0.003 + 0.0005 = 0.0176$$

이 변형률에 해당하는 PS 강재의 응력 역시 응력-변형률 곡선(2장의 그림 2-14)으로부터 1580 MPa를 얻을 수 있으므로

$$T_2 = A_{p2} f_p = 206.5 \times 1580 = 326,300\ \text{N}$$
$$P_n = 414,000 - 235,400 - 326,300 = -148,000\ \text{N} = -148\ \text{kN}$$
$$M_n = 414,000 \times 133.5 - 235,400 \times 101.5 + 326,300 \times 101.5 = 64,330,000\ \text{N} \cdot \text{mm}$$
$$= 64,330\ \text{kN} \cdot \text{mm}$$
$$\therefore e = \frac{64,330}{-148} = -435\ \text{mm}$$

이 경우 P_n이 부(−)의 부호를 가지는 것은 기둥이 인장하중을 받는다는 것을 의미한다. 그리고 부(−)의 편심 거리는 인장하중이 기둥의 반대편에 작용한다는 것을 뜻한

다. 이 점이 그림 12-9의 점 9이다.

이상으로 파괴 상관선(failure interaction line)에 대한 9개의 점이 모두 계산되었고, 그 결과는 표 12-1 및 그림 12-9에 나타나 있다.

설계강도(design strength)는 식 (12·9)로 계산한다. 즉, 공칭강도(nominal strength) P_n 및 M_n에 강도감소 계수 ϕ를 곱하면 된다. 이 기둥은 띠철근으로 보강한 경우이므로 $\phi=0.65$이다. 그러나 ε_t(그림 5-19) 또는 $\frac{c}{d_t}$(그림 5-20)에 따라 변화하는 ϕ값을 구해야 한다.

그런데 이 부재의 압축 측 연단에서 최외단 긴장재 도심까지의 거리는 $d_t=51+203=254\,\text{mm}$이므로(그림 12-8), 표 12-1 및 그림 12-9를 참고하면 점 6에서는

$$\frac{c}{d_t}=\frac{152}{254}=0.60$$

이고, 점 7에서는

$$\frac{c}{d_t}=\frac{102}{254}=0.40<0.60$$

이다. 즉 그림 5-20을 참고하면 이 부재는 점 6까지는 압축지배하에 있고, 점 7은 변화구간(전이구간)에 있다. 따라서 점 6까지는 $\phi=0.65$이고, 점 7에서는

$$\phi=0.65+0.20\left(\frac{1}{c/d_t}-\frac{5}{3}\right)=0.65+0.20\left(\frac{1}{0.40}-\frac{5}{3}\right)=0.82$$

이다. 그러므로 점 7에서의 설계강도는

$$P_d=\phi P_n=0.82\times349=286\,\text{kN}$$

$$M_d=\phi M_n=0.82\times108,760=89,180\,\text{kN}\cdot\text{mm}$$

점 8은 $\frac{c}{d_t}=\frac{76}{254}=0.30<0.375$이므로 즉 인장지배 단면에 있으므로[그림 5-20 참조] $\phi=0.85$이다.

이상의 결과가 표 12-1 및 그림 12-9에 나타내어져 있다.

12.2.4 기타 사항

PSC 기둥도 RC 기둥처럼 띠철근 또는 나선철근으로 보강한다. 때에 따라서는 축방향 철근이 추가적으로 사용된다. 즉, 유효 프리스트레스 힘에 의한 콘크리트의 평균 압축응력 P_e/A_g가 1.6 MPa보다 작은 경우에는 축방향 철근을 배치하도록 설계기준[9.7.2의 (1)]은 요구하고 있다. 기타의 요구조건은 RC 기둥과 같다.

앞 절까지의 설명은 PSC 단주에 대한 것이지만, PSC 장주에 관한 장주효과 등도 RC 장주에 대한 것과 같다.

12.3 인장부재

12.3.1 인장부재의 거동

이전에는 콘크리트를 인장부재에 사용할 수 없는 것으로 생각해 왔었다. 그러나 현재에 있어서는 콘크리트에 프리스트레스를 도입함으로써 인장부재의 제조도 가능하게 되었다. 즉, 프리스트레싱에 의해 도입된 콘크리트의 압축응력에 의하여 외력(外力)에 의한 인장응력을 받게 하는 것이다. 예컨대, PSC 트러스의 인장부재나 아치의 타이 부재(tie member) 등은 이러한 생각에서 얻어진 PSC 인장부재이다.

PSC 인장부재의 기본적인 거동은 다음 세 가지 관점으로 설명된다.

① 콘크리트에 균등한 압축력을 도입함으로써 외력에 의한 인장력을 받게 할 수 있다. 즉, 콘크리트에 균열이 없다면 콘크리트에 미리 도입된 압축력과 콘크리트 자신의 인장응력의 합계와 같은 크기의 인장하중을 받을 수 있다.

② 고인장강(高引張鋼)을 사용함으로써 하중으로 인한 변형을 감소시킬 수 있도록 미리 늘어나게 할 수 있다. 이러한 관점으로부터 PSC 인장부재의 극한강도(ultimate strength)는 강재의 인장강도에 좌우되지만, 이용 가능한 강도는 균열 후의 강재의 과도한 늘음에 의해 제약을 받는다.

③ PSC 인장부재는 강재와 콘크리트가 탄성거동을 한다고 가정하고, 또 콘크리트의 건조수축과 크리프의 영향을 고려함으로써 그들의 변형률과 응력을 구할 수 있는 두 재료의 조합된 부재로 볼 수 있다.

위에서 ①의 관점은 PSC 인장부재의 기본원리이고, ③의 관점은 인장부재를 탄성이론으로 해석하는 데 편리하다. ②의 관점은 매우 중요하며, 그림 12-10은 이것을 설명하는 것이다.

그림 12-10 (a)는 길이 l인 프리스트레싱하지 않은 PS 강연선을 나타낸 것이다. 이것을 하중 Q로 인장하면 그림 12-10 (b)와 같이 늘어날 것이다. 이 때 늘음량 Δl은 응력에 비례하고 탄성계수에 역비례한다. 그리고 고인장강이면 많이 늘어날 것이다. 만약, 이 강선을 Q와 같은 크기의 힘 P로 긴장한 채 적당한 지지대 사이에서 콘크리트를 부어 넣고, 콘크리트가 굳은 후에 힘 P를 해제한다면, 그림 12-10 (c)와 같이 강선의 단축(短縮)은 콘크리트에 의해 크게 방해될 것이다. 이 때 PSC 부재의 길이는 $(l+\Delta l)$보다 약간 작을 것이다. 그림 12-10 (d)와 같이 이 부재에 하중 Q를 작용시키면 부재는 $\Delta l'$만큼 늘어날 것이다. 이 $\Delta l'$는 Δl에 비하여 훨씬 작다. 왜냐하면 이 때의 늘음은 강선 단면적보다는 콘크리트의 환산 단면적

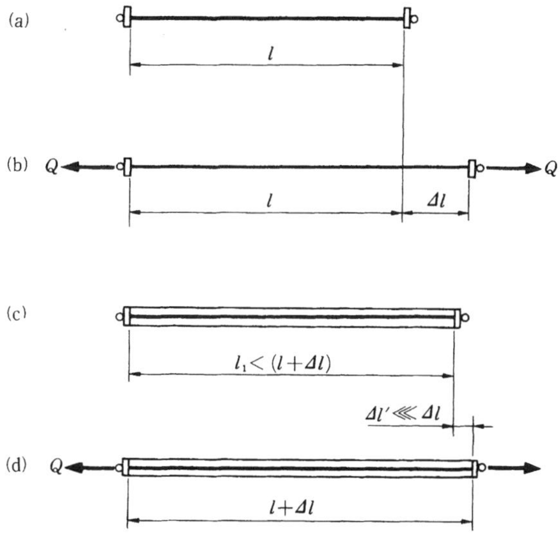

그림 12-10 PSC 인장부재

에 지배되기 때문이다. 이러한 사용하중 단계에서는 콘크리트 응력은 0이고, 강재의 인장력은 Q와 같다.

이상의 설명에서는 설명을 간단히 하기 위하여 PS 강재의 릴랙세이션, 콘크리트의 크리프 및 건조수축의 영향은 고려하지 않았다.

12.3.2 인장부재의 해석

단면도심과 긴장재 도심을 일치시킨 PSC 인장재를 생각한다. 프리스트레스 도입 직후의 콘크리트의 압축응력은

$$f_{cs}=\frac{P_i}{A_c} \tag{12·10}$$

프리스트레스의 모든 손실 후의 콘크리트의 응력은

$$f_{ce}=\frac{P_e}{A_c} \tag{12·11}$$

긴장재의 인장응력은

$$f_{pe}=\frac{P_e}{A_p} \tag{12·12}$$

이 PSC 부재에 인장하중이 작용함으로써 일어나는 응력은 균열발생 전에는 다음

과 같은 환산단면을 사용하여 계산해야 한다.

$$A_t = A_g + (n-1)A_p \tag{12·13}$$

여기서 A_g : 부재의 총 단면적

n : 탄성 계수비$(=E_p/E_c)$

이 부재에 인장하중 Q가 작용하면, 콘크리트 및 긴장재에 일어나는 인장응력은 각각 다음과 같이 된다.

$$\Delta f_c = -\frac{Q}{A_t} \tag{12·14}$$

$$\Delta f_p = n\frac{Q}{A_t} \tag{12·15}$$

따라서 부재의 콘크리트 및 긴장재의 응력은 위의 식에 식 (12·11) 및 식 (12·12)를 각각 합성함으로써 다음과 같이 된다.

$$f_c = \frac{P_e}{A_c} - \frac{Q}{A_t} \tag{12·16}$$

$$f_p = f_{pe} + n\frac{Q}{A_t} \tag{12·17}$$

균열하중 Q_{cr}는 식 (12·16)에 f_c 대신 콘크리트의 인장강도를 대입하면 얻어진다. 보통 콘크리트의 인장강도는 $0.25\sqrt{f_{ck}} \sim 0.41\sqrt{f_{ck}}$(MPa)의 범위이다. 균열발생 후에는 모든 인장하중을 긴장재가 부담해야 한다. 따라서 균열발생 후의 PSC 인장재의 공칭강도 Q_n은 다음과 같다.

$$Q_n = A_p f_{pu} \tag{12·18}$$

여기서 f_{pu}는 PS 강재의 인장강도이다.

따라서 설계강도는

$$Q_d = \phi Q_n = \phi A_p f_{pu} \tag{12·19}$$

여기서 ϕ : 축방향 인장에 대한 강도 감소계수=0.85[표 5-4 참조]

다음에 부재의 단축량(短縮量)을 계산해 보자. 이 PSC 인장재가 그라우트된 포스트텐션 부재라면, 초기 프리스트레스 힘 P_i로 인한 부재 길이의 감소량은

$$\Delta_t = \frac{P_i l}{A_c E_c} \tag{12·20}$$

프리스트레스 힘이 P_i로부터 P_e로 감소하는 동안, 크리프 변형이 일어난다. 크리

프 변형은 $\dfrac{P_i+P_e}{2}$를 사용하여 계산해도 실용상 충분하다. 따라서 이 부재의 최종적인 수축량은

$$\Delta_e=\frac{l}{A_cE_c}\left[P_e+\left(\frac{P_i+P_e}{2}\right)C_u\right] \tag{12 · 21}$$

여기서 C_u는 콘크리트의 크리프 계수이다.

사용하중이 작용할 때의 부재 길이의 늘음량은 다음과 같다.

$$\Delta_s=\frac{Ql}{A_tE_c} \tag{12 · 22}$$

예제 12-3. 한 변이 25 cm인 정사각형 단면으로 된 길이 30.5 m의 PSC 인장재가 있다. 인장강도 $f_{pu}=1750$ MPa, 항복강도 $f_{py}=1500$ MPa인 PS 강선 12개($A_p=380$ mm^2)를 사용하여 포스트텐션 방식으로 제조하였다. 쉬스의 지름은 38 mm, 초기 프리스트레스 힘은 $P_i=467$ kN이고, 유효 프리스트레스 힘은 $P_e=399$ kN이다. 또 $C_u=2.0$, $E_p=2.0\times10^5$ MPa, $E_c=2.56\times10^4$ MPa, $n=8$이고, 콘크리트의 인장강도는 $f_t=-3.3$ MPa이다. 다음을 계산하라.

① 콘크리트에 인장응력이 일어나는 일 없이 이 부재가 지지할 수 있는 최대 인장하중 Q_0

② 균열하중 Q_{cr}

③ 파괴하중 Q_u

④ 균열 및 파괴에 대한 안전율

⑤ P_i, P_e 및 사용하중 하에서의 부재 길이의 늘음 길이

풀이 탄성응력은 환산단면을 사용하여 계산한다. 총 단면적은 $A_g=250\times250=62{,}500$ mm^{2}이고, 그라우팅(grouting) 전의 콘크리트 단면적은 총 단면에서 쉬스의 면적을 빼야 하므로

$$A_c=62{,}500-\frac{1}{4}\times3.14\times38^2=61{,}370\ \text{mm}^2$$

그라우팅 후의 환산 단면적은

$$A_t=A_g+(n-1)A_p=62{,}500+(8-1)\times380=65{,}160\ \text{mm}^2$$

① 콘크리트의 응력을 0으로 되게 하는 인장하중을 사용하중(service load)으로 정의한다면, 사용하중은 식 (12 · 16)에서 $f_c=0$으로 놓으면 구할 수 있다. 즉

$$Q_0=\frac{A_t}{A_c}P_e=\frac{65{,}160}{61{,}370}\times399=424\ \text{kN}$$

Q_0의 힘이 유효 프리스트레스 힘 P_e보다 크다는 데 유의해야 한다. P_e는 쉬스의 면적을 뺀 순 단면에 대한 것이고, Q_0는 환산단면에 대한 것이기 때문이다.

② 균열하중은 식 (12·16)에서 f_c 대신 $f_t = -3.3$ MPa를 대입하면 된다. 즉

$$Q_{cr} = \left(\frac{P_e}{A_c} - f_c\right)A_t = \left[\frac{399,000}{61,370} - (-3.3)\right] \times 65,160 = 638,570 \text{ N}$$

이 때 PS 강재의 응력은 $\frac{638,570}{380} = 1680$ MPa이고, 이것은 항복강도 1500 MPa를 넘은 값이다. 대개의 경우, PS 강재의 항복 후는 콘크리트에 균열이 일어나므로, 균열하중은 다음 값으로 보는 것이 좋을 것이다.

$$Q_{cr} = A_p f_{py} = 380 \times 1500 = 570,000 \text{ N} = 570 \text{ kN}$$

③ 파괴하중(설계강도)은 식 (12·19)로부터

$$Q_u \leq Q_d = \phi Q_n = \phi A_p f_{pu} = 0.85 \times 380 \times 1750 = 565,250 \text{ N} = 565 \text{ kN}$$

④ 균열 및 파괴 하중에 대한 안전율은 사용하중에 대하여 각각 다음과 같다.

$$F_{cr} = \frac{Q_{cr}}{Q_0} = \frac{570}{424} = 1.34$$

$$F_u = \frac{Q_u}{Q_0} = \frac{565}{424} = 1.33$$

위에서 알 수 있는 바와 같이 일반적으로 PSC 인장재에 있어서는 균열과 파괴에 대한 안전율 사이에는 큰 차가 없다. 이것은 콘크리트의 허용 인장응력에 바탕을 둔 설계가 위험하다는 것을 말해 주는 것이다.

⑤ 초기단계에서 부재의 단축량은 식 (12·20)으로부터

$$\Delta_i = \frac{P_i l}{A_c E_c} = \frac{467,000 \times 30,500}{61,370 \times 2.56 \times 10^4} = 9 \text{ mm}$$

모든 손실 후 부재의 원래 길이에 대한 수축량은 식 (12·21)로부터

$$\Delta_e = \frac{l}{A_c E_c}\left[P_e + \left(\frac{P_i + P_e}{2}\right)C_u\right]$$

$$= \frac{30,500}{61,370 \times 2.56 \times 10^4}\left[399,000 + \left(\frac{467,000 + 399,000}{2}\right) \times 2.0\right] = 24.5 \text{ mm}$$

사용하중이 작용할 때의 부재 길이의 늘음량은 식 (12·22)로부터

$$\Delta_s = \frac{Ql}{A_t E_c} = \frac{424,000 \times 30,500}{65,160 \times 2.56 \times 10^4} = 7.7 \text{ mm}$$

사용하중을 긴장재가 단독으로 아무 장애 없이 받는다고 가정할 때, 그 늘음량은

$$\Delta_{ps} = \frac{Ql}{A_p E_p} = \frac{424,000 \times 30,500}{380 \times 2.0 \times 10^5} = 170 \text{ mm}$$

이것은 PSC 인장재로서의 늘음량(7.7 mm)의 약 22배나 된다.

12.3.3 인장부재의 설계

콘크리트의 허용응력에 바탕을 두고 설계된 PSC 인장재는 파괴에 대하여 낮은 안전율을 나타낸다는 것을 앞의 예제에서 보았다. 이것은 인장재의 설계가 허용응력보다는 강도에 근거를 두어야 한다는 것을 말해 주는 것이다.

따라서 PSC 인장재는

① 초과하중에 저항할 수 있는 적당한 강도를 가져야 하고,

② 설계하중하에서 부재 길이의 늘음이 제어될 수 있어야 하며,

③ 설계하중하에서의 균열이 조절될 수 있도록 설계되어야 한다.

그러기 위해서 PSC 인장재는 다음과 같은 절차에 따라 설계해야 한다.

(1) 극한하중하에서는 콘크리트에 균열이 발생할 것이다. 따라서 콘크리트를 무시하고, 소요강도를 전부 PS 강재가 받는 것으로 보고 강재 단면적을 구한다. Q_d 및 Q_l을 각각 사하중 및 활하중으로 인한 인장력이라 하고, f_1 및 f_2를 각각의 하중계수라고 하면, 설계하중 Q_u는 다음과 같이 된다.

$$Q_u = f_1 Q_d + f_2 Q_l \tag{12 · 23}$$

그런데 식 (12 · 18)로부터

$$Q_n = A_p f_{pu} = \frac{Q_u}{\phi}$$

이므로, 소요 PS 강재 단면적은 다음과 같이 된다.

$$A_p = \frac{Q_u}{\phi f_{pu}} \tag{12 · 24}$$

(2) 설계하중하에서 부재 길이의 최대 늘음 Δ_s는, 예컨대 라멘에서는 최대 모멘트에 의해 일어난다. 이 때 소요의 환산 단면적 A_t는 식 (12 · 22)로부터

$$A_t = \frac{Ql}{\Delta_s E_c} = \frac{(Q_d + Q_l)\, l}{\Delta_s E_c} \tag{12 · 25}$$

따라서 부재의 총 단면적은 식 (12 · 13)으로부터

$$A_g = A_t - (n-1) A_p$$

그러므로 콘크리트의 단면적은

$$A_c = A_g - A_{\text{duct}}$$

여기서 A_{duct}는 덕트의 단면적이다.

(3) 다음에 콘크리트의 균열을 조절할 수 있도록 프리스트레스 힘의 크기를 정한다. 일반적으로 사용하중하에서는 콘크리트의 응력이 0으로 된다고 보고 식 (12·16)으로부터 구한다. 즉

$$P_e = \frac{A_c}{A_t}(Q_d + Q_l) \qquad (12 \cdot 26)$$

이러한 방법으로 설계하면 모든 조건을 만족하는 동시에 계산을 반복하는 일 없이 목적을 달성할 수 있다.

예제 12-4. 그림 12-11 (a)와 같이 철근 콘크리트로 된 라멘 구조물이 있다. 모든 사하중(고정하중)과 활하중하에서 이 라멘을 해석한 결과, 그림의 PSC 타이부재에는 사하중에 의하여 $Q_d = 185\,\text{kN}$, 활하중에 의하여 $Q_l = 386\,\text{kN}$의 축방향 인장력이 작용한다는 것과 최대 8 mm의 인장변위가 일어난다는 것을 알았다. 이 타이부재를 PSC 인장재로 설계하라. PS 강재는 $f_{pu} = 1750\,\text{MPa}$, $E_p = 2.0 \times 10^5\,\text{MPa}$이고, 콘크리트는 $E_c = 2.5 \times 10^4\,\text{MPa}$이며 $n = 8$이다.

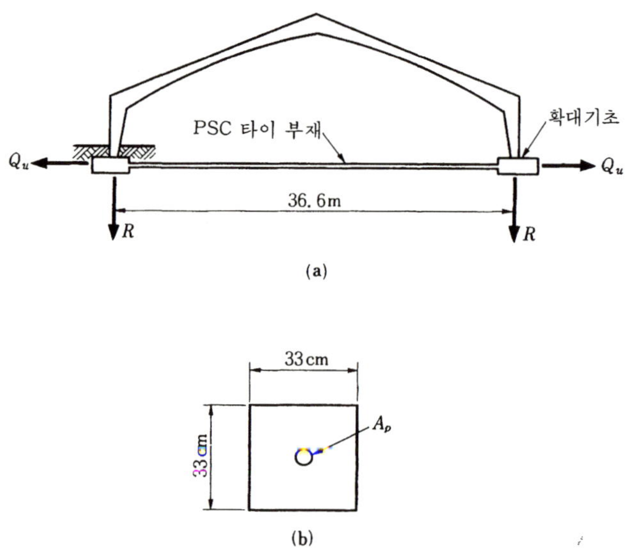

그림 12-11

풀이 사하중(고정하중) 및 활하중에 대한 하중계수는 각각 $f_1 = 1.2$, $f_2 = 1.6$이므로[표 5-3 참조], 계수하중은 식 (12·23)으로부터

$$Q_u = f_1 Q_d + f_2 Q_l = 1.2 \times 185 + 1.6 \times 386 = 839.6 \text{ kN}$$

따라서 PS 강재의 소요 단면적은 식 (12 · 24)로부터

$$A_p = \frac{Q_u}{\phi f_{pu}} = \frac{839,600}{0.85 \times 1750} = 565 \text{ mm}^2$$

이에 대하여 단면적이 $A_p = 619 \text{ mm}^2$인 다중 스트랜드(multistrand) 1개를 긴장재로 사용하기로 하고, 이것을 지름 64 mm의 덕트 속에 수용한다.

부재 길이의 늘음량을 8 mm까지 제한하기 위하여 필요로 하는 환산 단면적은 식 (12 · 25)로부터

$$A_t = \frac{(Q_d + Q_l)\,l}{\Delta_s E_c} = \frac{(185,000 + 386,000) \times 36,600}{8 \times 2.5 \times 10^4}$$
$$= 1,045,000 \text{ mm}^2$$

따라서 부재의 총 단면적은

$$A_g = A_t - (n-1)A_p = 1,045,000 - (8-1) \times 619 = 100,200 \text{ mm}^2$$

이에 대하여 그림 12-11 (b)와 같이 한 변이 33 cm인 정사각형 단면으로 한다면, 타이부재의 총 단면적은

$$A_g = 330^2 = 108,900 \text{ mm}^2$$

환산 단면적은

$$A_t = A_g + (n-1)A_p = 108,900 + (8-1) \times 619 = 113,200 \text{ mm}^2$$

콘크리트의 순 단면적은

$$A_c = 108,900 - \frac{1}{4} \times 3.14 \times 64^2 = 105,700 \text{ mm}^2$$

총 사용하중하에서 콘크리트 응력이 0으로 되기 위하여 필요로 하는 프리스트레스 힘은 식 (12 · 26)으로부터

$$P_e = \frac{A_c}{A_t}(Q_d + Q_l) = \frac{105,700}{113,200}(185 + 386) = 533 \text{ kN}$$

크리프 계수를 $C_u = 2.35$로 보고, $(P_i + P_e)/2$를 $1.15\,P_e$ 정도로 보면, 콘크리트의 크리프로 인한 부재 길이의 단축량(短縮量)은 다음과 같이 된다.

$$\Delta_{cr} = \frac{1.15 P_e l C_u}{A_c E_c}$$
$$= \frac{1.15 \times 533,000 \times 36,600 \times 2.35}{105,700 \times 2.5 \times 10^4} = 20 \text{ mm}$$

콘크리트의 수축률을 $\varepsilon_{sh} = 800 \times 10^{-6}$으로 보면, 건조수축으로 인한 부재 길이의 단축

량은

$$\Delta_{sh} = \varepsilon_{sh} l = 800 \times 10^{-6} \times 36,600 = 29 \text{ mm}$$

따라서 크리프와 건조수축으로 인한 긴장력의 감소량은

$$\Delta P = \frac{(\Delta_{cr} + \Delta_{sh})}{l} E_p A_p$$

$$= \frac{(20+29)}{36,600} \times 2.0 \times 10^5 \times 619 = 165,700 \text{ N} = 165.7 \text{ kN}$$

PS 강재의 릴랙세이션율을 3.5%로 가정하면, 초기 프리스트레스 힘은 다음과 같이 된다.

$$P_i = \frac{P_e + \Delta P}{1 - 0.035} = \frac{533 + 165.7}{0.965} = 724 \text{ kN}$$

다음에 크리프로 인한 부재 길이의 단축량 계산에 사용한 힘을 검사해 보자.

$$\frac{P_i + P_e}{2} = \frac{724 + 533}{2} = 628.5 \text{ kN}$$

이것은 처음에 가정한

$$1.15 P_e = 1.15 \times 533 = 613 \text{ kN}$$

와 비슷한 값이다. 따라서 설계를 수정하지 않는다.

연습문제

12.1. 프리텐션 방식으로 제조된 그림 12-12와 같은 단면의 프리캐스트 PSC 기둥이 있다.

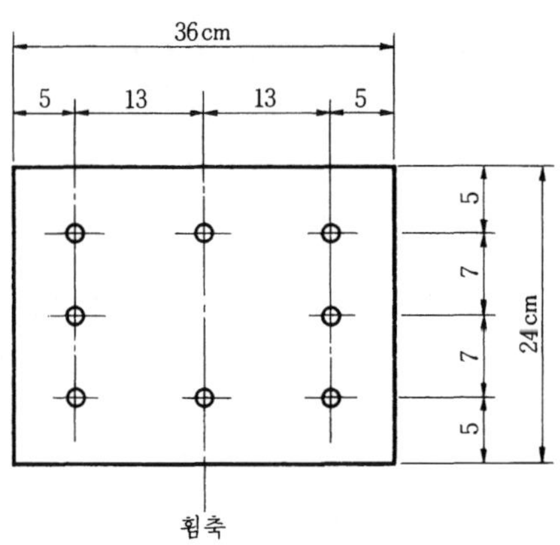

그림 12-12

지름이 9.53 mm인 PS 강연선 8개를 사용하였으며, $f_{pu}=1750$ MPa이고, 유효 프리스트레스는 $f_{pe}=1050$ MPa이다. 콘크리트의 설계기준 강도는 $f_{ck}=38$ MPa이고, 극한 변형률은 $\varepsilon_{cu}=0.0035$이며, 유효 프리스트레스하에서의 변형률은 0.0007이다.

이 부재의 P_n 및 M_n의 상관도를 작성하고, 균형 파괴점을 도시하라. 또, 설계강도의 상관도를 도시하라.

제 **13** 장

교 량

13.1 PSC교의 형식

프리스트레스트 콘크리트(PSC)는 1방향으로 휨을 받는 구조에 특히 유리하다. 그래서 PSC는 개발과 더불어 교량에 많이 이용되었으며, 보통지간의 교량에서부터 장대지간(長大支間)의 교량에 이르기까지 PSC교의 가설이 점점 늘고 있다. PSC교는 내구적이고 외관이 좋으며 유지비가 거의 들지 않는다. 프리캐스트(precast)의 PSC 부재를 사용하면 시공이 빠르고 또 경제적이다. 프리캐스트 PSC 부재란 공장이나 현장에서 미리 만들어 놓은 PSC 부재를 말한다.

교량은 지간(경간) 길이에 따라 단지간(短支間), 중지간 및 장지간 교량으로 구분하기도 한다. 이 구분은 뚜렷한 한계가 있는 것은 아니다. 일반적으로 지간이 15 m 정도까지를 단지간 교량이라 하고, 15~30 m의 지간의 교량을 중지간 교량 또는 보통지간의 교량이라고 한다. 그 이상의 지간을 가지는 교량이 장지간 교량이다.

그림 13-1은 현장에서 포스트텐션 방식으로 가설되거나 또는 프리텐션 방식이나 포스트텐션 방식의 프리캐스트 PSC 부재로 된 교량들의 단면을 보인 것이다.

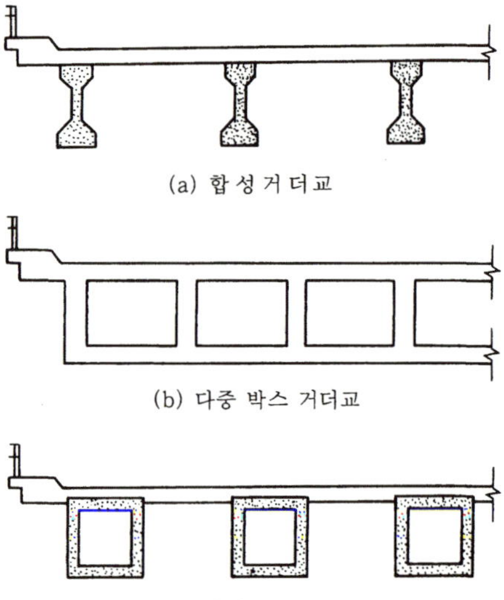
(a) 합성거더교
(b) 다중 박스 거더교
(c) 다열 박스 거더교

그림 13-1 PSC교의 형식

그림 13-1 (a)는 I 형 단면의 PSC 보와

RC 슬래브를 합성한 PSC 합성 거더교로서 보통 지간의 교량에 주로 사용된다. 그림 13-1 (b)를 다중 박스 거더교라 하고, 그림 13-1 (c)를 다열 박스 거더교라고 하며, PSC 박스 거더(box girder)와 RC 슬래브를 합성한 것이다. 하나의 PSC 박스 거더로 된 교량도 있는데, 이것을 단일 박스 거더교(single box girder bridge)라고 한다. 박스 거더교는 주로 장지간의 교량에 사용된다.

13.1.1 보통 지간의 PSC교

중간 정도 지간의 보통의 PSC교에는 그림 13-1 (a)에 보인 바와 같이 프리캐스트 PSC 보에 현장치기 슬래브를 합성시키는 PSC 합성 거더교가 많이 가설되고 있다. 이러한 합성교는 PSC 보 상면에 설치된 전단 연결재(shear connector)를 슬래브 콘크리트 속에 묻어 넣음으로써 보와 슬래브가 일체 작용을 하게끔 한다. 전단 연결재 대신 PSC 보 상면에 연장 노출시킨 스터럽을 슬래브 콘크리트 속에 묻어 넣는 방법이 많이 쓰이고 있다. 짧은 지간의 PSC교에도 이러한 합성 거더교가 사용된다.

13.1.2 장지간 및 장대 PSC교

장지간의 PSC교는 일반적으로 현장치기 또는 현장제작 프리캐스트의 포스트텐션 방식으로 가설된다. 지간이 50 m를 넘으면 장지간 교량으로 볼 수 있으며, 지간이 150 m를 넘는 장대교량이 PSC교로 가설되고 있다. 이러한 장대교량은 세그먼트(segment)를 포스트텐션 방식으로 이어 나가는 세그먼트 공법(segmental construction)으로 가설된다. 세그먼트는 프리캐스트일 수도 있고 현장치기일 수도 있다. 박스 거더(box girder)가 이 방법에 가장 적당하다. 그것은 가설시나 사용시에 비틀림에 대한 강성(剛性)과 안정성이 좋기 때문이다. 한강에 가설된 원효대교가 우리나라에서 최초로 이 방법으로 가설된 PSC 박스 거더교이다. 그 지간은 100 m이고 세그먼트의 길이는 4 m이다. 그림 13-2는 원효대교의 단면을 보인 것이다.

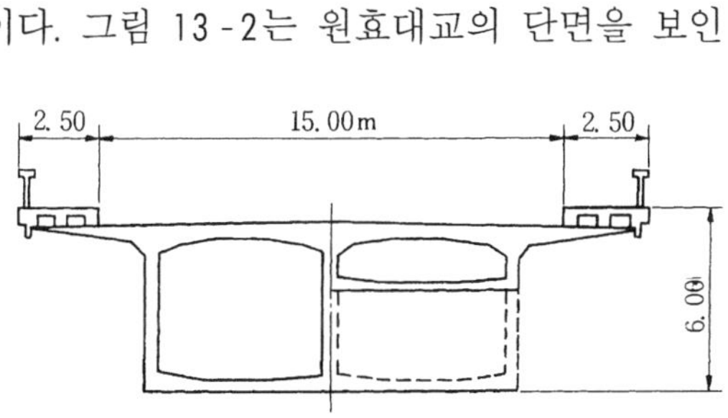

그림 13-2 원효대교의 단면

교 폭이 10.5 m 정도까지이면 단일박스로 되지만, 교 폭이 그보다 큰 경우에는 다중박스로 하거나 또는 다열 박스로 한다. 이 공법으로 가설된 교량 가운데 경간이 241 m에 이르는 것도 있다. 이러한 캔틸레버 공법(segmental cantilever construction)〔13.8.1 항 참조〕에 의한 PSC 박스 거더교는 경간이 길어지면 박스 높이가 커지는 경향이 있다. 그러나 PSC 사장교(cable-stayed girder bridge)는 주탑(主塔, pylon)에 연결된 케이블(stay cable)로 PSC 바닥판을 매달기 때문에, PSC 바닥판을 거의 일정한 두께로 할 수 있다. 또, 사장 케이블(stay cable)은 거더(deck girder)에 단단하게 정착되어 모든 힘을 분산시키기 때문에 바닥판에는 종방향 압축만이 작용하게 되는 이점이 있다.

한강에 가설된 올림픽 대교는 캔틸레버 공법에 의한 우리나라 최초의 PSC 사장교이다. 이 교량은 전 길이가 1600 m로, 중앙부 300 m는 캔틸레버 공법에 의한 PSC 사장교로 되어 있고, 양쪽의 나머지 부분은 이동 지보공 공법(movable scaffolding system)〔13.8.3 항 참조〕에 의한 박스 거더교로 되어 있다. 그림 13-3은 사장교 부분의 단면을 보인 것이며, 5 m씩의 세그먼트(segment)로 시공되었으며, 10 m마다 배치된 격벽(diaphragm)에서 2개씩의 케이블로 주탑에 의해 지지되고 있다.

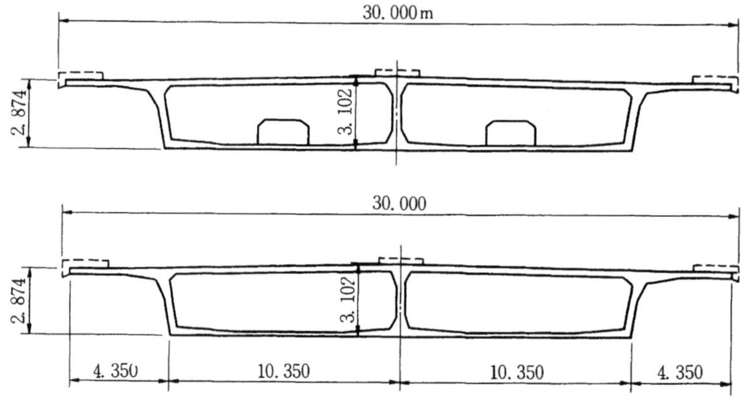

그림 13-3 올림픽 대교의 단면(사장교 구간)

참고 외국에서 개발되어 실제로 가설된 특수한 PSC교를 여기에 간단히 소개한다.

(1) 엑스트라도즈드 PSC교(extradosed prestressed bridge) 그림 13-4에 보인 바와 같이 긴장재를 단면 밖으로 연장하여 교각 위에 설치된 주탑(stub column)의 정부(頂部)에서 deviator(偏向裝置)에 의하여 긴장재 방향을 바꾸어 다음 경간으로 연속시켜서 외부 케이블로 한 PSC교로서, 일찍이 프랑스에서 개발된 것이다.

이 교량의 긴장재를 extradosed cable이라 하며, PSC 사장교의 stay cable과 외형은

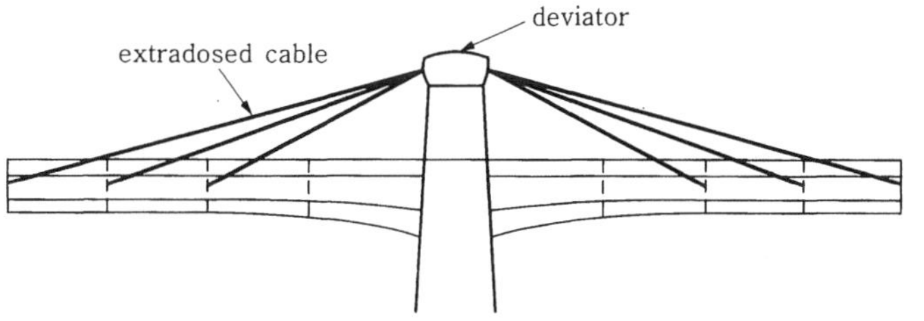

그림 13-4 엑스트라도즈드 PSC교

비슷하지만 그 작용은 기본적으로 다르다. 케이블의 편심량을 거더의 유효 깊이 이상으로 크게 증가시켜 이용함으로써, 거더교와 사장교의 복합적 특성을 가지는 것이 이 교량의 특징이다. 따라서 그 지간 길이도 거더교와 사장교의 중간 정도의 지간이 된다.

부산시 송정동에서 부산 신항 진입도로에 가설된 녹산대교(경간 120 m)가 우리나라 최초의 extradosed PSC교로 2005년 말 준공된 바 있고, 여수시에서 건설중인 국도대체 우회도로(둔덕~주삼)의 평여 2교가 3경간 연속의 extradosed PSC교로 완공단계에 있으며, 충주시 국도대체 우회도로(용두~금가)의 남한강을 횡단하는 금가대교가 7경간 연속의 extradosed PSC교로 현재 공사중에 있다.

한편 extradosed PSC교를 개선한 이른바 PSC 사판교(panel-stayed bridge)가 우리나라 최초로 양근대교(도로교)에 적용 준공된 바 있고, 성남~여주 복선전철의 율천교(철도교)가 PSC 사판교로 공사중에 있다.

(2) **파형강판 웨브 PSC교(corrugated steel web prestressed bridge)** 그림 13-5에 보인 바와 같이 파형형상(波形形狀)으로 가공한 구조용 강판(corrugated steel web, ripple steel web)을 복부로 하여 프리스트레스를 도입하고, 상하의 콘크리트 상판과 합성한 교량으로서, 최근 프랑스에서 개발된 것이다.

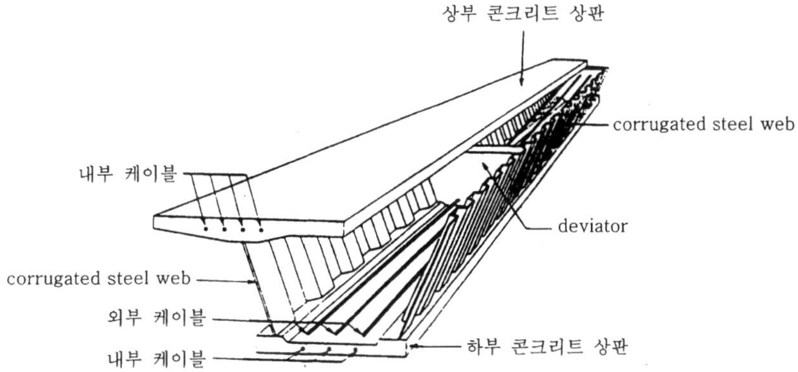

그림 13-5 파형강판 웨브 PSC교의 개념

파형강판에는 축방향 강성이 거의 없어서 아코디언처럼 신축하는 성질이 있기 때문에, 프리스트레스 도입의 효율을 향상시킬 수 있고, 또 높은 전단좌굴 내력을 가지고 있기 때문에 보강재(stiffener)를 필요로 하지 않는 등 그 밖의 많은 장점을 가지고 있는 것이 이 교량의 특징이다.

선산~도개 간 국도 4차로 확장공사에서 낙동강을 횡단하는 일선대교가 우리 나라 최초의 파형강판 PSC교로 완공단계에 있다.

13.2 설계기준과 표준시방서

도로교의 설계는 종래 "도로교 표준시방서"(1996)에 준거해 왔다. 이 시방서의 설계편이 "도로교 설계기준"이라는 이름으로 2000년 개정 출간되었고, 시공편은 "도로교 표준시방서"의 이름으로 1999년 개정 출간된 바 있다. 이들 설계기준 및 표준시방서가 다시 개정되어 2005년 2월 출간되었으며, 전적으로 SI 단위를 채택하고 있다.

철도교도 1999년 "철도 설계기준(철도교 편)" 및 "철도공사 전문 시방서(토목 편)"로 개정되어 각각 출간된 바 있다. 이들 설계기준 및 전문시방서도 다시 개정되어 2004년 12월 각각 출간되었으며, 이들 역시 SI 단위를 채택하고 있다.

이상의 설계기준에 있어서 강교는 허용응력 설계법을, 콘크리트교는 강도 설계법을 원칙으로 하고 있다.

13.3 도로교의 하중

고정하중(사하중), 활하중, 충격, 프리스트레스, 토압, 수압 등을 **주하중**이라고 하고, 풍하중(風荷重), 온도변화의 영향, 지진의 영향 등을 **부하중**이라고 한다. 지반변동의 영향, 지점이동의 영향, 원심하중, 제동하중, 충돌하중 등을 **특수하중**이라고 한다.

교량에서는 이들 하중이 단독으로 작용하는 일은 거의 없으며, 몇 개의 하중이 동시에 작용한다. 그러므로 동시에 작용할 가능성이 많은 하중의 조합 가운데서 구조물 또는 부재에 가장 불리한 영향을 주는 하중조합에 대하여 설계해야 한다.

13.3.1 고정하중

고정하중이란 교량의 자중, 교량에 부가되는 물체들의 중량을 말하며, 사하중이라고도 한다. 고정하중의 계산을 위하여 도로교 및 철도교 설계기준에서는 재료의 단위중량을 표 13-1과 같이 주고 있다.

표 13-1 재료의 단위중량(kg/m^3)

재 료	단위중량	재 료	단위중량
강재(鋼材), 주강, 단강	7850	콘크리트	2350
주 철	7250	시멘트 모르타르	2150
알 루 미 늄	2800	목 재	800
철근 콘크리트	2500	역청재(防水用)	1100
프리스트레스트 콘크리트	2500	아스팔트 포장	2300

13.3.2 활 하 중

차량이나 군중과 같이 교량 위를 이동하는 하중을 활하중이라고 한다.

[1] 트럭하중과 차로하중

도로교 설계기준에서는 자동차 하중으로서 **표준 트럭하중**(DB 하중)과 **차로하중**(DL 하중)을 주고 있다. DB 하중은 이상화한 트럭하중으로서, 그림 13-6에 보인 바와 같이 2축 차륜 견인차에 1축 차륜의 세미트레일러를 연결한 것이며, 교량의 등급에 따라 표 13-2와 같이 적용한다. 그림 13-6에서 첫 번째 차륜과 두 번째 차륜의 간격은 일정한 것으로 본다. 그러나 두 번째 차륜과 세 번째 차륜 사이의 간격은 V=4.20~9.00 m의 범위에서 부재에 최대응력을 일어나게 하는 값을 택한다.

차로하중(차선하중, lane loading)은 연행(連行)하는 트럭하중과 등가(等價)가 되

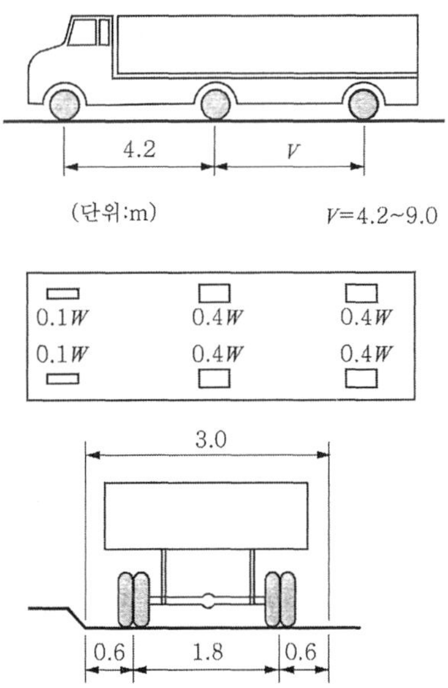

그림 13-6 DB 하중

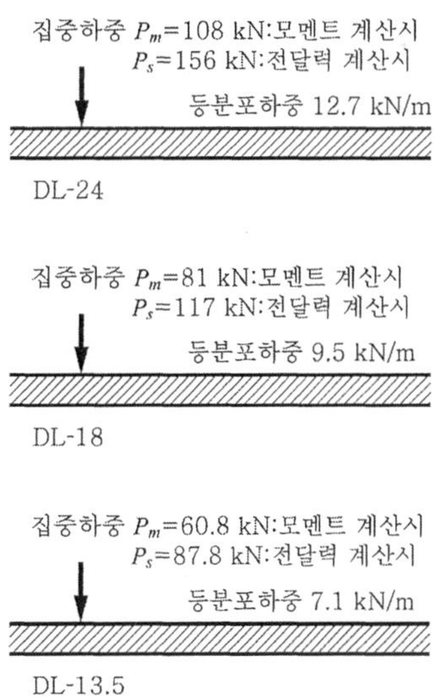

그림 13-7 DL 하중

도록 한 활하중으로서, 그림 13-7과 같이 1차로(1차선)에 대하여 등분포 하중과 하나의 집중하중으로 되어 있다. 집중하중은 모멘트를 계산하느냐, 전단력을 계산하느냐에 따라 크기를 달리하며, 또한 최대응력이 일어나도록 재하한다. 차로하중은 대응하는 표준 트럭하중보다 더 큰 응력을 일어나게 할 때 사용되며, 일반적으로 장지간(長支間)의 교량의 설계를 지배한다.

[2] 교량의 등급과 활하중

DB-24로 설계되는 교량을 1등교, DB-18로 설계되는 교량을 2등교, DB-13.5로 설계되는 교량을 3등교로 각각 구분한다.

표 13-2 DB 하중

교량등급	하중등급	중량 W(kN)	총 하 중 $1.8W$(kN)	전륜하중 $0.1W$(kN)	후륜하중 $0.4W$(kN)
1 등 교	DB-24	240	432	24	96
2 등 교	DB-18	180	324	18	72
3 등 교	DB-13.5	135	243	13.5	54

고속도로, 자동차 전용도로, 특별시도, 직할시도에 가설되는 교량은 1등교라야 하고, 따라서 DB-24 또는 DL-24로 설계해야 한다. 일반국도 및 국방상 중요한 도로에 놓이는 교량, 교통량이 많고 중차량의 통행이 불가피한 지방도(地方道), 시도(市道)·군도(郡道)에 놓이는 교량은 1등교라야 한다. 지방도, 시도 및 군도 중에서 교통량이 적은 교량은 2등교로 한다. 산간벽지의 지방도와 시도 및 군도에서 교통량이 적은 곳에 가설되는 교량은 3등교로 한다.

13.3.3 활하중의 재하방법

활하중은 생각하는 부재나 단면에 가장 불리한 응력이 일어나도록 재하해야 한다.

[1] 주 거더를 설계할 경우

① 차도부분에는 교축방향으로 차로당 1대의 DB 하중 또는 1차로 분의 DL 하중 가운데 설계부재에 불리한 응력을 일으키는 것을 재하한다.

② DB 하중이나 DL 하중의 점유 폭은 3 m로 본다. 설계 때 이 하중은 표준차로 폭 3.6 m 안에 두어야 한다.

③ 연석(curb stone)사이의 교 폭 W_c에 따른 설계차로의 수 N은 표 13-3에 따

라 결정한다. 이에 따른 설계차로 폭(설계차선 폭) W는 다음 식으로 정한다.

$$W = \frac{W_c}{N} \leqq 3.6\,\mathrm{m} \qquad (13 \cdot 1)$$

여기서 W : 설계차로 폭

W_c : 연석 사이의 교 폭

N : 표 13-3에 보인 차로의 수

표 13-3 교 폭과 차로의 수

W_c(m)	N	W_c(m)	N
$6.0 \leq W_c < 9.1$	2	$23.8 \leq W_c < 27.4$	7
$9.1 \leq W_c < 12.8$	3	$27.4 \leq W_c < 31.1$	8
$12.8 \leq W_c < 16.4$	4	$31.1 \leq W_c < 34.7$	9
$16.4 \leq W_c < 20.1$	5	$34.7 \leq W_c < 38.4$	10
$20.1 \leq W_c < 23.8$	6		

④ 차도부분에서 DB 하중이나 DL 하중은 ③에서 계산된 설계차로 폭 W의 크기에 따라 교축 직각방향으로 설계차로 폭마다 차로를 침범하지 않는 범위에서 설계부재에 가장 불리한 응력이 일어나도록 동시 재하한다.

⑤ 곡선교에서는 표준차로 폭이나 설계차로 폭에 관계없이 DB 하중이나 DL 하중을 표준점유 폭인 3 m마다 연속시켜서 설계차로 수 이내로, 최대의 편심효과가 일어날 수 있도록 재하한다.

⑥ 어느 부재의 최대응력은 몇 개 차선에 활하중이 동시에 재하됨으로써 일어날 경우에는, 그 활하중 응력을 다음의 백분율로 감소시킨다. 이것은 3차선 이상의 교량에서 어느 부재에 최대응력이 일어나도록 활하중이 동시에 재하되는 확률이 거의 없기 때문이다.

3차로	90 %
4차로 이상	75 %

⑦ 연속보에서 최대 정(+)모멘트를 구하고자 할 때는 생각하는 단면에 최대 정(+)모멘트가 일어나도록 연속 또는 불연속으로 차로하중을 재하하되, 하나의 집중하중을 가장 불리한 위치에 재하한다. 그림 13-8 (a)는 등지간(等支間)의 2경간 연속보에서 최대 정(+)모멘트가 일어나도록 차로하중이 재하된 경우를 보인 것이다.

연속보에서 지점의 최대 부(−)모멘트를 구하고자 할 경우에는 차선하중을 재하하되, 생각하는 단면에 최대 부모멘트가 일어나도록 같은 크기의 또 하나의 집중하중을 인접지간에 실어야 한다. 그림 13-8 (b)는 등지간의 2경간 연속보에서 최대 부모멘트가 일어나도록 차로하중이 재하된 경우를 보인 것이다.

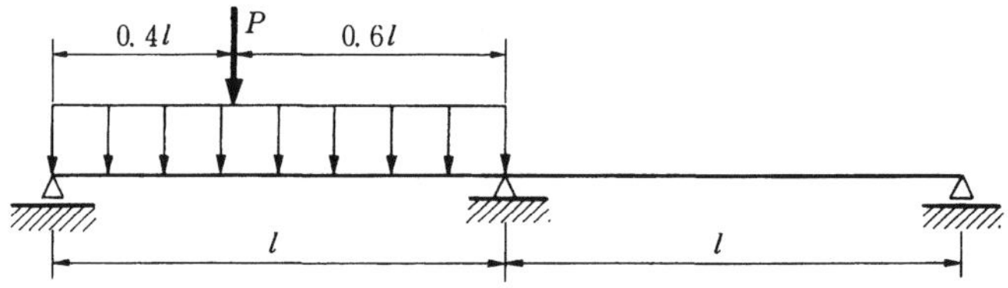

(a) 최대 정모멘트가 일어나는 재하

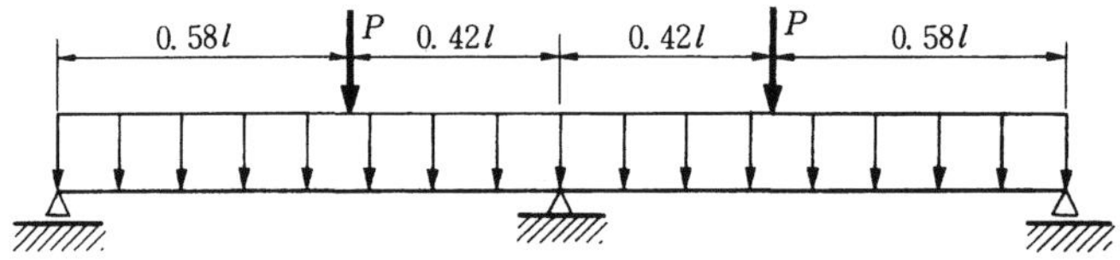

(b) 최대 부모멘트가 일어나는 재하

그림 13-8 차로하중의 재하방법의 예

⑧ 보도 등에 재하할 등분포하중은 도로교설계기준(2.1.3)에 규정되어 있다.

[2] 바닥판을 설계할 경우

① 차도부분에는 DB 하중을 재하하되 종방향에는 1대, 횡방향에는 재하가능한 대수를 재하한다. 이 때 차륜하중의 중심위치는 연석면으로부터 30 cm로 한다.

② 보도에는 5×10^{-3} MPa의 등분포 하중을 재하한다.

③ 궤도에는 궤도의 차량하중과 DB 하중 가운데서 불리한 응력을 일으키는 하중을 재하한다.

④ 차륜의 접지면은 도로교설계기준(2.1.3)에 규정되어 있다.

13.3.4 충 격

차량하중의 주행으로 인하여 구조물에 일어나는 동적 영향(動的 影響)을 **충격**이라고 한다. 구조물은 충격으로 인하여 그만큼 활하중 응력이 증가한다. 그 증가량은 활하중의 정적 효과(靜的 效果)에 **충격계수**(impact factor)를 곱하여 얻는다. 도로교설계기준에서는 충격계수를 다음과 같이 주고 있다.

$$i=\frac{15}{40+L}\leqq 0.3 \qquad (13\cdot 2)$$

여기서 L은 m로 나타낸 지간(경간) 길이이며, 구조형식과 재하위치에 따라 L을 정하는 방법이 도로교 설계기준(2. 1. 4)에 규정되어 있다.

13.4 활하중의 분포

교량의 바닥판(床版, deck)에 집중하중이 작용하면, 그 하중은 바닥판에 접촉된 면적보다 더 넓은 면적에 분포된다. 따라서 바닥판의 더 넓은 면적이 하중에 저항할 것이다. 이것을 하중의 분포라고 하며 설계에 고려해야 한다.

바닥판의 차륜하중의 분포에 관한 해석방법은 Guyon-Massonet의 방법을 비롯하여 그 밖에 몇 가지 방법들이 있다. 이 방법들은 바닥판을 격자구조(grid system), 직교 이방성판(orthotropic plate), 또는 얇은 판과 보의 조직으로 보고, 탄성이론에 의해 해석하고 있다. 이러한 해석에는 컴퓨터를 이용한 유한요소 해석이 아주 적합하다. 그러나 도로교 설계기준에서는 정밀한 해석 대신에 근사방법을 주고 있다. 아래에 그 방법들을 설명한다.

부재의 지간방향(경간방향)으로는 하중은 분포하지 않는다고 가정한다. 차륜하중은 항상 횡방향으로만 분포한다고 생각한다.

13.4.1 바닥판에 대한 차륜하중의 분포

교량의 바닥판은 대개 RC 슬래브나 PSC 슬래브로 이루어진다. 트럭하중은 바닥판에 직접 놓인다. 여기서는 차륜하중이 바닥판에 어떻게 분포되며, 또 그 휨모멘트와 전단력을 어떻게 계산하는가를 설계기준에 따라 설명한다.

콘크리트교에서 바닥판의 지간(경간) 길이는 단순지지이건 연속이건 지지보의 순경간(純徑間)으로 한다. 차량 진행방향에 직각으로 캔틸레버 바닥판이 있는 경우, 그 지간은 지지보의 외측면으로부터 잰 값이다.

[1] 휨모멘트

바닥판 슬래브의 폭 1 m에 대한 휨모멘트는 아래의 식 (13・3)~식 (13・11)로 계산한다. 이들 식에 사용된 기호는 다음과 같다.

L : 계산지간(m)

E : 하나의 차륜이 분포되는 바닥판의 폭(m)

P : 트럭 후륜 하나의 중량, 즉

P_{24} : DB-24에 대하여 96 kN

P_{18} : DB-18에 대하여 72 kN

$P_{13.5}$: DB-13.5에 대하여 54 kN

(1) 단순 바닥판 및 연속 바닥판

① 주철근이 차량 진행방향에 직각인 경우(계산지간 0.6~7.3 m까지)

단순 지지판의 활하중 모멘트는 다음 식으로 계산한다(충격은 따로 계산한다).

$$\frac{L+0.6}{9.6}P \text{ (kN·m/m)} \tag{13·3}$$

바닥판이 3개 이상의 지점을 가진 연속 슬래브일 경우 그 정(+), 부(−)의 휨 모멘트는 위의 값의 0.8배로 한다.

위의 식에서 $(L+0.6)/9.6$을 바닥판에 대한 활하중의 **분포계수**(distribution factor)라고 부르는 경우도 있다.

② 주철근이 차량 진행방향에 평행인 경우

윤하중(輪荷重)의 분포는 다음 식으로 계산한다. 그러나 2.1 m를 넘어서는 안 된다.

$$E=1.2+0.06L \leq 2.1 \text{ m} \tag{13·4}$$

이 폭을 갖는 바닥판에 소정의 트럭 윤하중이 작용한다고 보고 설계한다. 차로하중은 $2E$의 폭에 걸쳐 분포한다.

지간이 15 m 이하인 단순 지지판의 최대 활하중 모멘트 M_L은 근사적으로 다음과 같다(충격은 따로 계산해야 한다).

$$\left.\begin{array}{ll} \text{DB-24} & : M_L=18L \text{ (kN·m/m)} \\ \text{DB-18} & : M_L=13.4L \text{ (kN·m/m)} \\ \text{DB-13.5} & : M_L=10L \text{ (kN·m/m)} \end{array}\right\} \tag{13·5}$$

경간이 15 m를 넘거나 연속 바닥판인 경우의 휨모멘트는 트럭하중 또는 차로하중을 사용하여 적합한 방법으로 해석해야 한다.

(2) 캔틸레버 바닥판

① 주철근이 차량 진행방향에 직각인 경우

캔틸레버판에 작용하는 차륜하중의 분포 폭은 다음 식으로 계산한다.

$$E=0.8X+1.14 \tag{13·6}$$

여기서 X는 하중점에서 지점까지의 거리(m)이다. 이 경우 휨모멘트는 다음 식으로 계산한다.

$$M=\frac{P}{E}X(\mathrm{kN \cdot m/m}) \qquad (13 \cdot 7)$$

② 주철근이 차량 진행방향에 평행인 경우

캔틸레버판에 작용하는 윤하중의 분포 폭은 다음 식으로 계산하되 2.1 m를 넘어서는 안 된다.

$$E=0.35X+0.98 \leq 2.1\ \mathrm{m} \qquad (13 \cdot 8)$$

여기서 X는 하중점에서 지점까지의 거리(m)이다. 이 때 휨모멘트는 다음 식으로 계산한다.

$$M=\frac{P}{E}X\ (\mathrm{kN \cdot m/m}) \qquad (13 \cdot 9)$$

(3) 종방향 단부 보

주철근이 차량 진행방향에 평행인 바닥판 슬래브에 있어서는 종방향으로 단부(端部) 보를 두어야 한다. 이 단부 보는 철근을 더 보강한 슬래브 단면으로 할 수도 있고, 또는 보를 슬래브와 일체로 하되, 슬래브보다 더 깊게 할 수도 있다. 이러한 단부 보는 다음과 같은 휨모멘트에 저항할 수 있도록 설계해야 한다.

단순지지 슬래브의 경우 …… $M=0.10PL$ (kN·m/m) (13·10)

연속 슬래브의 경우 ………… $M=0.08PL$ (kN·m/m) (13·11)

여기서 P : 윤하중

L : 세로방향 단부 보의 경간(m)

[2] 배력철근

집중 활하중을 횡방향으로 분포시키기 위하여 슬래브에는 주철근에 직각방향으로 배력철근을 배치한다. 그 양은 정(+)의 휨모멘트에 소요되는 주철근량의 백분율로 나타내어 도로교 설계기준에서는 다음과 같이 주고 있다.

주철근이 차량 진행방향에 직각인 경우

$$\frac{120}{\sqrt{L}}(\%),\ \text{최대 } 67\%$$

주철근이 차량 진행방향에 평행인 경우 (13·12)

$$\frac{55}{\sqrt{L}}(\%),\ \text{최대 } 50\%$$

여기서 L : 바닥판의 경간(m)

[3] 전 단

이상과 같은 기준에 의해 계산한 휨모멘트로 설계된 바닥판 슬래브는 전단에 대하여 안전한 것이 보통이다. 따라서 도로교 설계기준에서는 바닥판의 전단에 대한 검사를 생략해도 좋도록 규정하고 있다. 이것은 설계기준에 규정하고 있는 바닥판의 최소 두께가 전단에 대하여 충분하기 때문이다.

도로교 설계기준에서는 차도부분 바닥판의 최소 두께를 RC 바닥판은 22 cm 이상, PSC 바닥판은 20 cm 이상, 보도부분 바닥판은 14 cm 이상을 각각 요구하고 있다.

13.4.2 세로보 및 가로보에 대한 차륜하중의 분포

보통지간의 콘크리트교에는 그림 13-1 (a)와 같은 PSC 합성 거더교가 많이 가설된다. 이러한 거더교(girder bridge)는 세로보(주 거더)와 가로보로 이루어진다.

가로보는 교량의 횡방향 강성(剛性)을 증가시키고, 하중의 횡방향 분포를 돕기 위하여 주 거더에 직각방향으로 설치된다. 주 거더의 단부(端部)에 설치되는 가로보를 **단부 가로보**(end diaphragm), 지간의 중간에 설치되는 가로보를 **중간 가로보**(intermediate diaphragm)라고 한다. T형 거더교에는 단부 가로보를 두어야 하며, 지간이 12 m 정도 이상이면 중간 가로보도 두어야 한다. 중간 가로보는 15 m 이하의 간격으로 두어야 한다. 가로보의 복부 폭은 20 cm 이상이라야 한다.

여기서는 이들 보에 차륜하중이 어떻게 분포하는가, 또 휨모멘트와 전단력은 어떻게 계산하는가를 설명한다.

[1] 전단력 계산을 위한 차륜하중의 분포

세로보, 즉 주 거더의 단부 전단력을 계산할 경우, 단부 가까이에 있는 차륜하중은 가로방향 분포는 없다고 생각한다. 가로보의 단부 전단력을 계산할 경우에도 단부 근처에 놓인 윤하중은 세로방향의 분포는 없다고 생각한다. 그 밖의 위치에 놓인 윤하중에 대하여는 아래에 설명하는 휨모멘트의 경우와 같이 분포한다고 생각한다.

[2] 세로보의 휨모멘트

세로보의 휨모멘트를 계산함에 있어서는 윤하중의 세로방향 분포는 없다고 보고, 가로방향 분포만 생각한다. 이 원칙에 따라 세로보의 휨모멘트는 다음과 같은 하중으로 계산하도록 설계기준은 규정하고 있다.

(1) 내측(內側) 세로보

1차선의 경우

$$\frac{L}{2.10}P \ (L \leqq 3.0\,\text{m}) \tag{13·13}$$

2차선의 경우

$$\frac{L}{1.65}P \ (L \leqq 4.2\,\text{m}) \tag{13·14}$$

여기서 L : 세로보의 간격(m)

P : 표준트럭의 윤하중

세로보의 간격이 위의 한계값을 넘을 경우에는, 바닥판을 단순보로 가정하고 계산한 세로보의 반력(反力)을 취한다.

위의 식에서 $L/2.10$ 및 $L/1.65$을 윤하중의 분포계수라고 한다.

(2) **외측(外側) 세로보**

바닥판을 단순보로 가정하고 계산한 세로보의 반력을 취한다. 세로보가 4개 이상인 경우에는 외측 세로보의 윤하중의 반력은 다음 값 이상이라야 한다.

$$\left.\begin{array}{l} \dfrac{L}{1.65}P \ (L \leqq 1.8\,\text{m}\text{인 경우}) \\ \dfrac{L}{1.20+0.25L}P \ (1.8\,\text{m} < L \leqq 4.2\,\text{m}\text{인 경우}) \end{array}\right\} \tag{13·15}$$

여기서 L은 외측 세로보와 인접 내측 세로보 사이의 거리(m)이다.

L이 4.2 m를 넘을 경우에는 세로보 사이의 바닥판을 단순보로 가정하고 계산한 세로보 위의 반력을 취한다.

[3] 가로보의 휨모멘트

가로보(floor beam, transverse beam)의 휨모멘트를 계산함에 있어서는 차륜하중의 가로방향 분포는 없다고 생각한다. 바닥판 슬래브가 세로보 없이 가로보에 의해 지지되어 있을 때, 가로보의 휨모멘트의 계산에는 다음 하중을 사용한다.

$$\frac{L}{1.8}P \ (L \leqq 1.8\,\text{m}) \tag{13·16}$$

여기서 L : 가로보의 중심 간격(m)

P : 표준트럭의 후륜하중

가로보의 간격이 1.8 m를 넘을 경우에는 바닥판을 단순보로 가정하고 계산한 가로보의 반력을 취한다.

13.5 도로교의 주요 하중조합과 하중계수

도로교 설계기준(2005)에서는 주요 하중조합과 하중계수를 아래와 같이 주고 있다.

$$U = 1.3D + 2.15(L+I) + 1.3CF + 1.7H + 1.3Q$$

$$U = 1.3D + 1.7H + 1.3Q + 1.3W$$

$$U = 1.3D + 1.3(L+I) + 1.3CF + 1.7H + 1.3Q + 1.3(0.5W + WL + BK)$$

$$U = 1.3D + 1.3(L+I) + 1.3CF + 1.7H + 1.3Q + 1.3G$$

$$U = 1.25D + 1.65H + 1.25Q + 1.25W + 1.25G$$

$$U = 1.25D + 1.25(L+I) + 1.25CF + 1.65H + 1.25Q + 1.25(0.5W + WL + BK) + 1.25G$$

$$U = 1.0D + 1.0H + 1.0Q + 1.0E$$

$$U = 1.3D + 1.3(L+I) + 1.3CF + 1.7H + 1.3Q + 1.3CO$$

$$U = 1.2D + 1.55H + 1.2Q + 1.2W + 1.2CO$$

여기서 D : 사하중(고정하중) 또는 이에 따른 단면력

L : 활하중 또는 이에 따른 단면력

I : 충격 또는 이에 따른 단면력

H : 토압 또는 이에 따른 단면력

W : 풍하중 또는 이에 따른 단면력

WL : 차량 활하중에 작용하는 풍하중 또는 이에 따른 단면력

BK : 제동하중 또는 이에 따른 단면력

E : 지진의 영향 또는 이에 따른 단면력

CF : 원심하중 또는 이에 따른 단면력

CO : 충돌하중 또는 이에 따른 단면력

G : 부등침하, 크리프, 건조수축, 제작 또는 시공시 치수의 착오, 습도변화 또는 온도변화 등으로 인한 팽창 또는 수축변형으로 유발된 변형력 또는 이에 따른 단면력

Q : 부력 또는 양압력, 수압, 파압 등의 하중 또는 이에 따른 단면력

강도 감소계수는 도로교 설계기준 2장의 2.2.3과 4장의 4.6.3에 주어져 있다.

13.6 PS 강재와 콘크리트의 허용응력

프리스트레스트 콘크리트교에 있어서 PS 강재 및 콘크리트의 허용응력을 도로교 설계기준에서는 각각 표 13-4 (a)및 표 13-4 (b)와 같이 주고 있다.

표 13-4 (a) PS 강재의 허용응력(도로교 설계기준－2005)

프리텐션 부재	프리스트레스 도입 직전의 허용 인장응력	저 릴랙세이션 스트랜드	$0.75f_{pu}$
		응력제거 스트랜드	$0.70f_{pu}$
포스트텐션 부재	정착 직후 정착구역에서의 허용 인장응력		$0.70f_{pu}$
모든 손실이 일어난 후 사용하중 작용시의 허용 인장응력			$0.80f_{py}$

[주 1] f_{pu} : PS 강재의 인장강도(MPa), f_{py} : PS 강재의 항복강도(MPa)

[주 2] 포스트텐션 부재에서 정착장치의 활동에 의한 손실구역의 끝 부분에서는 $0.83f_{py}$까지, 정착부에서는 활동과 마찰로 인한 손실을 감안하여 정착 전 일시적으로 $0.90f_{py}$까지 허용한다.

표 13-4 (b) 콘크리트의 허용응력(도로교 설계기준－2005)

크리프와 건조수축에 의한 프리스트레스의 손실이 일어나기 전	휨 압축응력	프리텐션 부재		$0.60f_{ci}$
		포스트텐션 부재		$0.55f_{ci}$
	휨 인장응력	미리 압축력을 가한 인장응력		모든 손실 후의 휨 인장응력 참조
		그 밖의 구역	철근이 없는 인장구역	1.4 MPa 또는 $0.25\sqrt{f_{ci}}$
			철근이 있는 인장구역	$0.50\sqrt{f_{ci}}$
모든 손실이 일어난 후 (사용상태 때)	휨 압 축 응 력			$0.40f_{ck}$
	휨 인장응력	미리 압축력을 가한 인장구역	철근이 없는 부재	0
			철근이 있는 부재	$0.50\sqrt{f_{ck}}$
			심한 부식에 노출될 때	$0.25\sqrt{f_{ck}}$
정 착 부	지압응력	부재 단부에 철근이 배치된 포스트텐션 부재의 정착장치에 의한 지압응력		식 (6·35) 및 식 (6·36)의 값

[주] f_{ci} : 프리스트레스를 도입할 때의 콘크리트의 압축강도(MPa)

f_{ck} : 콘크리트의 설계기준 강도(MPa)

(1) 사용상태에서의 허용 휨 압축응력($0.40f_{ck}$)은 하중조합에 따라 도로교설계기준 2.2.2.2의 (2)의 증가계수를 적용할 수 있다.

(2) 시험자료가 없는 경우, 보통 콘크리트의 균열응력은 $0.63\sqrt{f_{ck}}$로 본다.

13.7 PSC 합성 거더교의 설계 예

하나의 예로 PSC 합성 거더교를 도로교 설계기준에 따라 설계해 보자.

13.7.1 설계조건

구조 형식	단순 PSC 합성 거더교(포스트텐션 방식, 활하중 합성)
주 거더의 길이	25.7 m
계산지간	25.0 m
교 폭	1.5 m(보도) + 6.0 m(차도) + 1.5 m(보도)
활 하 중	DB-18

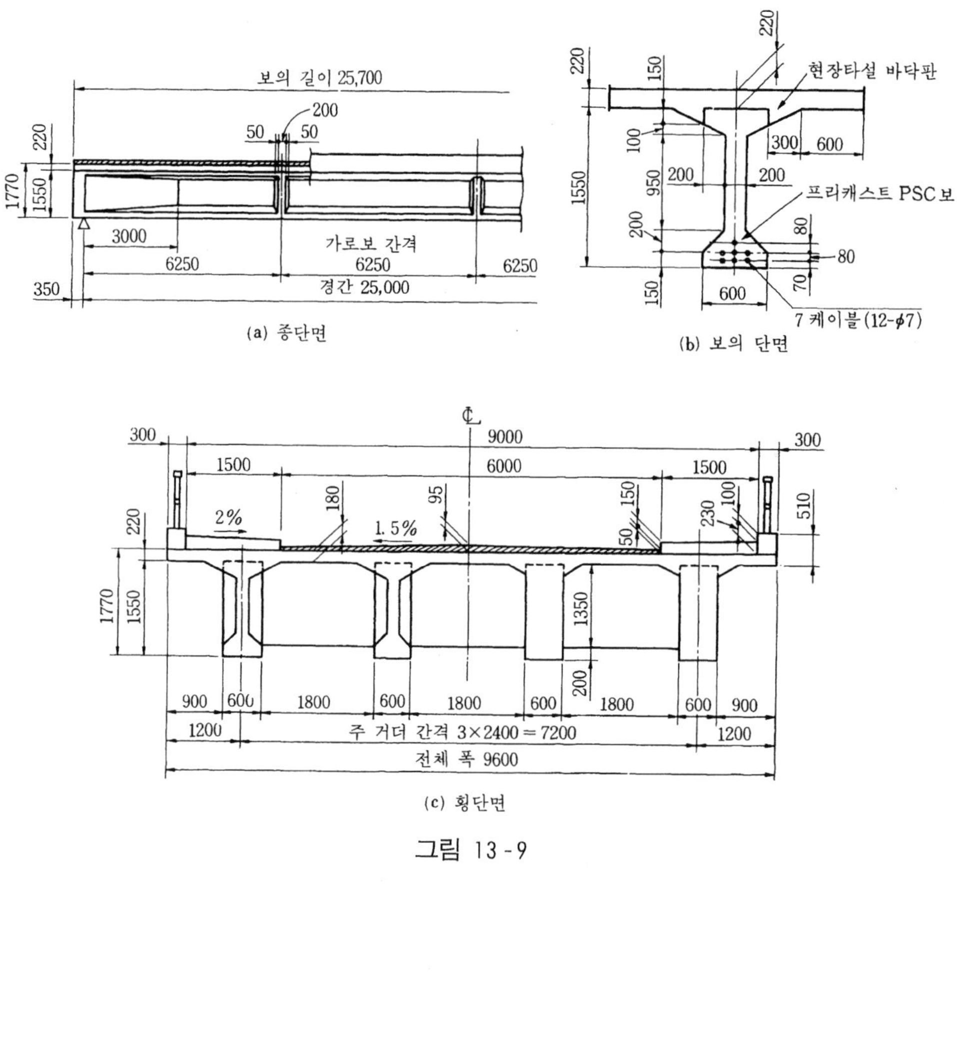

그림 13-9

콘크리트의 설계기준 강도

	주 거더(PSC)	$f_{ck}=40$ MPa
	바닥판(RC)	$f_{ck}=28$ MPa
철근(SD 300)		$f_y=300$ MPa
PS 강선(ϕ7)		
	인장강도	$f_{pu}=1550$ MPa
	항복강도	$f_{py}=1350$ MPa
PS 강봉(ϕ23)		
	인장강도	$f_{pu}=950$ MPa
	항복강도	$f_{py}=800$ MPa

이 교량은 그림 13-9와 같이 4개의 포스트텐션 방식의 프리캐스트 보를 주 거더로 하고 그 위에 RC 슬래브를 전단 연결재에 의해 합성한다.

13.7.2 바닥판의 설계

바닥판은 RC 슬래브로서, 주 거더인 프리캐스트 PSC 보에 합성되는 연속 슬래브이며, 계산지간은 주 거더와 주 거더 사이의 순경간(純徑間)을 사용한다. 주 거더의 복부 폭을 20 cm로 가정하면, 바닥판의 계산지간은 2.2 m로 된다(그림 13-10). 주철근이 차량 진행방향에 직각으로 배치되는 1방향 슬래브로 설계한다.

도로교 설계기준(4.7.4의 표 4.7.1)에 따르면 차도부분 바닥판의 최소 두께는

$$h_f = 30L + 130 = 30\times2.2 + 130 = 196 \text{ mm} < 220 \text{ mm}$$

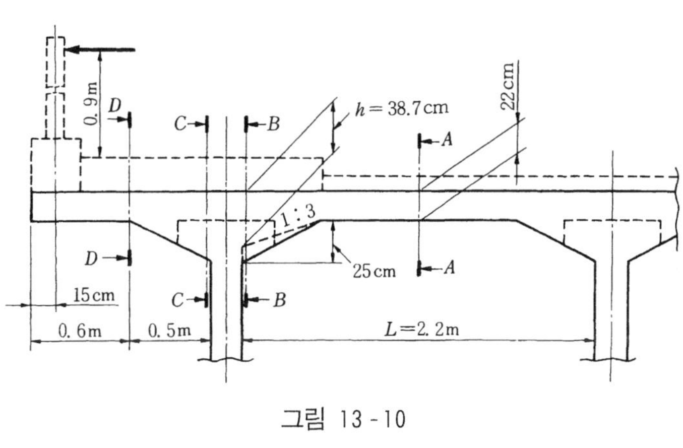

그림 13-10

따라서 바닥판 슬래브의 두께를 22 cm로 가정하고, 그 위에 두께 10 cm의 아스팔트 포장을 두기로 한다. 그러면 사하중(고정하중)은〔표 13-1 참조〕

$$w = 25(\text{kN/m}^3)\times 0.22 + 23(\text{kN/m}^3)\times 0.10 = 7.8\ \text{kN/m}^2$$

사하중에 대한 정(+), 부(−)의 모멘트 계수는 $\frac{1}{10}$을 사용하고, 차량 진행방향에 직각으로 폭 1 m에 대하여 계산한다. 여기서는 그림 13-10에서 단면 A-A에 대하여 계산한다(단면 B-B 등에 대한 계산은 생략한다).

슬래브의 지간중앙의 사하중 모멘트는

$$M_d = \frac{1}{10}wL^2 = \frac{1}{10}\times 7.8\times 2.2^2 = 3.8\ \text{kN}\cdot\text{m}$$

슬래브의 주철근이 차량 진행방향에 직각이고, 또 3개 이상의 지점을 가지는 슬래브이므로 활하중 모멘트는 식 (13・3)에 의하여

$$M_l = \left(\frac{L+0.6}{9.6}P\right)\times 0.8 = \frac{2.2+0.6}{9.6}\times 72\times 0.8 = 16.8\ \text{kN}\cdot\text{m}$$

충격계수는 식 (13・2)로부터

$$i = \frac{15}{40+L} = \frac{15}{40+2.2} = 0.355 > 0.3$$

따라서 충격계수는 0.3을 취해야 하므로 충격에 의한 모멘트는

$$M_i = 0.3\times 16.8 = 5.0\ \text{kN}\cdot\text{m}$$

13.5 절의 첫 번째 하중조합을 사용한다. $CF=0$, $H=0$, $Q=0$이므로, 총 계수 모멘트는

$$\begin{aligned} M_u &= 1.3M_d + 2.15(M_l + M_i) \\ &= 1.3\times 3.8 + 2.15(16.8 + 5.0) = 51.8\ \text{kN}\cdot\text{m} \end{aligned}$$

D19를 사용하기로 하고 피복두께를 4 cm로 한다면, 유효 깊이는

$$d = 22 - 4 - \frac{1}{2}\times 1.91 = 17\ \text{cm}$$

a=20 mm로 가정하고 철근량을 계산하면

$$A_s = \frac{M_u}{\phi f_y\left(d - \frac{a}{2}\right)} = \frac{51.8\times 10^3\times 10^3}{0.85\times 300\left(170 - \frac{20}{2}\right)} = 1270\ \text{mm}^2/\text{m}$$

a를 검사하면

$$a=\frac{A_s f_y}{0.85 f_{ck} b}=\frac{1270\times 300}{0.85\times 28\times 1000}=16\text{ mm}\fallingdotseq 20\text{ mm}$$

이에 대하여 D19를 15 cm 간격으로 사용한다면, 단위 폭(1 m)에 대한 철근량은

$$\frac{286.5}{15}\times 1000=1910\text{ mm}^2>1270\text{ mm}^2$$

지간이 짧은 데다 여러 곳에서 구부려 올려야 하는 번거로움이 있으므로, 이것을 피하여 위의 철근량을 슬래브의 상부(上部)와 하부(下部)에 각각 직선 배치한다. 이렇게 하면 철근이 필요 이상으로 들어가지만, 철근의 조립 및 가공비용이 절약되어 추가된 철근값이 상쇄될 수 있을 것이다.

주철근에 직각방향으로 배력철근을 배치한다. 주철근이 차량 진행방향에 직각이므로 배력 철근량의 백분율은

$$\frac{120}{\sqrt{L}}=\frac{120}{\sqrt{2.2}}=81\%>67\%$$

필요한 배력 철근량은

$$1910\times 0.67=1280\text{ mm}^2$$

D16(공칭 단면적 198.6 mm²)을 15 cm 간격으로 배치한다면, 1 m 폭에 대한 배력 철근량은

$$\frac{198.6}{15}\times 1000=1324\text{ mm}^2>1280\text{ mm}^2$$

13.7.3 주 거더의 설계

주 거더는 포스트텐션 방식의 PSC 보이다. 그 단면은 본 예제의 설계조건과 비슷한 조건하에 이미 가설된 교량의 주 거더를 참고하거나 설계 보조자료를 이용한다. 그리고 경험에 의하여 가정하고, 반복계산에 의하여 가장 적당한 단면형상, PS 강재량, 긴장재 배치 위치 등을 구한다. 이러한 계산은 6장에 따르면 된다. 이렇게 하여 결정된 단면이 설계조건을 만족하는가를 검사한다.

[1] 단면의 여러 계수

이 설계에서는 그러한 과정을 거쳐서 그림 13-9 (b)와 같은 단면을 가정하고, 긴장재는 SWPC 1AN 7 mm 강선 12개(4.618 cm²)를 한 케이블로 하여 7개의 케이블을 사용한다. 이 PSC 보의 중앙단면과 단부단면을 보인 것이 그림 13-11이고, 중앙

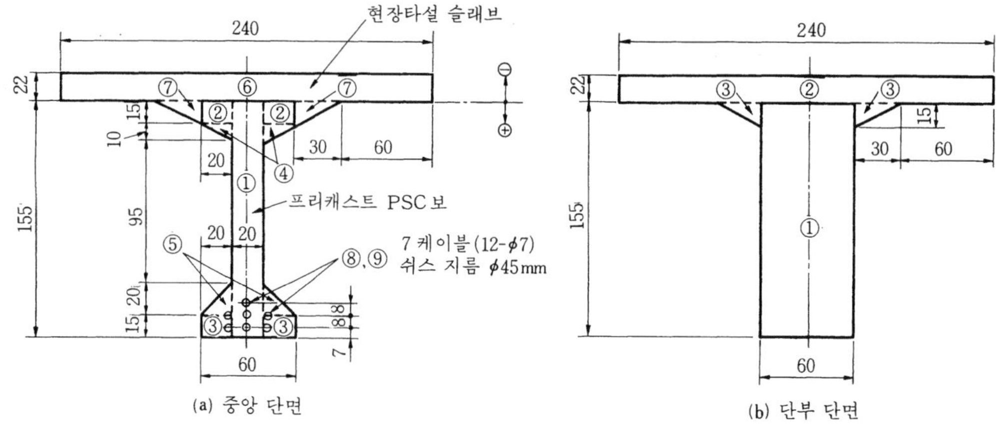

그림 13 - 11

단면의 도심, 단면계수 등의 계산결과를 보인 것이 표 13 - 5이다.

슬래브(바닥판) 콘크리트 단면을 PSC 보의 콘크리트와 동등한 콘크리트 단면으로 환산하여 계산해야 한다. 이 때 슬래브의 두께는 그대로 두고 플랜지 폭을 n배 하여 환산한다〔8장의 8.3 절 참조〕.

슬래브(바닥판) 콘크리트의 탄성계수는 도로교 설계기준 2장의 2.3.3의 (2)로부터

$$E_c = 4700\sqrt{28} = 2.5\times10^4 \text{ MPa}$$

프리캐스트 PSC 보의 콘크리트의 탄성계수도 도로교 설계기준 2.3.3으로부터

$$E_{cp} = 3300\sqrt{40} + 7700 = 2.8\times10^4 \text{ MPa}$$

두 콘크리트의 탄성 계수비는

$$n_1 = \frac{E_c}{E_{cp}} = \frac{2.5\times10^4}{2.8\times10^4} = 0.89$$

PS 강재와 콘크리트의 탄성 계수비는

$$n_2 = \frac{E_p}{E_{cp}} = \frac{2.0\times10^5}{2.8\times10^4} = 7.1$$

이들을 사용하여 환산단면을 계산한 것이 표 13 - 5에 나타나 있다. 계산의 편의를 위하여 프리캐스트 보를 복부와 플랜지 부분으로 나누고, 다시 플랜지 부분은 그림 13 - 11 (a)에 보인 바와 같이 직사각형과 삼각형으로 분할한다.

표 13-5 주 거더의 중앙단면의 제계수[그림 13-11 (a) 참조]

단면	분할 단면 번호	A 단면적 (cm^2)	y 단면도심에서 PSC 보 상단까지의 거리 (cm)	$A\times y=G$ 단면 1차 모멘트 (cm^3)	I_x 기준선(PSC 보 상단)에 대한 단면 2차 모멘트 (cm^4)
프리캐스트 보의 총단면	①	$20\times155=$ 3100	77.5	240,250	$20\times155^3\times\frac{1}{3}=$ 24,825,000
	②	$2\times20\times15=$ 600	7.5	4500	$40\times15^3=\frac{1}{3}=$ 45,000
	③	$2\times20\times15=$ 600	147.5	88,500	$40\times15^3\times\frac{1}{12}+40\times15\times147.5^2=13,065,000$
	④	$2\times20\times10\times\frac{1}{2}=$ 200	18.3	3660	$40\times10^3\times\frac{1}{36}\times20\times10\times18.3^2=$ 68,000
	⑤	$2\times20\times20\times\frac{1}{2}=$ 200	133.3	53,320	$40\times20^3\times\frac{1}{36}+400\times133.3^2=$ 7,116,000
	합계	$\Sigma A=4900$		$\Sigma G=390,230$	$\Sigma I_x=45,119,000$
	PCS 보 상단에서 도심까지의 거리 도심축에 대한 단면 2차 모멘트 단면계수 회전 반경				$y_c'=390,230/4900=79.6$ cm, $y_c=155-79.6=75.4$ cm $I_c=45,119,000-4900\times79.6^2=1.404\times10^7 cm^4$ $Z_c'=1.404\times10^7/79.6=1.76\times10^5 cm^3$ $Z_c=1.404\times10^7/75.4=1.86\times10^5 cm^3$ $r_c^2=1.404\times10^7/4900=2865\ cm^3$
바닥판의 환산단면을 포함한 총단면	바닥판과 프리캐스트 보의 콘크리트의 탄성 계수비 $n_1=0.89$를 플랜지 폭에 곱한다.				
	⑥	$0.89\times240\times22=4699$	-11	$-51,689$	$0.89\times240\times22^3\times\frac{1}{3}$ $=758,000$
	⑦	$0.89\times30\times15=387$	5	1935	$0.89\times30\times15^3\times\frac{1}{12}\times2$ $=15,000$
	합계	$\Sigma A=9986$		$\Sigma G=443,850$	$\Sigma I_x=45,892,000$
	$y_e'=443,850/9986=44.4$ cm, $y_e=155-44.4=110.6$ cm $I_e=45,892,000-9986\times44.4^2=2.62\times10^7 cm^4$ $Z_e'=2.62\times10^7/44.4=5.9\times10^5 cm^3$ $Z_e=2.62\times10^7/110.6=2.37\times10^5 cm^3$				
프리캐스트 보의 순단면	긴장재 7케이블의 쉬스 구멍(ϕ 4.5 cm)을 정사각형으로 환산하여 PSC 보의 총단면에서 뺀다. $\sqrt{3.14\times4.5^2\times\frac{1}{4}\times7}=10.6$ cm 프리캐스트 보 상단에서 긴장재 도심까지의 거리는 $155-(1\times23+3\times15+3\times7)/7=155-12.7=142.3$ cm				
	⑧	$-10.6\times10.6=-112$	142.3	$-15,938$	$10.6^4\times\frac{1}{12}+112\times142.3^2$ $=-2,269,000$
	①~⑤와 ⑧의 합계	$\Sigma A=4788$		$\Sigma G=374,292$	$\Sigma I_x=42,850,000$
	$y_{c0}'=374,292/4788=78.2$ cm, $y_{c0}=76.8$ cm, 긴장재 도심의 편심 $e_{p0}=76.8-12.7=64.1$ cm $I_{c0}=42,850,000-4788\times78.2^2=1.359\times10^7 cm^4$, $r_{c0}^2=2840 cm^2$ $Z_{c0}'=1.74\times10^5 cm^3$, $Z_{c0}=1.77\times10^5 cm^3$ 긴장재 도심위치에 대한 단면계수 $Z_{c0g}=1.359\times10^7/64.1=2.12\times10^5 cm^3$				

<table>
<tr><td rowspan="4">긴장재의 환산단면</td><td colspan="6">7케이블의 PS 강선 단면적($7\times4.618\,cm^2$)에 탄성 계수비 $n_2=7.1$을 곱하여 콘크리트 단면으로 환산하되 정사각형 단면으로 한다. 그 한 변의 길이는
$\sqrt{7\times4.618\times7.1}=14.7\,cm$</td></tr>
<tr><td>⑨</td><td>$14.7\times14.7\quad=216$</td><td>142.3</td><td>30,736</td><td>$14.7^4\times\frac{1}{12}+216\times142.3^2$</td><td>=4,378,000</td></tr>
<tr><td>합계</td><td colspan="2">$\Sigma A=5004$</td><td colspan="2">$\Sigma G=405,028$</td><td>$\Sigma I_x=47,228,000$</td></tr>
<tr><td colspan="6">$y_{e1}'=80.9\,cm$, $y_{e1}=74.1\,cm$, 긴장재 도심의 편심 $e_{pe1}=61.4\,cm$
$I_{c1}=1.448\times10^7\,cm^4$, $r_{e1}^2=2893\,cm^2$
$Z_{e1}'=1.79\times10^5\,cm^3$, $Z_{e1}=1.95\times10^5\,cm^3$, 긴장재 도심에 대한 단면계수 $Z_{e1g}=2.36\times10^5\,cm^3$</td></tr>
<tr><td rowspan="3">환산 합성단면</td><td colspan="6">분할단면 ①~⑨를 집계한다.</td></tr>
<tr><td colspan="2">$\Sigma A=10,090$</td><td colspan="3">$\Sigma G=355,274$</td><td>$\Sigma I_x=48,000,000$</td></tr>
<tr><td colspan="6">$y_{e2}'=35.2\,cm$, $y_{e2}=119.8\,cm$, 긴장재 도심의 편심 $e_{pe2}=119.8-12.7=107.1\,cm$
$I_{e2}=48,000,000-355,274\times35.2^2=3.55\times10^7\,cm^4$, $r_e^2=3518\,cm^2$
$Z_{e2}'=10.08\times10^5\,cm^3$, $Z_{e2}=2.96\times10^5\,cm^3$, 긴장재 도심에 대한 단면계수
$Z_{e2g}=3.31\times10^5\,cm^3$ 바닥판 상면에서 프리캐스트 보 도심까지의 거리 $y_{e2}''=35.2+22=57.2\,cm$
$Z_{e2}''=I_{e2}/y_{e2}''=6.21\times10^5\,cm^3$</td></tr>
</table>

[2] 설계 모멘트

주 거더는 내측 주 거더와 외측 주 거더 모두 그림 13-9와 같이 같은 단면을 사용한다. 여기서는 내측 주 거더에 대하여 계산한다(외측 주 거더에 대한 계산은 생략한다). 플랜지의 유효 폭은 주 거더의 중심 간격 240 cm로 될 것이다.

(1) 프리캐스트 보의 자중에 의한 모멘트

프리캐스트 보의 자중은

$$25\times0.49=12.25\ kN/m$$

$$M_{d0}=\frac{1}{8}\times12.25\times25^2=957\ kN\cdot m$$

(2) 바닥판 및 칸막이 중량에 의한 모멘트

바닥판의 중량은

$$25(2.40\times0.22+0.30\times0.15)=14.3\ kN\cdot m$$

프리캐스트 보에 걸리는 칸막이(diaphragm)의 중량을 2.6 kN/m로 보면, 바닥판과 칸막이의 중량으로 인한 모멘트는

$$M_{d1}=\frac{1}{8}(14.3+2.6)\times25^2=1320\ kN\cdot m$$

(3) 추가 사하중에 의한 모멘트

합성 후에 걸리는 사하중은 아스팔트 포장, 난간, 연석(緣石) 등의 중량이며, 이들의 합계를 7 kN/m로 보면 합성 거더에 일어나는 사하중 모멘트는

$$M_{d2} = \frac{1}{8} \times 7 \times 25^2 = 547 \text{ kN·m}$$

(4) 활하중 모멘트

2차선 교량이므로 활하중의 분포계수는 식 (13 · 14)로부터

$$\frac{L}{1.65} = \frac{2.40}{1.65} = 1.45$$

DB-18 하중이 지간 25 m의 단순보 위를 진행할 때 일어나는 절대 최대 휨모멘트를 계산하면 826.6 kN·m이다(그림 13-12). 따라서 활하중 모멘트는 다음과 같다.

$$M_l = 826.6 \times 1.45 = 1198 \text{ kN·m}$$

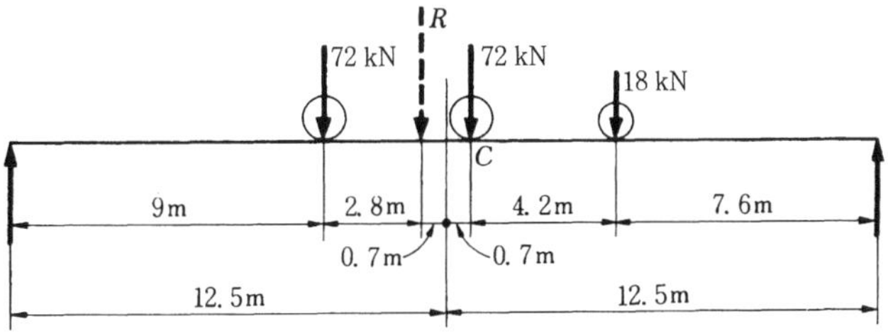

그림 13-12

(5) 충격 모멘트

$$i = \frac{15}{40+L} = \frac{15}{40+25} = 0.267$$

$$M_i = 0.267 \times 1198 = 320 \text{ kN·m}$$

$$\therefore M_{l+i} = 1198 + 320 = 1518 \text{ kN·m}$$

[3] 휨응력의 검사

(1) 설계 모멘트에 의한 응력

이상의 휨모멘트와 표 13-5의 단면계수를 사용하여 지간 중앙단면의 응력을 계산한 결과를 보인 것이 표 13-6이다. 이 때 프리캐스트 보의 응력은 M/Z으로 계산하지만, 바닥판 콘크리트의 응력은 $\frac{M}{Z} \times n_1$으로 계산하고, PS 강선의 응력은 긴장재 도심위치의 콘크리트 응력의 n_2배로 계산한다.

표 13-6 단면의 응력

하 중	휨 모멘트 (kN·m)	단면계수 ($\times 10^5$ cm^3)	콘크리트의 휨응력(MPa)				PS 강선
			바닥판	프리캐스트 보			긴 장 재 도심위치 (MPa)
			상 단	상 단	하 단	긴장재 도심위치	
프리캐스트 보의 자중	$M_{d0}=957$	$Z_{c0}'=1.74$ $Z_{c0}=1.77$ $Z_{c0g}=2.12$		5.5	−5.4	−4.5	
바닥판, 칸막이 중 량	$M_{d1}=1320$	$Z_{el}'=1.79$ $Z_{el}=1.95$ $Z_{elg}=2.36$		6.6	−6.0	−5.0	39.7
포장, 난간, 연석 등의 중량	$M_{d2}=547$	$Z_{e2}''=6.21$ $Z_{e2}'=10.08$ $Z_{e2}=2.96$ $Z_{e2g}=3.31$	0.8	0.5	−1.9	−1.7	11.7
활 하 중 (충격 포함)	$M_{l+i}=1518$	$Z_{e2}''=6.21$ $Z_{e2}'=10.08$ $Z_{e2}=2.96$ $Z_{e2g}=3.31$	2.2	1.5	−5.1	−4.6	32.6
합 계			3.0	14.1	−18.4	−15.8	84.0

(2) 프리스트레스의 계산

긴장재는 SWPC 1AN 7 mm 강선 12개를 한 케이블로 하여, 7케이블을 그림 13-13과 같이 배치한다.

1) **프리스트레스 도입 직후** 정착장치 위치에서 PS 강선의 재킹 힘은 $f_{pj}=$ 1200 MPa($<0.90 f_{py}=0.90\times1350=1215$ MPa, 표 13-4 (a) 참조]로 긴장한다. 정착장치의 활동으로 인한 인장력의 손실은 무시하고, 마찰로 인한 감소는 105 MPa, 탄성변형으로 인한 감소는 37 MPa이다[4장 참조, 여기서는 계산을 생략한다]. 따라서 도입 직후의 PS 강선의 인장응력은

$$f_{pi}=1200-105-37=1058\ \text{MPa}<1085\ \text{MPa}$$

여기서 1085 MPa는 도입 직후의 PS 강선의 허용 인장응력이다[즉, $0.7 f_{pu}=0.7\times 1550=1085$ MPa, 표 13-4 (a) 참조]. 이 때의 프리스트레스 힘은

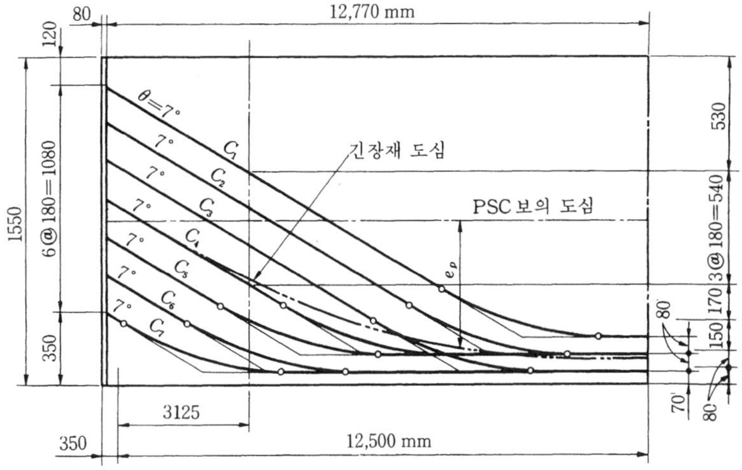

그림 13-13

$$P_i = 7 \times A_p f_{pi} (A_p = 38.48\ \text{mm}^2 \times 12 = 461.8\ \text{mm}^2)$$
$$= 7 \times 461.8 \times 1058 = 342 \times 10^4\ \text{N}$$

따라서 프리스트레스 도입 직후의 PSC 보의 콘크리트 응력은 다음과 같다.

$$\text{상면} : f_{it} = \frac{P_i}{A_c} - \frac{P_i \cdot e_{p0}}{Z_{c0}'} = \frac{342 \times 10^4}{4788 \times 10^2} - \frac{342 \times 10^4 \times 641}{1.74 \times 10^5 \times 10^3}$$
$$= 7.14 - 12.60 = -5.5\ \text{MPa(인장응력)}$$

$$\text{하면} : f_{ib} = \frac{P_i}{A_c} + \frac{P_i \cdot e_{p0}}{Z_{c0}} = \frac{342 \times 10^4}{4788 \times 10^2} + \frac{342 \times 10^4 \times 641}{1.77 \times 10^5 \times 10^3}$$
$$= 7.14 + 12.39 = 19.5\ \text{MPa(압축응력)}$$

$$\text{PS 강선 도심위치} : f_{c0g} = \frac{P_i}{A_c} + \frac{P_i \cdot e_{p0}}{Z_{c0g}} = \frac{342 \times 10^4}{4788 \times 10^2} + \frac{342 \times 10^4 \times 641}{2.12 \times 10^5 \times 10^3}$$
$$= 7.14 + 10.34 = 17.5\ \text{MPa}$$

2) **유효 프리스트레스** 콘크리트의 크리프와 건조수축으로 인한 손실은 149 MPa, 릴랙세이션에 의한 손실은 53 MPa이다[4장 참조]. 따라서 PS 강재의 유효 인장응력은

$$f_{pe} = 1058 - 149 - 53 = 856\ \text{MPa}$$

유효율은

$$R = \frac{f_{pe}}{f_{pi}} = \frac{856}{1058} = 0.809$$

이 때의 PSC 보의 콘크리트 응력은

상면 : $f_{et} = Rf_{it} = 0.809 \times (-5.5) = -4.4$ MPa

하면 : $f_{eb} = Rf_{ib} = 0.809 \times 19.5 = 15.8$ MPa

유효 프리스트레스 힘은

$$P_e = RP_i = 0.809 \times 342 \times 10^4 = 2,767,000 \text{ N} = 2767 \text{ kN}$$

(3) 바닥판 합성으로 인한 2차 응력

바닥판을 합성한 후에는 프리캐스트 보의 독자적인 변형이 바닥판에 의하여 구속되고, 또 프리캐스트 보와 바닥판 콘크리트의 건조수축 및 크리프의 차로 인하여 내부응력이 일어난다. 그래서 도로교 설계기준에서는 합성거더교의 응력을 검사할 때 이 응력도 검사해 보도록 권장하고 있다. 여기서는 계산을 생략한다.

(4) 응력의 합성

이상 각 하중단계에 대한 응력이 표 13-7 및 그림 13-14에 나타나 있다.

표 13-4 (a) 및 표 13-4 (b)에 따라 허용응력을 계산해 보면 다음과 같다(PSC 보는 콘크리트 강도가 30 MPa에 달했을 때 프리스트레스를 도입한다).

1) 프리스트레스 도입 직후의 콘크리트의 허용응력

휨압축 : $0.55f_{ci} = 0.55 \times 30 = 16.5$ MPa

표 13-7 응력의 합성〔표 13-6 및 그림 13-14 참조〕

응 력 (MPa) / 하중단계	콘 크 리 트					PS 강선
	프리스트레스 도입 직후(PSC 보)		사용하중 작용시(합성단면)			긴장재의 도심위치
	보의 상단	보의 하단	바닥판 상 단	PSC 보 상 단	PSC 보 하 단	
① 도입 직후의 프리스트레스 힘	−5.5	19.5				1058
② 유효 프리스트레스 힘				−4.4	15.8	856
③ 프리캐스트 보의 자중	5.5	−5.4		5.5	−5.4	0
④ 바닥판, 칸막이 중량				6.6	−6.0	39.7
⑤ 교면 사하중(포장, 연석 능)			0.8	0.5	−1.9	11.7
⑥ 활 하 중			2.2	1.5	−5.1	32.6
I. ①+③	0	14.1				856
I 의 경우의 허용응력	−2.7	16.5				1085
II. ②+(③~⑥)			3.0	9.7	−2.6	940
II 의 경우의 허용응력			11.2	16	−3.2	1080

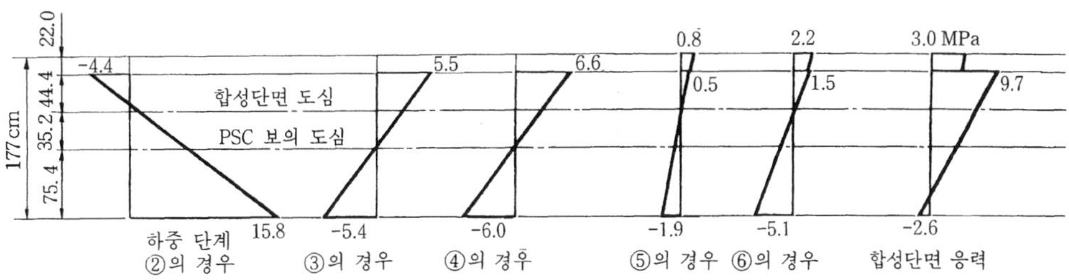

그림 13-14

휨인장 : $0.50\sqrt{f_{ci}} = 0.50\sqrt{30} = 2.7$ MPa(보조철근을 사용할 경우)

2) 사용하중이 작용할 때(모든 손실이 일어난 후) 콘크리트의 허용응력

휨압축 : $0.4f_{ck} = 0.4 \times 40 = 16$ MPa

휨인장 : $0.50\sqrt{f_{ck}} = 0.50 \times \sqrt{40} = 3.2$ MPa

3) PS 강재의 허용 인장응력

도입 직후 : $0.7f_{pu} = 0.7 \times 1550 = 1085$ MPa

사용하중 작용시(모든 손실이 일어난 후) :

$$0.8f_{py} = 0.8 \times 1350 = 1080 \text{ MPa}$$

이상의 허용응력들이 표 13-7에 나타내어져 있으며, 모든 응력이 허용응력 이하임을 알 수 있다.

(5) 인장 철근량의 계산

사용하중 작용시 PSC 부재 단면에 인장응력이 일어나는 경우에는 그 부분에 철근을 배치하여 보강해야 한다. 이 설계 예에서는 표 13-7에 나타낸 바와 같이 사용하중 작용시 PSC 보 하면에 인장응력이 일어난다. 이에 필요한 철근량을 계산해 보자.

계산에 필요한 값은 다음과 같다.

PSC 보 상연응력 :	$f_t = 9.7$ MPa
PSC 보 하연응력 :	$f_b = -2.6$ MPa
PSC 보의 높이 :	$h = 1550$ mm
하부 플랜지 폭 :	$b = 600$ mm
철근의 허용응력 :	$f_{sa} = 150$ MPa

콘크리트에 일어나는 총 인장응력 T는 그림 13-14의 합성단면의 응력도(應力圖)를 참고하면

$$T = (-f_b)\frac{-f_b h}{f_t - f_b} b \frac{1}{2}$$

$$= 2.6 \times \frac{2.6 \times 1550}{9.7 + 2.6} \times 600 \times \frac{1}{2} = 273,400 \text{ N}$$

따라서 필요한 철근량은

$$A_s = \frac{T}{f_{sa}} = \frac{273,400}{150} = 1823 \text{ mm}^2$$

최소 철근량은 다음 식으로 계산된다.

$$A_{smin} = 0.005 \times b \times \left(\frac{-f_b h}{f_t - f_b}\right)$$

$$= 0.005 \times 600 \times \frac{2.6 \times 1550}{9.7 + 2.6} = 1013 \text{ mm}^2$$

이에 대하여 4-D19(=1146 mm^2)를 PSC 보 하면에 배치한다.

[4] 휨강도의 검사

파괴에 대한 안전도를 확보하기 위하여 합성단면의 휨강도가 계수 모멘트(factored moment)보다 큰가를 확인해야 한다. 즉, $\phi M_n \geq M_u$가 성립하는가를 검사한다. 내측주 거더의 지간(경간) 중앙단면〔그림 13-11 (a)〕을 생각하면 플랜지의 유효 폭은 240 cm이고, 유효 높이는 표 13-5로부터

$$d_p = 142.3 + 22 = 164.3 \text{ cm}$$

PS 강재비는

$$\rho_p = \frac{A_p}{bd_p} = \frac{4.618 \times 7}{240 \times 164.3} = 0.00082$$

$$0.5 f_{pu} = 0.5 \times 1550 = 775 \text{ MPa} < f_{pe} (= 856 \text{ MPa})$$

긴장재는 보통의 PS 강재이고

$$\frac{f_{py}}{f_{pu}} = \frac{1350}{1550} = 0.87 > 0.85$$

이므로 γ_p=0.40이다. 슬래브 콘크리트의 강도는 28 MPa이므로 β_1=0.85이다. 추가로 배근한 철근을 무시하면 f_{ps}는 식 (5·22)에 의하여 다음과 같이 된다.

$$f_{ps} = f_{pu}\left(1 - \frac{\gamma_p}{\beta_1} \rho_p \frac{f_{pu}}{f_{ck}}\right)$$

$$= 1550\left(1 - \frac{0.40}{0.85} \times 0.00082 \times \frac{1550}{28}\right) = 1520 \text{ MPa}$$

강재지수는

$$\omega_p = \rho_p \frac{f_{ps}}{f_{ck}} = 0.00082 \times \frac{1520}{28} = 0.0445$$

그런데

$$0.32\beta_1 = 0.32 \times 0.85 = 0.27 > \omega_p$$

즉, 이 합성보는 저보강보이다. 합성단면의 중립축은

$$c = 1.18\frac{\omega_p}{\beta_1} d_p = 1.18 \times \frac{0.0445}{0.85} \times 164.3 = 10.1 \text{ cm} < 22 \text{ cm}$$

즉, 중립축이 플랜지에 있다. 그러므로 합성단면을 직사각형 단면으로 보고 휨강도를 계산한다. 식 (5·26)으로부터

$$a = \frac{A_p f_{ps}}{0.85 f_{ck} b} = \frac{(461.8 \times 7) \times 1520}{0.85 \times 28 \times 2400} = 86 \text{ mm}$$

공칭 휨강도는 식 (5·25)로부터

$$M_n = A_p f_{ps}\left(d_p - \frac{a}{2}\right)$$

$$= 461.8 \times 7 \times 1520\left(1643 - \frac{86}{2}\right) \times \frac{1}{10^6} = 7862 \text{ kN·m}$$

따라서 설계 모멘트는

$$\phi M_n = 0.85 \times 7862 = 6683 \text{ kN·m}$$

이 보의 계수 모멘트는

$$M_u = 1.3(M_{d0} + M_{d1} + M_{d2}) + 2.15 M_{l+i}$$

$$= 1.3(957 + 1320 + 547) + 2.15 \times 1518$$

$$= 6935 \text{ kN·m} > 6683 \text{ kN·m}$$

$M_u > \phi M_n$이므로 단면을 늘려서 다시 계산하여 $M_u < \phi M_n$으로 되도록 해야 한다($\phi M_n / M_u = 0.96$으로 크게 차이가 나지 않으므로 여기서는 만족된 것으로 본다).

[5] 전단설계

합성 거더에 있어서는 일반적으로 지점, 지점으로부터 지간의 $\frac{1}{8}$점, $\frac{1}{4}$점 및 복부 확폭시점(擴幅始點)의 각 단면에 대하여 전단을 검사하면 된다. 이 예제에서는

복부 확폭시점과 $\frac{1}{8}$점이 거의 같기 때문에 $\frac{1}{8}$점에 대하여만 계산해 본다. 지간의 $\frac{1}{8}$점은 지점으로부터 $25\times\frac{1}{8}=3.125\,\text{m}$에 있고, 내측 주 거더에 대하여 계산한다.

(1) $\frac{1}{8}$점의 전단력

프리캐스트 보 자중(12.25 kN/m)에 의한 전단력

$$V_{d0}=\frac{1}{2}\times12.25\times25-12.25\times3.125=114.8\text{ kN}$$

바닥판 및 칸막이 중량에 의한 전단력

$$V_{d1}=\frac{1}{2}(14.3+2.6)\times25-(14.3+2.6)\times3.125=158.4\text{ kN}$$

포장 등 추가 사하중에 의한 전단력

$$V_{d2}=\frac{1}{2}\times7\times25-7\times3.125=65.6\text{ kN}$$

활하중에 의한 전단력

활하중에 의한 $\frac{1}{8}$점의 최대 전단력은 DB-18 하중이 그림 13-15와 같이 재하되었을 때의 지점반력이다. 이 때 지점 가까이에 놓인 차륜하중은 가로방향 분포는 없다고 보며, 다른 두 차륜하중의 크기는 식 (13·14)에 의하여 다음과 같이 된다.

$$\frac{L}{1.65}P=\frac{2.40}{1.65}\times72=104\text{ kN}$$

$$\frac{L}{1.65}P=\frac{2.40}{1.65}\times18=26\text{ kN}$$

따라서 $\frac{1}{8}$점의 활하중 전단력은 그림 13-15로부터

$$V_l=\frac{1}{25}(72\times21.875+104\times17.675+26\times13.475)=150.5\text{ kN}$$

충격에 의한 전단력은

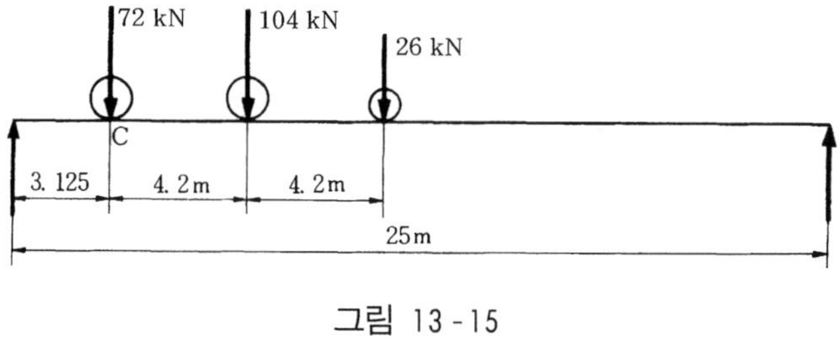

그림 13-15

$$V_i = 0.267 \times 150.5 = 40.2 \text{ kN}$$

$$\therefore V_{l+i} = 150.5 + 40.2 = 190.7 \text{ kN}$$

따라서 계수 전단력(factored shear)은

$$V_u = 1.3(V_{d0} + V_{d1} + V_{d2}) + 2.15 V_{l+i}$$
$$= 1.3(114.8 + 158.4 + 65.6) + 2.15 \times 190.7 = 850 \text{ kN}$$

(2) $\frac{1}{8}$ 점의 휨모멘트

프리캐스트 보 자중에 의한 휨모멘트

$$M_{d0} = \frac{1}{2} \times 12.25 \times 25 \times 3.125 - 12.25 \times \frac{3.125^2}{2} = 418.7 \text{ kN·m}$$

바닥판과 칸막이 중량에 의한 휨모멘트

$$M_{d1} = \frac{1}{2}(14.3 + 2.6) \times 25 \times 3.125 - (14.3 + 2.6) \times \frac{3.125^2}{2}$$
$$= 577.6 \text{ kN·m}$$

추가 사하중에 의한 휨모멘트

$$M_{d2} = \frac{1}{2} \times 7 \times 25 \times 3.125 - 7 \times \frac{3.125^2}{2} = 269.2 \text{ kN·m}$$

활하중에 의한 휨모멘트

DB-18 하중으로 인한 $\frac{1}{8}$ 점의 최대 모멘트는, 그림 13-12에서 트럭하중이 좌측 지점을 향해 이동하여 왼쪽 하중이 지점에서 3.125 m되는 위치에 왔을 때, 그 점에서 일어난다. 그 값은

$$\frac{1}{25}(72 \times 21.875 + 72 \times 17.675 + 18 \times 13.475) \times 3.125 = 386.2 \text{ kN·m}$$

활하중의 분포계수가 1.45이므로 구하는 휨모멘트는

$$M_l = 386.2 \times 1.45 = 560 \text{ kN·m}$$

충격에 의한 모멘트는

$$M_i = 560 \times 0.267 = 149.5 \text{ kN·m}$$

$$\therefore M_{l+i} = 560 + 149.5 = 709.5 \text{ kN·m}$$

(3) 콘크리트의 공칭 전단강도

프리캐스트 보 총 단면의 제계수는 표 13-5로부터

$$A_c = 49 \times 10^4 \text{ mm}^2, \quad y_c' = 796 \text{ mm}, \quad y_c = 754 \text{ mm}$$

$$I_c = 1404 \times 10^8 \text{ mm}^4, \quad r_c^2 = 286,500 \text{ mm}^2$$

$$Z_c' = 176 \times 10^8 \text{ mm}^3, \quad Z_c = 186 \times 10^8 \text{ mm}^3$$

지간(경간)의 $\frac{1}{8}$ 점에 있어서 보의 하면(下面)으로부터 긴장재 도심까지의 거리는 그림 13-13을 참고하면

$$(8 + 16 + 31 + 48 + 66 + 84 + 102) \times \frac{1}{7} = 50.7 \text{ cm}$$

따라서 $\frac{1}{8}$ 점에서 긴장재 도심의 편심은

$$e_p = 75.4 - 50.7 = 24.7 \text{ cm}$$

긴장재의 유효 깊이는

$$d = 79.6 + 24.7 = 101.3 \text{ cm} < 124 \text{ cm} \ (= 0.8 \times 155 = 0.8h)$$

따라서 전단강도 계산에는 $d = 124$ cm를 사용한다[7.6.2 항 참조].

유효 프리스트레스 힘에 의한 $\frac{1}{8}$ 점 단면의 하면의 응력은(유효 프리스트레스 힘은 지간 중앙단면의 값을 사용한다)

$$f_{se} = \frac{P_e}{A_c} + \frac{P_e e_p}{Z_c} = \frac{2767 \times 10^3}{49 \times 10^4} + \frac{2767 \times 10^3 \times 247}{186 \times 10^8}$$

$$= 5.65 + 3.67 = 9.32 \text{ MPa}$$

보의 자중으로 인한 $\frac{1}{8}$ 점 단면의 하면의 응력은

$$f_d = \frac{M_{d0}}{Z_c} = \frac{418.7 \times 10^3 \times 10^3}{186 \times 10^8} = 0.02 \text{ MPa}$$

따라서 균열 모멘트는 식 (7·8)로부터

$$M_{cr} = \frac{I_c}{y}(0.50\sqrt{f_{ck}} + f_{se} - f_d)$$

$$= \frac{1404 \times 10^8}{754}(0.50\sqrt{40} + 9.32 - 0.02)$$

$$= 23.2 \times 10^8 \text{ N·mm} = 2320 \text{ kN·m}$$

추가 사하중 및 활하중으로 인한 $\frac{1}{8}$ 점 단면의 계수 전단력(factored shear) 및 계수 모멘트(factored moment)는 각각

$$V_i = 1.3(V_{d1} + V_{d2}) + 2.15 V_{l+i}$$

$$= 1.3(158.4 + 65.6) + 2.15 \times 190.7 = 701 \text{ kN}$$

$$M_{max} = 1.3(M_{d1} + M_{d2}) + 2.15 M_{l+i}$$

$$= 1.3(577.6 + 269.2) + 2.15 \times 709.5 = 2626 \text{ kN}\cdot\text{m}$$

휨전단 균열을 일으킬 콘크리트 단면의 공칭 전단강도는 식 (7 · 17)로부터

$$V_{ci} = 0.05\sqrt{f_{ck}}\,b_w d + V_d + \frac{V_i M_{cr}}{M_{\max}}$$
$$= 0.05\sqrt{40} \times 200 \times 1240 + 114.8 \times 10^3 + \frac{701 \times 10^3 \times 2320 \times 10^6}{2626 \times 10^6}$$
$$= 815,600 \text{ N} = 815.6 \text{ kN}$$

이 값이 다음 값보다 작아서는 안 된다.

$$0.14\sqrt{f_{ck}}\,b_w d = 0.14\sqrt{40} \times 200 \times 1240 = 223,000 \text{ N} < V_{ci}$$

유효 프리스트레스 힘에 의한 $\frac{1}{8}$ 점의 단면도심의 응력은

$$f_{pc} = \frac{P_e}{A_c} = \frac{2767 \times 10^3}{49 \times 10^4} = 5.65 \text{ MPa}$$

$\frac{1}{8}$ 점에서 유효 인장력 P_e의 수직분력, 즉 긴장재의 포물선 배치로 인한 전단력은 그림 13-13을 참고하여

$$V_p = P_e \cdot \sin\theta = \Sigma A_{p1} f_{pe} \sin\alpha$$
$$= 461.8 \times 856 \times (4\sin 7° + \sin 6° + \sin 4° + \sin 1°)$$
$$= 395,300 \times (4 \times 0.122 + 0.105 + 0.070 + 0.018)$$
$$= 269,000 \text{ N} = 269 \text{ kN}$$

따라서 복부 전단균열을 일으킬 콘크리트 단면의 공칭 전단강도는 식 (7 · 18)로부터

$$V_{cw} = (0.29\sqrt{f_{ck}} + 0.3 f_{pc}) b_w d + V_p$$
$$= (0.29\sqrt{40} + 0.3 \times 5.65) \times 200 \times 1240 + 269,000$$
$$= 1,151,000 \text{ N} = 1151 \text{ kN} > V_{ci}$$

즉, 이 보는 휨전단 균열로 지배된다. 따라서 콘크리트의 공칭 전단강도는

$$V_c = V_{ci} = 815.6 \text{ kN}$$
$$\phi V_c = 0.80 \times 815.6 = 652 \text{ kN} < V_u (850 \text{ kN})$$

그러므로 전단철근이 필요하다.

(4) 스터럽의 설계

전단철근이 부담해야 할 전단력은 식 (7 · 15) 및 식 (7 · 16)으로부터

$$\phi V_s = V_u - \phi V_c = 850 - 652 = 198\ \text{kN}$$

이 값이 다음 값보다 커서는 안 된다.

$$\phi\left(\frac{2}{3}\sqrt{f_{ck}}\,b_w d\right) = 0.75\left(\frac{2}{3}\sqrt{40}\times200\times1240\right)$$

$$= 781,200\ \text{N} = 781\ \text{kN} > \phi V_s$$

이에 대하여 $D13$(SD 300)의 U형 스터럽을 사용하기로 하면, 그 간격은 식 (7・24)에 의하여

$$s = \frac{\phi A_v f_y d}{V_u - \phi V_c} = \frac{0.75\times(126.7\times2)\times300\times1240}{198,000} = 357\ \text{mm}$$

최소 전단 철근량은 식 (7・25)로부터

$$A_{v.\min} = 0.0625\sqrt{f_{ck}}\cdot\frac{b_w s}{f_y} = 0.0625\sqrt{40}\times\frac{200s}{300} = 0.263s$$

$$\geqq 0.35\frac{b_w s}{f_y} = 0.35\times\frac{200s}{300} = 0.233s$$

그러므로 스터럽의 간격은 $A_{v.\min} = 0.263s$로 지배된다. 스터럽 $D13$의 단면적은 $126.7\times2 = 253.4\ \text{mm}^2$ 이므로

$$253.4 = 0.263s \qquad \therefore\ s = 963\ \text{mm}$$

식 (7・26)으로부터

$$A_{v.\min} = \frac{A_p}{80}\cdot\frac{f_{pu}}{f_y}\cdot\frac{s}{d}\sqrt{\frac{d}{b_w}}$$

$$= \frac{461.8\times7}{80}\times\frac{1550}{300}\times\frac{s}{1240}\sqrt{\frac{1240}{200}} = 0.417s$$

즉,

$$253.4 = 0.417s \qquad \therefore s = 610\ \text{mm}$$

스터럽의 간격은 $0.75h(= 0.75\times1550 = 1163\ \text{mm})$ 이하, 600 mm 이하라야 하므로, 여기서는 250 mm를 채택한다. 이렇게 하면 다음에 계산되는 전단 연결재의 간격과 일치해서 좋다.

13.7.4 전단 연결재의 설계

[1] 설계 전단력과 설계단면

전단 연결재(shear connector)의 설계는 계산의 간편을 위하여 지점의 전단력과 단면을 사용한다. 그 이유는 PSC 보와 바닥판과의 접합면의 전단응력이 허용한도 이하로 되어, 전단 연결재의 양이 최소 철근량에 의해 결정될 것으로 예상되기 때문이다. 접합면의 전단응력이 허용한도를 초과할 경우에는 설계단면을 세 곳 정도 골라서 설계한다.

(1) 지점의 전단력

프리캐스트 보 자중에 의한 전단력

$$V_{d0} = \frac{1}{2} \times 12.25 \times 25 = 153\ \text{kN}$$

바닥판 및 칸막이 중량에 의한 전단력

$$V_{d1} = \frac{1}{2}(14.3 + 2.6) \times 25 = 211\ \text{kN}$$

포장 등 추가 사하중에 의한 전단력

$$V_{d2} = \frac{1}{2} \times 7 \times 25 = 88\ \text{kN}$$

(2) 활하중에 의한 전단력

활하중에 의한 지점의 최대 전단력은 그림 13-15의 트럭하중이 좌측 지점을 향하여 이동해서 72 kN의 차륜이 지점 위에 실릴 때의 지점반력이다.

$$\begin{aligned} V_{l+i} &= \left[72 + \frac{1}{25}(104 \times 20.8 + 26 \times 16.6)\right] \times (1 + 0.267) \\ &= 175.8 \times 1.267 = 223\ \text{kN} \end{aligned}$$

따라서 설계 전단력은 합성 전에 작용하는 하중의 $\frac{1}{2}$과 합성 후에 작용하는 하중과의 조합을 생각함으로써 다음과 같이 된다.

$$\begin{aligned} V &= \frac{1}{2}(V_{d0} + V_{d1}) + V_{d2} + V_{l+i} \\ &= \frac{1}{2}(153 + 211) + 88 + 223 = 493\ \text{kN} \end{aligned}$$

[2] 접합면의 수평 전단강도

8장의 8.5 절의 식 (8・9)에 따라 검토한다.

접합면의 수평 전단강도는 식 (8・8b)로부터

$$V_{nh} = 0.56 b_v d_p$$
$$= 0.56 \times 600 \times 1240 = 416,600 \text{ N} = 416.6 \text{ kN}$$
$$\phi V_{nh} = 0.75 \times 416.6 = 313 \text{ kN} < 493 \text{ kN}$$

즉, $V_u > \phi V_{nh}$이므로 전단 연결재로 보강해야 한다.

식 (8・8c)로부터

$$V_{nh} = 3.5 b_v d_p$$
$$= 3.5 \times 600 \times 1240 = 2,604,000 \text{ N} = 2604 \text{ kN}$$
$$\phi V_{nh} = 0.75 \times 2604 = 1953 \text{ kN} > 493 \text{ kN}$$

즉, $V_u < \phi(3.5 b_v d_p)$이므로 전단마찰 이론에 따르지 않아도 된다.

따라서 접합면을 깨끗이 하고 충분히 거칠게 한 후, 4- D13의 복 U형 스터럽을 250 mm 간격으로 배치하여 전단 연결재를 겸하게 한다.

표 13-8 단부 단면의 제계수〔그림 13-11 (b) 참조〕

단면	분할단면번호	A 단면적 (cm^2)	y 단면도심에서 PSC 보 상단까지의 거리 (cm)	$A \times y = G$ 단면 1차 모멘트 (cm^3)	I_x 프리캐스트 보 상단에 대한 단면 2차 모멘트 (cm^4)
환산 합성단면	①	$60 \times 155 = 9300$	77.5	720,750	$60 \times 155^3 \times \frac{1}{3} = 74,477,500$
	②	$0.89 \times 240 \times 18 = 3715$	−9	−33,435	$0.89 \times 240 \times 18^3 \times \frac{1}{3} = 401,240$
	③	$0.89 \times 2 \times 30 \times 15 \times \frac{1}{2} = 387$	5	1935	$0.89 \times 30 \times 15^3 \times \frac{1}{12} \times 2 = 14,510$
	합계	$\Sigma A = 13,402$		$\Sigma G = 689,250$	$\Sigma I_x = 74,893,250$
	$y_c' = 689,250/13,402 = 51.4$ cm, $y_c = 155 - 51.4 = 103.1$ cm, $y_c'' = 51.4 + 18 = 69.4$ cm $I_c = 74,893,250 - 13,402 \times 51.4^2 = 3.946 \times 10^7$ cm^4, $r_c^2 = 2940$ cm^2 $Z_c' = 3.946 \times 10^7 / 51.4 = 7.68 \times 10^5$ cm^3, $Z_c = 3.81 \times 10^5$ cm^3, $Z_c'' = 5.69 \times 10^5$ cm^3				

13.7.5 처짐의 검사

[1] 하중에 의한 처짐

근사적으로 지간중앙(支間中央)의 휨모멘트를 사용하여 다음 식으로 계산한다 〔10.2 절 참조〕.

$$\Delta = \frac{5Ml^2}{48EI} = \frac{5}{48} \times \frac{M \times 25^2}{EI} = 65.1\frac{M}{EI}$$

여기서 $l=25$ m이고, I는 표 13-5에 계산되어 있으며, E와 M도 앞에 계산되어 있다. 이들을 대입하여 처짐을 계산한 결과를 보인 것이 표 13-9이다.

표 13-9 하중에 의한 처짐

하 중	M(kN·m)	$E\times10^4$(MPa)	I(m^4)	처짐(mm)
프리캐스트 보 자중	957	2.8	0.1404	$\Delta_{d0}=$ 15.8
바닥판, 칸막이 자중	1320	2.8	0.1404	$\Delta_{d1}=$ 21.9
포장 등 추가 사하중	547	2.8	0.312	$\Delta_{d2}=$ 4.1
활하중	1518	2.8	0.312	$\Delta_l=$ 11.3
도입 직후의 프리스트레스	$P_ie_p=3420\times0.641$	2.8	0.1404	$\Delta_{pi}=-36.3$
유효 프리스트레스	$P_ee_p=2767\times0.641$	2.8	0.1404	$\Delta_{pe}=-29.4$

[2] 크리프에 의한 처짐

바닥판 콘크리트의 크리프 계수를 $C_c=2.6$, 프리캐스트 보의 크리프 계수를 $C_t=1.6$으로 본다.

바닥판 콘크리트를 치기 전에 일어나는 처짐은

$$\Delta\varphi_1=(C_c-C_t)(\Delta_{d0}+\Delta_{pi})=(2.6-1.6)(15.8-36.3)$$
$$=-20.5\text{ mm(솟음)}$$

바닥판 콘크리트를 친 후에 일어나는 처짐은

$$\Delta\varphi_2=C_t(\Delta_{d0}+\Delta_{d1}+\Delta_{d2}+\Delta_{pe})$$
$$=1.6\times(15.8+21.9+4.1-29.4)=19.8\text{ mm}$$

[3] 처짐의 합계

프리스트레스 도입 직후

$$\Delta_t=\Delta_{d0}+\Delta_{pi}=15.8-36.3=-20.5\text{ mm(솟음)}$$

바닥판 타설 직후

$$\varDelta_{tc}=\varDelta_{d0}+\varDelta_{pi}+\varDelta_{d1}+\varDelta\varphi_1=15.8-36.3+21.9-20.5$$
$$=-19.1\text{ mm}(\text{솟음})$$

사하중 작용시

$$\varDelta_d=\varDelta_{d0}+\varDelta_{d1}+\varDelta_{d2}+\varDelta_{pe}+\varDelta\varphi_1+\varDelta\varphi_2$$
$$=15.8+21.9+4.1-29.4-20.5+19.8$$
$$=11.7\text{mm}(\text{처짐})$$

[4] 활하중 처짐의 허용한계

충격을 포함한 활하중에 의한 처짐의 허용한계는〔10.6 절 참조〕

$$\frac{l}{1000}=\frac{2500}{1000}=2.5\text{ cm}=25\text{ mm}>11.3\text{ mm}\quad(\text{OK})$$

13.7.6 가로보의 설계

그림 13-9에 보인 바와 같이 중심 간격 6.25 m로 가로보(diaphragm)를 설치한다. 그 단면은 바닥판 콘크리트를 치기 전에는 그림 13-16 (a)와 같은 직사각형 단면이고, 사용하중 작용시는 그림 13-16 (b)와 같은 T형 단면을 생각한다. 가로보의 휨모멘트는 주 거더의 경우와 같은 생각으로 계산한다(여기서는 계산을 생략한다). 휨모멘트에 의한 응력의 검사결과 안전하다고 보고, 여기에서는 프리스트레스의 계산만을 해본다.

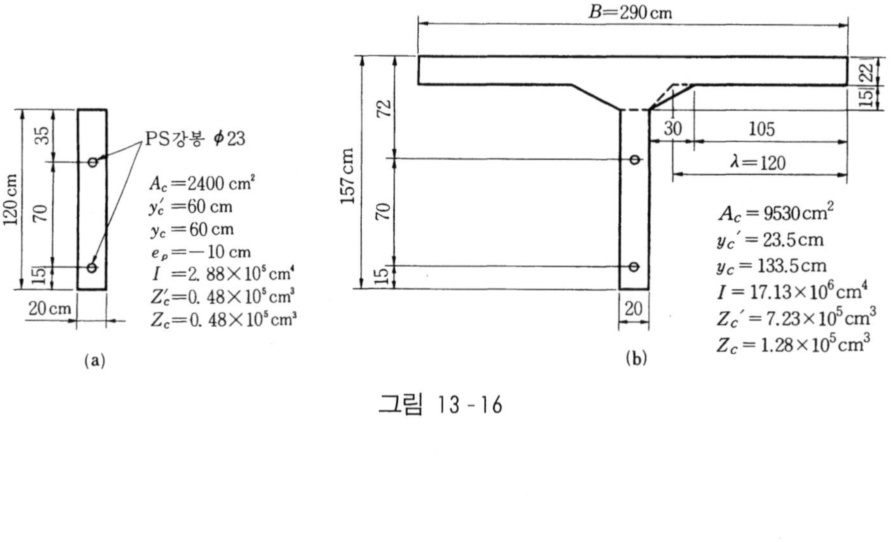

그림 13-16

바닥판 콘크리트를 치기 전에 그림 13-16 (a)의 가로보 단면에 프리스트레스를 도입한다. PS 강봉 ϕ23 mm(SBPR 785/1030)를 2개 사용하여, 정착장치 위치에서 초기 인장응력 f_{pi}=650 MPa로 인장한다. 프리스트레스의 감소량을 20%로 보면, 가로보에 작용하는 유효 프리스트레스는 다음과 같이 된다.

$$f_{pe}=(1-0.20)f_{pi}=0.80\times650=520\text{ MPa}$$

이 값은 다음의 허용응력보다 작다.

$$0.7f_{pu}=0.7\times1030=721\text{ MPa}$$

ϕ23 mm의 공칭 단면적은 A_p=415.5 mm^{2}이므로 유효 프리스트레스 힘은

$$P_e=2A_pf_{pe}=2\times415.5\times520=432,000\text{ N}$$

따라서 유효 프리스트레스 힘에 의한 단면의 응력은 그림 13-16 (a)에서

$$\text{상면}: f_t=\frac{P_e}{A_c}-\frac{P_e\cdot e_p}{Z_c'}=\frac{432,000}{240,000}-\frac{432,000\times100}{0.48\times10^5\times10^3}$$
$$=1.8-0.9=0.9\text{ MPa}$$
$$\text{하면}: f_b=1.8+0.9=2.7\text{ MPa}$$

이 응력을 하중에 의한 응력과 합성하여 허용응력과 비교한다. 주 거더와 만나는 가로보 상면(上面)에는 부(−)모멘트에 의하여 인장응력이 일어나는데, 이 인장응력은 바닥판에 배치된 철근이 부담한다.

13.8 철도교의 설계

국유철도 건설규칙 및 2004년 12월에 개정된 철도 설계기준(철도교 편)에 따라 철도교의 설계에 대하여 간단히 설명한다. 경부고속철도 구조물의 설계기준인 "고속철도 콘크리트 구조물 설계 표준시방서(안)"은 유럽의 UIC(International Union of Railways) Code에 따른 것으로서, 열차하중으로 HL 하중을 주고 있는 점이 다를 뿐, 그 밖의 사항들은 철도교 설계기준과 대동소이하다.

근래 철도용 콘크리트교는 PSC 합성 거더교 또는 프리플렉스 합성 거더교가 많고, 장지간에 대하여는 PSC 박스 거더교가 채택되고 있다.

13.8.1 선로의 등급과 표준 활하중

우리나라 철도의 선로등급은 표준 활하중과 설계속도에 따라 표 13-10과 같이 네 종류로 분류하고 있다. 따라서 본선(本線)의 궤도와 노반의 부담력은 표 13-10에 보인 표준 활하중과 설계속도로 주행할 수 있는 것을 표준으로 한다.

표 13-10 선로의 등급 및 표준 활하중

선로의 등급	표준 활하중	설계속도(km/h)
1급선	LS-22	200
2급선	LS-22	150
3급선	LS-22	120
4급선	LS-22	70

13.8.2 하 중

[1] 사 하 중

사하중(고정하중)의 계산을 위한 재료의 단위중량은 표 13-1과 같다. 다만, 철도교에는 도상(道床, ballast)이 있으므로 그 단위중량은 다음과 같이 취한다.

도상자갈 또는 도상쇄석 : 19 kN/m^3

또한, 1궤도의 최소중량은 다음과 같다.

유도상(有道床)인 경우 : 3 kN/m

무도상(無道床)인 경우 : 7 kN/m

[2] 활 하 중

활하중(열차하중)은 국유철도 건설규칙에 정해진 표준 활하중으로서, 그 크기는 선로등급에 관계없이 LS-22로 단일화하고 있다[표 13-10 및 그림 13-17(a) 참조]. 전동차 전용선은 EL-18을 표준 활하중으로 한다[그림 13-17(b) 참조].

L하중은 그림 13-17에 보인 바와 같이 기관차 2량을 중련(重連)으로 하고, 그 뒤에 객화차(客貨車)에 해당하는 등분포 하중을 연행시킨 것이며, S하중은 2축의 대형 중차량(重車輛)을 생각한 것이다. L하중과 S하중 가운데 큰 영향을 미치는 쪽의 하중을 설계에 사용한다. 지간이 3 m 미만인 주 거더에 대해서는 S하중으로 응력을 계산하고, 지간이 그 이상인 주 거더에 대해서는 L하중으로 응력을 계산한다.

L하중은 기관차 단기(單機) 또는 중련으로 하고, 등분포 하중은 임의의 길이로 하

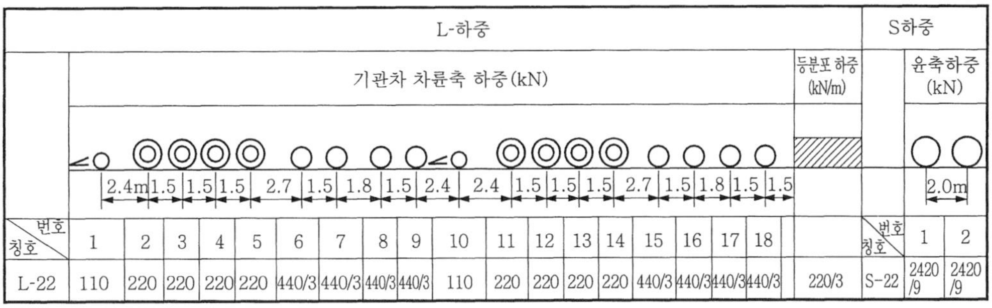

(a) LS-22

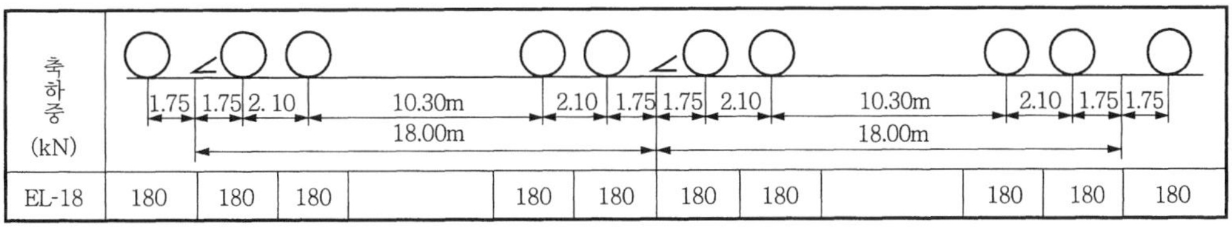

(b) EL-18

그림 13-17 표준 활하중

되, 부재에 최대응력이 일어나도록 재하한다. 이 때 하중을 단속(斷續)시켜서는 안 된다. 복선교에 있어서는 활하중은 같은 방향으로 재하한다.

바람(風壓)으로 인한 교량의 전도에 대한 검토에서 공차하중(空車荷重)을 사용한 경우에는 1궤도당 16 kN/m의 등분포 하중으로 하고, 충격은 가산하지 않는다.

[3] 충 격

RC교 및 PSC교에 대한 충격계수 i(%)는 다음 식으로 계산한다.

$$\left.\begin{aligned} l \leqq 18\text{ m인 경우}: i &= \left(45 - \frac{l^2}{45}\right)\% \\ l > 18\text{ m인 경우}: i &= \left(24 + \frac{240}{l - 0.6}\right)\% \end{aligned}\right\} \qquad (13 \cdot 17)$$

여기서 l은 부재의 지간 길이(m)이다.

① 복선을 지지하는 부재의 충격은 다음과 같이 취한다.

$l < 50$ m : 두 궤도의 전 충격

$50\text{ m} \leqq l \leqq 70$ m : 한 궤도의 전 충격과 다른 궤도의 전 충격의 $(350 - 5\,l)$%

$l > 70$ m : 한 궤도만의 전 충격

② 구조물 상면에 흙이 1 m 이상 덮어져 있는 경우의 충격계수 i는 다음 식으로 계산해도 좋다.

$$i = i_0[1-0.1(H_c-1.0)](\%) \tag{13·18}$$

여기서 i_0 : 구조물에 복토가 없다고 보았을 때의 충격계수(%)

H_c : 구조물 상면에서 침목 상단까지의 복토 높이(m)

[4] 원심하중

열차가 곡선부를 주행할 때는 원심력이 일어난다. 따라서 교량 위에서 궤도가 곡선을 이룰 경우에는 열차의 주행으로 인하여 구조물에 원심력을 미치게 된다. 이것을 원심하중이라고 하며 설계에 고려해야 한다.

원심하중은 활하중에 다음 식의 값을 곱한 값이다.

$$\frac{V^2 f}{127R} \tag{13·19}$$

여기서 V : 설계 최대속도(km/h)

R : 곡선 반경(m)

f : 속도와 지간에 따른 감소계수

$$= 1 - \frac{V-120}{1000}\left(\frac{814}{V}+1.75\right)\left(1-\frac{2.88}{L}\right)$$

여기서 L은 교량설계시 고려되는 곡선궤도의 재하 길이(m)이다.

원심하중은 차량의 중심에 대해 수평력으로 작용한다. 차량의 중심은 레일면에서 2.0 m의 높이에 있다고 본다. 원심하중에는 충격계수를 적용하지 않는다.

[5] 장대레일의 종하중

구조물 위의 궤도가 장대레일(long rail)인 경우에는 구조물과 장대레일의 온도변화에 의한 신축량(伸縮量)이 서로 다르기 때문에 레일과 체결장치 사이에 마찰력이 일어나며, 이 마찰력에 의한 반력이 구조물에 작용하게 된다. 이 힘을 장대레일의 종하중(縱荷重)이라고 하며, 구조물 설계에 고려해야 한다.

설계에 있어서는 종하중을 1궤도당 10 kN/m로 하고 레일면상에 작용하는 것으로 본다. 그러나 1궤도당 2000kN을 초과하지 않아야 한다.

[6] 차량 횡하중

차량의 진동에 의하여 일어나는 횡방향의 힘을 차량 횡하중이라고 한다. 곡선궤도에 있어서는 차량 횡하중은 원심하중과 겹쳐진 형태로 나타난다. 따라서 곡선궤도를 지지하는 부재는 차량 횡하중과 원심하중이 동시에 일어난다고 보고 설계해야 한다.

차량 횡하중은 그림 13-18에 보인 바와 같은 연행집중 이동하중으로서, 레일면에서 레일에 직각으로, 그리고 수평으로 작용한다고 본다. 그 크기 Q는 L하중의 1동륜축중(一動輪軸重)의 15%로 본다.

복선선로를 지지하는 구조물의 경우, 차량 횡하중은 1궤도에 대해서만 생각한다.

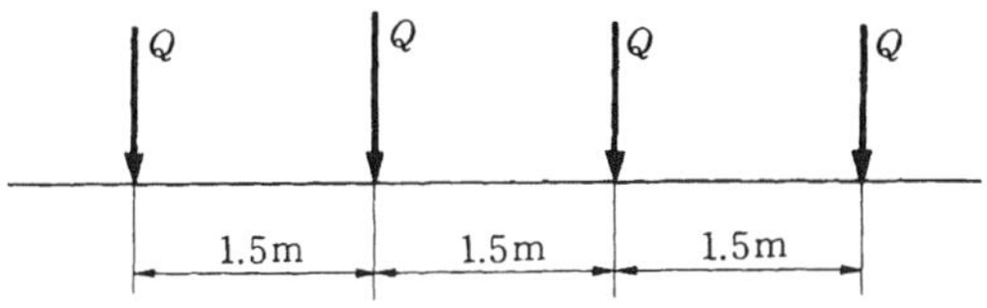

그림 13-18 차량 활하중

[7] 시동하중 및 제동하중

열차가 교량 위에서 시동(始動)하거나 제동(制動)을 걸면, 그 관성력에 대한 반작용으로 선로방향의 힘이 차륜으로부터 레일에 작용하며, 다시 레일로부터 거더(girder)에 전달된다. 이러한 힘을 시동하중 또는 제동하중이라고 한다.

시동하중 및 제동하중은 레일면 위 2.0 m의 높이에서 궤도에 대해 평행 및 수평으로 작용한다고 본다. 그 크기는 다음과 같다.

시동하중 : 동륜하중의 25%

제동하중 : LS하중의 15%

그러나 충격은 생각하지 않는다. 복선은 복선재하 상태에서 검토한다.

[8] 풍 하 중

풍하중은 교축에 대하여 직각 및 수평으로 작용한다고 본다. 그 크기는 다음과 같다.

① 교량에 열차가 없을 때

교량의 연직 투사면에 대하여	3.0 kN/m^2

② 교량에 열차가 있을 때

교량의 연직 투사면에 대하여	1.5 kN/m^2
통과 열차의 연직 투사면에 대하여	1.5 kN/m^2

열차의 연직 투사면은 레일면 위에서 4.0 m의 폭으로 한다. 열차와 겹쳐지는 보(girder)의 바람맞이 쪽과 바람맞이 반대쪽의 부재에 대하여는 풍하중을 생각하지 않는다.

13.8.3 주요 하중조합과 하중계수 및 허용응력

[1] 주요 하중조합의 하중계수〔철도설계기준(철도교편)—2004〕

$$U = 1.4D + 2.0(L+I) + 1.4CF + 1.7H + 1.4Q$$

$$U = 1.7(D + L + I + CF + H + Q)$$

$$U = 1.4D + 1.7H + 1.4Q + 1.4W$$

$$U = 1.4D + 1.4(L+I) + 1.4CF + 1.7H + 1.4Q + 1.4(0.5W + WL + SB + LR)$$

$$U = 1.4D + 1.4(L+I) + 1.4CF + 1.7H + 1.4Q + 1.4G$$

$$U = 1.4D + 1.7H + 1.4Q + 1.4W + 1.4G$$

$$U = 1.4D + 1.4(L+I) + 1.4CF + 1.7H + 1.4Q + 1.4(0.5W + WL + SB + LR) + 1.4G$$

$$U = 1.0D + 1.0H + 1.0Q + 1.0E$$

$$D = 1.4D + 1.4(L+I) + 1.7H + 1.4Q + 1.4CO$$

$$U = 1.2D + 1.5H + 1.2Q + 1.2W + 1.2CO$$

여기서 D : 사하중(고정하중) 또는 이에 따른 단면력

L : 활하중 또는 이에 따른 단면력

I : 충격 또는 이에 따른 단면력

CF : 원심하중 또는 이에 따른 단면력

H : 토압 또는 이에 따른 단면력

W : 풍하중 또는 이에 따른 단면력

WL : 차량 하중에 작용하는 풍하중 또는 이에 따른 단면력

SB : 시동 및 제동하중 또는 이에 따른 단면력

LR : 장대레일 종하중 또는 이에 따른 단면력

E : 지진의 영향 또는 이에 따른 단면력

CO : 충돌하중 또는 이에 따른 단면력

G : 부등침하, 크리프, 건조수축, 제작 또는 시공시의 치수 착오, 습도변화 또는 온도변화 등으로 인한 팽창 또는 수축 변형으로 유발된 변형력 또는 이에 따른 단면력

Q : 부력 또는 양압력, 수압, 파압 등의 하중 또는 이에 따른 단면력

[2] 강도 감소계수

강도 감소계수는 철도설계기준(철도교편) 3장의 3.3에 주어져 있다.

[3] 허용응력

PS 강재 및 콘크리트의 허용응력은 철도설계기준(철도교편) 3장에 주어져 있다.

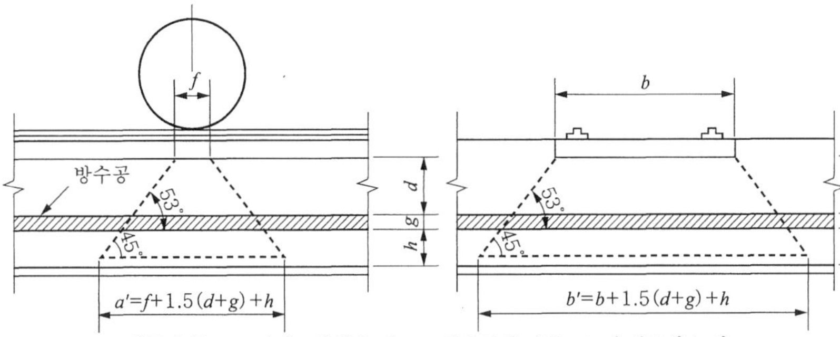

f : 침목의 폭, d : 자갈도상의 높이, g : 방수공의 지름, h : 슬래브의 높이

(a) 자갈도상궤도(도막 및 쉬트방수의 경우)

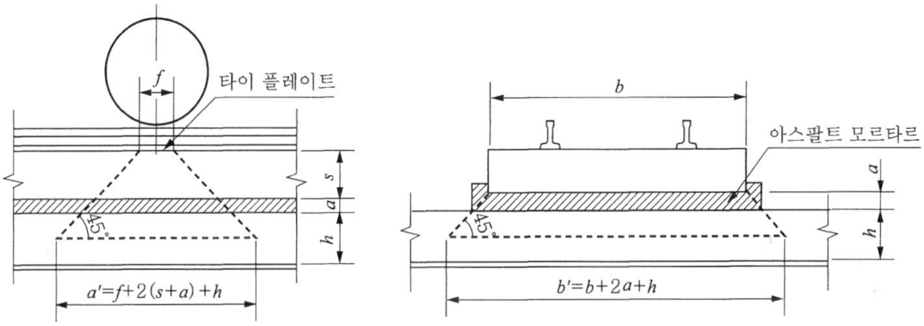

s : 슬래브 궤도의 높이, a: 모르타르의 높이, h : 슬래브의 높이, f : 타이 플레이트의 폭

(b) 슬래브 궤도

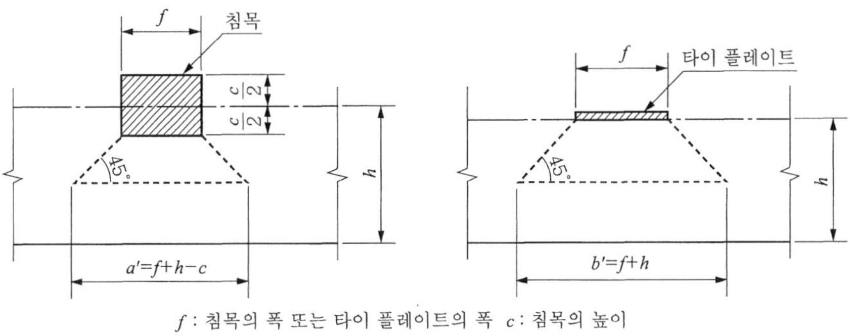

f : 침목의 폭 또는 타이 플레이트의 폭 c : 침목의 높이

(c) 직결 궤도

그림 13-19 궤도 위에서의 윤하중의 분포 폭

13.8.4 궤도 위에 실린 윤하중의 분포

[1] 주 거더의 휨모멘트와 전단력을 계산할 경우

궤도 위에 실린 윤하중(輪荷重)은 지간방향의 분포를 생각하지 않고, 단순하게 집중하중으로 보고 휨모멘트와 전단력을 계산한다.

[2] 바닥판을 설계할 경우

주 거더에 지지된 바닥판을 설계할 경우, 즉 도상궤도 및 슬래브 궤도를 지지하는 1방향 슬래브 또는 2방향 슬래브 바닥판의 궤도상의 윤하중에 의한 휨모멘트는, 다음 식으로 주어지는 환산 등분포 하중 w로 계산한다.

$$w = \frac{P}{a'b'} \qquad (13 \cdot 20)$$

여기서 w : 환산 등분포 하중(kN/m^2)

P : 축중(軸重) (kN)

a', b' : 그림 13-19에 보인 환산 등분포 하중의 분포 폭(m)

13.8.5 바닥판의 설계

콘크리트 거더로 지지되고, 지간과 폭의 비가 $l/b \geqq 0.5$인 철근 콘크리트 바닥판 및 프리스트레스트 콘크리트 바닥판의 설계는 다음에 따른다.

(1) 바닥판에 사용되는 콘크리트의 설계기준 강도는 24 MPa 이상이라야 한다.

(2) 바닥판의 지간은 바닥판을 지지하는 거더 사이의 순 간격으로 본다.

(3) 바닥판의 두께는 200 mm 이상이라야 하고, 또 표 13-11에 주어진 값 이상이라야 한다.

(4) 바닥판의 설계 휨모멘트의 계산은 다음에 따른다.

① 궤도상의 윤하중에 의한 바닥판의 휨모멘트의 계산은 13.8.4 항의 [2]에 따른다.

② 등분포 사하중에 의한 연속 바닥판의 휨모멘트는 표 13-12에 의하여 계산해도 좋다.

(5) 바닥판의 최소두께가 (3)을 만족하고, 또 (4)로 계산된 휨모멘트에 의해 바닥판을 설계한 경우에는 전단에 대한 검토를 하지 않아도 좋다.

(6) 단순지지의 1방향 슬래브에는 다음에 따라 지간의 직각방향에 배력철근을 배치해야 한다.

① 등분포 하중만이 작용할 경우에는, 슬래브의 정철근(正鐵筋)의 단위 폭당 단면적의 1/6 이상을 단위 폭당의 배력철근으로 배치해야 한다.

② 등분포 하중과 집중하중이 작용할 경우, 즉 부분 분포하중이 작용할 경우에는 철도교 설계기준의 콘크리트교 편에 따른다.

표 13-11 궤도부분 바닥판의 최소두께(mm)

바닥판의 구분 \ 바닥판 지간의 방향		궤도 진행방향에 직각	궤도 진행방향에 평행
단 순 판		$40l+110$	$65l+130$
연 속 판		$30l+110$	$50l+130$
캔틸레버판	$l \le 0.25$	$280l+160$	$240l+130$
	$l > 0.25$	$80l+210$	

[주] l은 바닥판의 지간(m)

표 13-12 등분포 사하중에 의한 바닥판의 단위 폭당 설계 휨모멘트(kN·m/m)

판의 구분	휨모멘트의 종류	바닥판 지간방향의 휨모멘트
단 순 판	지간 휨모멘트	$wl_d^2/8$
캔틸레버판	지점 휨모멘트	$-wl_d^2/2$
연 속 판	지간 휨모멘트	$wl_d^2/10$
	지점 휨모멘트	$-wl_d^2/10$

[주] w는 등분포 사하중(kN/m^2), l_d는 사하중에 대한 바닥판의 지간(m)

13.9 PSC 장대교량의 가설공법

최근의 PSC교는 눈부실 정도의 발전을 보이고 있다. 이것은 PSC의 특징을 이용하여 가설공법을 개발 발전시켰기 때문이다.

짧은 지간 또는 보통지간의 PSC교는, 전술한 바와 같이 프리캐스트 PSC 부재를 기중기로 들어올려 놓는 방법에 의하여 가설한다. 이 방법을 프리캐스트 PSC 보의 **이동가설 공법**이라고 한다. 때에 따라서는 RC교의 경우처럼 전 경간(徑間)에 지보공(支保工)을 설치하고, 그 위에서 PSC 보를 제작하여 교량을 완성하는 수도 있다. 이 방법을 **현장타설 공법**이라고 한다. 그러나 장지간의 PSC교는 이러한 방법으로 가설할 수 없다. 그래서 일정한 길이의 세그먼트 또는 블록을 포스트텐션 방식으로 이어 나가는 방법이 개발되었다. 이 방법을 **세그먼트 공법**(segmental construction)

이라고 한다.

콘크리트 구조부재를 작은 블록으로 분할하고, 이것을 긴장재에 의하여 접합시켜서 원하는 하나의 부재로 만들려는 생각은 일찍부터 있었다. 이 분할된 작은 구조부재를 **세그먼트**(segment) 또는 **블록**(block)이라고 부른다. 세그먼트 또는 블록을 포스트텐션 방식으로 이어나감으로써 교량을 완성하는 방법이 세그먼트 공법이다. 이 방법에 의하면 장지간의 PSC교의 가설이 가능하고 공비(工費)가 절감되는 등의 많은 장점이 있다. 장지간의 PSC교, PSC 연속교 등은 대개 이 방법으로 가설되며, 가설방법에 따라 다음과 같은 공법(工法)으로 분류된다.

13.9.1 캔틸레버 공법

캔틸레버 공법(balanced cantilever method)은 그림 13-20 (a)에 보인 바와 같이 동바리(支保工) 없이 교각 위에서 양쪽의 교축방향을 향하여 한 블록씩 콘크리트를 쳐서 프리스트레스를 도입하고, 이 부분을 지지점으로 하여 순차적으로 한 블록씩 이어 나가는 가설법이다. 이 공법으로 가설되는 교량의 거더(girder)는 박스 거더(box girder)가 주로 쓰인다.

그림 13-20 (a)에 보인 바와 같이 교각을 중심으로 양쪽 캔틸레버 끝부분에 이동 거푸집(travelling form, Vorbauwagen)을 설치하고, 여기서 콘크리트를 쳐서 소정 강도가 되었을 때, 포스트텐션 방식으로 프리스트레스를 도입한다. 이 작업은 양쪽 캔틸레버에서 동시에 이루어진다. 완성된 부분으로 이동 거푸집을 내밀어 다음 블록

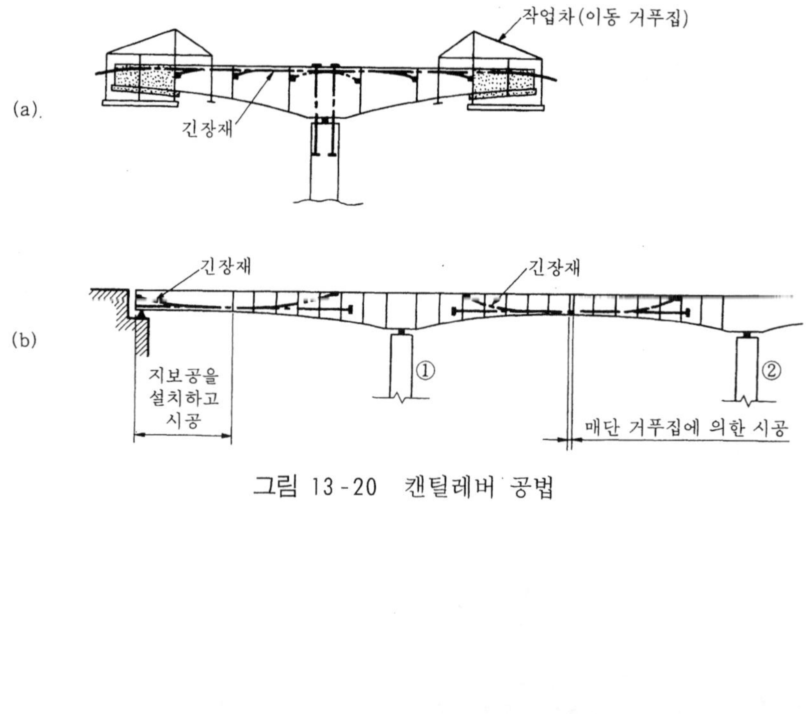

그림 13-20 캔틸레버 공법

의 시공으로 들어간다. 접속장치(coupler 등)에 의하여 긴장재를 이어나감으로써 다음 블록의 긴장작업이 가능하다. 이렇게 하여 최종적으로 지간중앙에서 폐합되어 양쪽 캔틸레버가 힌지로 연결된다. 그림 13-21은 긴장재의 배치를 보인 것이고, 그림 13-22는 이 공법의 시공순서를 보인 것이다.

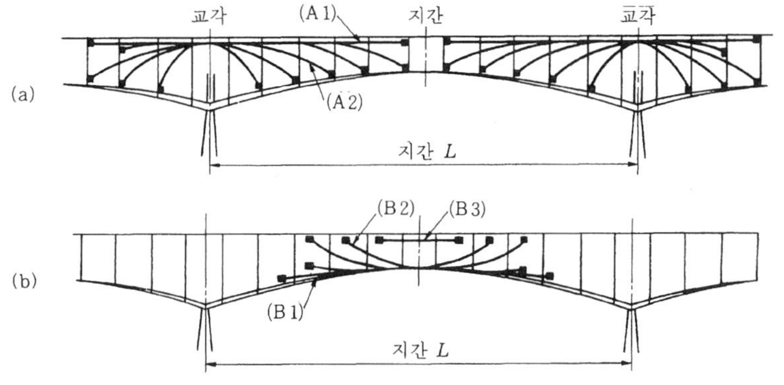

그림 13-21 긴장재의 배치(캔틸레버 공법)

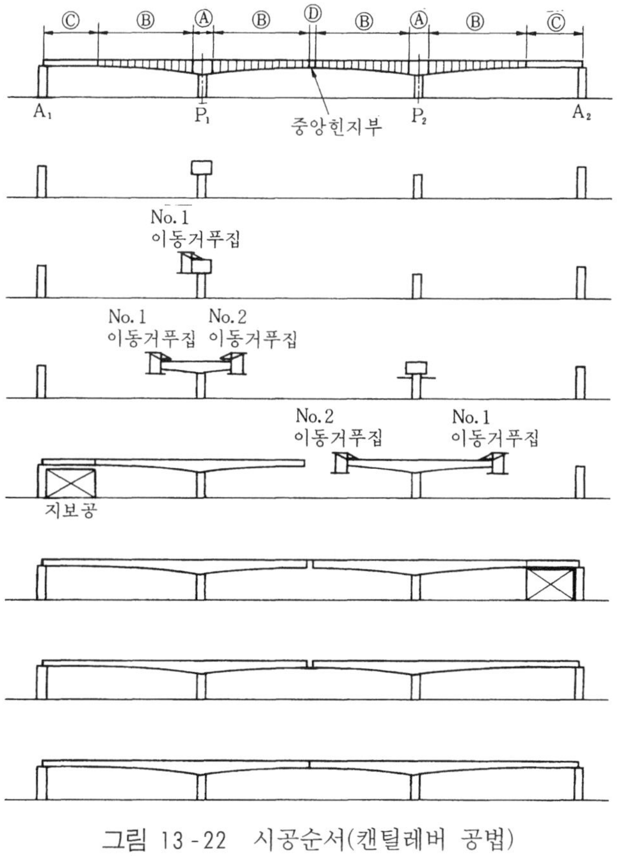

그림 13-22 시공순서(캔틸레버 공법)

이 공법을 우리나라에서는 free cantilever method로 부르고 있으며, F.C.M.으로 약칭하고 있다. 1981년 개통된 원효대교는 이 공법에 의한 우리나라 최초의 PSC 박스 거더교이다. 그림 13-23은 원효대교의 시공광경이고, 그림 13-24는 완성된 원효대교의 전경이다.

이 공법의 특징을 들면 다음과 같다.

① 동바리(支保工)가 필요하지 않기 때문에 깊은 계곡, 유량이 많은 하천, 선박이 항해하는 해상, 교통량이 많은 시가지 도로 등에서 유용하게 쓰이는 가설공법이다.

② 주 거더를 부분적으로 지지하는 이동 거푸집을 사용하여 가설하기 때문에 시공용 기계를 증대(增大)시키는 일 없이 교량가설이 가능하며, 장대교(長大橋)의 시공에 적절한 공법이다.

③ 2~5 m의 세그먼트로 나누어 시공하므로 거더 높이를 변화시켜서 거더 자신을 변단면으로 함으로써 거더 중량을 저감(低減)시키기가 쉽다.

④ 작업이 주로 이동 거푸집 안에서 이루어지므로 이동 거푸집에 지붕, 양생설비 등을 설치함으로써 기상조건의 영향을 받는 일 없이 품질, 공정 등의 시공관리를 확실하게 할 수 있다.

그림 13-23 캔틸레버 공법으로 시공중인 원효대교

그림 13-24 완성된 원효대교

⑤ 거푸집 설치, 콘크리트 타설, 프리스트레스 도입 등 동일공정의 반복작업이므로, 작업 종사자가 비교적 적은 인원으로도 시공이 가능하고, 숙련(熟練)이 빨라서 정확한 작업을 능률있게 할 수 있다.

⑥ 각 시공구분마다 오차의 수정이 가능하므로 시공 정밀도를 높일 수 있다.

캔틸레버 가설법은 현장치기뿐만 아니라, 프리캐스트 세그먼트를 이어 나가는 경우에도 사용되고 있다[13.9.4 항 참조]. 또, 이 가설법은 거더교뿐만 아니라 PSC 사장교, PSC 트러스교, PSC 아치교 등에도 이용되고 있다.

올림픽 대교의 중앙부 300 m가 이 공법으로 가설된 PSC 사장교이다. 그림 13-25는 올림픽 대교의 모양(lay-out)과 주탑(pylon)을 보인 것이고, 그림 13-26은 시공 광경을 보인 것이다.

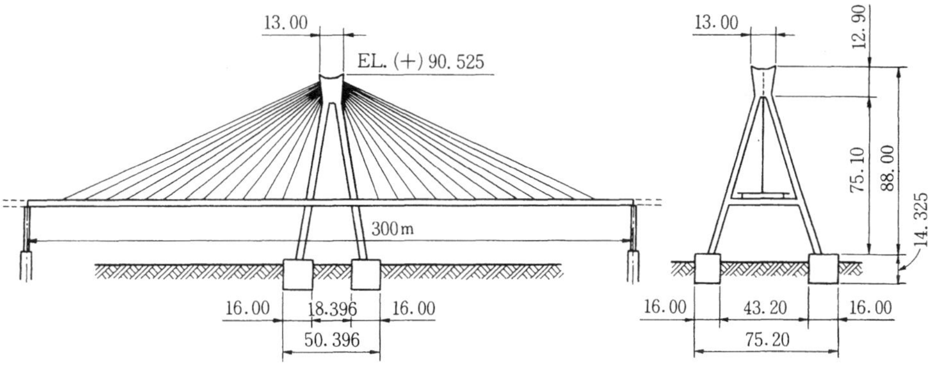

그림 13-25 올림픽 대교(사장교 구간)

그림 13-26 시공중인 올림픽 대교

캔틸레버 가설법은 프리캐스트 세그먼트(precast segment)를 연결하여 가설하는 연속 거더교에도 이용된다. 즉, 박스 거더(box girder)를 교축방향으로 적당한 길이로 분할한 세그먼트를 지상에서 제작하고, 이것을 가설현장에 운반하여 소정위치에 들어 올려놓고, 포스트텐션 방식으로 긴장하여 이어 나간다. 이 가설방법은 13.9.4항에서 설명하는 프리캐스트 세그먼트 공법의 하나이다.

13.9.2 압출공법

압출공법(incremental launching method)은 교대 배후에 거더 제작장소를 설치하고, 10～30 m의 블록으로 분할하여 콘크리트를 이어쳐서 교량거더를 제작하고, 이것을 잭(jack)으로 밀어내는 가설방법이다. 이 때 마찰력을 감소시키기 위하여 받침부에 매끄러운 재료로 된 미끄럼 판(sliding pad)를 끼우고, 또 거더의 캔틸레버 작용을 감소시키기 위하여 거더의 선단(先端)에 **추진코**(launching nose)를 부착시킨다. 이렇게 하여 한쪽 교대에서 한 블록씩 제작될 때마다 교각 위로 밀어내기를 계속하여 반대편 교대 위에 이르게 한다. 그림 13-27 (a)는 이 공법의 대략의 시스템을 보인 것이고, 그림 13-27 (b)는 시공순서를 보인 것이다. 그림 13-28은 우리나라에서 최초로 이 공법에 의하여 가설되고 있는 금곡천교의 시공광경을 보인 것이다. 이 교량은 호남 고속도로 확장공사에 따라 1983년에 착공되었으며, 지간이 36 m+6 @ 42 m+36 m인 연속 PSC 박스 거더교이다.

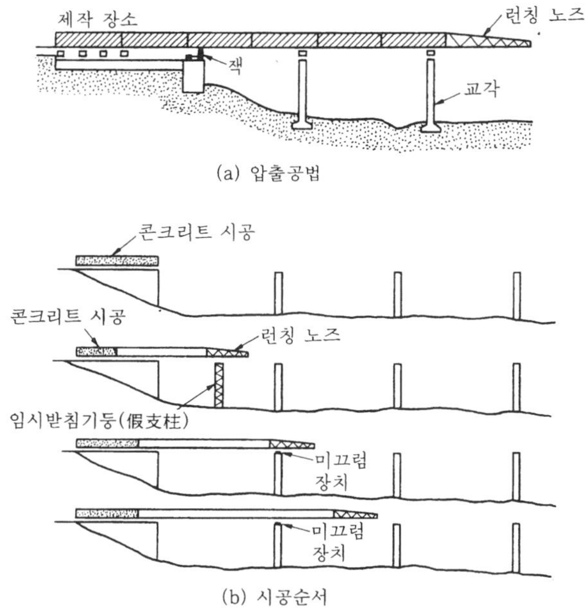

그림 13-27 압출공법

그림 13-28 압출공법으로 시공중인 금곡천교

이 공법은 독일의 Leonhardt와 Baur가 고안한 PSC 교의 가설공법으로서 30~70 m 정도의 경간에 사용되고 있으며, 3경간 연속 거더교에 유리하다. 이 공법은 개발된 이래 점차로 개량되어 안전하고 보편성 있는 가설법으로 되어 가고 있다. 이 공법을 I.L.M.으로 약칭하고 있다.

이 공법의 특징은 다음과 같다.

① 거더 자체를 이동시키기 때문에 거더 제작장소를 일정한 위치에 고정시킬 수 있고, 따라서 제작장에 지붕 등의 설비를 함으로써 전천후 작업이 가능하다.
② 제작장이 일정위치에 고정되므로, 공장과 같은 조건으로 작업이 가능하며 따라서 품질관리가 용이하다.
③ 기계화된 설비에 의한 작업이므로 적은 수의 작업원으로도 작업이 가능하다.
④ 가교지점(架橋支點)에서의 작업이 적어지기 때문에, 높은 곳에서의 작업이 적어져서 다른 공법에 비하여 안전하다.

13.9.3 이동 지보공 공법

이동 지보공 공법(movable scaffolding method, movable scaffolding system, 약칭 M.S.S.)은 지지되거나 매어단 지보공(支保工)과 거푸집을 사용하여 1경간씩 현장타설로 시공하고, 탈형(脫型)과 지보공의 이동이 기계적으로 이루어지는 가설법이다. 이동 지보공은 거푸집, 지지거더, 받침대 및 구동장치(驅動裝置)로 이루어진다. 지지거더는 시공경간에 걸쳐져서 거푸집, 동바리, 콘크리트 등의 중량을 지지해 주는 지지구조이고, 받침대는 교각에 부착되어 이들 중량을 지지해 준다. 한 경간의 시공이 완료된 후에는 지지거더에 부착된 구동장치(jack)들을 작동시켜, 받침대 위에서 미끄럼을 이용하여 지지거더를 다음 경간으로 이동시킨다.

이 공법에는 많은 종류와 명칭이 있으나, 대별하면 **서포트 방식**(support type)과 **행거방식**(hanger type)의 두 가지로 분류할 수 있다. 서포트 방식은 하중을 지지하는 거더가 구조물의 아래쪽에 위치된 것이고, 행거방식은 거더가 구조물의 위쪽에 배치된 것이다. 어느 방식이든, 기본적으로는 지지거더를 시공경간에 건너 붙여 거푸집, 지보공, 콘크리트 등의 중량을 지지하게 하여, 한 경간씩 차례로 시공해 가는 것이다. 즉, 한 경간의 시공이 완료되면 거푸집을 떼어내고, 지지거더에 부착된 잭(jack)들을 작동시켜 기계적으로 지지거더를 다음 경간으로 전진시킨다.

이 가설법 역시 독일에서 개발된 것이며, 서포트 방식의 대표적인 것으로는 독일의 Strabag 사(社)가 개발한 Vor Baurüstung이라고 일컬어지는 Strabag 방식 이동 지보공이 있고, 행거방식으로는 Dywidag 사(社)가 개발한 Gerüstwagen이 대표적인 것이다. 이 공법도 많은 개량이 이루어져서 여러 종류의 이동 지보공이 있고, 가설 실적도 매우 많다.

이 공법의 특징은 다음과 같다.

① 고도로 기계화된 지보공과 거푸집을 사용하여 시공하기 때문에, 신속하고 안전하게 또 확실하게 시공할 수 있다.

② 하천이나 도로 등 교량 상부구조 아래의 상태나 지반조건에 구애됨이 없이 시공할 수 있다.

③ 가설작업이 기계화되어 인력을 줄일 수 있다.

④ 지붕을 설치하면 우천(雨天)에도 작업이 가능하다.

이 공법에 의한 우리나라 최초의 교량은 1985년에 완공된 서울의 노량대교이다. 이 교량은 서울의 한강대교와 동작대교 사이에서 한강 남안(南岸)을 따라 올림픽 대로를 연결한 도로교로서 1350 m(500 m+500 m+350 m)의 지간을 가지는 연속 PSC 박스 거더교이다. 한 경간이 50 m인 10경간 연속(50 m×10) 2개와 7경간 연속 하나

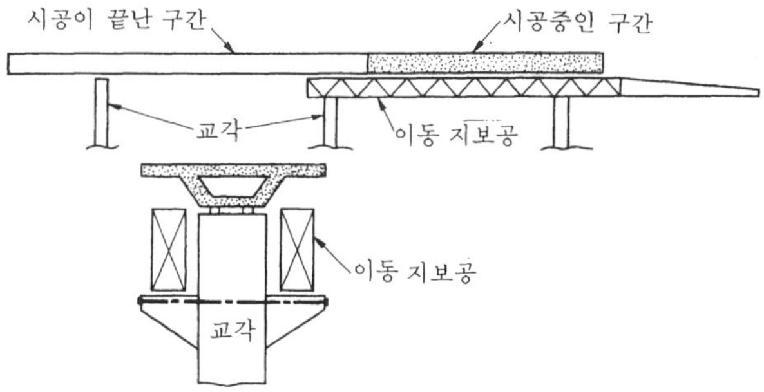

그림 13-29 이동 지보공 공법(support type)

그림 13-30 이동 지보공 공법으로 시공중인 노량대교

(50 m×7)로 되어 있고, 서포트 방식의 이동 지보공 공법으로 시공되었다. 그림 13-29는 서포트 방식에 의한 이 공법의 대략의 시스템을 보인 것이고, 그림 13-30은 이 공법에 의한 노량대교의 시공광경을 보인 것이다. 총연장 1600 m의 올림픽 대교에서 중앙부 300 m의 사장교 구간을 제외한 나머지 구간도 이 공법이 사용되었다.

13.9.4 프리캐스트 세그먼트 공법

콘크리트 구조부재를 세그먼트 또는 블록으로 분할하고, 이것을 긴장재에 의하여 압착접합(壓着接合)하여 하나의 큰 부재(部材)로 만들려는 생각은 일찍부터 있었다. 프리캐스트 세그먼트 공법은 이 생각에 기초를 둔 가설방법이다. 즉, 공장 또는 현장 부근에서 공장과 동일한 조건하에 세그먼트 또는 블록을 제조한다. 이것을 **프리캐스트 세그먼트**(precast segment) 또는 **프리캐스트 블록**(precast block)이라고 한다. 이렇게 제조된 프리캐스트 세그먼트를 운반하여 소정위치에 들어올려 놓고 포스트텐션 방식에 의하여 압착하여 접합시켜서 교량을 완성한다. 이 가설방법을 **프리캐스트 세그먼트 공법**(precast segmental method, 약칭 P.S.M.) 또는 **프리캐스트 블록 공법**이라고 한다. 세그먼트와 세그먼트 사이의 접합부에는 처음에는 모르타르 또는 콘크리트를 사용하였지만, 근래에는 에폭시(epoxy) 수지가 사용되고 있다.

프리캐스트 세그먼트 공법은 가설방법에 따라 다음과 같이 구분할 수 있다.

[1] **캔틸레버 가설법**(balanced cantilever method)

이 방법은 그림 13-31에 보인 바와 같이 교각을 중심으로 해서 교축의 양쪽 방향으로 균형을 유지하면서 세그먼트를 조립해 나가는 가설방법이다. 이 방법에는 사용하는 장비에 따라 크레인(crane)에 의한 가설법, 가설용 거더(launching girder 또는 launching truss)에 의한 가설법 등이 있다.

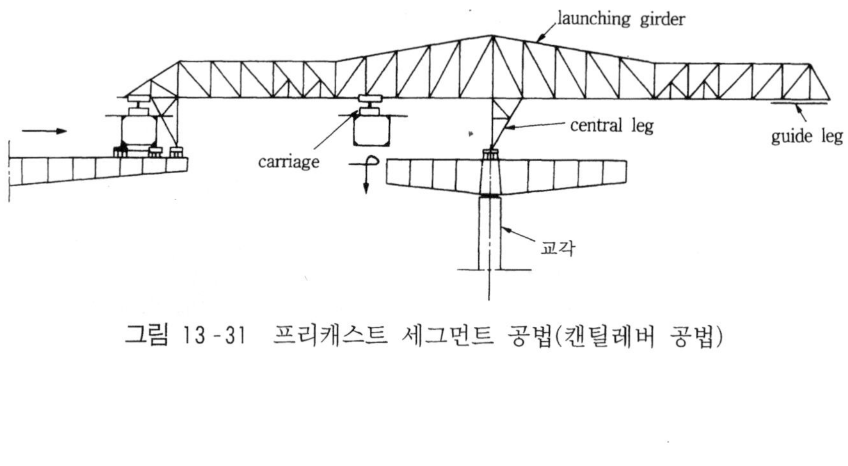

그림 13-31 프리캐스트 세그먼트 공법(캔틸레버 공법)

그림 13-32 북부도시 고속도로 교량의 시공광경

서울의 성산대교 북단(北端)에서 홍은동 네거리에 이르는 북부도시 고속도로 고가교량 구간이 우리나라에서는 처음으로 launching girder(above type)에 의한 캔틸레버 가설법으로 가설된 교량이다(그림 13-32).

프리캐스트 세그먼트를 교축의 한쪽 방향으로만 이어 나가면서, 전 경간을 캔틸레버 공법으로 가설하는 **전진 가설법**(progressive placement method)도 있다. 이 방법에서는 가설시의 응력이 커지기 때문에 일시적인 가설용(假設用) 교각 또는 가설(假設) 케이블이 필요하게 된다.

[2] **경간단위 가설법**(span by span method)

이 방법은 가설 경간에 가설용 트러스 또는 거더(launching truss 또는 launching girder)를 설치하고, 세그먼트를 들어올려 배열한 다음 긴장재를 배치하고, 세그먼트의 접합면에 에폭시 수지를 바른 다음 세그먼트를 밀착시킨 후, 긴장재를 긴장하여 교체(橋體)를 완성해 나가는 것이다. 즉, 교축방향으로 배치된 외부 긴장재(external tendon)에 의하여 경간단위로 프리스트레스를 도입한다. 교각 위에서 긴장재를 접속장치로 이어나감으로써 연속교로 하는 경우가 많다. 이 가설법은 가설용 거더의 설치 위치에 따라 below type과 above type의 두 방식이 있다.

서울의 반포대교 북단과 성수대교 북단 사이에서 한강의 북안(北岸)을 따라 가설된 강변도시 고속도로 교량구간이 우리나라에서는 처음으로 이 공법(bleow type)으로 시공되었다. 1경간 50 m의 7경간 연속 박스 거더교로서 단면은 그림 13-33과 같고, 그림 13-34는 그 시공광경이다. 세그먼트는 내부 긴장재(internal tendon)에

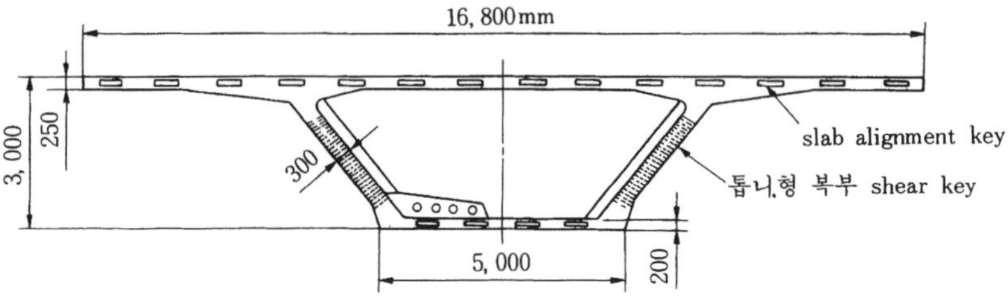

그림 13-33 세그먼트의 단면(강변도시 고속도로)

그림 13-34 강변도시 고속도로 교량의 시공광경

의하여 횡방향으로 프리스트레싱되고 교축방향으로는 외부 긴장재(external tendon)에 의하여 경간단위로 포스트 텐션방식에 의하여 프리스트레스가 도입되었다. 외부 케이블의 방향변환을 위하여 거더 단면의 내외측(內外測)의 필요한 곳에 **방향변환 블록**(deviation saddle, deviator)을 둔다[1장 1.4.1의 [1] 참조].

프리캐스트 세그먼트 공법에 의한 교량의 가설에는 이상의 가설법 외에 압출공법(incremental launching method)이 사용되기도 한다.

프리캐스트 세그먼트 공법은 다음과 같은 특징을 가지고 있다.

① 하부구조의 시공과 병행하여 세그먼트를 제조할 수 있기 때문에 공기(工期)를 단축할 수 있다.

② 가설용 거더로 상부구조를 시공하기 때문에 교량하부의 장해물에 구애받지 않는다.

③ 세그먼트는 공장 또는 시설이 갖추어진 제작장(casting yard)에서 제조되므로 품질이 확실하다.

④ 세그먼트를 제조한 후 가설할 때까지 충분한 양생기간이 있으므로, 건조수축 및 크리프로 인한 가설 후의 변형이 적다.

⑤ 세그먼트의 제조, 운반, 가설을 위하여 대형장비를 필요로 한다.

⑥ 세그먼트의 제작장이 따로 있어야 한다.

이상에서 설명한 세그먼트 공법에서는 길이 2~5 m 정도의 세그먼트가 사용된다. 이에 대하여 경간과 같은 길이의 박스 거더(box girder) 자체를 제작장에서 프리텐션 방식으로 제조하고, 이것을 straddle carrier이라 불리는 특수차량으로 가설 위치까지 운반하여 launching girder 로 소정위치에 가설하는 방법도 있다(그림 13-35). 이렇게 설치된 각 경간의 거더를 외부 긴장재로 포스트텐션하여 연속 PSC 박스 거더교로 하는 것이다. 이 공법을 **프리캐스트 경간 가설법**(precast span method)이라고 한다.

이 공법은 시설이 갖추어진 제작장에서 제조되므로 품질이 확실한 균등질의 거더를 얻을 수 있는 장점이 있으며, 동일 경간이 연속되는 연장이 긴 교량에 적당하다.

경기도 화성과 평택 사이의 경부 고속철도 고가교량에서 이 공법이 우리나라에서는 처음으로 채택되었다. 이 교량은 제작장에서 제조된 길이 25 m(경간)의 프리캐스트 PSC 박스 거더를 3경간씩 연속시킨 3경간 연속 PSC 박스 거더교로 되어 있으며, 총연장은 5350 m에 이르고 있다. 그림 13-35는 이 교량의 가설광경을 보인 것이다.

그림 13-35 프리캐스트 경간 가설법으로 가설되고 있는 경부고속철도 고가교

제 **14** 장

응 용

14.1 서 론

일찍이 Guyon은 “프리스트레스에 의하여 해결할 수 없는 구조문제는 아마도 없을 것이다”라고 언급한 바 있다. 최근에 보고되고 있는 여러 가지 PSC의 응용 예들은 Guyon의 이 견해를 수긍케 해주고 있다.

PSC는 교량을 비롯하여 포장, 건물, 수조(水漕), 공장제품 등에 널리 이용되고 있을 뿐만 아니라, PSC의 원리를 이용한 어스 앵커(earth anchor)와 록 앵커(rock anchor)는 굴착면의 안정을 위한 공법으로 보편화되어 널리 사용되고 있다. 여기서는 이들 응용 예를 간단히 설명하기로 한다.

14.2 응 용

14.2.1 어스 앵커와 록 앵커

기초를 굴착할 때 굴착면의 원지반이 느슨해지는 것을 억제하기 위하여 어스 앵커(earth anchor)가 사용되고, 터널을 굴착할 때 벽면암반이 느슨해지는 것을 억제하기 위하여 록 앵커(rock anchor)가 사용되고 있다. 어스 앵커를 소일 앵커(soil anchor)라고도 하며, 이들 앵커를 총칭해서 그라운드 앵커(ground anchor)라고 한다.

이들 앵커공법은 그림 14-1에 보인 바와 같이 착공기로 뚫은 천공(穿孔)에 쉬스와 PS 강재를 삽입한 후, 시멘트 풀 또는 시멘트 모르타르를 주입해서 앵커체를 만들고 이 앵커체가 충분히 경화한 후에 앵커 두부(頭部)에서 PS 강재를 긴장 정착함

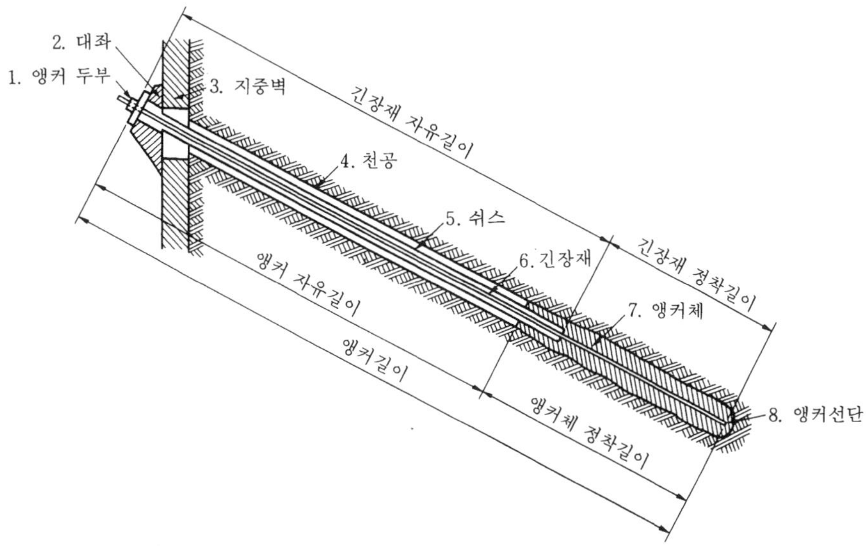

그림 14-1 어스 앵커의 원리

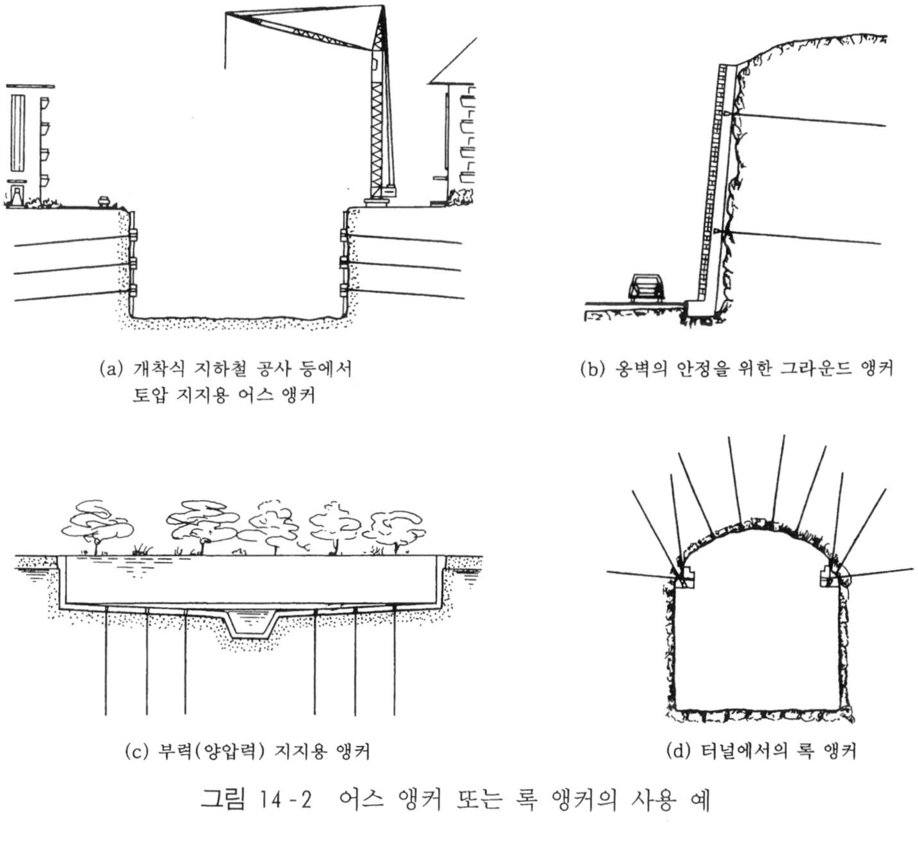

그림 14-2 어스 앵커 또는 록 앵커의 사용 예

으로써 구조물을 안정시키려는 것이다.

PSC의 원리를 이용한 이들 앵커공법은 그림 14-2에 보인 바와 같이 개착식 지하철 공사에서 또는 구조물 기초의 터파기 등에서 굴착면의 붕괴를 방지할 목적으로, 또는 지중(地中) 구조물의 경우처럼 부력(양압력)의 억제를 위하여, 또는 터널 굴착시 내공암벽의 느슨해짐을 억제하기 위하여 사용되고 있을 뿐 아니라, 그 밖의 사면(斜面)의 안정이나 원호활동의 방지를 위하여, 또는 기존 구조물의 안정보강을 위하여 광범위하게 사용되고 있다. 그림 14-3은 긴장 직후의 어스 앵커와 록 앵커를 보인 것이다.

(a) 어스 앵커

(b) 록 앵커(터널 굴착면)

그림 14-3 어스 앵커와 록 앵커

어스 앵커에서는 PS 강선 또는 PS 강연선이 주로 사용되고, 록 앵커에서는 PS 강봉이 사용된다. 록 앵커에서 PS 강봉은 너트를 끼워서 정착하기 때문에 이것을 **록 볼트**(rock bolt)라고 부르는 경우가 많다.

14.2.2 포 장

PSC 포장은 보통의 콘크리트 포장에 비하여 신축줄눈의 간격을 10배 이상 크게 할 수 있고, 포장 두께는 반 정도로 줄일 수 있으며, 가요성(可撓性)이고 연약지반에서도 노반 지지력의 불균일로 인한 영향이 적은 점 등 장점이 많다. 따라서 일반도로는 물론이고 공항의 활주로, 항만의 컨테이너 야드 등의 포장에 이용되고 있을 뿐 아니라, 롤러 스케이트장이나 수영장의 바닥판 등에도 이용되고 있다.

콘크리트 포장판에는 교통하중과 온도 및 습도의 변화, 콘크리트의 건조수축 등으로 인하여 5~7 MPa 정도의 인장응력이 일어난다. 이에 대하여 PSC 포장판에는 보통 1~3 MPa 정도의 유효 프리스트레스가 도입된다.

프리스트레스는 프리텐션 방식 또는 포스트텐션 방식으로 도입하는 것이 보통이고, 그 외에 외적 프리스트레싱 방식, 프리캐스트 PSC 로드 방식, 프리캐스트 PSC 판 방식 등이 사용되기도 한다.

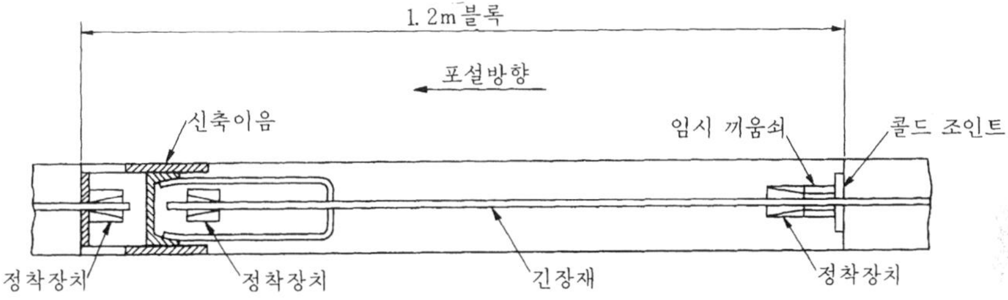

그림 14-4 PSC 포장판의 구조

14.2.3 탱크(tank)

PSC 탱크는 수밀성(水密性)이 좋고 건설비가 싸며, 유지 관리비가 적게 들기 때문에 물, 기름 등 액체의 저장, 또는 설탕, 시멘트, 곡물 등의 저장에 쓰이고 있으며, 상수도의 배수지에도 쓰이고 있다.

PSC 탱크는 역학적 특성 및 시공성 때문에 그림 14-5에 보인 것처럼 측벽이 원통인 것이 주로 쓰인다. 이 형식의 PSC 탱크는 돔(dome) 지붕을 형성하는 구형 셸(shere shell), 측벽을 형성하는 원통 셸(cylindrical shell) 및 저판을 형성하는 원판

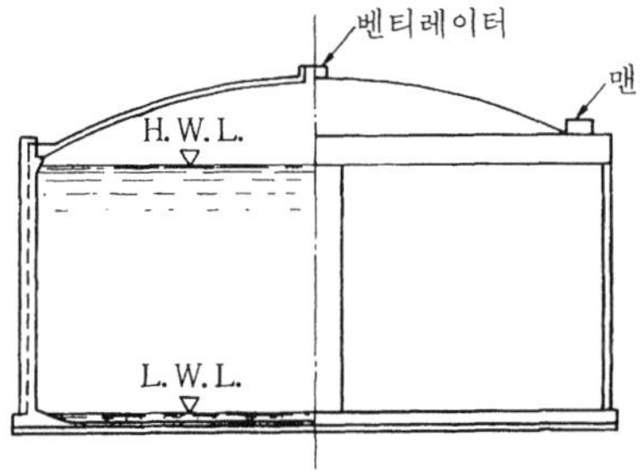

그림 14-5 PSC 탱크

의 3개의 구성부재로 이루어진다. 이 세 부재는 일반적으로 힌지 또는 고정으로 접합된다.

그림 14-6은 탱크에 물이 만수되었을 때 내압(內壓)에 의하여 측벽에 일어나는 원주방향 인장력(hoop tension)과 연직방향 휨모멘트의 분포 예를 보인 것이다. 따라서 원주방향 인장력에 대하여는 원주방향으로, 휨모멘트에 대하여는 연직방향으로 프리스트레스를 도입해야 한다.

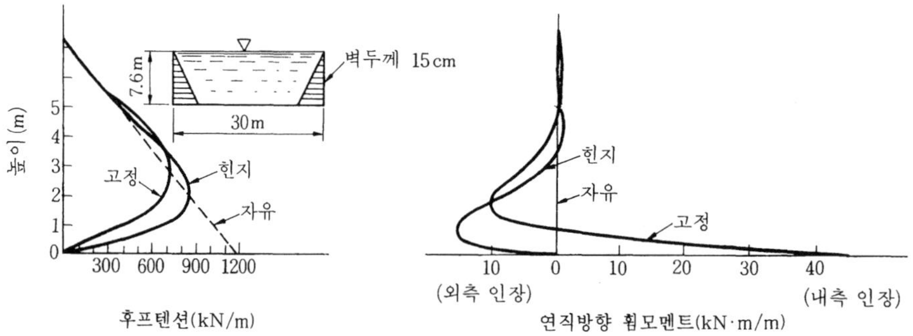

그림 14-6 PSC 탱크 측벽에 일어나는 힘

원주방향의 프리스트레스의 도입은 긴장한 PS 강선을 콘크리트의 외벽에 연속적으로 감는 preload 공법을 사용하거나, 또는 PS 강재를 콘크리트벽 속에 묻어 넣거나 외벽에 따라 배치하고, 원주상의 적당한 위치에서 긴장하여 정착하는 보통의 프리스트레싱 방법을 사용하거나 한다.

연직방향의 프리스트레스 도입을 위해서는 작업상의 편의 때문에 PS 강봉이 주로 쓰인다. PSC 탱크의 저판은 보통 RC 구조이고, 경우에 따라서는 PSC판으로 할 때도 있다. 지붕 돔의 설계는 셸이론이 사용된다.

최근에는 수력발전소의 조정수조나 액화 천연가스(LNG)의 저장용에도 PSC 탱크가 사용되고 있다.

14.2.4 원자로용 용기

원자력발전소에서 콘크리트는 종래 주로 방사선 차폐용으로 사용되어 왔다. 그러나 최근에는 구조체로서 강제용기 대신에 PSC 압력용기(prestressed concrete pressure vessel)와 PSC 원자로 격납용기(prestressed concrete nuclear containment vessel)가 사용되기에 이르렀다. 그 이유를 들면 다음과 같다.

① PSC제(製)는 강제(鋼製)보다 취성파괴의 염려가 적고 파괴가 점진적이다. 따

라서 파괴를 일으키기까지 균열의 발생, 변형 등이 일어나서 원자로의 운전을 조절하는 데 필요한 충분한 시간적 여유를 얻을 수 있다.

② 용기의 대형화, 내압의 증대화의 경향에 대하여 강재로서는 용접, 운반 등의 이유 때문에 크기나 두께에 한계가 있기 마련이지만, PSC는 설계시공상 비교적 쉽게 구조적 요구를 만족시킬 수 있고 운반도 쉽다.

③ 예상 외로 온도가 상승하더라도 콘크리트의 벽이 두껍기 때문에 열용량도 크고, 온도상승의 영향이 국부적이어서 PS 강재의 온도상승을 지연시킬 수 있다.

④ PSC 용기는 구조체 콘크리트 자체가 생체(生體)에 대한 차폐벽 구실을 겸하고 있기 때문에 강재보다 경제적이다.

PSC 압력용기는 벽 두께가 3~9 m 되는 중공 원통형(中空圓筒形)으로서, 아래 위에 각각 두께 7 m 정도의 슬래브를 가지는 폐쇄된 용기이다. 안 지름은 30 m 정도까지, 안 높이는 40 m 정도까지의 것이 만들어지고 있다. PSC 압력용기가 보통의 PSC 구조물과 다른 점은 규모가 크다는 것, 높은 온도(70℃ 정도까지), 높은 압력(5.2 MPa 정도까지)을 항상 받는다는 것, 방사선을 항상 받는다는 것 등이다.

원자로 격납용기는 압력용기, 고압 파이프 등을 수용하는 지름 및 높이가 40~60 m에 이르는 원통형의 대형 구조물로서, 발전소로부터 방사능 및 방사능 물질이 밖으로 방출하지 못하도록 방지하기 위한 용기이다. 따라서 평상시의 환경조건은 내압, 온도 모두 압력용기만큼 심하지는 않다.

14.2.5 해양 구조물

해양 콘크리트 구조물은 그 종류가 많으며, PSC의 장점을 이용한 해양 구조물이 계속 출현할 것으로 보인다. PSC를 이용한 해저저유(海底貯油) 탱크, PSC barge 등이 이미 건조되어 사용되고 있다.

14.2.6 타워(tower)

송수신용 안테나를 위한 탑(tower)들이 높이를 경쟁이나 하듯이 각국에서 세워지고 있다. 1968년 세워진 모스크바의 533 m 높이의 PSC 타워에 이어, 1975년 토론토에 높이 550 m의 PSC 타워가 건설된 바 있다.

14.2.7 건 축 물

PSC 구조로 하면 보 높이를 작게 할 수 있고, 경간을 길게 할 수 있기 때문에 체

육관, 공장, 계층식(階層式) 주차장 등의 건물에 PSC가 많이 이용되고 있다.

시공법으로는 현장치기 방식, 프리캐스트 부재를 조립하는 방식, 또는 이 두 가지 방법을 병용하는 방식이 있다. 건물은 대개의 경우 고차의 부정정 구조이므로, 일부의 부재에 프리스트레스를 도입하면 이로 인하여 부정정력이 일어나는 것이 보통이다. 2경간 라멘까지는 현장치기 방식에 의하여 PSC 라멘으로 할 수 있지만, 다경간 라멘의 경우는 보에 프리스트레스를 도입하더라도 기둥의 강성(剛性) 때문에 프리스트레스가 도입되기 어려우며, 또 기둥에 휨모멘트가 발생하여 설계상 비경제적으로 된다. 이러한 경우에는 조립식으로 하거나 또는 두 가지 방식의 병용구조로 하는 것이 좋다.

그 밖에 셸(shell), 절판(folded plate), 트러스, 아치 등에 PSC 공법이 이용되고 있다.

14.2.8 공장제품

1) PSC 침묵　　철도용 PSC 침목(railroad tie)은 강도, 내구성, 궤도의 안전성 등에서 목재침목이나 RC 침목보다 우수하고 궤도 보수비가 절감되는 장점이 있어서 많이 사용되고 있다. PSC 침목은 프리텐션 방식의 것과 포스트텐션 방식의 것이 있으나 프리텐션 방식의 것이 많다. 최근 외국에서는 PSC를 이용한 궤도 슬래브가 개발되고 있다.

2) PSC 말뚝　　PSC 말뚝(PSC pile)은 RC 말뚝에 비하여 균열에 대한 안전성이 높고, 충격에 대한 저항성이 크며, 이음부의 안정성이 높다. 원심력으로 성형 제조되며, 프리텐션 방식과 포스트텐션 방식이 있다.

3) 그 밖의 제품　　그 밖에 짧은 경간의 교량용 PSC 거더, PSC 폴(pole), PSC 관, PSC 널말뚝(sheet pile) 등이 있고, 건물용으로는 속빈 슬래브(hollow slab), 더블 T 슬래브(double tee slab) 등이 PSC로 제조되고 있다.

부 록

〔부록 A〕 SI 단위 및 단위의 환산표

SI 단위계(Systéme Internationale d'Unites, International System of Units)

단위의 국제적 통일을 위하여 국제도량형 기구에 의해 작성되고, 국제표준화기구인 ISO(International Organization for Standardization)에 의해 채택되어 국제적으로 널리 통용되고 있는 국제단위이다.

(1) SI 기본단위　길이, 질량 및 시간의 기본단위는 다음과 같다.

길이 : m(meter)

질량 : kg(kilogram)

시간 : s(second)

환산의 편위를 위하여 in(inch), ft(foot) 및 lb(pound)를 SI 기본단위로 나타내면 다음과 같다.

$$1\,\text{in} = 25.40\,\text{mm}, \quad 1\,\text{mm} = 0.03937\,\text{in}$$

$$1\,\text{ft} = 0.3048\,\text{m}, \quad 1\,\text{m} = 3.2808\,\text{ft}$$

$$1\,\text{lb} = 0.4536\,\text{kg}, \quad 1\,\text{kg} = 2.2046\,\text{lb}$$

(2) 힘의 단위　SI 단위계에서는 힘의 단위기호를 N(Newton)으로 하고, 1 N의 힘을 다음과 같이 정의하고 있다.

1 N = 질량 1 kg의 물체에 작용하여 1 m/s^2의 가속도를 내게 하는 힘

$$= (1\,\text{kg}) \times (1\,\text{m/s}^2)$$

$$= 1\,\text{kg} \cdot \text{m/s}^2$$

1 kgf의 힘을 N으로 나타내면

1 kgf = 질량 1 kg의 물체에 작용하여 중력가속도(9.8 m/s^2)를 내게 하는 힘

$$= (1\,\text{kg}) \times (9.8\,\text{m/s}^2)$$

$$= 9.8\,\text{kg} \cdot \text{m/s}^2$$

$$= 9.8\,\text{N}$$

$$\therefore 1\text{N} = \frac{1}{9.8}\,\text{kgf} = 0.102\,\text{kgf}$$

1 lb의 힘을 N으로 나타내면

1 lb = 질량 1 lb에 작용하여 중력가속도(32.2 ft/s^2)를 내게 하는 힘

$$= (1\,\text{lb}) \times (32.2\,\text{ft/s}^2)$$

$$= 32.2\ \mathrm{lb \cdot ft/s^2}$$
$$= 32.2 \times \frac{0.4536\ \mathrm{kg} \times 0.3048\ \mathrm{m}}{\mathrm{s}^2}$$
$$= 4.45\ \mathrm{kg \cdot m/s^2}$$
$$= 4.45\ \mathrm{N}$$
$$\therefore\ 1\mathrm{N} = \frac{1}{4.45}\ \mathrm{lb} = 0.2247\ \mathrm{lb}$$

[주 1] 중량, 하중 등의 용어가 나타내려는 개념(物理量)이 질량의 개념에 해당된다고 판단될 경우에는 그 물리량의 단위는 질량의 단위(kg)를 사용한다.

예컨대, 사람의 몸무게(체중)나 물건의 무게 등의 단위는 kg으로 나타내야 하며 N으로 나타내지 않는다. 마찬가지로 콘크리트의 단위중량(단위무게)의 단위도 kg/m^3로 나타내며 N으로 나타내지 않는다. SI 단위계에서는 단위무게를 밀도(density)라 하여 단위기호로 kg/m^3를 주고 있으며, 설계기준에서도 그렇게 나타내고 있다.

[주 2] 중량, 하중 등의 용어가 나타내려는 개념(物理量)이 힘의 개념에 해당된다고 판단될 경우에는 그 물리량의 단위는 N으로 한다. 예컨대 보에 작용하는 등분포하중은 N/m로 나타낸다.

부록 표 A-1 각 단위계별 단위 대조표

양 / 단위계	길 이	질 량	시 간	힘	응 력
SI 계	m	kg	s	N	N/m^2 또는 Pa
CGS 계	cm	g	s	dyn	dyn/cm^2
MKS 계	m	kg	s	kgf	kgf/m^2
ft-lb 계	ft	lb	s	lb	psi (lb/in^2)

[주] SI 단위계에서는 응력의 단위 N/m^2를 Pa(Pascal)로 나타내기도 한다. 즉, $1\ N/m^2 = 1$ Pa, 일반적으로 MPa(Mega Pascal) 또는 N/mm^2가 사용되고 있다[부록 표 A-5 참조].

부록 표 A-2 SI 접두어

단위에 곱하는 배수	접두어의 명칭	기호	단위에 곱하는 배수	접두어의 명칭	기 호
10^{12}	테라(tera)	T	10^{-1}	데시(deci)	d
10^{9}	기가(giga)	G	10^{-2}	센티(centi)	c
10^{6}	메가(mega)	M	10^{-3}	밀리(mili)	m
10^{3}	킬로(kilo)	k	10^{-6}	마이크로(micro)	μ
10^{2}	헥토(hecto)	h	10^{-9}	나노(nano)	n
10	데카(deca)	da	10^{-12}	피코(pico)	p

부록 표 A-3 힘의 단위

N	dyn	kgf	lb
1	1×10^{5}	1.01972×10^{-1}	2.2481×10^{-1}
1×10^{-5}	1	1.01972×10^{-6}	2.2481×10^{-6}
9.80665	9.80665×10^{5}	1	2.20462
4.44822	4.44822×10^{5}	4.5359×10^{-1}	1

부록 표 A-4 모멘트의 단위

N·m	kgf·m	ft·lb
1	0.10197	0.73756
9.80665	1	7.23305
1.35581	0.13825	1

부록 표 A-5 응력의 단위

kPa	MPa(N/mm^2)	kgf/mm^2	kgf/cm^2	psi(lb/in^2)
1	1×10^{-3}	1.01972×10^{-4}	1.01972×10^{-2}	1.4504×10^{-1}
1×10^{3}	1	1.01972×10^{-1}	1.01972×10	1.4504×10^{2}
9.80665×10^{3}	9.80665	1	1×10^{2}	1.4223×10^{3}
9.80665×10	9.80665×10^{-2}	1×10^{-2}	1	1.4223×10
6.89476	6.89476×10^{-3}	7.031×10^{-4}	7.031×10^{-2}	1

[주] (1) 1 kPa(kilo Pascal)=10^3 Pa=10^3 N/m^2, 1 MPa(Mega Pascal)=10^6 Pa=10^6 N/m^2=1 N/mm^2

(2) 설계기준 등에서는 종래의 단위(CGS 단위)로 된 계산식이나 값들을 SI 단위로 환산함에 있어서, 1 kgf=9.8 N[부록 표 A-3 참조]을 1 kgf≒10 N으로 보고, 또 1 kgf/cm^2=0.098 MPa(0.098 N/mm^2)을 1 kgf/cm^2≒0.1 MPa(0.1 N/mm^2)로 보고 환산하고 있다.

부록 표 A-6 응력 환산표(1)

kgf/cm^2	psi	MPa	kgf/cm^2	psi	MPa
1	14.2	0.098	210	2987	20.6
4	56.9	0.39	240	3414	23.5
12	170.7	1.18	280	3982	27.5
16	227.6	1.57	350	4978	34.3
60	853.4	5.88	500	7112	49.0
70	995.6	6.86	1400	19,912	137
80	113.8	7.85	3000	42,600	294
90	1280	8.83	3500	49,700	343
180	2560	17.65	4000	56,800	392

부록 표 A-7 응력 환산표(2)

psi	MPa	kgf/cm^2	psi	MPa	kgf/cm^2
1	0.007	0.07	4000	27.6	281
60	0.41	4.22	5000	34.5	352
150	1.03	10.5	20,000	137.9	1406
200	1.38	14.1	30,000	206.8	2109
500	3.45	35.2	33,000	227.5	2320
2500	17.2	176	40,000	275.8	2812
3000	20.7	211	60,000	413.7	4219
3500	24.1	246			

부록 표 A-8 응력 환산표(3)

MPa	kgf/cm^2	psi	MPa	kgf/cm^2	psi
1	10.2	145	23	234.5	3336
3	30.6	435	28	285.5	4061
7	71.4	1015	35	357	5076
9	91.8	1305	137	1397	19,870
18	183.5	2611	235	2396	34,084
21	214.1	3046	412	4201	59,756

부록 표 A-9 콘크리트의 설계기준 강도 f_{ck}의 제곱근의 환산표(1)

psi	kgf/cm^2	MPa	psi	kgf/cm^2	MPa
$\sqrt{f_{ck}}$	$0.265\sqrt{f_{ck}}$	$0.083\sqrt{f_{ck}}$	$3.5\sqrt{f_{ck}}$	$0.928\sqrt{f_{ck}}$	$0.291\sqrt{f_{ck}}$
$0.5\sqrt{f_{ck}}$	$0.133\sqrt{f_{ck}}$	$0.042\sqrt{f_{ck}}$	$4.0\sqrt{f_{ck}}$	$1.06\sqrt{f_{ck}}$	$0.332\sqrt{f_{ck}}$
$0.6\sqrt{f_{ck}}$	$0.159\sqrt{f_{ck}}$	$0.050\sqrt{f_{ck}}$	$5.0\sqrt{f_{ck}}$	$1.325\sqrt{f_{ck}}$	$0.415\sqrt{f_{ck}}$
$1.7\sqrt{f_{ck}}$	$0.451\sqrt{f_{ck}}$	$0.141\sqrt{f_{ck}}$	$6.0\sqrt{f_{ck}}$	$1.59\sqrt{f_{ck}}$	$0.498\sqrt{f_{ck}}$
$1.9\sqrt{f_{ck}}$	$0.504\sqrt{f_{ck}}$	$0.158\sqrt{f_{ck}}$	$7.5\sqrt{f_{ck}}$	$1.99\sqrt{f_{ck}}$	$0.623\sqrt{f_{ck}}$
$2.0\sqrt{f_{ck}}$	$0.53\sqrt{f_{ck}}$	$0.166\sqrt{f_{ck}}$	$8.0\sqrt{f_{ck}}$	$2.12\sqrt{f_{ck}}$	$0.664\sqrt{f_{ck}}$
$3.0\sqrt{f_{ck}}$	$0.795\sqrt{f_{ck}}$	$0.249\sqrt{f_{ck}}$	$12.0\sqrt{f_{ck}}$	$3.18\sqrt{f_{ck}}$	$0.996\sqrt{f_{ck}}$

부록 표 A-10 콘크리트의 설계기준 강도 f_{ck}의 제곱근의 환산표(2)

kgf/cm^2	MPa	psi	kgf/cm^2	MPa	psi
$\sqrt{f_{ck}}$	$0.313\sqrt{f_{ck}}$	$3.771\sqrt{f_{ck}}$	$1.06\sqrt{f_{ck}}$	$0.332\sqrt{f_{ck}}$	$3.997\sqrt{f_{ck}}$
$0.16\sqrt{f_{ck}}$	$0.050\sqrt{f_{ck}}$	$0.603\sqrt{f_{ck}}$	$1.33\sqrt{f_{ck}}$	$0.416\sqrt{f_{ck}}$	$5.015\sqrt{f_{ck}}$
$0.25\sqrt{f_{ck}}$	$0.078\sqrt{f_{ck}}$	$0.943\sqrt{f_{ck}}$	$1.59\sqrt{f_{ck}}$	$0.498\sqrt{f_{ck}}$	$5.996\sqrt{f_{ck}}$
$0.45\sqrt{f_{ck}}$	$0.141\sqrt{f_{ck}}$	$1.697\sqrt{f_{ck}}$	$1.60\sqrt{f_{ck}}$	$0.501\sqrt{f_{ck}}$	$6.034\sqrt{f_{ck}}$
$0.50\sqrt{f_{ck}}$	$0.157\sqrt{f_{ck}}$	$1.886\sqrt{f_{ck}}$	$2.0\sqrt{f_{ck}}$	$0.626\sqrt{f_{ck}}$	$7.542\sqrt{f_{ck}}$
$0.53\sqrt{f_{ck}}$	$0.166\sqrt{f_{ck}}$	$1.999\sqrt{f_{ck}}$	$2.12\sqrt{f_{ck}}$	$0.664\sqrt{f_{ck}}$	$7.994\sqrt{f_{ck}}$
$0.80\sqrt{f_{ck}}$	$0.250\sqrt{f_{ck}}$	$3.017\sqrt{f_{ck}}$	$3.20\sqrt{f_{ck}}$	$1.002\sqrt{f_{ck}}$	$12.067\sqrt{f_{ck}}$
$0.93\sqrt{f_{ck}}$	$0.291\sqrt{f_{ck}}$	$3.507\sqrt{f_{ck}}$			

부록 표 A-11 콘크리트의 설계기준 강도 f_{ck}의 제곱근의 환산표(3)

MPa	kgf/cm^2	psi	MPa	kgf/cm^2	psi
$\sqrt{f_{ck}}$	$3.193\sqrt{f_{ck}}$	$12.043\sqrt{f_{ck}}$	$0.29\sqrt{f_{ck}}$	$0.926\sqrt{f_{ck}}$	$3.492\sqrt{f_{ck}}$
$0.05\sqrt{f_{ck}}$	$0.160\sqrt{f_{ck}}$	$0.602\sqrt{f_{ck}}$	$0.32\sqrt{f_{ck}}$	$1.022\sqrt{f_{ck}}$	$3.854\sqrt{f_{ck}}$
$0.08\sqrt{f_{ck}}$	$0.255\sqrt{f_{ck}}$	$0.963\sqrt{f_{ck}}$	$(1/3)\sqrt{f_{ck}}$	$1.064\sqrt{f_{ck}}$	$4.014\sqrt{f_{ck}}$
$0.14\sqrt{f_{ck}}$	$0.447\sqrt{f_{ck}}$	$1.686\sqrt{f_{ck}}$	$0.42\sqrt{f_{ck}}$	$1.341\sqrt{f_{ck}}$	$5.058\sqrt{f_{ck}}$
$0.16\sqrt{f_{ck}}$	$0.511\sqrt{f_{ck}}$	$1.927\sqrt{f_{ck}}$	$0.50\sqrt{f_{ck}}$	$1.597\sqrt{f_{ck}}$	$6.022\sqrt{f_{ck}}$
$(1/6)\sqrt{f_{ck}}$	$0.532\sqrt{f_{ck}}$	$2.007\sqrt{f_{ck}}$	$0.63\sqrt{f_{ck}}$	$2.012\sqrt{f_{ck}}$	$7.587\sqrt{f_{ck}}$
$0.25\sqrt{f_{ck}}$	$0.798\sqrt{f_{ck}}$	$3.010\sqrt{f_{ck}}$	$(2/3)\sqrt{f_{ck}}$	$2.129\sqrt{f_{ck}}$	$8.029\sqrt{f_{ck}}$

〔부록 B〕 PS 강재 및 철근의 규격값

부록 표 B-1 PS강선 및 PS 강연선의 종류 및 기호(KS D 7002 : 2002)

종 류			기 호	단 면
PS 강선	원형선	A종	SWPC 1AN, SWPC 1AL	○
		B종	SWPC 1BN, SWPC 1BL	○
	이형선		SWPD 1N, SWPD 1L	○
PS 강연선	2연선		SWPC 2N, SWPC 2L	
	이형 3연선		SWPD 3N, SWPD 3L	
	7연선	A종	SWPC 7AN, SWPC 7AL	
		B종	SWPC 7BN, SWPC 7BL	
	19연선		SWPC 19N, SWPC 19L	

비고 : (1) 원형선 B종은 A종보다 인장 강도가 100 N/mm^2 높은 종류를 나타낸다.

(2) 7연선 A종은 인장 강도 1720 N/mm^{2}급을, B종은 1860 N/mm^{2}급을 나타낸다.

(3) 릴랙세이션 규격값에 따라 보통선은 N, 낮은선(저 릴랙세이션 PS 강재)은 L의 기호를 끝에 붙인다.

(4) 19연선에서 단면이 28.6mm인 것은 실형이나 워링톤형으로 하고, 그 외의 19연선 단면은 실형으로 한다.

부록 표 B-2 PS강선 및 PS강연선의 표준지름 및 공칭단면적(KS D 7002 : 2002)

기 호	호 칭	표준 지름 (mm)	공칭 단면적 (mm^2)	단위 무게 (kg/km)
SWPC 1AN SWPC 1AL SWPC 1BN SWPC 1BL SWPD 1N SWPD 1L	(2.9 mm)	2.9	6.605	51.8
	(3.5 mm)	3.5	9.621	75.5
	(4 mm)	4.0	12.57	98.7
	(4.5 mm)	4.5	15.90	125
	5 mm	5.0	19.64	154
	(6 mm)	6.0	28.27	222
	7 mm	7.0	38.48	302
	8 mm	8.0	50.27	395
	9 mm	9.0	63.62	499
SWPC 2N SWPC 2L	2.9mm 2연선	2.9	13.21	104
SWPD 3N SWPD 3L	2.9mm 3연선	2.9	19.82	156
SWPC 7AN SWPC 7AL	(7연선 6.2mm)	6.2	23.23	182
	(7연선 7.9mm)	7.9	37.42	293
	7연선 9.3mm	9.3	51.61	405
	7연선 10.8mm	10.8	69.68	546
	7연선 12.4mm	12.4	92.90	729
	7연선 15.2mm	15.2	138.7	1101
SWPC 7BN SWPC 7BL	7연선 9.5mm	9.5	54.84	432
	7연선 11.1mm	11.1	74.19	580
	7연선 12.7mm	12.7	98.71	774
	7연선 15.2mm	15.2	138.7	1101
SWPC 19N SWPC 19L	19연선 17.8mm	17.8	208.4	1652
	19연선 19.3mm	19.3	243.7	1931
	19연선 20.3mm	20.3	270.9	2149
	19연선 21.8mm	21.8	312.9	2482
	19연선 28.6mm	28.6	532.4	4229

비고 : (1) 7연선 및 19연선의 표준지름은 연선의 외접원의 지름으로 한다.

(2) ( )를 붙인 호칭의 강선 및 강연선은 사용하지 않는 것이 좋다.

부록 표 B-3 PS강선 및 PS강연선의 기계적 성질(KS D 7002 : 2002)

기 호	호 칭	0.2% 영구 연신율에 대한 하중(kN)	인장 하중 (kN)	연신율 (%)	릴랙세이션 값(%)	
					N	L
SWPC 1AN SWPC 1AL SWPD 1N SWPD 1L	(2.9mm)	11.3 이상	12.7 이상	3.5 이상	8.0 이하	2.5 이하
	(3.5mm)	14.2 이상	16.2 이상	3.5 이상	8.0 이하	2.5 이하
	(4 mm)	18.6 이상	21.1 이상	3.5 이상	8.0 이하	2.5 이하
	(4.5mm)	22.6 이상	25.5 이상	4.0 이상	8.0 이하	2.5 이하
	5 mm	27.9 이상	31.9 이상	4.0 이상	8.0 이하	2.5 이하
	(6 mm)	38.7 이상	44.1 이상	4.0 이상	8.0 이하	2.5 이하
	7 mm	51.0 이상	58.3 이상	4.5 이상	8.0 이하	2.5 이하
	8 mm	64.2 이상	74.0 이상	4.5 이상	8.0 이하	2.5 이하
	9 mm	78.0 이상	90.2 이상	4.5 이상	8.0 이하	2.5 이하
SWPC 1BN SWPC 1BL	5 mm	29.9 이상	33.8 이상	4.0 이상	8.0 이하	2.5 이하
	7 mm	54.9 이상	62.3 이상	4.5 이상	8.0 이하	2.5 이하
	8 mm	69.1 이상	78.9 이상	4.5 이상	8.0 이하	2.5 이하
SWPC 2N SWPC 2L	2.9mm 2연선	22.6 이상	25.5 이상	3.5 이상	8.0 이하	2.5 이하
SWPD 3N SWPD 3L	2.9mm 3연선	33.8 이상	38.2 이상	3.5 이상	8.0 이하	2.5 이하
SWPC 7AN SWPC 7AL	(7연선 6.2mm)	33.8 이상	40.2 이상	3.5 이상	8.0 이하	2.5 이하
	(7연선 7.9mm)	54.9 이상	64.7 이상	3.5 이상	8.0 이하	2.5 이하
	7연선 9.3mm	75.5 이상	88.8 이상	3.5 이상	8.0 이하	2.5 이하
	7연선 10.8mm	102 이상	120 이상	3.5 이상	8.0 이하	2.5 이하
	7연선 12.4mm	136 이상	160 이상	3.5 이상	8.0 이하	2.5 이하
	7연선 15.2mm	204 이상	240 이상	3.5 이상	8.0 이하	2.5 이하
SWPC 7BN SWPC 7BL	7연선 9.5mm	86.8 이상	102 이상	3.5 이상	8.0 이하	2.5 이하
	7연선 11.1mm	118 이상	138 이상	3.5 이상	8.0 이하	2.5 이하
	7연선 12.7mm	156 이상	183 이상	3.5 이상	8.0 이하	2.5 이하
	7연선 15.2mm	222 이상	261 이상	3.5 이상	8.0 이하	2.5 이하
SWPC 19N SWPC 19L	19연선 17.8mm	330 이상	387 이상	3.5 이상	8.0 이하	2.5 이하
	19연선 19.3mm	387 이상	451 이상	3.5 이상	8.0 이하	2.5 이하
	19연선 20.3mm	422 이상	495 이상	3.5 이상	8.0 이하	2.5 이하
	19연선 21.8mm	495 이상	573 이상	3.5 이상	8.0 이하	2.5 이하
	19연선 28.6mm	807 이상	949 이상	3.5 이상	8.0 이하	2.5 이하

비고 : 릴랙세이션값은 1000시간 값을 기준으로 한 것이며, N은 보통의 PS강선 및 PS강연선에 대한 값이고, L은 저릴랙세이션 PS강선 및 PS강연선에 대한 값이다.

부록 표 B-4 PS 강봉(KS D 3505-2002)

<table>
<tr><th colspan="3">종 류</th><th>기 호</th><th>0.2% 항복강도
(N/mm²)</th><th>인장강도
(N/mm²)</th><th>호칭명</th><th>표준지름
(mm)</th><th>공칭 단면적
(mm²)</th></tr>
<tr><td rowspan="4">원형강봉</td><td>A종</td><td>2호</td><td>SBPR
785/1030</td><td>785 이상</td><td>1030 이상</td><td rowspan="4">9.2 mm
11 mm
13 mm
17 mm
23 mm
26 mm
32 mm
36 mm
40 mm</td><td rowspan="4">9.2
11.0
13.0
17.0
23.0
26.0
32.0
36.0
40.0</td><td rowspan="4">66.48
95.03
132.7
227.0
415.5
530.9
804.2
1018.0
1257.0</td></tr>
<tr><td rowspan="2">B종</td><td>1호</td><td>SBPR
930/1080</td><td>930 이상</td><td>1080 이상</td></tr>
<tr><td>2호</td><td>SBPR
930/1180</td><td>930 이상</td><td>1180 이상</td></tr>
<tr><td>C종</td><td>1호</td><td>SBPR
1080/1230</td><td>1080 이상</td><td>1230 이상</td></tr>
<tr><td rowspan="3">이형강봉</td><td>B종</td><td>1호</td><td>SBPD
930/1080</td><td>930 이상</td><td>1080 이상</td><td rowspan="3">7.4 mm
9.2 mm
11 mm
13 mm</td><td rowspan="3">7.4
9.2
11.0
13.0</td><td rowspan="3">40.0
64.0
70.0
125.0</td></tr>
<tr><td>C종</td><td>1호</td><td>SBPD
1080/1230</td><td>1080 이상</td><td>1230 이상</td></tr>
<tr><td>D종</td><td>1호</td><td>SBPD
1275/1420</td><td>1275 이상</td><td>1420 이상</td></tr>
</table>

부록 표 B-5 철근의 종류 및 기계적 성질(KS D 3504-2001)

<table>
<tr><th>종 류</th><th>기 호</th><th>용 도</th><th>항복점 또는 0.2%
항복강도(N/mm²)</th><th>인장 강도
(N/mm²)</th></tr>
<tr><td>원형 철근</td><td>SR 240
SR 300</td><td>일반용</td><td>240 이상
300 이상</td><td>380 이상
440 이상</td></tr>
<tr><td rowspan="2">이형 철근</td><td>SD 300
SD 350
SD 400
SD 500</td><td>일반용</td><td>300 이상
350 이상
400 이상
500 이상</td><td>440 이상
490 이상
560 이상
620 이상</td></tr>
<tr><td>SD 400 W
SD 500 W</td><td>용접용</td><td>400 이상
500 이상</td><td>560 이상
620 이상</td></tr>
</table>

부록 표 B-6 이형 철근(KS D 3504-2001)

호 칭	단위중량 (kg/m)	공칭 지름 (mm)	공칭 단면적 (cm²)	공칭 둘레 (cm)
D 6	0.249	6.35	0.3167	2.0
D 10	0.560	9.53	0.7133	3.0
D 13	0.995	12.7	1.267	4.0
D 16	1.56	15.9	1.986	5.0
D 19	2.25	19.1	2.865	6.0
D 22	3.04	22.2	3.871	7.0
D 25	3.98	25.4	5.067	8.0
D 29	5.04	28.6	6.424	9.0
D 32	6.23	31.8	7.942	10.0
D 35	7.51	34.9	9.566	11.0
D 38	8.95	38.1	11.40	12.0
D 41	10.5	41.3	13.40	13.0
D 51	15.9	50.8	20.27	16.0

[부록 C] 2방향 슬래브의 설계를 위한 모멘트 계수

부록 표 C-1 부(負)모멘트에 대한 계수

$M_{a\,\mathrm{neg}} = C_{a\,\mathrm{neg}}\, w l_a^2$
$M_{b\,\mathrm{neg}} = C_{b\,\mathrm{neg}}\, w l_b^2$
(여기서 w는 등분포 고정하중과 활하중에 하중계수를 곱한 합 즉 $w = 1.2D + 1.6L$)

비(比)		Case 1	Case 2	Case 3	Case 4	Case 5	Case 6	Case 7	Case 8	Case 9
$m = \frac{l_a}{l_b}$		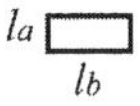	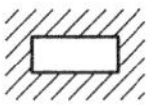	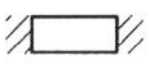	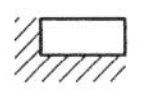		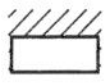	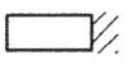	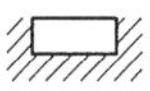	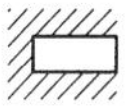
1.00	$C_{a\,\mathrm{neg}}$		0.045		0.050	0.075	0.071		0.033	0.061
	$C_{b\,\mathrm{neg}}$		0.045	0.076	0.050			0.071	0.061	0.033
0.95	$C_{a\,\mathrm{neg}}$		0.050		0.055	0.079	0.075		0.038	0.065
	$C_{b\,\mathrm{neg}}$		0.041	0.072	0.045			0.067	0.056	0.029
0.90	$C_{a\,\mathrm{neg}}$		0.055		0.060	0.080	0.079		0.043	0.068
	$C_{b\,\mathrm{neg}}$		0.037	0.070	0.040			0.062	0.052	0.025
0.85	$C_{a\,\mathrm{neg}}$		0.060		0.066	0.082	0.083		0.049	0.072
	$C_{b\,\mathrm{neg}}$		0.031	0.065	0.034			0.057	0.046	0.021
0.80	$C_{a\,\mathrm{neg}}$		0.065		0.071	0.083	0.086		0.055	0.075
	$C_{b\,\mathrm{neg}}$		0.027	0.061	0.029			0.051	0.041	0.017
0.75	$C_{a\,\mathrm{neg}}$		0.069		0.076	0.085	0.088		0.061	0.078
	$C_{b\,\mathrm{neg}}$		0.022	0.056	0.024			0.044	0.036	0.014
0.70	$C_{a\,\mathrm{neg}}$		0.074		0.081	0.086	0.091		0.068	0.081
	$C_{b\,\mathrm{neg}}$		0.017	0.050	0.019			0.038	0.029	0.011
0.65	$C_{a\,\mathrm{neg}}$		0.077		0.085	0.087	0.093		0.074	0.083
	$C_{b\,\mathrm{neg}}$		0.014	0.043	0.015			0.031	0.024	0.008
0.60	$C_{a\,\mathrm{neg}}$		0.081		0.089	0.088	0.095		0.080	0.085
	$C_{b\,\mathrm{neg}}$		0.010	0.035	0.011			0.024	0.018	0.006
0.55	$C_{a\,\mathrm{neg}}$		0.084		0.092	0.089	0.096		0.085	0.086
	$C_{b\,\mathrm{neg}}$		0.007	0.028	0.008			0.019	0.014	0.005
0.50	$C_{a\,\mathrm{neg}}$		0.086		0.094	0.090	0.097		0.089	0.088
	$C_{b\,\mathrm{neg}}$		0.006	0.022	0.006			0.014	0.010	0.003

※ 표의 상단의 각 경우의 슬래브에서 사선 친 연단은 그 슬래브가 받침점을 지나서 연속되었거나 받침점에서 고정된 것을 나타낸다. 아무 표시도 하지 않은 연단은 비틀림 저항을 무시할 수 있는 받침점을 나타낸다.

※ C_a는 짧은 경간 구속단부에서 부 휨모멘트 계수이고, C_b는 긴 경간 구속단부에서 부 휨모멘트 계수이다.

부록 표 C-2 사하중(고정하중)에 의한 정(正)모멘트 계수

$$M_{a\ \mathrm{DL}} = C_{a\ \mathrm{DL}}\, w l_a^2 \qquad M_{b\ \mathrm{DL}} = C_{b\ \mathrm{DL}}\, w l_b^2$$

(여기서 w는 등분포 사하중(고정하중)에 하중계수를 곱한 값 즉 $w = 1.2D$)

비(比)		Case 1	Case 2	Case 3	Case 4	Case 5	Case 6	Case 7	Case 8	Case 9
$m = \frac{l_a}{l_b}$		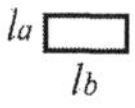	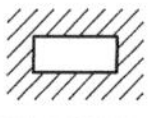	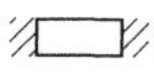	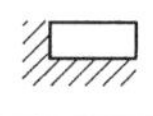	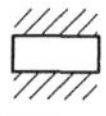	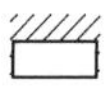	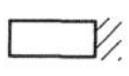	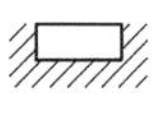	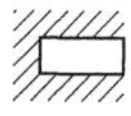
1.00	$C_{a\ \mathrm{DL}}$	0.036	0.018	0.018	0.027	0.027	0.033	0.027	0.020	0.023
	$C_{b\ \mathrm{DL}}$	0.036	0.018	0.027	0.027	0.018	0.027	0.033	0.023	0.020
0.95	$C_{a\ \mathrm{DL}}$	0.040	0.020	0.021	0.030	0.028	0.036	0.031	0.022	0.024
	$C_{b\ \mathrm{DL}}$	0.033	0.016	0.025	0.024	0.015	0.024	0.031	0.021	0.017
0.90	$C_{a\ \mathrm{DL}}$	0.045	0.022	0.025	0.033	0.029	0.039	0.035	0.025	0.026
	$C_{b\ \mathrm{DL}}$	0.029	0.014	0.024	0.022	0.013	0.021	0.028	0.019	0.015
0.85	$C_{a\ \mathrm{DL}}$	0.050	0.024	0.029	0.036	0.031	0.042	0.040	0.029	0.028
	$C_{b\ \mathrm{DL}}$	0.026	0.012	0.022	0.019	0.011	0.017	0.025	0.017	0.013
0.80	$C_{a\ \mathrm{DL}}$	0.056	0.026	0.034	0.039	0.032	0.045	0.045	0.032	0.029
	$C_{b\ \mathrm{DL}}$	0.023	0.011	0.020	0.016	0.009	0.015	0.022	0.015	0.010
0.75	$C_{a\ \mathrm{DL}}$	0.061	0.028	0.040	0.043	0.033	0.048	0.051	0.036	0.031
	$C_{b\ \mathrm{DL}}$	0.019	0.009	0.018	0.013	0.007	0.012	0.020	0.013	0.007
0.70	$C_{a\ \mathrm{DL}}$	0.068	0.030	0.046	0.046	0.035	0.051	0.058	0.040	0.033
	$C_{b\ \mathrm{DL}}$	0.016	0.007	0.016	0.011	0.005	0.009	0.017	0.011	0.006
0.65	$C_{a\ \mathrm{DL}}$	0.074	0.032	0.054	0.050	0.036	0.054	0.065	0.044	0.034
	$C_{b\ \mathrm{DL}}$	0.013	0.006	0.014	0.009	0.004	0.007	0.014	0.009	0.005
0.60	$C_{a\ \mathrm{DL}}$	0.081	0.034	0.062	0.053	0.037	0.056	0.073	0.048	0.036
	$C_{b\ \mathrm{DL}}$	0.010	0.004	0.011	0.007	0.003	0.006	0.012	0.007	0.004
0.55	$C_{a\ \mathrm{DL}}$	0.088	0.035	0.071	0.056	0.038	0.058	0.081	0.052	0.037
	$C_{b\ \mathrm{DL}}$	0.008	0.003	0.009	0.005	0.002	0.004	0.009	0.005	0.003
0.50	$C_{a\ \mathrm{DL}}$	0.095	0.037	0.080	0.059	0.039	0.061	0.089	0.056	0.038
	$C_{b\ \mathrm{DL}}$	0.006	0.002	0.007	0.004	0.001	0.003	0.007	0.004	0.002

※ C_a는 짧은 경간 중앙부에서 정 휨모멘트 계수이고, C_b는 긴 경간 중앙부에서 정 휨모멘트 계수이다.

부록 표 C-3 활하중에 의한 정(正)모멘트 계수

$$M_{a\,\mathrm{LL}} = C_{a\,\mathrm{LL}}\, w l_a^2 \qquad M_{b\,\mathrm{LL}} = C_{b\,\mathrm{LL}}\, w l_b^2$$

(여기서 w는 등분포 활하중에 하중계수를 곱한 값 즉 $w = 1.6L$)

비(比)		Case 1	Case 2	Case 3	Case 4	Case 5	Case 6	Case 7	Case 8	Case 9
$m=\dfrac{l_a}{l_b}$		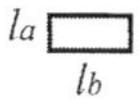	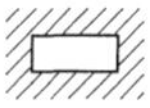	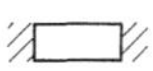	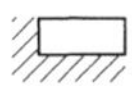	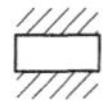	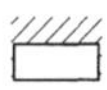	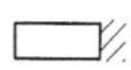	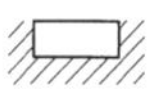	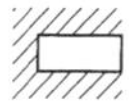
1.00	$C_{a\,\mathrm{LL}}$	0.036	0.027	0.027	0.032	0.032	0.035	0.032	0.028	0.030
	$C_{b\,\mathrm{LL}}$	0.036	0.027	0.032	0.032	0.027	0.032	0.035	0.030	0.028
0.95	$C_{a\,\mathrm{LL}}$	0.040	0.030	0.031	0.035	0.034	0.038	0.036	0.031	0.032
	$C_{b\,\mathrm{LL}}$	0.033	0.025	0.029	0.029	0.024	0.029	0.032	0.027	0.025
0.90	$C_{a\,\mathrm{LL}}$	0.045	0.034	0.035	0.039	0.037	0.042	0.040	0.035	0.036
	$C_{b\,\mathrm{LL}}$	0.029	0.022	0.027	0.026	0.021	0.025	0.029	0.024	0.022
0.85	$C_{a\,\mathrm{LL}}$	0.050	0.037	0.040	0.043	0.041	0.046	0.045	0.040	0.039
	$C_{b\,\mathrm{LL}}$	0.026	0.019	0.024	0.023	0.019	0.022	0.026	0.022	0.020
0.80	$C_{a\,\mathrm{LL}}$	0.056	0.041	0.045	0.048	0.044	0.051	0.051	0.044	0.042
	$C_{b\,\mathrm{LL}}$	0.023	0.017	0.022	0.020	0.016	0.019	0.023	0.019	0.017
0.75	$C_{a\,\mathrm{LL}}$	0.061	0.045	0.051	0.052	0.047	0.055	0.056	0.049	0.046
	$C_{b\,\mathrm{LL}}$	0.019	0.014	0.019	0.016	0.013	0.016	0.020	0.016	0.013
0.70	$C_{a\,\mathrm{LL}}$	0.068	0.049	0.057	0.057	0.051	0.060	0.063	0.054	0.050
	$C_{b\,\mathrm{LL}}$	0.016	0.012	0.016	0.014	0.011	0.013	0.017	0.014	0.011
0.65	$C_{a\,\mathrm{LL}}$	0.074	0.053	0.064	0.062	0.055	0.064	0.070	0.059	0.054
	$C_{b\,\mathrm{LL}}$	0.013	0.010	0.014	0.011	0.009	0.010	0.014	0.011	0.009
0.60	$C_{a\,\mathrm{LL}}$	0.081	0.058	0.071	0.067	0.059	0.068	0.077	0.065	0.059
	$C_{b\,\mathrm{LL}}$	0.010	0.007	0.011	0.009	0.007	0.008	0.011	0.009	0.007
0.55	$C_{a\,\mathrm{LL}}$	0.088	0.062	0.080	0.072	0.063	0.073	0.085	0.070	0.063
	$C_{b\,\mathrm{LL}}$	0.008	0.006	0.009	0.007	0.005	0.006	0.009	0.007	0.006
0.50	$C_{a\,\mathrm{LL}}$	0.095	0.066	0.088	0.077	0.067	0.078	0.092	0.076	0.067
	$C_{b\,\mathrm{LL}}$	0.006	0.004	0.007	0.007	0.004	0.005	0.005	0.005	0.004

※ C_a는 짧은 경간 중앙부에서 정 휨모멘트 계수이고, C_b는 긴 경간 중앙부에서 정 휨모멘트 계수이다.

부록 표 C-4 전단력과 받침점 하중의 계산을 위한 계수 등분포 하중 w의 l_a 및 l_b 방향으로의 분포비

비(比)		Case 1	Case 2	Case 3	Case 4	Case 5	Case 6	Case 7	Case 8	Case 9
$m=\frac{l_a}{l_b}$		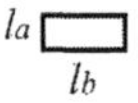	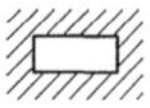	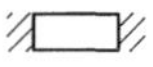	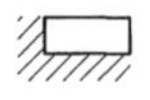		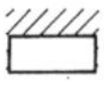	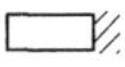	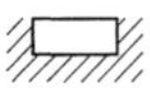	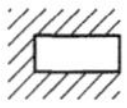
1.00	W_a	0.50	0.50	0.17	0.50	0.83	0.71	0.29	0.33	0.67
	W_b	0.50	0.50	0.83	0.50	0.17	0.29	0.71	0.67	0.33
0.95	W_a	0.55	0.55	0.20	0.55	0.86	0.75	0.33	0.38	0.71
	W_b	0.45	0.45	0.80	0.45	0.14	0.25	0.67	0.62	0.29
0.90	W_a	0.60	0.60	0.23	0.60	0.88	0.79	0.38	0.43	0.75
	W_b	0.40	0.40	0.77	0.40	0.12	0.21	0.62	0.57	0.25
0.85	W_a	0.66	0.66	0.28	0.66	0.90	0.83	0.43	0.49	0.79
	W_b	0.34	0.34	0.72	0.34	0.10	0.17	0.57	0.51	0.21
0.80	W_a	0.71	0.71	0.33	0.71	0.92	0.86	0.49	0.55	0.83
	W_b	0.29	0.29	0.67	0.29	0.08	0.14	0.51	0.45	0.17
0.75	W_a	0.76	0.76	0.39	0.76	0.94	0.88	0.56	0.61	0.86
	W_b	0.24	0.24	0.61	0.24	0.06	0.12	0.44	0.39	0.14
0.70	W_a	0.81	0.81	0.45	0.81	0.95	0.91	0.62	0.68	0.89
	W_b	0.19	0.19	0.55	0.19	0.05	0.09	0.38	0.32	0.11
0.65	W_a	0.85	0.85	0.53	0.85	0.96	0.93	0.69	0.74	0.92
	W_b	0.15	0.15	0.47	0.15	0.04	0.07	0.31	0.26	0.08
0.60	W_a	0.89	0.89	0.61	0.89	0.97	0.95	0.76	0.80	0.94
	W_b	0.11	0.11	0.39	0.11	0.03	0.05	0.24	0.20	0.06
0.55	W_a	0.92	0.92	0.69	0.92	0.98	0.96	0.81	0.85	0.95
	W_b	0.08	0.08	0.31	0.08	0.02	0.04	0.19	0.15	0.05
0.50	W_a	0.94	0.94	0.76	0.94	0.99	0.97	0.86	0.89	0.97
	W_b	0.06	0.06	0.24	0.06	0.01	0.03	0.14	0.11	0.03

※ W_a는 짧은 경간 단부에서의 전단력 계수이고, W_b는 긴 경간 단부에서의 전단력 계수이다

〔부록 D〕 통합된 주요 용어

종래 토목분야와 건축분야가 각기 독자적인 설계기준과 표준시방서를 가지고 있었으나, ACI 318 Code에 따라 1999년 두 분야를 통합한 설계기준과 표준시방서가 개정출판 됨에 따라 용어도 이 표와 같이 통합되었다.

통합된 용어	ACI 318	종래 사용해 온 용어	
		토 목	건 축
고정하중	dead load	사하중	고정하중
계수하중	factor load	극한하중	계수하중
유효 깊이	effective depth	유효 높이	유효춤
균형 철근비	balanced reinforcement ratio	평형 철근비	평형 철근비
깊은 보	deep beam	높이가 큰 보	춤이 큰 보
피복두께	cover	덮개	피복두께
폐쇄 스터럽	closed stirrup	폐합 스터럽	폐쇄형 스터럽
겹침이음	lap splice	겹이음	겹침이음
경간	span	지간	스팬
골조	frame	뼈대	골조
받침부	support	받침부, 지점	지지부, 지점
모르타르	mortar	모르터	모르타르
거더	girder	형(桁), 들보	
주 거더	main girder	주형(主桁)	
플레이트 거더	plate girder	판형	
합성 거더교	composite girder bridge	합성형교	
박스 거더	box girder	상자형(桁)	
T형 거더교	T-girder bridge	T형교	
연속 거더교	continuous girder bridge	연속형교	
강거더	steel girder	강형, 강들보	

〔부록 E〕 그리스 문자

대문자	소문자	이 름
A	α	alpha
B	β	beta
Γ	γ	gamma
Δ	δ	delta
E	ε	epsilon
Z	ζ	zeta
H	η	eta
Θ	θ	theta
I	ι	iota
K	$\varkappa$	kappa
Λ	λ	lambda
M	μ	mu
N	ν	nu
Ξ	ξ	xi
O	o	omicron
Π	π	pi
P	ρ	rho
Σ	σ	sigma
T	τ	tau
Y	υ	upsilon
Φ	ϕ	phi
X	χ	chi
Ψ	ψ, φ	psi
Ω	ω	omega

찾아보기(국문)

ㄱ

ㄴ

ㄷ

ㅇ

ㅈ

찾아보기(영문)

A

B

C

D

E

F

G

H

I

L

M

N

O

P

R

S

T

U

V

W

Y